U0728192

全国中医药行业高等教育"十四五"规划教材
全国高等中医药院校规划教材（第十一版）

药物合成反应

（新世纪第三版）

（供药学、药物制剂、制药工程等专业用）

主　编　李念光　方　方

中国中医药出版社
·北京·

图书在版编目（CIP）数据

药物合成反应 / 李念光, 方方主编 . —3 版 . —北京：中国中医药出
版社，2023.9（2024.8重印）
全国中医药行业高等教育"十四五"规划教材
ISBN 978 – 7 – 5132 – 8249 – 9

Ⅰ.①药… Ⅱ.①李…②方… Ⅲ.①药物化学—有机合成—化学
反应—中医学院—教材 Ⅳ.① TQ460.31

中国国家版本馆 CIP 数据核字（2023）第 124419 号

融合出版数字化资源服务说明

全国中医药行业高等教育"十四五"规划教材为融合教材，各教材相关数字化资源（电子教材、PPT 课件、
视频、复习思考题等）在全国中医药行业教育云平台"医开讲"发布。

资源访问说明

扫描右方二维码下载"医开讲 APP"或到"医开讲网站"（网址：www.e-lesson.cn）注
册登录，输入封底"序列号"进行账号绑定后即可访问相关数字化资源（注意：序列号
只可绑定一个账号，为避免不必要的损失，请您刮开序列号立即进行账号绑定激活）。

资源下载说明

本书有配套 PPT 课件，供教师下载使用，请到"医开讲网站"（网址：www.e-lesson.cn）认证教师身份后，
搜索书名进入具体图书页面实现下载。

中国中医药出版社出版

北京经济技术开发区科创十三街 31 号院二区 8 号楼
邮政编码　100176
传真　010-64405721
保定市西城胶印有限公司印刷
各地新华书店经销

开本 889×1194　1/16　印张 24.25　字数 642 千字
2023 年 9 月第 3 版　2024 年 8 月第 2 次印刷
书号　ISBN 978 – 7 – 5132 – 8249 – 9

定价　89.00 元
网址　www.cptcm.com

服 务 热 线　010-64405510　　微信服务号　zgzyycbs
购 书 热 线　010-89535836　　微商城网址　https://kdt.im/LIdUGr
维 权 打 假　010-64405753　　天猫旗舰店网址　https://zgzyycbs.tmall.com

如有印装质量问题请与本社出版部联系（010-64405510）
版权专有　侵权必究

全国中医药行业高等教育"十四五"规划教材
全国高等中医药院校规划教材（第十一版）

《药物合成反应》
编 委 会

主　编

李念光（南京中医药大学）　　　　方　方（安徽中医药大学）

副 主 编

陈毅平（广西中医药大学）　　　　万屏南（江西中医药大学）

余宇燕（福建中医药大学）　　　　刘玉红（山东中医药大学）

马宇衡（内蒙古医科大学）　　　　傅榕赓（湖南中医药大学）

潘晓丽（成都中医药大学）

编　　委（以姓氏笔画为序）

马晓东（安徽中医药大学）　　　　支燕乐（河南中医药大学）

邓喜玲（石河子大学）　　　　　　牟佳佳（天津中医药大学）

李冰菲（黑龙江中医药大学）　　　张丽丽（山西中医药大学）

张园园（北京中医药大学）　　　　陈桂荣（辽宁中医药大学）

和东亮（长春中医药大学）　　　　施志浩（中国药科大学）

倪广惠（云南中医药大学）　　　　徐　君（贵州中医药大学）

徐秀玲（浙江中医药大学）　　　　常　亮（南京中医药大学）

彭小芝（湖北中医药大学）

学术秘书

孙善亮（南京中医药大学）

《**药物合成反应**》
融合出版数字化资源编创委员会

全国中医药行业高等教育"十四五"规划教材
全国高等中医药院校规划教材（第十一版）

主　编

李念光（南京中医药大学）　　　　方　方（安徽中医药大学）

副 主 编

陈毅平（广西中医药大学）　　　　万屏南（江西中医药大学）

余宇燕（福建中医药大学）　　　　刘玉红（山东中医药大学）

马宇衡（内蒙古医科大学）　　　　傅榕赓（湖南中医药大学）

潘晓丽（成都中医药大学）

编　委（以姓氏笔画为序）

马晓东（安徽中医药大学）　　　　支燕乐（河南中医药大学）

邓喜玲（石河子大学）　　　　　　牟佳佳（天津中医药大学）

李冰菲（黑龙江中医药大学）　　　张丽丽（山西中医药大学）

张园园（北京中医药大学）　　　　陈桂荣（辽宁中医药大学）

和东亮（长春中医药大学）　　　　施志浩（中国药科大学）

倪广惠（云南中医药大学）　　　　徐　君（贵州中医药大学）

徐秀玲（浙江中医药大学）　　　　常　亮（南京中医药大学）

彭小芝（湖北中医药大学）

学术秘书

孙善亮（南京中医药大学）

全国中医药行业高等教育"十四五"规划教材
全国高等中医药院校规划教材（第十一版）

专家指导委员会

名誉主任委员

余艳红（国家卫生健康委员会党组成员，国家中医药管理局党组书记、局长）

王永炎（中国中医科学院名誉院长、中国工程院院士）

陈可冀（中国中医科学院研究员、中国科学院院士、国医大师）

主任委员

张伯礼（天津中医药大学教授、中国工程院院士、国医大师）

秦怀金（国家中医药管理局副局长、党组成员）

副主任委员

王　琦（北京中医药大学教授、中国工程院院士、国医大师）

黄璐琦（中国中医科学院院长、中国工程院院士）

严世芸（上海中医药大学教授、国医大师）

高　斌（教育部高等教育司副司长）

陆建伟（国家中医药管理局人事教育司司长）

委　员（以姓氏笔画为序）

丁中涛（云南中医药大学校长）

王　伟（广州中医药大学校长）

王东生（中南大学中西医结合研究所所长）

王维民（北京大学医学部副主任、教育部临床医学专业认证工作委员会主任委员）

王耀献（河南中医药大学校长）

牛　阳（宁夏医科大学党委副书记）

方祝元（江苏省中医院党委书记）

石学敏（天津中医药大学教授、中国工程院院士）

田金洲（北京中医药大学教授、中国工程院院士）

仝小林（中国中医科学院研究员、中国科学院院士）

宁　光（上海交通大学医学院附属瑞金医院院长、中国工程院院士）

匡海学（黑龙江中医药大学教授、教育部高等学校中药学类专业教学指导委员会主任委员）

吕志平（南方医科大学教授、全国名中医）

吕晓东（辽宁中医药大学党委书记）

朱卫丰（江西中医药大学校长）

朱兆云（云南中医药大学教授、中国工程院院士）

刘　良（广州中医药大学教授、中国工程院院士）

刘松林（湖北中医药大学校长）

刘叔文（南方医科大学副校长）

刘清泉（首都医科大学附属北京中医医院院长）

李可建（山东中医药大学校长）

李灿东（福建中医药大学校长）

杨　柱（贵州中医药大学党委书记）

杨晓航（陕西中医药大学校长）

肖　伟（南京中医药大学教授、中国工程院院士）

吴以岭（河北中医药大学名誉校长、中国工程院院士）

余曙光（成都中医药大学校长）

谷晓红（北京中医药大学教授、教育部高等学校中医学类专业教学指导委员会主任委员）

冷向阳（长春中医药大学校长）

张忠德（广东省中医院院长）

陆付耳（华中科技大学同济医学院教授）

阿吉艾克拜尔·艾萨（新疆医科大学校长）

陈　忠（浙江中医药大学校长）

陈凯先（中国科学院上海药物研究所研究员、中国科学院院士）

陈香美（解放军总医院教授、中国工程院院士）

易刚强（湖南中医药大学校长）

季　光（上海中医药大学校长）

周建军（重庆中医药学院院长）

赵继荣（甘肃中医药大学校长）

郝慧琴（山西中医药大学党委书记）

胡　刚（江苏省政协副主席、南京中医药大学教授）

侯卫伟（中国中医药出版社有限公司董事长）

姚　春（广西中医药大学校长）

徐安龙（北京中医药大学校长、教育部高等学校中西医结合类专业教学指导委员会主任委员）

高秀梅（天津中医药大学校长）

高维娟（河北中医药大学校长）

郭宏伟（黑龙江中医药大学校长）

唐志书（中国中医科学院副院长、研究生院院长）

彭代银（安徽中医药大学校长）

董竞成（复旦大学中西医结合研究院院长）

韩晶岩（北京大学医学部基础医学院中西医结合教研室主任）

程海波（南京中医药大学校长）

鲁海文（内蒙古医科大学副校长）

翟理祥（广东药科大学校长）

秘书长（兼）

陆建伟（国家中医药管理局人事教育司司长）

侯卫伟（中国中医药出版社有限公司董事长）

办公室主任

周景玉（国家中医药管理局人事教育司副司长）

李秀明（中国中医药出版社有限公司总编辑）

办公室成员

陈令轩（国家中医药管理局人事教育司综合协调处处长）

李占永（中国中医药出版社有限公司副总编辑）

张峘宇（中国中医药出版社有限公司副总经理）

芮立新（中国中医药出版社有限公司副总编辑）

沈承玲（中国中医药出版社有限公司教材中心主任）

编审专家组

全国中医药行业高等教育"十四五"规划教材
全国高等中医药院校规划教材（第十一版）

组　长
余艳红（国家卫生健康委员会党组成员，国家中医药管理局党组书记、局长）

副组长
张伯礼（天津中医药大学教授、中国工程院院士、国医大师）
秦怀金（国家中医药管理局副局长、党组成员）

组　员
陆建伟（国家中医药管理局人事教育司司长）
严世芸（上海中医药大学教授、国医大师）
吴勉华（南京中医药大学教授）
匡海学（黑龙江中医药大学教授）
刘红宁（江西中医药大学教授）
翟双庆（北京中医药大学教授）
胡鸿毅（上海中医药大学教授）
余曙光（成都中医药大学教授）
周桂桐（天津中医药大学教授）
石　岩（辽宁中医药大学教授）
黄必胜（湖北中医药大学教授）

前　言

为全面贯彻《中共中央 国务院关于促进中医药传承创新发展的意见》和全国中医药大会精神，落实《国务院办公厅关于加快医学教育创新发展的指导意见》《教育部 国家卫生健康委 国家中医药管理局关于深化医教协同进一步推动中医药教育改革与高质量发展的实施意见》，紧密对接新医科建设对中医药教育改革的新要求和中医药传承创新发展对人才培养的新需求，国家中医药管理局教材办公室（以下简称"教材办"）、中国中医药出版社在国家中医药管理局领导下，在教育部高等学校中医学类、中药学类、中西医结合类专业教学指导委员会及全国中医药行业高等教育规划教材专家指导委员会指导下，对全国中医药行业高等教育"十三五"规划教材进行综合评价，研究制定《全国中医药行业高等教育"十四五"规划教材建设方案》，并全面组织实施。鉴于全国中医药行业主管部门主持编写的全国高等中医药院校规划教材目前已出版十版，为体现其系统性和传承性，本套教材称为第十一版。

本套教材建设，坚持问题导向、目标导向、需求导向，结合"十三五"规划教材综合评价中发现的问题和收集的意见建议，对教材建设知识体系、结构安排等进行系统整体优化，进一步加强顶层设计和组织管理，坚持立德树人根本任务，力求构建适应中医药教育教学改革需求的教材体系，更好地服务院校人才培养和学科专业建设，促进中医药教育创新发展。

本套教材建设过程中，教材办聘请中医学、中药学、针灸推拿学三个专业的权威专家组成编审专家组，参与主编确定，提出指导意见，审查编写质量。特别是对核心示范教材建设加强了组织管理，成立了专门评价专家组，全程指导教材建设，确保教材质量。

本套教材具有以下特点：

1.坚持立德树人，融入课程思政内容

将党的二十大精神进教材，把立德树人贯穿教材建设全过程、各方面，体现课程思政建设新要求，发挥中医药文化育人优势，促进中医药人文教育与专业教育有机融合，指导学生树立正确世界观、人生观、价值观，帮助学生立大志、明大德、成大才、担大任，坚定信念信心，努力成为堪当民族复兴重任的时代新人。

2.优化知识结构，强化中医思维培养

在"十三五"规划教材知识架构基础上，进一步整合优化学科知识结构体系，减少不同学科教材间相同知识内容交叉重复，增强教材知识结构的系统性、完整性。强化中医思维培养，突出中医思维在教材编写中的主导作用，注重中医经典内容编写，在《内经》《伤寒论》等经典课程中更加突出重点，同时更加强化经典与临床的融合，增强中医经典的临床运用，帮助学生筑牢中医经典基础，逐步形成中医思维。

3.突出"三基五性",注重内容严谨准确

坚持"以本为本",更加突出教材的"三基五性",即基本知识、基本理论、基本技能,思想性、科学性、先进性、启发性、适用性。注重名词术语统一,概念准确,表述科学严谨,知识点结合完备,内容精炼完整。教材编写综合考虑学科的分化、交叉,既充分体现不同学科自身特点,又注意各学科之间的有机衔接;注重理论与临床实践结合,与医师规范化培训、医师资格考试接轨。

4.强化精品意识,建设行业示范教材

遴选行业权威专家,吸纳一线优秀教师,组建经验丰富、专业精湛、治学严谨、作风扎实的高水平编写团队,将精品意识和质量意识贯穿教材建设始终,严格编审把关,确保教材编写质量。特别是对32门核心示范教材建设,更加强调知识体系架构建设,紧密结合国家精品课程、一流学科、一流专业建设,提高编写标准和要求,着力推出一批高质量的核心示范教材。

5.加强数字化建设,丰富拓展教材内容

为适应新型出版业态,充分借助现代信息技术,在纸质教材基础上,强化数字化教材开发建设,对全国中医药行业教育云平台"医开讲"进行了升级改造,融入了更多更实用的数字化教学素材,如精品视频、复习思考题、AR/VR等,对纸质教材内容进行拓展和延伸,更好地服务教师线上教学和学生线下自主学习,满足中医药教育教学需要。

本套教材的建设,凝聚了全国中医药行业高等教育工作者的集体智慧,体现了中医药行业齐心协力、求真务实、精益求精的工作作风,谨此向有关单位和个人致以衷心的感谢!

尽管所有组织者与编写者竭尽心智,精益求精,本套教材仍有进一步提升空间,敬请广大师生提出宝贵意见和建议,以便不断修订完善。

国家中医药管理局教材办公室
中国中医药出版社有限公司
2023 年 6 月

编写说明

药物合成反应是药学、药物制剂、制药工程等专业的重要专业基础课程之一。20世纪80年代以来，我国医药院校先后开设药物合成反应相关课程，为培养中医药专业人才做出了应有的贡献。本教材为全国中医药行业高等教育"十四五"规划教材之一。

本教材根据各编写单位的教学计划和课程学时安排，参考并借鉴国内外已经出版的相关教材，明确药物合成在新药研究与开发过程中的重要作用，通过阐述药物合成的实例以及所涉及的相关反应类型，使读者更好地理解合成路线设计的依据。由于药学类专业和制药工程类专业的人才培养目标不同，对药物合成理论和实践的侧重点存在差别，因此在编写本教材中尽量在内容上有所兼顾。

本教材以化学合成药物作为研究对象，在第一章绪论部分介绍了药物合成反应的研究内容和任务，第二章至第八章介绍了药物合成常用的卤化、烃化、酰化、缩合、氧化、还原和重排等反应类型的反应机理、反应底物结构、反应条件与反应方向、反应物之间的关系、反应的主要影响因素、试剂特点、应用范围与限制等。第九章综合前面的基本单元反应，介绍了逆合成分析方法。为适应现代药物合成的发展趋势，在第十章介绍了合成路线设计以及国内外科学家完成的若干天然药物的全合成，在第十一章介绍了相转移催化、固/液相组合合成、微波辅助合成、手性诱导不对称合成、多组分反应、串联反应、点击化学和绿色合成等药物合成新技术。

本教材作为药学类本科专业教材，建议学时数为48～60学时，供药学、药物制剂、制药工程等专业的教学使用，各教学单位可根据各自实际情况对内容进行取舍。同时本教材也可以作为高等院校的药物化学、有机合成、应用化学等相近专业的教学参考书。本教材融入课程思政内容及数字化内容。

本教材由国内二十二所中医药高校从事药物合成反应教学和科研的教师编写而成。参加本教材编写的人员全部是教学一线的高等学校教师。本教材的编写分工：李念光负责编写第一章，常亮、马晓东、施志浩负责编写第二章，傅榕赓、彭小芝负责编写第三章，万屏南、和东亮负责编写第四章，陈毅平、徐君负责编写第五章，刘玉红、邓喜玲负责编写第六章，陈桂荣、牟佳佳负责编写第七章，潘晓丽、支燕乐、张丽丽负责编写第八章，方方、李冰菲负责编写第九章，马宇衡、徐秀玲负责编写第十章，余宇燕、张园园、倪广惠负责编写第十一章。李念光、方方负责最后统稿。

由于学科的发展速度较快，本教材难免存在不足和疏漏之处，恳请广大师生在使用过程中提出宝贵意见，以便再版时修订提高。

《药物合成反应》编委会

2023年6月

目 录

扫一扫，查阅
本书数字资源

扫一扫，查阅本章数字资源，含PPT、音视频、图片等

本章要点

掌握：药物合成可分为构成碳骨架的反应和官能团转变的反应，构成碳骨架的反应可分为极性反应、自由基反应、协同反应，官能团转变的反应包括氧化反应、还原反应、取代反应、加成反应、消除反应、重排反应等。

理解：合适的合成反应路线包括化学选择性控制、区域选择性控制和立体选择性控制等。

了解：现代药物合成的发展趋势。

一、药物合成反应的研究内容与任务

药物合成反应是药学、药物制剂和制药工程等药学类专业的基础课，是药学本科课程体系中有机化学、药物化学和制药工艺学之间的桥梁课程，对于学生学习和掌握药物化学、化学制药工艺学等专业课的基本原理、基本规律，以及对其实验技能、科研能力的培养至关重要。

药物合成反应的主要任务是研究小分子药物合成中反应底物内在的结构因素与反应条件之间的辩证关系，探讨药物合成反应的客观规律和特殊性质，用来指导合成方法。本课程以化学小分子合成药物作为研究对象，研究它们的逆合成分析、反应机理、反应底物结构、反应条件与反应方向、反应物之间的关系、反应的主要影响因素、试剂特点、应用范围与限制等。

药物研究、开发与药物合成密切相关。在药物开发的早期就需要鉴定候选分子的生物学活性和选择性，同时评价药代动力学性质和毒性，保证化合物在确定为候选药物分子之前具有高质量的类药性。这样的策略往往需要筛选大量的化合物，这并不是一个单纯化合物数量的增加，而是需要合成大量结构新颖的和具有某种特性的分子骨架。因此，为了能够在更短的时间内获得更好的药物，就必须革新传统的药物研发技术和合成方法，寻找更加便捷、有效的合成途径来合成大量结构新颖的活性化合物。

药物研究与开发为人类改善健康状况和提高生活质量做出了巨大贡献，药物通常包括化学合成药、天然药物和生物制品。化学合成药是我国乃至全世界药品的主体，占药品生产和消费的50%以上，世界排名前50位的畅销药物中，80%为化学合成药。因此化学药品的创新、新产品开发及药物生产技术的提高，一直是药物研究领域的重大课题，也与整个医药行业的发展息息相关。另外，药物合成与我国传统中医药相结合推进了中药的现代化，青蒿素等一系列中药和天然产物活性成分的全合成和新药开发就是例证，为继承和发展中医药这一祖国悠久历史遗产发挥重要作用。

目前人类社会可持续发展成为一个显著的发展趋势。绿色化学受到高度关注，以原子经济性为基础的高选择性化学调控合成受到高度重视，突破经典合成反应范畴的新概念和新方法不断出现，这些无疑为药物合成向前发展提供了巨大的支撑。

二、药物合成反应的类型和重要问题

有机合成在新药开发中起着重要作用。新药发现早期，须合成大量的化合物来建立化合物库，以便对于某一特定的靶标进行活性筛选确定最佳结构的分子。一旦获得活性最高、不良反应最小和适宜的药物代谢动力学性质最佳平衡的结构，就要确立在制药企业合成这个化合物的最便宜、最安全和对环境最友好的技术路线。临床使用的药物种类繁多、结构各异，因此药物合成方法内容丰富，涉及大多有机反应。

药物分子是由碳骨架构成的，因此药物合成可分为构成碳骨架的反应和官能团转变的反应。构成碳骨架的反应主要涉及碳-碳及碳杂键的成键反应，按照成键方式和反应本质，可进一步细分为极性反应、自由基反应、协同反应。

极性反应：即离子型反应，是亲核试剂与亲电试剂的反应，反应中成键电子（电子对）由亲核试剂向亲电试剂转移，用于构筑、装配分子骨架。在药物合成反应中指的是亲电取代反应、亲核取代反应、亲电加成反应、亲核加成反应。

自由基反应：自由基（游离基）是指化合物的分子在光、热、过氧化物等外界条件下，共价键发生均裂形成具有不成对电子的原子或基团，自由基作为反应中间体参与的反应就是自由基反应。自由基反应的机理包括链的引发、增长和终止；反应须在光、热或自由基引发剂的作用下发生；反应的溶剂、酸或碱等对反应无影响。常见的自由基反应类型包括取代、加成、聚合和重排等。

协同反应：是一类旧键的断裂和新键形成同时发生的化学反应，往往通过一个环状过渡态进行的（有环状过渡态的协同反应又称周环反应）。这类反应不受溶剂、催化剂等的影响，反应机理既非离子型，又非自由基型。反应中没有中间体生成，具有较高的立体选择性，遵守分子轨道对称守恒原理，即反应物和产物的分子轨道对称性在反应过程中是守恒的，反应的选择性、专属性强，收率高是其共同的特点。

官能团转变的反应在药物合成反应中指的是氧化反应、还原反应、取代反应、加成反应、消除反应、重排反应等。此外，大量有机金属和非金属试剂的开发及应用也极大地促进了有机合成方法的创新与发展。

药物的合成过程就是采用简单易得原料，通过恰当的技术路线合成目标分子的过程。在这个过程中首先要考虑药物的结构特征，这些特征能否正确地构筑或合并，以及其数目通常决定合成的复杂性。

例如，药物的分子骨架或片段决定了它的分子形状和大小，也决定了它是否能与药物靶蛋白的结合位点相互作用。某些药物的分子骨架包含多环系统的桥连结构，组成了明显定义的刚性结构。例如，天然产物吗啡就有五环系统，其中两个环的角度与其他三个环几乎垂直，构成一个 T型分子。刚性结构若是靶蛋白结合位点的理想形状，那么具有该结构的分子就具有良好的活性。然而多环系统合成起来较为困难。在某些情况下，构筑这样分子的骨架或片段在经济上是不可行的，需从自然界寻找已经含有所需骨架的天然产物更为合适。

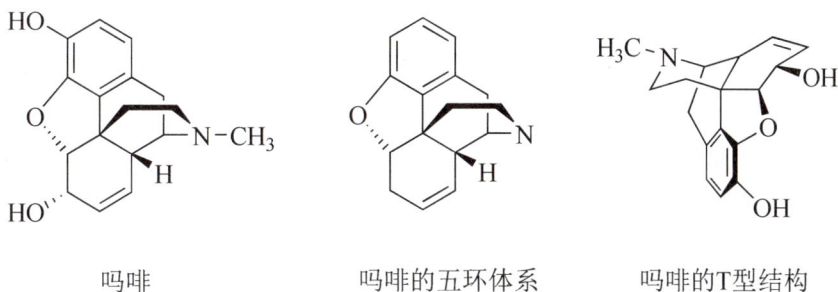

吗啡 吗啡的五环体系 吗啡的T型结构

有些药物在其结构中虽含有若干个环，仍可视为是线型分子，是柔性的。例如，抗病毒药物茚地那韦（Indinavir）结构中含五个环，这些环并不具有桥连的结构，而是由一个线型柔性骨架连接在一起，因此茚地那韦相较于吗啡的桥连结构更易于合成。

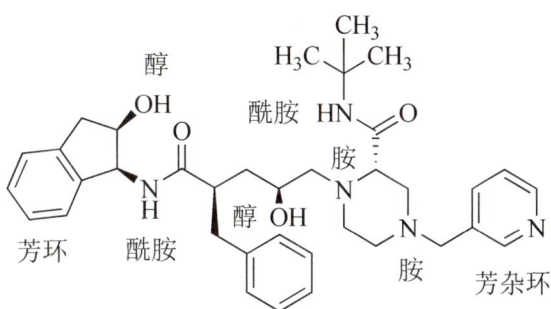

茚地那韦

其他的大部分药物是线型骨架（用粗线表示），分子中具有若干个可旋转键，这些分子是柔性的，并且能够采取多种不同的形状或构象，如沙丁胺醇和西咪替丁，这样的分子易于合成，但是活性可能不如刚性分子。

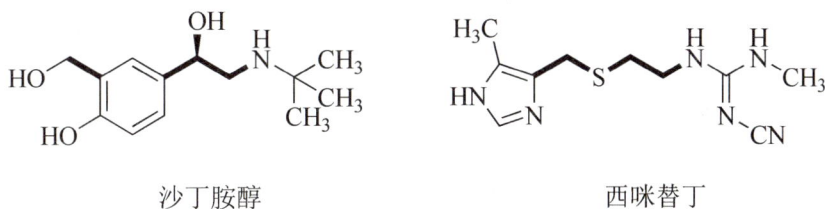

沙丁胺醇 西咪替丁

分子骨架的性质在药物的药代动力学性质中也起着重要作用。例如，具有平面芳环或者杂环体系的药物的水溶性低于含饱和的非平面环系统的药物，而且含有过多可旋转键的药物在胃肠道吸收不佳。

化学上存在大量的官能团，但是仅有一部分在药物结构中较为常见，如醇、酚、胺、酰胺、酯和芳环等。官能团的结构特征在药物的活性和作用机制中发挥着重要的作用，不同的药物，所含的官能团数目和种类不同。一般药物结构中存在的官能团越多，合成的挑战越大。

药物分子骨架连接的取代基种类也是影响合成难易程度的因素。取代基包括整个分子骨架外周的所有基团，如醇、酚、腈或卤素以及烷基和侧链。通常取代基越多，合成的挑战越大。

除此之外，现在的上市的药物中大约 30% 的药物是手性的。手性分子本质上是结构不对称的，存在互为镜像但不重叠的对映异构体。由于生物体内药物结合的靶标也是手性的，它们通常可以识别两个对映异构体，因此两个对映体有可能具有不同的生理活性，这就意味着一个对映异构体比另一个对映异构体可能更加有效，或具有相反的作用等情况的出现。例如，镇静药沙利度胺的 S 型异构体具有镇静止吐作用，而 R 型异构体却具有致畸作用。左旋多巴可以治疗帕金森，而右旋体无效。因而有些手性分子就必须作为单一的对映异构体上市，而合成单一对映异构体在合成挑战性上又增加一个维度。

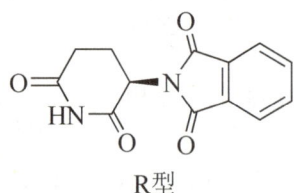 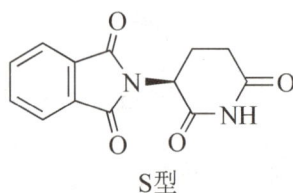 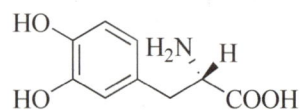

R型　　　　　　　　　　　S型

沙利度胺　　　　　　　　　　　　　　左旋多巴

大多数手性药物都含有不对称中心，通常药物含的不对称中心越多，合成起来就越复杂。同时不对称中心也可以是非碳原子，如抗溃疡药物奥美拉唑（Omeprazole）的不对称中心是硫原子。

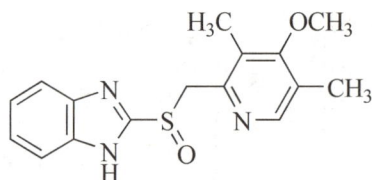

奥美拉唑

合成一种药物可以有多种不同的合成路线，每一个路线都有优点，也存在不足。选择合适的路线或反应试剂已成为药物合成中最主要的研究课题之一，其中包括化学选择性控制、区域选择性控制和立体选择性控制等。

合成的每一阶段进行的反应，理想情况下应得到单一产物而非产物的混合物。理想情况下反应仅在一个官能团上发生，而其他官能团保持不变，这称之为化学选择性（chemoselectivity）。另一个反应选择性的形式是区域选择性（regioselectivity），即当一个官能团上存在多个反应位置时，反应只在其中一个位置上发生，而其他位置不反应。能够发生区域选择性的官能团的例子主要包括双键、芳环、芳杂环、环氧化物和 α，β-不饱和酮。立体选择反应：凡是在一个反应中，一个立体异构体的产生超过或是大大超过另外其他可能的立体异构体，就叫作立体选择性反应。这种反应常与作用物的位阻、过渡状态的立体化学要求及反应条件有关。

根据有机官能团的演变分类，我们把药物合成反应分为多个单元反应，例如本教材的反应分为卤化反应、烃化反应、酰化反应、缩合反应、氧化反应、还原反应和重排反应等单元，并在每个单元中系统介绍各类反应的特点和应用。

三、现代药物合成的发展趋势

人类历史上离不开草药和来自天然产物的提取物，它们用于治疗多种疾病。19 世纪，化学家主要从天然产物中分离和提取纯的化合物，得到临床有效的活性成分，如吗啡（Morphine）、古柯碱（Cocaine）和奎宁（Quinine），这些源自天然产物的活性成分含碱性的氨基官能团，因此可与酸形成水溶性盐。其他的生物碱活性成分包括秋水仙碱（Colchicine）、咖啡因（Caffeine）、阿托品（Atropine）、毒扁豆碱（Physostigmine）、东莨菪碱（Hyoscine）和茶碱（Theophylline）。

这些活性成分需注射给药，同时存在许多不良反应，有的甚至危害患者生命。于是化学家开始合成天然活性成分的类似物，试图改善它们的临床性质来发现新药。这样的类似物被定义为半合成药物，因为它们衍生于天然产物而不是通过简单的起始原料经全合成得到，这也导致先导化合物（Lead compound）的概念出现。19 世纪，全合成化合物开始作为药物进行试验。化学家成功发现了全身麻醉药和巴比妥类药物，从而证明天然产物并不是药物的唯一来源。

一个多世纪以来，合成在药物发现中发挥了关键作用。20 世纪上半叶，通过对人工合成的化合物和天然产物作为先导化合物进行研究，合成了大量的类似物。这期间在局部麻醉药和阿片类似物的合成方面取得突出进展。参与人体生物化学的重要的神经递质和激素也被鉴定，如肾上腺素、甲状腺素、雌酚酮、雌二醇、孕酮、可的松、组胺和胰岛素等。这些内源性化合物中的活性物质被作为先导化合物被进一步研究，使得抗哮喘药、避孕药、抗炎药和抗组胺药等被发现。这期间取得最大进展的当属抗菌药物领域，磺胺类药物是第一批上市的合成抗菌药，其先导化合物是市售合成染料百浪多息。20 世纪 40 年代，随着真菌代谢物青霉素被成功纯化，临床证实比磺胺类药物更为有效。人们意识到真菌可能是有效的抗生素的来源后，开展了真菌培养液的全球性广泛研究，鉴定了许多临床有用的抗微生物药物，20 世纪中叶是抗生素研究的黄金时期。

从 20 世纪 60 年代至今，随着人类对药物与靶标分子相互作用的逐步了解，以及包括化学和生物学在内的科学技术的革命性进展，使得药物发现进入了合理药物设计的阶段，促进了药物设计和合成的发展。在这一时期，抗溃疡药物、肾上腺素 β 受体阻断剂和抗过敏药物的研发取得重大进展。这些进展与理解药物在分子水平上是如何起效的，以及某些化合物有效而另一部分化合物则无效的推测理论相关，具有靶向作用的药物合成方法开始突显。

分子遗传学的发展使得人类基因组学序列分析的进一步发展，蛋白的结构和功能被进一步分析鉴定，用作潜在的新的重要靶标。例如，近年来已经证实酪氨酸蛋白激酶是新型抗肿瘤药重要靶标。类似的，病毒基因组图谱测序使得病毒特异性蛋白结构何性质被进一步鉴定，其可用于新型抗病毒药的新的靶标。高通量筛选和高内涵筛选加快了潜在药物的筛选试验。在化学方面中，X 射线晶体学和核磁共振波谱技术使科学家能够研究药物的结构、它们与分子靶标的作用机理。分子模拟软件用来帮助人们了解药物是如何与靶标作用位点相互作用的。各种新的合成方法不断涌现，使得合成化学家制备小分子药物更加得心应手。使用机器人系统开展的组合和平行合成使得到大量的化合物成为可能。

药物化学家经常忽视的另一点是药物的合成最终必须经得起放大规模生产时成本的考验，要使得它在经济上是可行的，这也是研究生产工艺过程的化学家们需要解决的问题。

一个优良的药物合成反应应具有下面几个特点：反应条件温和、操作简便、反应收率高。温和的反应条件是指合成反应在常温、常压、常规溶剂的环境中就可以顺利完成。

绿色化学又称环境无害化学、环境友好化学和清洁化学等，它们表达的是同一个概念。绿色化学是用化学的技术和方法减少或消除那些对人类健康、社区安全和生态环境有害的原料、溶剂、催化剂、试剂、产物和副产物等的使用和产生，是拒绝使用有毒有害物质、不产生废物、废水，无需"三废"处理，从源头上防止污染的环境友好的化学。绿色化学不仅可以从源头上解决环境污染问题，还可以大大提高经济效益、节约能源和资源，是人类社会可持续发展的需要。具体地来说，这些绿色化学的原理和概念包括原子经济性、手性合成、环境友好的"洁净"的反应介质。

有机合成反应是药物合成的基础。目前，已经研究得比较清楚的合成反应有 1000 多个，其中广泛应用的反应有 200 多个。即使是同一反应，其合成方法也不止一个，但研究过程一般是查阅文献、设计合成路线、实验和总结。

　　查阅文献是进行药物合成的首要工作。通过认真、细心地查阅文献，要弄清目标分子哪些是已知的，哪些是未知的，研究的方法和动向如何，做到对研究对象心中有数。这样做一方面可帮助我们设计合成路线，另一方面可以避免在研究工作中走弯路，借鉴前人的经验进行改良与创新，节省人力、物力，又快又省地达到预期目标。

　　设计合成路线是在查阅文献的基础上，对所获资料认真分析研究，根据实际条件制定出合理的合成路线。一个好的路线设计，不仅要熟悉有机化学的理论知识和有机反应，还要考虑实现的难易，包括原料的来源、反应的安全性等问题，这样设计出来的合成路线实现的可能性会大一些。逆合成分析法是进行药物合成设计的重要方法，特别是对复杂分子的合成有很大帮助。

　　实验是对合成路线设计正确与否的唯一检验标准，通过实验达到预期目的，证明合成路线设计合理可行。在进行合成实验时，应注意采用绿色的合成理念，采用新技术、新方法来提高收率，节约成本。一个好的合成工作者，往往也是一个好的合成路线设计者。实验工作既辛苦又费时，没有科学的态度和奋斗精神是万万不能完成的。

　　实验总结就是把研究的结果以科学的态度和方法再分析研究，经归纳综合最后以文字的形式展现出来。例如，采用的合成路线是什么，合成中应注意什么问题，哪些是成功创新的，还有哪些问题需要解决等。通过总结可为他人或自己继续研究提供经验，有机合成的发展是永无止境的。

　　本教材内容包括十一章，按照药物合成反应的类型，包括官能团的引入、官能团的转化、碳骨架的形成与转换及逆合成分析等顺序进行编排，教学侧重点倾向于反应机理及其在药物合成中的应用。

扫一扫，查阅本章数字资源，含PPT、音视频、图片等

本章要点

掌握：可提供卤素负离子的卤化剂有卤素、氢卤酸、含磷卤化物和含硫卤化物等；可提供卤素正离子的卤化剂有卤素、N-卤代酰胺、次卤酸等，如 X_2、NBS、HOX 等；可提供自由基的卤化剂有卤素、次卤酸。

理解：醇的卤置换反应中，醇羟基的反应活性顺序为叔羟基>仲羟基>伯羟基，苄位和烯丙位的羟基也很活泼；活性较大的叔醇、苄醇的卤置换反应倾向于 S_N1 历程，而其他醇的反应大多以 S_N2 历程为主；氢卤酸的反应活性按照卤负离子亲核能力大小，其顺序为 HI>HBr>HCl>HF。

了解：用芳香羧酸制备酰氯时，活性顺序为芳环上具有供电子取代基的芳香羧酸>无取代基的芳香羧酸>具有吸电子取代基的芳香羧酸。

卤化反应（halogenation reaction）是指在有机物分子中建立碳-卤键的反应。根据引入卤原子的不同，可分为氟化、氯化、溴化和碘化反应。卤化反应主要有三类：卤原子与不饱和烃的加成反应、卤原子与有机物氢原子之间的取代反应和卤原子与氢以外的其他原子或基团的置换反应。

加成反应：卤素或卤化氢等与有机分子的不饱和键发生加成生成卤化物的反应。例如：

$$H_2C{=}CHCH_2Cl + HBr \xrightarrow{73\%} CH_2BrCH_2CH_2Cl$$

取代反应：有机物分子中的氢原子被卤素原子所取代生成卤化物的反应。例如：

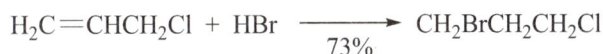

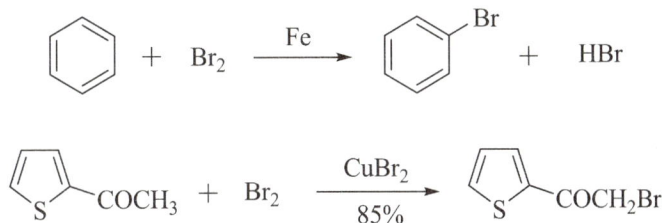

卤素原子的引入可以使有机分子的极性增加、反应活性增强，卤原子同时也易于转化成其他官能团或者被还原除去，因此卤化反应在药物及其中间体的合成中的应用十分广泛。许多药物分子中都含有卤素原子，其明显地改变了药物的药理活性和药物动力学特征，如抗菌药诺氟沙星（norfloxacin）、抗过敏药西替利嗪（cetirizine）、抗肿瘤药二溴甘露醇（mitobronitol）及抗心律失常药盐酸胺碘酮（amiodarone hydrochloride）。

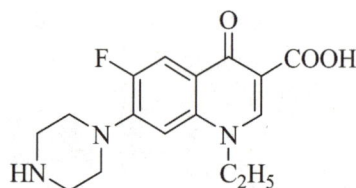

诺氟沙星

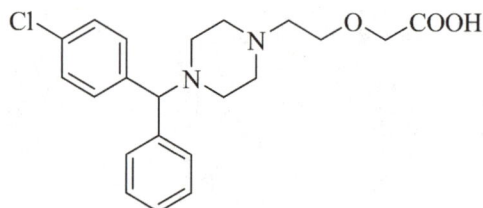

西替利嗪

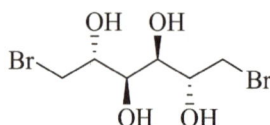

二溴甘露醇

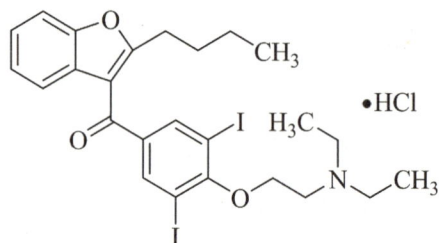

盐酸胺碘酮

第一节　不饱和烃卤素加成反应

由于反应条件不同，卤素与烯烃的加成可分为离子型和自由基型两种，后者是由光或自由基引发剂引发。

氟是卤素中最活泼的元素，它与不饱和烃的加成反应非常剧烈，放出大量反应热，并有取代、聚合等副反应伴随发生，难以得到单纯加成产物。

碘的化学性质不活泼，与烯烃加成相当困难，C—I 键不稳定，反应可逆，而且生成的碘化物热稳定性、光稳定性都比较差。

氯和溴与烯烃或炔烃的加成在药物合成上的应用广泛，可以直接作为卤化剂，在四氯化碳、氯仿、二硫化碳等溶剂中进行反应，具有实际应用价值。

一、卤素对烯烃的加成

（一）亲电加成

大多数不饱和烃卤素加成反应，如卤素对不饱和烃、卤化氢对烯烃、N-卤代酰胺对烯烃和次卤酸及次卤酸酯对烯烃的加成反应，生成饱和卤代烃或卤代烯烃，其全部都属于亲电加成反应机理。

1. 反应通式及机理

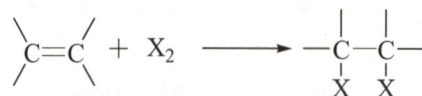

首先是溴作为亲电试剂被烯烃双键的 π 电子吸引，使溴分子的 σ 键极化生成 π-络合物，π-络合物不稳定，发生 Br—Br 键异裂生成环状溴鎓离子和溴负离子，溴负离子和反应体系中的氯负离子或水分子从溴鎓离子的背面进攻缺电子的碳原子，从而生成反式加成产物。

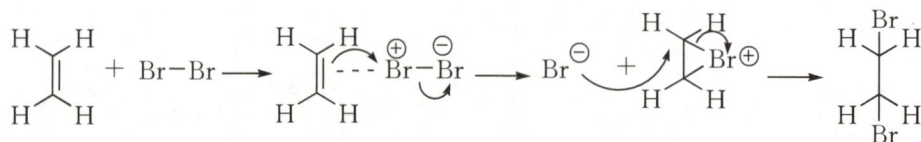

2. 主要影响因素

（1）烯烃临近基团的影响 卤阴离子进攻哪一个碳原子，取决于形成碳正离子的稳定性，正碳离子具有缺电子的 p 空轨道，如与相接的取代基的轨道共轭重叠（取代基为烷基，则产生 σ-p 共轭；烷氧基产生 p-p 共轭；苯环或烯键产生 π-p 共轭），结果使阳电荷得到更大程度的分散，该碳正离子趋向稳定。因此，烯键碳原子上接有推电子基团（如 HO-、RO-、C_6H_5-、R- 等）有利于加成反应进行；反之连有吸电子基团（如—NO_2、—CN、—COR、—X 等）则对该反应不利，可见烯烃的反应活性顺序为：RCH=CH_2 > CH_2=CH_2 > CH_2=CHX。卤素负离子即向较稳定的带部分正电荷的碳原子从反位作亲核进攻，形成 1,2-二卤化物，如反式烯烃溴加成后得赤型二溴化物。

阳离子过渡态

若烯键碳原子上连有叔烷基或三芳甲基，则卤加成反应中常会有重排、消除等副反应伴随发生。

（2）卤素活泼性 氯的活性比溴强，因此氯与烯烃的加成反应速度比溴快，但是选择性不如溴。卤素与不饱和烃的加成反应中同时存在两种不同的卤负离子时，将会有不同加成产物生成，如异二卤化物的生成。一般的异二卤化物可用胺的氢卤酸盐与 N-卤代丁二酰亚胺（NXS）在 CH_2Cl_2 溶液中反应得到。如含氟的异二卤环己烷可用 NXS 与环己烯在四丁基二氟化铵盐（TBABF）存在下反应得到，反应随原子的不同而有所差异，碘的产率最高，氯的收率最低。反应的可能机理是，NXS 首先与 TBABF 反应生成卤素互化物氟化卤，然后再与烯烃反应得到异二卤化物，即真正的卤化试剂可能是卤素互化物。

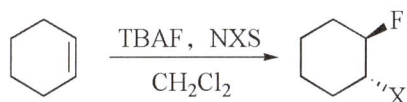

用吡啶代替脂肪胺也能使烯烃与 NXS 在氢氟酸存在下发生亲电卤化反应，但当环状烯烃双键上存在较大空间位阻时，虽然主要加成产物中卤素处于直立键，但平伏键产物也有相当量，其比例约 6:4。

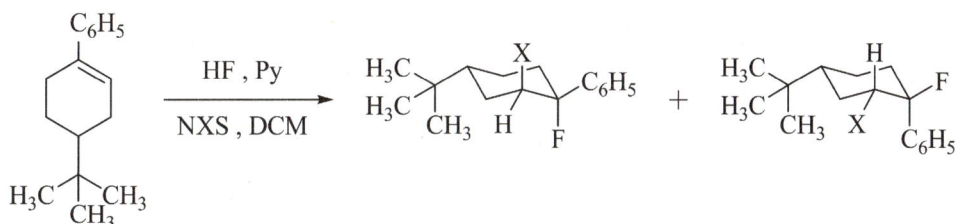

不饱和烃的硼氢化反应也是有机化学中的基本反应，产物分布违反 Markovnikov 规则。硼烷基用卤素或卤素互化物处理时，生成的硼被卤素取代的产物，即硼氢化卤化反应。采用这一反应得到的最终加成产物与不饱和烃直接与卤化氢加成产物恰好相反，而且卤化产物保留了原有硼化物的立体结构，具有良好的区域选择性和立体选择性。

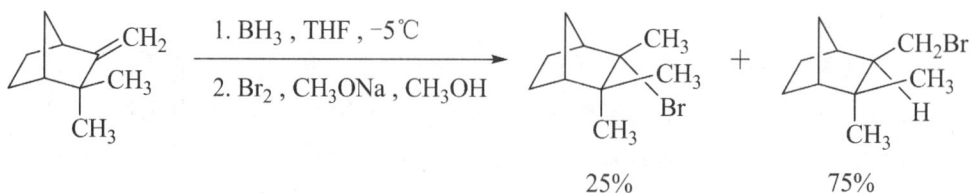

$$25\% \qquad\qquad 75\%$$

烯烃与硼烷反应生成烷基硼后，可在如氯胺-T存在下，与碘化物反应实现卤解反应生成碘化物。

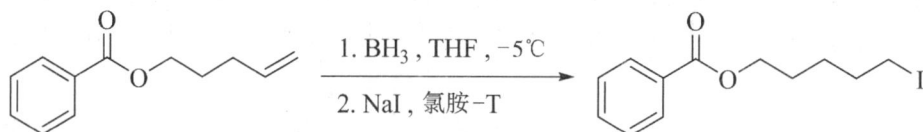

甾体化合物雌酮-3-甲醚是相关甾体药物的基本骨架。已报道了多条化学合成路线，其中一条路线涉及的中间体的合成就是通过硼氢化卤化的反应来制备的。

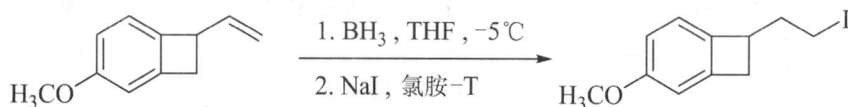

（3）溶剂的影响　卤素的加成反应一般采用四氯化碳、三氯化碳、二氯甲烷、二硫化碳、乙酸乙酯等作为溶剂。若以亲核性的醇或水作反应溶剂，则溶剂中的亲核基团也可以向过渡态-π络合物进攻，参与加成反应。可产生α-溴醇或相应的醚等副产物。

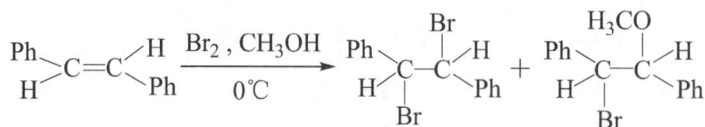

依据这一特性，将烯烃、溴（或碘）及有机酸盐加在惰性溶剂中回流，可以得到相应的α-溴醇或α-碘醇的羧酸酯。例如，相同当量的环己烯、乙酸银和碘在乙醚中回流，可制得80%的α-碘代环己醇乙酸酯。

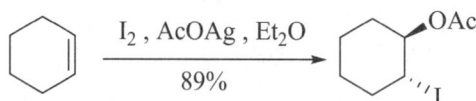

当双键碳原子邻位具有吸电子基时，双键的电子云密度降低，反应活性下降。这时加入少量Lewis酸或叔胺等进行催化，可顺利得到产物。

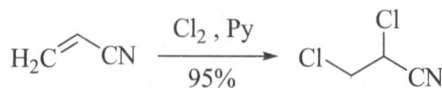

单质卤素在醇存在下可与不饱和烃发生卤烷氧基化反应，生成β-卤代醚。反应遵循不对称加成规律，且以反式加成产物为主。一般氯、溴、碘的反应在二氯甲烷溶液中进行，常加入叔胺使反应便于操作。

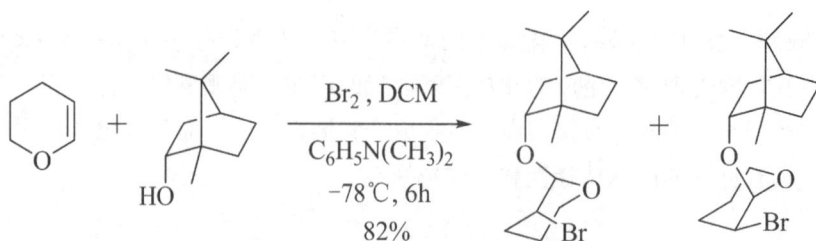

该反应过程可能分为两步，卤素首先与醇反应生成次卤酸酯，然后次卤酸酯与烯烃加成，可见直接使用次卤酸酯也可完成该反应。

若用含氮化合物如胺、酰胺、磺酰胺、氰酸盐和腈等代替上述反应中的醇，卤素与不饱和烃发生加成反应可生成相应的卤胺基化产物。这一过程遵循一般的亲电加成规律，既可在分子内进行，也可在分子间进行。常用碳酸盐来中和产生的酸。

（4）温度的影响　卤素与烯烃进行加成反应的温度不宜过高，否则生成的邻二卤代物有可能脱去卤化氢，并可能发生取代反应。

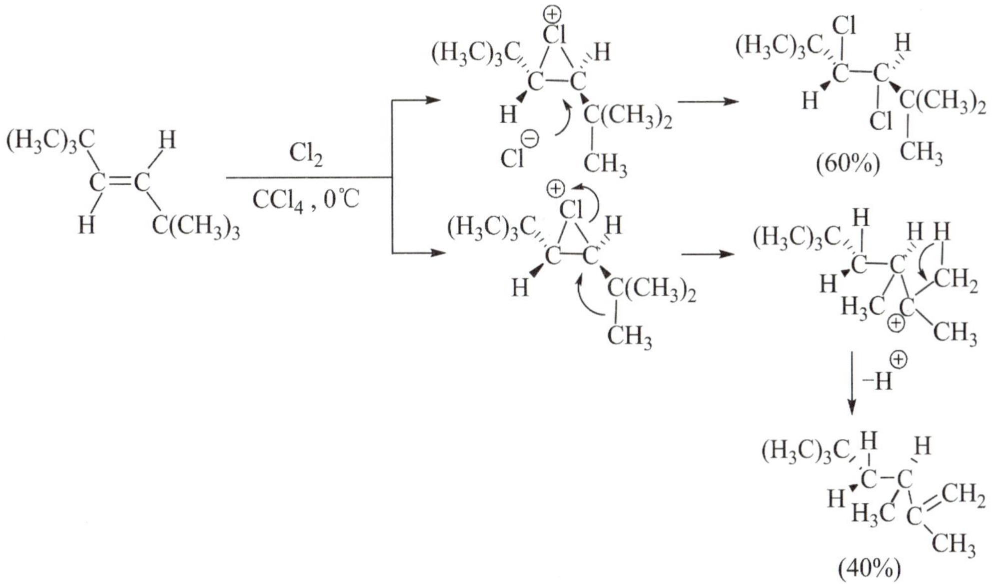

烯烃的双键上有季碳取代时，与卤素除了发生反式加成反应，还可能发生重排和消除反应：

$$Ph_3C-CH=CH_2 + Br_2 \xrightarrow[RT,\ 48\ h]{CCl_4} Ph_3C-\underset{Br}{\underset{|}{CH}}-CH_2Br + Ph_2CH=\underset{Ph}{\underset{|}{C}}-CH_2Br$$

重排产物

（二）自由基加成

1. 反应通式

在自由基引发剂或者光照条件下，不饱和碳-碳键可以进行卤素的自由基加成。

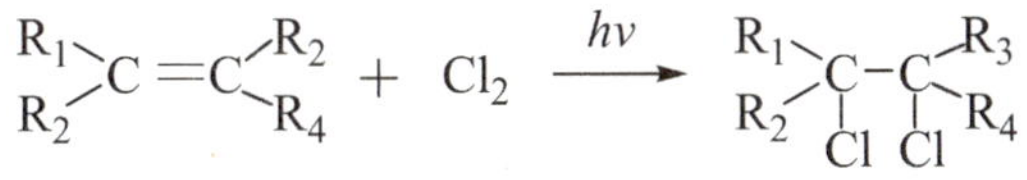

2. 反应机理

卤素自由基加成反应常用的引发剂主要有过氧化苯甲酰（BPO）、偶氮二异丁腈（AIBN）等。

氯分子在光的激发下，发生均裂，生成氯游离基，它与双键加成，产生一个碳自由基。后者与氯分子反应，得到加成产物，同时释放氯自由基，此自由基又再参与反应。

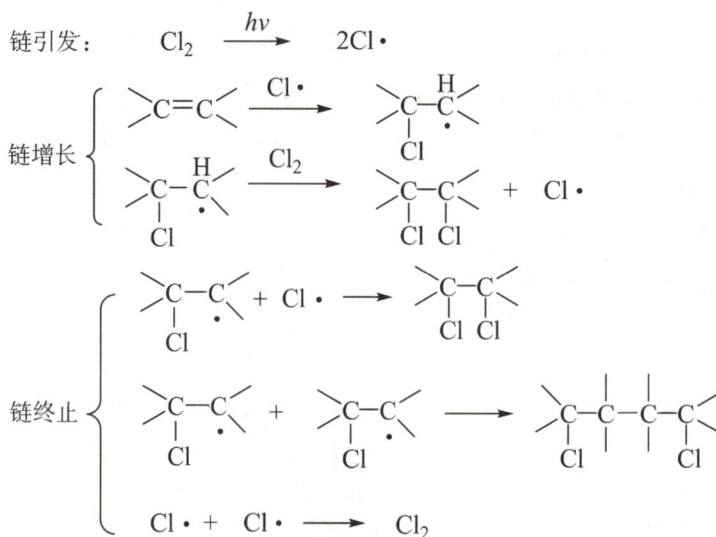

常用的溶剂是四氯化碳等惰性溶剂，若反应物为液体，也可不使用其他溶剂。

3. 主要影响因素

三氯乙烯中有三个氯原子，直接氯加成很困难，但采用光催化，则可得五氯乙烷。五氯乙烷经消除一分子氯化氢后，即得驱钩虫药四氯乙烯。

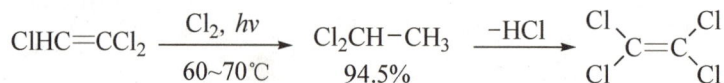

$$ClHC=CCl_2 \xrightarrow[60\sim70℃]{Cl_2,\ hv} Cl_2CH-CH_3 \xrightarrow{-HCl} \underset{Cl}{\overset{Cl}{C}}=\underset{Cl}{\overset{Cl}{C}}$$

94.5%

苯在光照条件下与氯气反应，生成六氯环己烷，其有 9 种异构体，γ-异构体具有杀虫作用（六六六）。

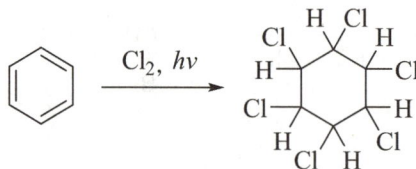

菲在光照条件下与溴反应，可生成 9,10-二溴化物。

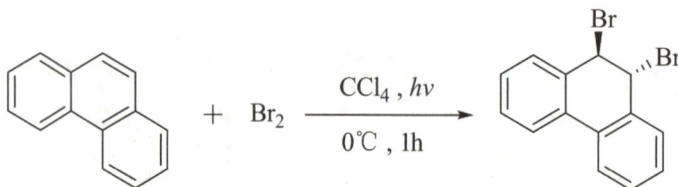

（三）在药物合成中的应用

烯烃的卤加成反应在药物合成中应用广泛。

例如：控制血压药物樟磺咪芬（trimetaphan）中间体的合成：

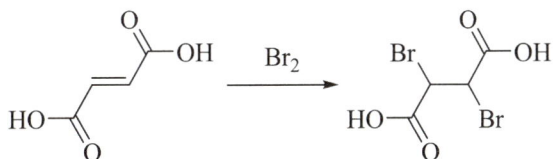

樟磺咪芬中间体

兴奋剂洛贝林（lobeline）中间体的合成：

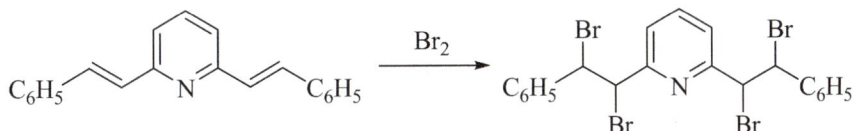

抗心律失常药安他唑啉（antazoline）有十多条合成路线，其中一条的中间体就是通过溴素与双键的加成反应获得：

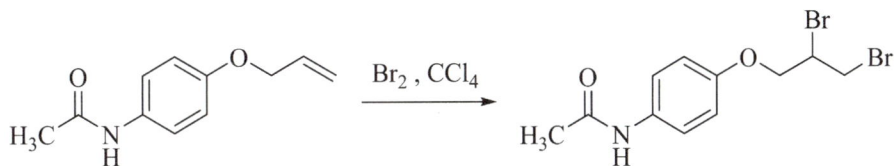

二、卤素与炔烃的加成

（一）反应通式

与烯烃相类似，炔烃与卤素也可以进行亲电加成，但炔烃的加成难于烯烃。炔烃与卤素的加成分为两步，首先生成邻二卤代烯，再生成四卤代烷，反应机理与烯烃和卤素的加成类似。

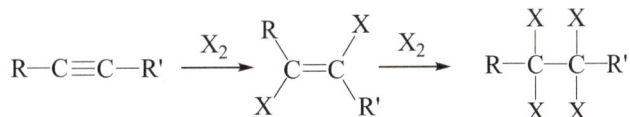

（二）主要影响因素

炔烃与碘或氯的加成，多半为光催化的自由基型反应，主要得到反式二卤代烯烃。刚开始时反应缓慢，但经过一段时间后，反应变得剧烈。若加入三氯化铁或铁粉等，可使反应平稳进行。炔烃与碘也可在催化剂作用下发生加成反应：

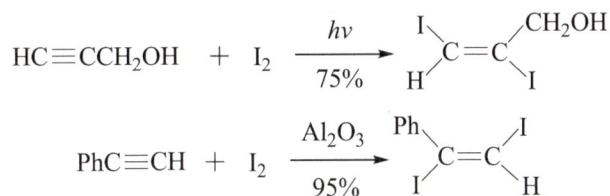

对于同时含有双键和叁键的烯炔，其与 1mol 卤素（氯或溴）反应时，卤素优先加在双键上。

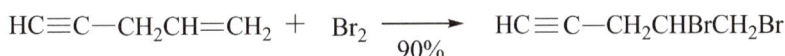

$$HC \equiv C—CH_2CH = CH_2 \quad + \quad Br_2 \quad \xrightarrow{\quad 90\% \quad} \quad HC \equiv C—CH_2CHBrCH_2Br$$

炔烃的亲电加成不如烯烃活泼，有以下三点原因。第一，叁键较短的键长（三键键长为120pm，双键键长 134pm）使得炔烃的 π-键更牢固，不易断裂；第二，叁键碳原子为 sp 杂化，电负性比 sp^2 杂化的双键碳原子大，因此叁键对 π-电子的束缚能力大，键不易极化和断裂；第三，叁键难以生成卤镓离子，生成的碳正离子稳定性差。

炔烃的叁键若在链端，则炔键碳上的氢较为活泼，其在碱性水溶液中与溴素反应，可发生亲电性取代，生成1-溴-1-炔烃。

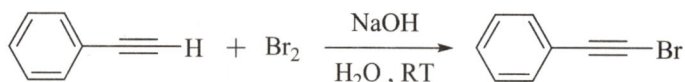

炔丙酸酯与溴加成，立体选择性地生成 Z 型 2,3-二溴丙烯酸酯，若与吡啶氢三溴化盐反应则生成 E 型二溴化物。

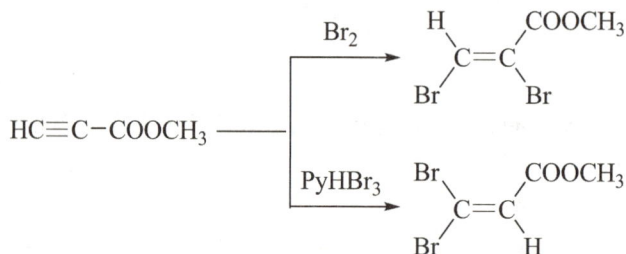

三、不饱和羧酸的卤内酯化反应

（一）反应通式

某些不饱和羧酸的双键上形成环状卤正离子时，在未受到空间阻碍的条件下，亲核性羧酸负离子向其进攻，生成卤代五元或六元内酯（一般优先倾向于生成五元环），称为卤内酯化反应（halolactonization）。例如：

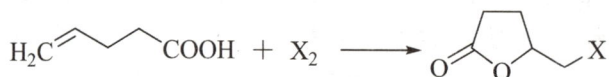

（二）反应机理

该反应与烯烃的卤素加成历程相似，在碱性条件下是非对映立体选择性的。以 γ,δ-不饱和羧酸的卤内酯化为例：首先 X_2 从环己烯双键位阻较小的 α 方向进攻，生成过渡态，羧基氧负离子再于 β 方向对三元环进行亲核进攻，最后生成含有三个手性中心的内酯。

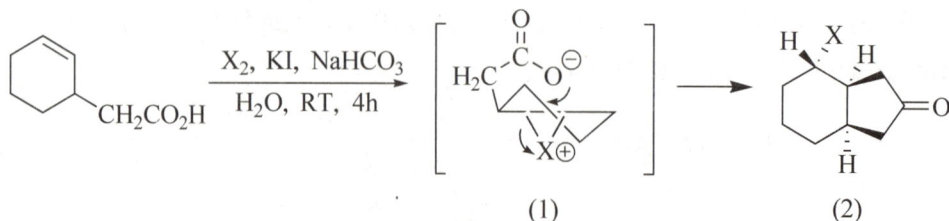

再如 (S)-3-N-苯酰胺-4-戊烯酸的内酯化反应，有较高的收率（97%）和很高的立体选择性（cis/trans = 15/1）。

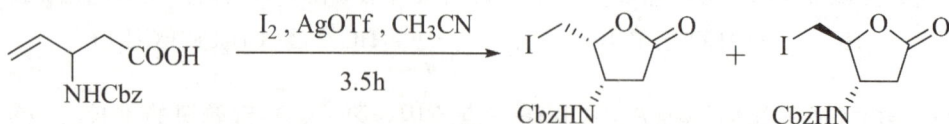

卤内酯化是一种重要的化学转变，在有机合成中被广泛应用于从不饱和羧酸、羧酸酯或酰胺出发构建具特殊结构的内酯。在具有光学活性的内酯骨架的合成中，碘内酯化反应作为合成子也

颇具价值，反应具有较好的立体选择性，因此受到底物刚性结构的影响，羧酸根离子只能从 I 正离子的反面直立键方向进攻。

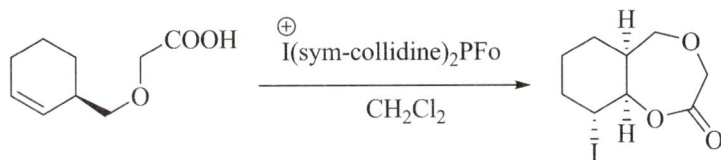

四、不饱和烃与次卤酸（酯）、N-卤代酰胺的反应

（一）次卤酸和次卤酸盐（酯）加成反应

1. 反应通式及机理

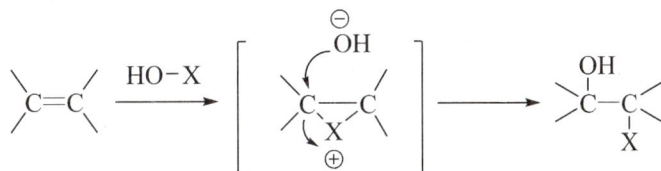

次卤酸和次卤酸盐（酯）既是氧化剂又是卤化剂，其作为卤化剂时，可与烯烃发生亲电加成生成 β-卤代醇。跟强酸与烯烃的反应不同，次卤酸都是弱酸，它们不是氢质子进攻 π 键，而是由于氧的电负性较大，使次卤酸分子极化成 $HO^{\delta-}X^{\delta+}$，反应时首先生成卤镝离子，继而氢氧根负离子从卤镝离子的背面进攻碳原子生成反式 β-卤代醇。

2. 反应影响因素

次卤酸极易分解，需现配现用。次氯酸、次溴酸可通过氯气或溴素与中性或含汞盐的碱性水溶液反应制得，也可直接用次氯酸盐或次氯酸叔丁酯在中性或弱酸性条件下与烯烃反应，合成 β-氯代醇。例如：α,β-不饱和酮与溴酸钠及亚硫酸氢钠在水-乙腈中反应，可生成赤式 β-羟基-α-溴代酮。

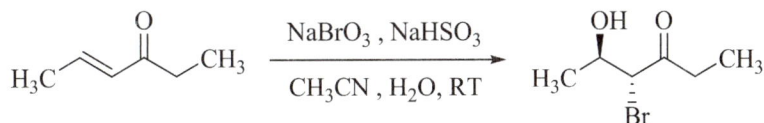

用同样的方法制备次碘酸时，需要添加碘酸（盐）、氧化汞等氧化剂，来除去还原性较强的碘负离子。

烯烃与次卤酸的加成反应，遵守 Markovnikov 规则。但在非惰性溶剂中发生反应时，如乙酸，乙酸根也可能进攻卤镝离子，发生生成 β-卤代乙酸酯的副反应。

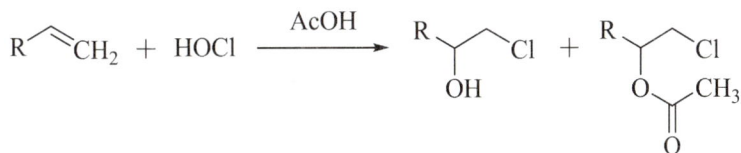

最常用的次卤酸酯为次卤酸酸叔丁酯，叔丁醇和次氯酸钠、乙酸反应可制得，或在叔丁醇的碱性溶液中通氯气制得。次卤酸酯作为卤化剂的反应类似于次卤酸，但在不同溶剂中与烯烃加成

可得到不同的 β-卤醇衍生物。

例如：

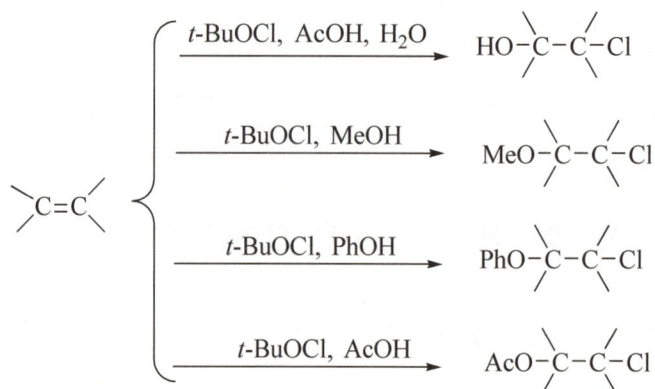

炔烃也能和次卤酸反应：

$$H_3CC\equiv CH + HOBr \longrightarrow H_3CC\!\!=\!\!CHBr \rightleftharpoons CH_3COCH_2Br$$

（二）N-卤代酰胺与不饱和烃的加成

1. 反应通式和机理

在质子酸酸的催化下（乙酸、高氯酸、氢溴酸），N-卤代酰胺［包括 N-溴（氯）代丁二酰亚胺 NBS（NCS）、N-溴（氯）代乙酰胺 NBA（NCA）等］与烯烃加成是制备 β-卤代醇的重要方法。该方法立体选择性高、收率高、纯度高，并且反应温和、操作简便。其机理与卤素对烯烃的加成反应类似，卤正离子由质子化的 N-卤代酰胺提供，反应溶剂提供羟基、烷氧基等负离子：

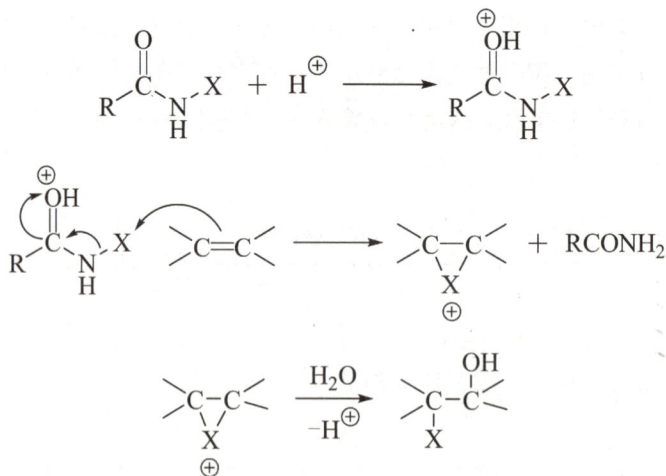

NBS 作溴化剂为自由基型反应，可在光照的作用下引发自由基：

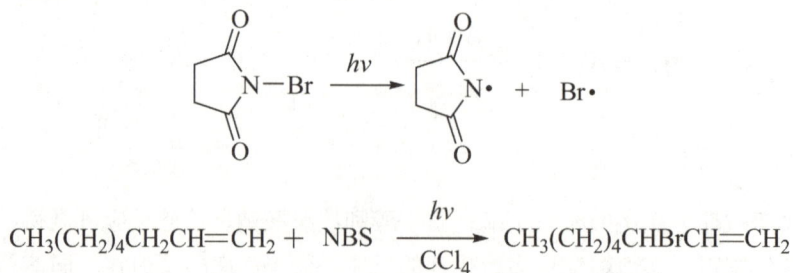

$$CH_3(CH_2)_4CH_2CH\!\!=\!\!CH_2 + NBS \xrightarrow[CCl_4]{h\nu} CH_3(CH_2)_4CHBrCH\!\!=\!\!CH_2$$

$$CH_3CH=CHCOOC_2H_5 + NBS \xrightarrow[CCl_4]{h\nu} BrCH_2CH=CHCOOC_2H_5$$

2. 反应影响因素及应用

使用 NBS 时，若烯键 α-位或 β-位有苯基等芳环，双键可以发生移位。

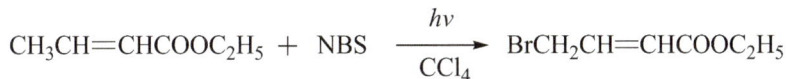

常用的溶剂是四氯化碳。因为 NBS 溶于四氯化碳，而生成的丁二酰亚胺不溶于四氯化碳，很容易回收。有时也用苯、石油醚作溶剂，若反应物本身为液体也可不用溶剂。

NBA 和 NBP 则容易和双键发生加成反应，因而制备 α-溴代烯烃时很少使用。

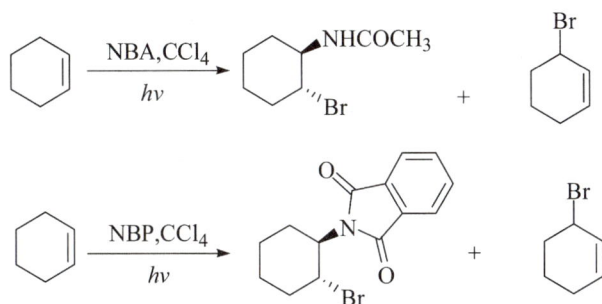

NCS 可发生芳环上的取代反应：

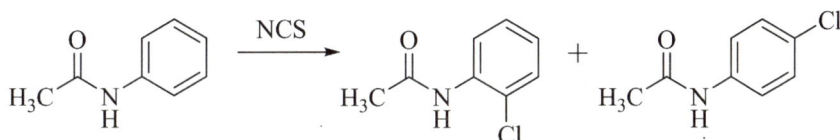

1,3-二溴-5,5-二甲基海因可高选择性地溴化萘化合物：

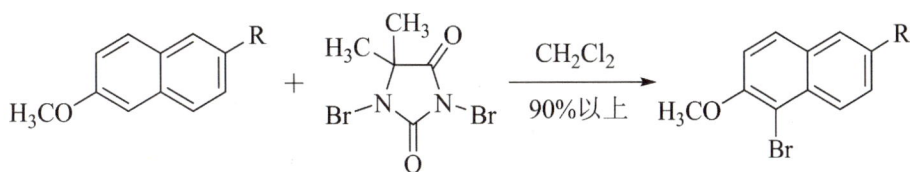

由 N-溴代酰胺制备 β-溴醇，不会有二溴化物产生，因为其中没有溴阴离子，而且选择不同的溶剂，可以制得相应的 β-溴醇或其衍生物。

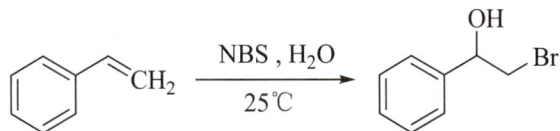

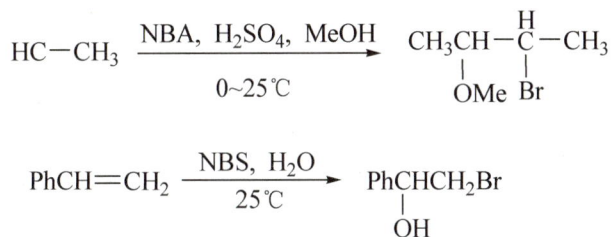

水溶性差的烯烃（如甾体化合物）在有机溶剂中可与 N-溴代酰胺成为均相，可以很容易地得到 α-溴醇。

例如：

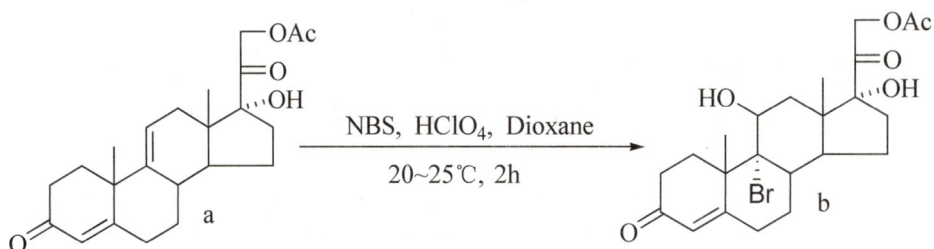

NBS 在含水二甲亚砜中与烯烃反应，可生成高收率、高选择性的反式加成产物，此反应为 Dalton 反应。而在干燥的二甲亚砜中，则发生 β-消除，生成 α-溴代酮，这是一个由烯烃制备 α-溴酮的好方法，其机理如下：

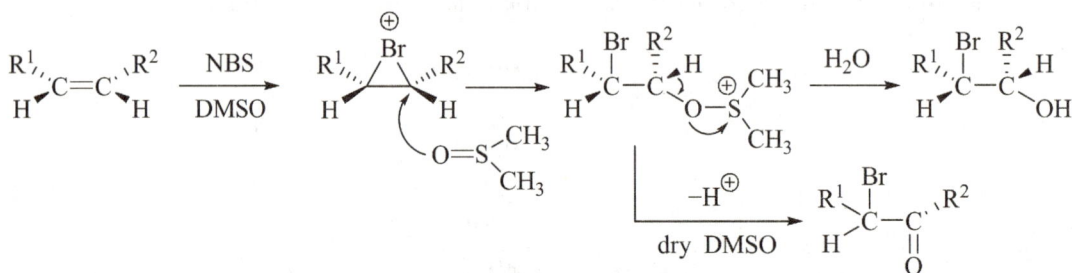

从前面的讨论可知，由溴或氯与烯烃形成的中间离子，能够与反应介质中的任何亲核试剂反应。例如，烯烃与甲醇溶液中的溴反应，同时在亲核的溶剂中有过量卤负离子存在，也将增加产物中二卤化物的含量比。同时也表明亲核试剂的进攻倾向性，即进攻烯烃中能使正电荷更稳定的那个碳原子。用 NBS 作为正溴的来源时，由于溴负离子的浓度保持在低限而最大限度地减少了二溴化物的生成，所以这种类型的反应具有很大的制备价值。而使用辅助溶剂（如二甲亚砜或二甲基甲酰胺等）反应的选择性更好，更有利于制造溴醇。

五、卤化氢对不饱和烃的加成反应

卤化氢与烯烃、炔烃的加成是放热的可逆反应，可得到卤代烃。反应温度升高，平衡移向左方，温度降低则有利于加成反应。低于 50℃时几乎不可逆。从反应机理来看，卤化氢与双键的反应可分为亲电加成和自由基型加成反应。

（一）卤化氢的亲电加成

1. 反应通式及机理

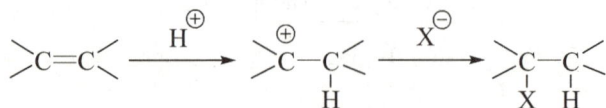

氟化氢、氯化氢、碘化氢与烯烃的加成，以及在隔绝氧气和避光的条件下溴化氢与烯烃的加成，均属于离子型亲电加成反应。该反应分两步进行，第一步是质子对双键进行亲电加成，形成碳正离子，第二步是卤负离子与碳正离子结合生成卤化物。卤化氢与不饱和烃的亲电加成，遵守 Markovnikov 规则。

2. 主要影响因素

卤化氢与烯烃的亲电加成反应，其第一步烯键的质子化发生在电子云密度较大的烯键碳原子上，因此烯烃的结构对亲电加成有影响。

烯键上连有给电子基团时容易发生亲电加成，即烯烃的反应活性为：$RHC\!=\!\!=\!CH_2 > H_2C\!=\!\!=\!CH_2 > H_2C\!=\!\!=\!CHCl$，加成方向符合 Markovnikov 规则；

而当烯烃双键碳原子上有强吸电子基团如—COOH、—CN、—CF$_3$、—NCR$_3$ 时，与卤化氢的加成方向与 Markovnikov 规则相反。例如：

$$H_2C\!=\!\!=\!\!CN \ + \ HBr \ \longrightarrow \ Br\!-\!\!-\!\!CN$$

活性中间体碳正离子的稳定性顺序：叔＞仲＞伯。该活性中间体与苯环、烯键、烃基等相接，由于共轭或超共轭效应的存在，而使其更加稳定，卤加成更容易在此碳原子上进行。

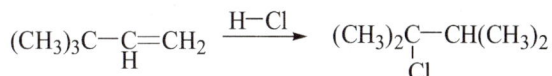

$$(CH_3)_3C\!-\!\!\underset{H}{C}\!=\!CH_2 \ \xrightarrow{\ H-Cl\ } \ (CH_3)_2\underset{Cl}{C}\!-\!CH(CH_3)_2$$

炔烃与卤化氢反应的活性比烯烃低，加成方向同样符合 Markovnikov 规则。炔烃与卤化氢加成产物主要为反式卤代烯烃，其进一步与卤化氢加成，得到同碳上有两个卤原子的二卤代物。

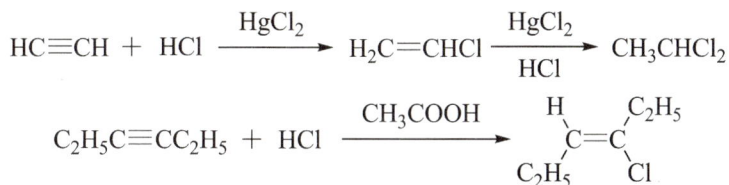

$$HC\!\equiv\!CH \ + \ HCl \ \xrightarrow{\ HgCl_2\ } \ H_2C\!=\!CHCl \ \xrightarrow[\ HCl\ ]{\ HgCl_2\ } \ CH_3CHCl_2$$

$$C_2H_5C\!\equiv\!CC_2H_5 \ + \ HCl \ \xrightarrow{\ CH_3COOH\ } \ \underset{C_2H_5}{\overset{H}{}}C\!=\!C\underset{Cl}{\overset{C_2H_5}{}}$$

卤化氢与不饱和烃的亲电加成，一般使用卤化氢气体或在中等极性的溶剂中进行反应，如乙酸。卤化氢的活性顺序为：HI＞HBr＞HCl。

使用氯化氢时常加入 Lewis 酸作催化剂（三氯化铝、三氯化铁、氯化锌等）。

氢溴酸在硫酸铁催化下可与烯烃顺利加成，该方法具有原料价廉、收率较高、适于工业化生产等优点。

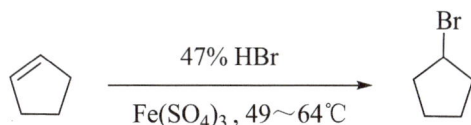

$$\xrightarrow[\ Fe(SO_4)_3,\ 49\sim64℃\ ]{\ 47\%\ HBr\ }$$

碘化氢与烯烃反应时，若碘化氢过量，由于其具有还原性将会还原碘代烃成烷烃。

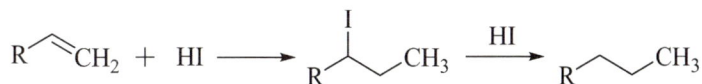

$$R\!-\!\!CH_2 \ + \ HI \ \longrightarrow \ R\!-\!\!\underset{I}{C}\!\!-\!CH_3 \ \xrightarrow{\ HI\ } \ R\!-\!\!CH_3$$

氟化氢与烯烃容易生成多聚物，反应宜在低温下进行。若用氟化氢与吡啶的络合物作氟化剂，可提高氟化效果。或者加入 NBS，而后还原除溴，反应即可温和进行。

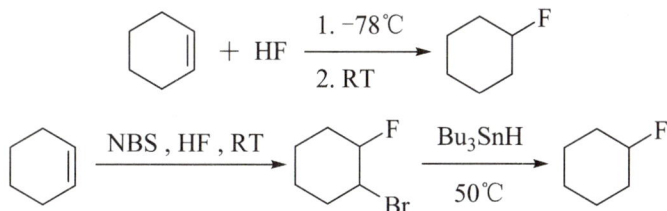

$$\xrightarrow[\ 2.\ RT\ ]{\ 1.\ \text{-}78℃\ }$$

$$\xrightarrow{\ NBS,\ HF,\ RT\ } \qquad \xrightarrow[\ 50℃\ ]{\ Bu_3SnH\ }$$

卤化锂或卤化钠与乙酸可作为卤化氢的来源。它们与烯烃共热，即可顺利发生氢卤加成反应，具有收率高、环境污染少的特点。

卤代烷也可与双键发生加成反应。在 Lewis 酸的催化下，叔卤代烷与烯键的加成，其机理类似 Friedel-Crafts（傅克）反应。即叔卤代烷中的卤原子在催化剂存在下极化，使碳原子带有部分阳电荷，然后向双键作亲电进攻。

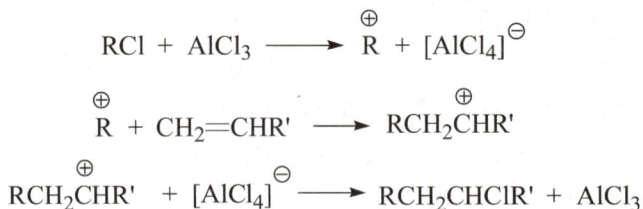

$$RCl + AlCl_3 \longrightarrow \overset{\oplus}{R} + [AlCl_4]^{\ominus}$$

$$\overset{\oplus}{R} + CH_2=CHR' \longrightarrow R\overset{\oplus}{CH_2CHR'}$$

$$R\overset{\oplus}{CH_2CHR'} + [AlCl_4]^{\ominus} \longrightarrow RCH_2CHClR' + AlCl_3$$

例如氯代叔丁烷和乙烯在三氯化铝催化下反应，可得 1-氯-3,3-二甲基丁烷。

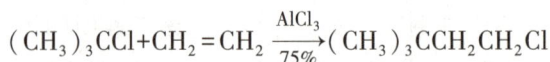

$$(CH_3)_3CCl + CH_2=CH_2 \xrightarrow[75\%]{AlCl_3} (CH_3)_3CCH_2CH_2Cl$$

多卤甲烷衍生物与双键的游离基加成，可在双键上形成碳-卤键，使双键的碳原子上增加一个碳原子。采用的多卤甲烷有氯仿、四氯化碳、一溴三氯甲烷、溴仿和一碘三氟甲烷等。这些多卤甲烷衍生物中被取代的卤原子活性顺序为 $I>Br>Cl$。

丙烯和四氯化碳在过氧苯甲酰催化下，生成 1,1,1-三氯-3-氯丁烷，经过水解可容易地得到 β-氯丁酸。

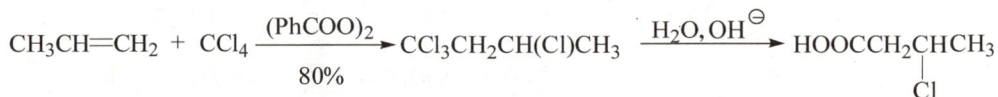

$$CH_3CH=CH_2 + CCl_4 \xrightarrow[80\%]{(PhCOO)_2} CCl_3CH_2CH(Cl)CH_3 \xrightarrow{H_2O, OH^{\ominus}} HOOCCH_2\underset{Cl}{CHCH_3}$$

最为简便的卤化氢与不饱和烃的加成反应是在相转移催化下，直接使氢卤酸与不饱和烃在 115℃左右进行反应。常用的相转移催化剂有季铵盐或季鏻盐。不同的氢卤酸反应活性不同，氢碘酸最快，氢溴酸居中，盐酸最慢。

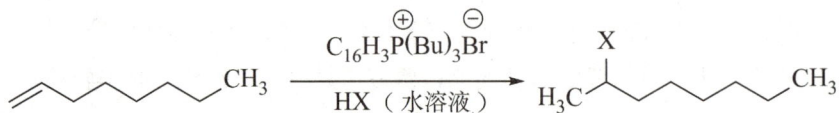

3. 在药物合成中的应用

抗精神病药物氟哌啶醇（haloperidol）中间体的合成：

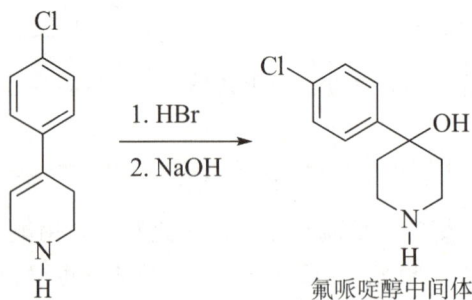

氟哌啶醇中间体

（二）溴化氢的自由基型加成反应

1. 反应机理

在光照或过氧化物的引发下，溴化氢与烯烃进行自由基的加成，不遵守 Markovnikov 规则，称为过氧化物效应。

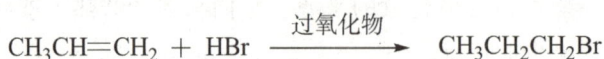

$$CH_3CH=CH_2 + HBr \xrightarrow{\text{过氧化物}} CH_3CH_2CH_2Br$$

反应机理如下:

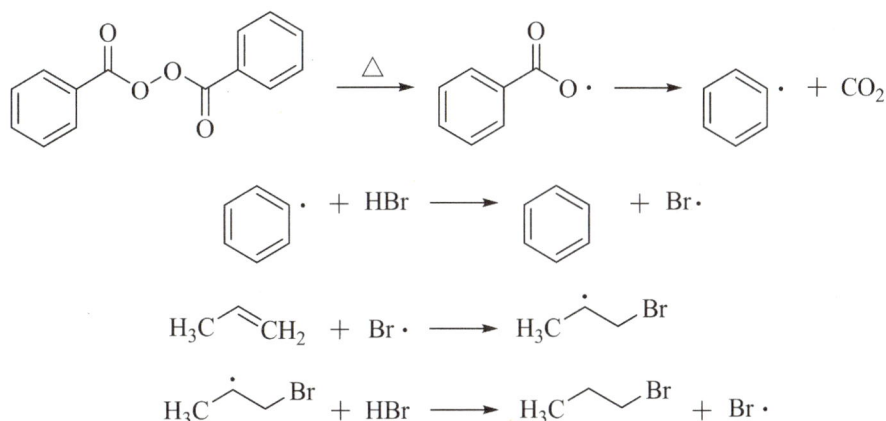

溴化氢被自由基引发剂均裂生成溴自由基,溴自由基进攻烯烃的双键,生成溴代碳自由基,其再向溴化氢夺取一个氢自由基,得到加成产物。

2. 反应影响因素

Lewis 酸能促进卤化氢分子的离解,因而有加速这类反应的作用。

反应的选择性主要取决于中间体碳自由基的稳定性,活性中间体碳正自由基的稳定性顺序:叔>仲>伯。另外,过氧化物效应只限于溴化氢,氯化氢和碘化氢都不能进行上述自由基型加成反应。这是因为烯烃与溴化氢的自由基型反应中,链增长步骤是放热的,可以迅速生成产物,而氯化氢和碘化氢链增长阶段都有一步是吸热的,从而不利于链的增长,故氯化氢和碘化氢仍按亲电机理进行。

由于 $CH_3(CH_2)_5CH_2$-基团空间效应的影响,溴自由基与端位烯键碳原子的碰撞概率会远远多于第二位碳原子,因此产物以 1-溴代壬烷为主。这类反应已成为 1-溴代烷的重要合成方法。

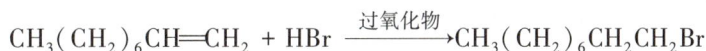

$$CH_3(CH_2)_6CH{=\!=}CH_2 + HBr \xrightarrow{\text{过氧化物}} CH_3(CH_2)_6CH_2CH_2Br$$

利用不饱和烃与溴化氢的亲电加成和自由基型加成,可以得到不同的溴化物,在游离基引发剂存在下,氯丙烯与溴化氢加成得 1-氯-3-溴丙烷。

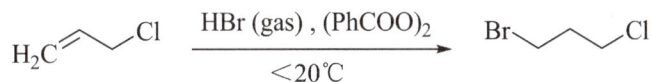

溴化氢对 1-苯基-丙烯进行游离基加成,由于苯基和游离基共轭的稳定效果比甲基大,所以得到 1-苯基-2-溴-丙烷:

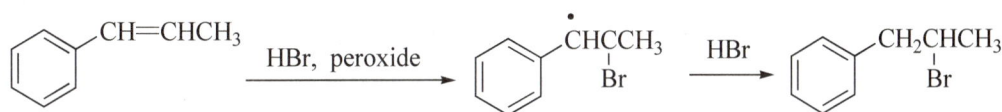

第二节　烃类的卤代反应

一、脂肪烃的卤代反应

（一）饱和脂肪烃的卤代反应

从广义的角度来讲，卤代反应是在饱和碳原子上引入取代基的最重要也是最简单的反应。由于饱和烃上的氢原子活性较小，该反应需要在高温气相条件，紫外光照或自由基引发剂存在下才能进行。

1. 反应通式及机理

$$RCH_3 \ + \ Cl_2 \ \xrightarrow[\text{或}\triangle]{hv} \ RCH_2Cl \ + \ HCl$$

饱和脂肪烃的卤代属于典型的自由基反应，其反应历程经过了链引发、链增长、链终止三个阶段。

① $\quad$ Cl—Cl $\xrightarrow[\text{或}\triangle]{hv}$ 2Cl· $\qquad\qquad$ 链引发

② $\quad$ Cl· + H—CH$_3$ ⟶ CH$_3$· + H—Cl

　　　　　　　　　　　　　　甲基自由基 $\qquad\qquad$ ⎫

　　　　　　　　　　　　　　　　　　　　　　　⎬ 链增长

③ $\quad$ CH$_3$· + Cl—Cl ⟶ H$_3$C—Cl + Cl· $\quad$ ⎭

　　　　　　　　　　　　　　　氯甲烷

再重复②③

④ $\quad$ CH$_3$· + Cl· ⟶ CH$_3$Cl $\qquad$ ⎫

⑤ $\quad$ CH$_3$· + CH$_3$· ⟶ CH$_3$CH$_3$ $\quad$ ⎬ 链终止

⑥ $\quad$ Cl· + Cl· ⟶ Cl$_2$ $\qquad\qquad$ ⎭

（1）链引发阶段　需要一定的能量来使氯分子发生均裂产生自由基，热裂法、光解法和电子转移法是产生自由基的主要方法。

热裂法是在一定温度下对分子进行热激发，使共价键均裂产生自由基，从而提供自由基的来源。500～650℃的高温足以断裂 C—C、C—H、H—H 键，而 Cl—Cl、Br—Br、O—O、N—N、C—N ⟷ N—C 等共价键的均裂需要的温度则低一些。在较低温度下容易产生自由基的物质称为自由基引发剂，如过氧化苯甲酰、偶氮二异丁腈等。

$$\underset{H_3C\quad CH_3}{\overset{H_3C\quad CH_3}{NC-\underset{}{C}-N=N-\underset{}{C}-CN}} \xrightarrow{60\sim100℃} \quad 2\underset{CN}{\overset{H_3C\quad CH_3}{\underset{}{C}\cdot}} \ + \ N_2\uparrow$$

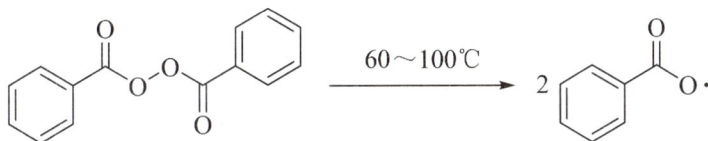

光解法是用光照来活化有机物分子，诱导其离解产生自由基，可见光波长在 $400\sim500nm$ 之间的光量子能量在 $250kJ/mol$ 以上，低于 $400nm$ 的光波能量更高，足以使 Cl_2、Br_2、I_2 等发生均裂。

$$Cl_2 \xrightarrow{\text{光照}} 2Cl\cdot$$

电子转移法则是利用重金属离子得失电子的性质，常用于催化某些过氧化物的分解，例如：

$$Fe^{2+}+HO-OH \longrightarrow Fe^{3+}+HO\cdot+HO^-$$

（2）链增长阶段 以甲烷与生成的氯自由基进行链增长过程为例：

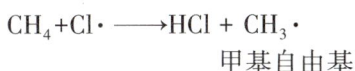

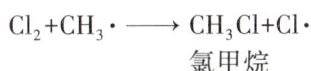

$$CH_4+Cl\cdot \longrightarrow HCl + CH_3\cdot$$
$$\text{甲基自由基}$$

$$Cl_2+CH_3\cdot \longrightarrow CH_3Cl+Cl\cdot$$
$$\text{氯甲烷}$$

（3）链终止阶段 活泼的、低浓度的自由基也会发生碰撞。

$$Cl\cdot +CH_4\cdot \longrightarrow CH_3Cl$$
$$CH_4\cdot +CH_4\cdot \longrightarrow CH_3CH_3$$
$$Cl\cdot +Cl\cdot \longrightarrow Cl_2$$

一部分自由基还会由于与容器壁碰撞将能量传给器壁或相互磁撞而结合或与杂质结合而使反应终止：

$$Cl\cdot +O_2 \longrightarrow ClO_2\cdot$$

$ClO_2\cdot$ 是稳定的自由基，反应活性很弱。

在光照或过氧化物存在下，硫酰氯也可发生如下变化：

$$SO_2Cl_2 \xrightarrow[\text{或过氧化物}]{\text{光照}} ClSO_2\cdot + Cl\cdot$$

$$RH + Cl\cdot \longrightarrow R\cdot + HCl$$

$$RH + ClSO_2\cdot \longrightarrow R\cdot + HCl + SO_2$$

$$R\cdot + SO_2Cl_2 \longrightarrow RCl + ClSO_2\cdot$$

分解成的氧自由基和硫酰氯自由基，都可作为初始自由基引发自由基型反应，例如：

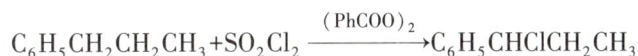

$$C_6H_5CH_2CH_2CH_3+SO_2Cl_2 \xrightarrow{(PhCOO)_2} C_6H_5CHClCH_2CH_3$$

2. 主要影响因素

（1）溶剂 溶剂对反应影响较大，一般用非极性的惰性溶剂，能与自由基发生溶剂化的溶剂会降低自由基的活性。

（2）反应温度 升高温度有利于自由基产生及反应的进行，但光解法产生的自由基与温度无关。温度高也有利于副反应的进行，同时导致氯气浓度在体系中减少，这对反应不利。

（3）进攻试剂 卤化时，饱和烃分子上的氢原子活性在无立体效应的影响下，其活性次序是叔氢＞仲氢＞伯氢；卤素的活性次序是 $F>Cl>Br>I$。卤素的活性越大，反应越剧烈，反应的选择性越差。用碘进行取代反应时，生成的碘化氢可将碘化烃还原，因此收率较低，应用亦少；并且碘的活性较差，不能直接与饱和烃反应，可以次碘酸叔丁酯与饱和烃发生碘化反应，而其制备可由次氯酸叔丁酯与碘化汞反应来实现。所以在烷烃的卤取代反应，以溴化反应应用最多。

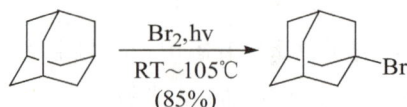

$$\text{金刚烷} \xrightarrow[\substack{RT \sim 105℃ \\ (85\%)}]{Br_2, hv} \text{1-溴金刚烷}$$

新近还发现了多种选择性良好的氯化剂，如在二价钴的催化下，己烷在苯中与亚硫酰氯反应，以 85% 的选择性生成 2-氯己烷，收率为 75%。

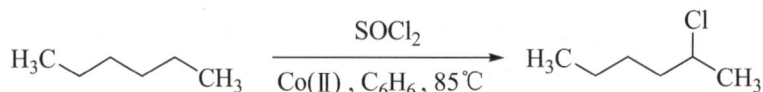

$$H_3C\text{—}CH_2\text{—}CH_2\text{—}CH_2\text{—}CH_3 \xrightarrow[Co(\text{II}), C_6H_6, 85℃]{SOCl_2} H_3C\text{—}CH_2\text{—}CH_2\text{—}CHCl\text{—}CH_3$$

（二）烯丙位和芳环苄位的卤代反应

1. 反应通式

对烯丙型和苄基型化合物，由于生成的烯丙基或苄基自由基可与双键或芳香环发生共轭作用，从而使得卤化反应不仅容易进行，而且区域选择性也显著提高。因而烯丙型、苄基型的自由基卤化反应在药物合成中得到了较为广泛的应用。这类反应在高温或光照或自由基引发剂存在下发生，活泼的烯丙位和苄位氢原子发生自由基取代反应，生成卤取代物。

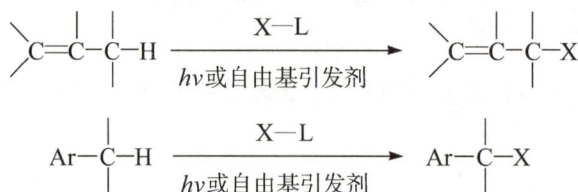

$$\text{C}=\text{C}-\text{C}-\text{H} \xrightarrow[hv\text{或自由基引发剂}]{X-L} \text{C}=\text{C}-\text{C}-\text{X}$$

$$Ar-\text{C}-\text{H} \xrightarrow[hv\text{或自由基引发剂}]{X-L} Ar-\text{C}-\text{X}$$

2. 反应机理

烯丙位和苄位碳原子上的卤代反应机理与烷烃卤代反应一样，是自由基取代反应，决定反应速率的步骤是自由基生成的那一步。

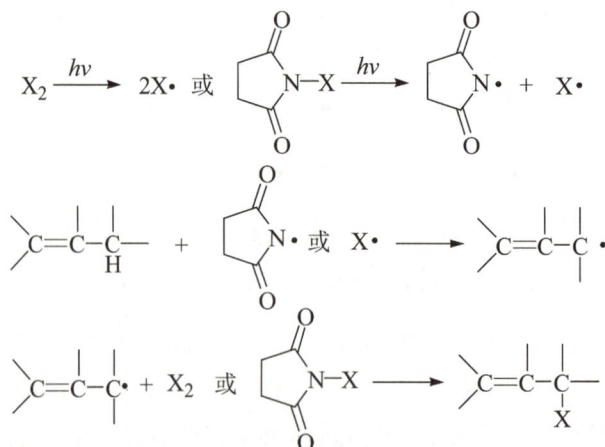

$$X_2 \xrightarrow{hv} 2X\cdot \quad \text{或} \quad \text{(酰亚胺)}N-X \xrightarrow{hv} \text{(酰亚胺)}N\cdot + X\cdot$$

$$\text{C}=\text{C}-\text{C}-\text{H} + \text{(酰亚胺)}N\cdot \text{ 或 } X\cdot \longrightarrow \text{C}=\text{C}-\text{C}\cdot$$

$$\text{C}=\text{C}-\text{C}\cdot + X_2 \text{ 或 } \text{(酰亚胺)}N-X \longrightarrow \text{C}=\text{C}-\text{C}-X$$

卤素或其他卤化剂（如 NBS）现在自由基引发下均裂成卤素或琥珀酰亚胺的自由基，然后夺取烯丙位或苄位上的氢原子，生成相应的碳自由基，再与卤素或 NBS 反应，得到卤代产物。

3. 主要影响因素

（1）**反应温度**　烯丙位与苄位的卤代一般在高温下进行，低温有利于烯键与卤素的加成。甲苯侧链单氯化适宜的反应温度为 158～160℃，低温时容易发生苯环上的取代。光解法与温度无关，在较低温度下也可发生，控制反应物浓度和光强度可以调节自由基产生的速度，便于控制反应进程。

（2）反应溶剂　反应多采用四氯化碳、苯等惰性非极性溶剂，以免能与自由基发生溶剂化的溶剂降低自由基的活性，同时要控制体系中的水分。若是液体反应，也可不用溶剂。当反应物不溶于四氯化碳时，可改用氯仿、苯或石油醚作溶剂。

（3）卤化试剂　烯丙位与苄位的卤代常用的卤化试剂有卤素、硫酰氯、NBS、NCS 等。选用 NBS 或 NCS 进行烯丙位或苄位的卤代反应，反应条件温和，选择性高、副反应少，而且叔碳上的氢选择性不明显。若反应物分子除具有苄位碳氢键以外，还有其他可被卤代的活性部位，则反应以苄位卤代为主。

某些特殊结构的苄位在 PCl_5 作用下也发生卤取代：

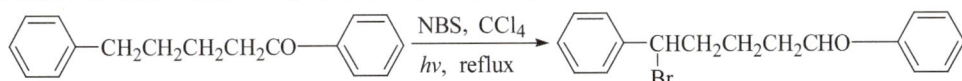

（4）取代基　苄位及其邻、对位，或烯丙位碳原子上，若连有推电子基团，活性中间体碳自由基的稳定性则加强，反应加快；若连有吸电子基团，则反应受阻。如在光照下，邻二甲苯与溴在水中室温下即可顺利反应，生成 α,α'-二溴邻二甲苯，此法具有简便、对环境友好的特点。而苄位二卤代物的制备要比一卤代物困难得多。

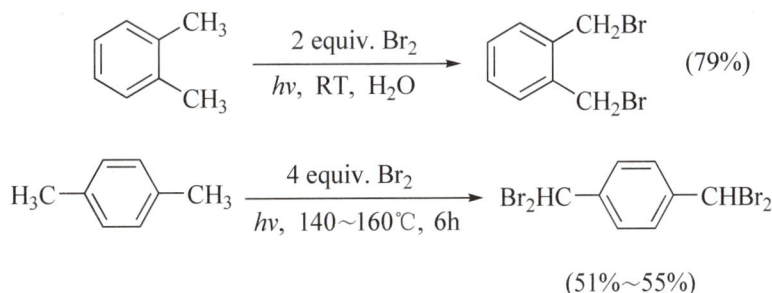

反应物分子中若存在多种烯丙基碳氢键，同样，因碳自由基的稳定性关系，它们的反应活性顺序为叔 C—H＞仲 C—H＞伯 C—H。例如：

（5）金属杂质　如果反应体系中混有铁、锑、锡等金属杂质，则有可能导致芳香环上发生亲电取代反应，生成混合产物。

在烯丙型或苄基型卤化反应中，时常伴有烯丙基转位和重排现象发生。如香叶烯化合物与氯气在戊烷中反应时，氯化没有发生在链端的甲基碳原子上，而是生成了重排产物；异胡薄荷醇与次氯酸作用时生成了异构化的氯代产物。类似的重排现象也在其他萜类化合物的卤化反应中发现。

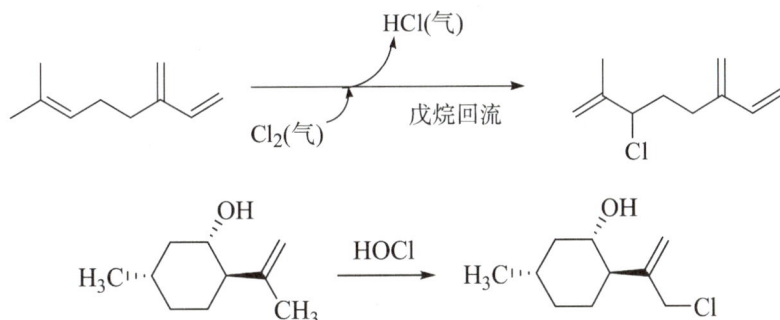

4. 在药物合成中的应用

抗组胺药氯苯那敏的合成，第一步就应用到此类反应：

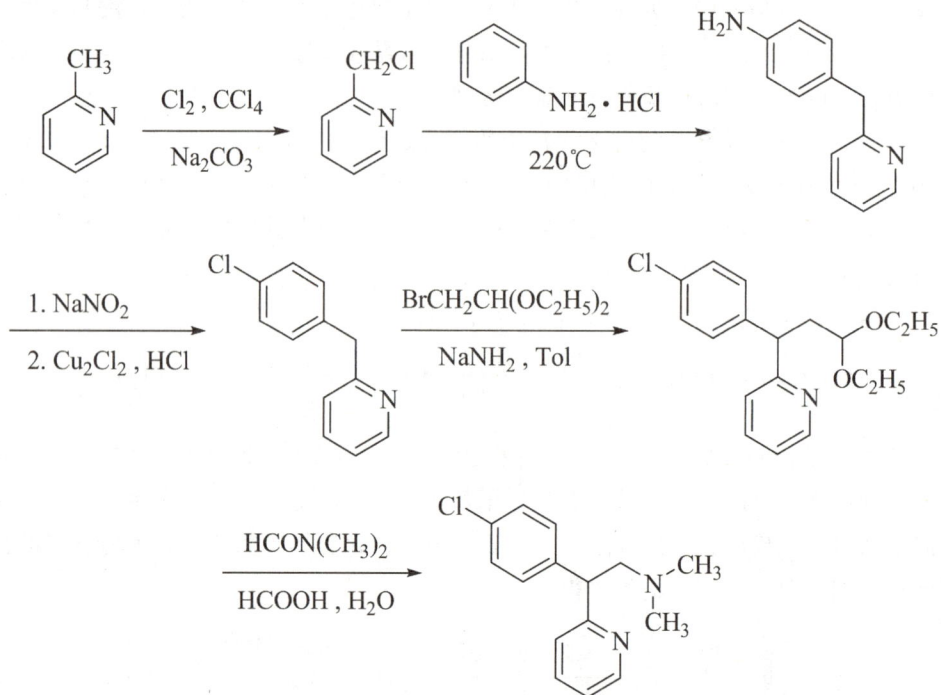

氯苯那敏

抗心律失常药溴苄胺托西酸盐（bretylium tosilate）中间体邻溴苄基溴的合成：

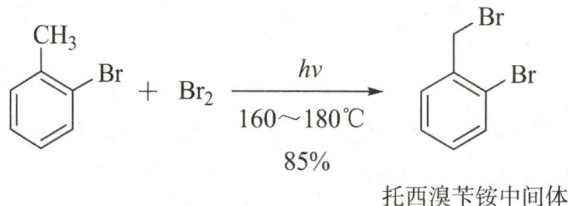

托西溴苄铵中间体

又如抗高血压药物氯噻酮（chlorthalidone）中间体的合成：

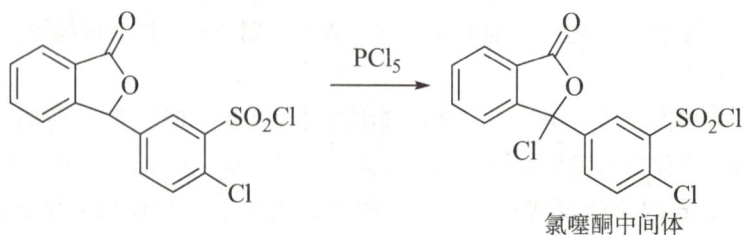

氯噻酮中间体

吸入全麻药氟烷（halothane）的合成：

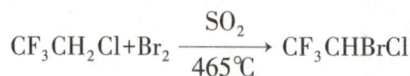

$$CF_3CH_2Cl + Br_2 \xrightarrow[465℃]{SO_2} CF_3CHBrCl$$

再如血栓烷合成酶抑制剂奥扎格雷钠（ozagrel sodium）中间体的合成：

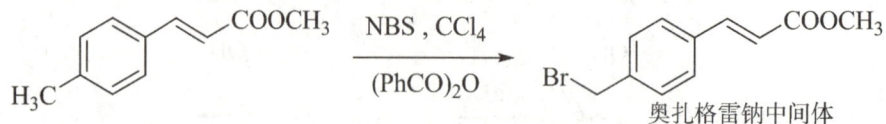

奥扎格雷钠中间体

二、芳烃的卤代反应

（一）反应通式

芳环的卤化反应是合成卤代芳烃的重要方法，属于一般的芳环亲电取代反应，主要指氯化和溴化。

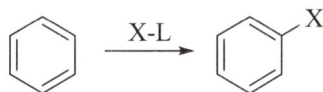

L=X、HO、RO、H、RCONH等

（二）反应机理

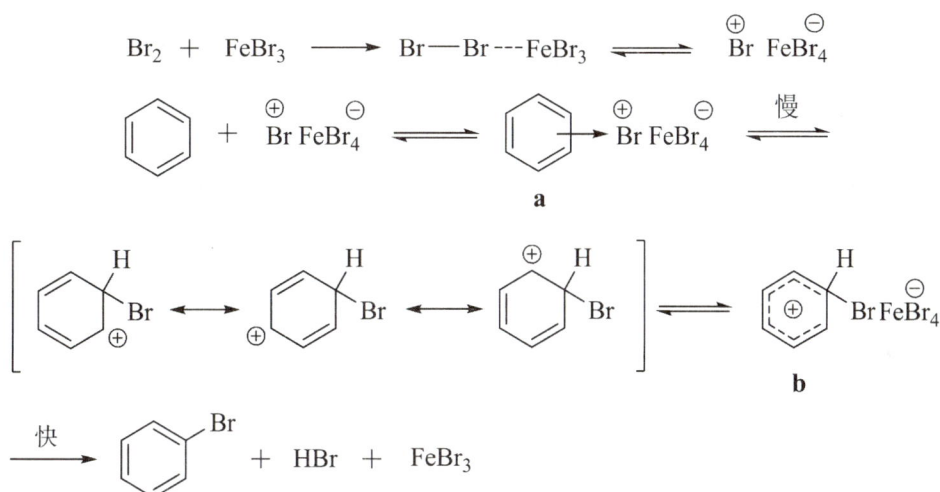

反应分两步进行，首先是 σ-络合物的形成，亲电试剂溴分子受苯环 π-电子的吸引形成 π-络合物 a，π-络合物进而异构化为四电子五中心的离域碳正离子——σ-络合物 b，这是决定反应速率步骤。第二步是 σ-络合物失去质子，恢复苯环的芳香共扼体系。整个过程相当于加成-消除过程。

（三）主要影响因素

1. 反应催化剂

Lewis 酸是芳环的卤化反应常用催化剂，如 $AlCl_3$、$FeCl_3$、$FeBr_3$、$SnCl_4$、$TiCl_4$、$ZnCl_2$ 等。SCl_2、SO_2Cl_2、$(CH_3)_3COCl$ 等也能提供氯正离子而具有催化作用。选择适当的催化剂，能够获得高选择性的卤化产物，特别是当芳环上有强给电子基团时，不仅能够控制性地实现一次卤化，而且卤化反应往往高选择性地发生在取代基的对位。例如：

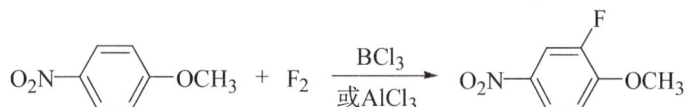

2. 芳环取代基

芳环上有给电子基团时，使芳环活化，卤化反应容易进行，甚至发生多卤化反应，产物以邻位、对位为主，当连有强的给电子基团（—OH、—NH_2 等）或使用较强的卤化剂时，不用催化剂也能顺利进行反应。芳环上有吸电子基团时，芳环被钝化，一般需用 Lewis 酸做催化剂，并在较高温度下进行，或采用活性较大的卤化试剂，以间位产物为主。

苯酚与过量的溴反应，生成四溴环酮（TBCO），其可与烯键反应，与苯胺反应时，只生成对位产物，反应条件温和，而且溶剂对定位无影响。

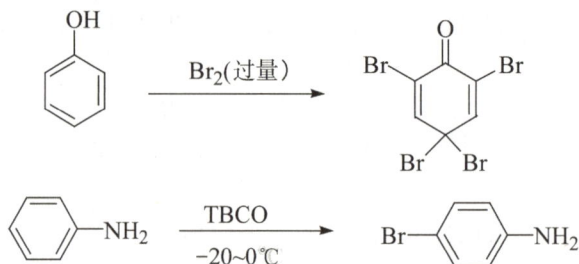

3. 芳核

芳杂环的卤化比较复杂，吡咯、噻吩、呋喃等的卤化非常容易，因为多 π 芳杂环碳原子上的电子云密度比苯大，反应活性较高。但不同的五元杂环化合物卤化时异构体的比例差别很大。例如：

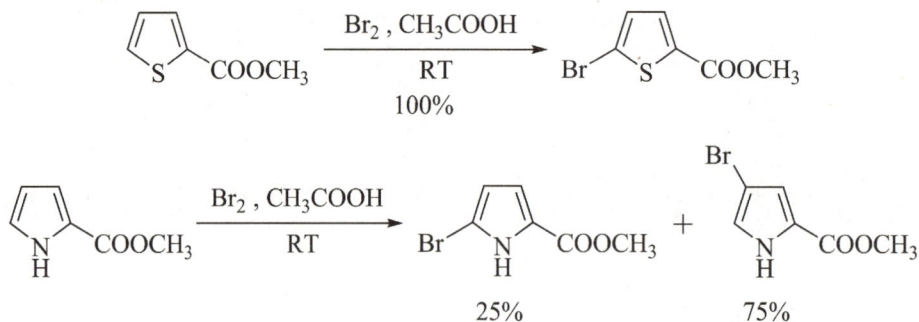

而缺 π 芳杂环（如吡啶）在卤化时，生成的卤化氢以及加入的催化剂能与吡啶环上的氮原子结合，进一步降低了环上的电子云密度，反应难以进行。但溴化时加入三氧化硫等作为氧化剂，以除去生成的溴化氢，则可以明显提高收率。

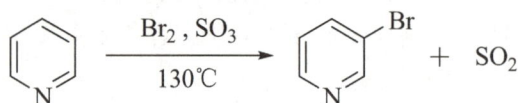

4. 反应溶剂

二硫化碳、稀乙酸、稀盐酸、氯仿等是卤化反应常用的溶剂。芳烃自身为液体时也可兼作溶剂，例如：

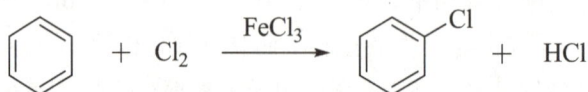

苯酚在非极性溶剂（二氧六环）中进行溴化时，主要生成 4-溴苯酚。但苯酚在碱性水溶液中溴化时，由于苯氧阴离子的形成使得环上电子密度增大，不论加入溴素量的多少，都主要得到 2,4,6-三溴苯酚：

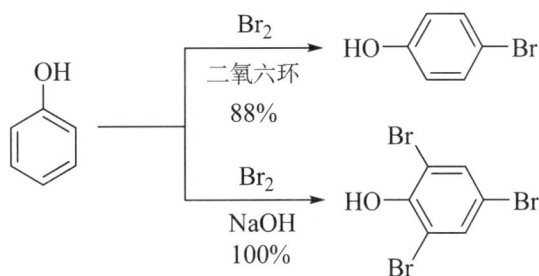

5. 反应温度

温度对反应的影响表现为卤原子引入位置和引入卤原子的数目，例如萘与溴反应，低温时主要生成1-溴萘，高温时主要生成2-溴萘。

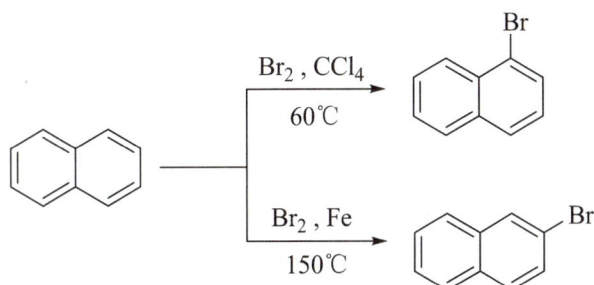

温度较高时，芳环上的吸电子基团（如硝基）可被卤素原子取代。

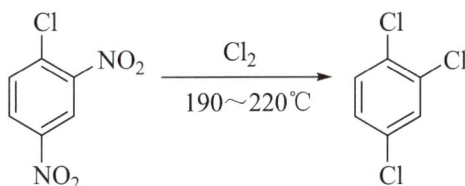

6. 卤化剂

卤素与芳环的卤化反应是非常经典也是十分重要的制备芳香族卤化物的常用方法，反应遵循定位规律，而且控制反应温度能够获得良好的区域选择性。卤素的活性次序是 F>Cl>Br>I。直接用氟进行氟化，反应十分剧烈，需要在氩气或氮气稀释下于-78℃反应，因此氟很少直接与芳环反应，氟化物的制备主要通过置换的方法来完成。

氯气的应用非常广泛。例如：水杨酸氯化可制备驱虫药氯硝柳胺的中间体5-氯水杨酸。

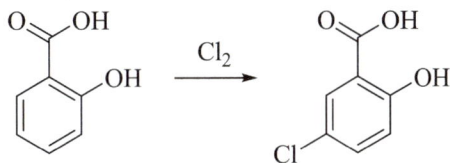

氯硝柳胺中间体

溴分子对芳烃的取代通常在乙酸、乙醇、四氯化碳、氯仿等溶剂中进行，反应中必须用另一分子的溴来极化溴分子。在反应中加入碘，由于 I_2Br^- 比 Br_3^- 容易生成，可以提高反应速率。

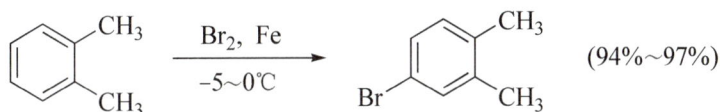

(94%~97%)

过溴季铵盐与苯胺反应，生成对溴苯胺：

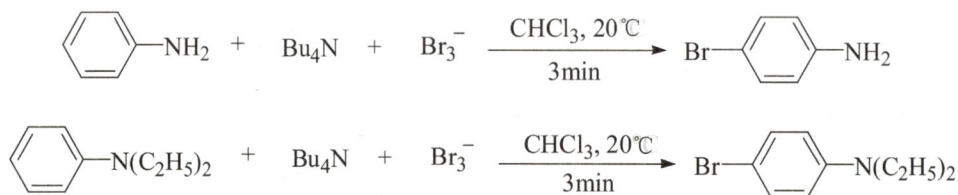

碘的反应活性低，单独使用碘分子对芳烃进行碘代效果不理想，而且苯环上的碘化是可逆的，生成的碘化氢可使碘代产物还原为芳烃，只有不断除去碘化氢才能使反应顺利进行。加入氧化剂（硝酸、过氧化氢、碘酸钾、碘酸、次氯酸钠等）是除去碘化氢最常用的方法。也可加入碱性物质中和碘化氢，如氨、氢氧化钠，碳酸钠等或加入氧化镁、氧化汞等可与碘化氢形成难溶于水的碘化物。

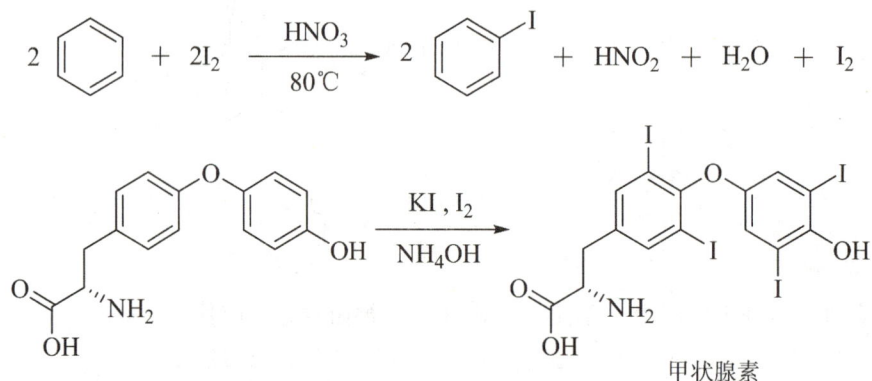

对活泼芳烃，可在 Al_2O_3 或 CF_3COOAg 存在下直接碘化，选择性地实现对位取代。用亚硝酸四氟硼酸盐催化时，能极大地提高反应的产率，其反应机理与常见的路易斯酸催化反应机理相似。

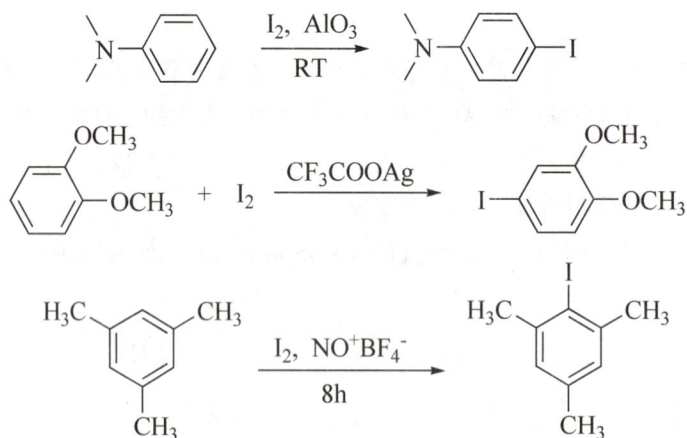

在高氧化态碘代物存在下，单质碘也能与芳烃顺利地进行碘化反应，特别是芳环上连有较强给电子基团时还能选择性地生成单一碘化产物，如具有抗肿瘤活性的天然产物 combretastatin D-1 的中间体的合成：

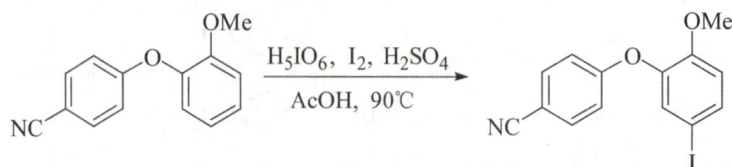

利奈唑胺（linezolid）是噁唑啉酮类抗生素中第一个上市的药物，其关键中间体的合成就采

用了类似的过程：

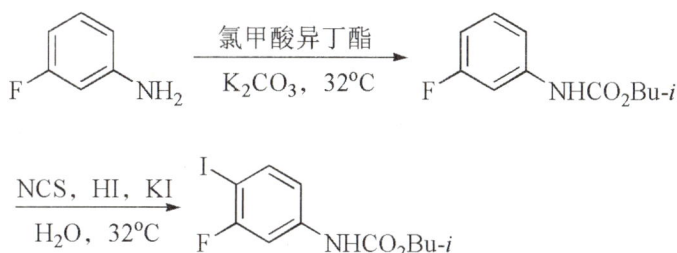

卤素互化物相比卤素的反应活性更高，因为在互化物中电负性小的卤素带有部分正电荷，所以在亲电反应中不存在卤-卤键的极化过程。如苯甲酸乙酯与氟化溴在-78℃条件下的反应，能以95%的产率得到间位溴化产物：

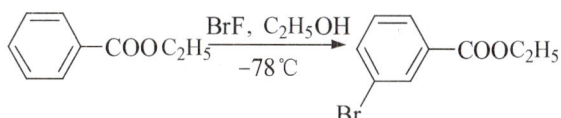

Koser 试剂（简写为 HTIB）是一种与卤素互化物十分相似的卤化试剂，其结构中的三价碘原子通过与卤素单质或卤素负离子的相互活化作用，使其成为卤化试剂。有趣的是，这类卤化试剂易与多烷基苯发生反应，而与苯、甲苯以及苯乙酮均不发生卤化反应，Koser 试剂在此更多的是呈现出催化作用。与 HTIB 结构相似的化合物表现出相似的性质。

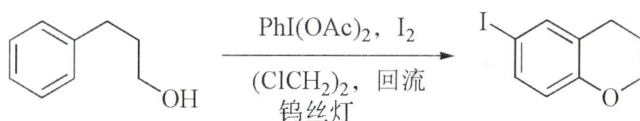

卤素单质与芳烃进行的卤化反应，可在不同温度、不同酸（碱）性介质和催化条件下进行，而且有可能获得优良的卤化反应结果。与路易斯酸催化反应十分相似，质子酸及其铵盐同样能导致卤素极化异裂而产生亲电的卤素正离子，进而与芳环发生亲电卤化反应。

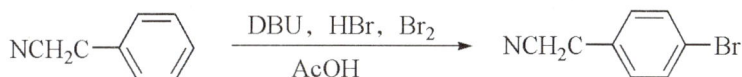

氢卤酸及其盐也可作为卤化剂，在过氧化氢或碘酸等氧化试剂存在下，表现出特定的反应选择性。例如1,3-二甲氧基苯的卤化，若采用传统的氯化反应，得到的是混合物，而且一氯代产物主要是2,4-二甲氧基氯苯，但在钒酸铵和过氧化氢存在下与氯化钾发生氯化反应，可选择性地获得芳环的2-位取代产物。类似的反应用于苯甲醚的溴化，但是溴化位置发生在了甲氧基的对位，收率可达98%。

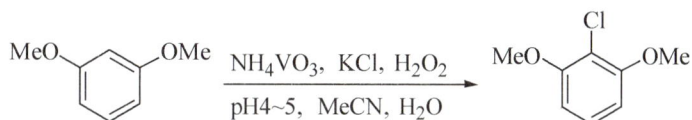

用 TBHP 代替过氧化氢，在甲醇溶液中也能进行类似亲电取代。用氢溴酸为溴源发生溴化时，产物单一，收率较高；若改用盐酸氯化，则收率为50%，而且邻、对位氯化产率之比为35：65。

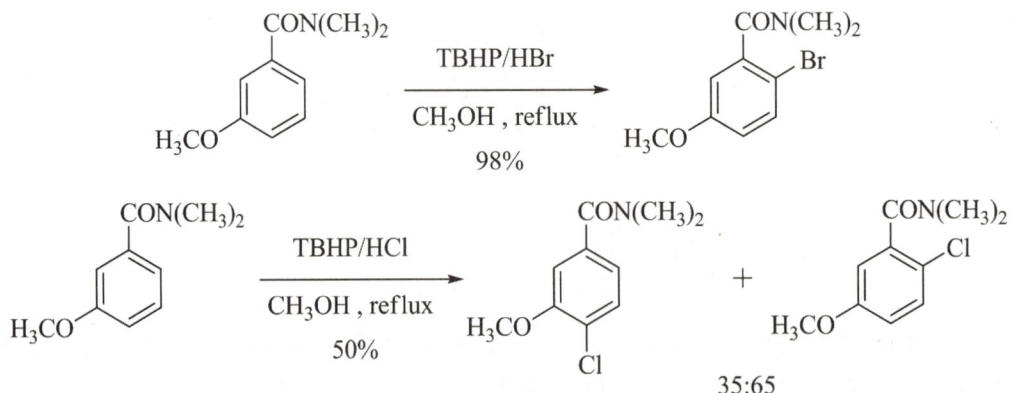

次卤酸分子中存在的氧-卤极性键中卤素带有正电荷，因此，次卤酸及其衍生物也能与芳烃发生亲电卤化反应，常见的这类卤化试剂有次卤酸酯、乙酸次卤酸酐以及次卤酸盐等。这类卤化试剂可以直接与芳香氨基酸发生卤化反应，用于合成芳环含有卤素的非天然芳香氨基酸或对应的肽类化合物。

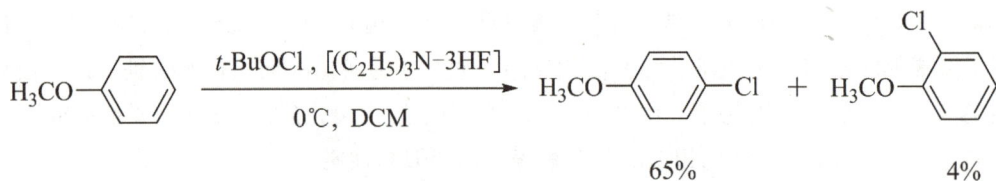

次卤酸还可以通过酶催化反应来实现对芳环的氯化反应，如色氨酸在黄素（flavin）存在下，与次氯酸反应得到7-位被氯化的产物。

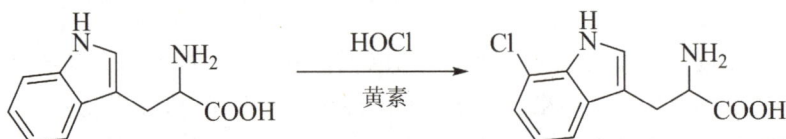

硫酰氯由于其离解出氯正离子，是一种亲电试剂，可用于酚类化合物及含有强给电子基的芳环上的氯化反应，并选择性地在给电子基团的对位取代。若酚羟基的邻位有烷基时，对反应产率有一定的影响，且不同的烷基对产率影响有所不同。当反应体系中存在（i-Bu）$_2$NH 这样高位阻的碱时，硫酰氯反应的选择性与上述结果恰好相反，主要产物为邻位氯代异构体。

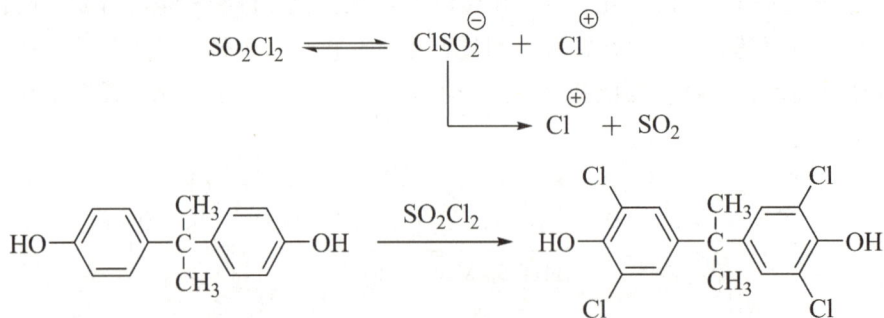

当用二苯硫醚和三氯化铝作催化剂时，由于二苯硫醚和三氯化铝体积较大的络合物，使芳环上氯化的选择性大大提高。

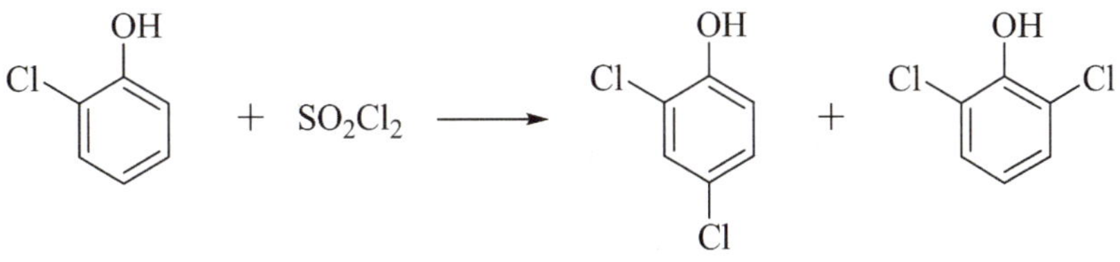

95.5%　　　　4.5%

硫酰氯还可使酮分子中的 α-氢可发生氯化反应。

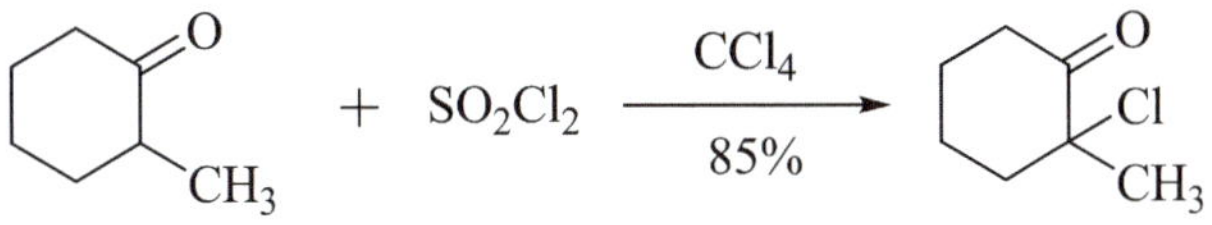

羧酸汞在极性溶剂中能与芳烃（特别是活泼的芳烃）发生反应，生成芳香羧酸的汞盐，这类汞化物具有更强的亲核能力，极易与各类卤化试剂作用生成芳卤化产物。

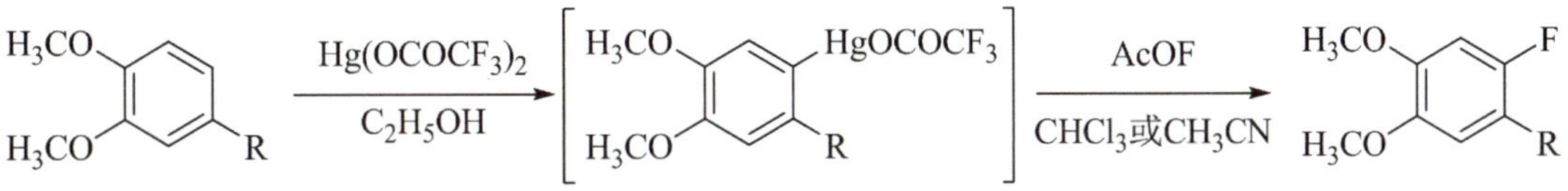

Blanc 反应是一种常见的在芳香环上引入卤甲基的卤化反应。当芳环上连有给电子基团时，对反应有利；反之，则不利于反应的进行。如硝基苯很难发生卤甲基化反应，而酚类则容易发生卤甲基化。常用的卤甲基化试剂有甲醛-卤化氢、多聚甲醛-卤化氢、卤甲醚等。质子酸（硫酸、磷酸、乙酸）和路易斯酸（$ZnCl_2$、$AlCl_3$、$SnCl_4$）等均可催化反应。

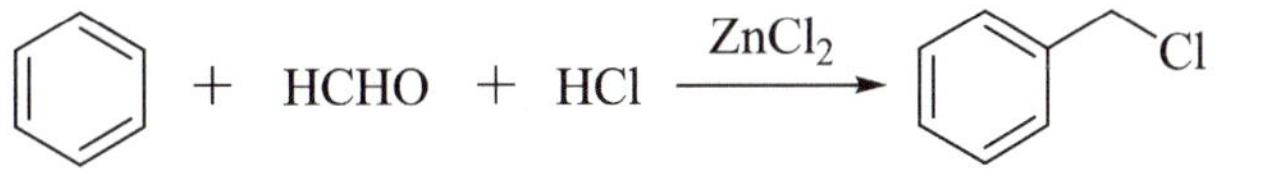

除了芳香烃化合物，烯烃也可以进行氯甲基化反应。如镇痛药布桂嗪（bucinnazine）的中间体的制备：

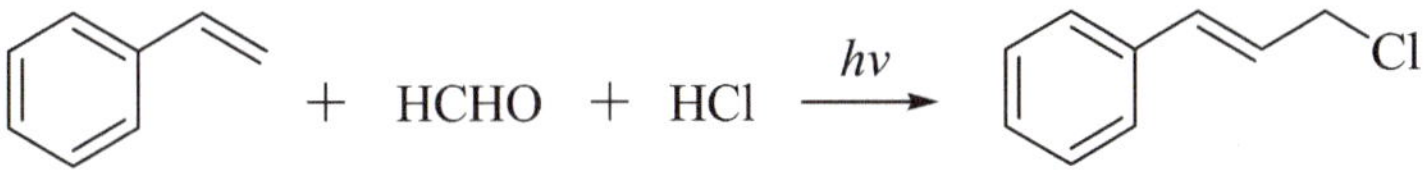

（四）在药物合成中的应用

抗代谢类抗肿瘤药物 5-氟尿嘧啶的合成：

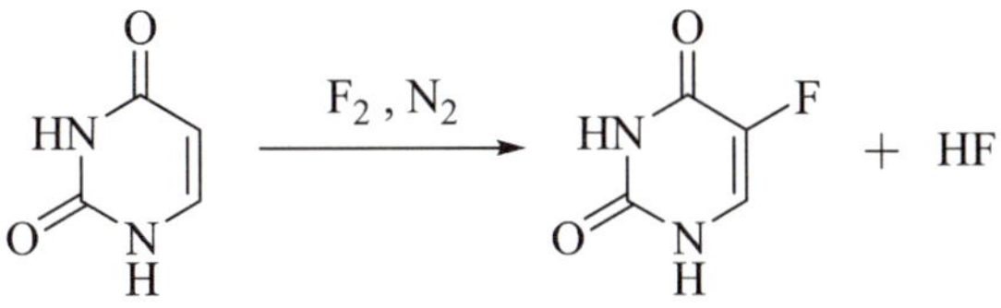

氯尿嘧啶

止吐药甲氧氯普胺（metoclopramide）中间体的合成：

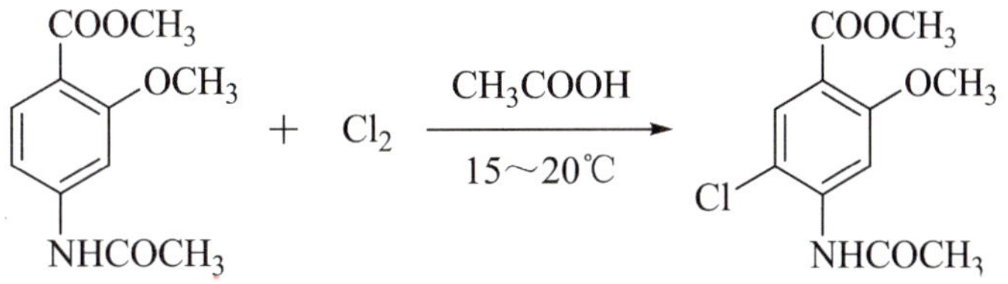

甲氧氯普胺中间体

乙酰苯胺溴化后制得镇痛药溴乙酰苯胺（bromoacetanilide）的合成：

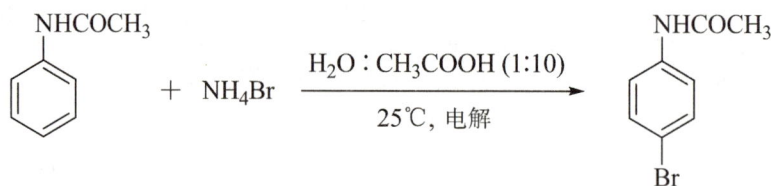

第三节　羰基化合物的卤代反应

一、醛和酮的 α-卤代反应

（一）反应通式

醛、酮的 α-氢原子在酸、碱催化下可以被卤素原子取代。

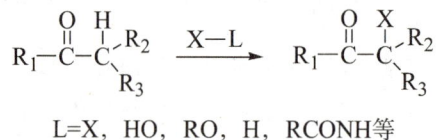

L=X，HO，RO，H，RCONH等

（二）反应机理

一般来说，羰基化合物在酸（包括 Lewis 酸）或碱（无机或有机碱）催化下，转化为烯醇或其氧负离子形式才能和亲电的卤化剂进行反应。

酸催化机理如下：

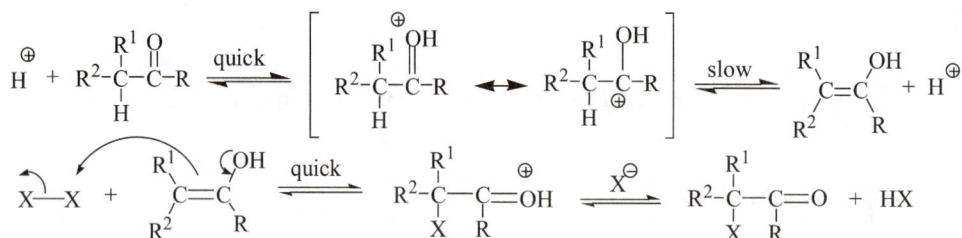

羰基在酸介质中先质子化，然后异构成烯醇式，决定反应速度的步骤是生成烯醇的一步，生成烯醇后，卤素作为亲电试剂与烯醇的双键发生亲电加成，反应中生成卤化氢，所以酸催化常常是自催化。

碱催化过程机理如下：

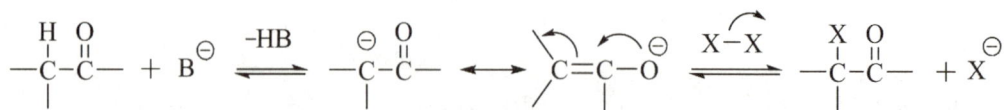

碱首先夺取一个 α-氢原子，生成碳负离子，然后异构为烯醇负离子，后者与卤素分子迅速发生亲电加成反应，生成 α-卤代产物。

（三）主要影响因素

1. 酸催化的影响

酸催化使用的催化剂有质子酸和 Lewis 酸。反应开始时常有一个诱导期，烯醇化速度较慢，但随着反应的进行，卤化氢浓度增大，烯醇化速度加快，反应也相应加快。因此，在反应初期加入少量氢卤酸可以缩短诱导期，光照也常起到明显的催化效果。Lewis 酸对某些反应有催化作用，例如苯乙酮的溴化，在催化量的三氯化铝存在下生成 α-溴代苯乙酮，而三氯化铝过量时生成间溴苯乙酮。

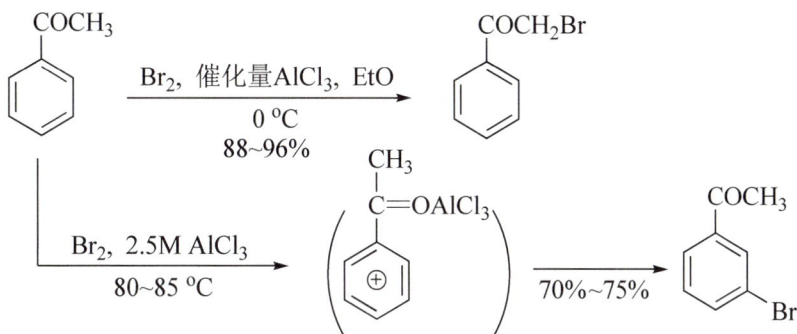

若羰基的 α-位有给电子取代基，则有利于酸催化下烯醇化及提高烯醇的稳定性，卤素主要取代这个 α-碳上的氢，例如：

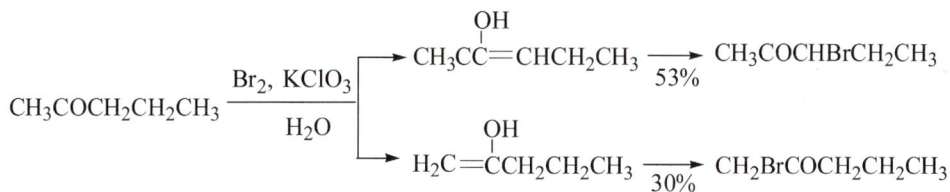

由于烯醇式 a 比烯醇式 b 稳定，生成的相应产物产率高。

若羰基 α 位上具有吸电子基，卤代反应受到阻滞，故在同一碳原子上不容易引入第二个卤原子。如果在羰基的另一个 α 位上具有活性氢，则第二个卤素原子优先取代另一边 α 位的氢原子，例如：

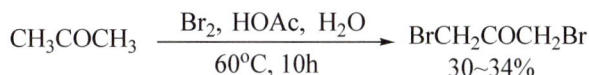

$$CH_3COCH_3 \xrightarrow[60^{\circ}C, 10h]{Br_2, HOAc, H_2O} BrCH_2COCH_2Br$$
$$30\sim34\%$$

脂肪醛的 α-氢和醛基氢在酸或碱催化下都可被卤素原子取代，生成 α-卤代醛和酰卤，但醛 α-卤代的收率往往不高。若将醛转化为烯醇酯然后再卤代，可得到预期的卤代醛，例如 α-溴代醛的合成：

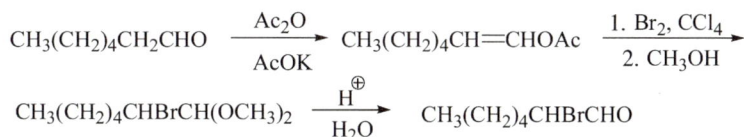

$$CH_3(CH_2)_4CH_2CHO \xrightarrow[AcOK]{Ac_2O} CH_3(CH_2)_4CH=CHOAc \xrightarrow[2.\ CH_3OH]{1.\ Br_2, CCl_4}$$

$$CH_3(CH_2)_4CHBrCH(OCH_3)_2 \xrightarrow[H_2O]{H^{\oplus}} CH_3(CH_2)_4CHBrCHO$$

脂肪醛在 N-甲酰吡咯烷盐酸盐催化下进行氯代反应，可高收率地生成 α-氯代醛，例如：

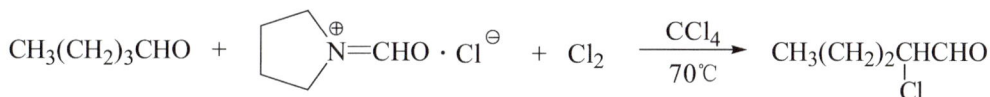

采用溴单质反应时，反应中生成的溴化氢既有加快烯醇化速度的作用，又兼有还原作用，它

能消除 α-溴酮中溴原子，由于反应是可逆的，因此 α-溴化产物的收率不可能是定量的。

$$RCOCH_3 + Br_2 \rightleftharpoons RCOCH_2Br + HBr$$

在氯霉素的合成中，可利用此性质，将对硝基苯乙酮溴化后生成的少量二溴化酮可重用于下次溴化，以提高一溴代酮的收率。

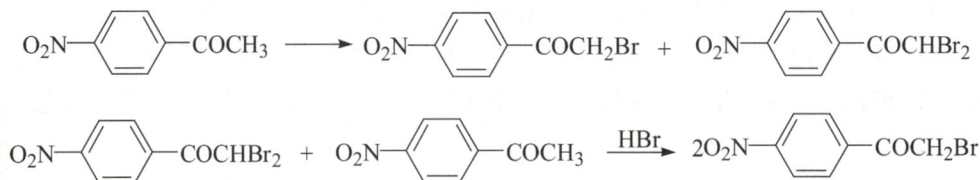

溴化氢对 α-溴化的反应是可逆的，由此可使某些脂环酮的溴化产物中的溴原子构型转化或发生位置异构，从而得比较稳定的异构体。

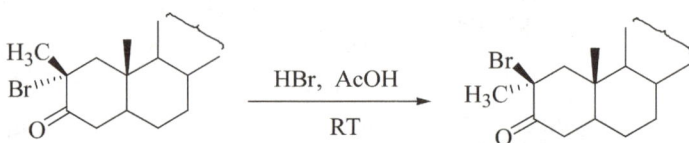

异构化作用与溶剂的极性有关，如 a 在极性溶剂（乙酸）中溴化，由于溴化氢的溶解度大，异构化能力强，结果生成的溴取代产物 b 经异构而得较稳定的 c；而在非极性的四氯化碳中溴化，生成的溴化氢在该溶剂中溶解度非常小，易从反应液中除去，异构化倾向很小，因而得 b。

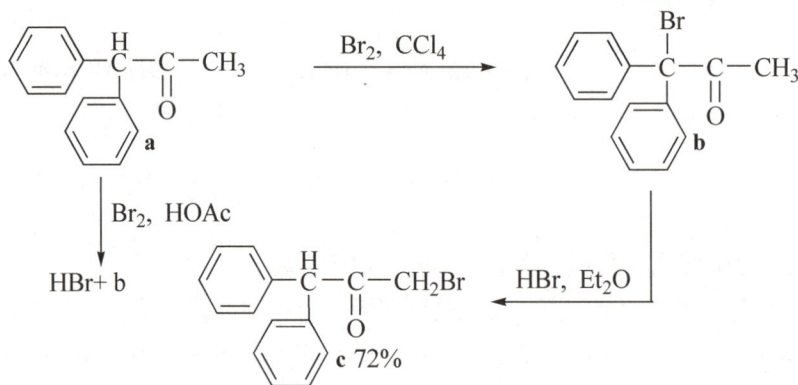

脂环酮的卤代位置受立体因素影响。以下式为例：在别系的 3-酮-甾体脂环 a 中，溴化在 2 位，而别系的 2-酮基衍生物 c 溴化在 3 位。其原因在于别系结构的立体化学中，$\Delta^{2,3}$-烯醇式中的双键比之 $\Delta^{3,4}$-和 $\Delta^{1,2}$-双键稳定（$\Delta^{3,4}$-和 $\Delta^{1,2}$-双键对 B 环的扭力较大）。因此，3-酮衍生物 a 的溴化，先得 2-β-溴代产物，其中 β-溴原子因 1,3-位阻再异构为 α-横键，得 b；在 2-酮基衍生物 c 的溴化中，得到的是 3-α-溴代产物 d。

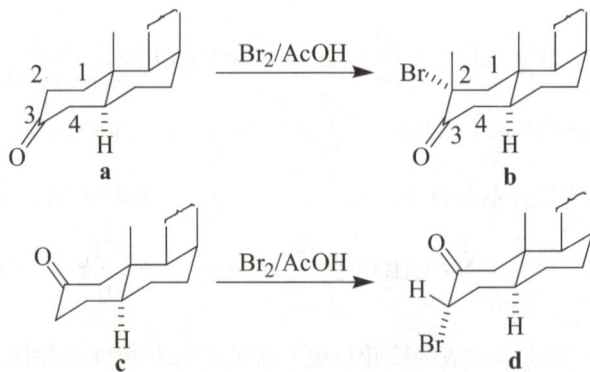

对于不对称脂环酮的 α-位卤代反应，产物通常为非对映异构体混合物。如果是含有 β-内酰胺取代的环己酮，在强碱 LHMDS（六甲基二硅胺锂）存在下，用 N-氟代双苯磺酰亚胺进行羰基 α-位的氟代反应，将得到95%产率的非对映异构体混合物；而且用手性磺酰胺进行同样的反应时，反应具有较高的立体选择性。

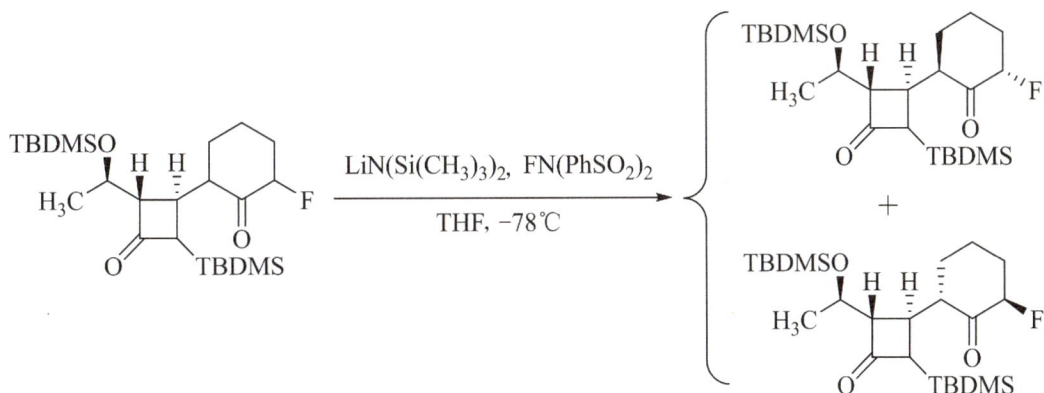

2. 碱催化的影响

碱催化常用的催化剂有氢氧化钠（钾）、氢氧化钙以及有机碱类。

碱催化的 α-卤代反应与上述酸催化的情况截然相反。α-卤代易于发生在有吸电子基团的 α-碳原子上，因为吸电子基团有利于碱催化下 α-碳负离子的形成；α-碳上有给电子基团时，降低了 α-氢原子的酸性，不利于碱性条件下失去质子。所以在碱性条件下，卤素过量存在时，同一碳上容易发生多元取代，例如卤仿反应。

$$RCH_2COCH_3 \xrightarrow[H_2O]{Br_2,NaOH} RCH_2COCBr_3 \xrightarrow{NaOH} RCH_2CO_2Na + CHBr_3$$

$$CH_3COCH_3 + I_2 \xrightarrow{NaOH} CH_3CO_2Na + CHI_3（黄色沉淀）$$

羰基的 α 位碘代反应，常用碘和氧化钙或氢氧化钠在有机溶剂中反应。生成的 α-碘代酮性质很不稳定，不宜贮存。其不经纯化直接和乙酸钾反应，可得氢化可的松的中间体。

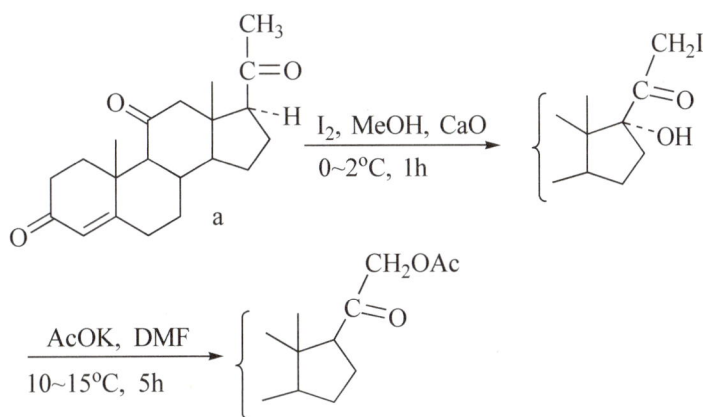

脂肪醛先用强碱如 NaH、KH 等转化为烯醇负离子，而后再与碘在低温下反应，可得到 α-碘代醛例如：

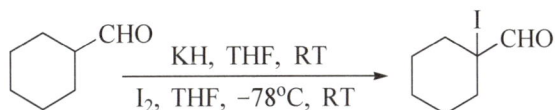

对称酮或只有一个取代方向的酮卤代时，可以良好收率（80%～90%）生成 α-卤代酮。不

对称酮卤代，往往生成 α-卤代酮及 α'-卤代酮的混合物。由于酮卤代的决定步骤是酮的稀醇化，因此，易形成稀醇的方向优先卤代。若将不对称酮首先转化变成一定构型的稀醇盐，继而卤代，则是区域定向卤代的新方法。

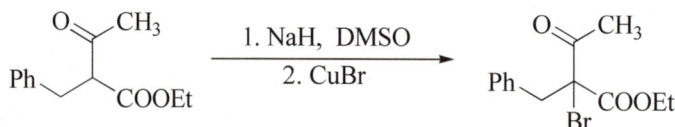

5,5-二溴-2,2-二甲基-4,6-二羰基-1,3-二噁烷及其类似物 5,5-二溴丙二酰脲是新型卤化剂，其特点是亲电活性高，反应中不需任何催化剂，反应条件温和，只得到一溴代物。由于反应中不生成卤素和卤化氢，特别适用于对酸、碱敏感的酮，而且溴代主要发生在烷基取代较多的 α-位，α,β-不饱和酮可得到高收率的 α'-溴代物。

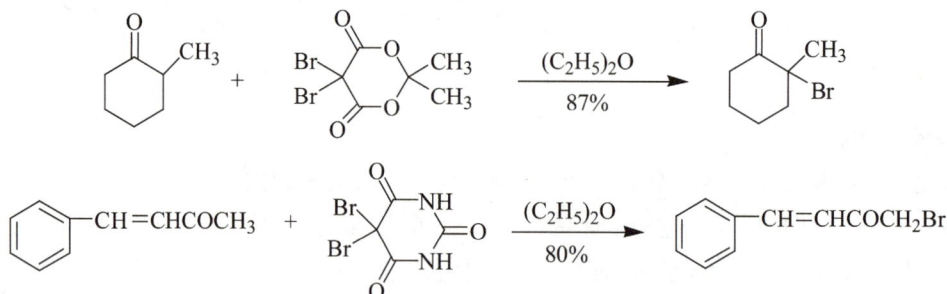

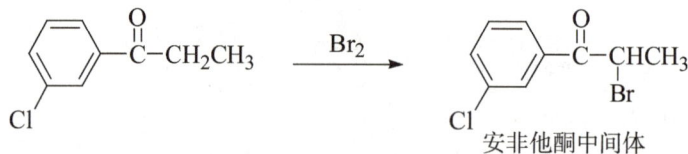

三氯氰尿酸的活性比 NCS 强，可在温和的条件下使羰基 α-位及苄基位、烯丙基位氯代，区域选择性高，主要发生在烷基取代较多的 α-位。

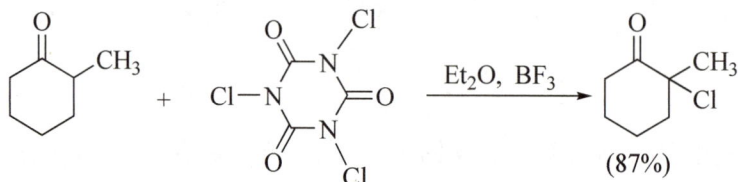

3. 应用实例

在药物合成中广泛应用酮的 α-氢卤代反应，如麻醉药氯胺酮（ketamine）中间体的合成：

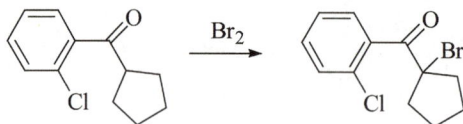

抗抑郁药安非他酮（bupropion）中间体合成：

安非他酮中间体

二、羧酸衍生物的 α-卤代反应

（一）反应通式

羧酸酯、酰卤、酸酐、腈、丙二酸及其酯等羧酸衍生物可以用卤正离子的卤化剂进行 α-卤取代反应。

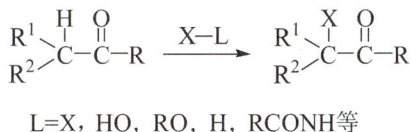

$$\underset{R^2}{\overset{R^1}{>}}\!\!C\!-\!\overset{\overset{O}{\|}}{C}\!-\!R \xrightarrow{\text{X}-\text{L}} \underset{R^2}{\overset{R^1}{>}}\!\!C\!-\!\overset{\overset{O}{\|}}{C}\!-\!R$$

L=X, HO, RO, H, RCONH等

（二）反应机理

$$RCH_2COOH \ + \ PX_3 \longrightarrow RCH_2COX$$

$$RH_2C\!-\!\overset{\overset{O}{\|}}{C}\!-\!X \rightleftharpoons RHC\!=\!\overset{\overset{OH}{|}}{C}\!-\!X \xrightarrow[-HCl]{Cl-Cl} \underset{Cl}{RHC\!-\!\overset{\overset{O}{\|}}{C}\!-\!X} \xrightarrow{RCH_2COOH} \underset{Cl}{RHC\!-\!\overset{\overset{O}{\|}}{C}\!-\!OH}$$

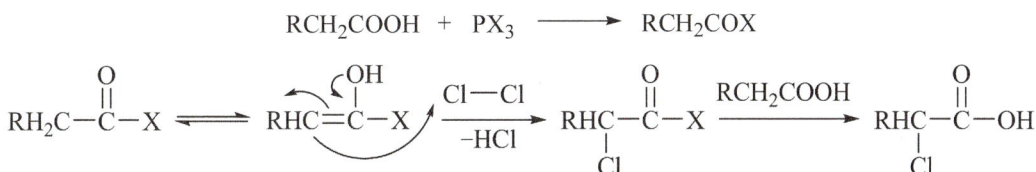

羧酸的 α-H 不够活泼，一般先将其转化为 α-H 活性较大的酰卤或酸酐，在用卤化剂对其进行 α-卤代，最后生成的酰卤可继续与卤反应，因而少量的三卤化磷即可催化卤化反应的顺利进行。红磷可以与卤素作用生成三卤化物，因此加入少量红磷能催化反应。

（三）主要影响因素

在羧酸衍生物 α-卤代的实际操作中，制备酰卤和卤代两步反应常同时进行，即在反应中加入催化量的三卤化磷或磷，反应结束，倒入水中或加入醇而制得相应的卤代羧酸或卤代羧酸酯，此反应称为 Hell-Volhard-Zelisky 反应，例如：

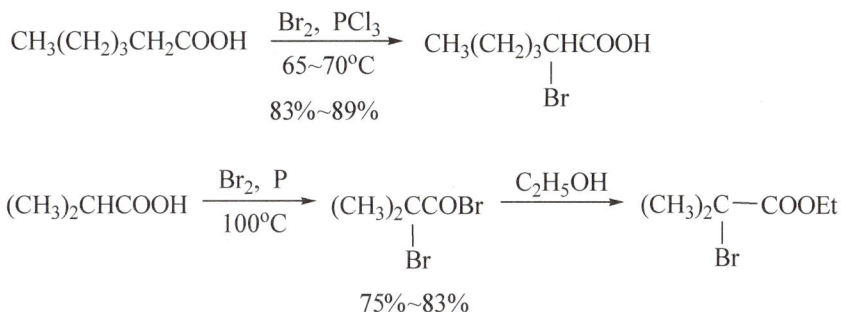

$$CH_3(CH_2)_3CH_2COOH \xrightarrow[65\sim70^{\circ}C]{Br_2,\ PCl_3} \underset{Br}{CH_3(CH_2)_3CHCOOH}$$

83%~89%

$$(CH_3)_2CHCOOH \xrightarrow[100^{\circ}C]{Br_2,\ P} \underset{Br}{(CH_3)_2CCOBr} \xrightarrow{C_2H_5OH} \underset{Br}{(CH_3)_2C\!-\!COOEt}$$

75%~83%

酰氯、酸酐、腈、丙二酸及其衍生物的 α-氢活泼，可直接用卤素等各种卤化剂进行 α-卤代反应。例如：

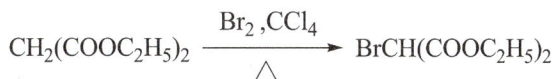

$$CH_2(COOC_2H_5)_2 \xrightarrow[\triangle]{Br_2,\ CCl_4} BrCH(COOC_2H_5)_2$$

饱和脂肪酸酯在强碱作用下与卤素反应，可生成 α-卤代酸酯。

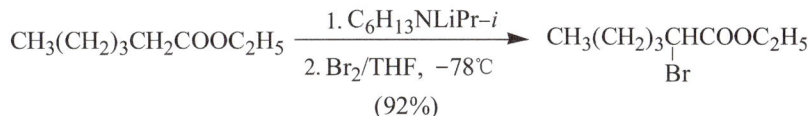

$$CH_3(CH_2)_3CH_2COOC_2H_5 \xrightarrow[2.\,Br_2/THF,\ -78^{\circ}C]{1.\,C_6H_{13}NLiPr\text{-}i} \underset{Br}{CH_3(CH_2)_3CHCOOC_2H_5}$$

(92%)

α-氟代相对比较困难，但在强碱 NaH 作用下与 N-氟代对甲苯磺酸酰仲胺类化合物反应可生成 α-氟代苯基丙二酸酯。

$$PhCH(COOC_2H_5)_2 \ + \ \underset{F}{p\text{-}Ts\,SO_2N} \text{[bicyclic]} \xrightarrow[-20^{\circ}C]{NaH,\ THT} \underset{F}{PhC(COOC_2H_5)_2}$$

第四节 醇、酚和醚的卤代反应

一、醇的卤代反应

醇羟基的卤代反应是制备卤代烃的又一重要方法，其常用卤化剂有氢卤酸、含磷卤化物和含硫卤化物等。

（一）反应通式

醇和卤化氢反应得到卤代烃和水，反应可逆。

$$R-OH + HX \rightleftharpoons R-X + H_2O$$

（二）反应机理

卤化氢与醇的反应属于酸催化下的亲核取代反应，醇羟基被卤原子取代生成卤代烃。反应可按 S_N1 或 S_N2 机理进行。

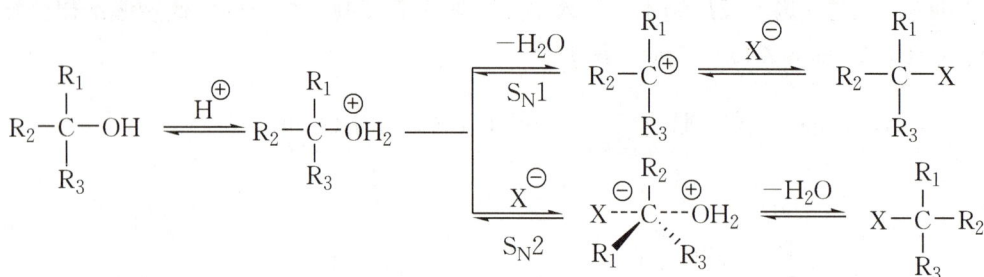

伯醇主要按 S_N2 机理，叔醇、烯丙醇和苄醇主要按 S_N1 机理，仲醇则介于二者之间。

（三）主要影响因素

由于醇和卤化氢的反应属于可逆反应，因此增加醇和卤化氢的浓度以及不断移去产物和生成的水，均有利于提高收率。

该反应的难易取决于醇和氢卤酸的活性，醇羟基的活性顺序为叔（苄基、烯丙基）醇＞仲醇＞伯醇，氢卤酸的活性顺序为 HI＞HBr＞HCl＞HF。

氯化剂常用 Lucas 试剂（将无水氯化锌溶于浓盐酸制得），叔醇立即反应，仲醇在 5min 内完全反应，而伯醇需加热才可反应。氯化锌作催化剂，锌原子与醇羟基形成配位键，使醇中的 C—O 键变弱，羟基容易被取代。

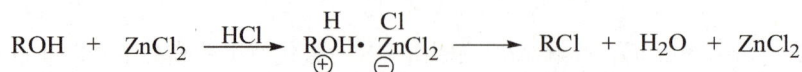

$$ROH + ZnCl_2 \xrightarrow{HCl} \underset{\oplus}{R}OH \cdot \underset{\ominus}{ZnCl_2} \longrightarrow RCl + H_2O + ZnCl_2$$

有时通入氯化氢气体至饱和，来代替浓盐酸，使醇生成氯化物。

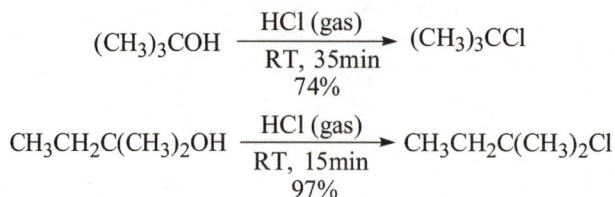

$$(CH_3)_3COH \xrightarrow[\text{RT, 35min}]{HCl\,(gas)} (CH_3)_3CCl$$
$$74\%$$

$$CH_3CH_2C(CH_3)_2OH \xrightarrow[\text{RT, 15min}]{HCl\,(gas)} CH_3CH_2C(CH_3)_2Cl$$
$$97\%$$

用氢溴酸时，除去反应中生成的水或加入浓硫酸，可以提高氢溴酸浓度，或者直接使用溴化钠/硫酸或溴化胺/硫酸体系。

$$C_{12}H_{25}OH \xrightarrow[\text{reflux, 5~6h}]{HBr/H_2SO_4} C_{12}H_{25}Br$$
$$91\%$$

$$n-C_4H_9OH \xrightarrow{NaBr/H_2O/H_2SO_4} n-C_4H_9Br$$

在碘置换反应中，为避免产物还原成烷烃，常将碘代烷蒸馏移出反应系统。常用的碘化剂有碘化钾和磷酸（95%）（或 PPA）或碘和红磷等。

$$HO(CH_2)_6OH \xrightarrow[83\%~85\%]{KI/PPA} I(CH_2)_6I$$

$$C_{16}H_{33}OH \xrightarrow[85\%]{I_2/P_4} C_{16}H_{33}I$$

伯醇卤置换制取氯代烃或溴代烃也可采用卤化钠加浓硫酸作为卤化剂。但是碘置换不可用此法，因为浓硫酸可使氢碘酸氧化成碘；也不宜直接用氢碘酸做卤化剂，因氢碘酸具有较强的还原性，易将反应生成的碘代烃还原成原料。

当以氢卤酸为卤代试剂时，反应温度对某些仲、叔醇和 β 碳原子为叔碳的伯醇的卤代非常重要，若温度较高，可产生重排、异构和脱卤等副反应。2-戊醇在溴氢酸中与硫酸共热，除得到2-溴戊烷外，亦以28%的收率得到3-溴戊烷。若在-10℃左右时通入溴化氢气体，则仅得 2-溴戊烷。

$$CH_3CH_2CH_2CH(OH)CH_3 \xrightarrow[\text{reflux, 2h}]{48\%HBr/H_2SO_4} CH_3CH_2CH_2CH(Br)CH_3 + CH_3CH_2CH(Br)CH_2CH_3$$

$$\downarrow -10℃ \ HBr(gas)$$
$$58\%~62\% \qquad\qquad 28\%$$

$$CH_3CH_2CH_2CH(Br)CH_3$$
$$75\%$$

若烯丙型醇的 α-位上有苯基、苯乙烯基、乙烯基等基团时，由于这些基团能与烯丙基形成共轭体系，几乎完全生成重排产物。

醇还常用卤化亚砜和卤化磷做卤化剂，它们具有活性强、反应条件温和、副反应少等特点。

卤化磷主要指五氯化磷、三氯化磷、三溴化磷、三碘化磷，它们和三氯氧磷一样都是常用的卤化试剂。这类卤化剂的反应活性均比氢卤酸大，其顺序为 $PCl_5 > PCl_3 > POCl_3$。它们与醇进行卤置换的收率均较高，尤其在吡啶等有机碱存在的条件下，重排等不良反应少，反应效果更好。

三卤化磷在和羟基反应的过程中，醇与三卤化磷首先生成二卤代亚磷酸酯和卤化氢，前者立即质子化，而后卤负离子按两种途径取代亚磷酰氧基生成卤代烃。叔醇按 S_N1 机理反应，伯醇、仲醇按 S_N2 机理进行反应。

$$ROH + PX_3 \longrightarrow ROPX_2 + HX$$

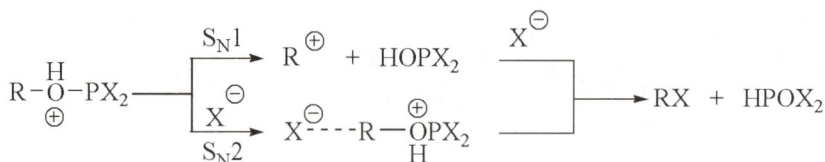

氯负离子的亲核性弱，不容易与卤代亚磷酸酯作用，而后者又会与醇继续反应，最后生成亚磷酸酯 $P(OR)_3$，所以三氯化磷与醇反应，特别是伯醇，氯代物产率较低，用三溴化磷时效果较理想。

$$CH_3(CH_2)_{14}CH_2OH + Br_2 \xrightarrow{P} CH_3(CH_2)_{14}CH_2Br + H_3PO_4 + HBr$$

值得指出的是，使用红磷和溴的合成方法，搅拌下加溴不久可能会发生自燃现象。这可能是由于红磷中含有少量的黄磷造成的。防止自燃方法是让红磷沉于底部，不使其暴露在液面外直接与溴接触即可。

三卤化磷的置换因属 S_N2 机理，光学活性醇在与之反应过程中，可以发生构型反转。

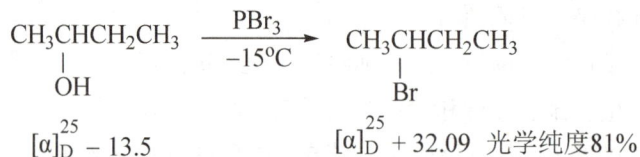

如巴比妥类药物美索比妥（methohexital）中间体的合成：

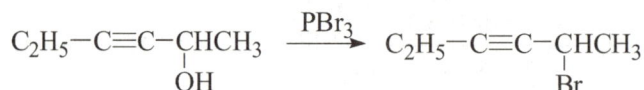

又如镇静药物异丙嗪（promethazine）和哌西他嗪（piperacetazine）的共同中间体的合成：

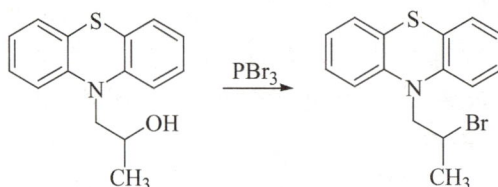

五氯化磷和三氯氧磷都是强氧化剂，芳环上羟基的氯代常用这两种氯化剂。五氯化磷受热易分解为三氯化磷和氯，卤素的存在可产生芳环上的取代或不饱和键的加成等副反应，所以采用五氯化磷时温度不宜过高。

三氯氧磷分子中有三个氯原子，但只有第一个氯原子的置换能力强，因此置换羟基时三氯氧磷要过量，并常常加入催化剂如吡啶、DMF、N,N-二甲基苯胺等，例如：

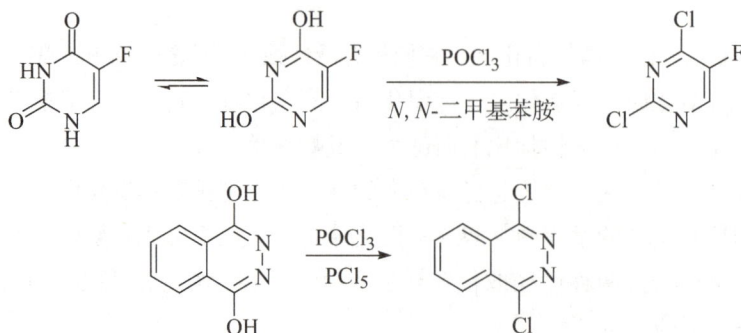

　　五氯化磷与 DMF 作用，生成氯代亚胺盐，该盐称为 Vilsmeier-Haack 试剂，在二氧六环或乙腈等溶剂中，和光学活性的仲醇反应，可得到构型反转的氯代烃，且收率较高。

$$PCl_5 + HCON(CH_3)_2 \xrightarrow[15min]{120^oC} [(CH_3)_2\overset{\oplus}{N}=CHCl]Cl^{\ominus}$$

Vilsmeier-Haack试剂

$$\underset{n\text{-}C_6H_{13}}{\overset{CH_3\text{,,,}}{}}\overset{H}{\underset{|}{C}}\text{-OH} \xrightarrow[CH_3CN, 80\sim120^oC]{[(CH_3)_2\overset{\oplus}{N}=CHCl]Cl^{\ominus}} Cl\text{-}\overset{H}{\underset{C_6H_{13}\text{-}n}{C}}\text{,,,}CH_3$$

　　Vilsmeier-Haack 试剂具有良好的选择性，在伯醇、仲醇同时存在情况下，能实现对伯醇的选择性氯化，而仲醇很少反应。当与含有三个手性碳的五元醇进行氯化反应时，仅有链端的羟基被氯原子取代，而且三个手性碳的构型保持不变。类似的反应在 5′-羟基腺苷的羟基氯置换反应中得到了应用。

　　新型复合卤化试剂，如二溴化三正丁基膦、二碘化三苯基膦、二溴化亚磷酸三苯酯、三苯基膦-四氯化碳、三苯基膦-六氯代丙酮、三苯基膦-NBS（NCS）等，具有选择性好、重排等副反应少且条件温和的特点。其反应机理是复合卤化试剂中的三价磷原子极易与氧结合，在卤素或卤代烷存在下，能够夺取醇分子中的氧原子，发生卤置换反应，得到的亦是构型翻转的卤代烃。因此该类试剂特别适用于具有光学活性、对酸敏感的醇或甾体醇的卤置换。

　　亚硫酰氯又称氯化亚砜或氯化亚硫酰，无色液体，是一种常用的卤化剂，主要用于羟基的取代，生成含氯化合物，自身则分解为二氧化硫和氯化氢气体逸出反应体系，无其他残留物，得到的产物纯度高，且副反应（异构化等）少，收率较高。

　　反应机理：

亚硫酰氯首先与醇形成氯化亚硫酸酯，然后氯化亚硫酸酯分解放出二氧化硫。氯化亚硫酸酯的分解方式与溶剂极性有关，如在乙醚或二氧六环中反应，则发生分子内亲核取代（S_Ni），所得产物保留醇原有构型。如在吡啶中反应，则属 S_N2 机理，可发生 Walden 翻转，所得产物的构型与醇相反。如无溶剂时，一般按 S_N1 机理反应而得外消旋产物。

以乙醚或二氧六环为溶剂生成的氯化物得以保留产物构型的原因，可能是二氧六环上的未共用电子对与氯化亚硫酸酯基的中心碳原子反应形成微弱的键，增加了位阻，促使氯离子作 S_Ni 取代，结果保留原有构型。如果以甲苯或异辛烷等溶剂代替二氧六环，则得消旋产物。

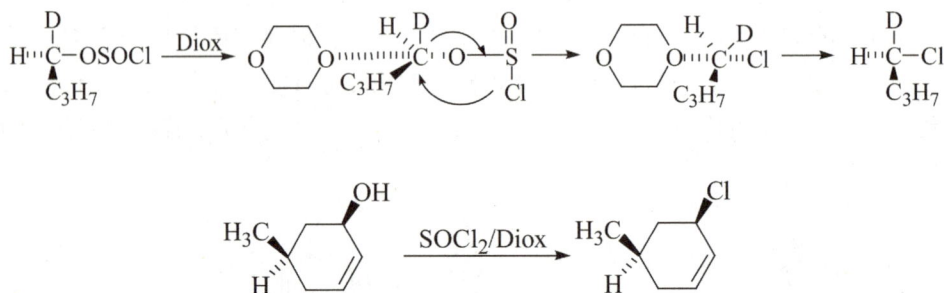

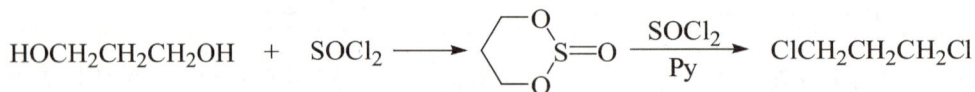

而用吡啶作溶剂时，吡啶的用量至少是等摩尔量的。吡啶在反应中成盐，而后解离出氯负离子，后者从氯化亚硫酸酯基的背面进攻生成构型反转的产物。

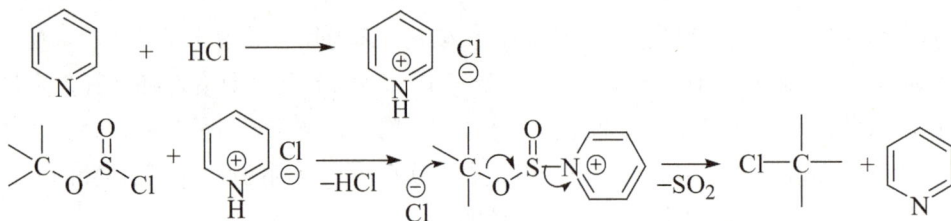

亚硫酰氯与醇反应也可用苯、甲苯、二氯甲烷等作溶剂。亚硫酰氯容易水解，故应在无水条件下使用。

1,2-二醇或 1,3-二醇与亚硫酰氯反应，首先生成环状亚硫酸酯，而后在吡啶存在下与过量亚硫酰氯作用，生成二氯化物。

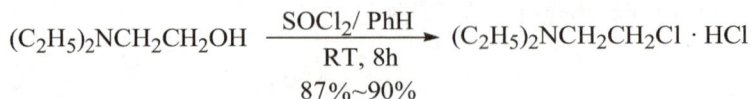

氨基醇类与亚硫酰氯反应，不用加催化剂，胺自身成盐就有催化作用。

$$(C_2H_5)_2NCH_2CH_2OH \xrightarrow[\substack{RT,\ 8h \\ 87\%\sim90\%}]{SOCl_2/PhH} (C_2H_5)_2NCH_2CH_2Cl \cdot HCl$$

制备某些易于消除的氯化物时，若采用吡啶为催化剂，往往引起消除副反应，但加入 DMF、HMPT 催化剂一般可得到较好效果。又如化合物 **a** 单用氯化亚砜无反应，加入 DMF 催化后则可顺利地得到相应氯化物。同样，用 HMPT 做催化剂，可选择性地将 **b** 中伯羟基置换成氯原子，而保留两个仲羟基。

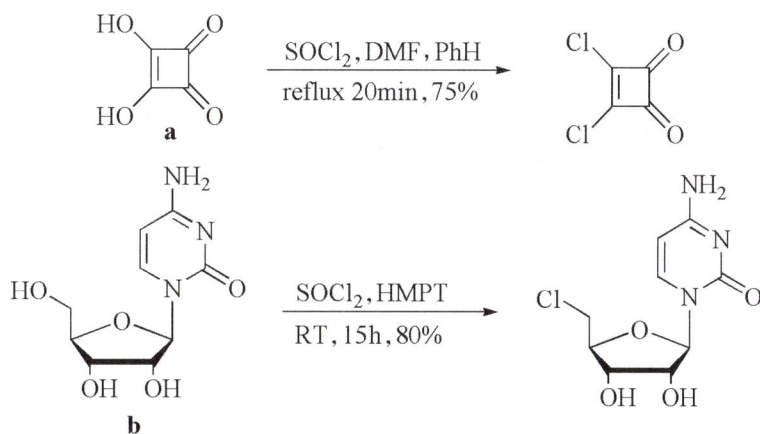

应用溴化亚砜可进行醇羟基的溴置换，溴化亚砜的制备是在氯化亚砜中通入溴化氢气体（0℃），然后分馏得到的（b.p 58～60℃/40mm）。

$$C_2H_5OCH_2CH_2OH \xrightarrow[\substack{100℃,2h \\ 70\%}]{SOBr_2/Py} C_2H_5OCH_2CH_2Br$$

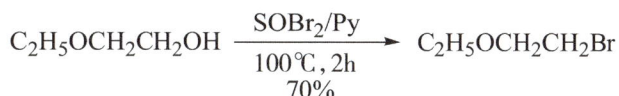

亚硫酰氯广泛应用于药物合成，例如抗溃疡药奥美拉唑（omeprazole）的关键中间体3,5-二甲基-2-氯甲基-4-甲氧基吡啶盐酸盐的合成。

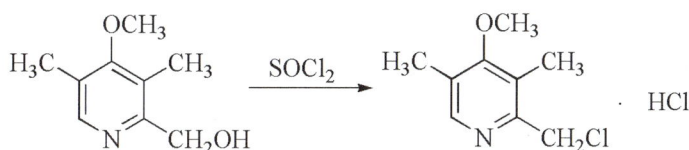

非选择性α受体拮抗剂酚苄明（phenoxybenzamine）两个中间体的合成也采用了亚硫酰氯的卤化反应。

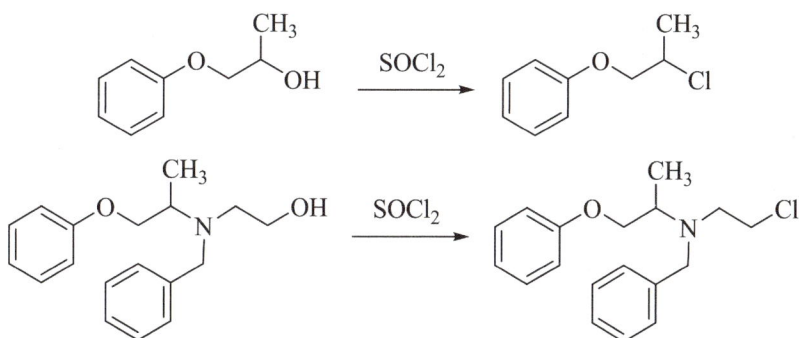

醇的卤取代也常用有机磷卤化物，Rydan类试剂为新型有机磷卤化物试剂，主要包括苯膦卤化物和亚磷酸三苯酯卤化物两类新型的卤化剂。例如 Ph_3PX_2、$Ph_3P^+CX_3X^-$、$(PhO)_3PX_2$ 和 $(PhO)_3-P^+-RX^-$ 等。它们均具有活性大、反应条件温和等特点。由于反应中不产生 HX，因此没有由于 HX 存在而引起的副反应。对于置换困难的羟基，用这些沸点高的试剂，无须加压即可进行卤化。

亚磷酸三苯酯卤代烷及其二卤化物均可由亚磷酸三苯酯与卤代烷或卤素直接制得，不须分离随即加入待反应的醇进行置换，反应机理如下。

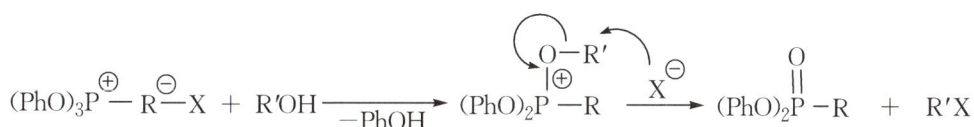

用一般试剂对下列各种醇进行卤置换，均易发生重排、消除和异构等反应，收率较低。而采用上述试剂，条件既温和，收率和纯度亦较好。

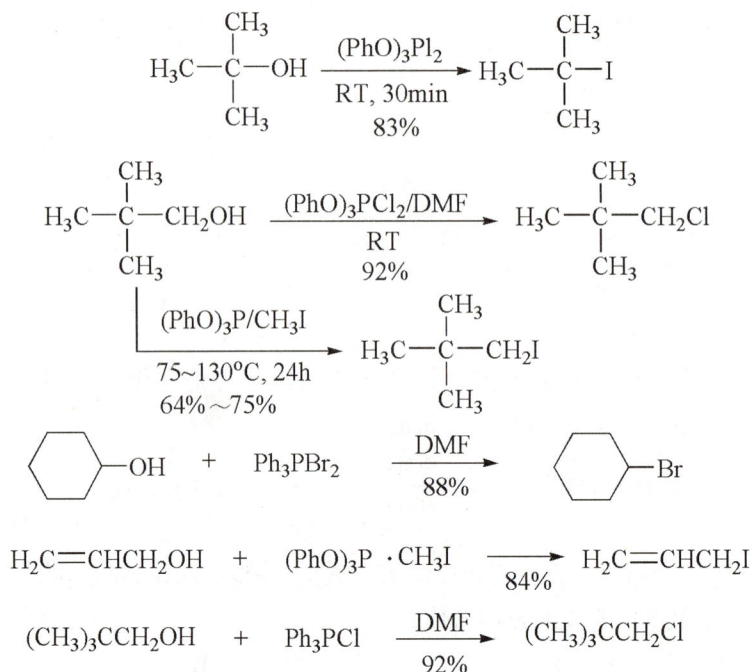

三苯䏲二卤化物和三苯䏲的四卤化碳复鏻盐可由三苯䏲和卤素或四氯化碳新鲜制备：

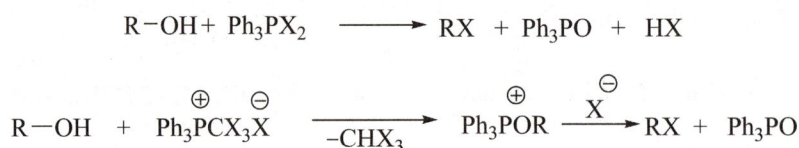

$$R-OH + Ph_3PX_2 \longrightarrow RX + Ph_3PO + HX$$

$$R-OH + Ph_3\overset{\oplus}{P}CX_3\overset{\ominus}{X} \xrightarrow{-CHX_3} Ph_3\overset{\oplus}{P}OR \xrightarrow{\overset{\ominus}{X}} RX + Ph_3PO$$

用这些试剂时很少发生重排、消除以及异构化等反应，因而应用很广泛，常以 DMF、HMPA 作溶剂进行置换反应。可在较温和的条件下将光学活性的仲醇转化成构型反转的卤代烃，可将对酸不稳定的化合物进行卤化。

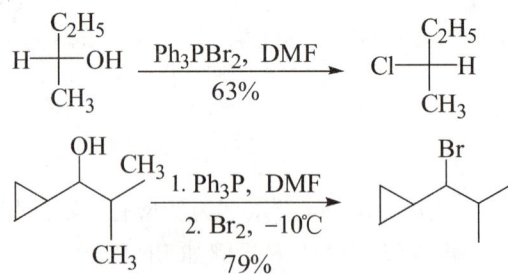

这些试剂根据反应条件不同，可显示不同的特点。用 DMF 作为溶剂和在低温条件下，三苯䏲二溴化物可选择性地置换伯羟基成溴化物，而仲羟基则形成甲酸酯。

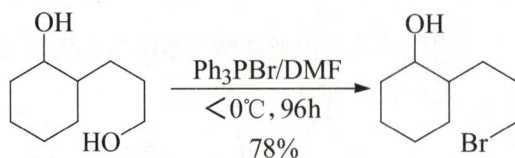

此外，卤代酰胺类作为卤化剂，在反应中加入其他不同的试剂，可发挥良好的效果。例如，具有光学活性的醇，用卤代酰胺置换（如 N-碘代丁二酰亚胺：NIS）反应时，另加入三苯化䏲

（Ph₃P），不但反应温和，而且原不对称碳原子的构型发生了反转。

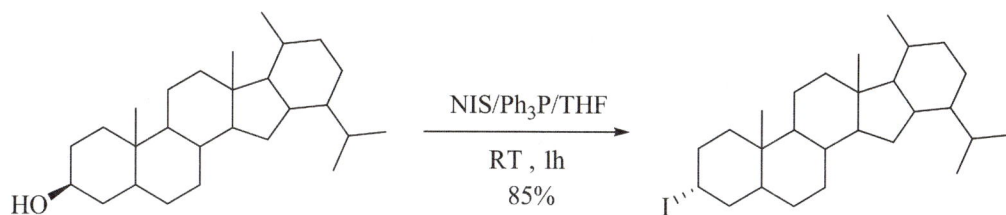

若将卤代酰胺与二甲硫醚制得卤化硫鎓盐，再用于卤置换反应，则对烯丙位和苄位羟基的置换有高度的选择性，不发生双键异构，它对脂肪或脂环性的伯或仲羟基无影响。

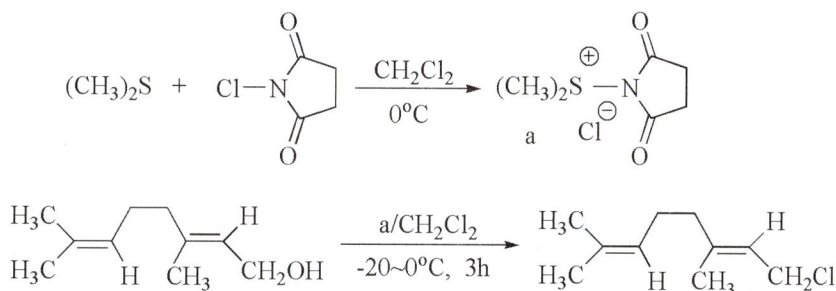

二、酚的卤代反应

（一）反应通式及机理

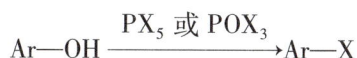

$$Ar{-}OH \xrightarrow{\text{PX}_5 \text{ 或 POX}_3} Ar{-}X$$

反应机理和醇羟基的卤置换机理相同。

（二）主要影响因素

酚羟基的活性较小，醇的卤化反应中用的卤化剂（如氢卤酸、卤化亚砜）都不能取代酚羟基，而必须采用更强的五卤化磷或氧卤化磷，在较剧烈的条件下才能反应。缺π电子芳杂环上羟基的卤置换反应相对较容易。

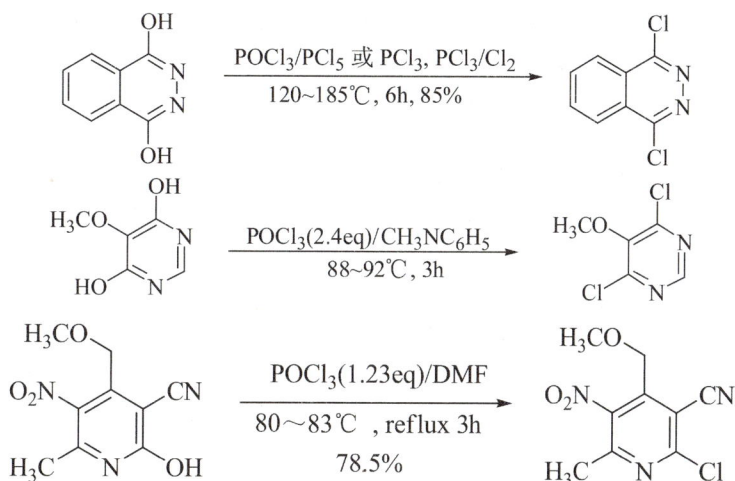

五卤化磷受热易离解成三卤化磷和卤素，反应温度越高，离解度越大，置换能力亦随之降低。同时，由于卤素的存在还可发生芳核上取代或双键上加成等副反应，故采用五卤化磷的置换

反应时，温度不宜过高。

酚羟基的卤代采用新型三苯膦卤化试剂在较高温度下反应，则收率一般较好。

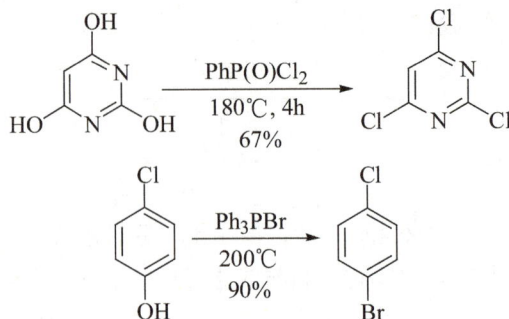

联萘二酚可用二溴三苯膦在乙腈溶液中发生羟基置换反应转化为相应的二溴化物，但收率并不理想。

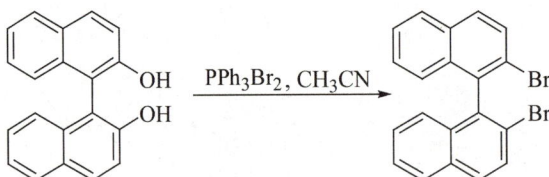

连有吸电子基团的芳香酚类化合物，进行羟基卤置换相对较易。例如，羟基位于吡啶环的2-位或4-位时，反应较容易进行，收率也较高。

（三）在药物合成中的应用

抗病毒药物奈韦拉平（nevirapine）的中间体的制备就是利用相应的羟基化物与 PCl₅ 和 POCl₃ 在回流温度下反应实现的：

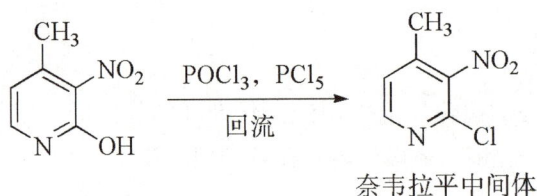

奈韦拉平中间体

中枢性降压药莫索尼定（moxonidine）的中间体 2-甲基-4,6-二氯-5-硝基嘧啶的合成：

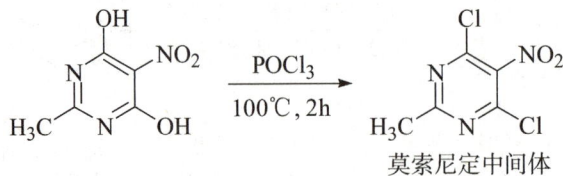

莫索尼定中间体

防止血栓的药物双嘧达莫（dipyridamole）中间体的合成：

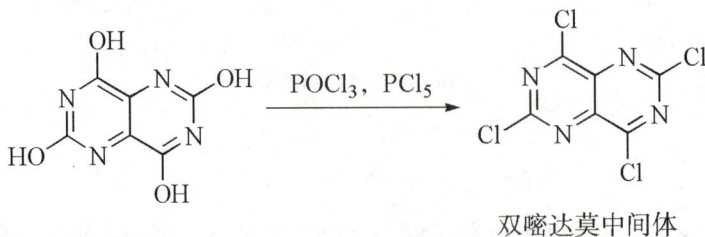

双嘧达莫中间体

青光眼治疗药双氯非那胺（dichlorphenamide）中间体的合成：

双氯非那胺中间体

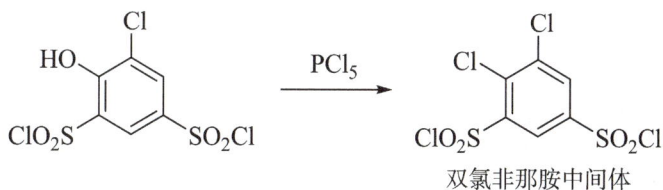

抗高血压药物肼屈嗪（hydralazine）中间体的合成：

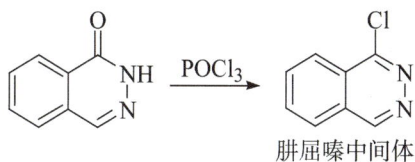

肼屈嗪中间体

三、醚的卤代反应

（一）反应通式

醚在氢卤酸（常用的酸是 HI、HBr）作用下生成一分子卤代烃和一分子醇。

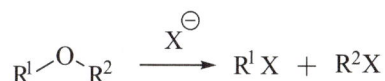

$$R^1{-}O{-}R^2 \xrightarrow{X^\ominus} R^1X \ + \ R^2X$$

（二）反应机理

$$R^1{-}O{-}R^2 \xrightarrow{H^\oplus} R^1{-}\overset{\oplus}{O}(H){-}R^2 \xrightarrow{X^\ominus} R^1OH \ + \ R^2X$$

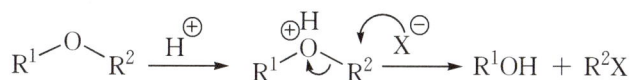

醚氧原子受到外界条件（如质子化）影响时变为缺电子状态，醚 C–O 键被削弱而易被卤负离子亲核进攻。二烷基醚与氢卤酸的反应按 S_N2 机理进行，反应生成一分子卤代烃和一分子醇，若氢卤酸过量，则生成的醇会继续反应生成卤代烃。

（三）主要影响因素

氢卤酸中氢碘酸的酸性强，断裂醚键的效率高，但是价格昂贵，因此有时采用氢碘酸和氢溴酸或盐的混合体系来断裂醚键。

环醚的醚键也可被氢卤酸断裂：

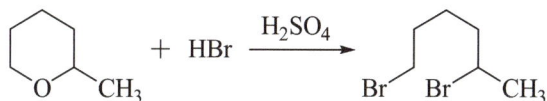

在 PBr_3 和 DMF 的作用下，芳基烷基醚可断裂醚键，直接生成溴代芳烃，例如：

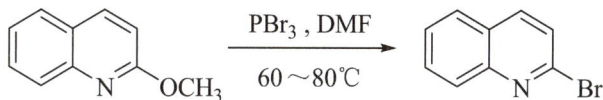

在相转移催化剂存在下，醚键断裂更容易。例如：

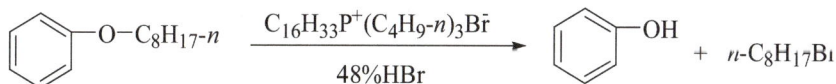

（四）在药物合成中的应用

非甾体雌激素类药物己烷雌酚（hexestrol）的制备：

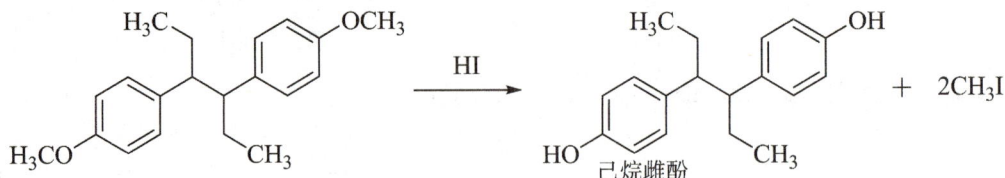

测定生成的碘甲烷的量，可以推算出分子中的甲氧基的数目，此反应是 S Zeisel 甲氧基测定法的基础。氢碘酸酸性强，容易使醚键断裂。

肾上腺皮质激素类药物氢化可的松（hydrocortisone）中间体的合成：

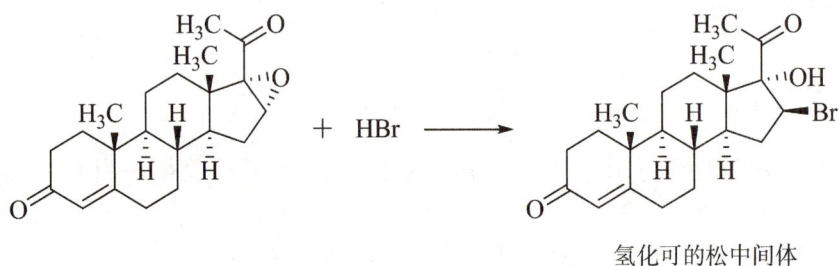

氢化可的松中间体

抗心律失常药维拉帕米（verapamil）中间体的合成：

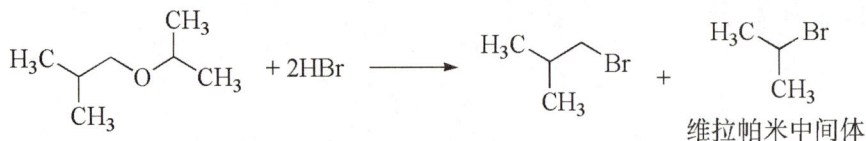

维拉帕米中间体

第五节　羧酸的卤代反应

一、羧羟基的卤代反应-酰卤的制备

（一）反应通式及机理

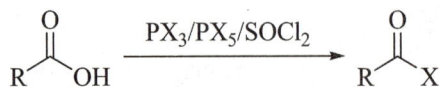

$$R-COOH \xrightarrow{PX_3/PX_5/SOCl_2} R-COX$$

羧酸羟基的卤取代与醇羟基类似，也能用无机磷卤化剂和硫卤化剂（三卤化磷、五氯化磷、三氯化磷、氯化亚砜、三苯基膦等）来进行卤置换，此法常用于酰卤的制备。其反应机理如下：

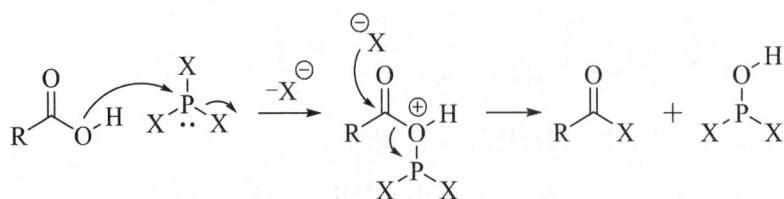

卤化剂中的 P 原子先对羧基 O 原子进行亲电进攻，形成活性卤代磷酸酯过渡态，随后酯中的

酰基碳原子被卤负离子亲核进攻，生成酰卤。

（二）主要影响因素

不同结构羧酸的卤代反应活性顺序：脂肪酸＞芳香酸＞芳环上连有斥电子取代基的芳香羧酸＞无取代基的芳香酸＞芳环上连吸电子取代基的芳香酸。

一般来说，不同卤化剂对羧酸卤置换的活性顺序为：五氯化磷＞三氯（溴）化磷＞氧氯化磷，氯化亚砜则是该反应最常用的试剂，广泛用于酰氯的制备。

五氯化磷的活性大，取代能力最强，与羧酸的卤代反应比较激烈，可将活性较小的羧酸转化为酰氯，尤其适用于带有吸电子基团的芳香羧酸或芳香多元羧酸的反应，反应生成的氧氯化磷可通过分馏除去。因此，其生成的酰氯沸点应与 $POCl_3$ 有较大差异。另外，用五氯化磷制备酰氯时，反应物分子中不能含有羟基、羰基、烷氧基等基团，否则这些基团可被氯取代。

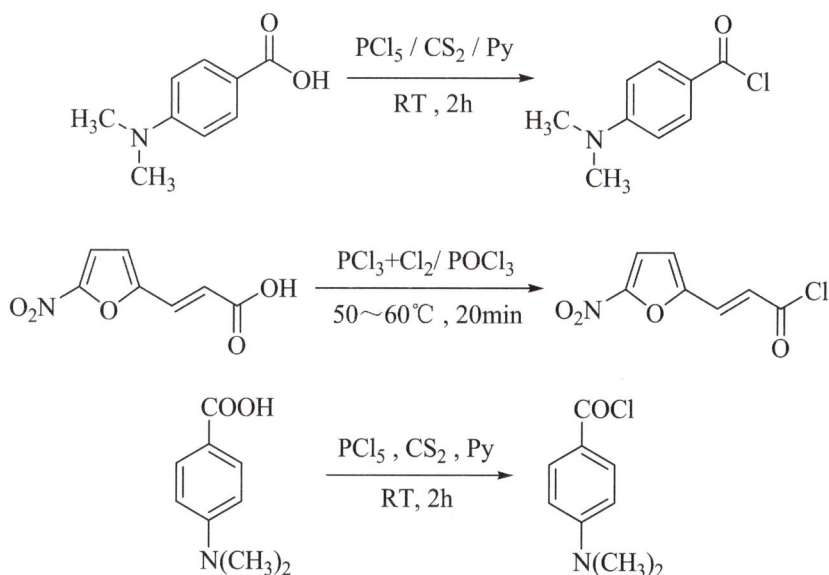

三氯（溴）化磷的活性低于五氯化磷，更适用于脂肪酸的取代。由于其副产物为亚磷酸固体，因此在实际应用中表现出较多的优越性。反应中，常把羧酸与稍过量的三氯（溴）化磷一起加热，生成的酰卤可通过直接蒸馏的办法分离出来。然而，对于固体酰卤的制备，则需要慎重选择。

$$ClCH_2CH_2COOH + PCl_3 \longrightarrow ClCH_2CH_2COCl + H_3PO_3$$

二元羧酸用亚硫酰氯氯化时反应很慢，例如丁二酸、邻苯二甲酸，由于可形成六元环状分子内氢键，同亚硫酰氯长时间回流，收率往往也较低。但改用五氯化磷，则反应能顺利进行。机理如下：

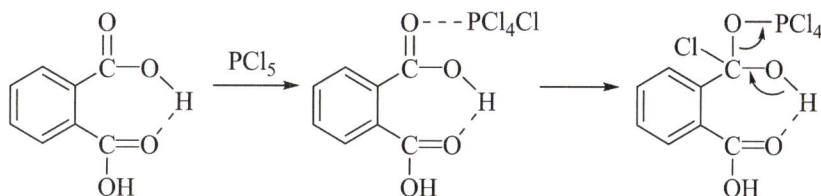

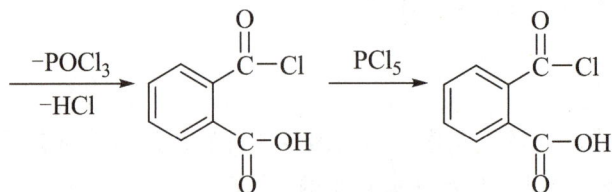

三氯氧磷与羧酸作用较弱，但容易与羧酸盐类反应而得相应的酰氯。由于反应中不生成氯化氢，尤其适宜于制备不饱和酸的酰氯衍生物。

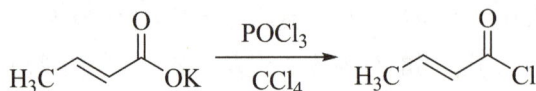

五氯化磷、三氯化磷、三氯氧磷也可将磺酸或磺酸盐转化为磺酰氯，例如：

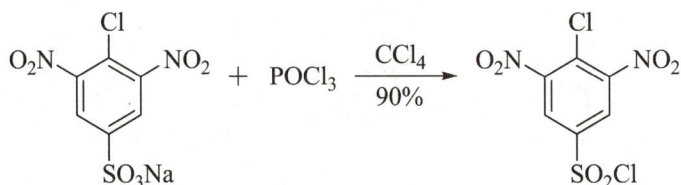

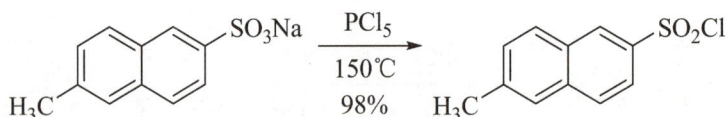

氯化亚砜是制备酰氯常用而有效的试剂，其沸点低，所得产品易于分离纯化且副产物少。羧酸中如含有羟基应予以保护，但对双键、羰基、烷氧基和酯基均无影响。氯化亚砜本身的氯化活性并不大，但若加入少量催化剂（如吡啶、DMF、Lewis 酸）则活性增大。

DMF 的催化机理如下：

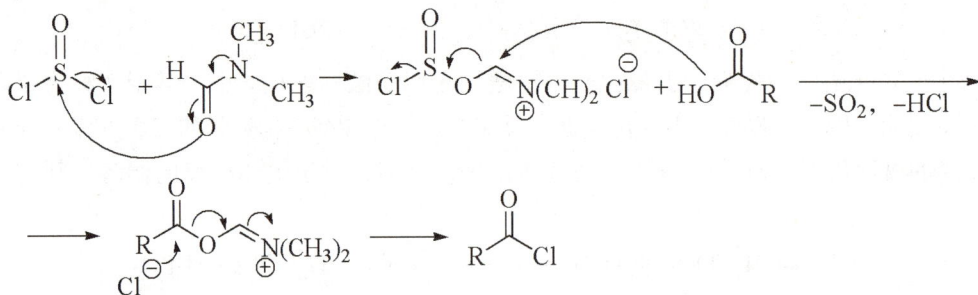

例如，对硝基苯甲酸单独与氯化亚砜长时间加热仍不反应，但加入 DMF 催化时，即可顺利制得相应酰氯。

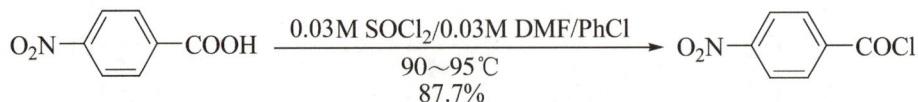

又如：

$$F_3CCOOH \xrightarrow[\substack{80\sim85℃ \\ 89\%}]{SOCl_2/DMF} F_3CCOCl$$

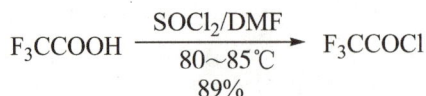

工业亚硫酰氯中常含有二氯化二硫、二氯化硫、二氧化硫等杂质，当使用 DMF 时，反应体

系颜色变深，有时产品不易提纯。向亚硫酰氯中加入一些 *N*,*N*-二甲基苯胺或植物油，加热回流，而后蒸馏提纯效果会明显改善。除了 DMF，也可用 *N*,*N*-二乙基乙酰胺、己内酰胺等作催化剂。有些化合物本身含有三级氮原子，则可以不用外加催化剂，如苯唑西林钠（oxacilin sodium）中间体异噁唑甲酰氯的合成，仅用二氯亚砜就可以得到较为满意的结果。

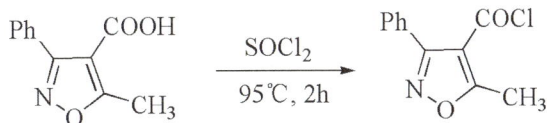

亚硫酰氯也可使磺酸生成磺酰氯：

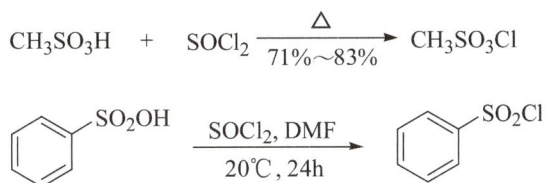

$$CH_3SO_3H + SOCl_2 \xrightarrow[71\%\sim83\%]{\Delta} CH_3SO_3Cl$$

一些分子具有对酸敏感的官能团时，草酰氯作为卤代试剂是很好的选择，反应过程中不产生酸。

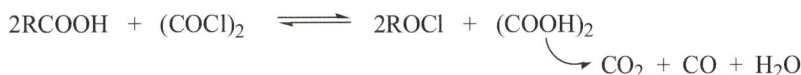

$$2RCOOH + (COCl)_2 \rightleftharpoons 2ROCl + (COOH)_2 \rightarrow CO_2 + CO + H_2O$$

二氯亚砜在药物合成中的应用广泛，如氯胺酮（ketamine）、氯苯达诺（chlophedianol）等的中间体邻氯苯甲酰氯的合成：

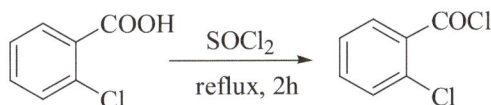

抗抑郁药反苯环丙胺（tranylcypromine）中间体的合成：

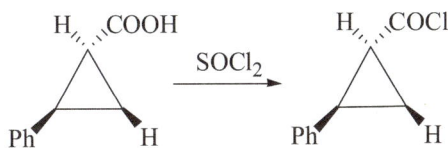

二、羧酸的脱羧卤代反应

（一）反应通式及机理

羧酸银盐在无水条件下，以四氯化碳作溶剂，与溴或碘反应，脱去二氧化碳，生成比原反应物少一个碳原子的卤代烃，这称为 Hunsdiecker 反应：

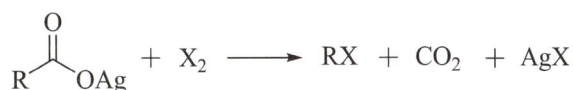

$$R\overset{O}{\underset{}{C}}OAg + X_2 \longrightarrow RX + CO_2 + AgX$$

反应机理属自由基历程，首先羧酸负离子进攻单质溴或碘，形成 O—X 键，由于该 O—X 键的键能比较低，很容易发生均裂，生成酰氧自由基，然后脱羧成烷基自由基，再和卤素自由基结合成卤化物：

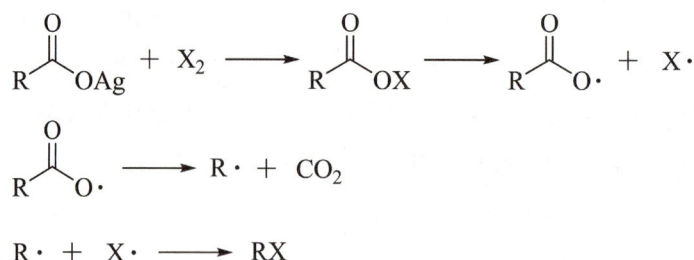

（二）主要影响因素

该反应过程中要严格无水，否则收率很低或得不到产品，银盐很不稳定。

对于具有 2～18 个碳原子的饱和脂肪酸来说，该反应是制备 ω-卤代物的一种方便方法，可用氧化汞代替银盐，一般是由羧酸、过量氧化汞和卤素直接反应。

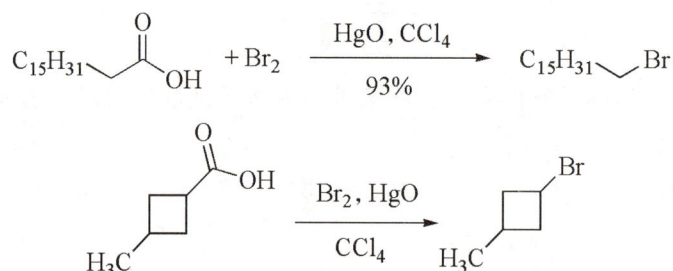

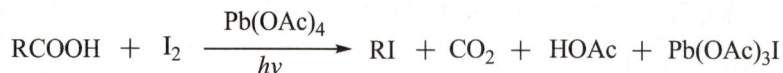

若用汞盐方法，可由羧酸、过量氧化汞和卤素直接反应，操作简单，不需要分离出汞盐，若在光照下进行，收率很高。

在 DMF-AcOH 中加入 NCS 和四乙酸铅反应，可由羧酸衍生物顺利地脱羧而得相应的氯化物称 Kochi 改良方法，这种方法没有重排等副反应，适用于由羧酸制备仲、叔氯化物，收率高，条件亦很温和。

例如：

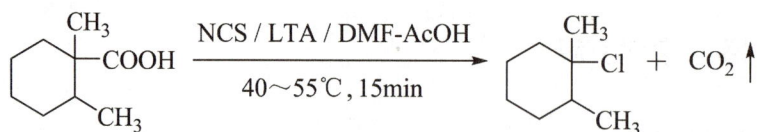

羧酸用碘素、四乙酸铅在四氯化碳中光照反应，也可进行脱羧卤置换得到碘代烃，称为 Barton 改良方法，适用于在惰性溶剂中由羧酸制备伯或仲碘化物。

$$RCOOH \ + \ I_2 \ \xrightarrow[hv]{Pb(OAc)_4} \ RI \ + \ CO_2 \ + \ HOAc \ + \ Pb(OAc)_3I$$

例如：

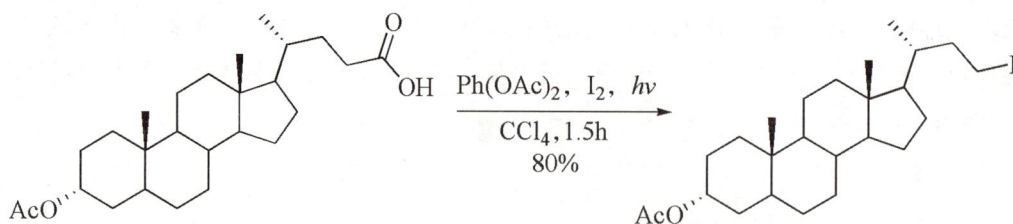

第六节　其他官能团化合物的卤代反应

一、卤化物的卤素交换反应

(一) 反应通式及机理

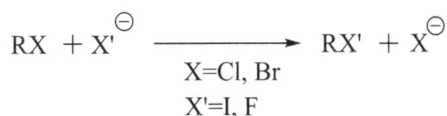

$$RX + X'^{\ominus} \xrightarrow[\substack{X=Cl, Br \\ X'=I, F}]{} RX' + X^{\ominus}$$

有机卤化物与无机卤化物之间进行卤原子交换又称 Finkelstein 卤素交换反应。合成上常利用本反应将氯（溴）化烃转化成相应的碘化烃或氟化烃。

卤素交换反应大多属于 S_N2 机理。无机卤化物中的卤负离子作为亲核试剂，被交换的卤素原子作为离去基团，因此被交换的卤素活性愈大，则反应愈容易。但叔卤化物在交换时形成的阳碳离子易发生消除反应，使收率降低。

(二) 主要影响因素

卤原子交换中，选用的溶剂，最好是对使用的无机卤化物有较大的溶解度，而对生成的无机卤化物溶解度甚小或几乎不溶解，以有利于交换完全。常用的溶剂有 DMF、丙酮、四氯化碳或丁-2-酮等极性非质子溶剂。

例如，碘化钠在丙酮中的溶解度较大（39.9g/100mL，25℃），而生成的氯化钠溶解度则很小，从而使反应顺利进行。

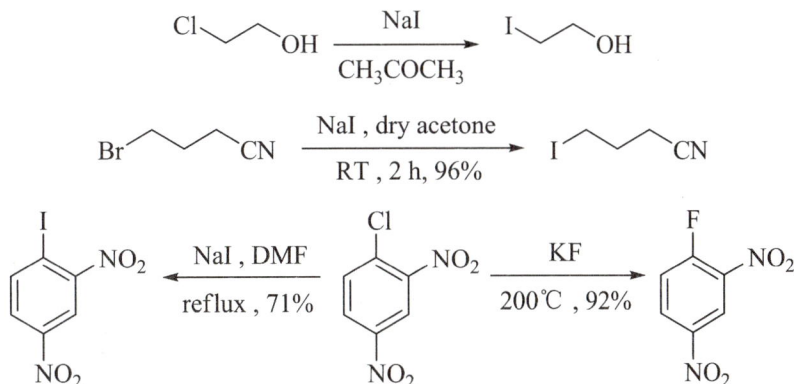

Lewis 酸可增强卤代烷的亲电活性，加入 Lewis 酸有利于卤素交换反应。

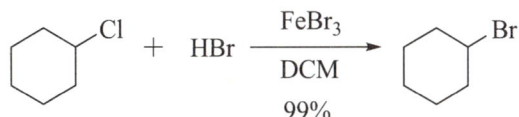

对于某些 2 或 4 位卤代氮杂环衍生物，加入少量酸可增加其交换活性。例如，少量氢碘酸能催化 2-氯吡啶与碘化钾的反应，得到 2-碘吡啶。

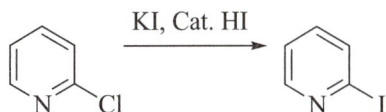

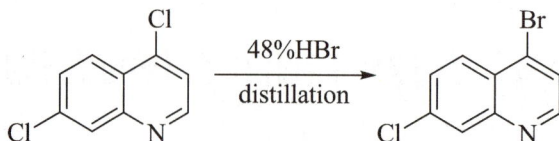

氟原子的交换所采用的试剂有氟化钾、氟化银、氟化锑、氟化氢等。氟化钠不溶于一般溶剂，故很少采用。

用无水氟化钾，氟可以取代分子中的氯、溴原子生成氟化物。例如抗癌药 5-氟尿嘧啶中间体氟乙酸乙酯的合成：

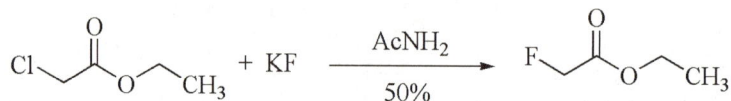

5-氟尿嘧啶中间体

借助于冠醚或季铵盐的相转移催化作用，氟化钾能在较为缓和的条件下进行卤交换反应，高产率地生成相应的氟化物，而且很少有重排现象，但偶尔有消除反应发生。相同烷基的不同卤原子被氟原子取代的反应，从产率看，溴化烃活性最高，氯化烃活性最低；随着烷基碳链的增长，反应活性明显降低。常用的相转移催化剂有 18-冠-6 和 Bu₄NBr。当所用季铵盐为含氟试剂时，它可兼作相转移催化剂与氟化试剂。而且与 Bu₄NBr 相比，氟交换产率更高。对于含氟的季铵盐化合物，多数是使用其无水盐。

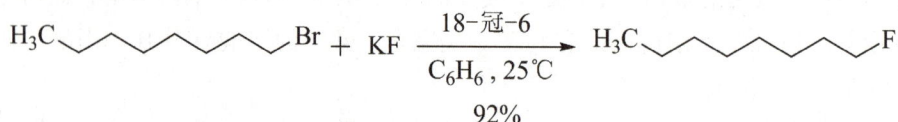

三氟化锑和五氟化锑的特点是可选择性地实现同一碳原子上的多氟代，故常用于三氟甲基化合物的制备，例如：

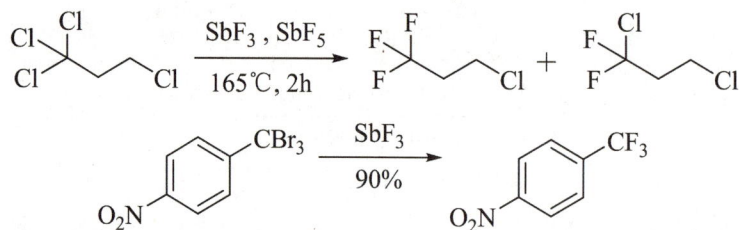

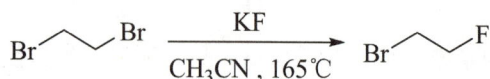

喹诺酮类抗菌药氟罗沙星（fleroxacin）中间体 1-溴-3-氟乙烷的合成可以通过 1,2-二溴乙烷在乙腈中用 KF 进行卤素交换氟化得到：

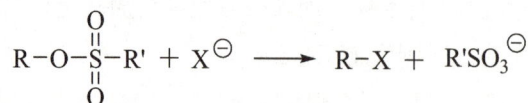

二、磺酸酯的卤代反应

反应通式及机理如下所示：

磺酸酯与亲核卤化试剂反应，可得到相应的卤代烃。该反应中，卤化剂提供卤负离子亲核试剂对磺酸酯中的亲电烷基进攻，磺酸酯基作为离去基团。

醇羟基直接卤化可产生副反应，因此先将醇用磺酰氯转化成相应的活性较大的磺酸酯，然后可在较温和的条件下被卤化剂卤化，此法常比卤素交换反应更有效。常用的卤化剂是卤化钠、卤化钾、卤化锂、卤化镁等，常用溶剂为丙酮、醇、DMF 等极性溶剂。如：

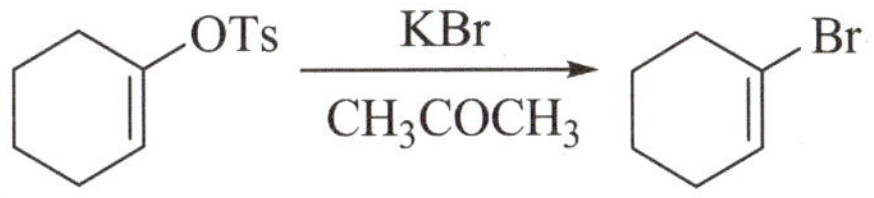

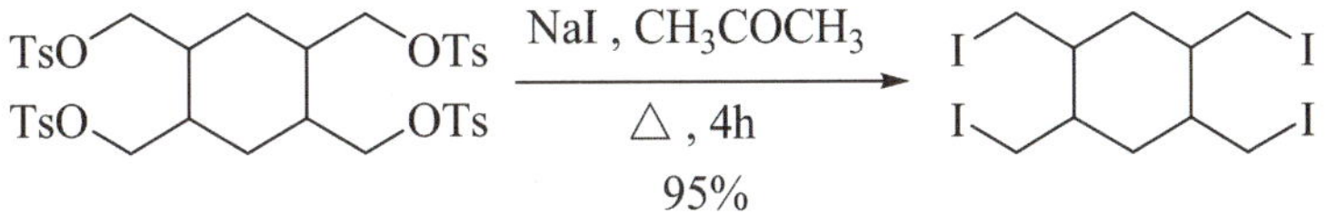

三、芳香重氮盐化合物的卤代反应

利用芳香重氮化合物的卤置换是制取芳香卤化物的方法之一，特别是在氟代芳烃、碘代芳烃的制备上应用更广。此法先由芳胺制成重氮盐，再在催化剂作用下得到卤化物。在反应过程中同时生成的副产物有偶氮化合物和联芳基化合物。反应通式为：

$$ArNH_2 \xrightarrow{NaNO_2 + HX} ArN_2^+X^- \xrightarrow{CuX} ArX + N_2$$
$$X = Cl，Br$$

氯化亚铜或溴化亚铜在相应的氢卤酸存在下，分解重氮盐，生成氯代或溴代芳烃的反应称作 Sandmeyer 反应。若改用铜粉与氢卤酸，则为 Gattermann 反应。重氮基被氯原子置换的反应速度，受对位取代基的影响，通常当芳环上有其他吸电子基存在时有利于反应。取代基导致反应速率按该次序依次降低：$NO_2 > Cl > H > CH_3 > OCH_3$。置换重氮基的反应温度一般为 $40 \sim 80℃$，催化剂的用量为重氮盐的 $1/10 \sim 1/5$（化学计算量）。

（一）氯（溴置换）

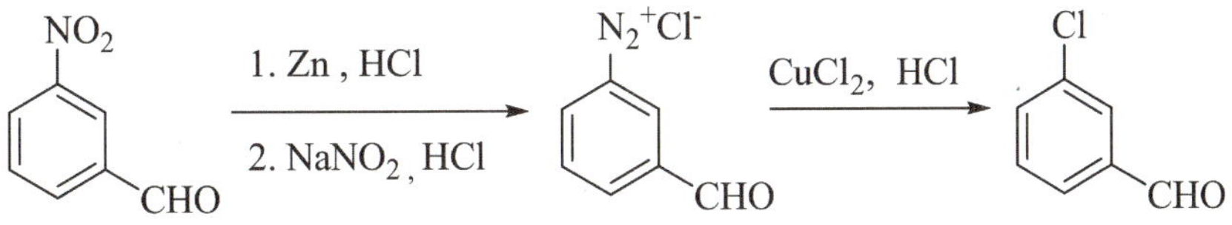

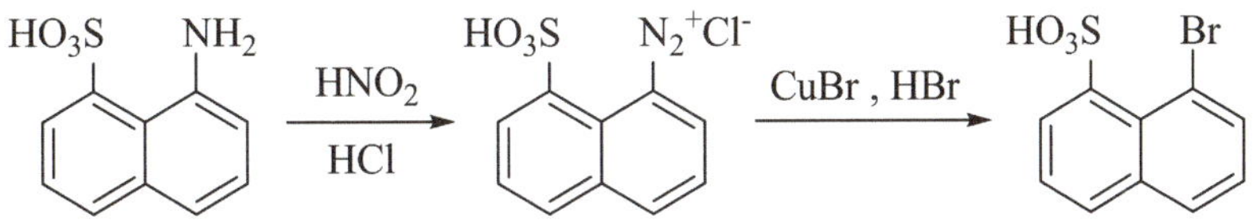

磺酰亚胺重氮盐与四丁基溴化铵在乙腈中于室温下反应，即可生成芳溴化合物，在亚酮盐催化下亦可合成相应的氯化物及碘化物。

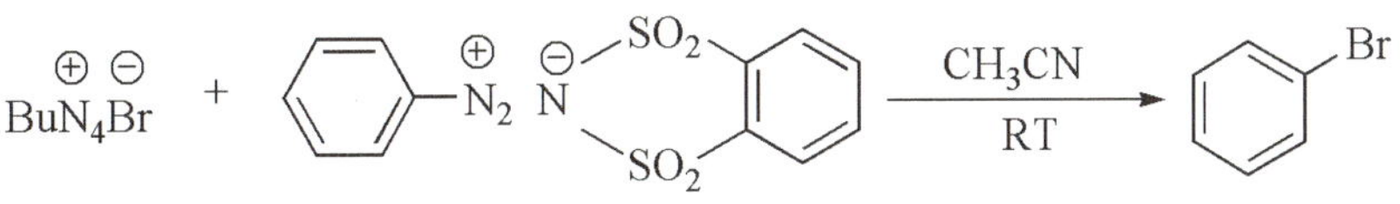

例如药物中间体邻氯甲苯的工业合成就是采用 Sandmeyer 反应进行的：

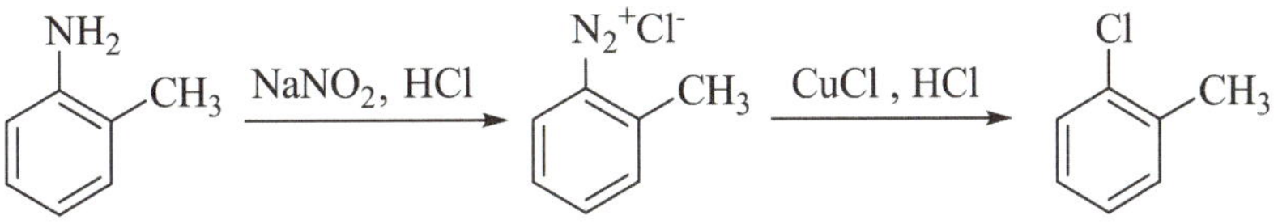

（二）碘置换

碘代反应要容易的多，重氮盐与 KI 共热，可不必加入铜盐，即可以较好收率得到碘化物。

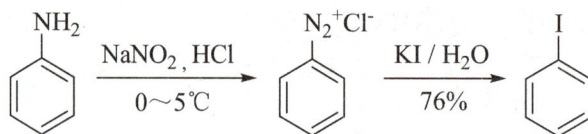

（三）氟置换

许多芳香族的氟衍生物是通过氟原子置换芳环上的重氮基而制得的。通常是将芳伯胺的重氮盐与氟硼酸盐反应，生成不溶于水的重氮氟硼酸盐；或芳胺在氟硼酸存在下重氮化，生成重氮氟硼酸盐，后者经加热分解，可以较高产率制得氟代芳烃，此类反应称 Schieman 反应。

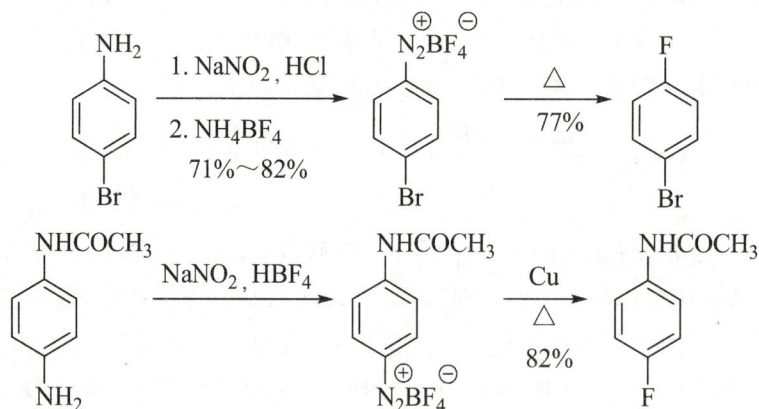

要注意的是，重氮氟硼酸盐分解必须在无水条件下进行，否则易分解成酚类和树脂状物质。

$$ArN_2^+BF_4^- + H_2O \xrightarrow{\triangle} ArOH + HF + BF_3 + N_2 + 树脂状物$$

扫一扫，查阅本章数字资源，含PPT、音视频、图片等

本章要点

掌握：醇和酚的 O-烃化，脂肪胺、芳胺和杂环胺的 N-烃化反应的特点、适用范围、影响因素及其应用；芳烃、烯烃和羰基α-位的 C-烃化等烃化反应的特点、适用范围、影响因素及其应用。

理解：各类烃化反应的反应机理；卤代烃为烃化剂制备混合醚的方法；硫酸酯和磺酸酯类烃化剂在烃化反应中的应用；伯、仲、叔胺的制备方法、特点及适用范围；选择性烃化方法。

了解：烃化反应的分类、烃化剂的种类和特点；Suzuki 反应、Mitsunobu 反应、Negishi 反应、Sonogashira 反应的特点及其应用。

烃化反应（hydrocarbylation reaction）是指有机分子中的氢原子被烃基取代的反应。被取代的氢原子来自于碳、氮、氧、硫、磷、硅等原子。烃基可以是烷基、烯基、炔基、芳基，也可以是其他带有各种取代基的烃基（如羟甲基、氰乙基、羧甲基等）。

在有机合成中，最常见的烃化反应主要发生在羟基上的氧原子、氨基上的氮原子、活泼亚甲基碳原子以及芳环碳原子的反应，被烃化物主要有醇、酚、胺、β-二羰基化合物和芳香烃类化合物等。芳环上的烃化反应多属亲电取代反应，其他烃化反应一般都属于亲核取代反应。

烃化剂的种类很多，最常用的烃化剂是卤代烃、硫酸酯和硫酸酯类。此外，醇、环醚、烯烃、甲醛、甲酸、重氮甲烷及有机金属化合物等也有应用。烃化反应在药物及其中间体的合成中有着十分广泛的用途，本章将重点讨论发生在氧、氮、碳原子上的烃化反应。

第一节　氧原子上的烃化反应

一、醇的 O-烃化

醇分子氧原子上的氢原子被烃基取代的反应称为醇的 O-烃化，氧的烃化反应得到醚。常用的烃化剂有卤代烃、芳基磺酸酯、环氧乙烷等。

（一）卤代烃为烃化剂

在碱性（钠、氢氧化钠、氢氧化钾等）条件下，醇与卤代烃反应生成醚，该反应称为 Williamson 反应，这是制备混合醚的常用方法。

$$R\text{-}OH \ + \ R^1X \ \xrightarrow{\quad B^{\ominus}\quad} \ R\text{-}O\text{-}R^1$$

1. 反应机理

该反应为亲核取代反应（S_N）。根据卤代烃的结构，可按 S_N1 或 S_N2 机理进行。

S_N1 反应的机理：该反应可分两步进行。第一步发生 C-X 键断裂生成烃基碳正离子 $R^{\oplus}$，第二步烃基碳正离子与醇反应生成醚。第一步反应较慢，第二步较快。整个反应速率取决于第一步的慢反应速率，只与 R-X 浓度有关。

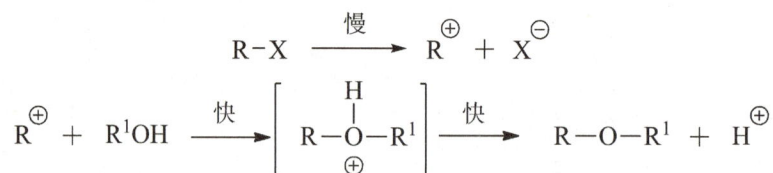

$$R\text{-}X \xrightarrow{\text{慢}} R^{\oplus} + X^{\ominus}$$

$$R^{\oplus} + R^1OH \xrightarrow{\text{快}} \left[\begin{array}{c} H \\ | \\ R\!-\!\overset{}{\underset{\oplus}{O}}\!-\!R^1 \end{array} \right] \xrightarrow{\text{快}} R\text{-}O\text{-}R^1 + H^{\oplus}$$

S_N2 反应的机理：烷氧负离子进攻 α-碳原子形成 C—O 键的过程与 C — X 键断裂同步进行，S_N2 反应的速率与两种反应物的摩尔浓度乘积成正比。

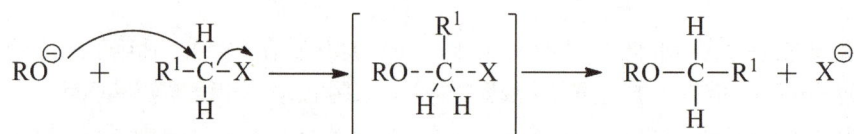

$$RO^{\ominus} + R^1\text{-}\overset{H}{\underset{H}{C}}\text{-}X \longrightarrow \left[RO\text{-}\text{-}\overset{R^1}{\underset{H}{C}}\text{-}\text{-}X \right] \longrightarrow RO\text{-}\overset{H}{\underset{H}{C}}\text{-}R^1 + X^{\ominus}$$

2. 反应的影响因素

（1）卤代烃结构的影响　卤代烃的结构对反应选择 S_N1 或 S_N2 有重要影响。一般情况下，卤甲烷、伯卤烃按 S_N2 机理进行反应，叔卤烃按 S_N1 机理进行，仲卤烷可按 S_N2，也可按 S_N1 机理进行，视条件而定。

烃基结构对反应机理影响主要通过电子效应和立体效应。叔卤烃易形成较为稳定的叔碳正离子，所以 S_N1 反应活性大，卤甲烷和伯卤烃不易形成碳正离子（不稳定），其 S_N1 活性很小，同时其 α-碳原子空间立体效应较弱，易受亲核试剂进攻，所以 S_N2 活性较大。

苄卤代烃和烯丙卤代烃进行 S_N1 或 S_N2 反应都有利，原因是它们按 S_N1 机理生成的中间体碳正离子或按 S_N2 机理生成的过渡态都具有稳定的结构，所以无论 S_N1 或 S_N2 都有很高的反应活性。不同卤素对反应活性有影响，当烷基相同时，其活性顺序：R-I>R-Br>R-Cl。由于碘代烷活性很大，当用其他卤代烷进行烷化反应时，可加入碘化钾催化，其催化原理是使卤代烃中卤素被碘置换成碘代烃，使烷化反应顺利进行。

芳香卤代烃用作烷化剂有一定的条件限制，芳卤烃由于卤素原子上的未共用电子对与芳环形成 p-π 共轭体系，C-X 键不够活泼，一般不易与醇发生烷基化反应。但当芳环上卤素原子的邻对位有强吸电子基时，C-X 键极性增大，能与醇羟基顺利进行亲核取代反应而得到烷化产物。

（2）亲核试剂醇的影响　亲核试剂醇的结构对反应活性也有影响，强亲核试剂对 S_N2 反应非常有利，因此卤甲烷和伯卤烷对醇羟基氧的烷化通常在强碱下进行。但强碱对于易按 S_N1 机理反应的叔卤烷影响不大，却可引起它发生消除反应生成烯烃。由于 Williamson 反应是在强碱条件下进行，因此一般不能用叔卤代烃作烷基化试剂。所以合成叔烷基混合醚时，可用叔醇与相应的卤代烃进行反应：

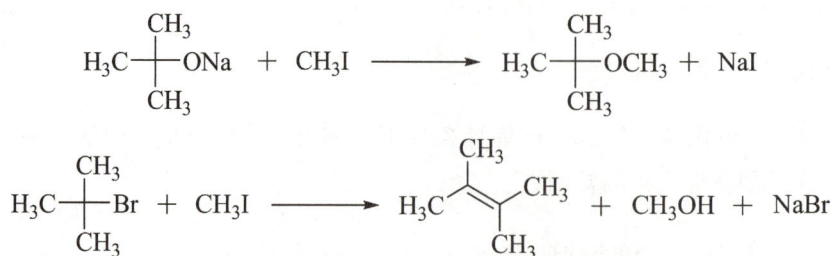

$$H_3C\!-\!\overset{CH_3}{\underset{CH_3}{\overset{|}{C}}}\!-\!ONa + CH_3I \longrightarrow H_3C\!-\!\overset{CH_3}{\underset{CH_3}{\overset{|}{C}}}\!-\!OCH_3 + NaI$$

$$H_3C\!-\!\overset{CH_3}{\underset{CH_3}{\overset{|}{C}}}\!-\!Br + CH_3I \longrightarrow \overset{CH_3}{\underset{CH_3}{\overset{|}{H_3C\!-\!C\!=\!C}}}\!-\!CH_3 + CH_3OH + NaBr$$

（3）溶剂的影响 质子溶剂有利于卤代烃的解离，但能使 RO$^\ominus$ 发生溶剂化作用，降低 RO$^\ominus$ 的亲核性。极性非质子性溶剂则具有增强 RO$^\ominus$ 亲核性的作用，有利于反应的发生。故在 Williamson 反应中常使用极性非质子溶剂如 DMSO、DMF、HMPTA，作为反应介质，也可用芳烃（如苯、甲苯）。有时反应溶剂可用参加反应的醇，或将醇盐悬浮于醚类（如乙醚、THF、乙二醇二甲醚等）中进行反应。

3. 在药物合成中的应用

三苯基氯甲烷在糖化学合成中常用来保护糖的伯羟基。如上述 α-葡萄糖甲苷有四个羟基，其中 6 位伯醇羟基可与三苯基氯甲烷发生 O-烃化反应得到产物。三苯基氯甲烷虽为叔卤烃，但本身不能发生消除反应，可在弱碱条件下与伯醇按 S$_N$1 机理发生反应。

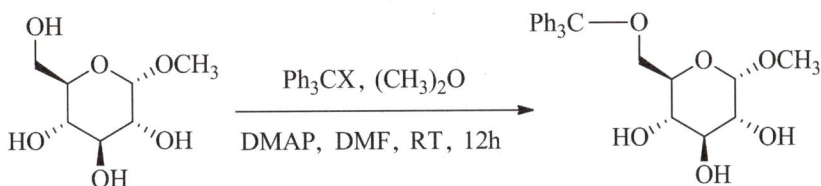

美托洛尔（metoprolol）是一种选择性肾上腺素能 β_1 受体阻滞剂，其中间体甲基苯乙基醚是在氢氧化钠碱性溶液中用硫酸二甲酯与苯乙醇反应制备。从这一反应中可以看到，硫酸二甲酯也是常用的烃化试剂，一般在碱性条件下反应，硫酸二甲酯属于弱碱，价格便宜，比碘甲烷等更常用于药物生产中。

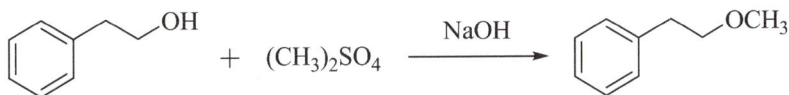

美托洛尔中间体

阿立哌唑（aripiprazole）是一种非典型抗精神分裂症药物，它的合成以 7-羟基-3,4-二氢-2-(1H)-喹啉酮为原料，先与 1,4-二溴乙烷进行 O-烃化反应，然后再在碘化钠催化下，与 1-（2,3-二氯苯基）哌嗪发生 N-烃化反应，得到目标物分子。

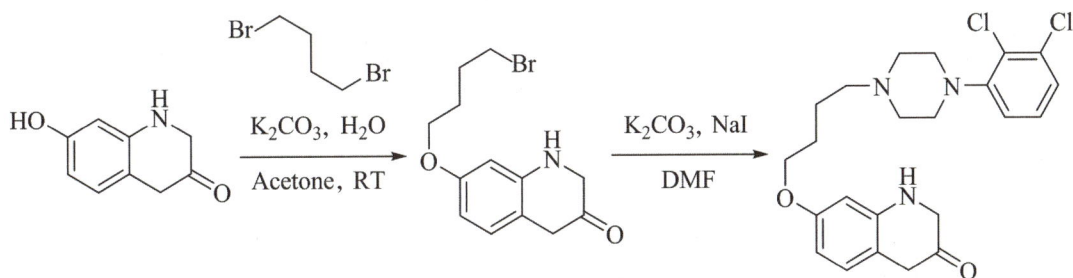

阿立哌唑

嘧啶、吡啶、哒嗪、喹啉等杂环中的不饱和 N 原子类似于硝基，具有吸电子性，其邻位或对位连有卤素原子时可增强 C-X 键的活性，这些含卤杂环的衍生物在碱性条件下与醇发生烃化反应。如 2-氯-5-氟嘧啶-4-酮在碱性条件下与正丁醇反应，可以制备抗肿瘤候选药物 FD-2 的原料药 2-正丁氧基-5-氟嘧啶-4-酮。

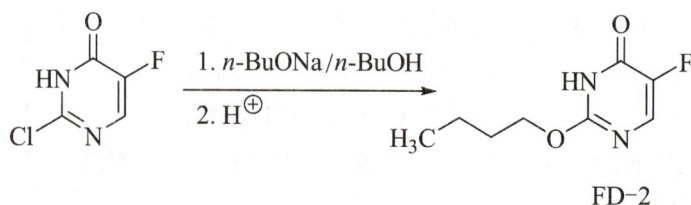

FD-2

(二)芳基磺酸酯为烃化剂

芳基磺酸酯在药物合成中作为烃化剂被广泛应用，主要有对甲苯磺酸酯（TsOR）、苯磺酸酯，而 TsOR 应用更广。对甲苯磺酸酯可由对甲苯磺酰氯与相应的醇反应来制备。

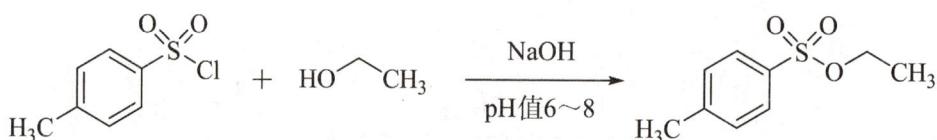

TsOR 分子中的 C—O 键易于断裂，与烷氧负离子反应，离去 TsO$^{\ominus}$ 生成醚。

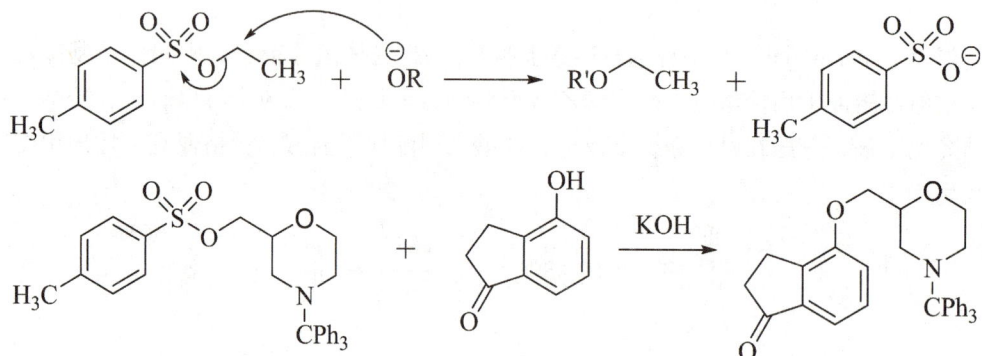

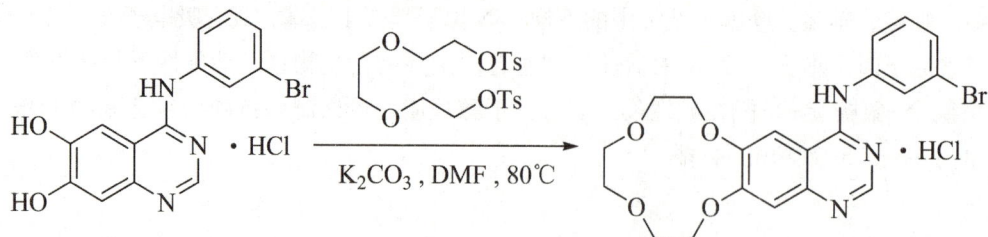

由于 TsO$^{\ominus}$ 是很好的离去基团，成醚反应很容易进行。例如，在制备 Bcr-Abl 酪氨酸蛋白激酶抑制剂伯舒替尼（bosutinib）中间体的过程中，利用 O-烃化反应引入卤代丙基侧链。

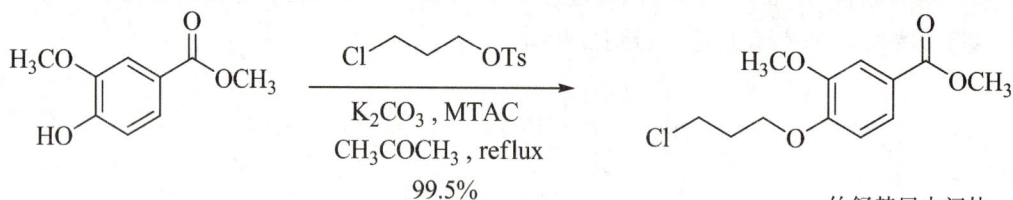

伯舒替尼中间体

TsOR 在药物合成中常用于引入分子量较大的烃基。埃克替尼（icotinib）是一种表皮生长因子受体酪氨酸激酶抑制剂，适用于敏感基因突变的局部晚期成转移性非小细胞肺癌的一线治疗。其合成路线之一就采用 Williamson 反应，在碳酸钾和丙酮条件下，将亚乙基乙二醇二对甲苯磺酸酯与 6,7-二羟基-4-(3'-溴苯氨基)喹唑啉反应，得到埃克替尼前体。

埃克替尼前体

（三）环氧乙烷为烃化剂

环氧乙烷为三元环醚，结构类似于环丙烷，环的张力很大。由于氧原子的存在，环氧乙烷比环丙烷更不稳定，极易开环，性质非常活泼。环氧乙烷可以作为烃化剂与醇反应，在氧原子上引入羟乙基，也称之为羟乙基化反应。

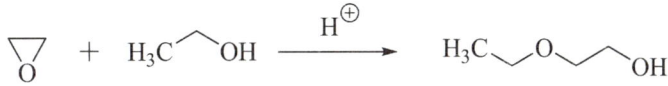

$$\text{(环氧乙烷)} + H_3C\text{—}OH \xrightarrow{H^{\oplus}} H_3C\text{—}O\text{—}OH$$

1. 反应机理

酸或碱都可以催化该反应进行，酸催化类似 S_N1 反应，而碱催化属 S_N2 反应。不对称的取代环氧乙烷用酸或碱催化，根据 C—O 键断裂方式不同，生成两种不同的产物。

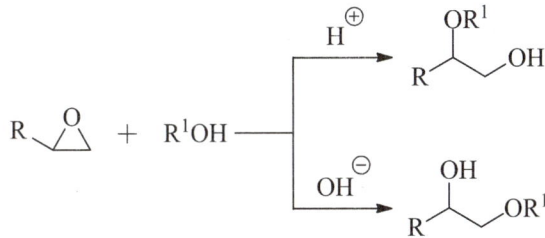

$$R\text{(环氧)} + R^1OH \xrightarrow{\begin{array}{c} H^{\oplus} \\ \\ OH^{\ominus} \end{array}} \begin{array}{c} OR^1 \\ R\text{—}OH \\ \\ OH \\ R\text{—}OR^1 \end{array}$$

在碱催化下反应按 S_N2 机理进行。由于空间位阻影响，$R^1O^{\ominus}$ 通常进攻环氧环中取代较少的碳原子。

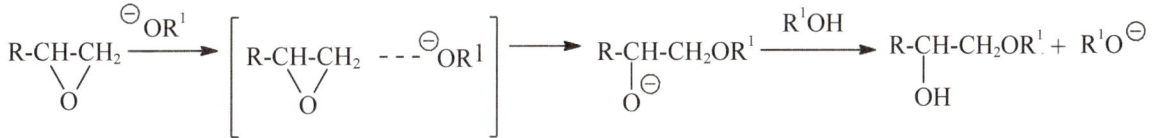

$$R\text{-CH-CH}_2 \xrightarrow{\ ^{\ominus}OR^1\ } \left[R\text{-CH-CH}_2\text{---}^{\ominus}OR^1 \right] \longrightarrow R\text{-CH-CH}_2OR^1 \xrightarrow{R^1OH} R\text{-CH-CH}_2OR^1 + R^1O^{\ominus}$$

酸催化开环反应比较复杂，反应按 S_N2 进行，但具有 S_N1 的性质。环上氧原子质子化增大了氧原子对 C—O 键电子的吸引力，使环碳原子带有较大的正电荷，环上两个 C—O 键中，连有较多取代基的 C—O 更易断裂，这样使该碳原子带有更多的正电荷，亲核试剂易进攻这个碳原子发生 S_N2 反应，但产物具有 S_N1 的特征。

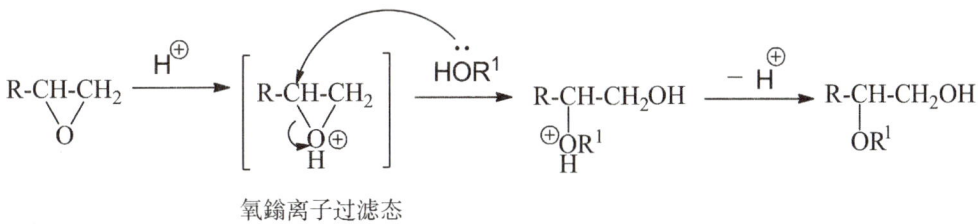

$$R\text{-CH-CH}_2 \xrightarrow{H^{\oplus}} \left[R\text{-CH-CH}_2 \right] \xrightarrow{HOR^1} R\text{-CH-CH}_2OH \xrightarrow{-H^{\oplus}} R\text{-CH-CH}_2OH$$

氧鎓离子过滤态

例如，苯基环氧乙烷与甲醇反应，在酸、碱条件下生成不同的主要产物。

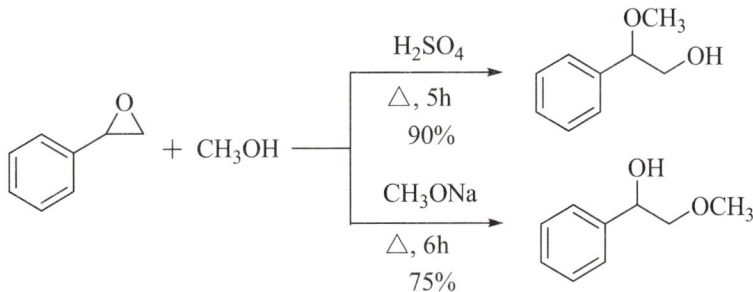

2. 在药物合成中的应用

用环氧乙烷进行氧原子上的烃化反应，可以制备羟乙基化产物。吲哚洛尔（pindolol）是临床用于治疗窦性心动过速，阵发性室上性和室性心动过速、室性早搏、心绞痛、高血压等疾病药物。其中间体可以由环氧氯丙烷与 4-羟基吲哚先发生氧的羟乙基化反应，再发生 N-烃化反应制备：

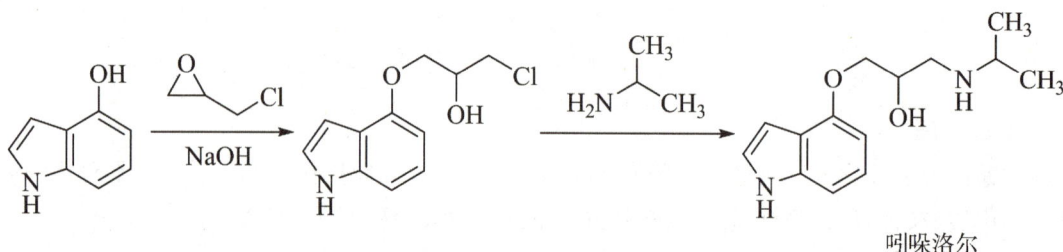

吲哚洛尔

更昔洛韦是抗病毒药物，具有广谱、高效抑制疱疹病毒的作用。其中间体可以由苯甲醇与环氧氯丙烷发生氧的羟乙基化反应制备得到。

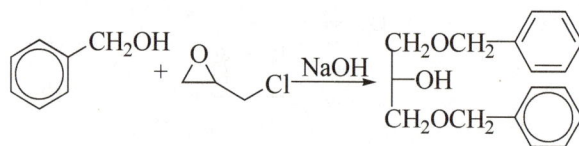

用环氧乙烷进行氧原子上的羟乙基化，产物仍含有醇羟基，可以继续与环氧乙烷反应生成聚醚。因此，如果要合成烷氧基乙醇，使用的醇必须大大过量，以免发生聚合。

$$R = C_9 \sim C_{12}$$

（四）烯烃为烃化剂

烯烃对醇的 O-烃化得到醚，一般情况下，烯烃与醇不易发生反应，只有烯烃 C═══C 双键上连有吸电子基（如羰基、氰基、羧基等）时，才较易发生烃化反应。例如，在碱催化下，醇与丙烯腈发生加成反应：

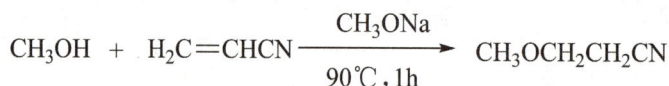

$$CH_3OH \ + \ H_2C{=}CHCN \xrightarrow[90℃,1h]{CH_3ONa} CH_3OCH_2CH_2CN$$

反应机理如下：

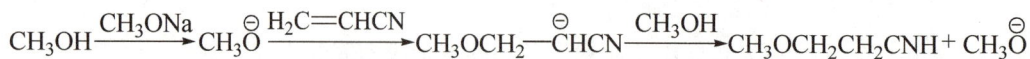

$$CH_3OH \xrightarrow{CH_3ONa} CH_3\overset{\ominus}{O} \xrightarrow{H_2C{=}CHCN} CH_3OCH_2{-}\overset{\ominus}{C}HCN \xrightarrow{CH_3OH} CH_3OCH_2CH_2CNH^+ \ CH_3\overset{\ominus}{O}$$

二、酚的 O-烃化

酚羟基也可进行 O-烃化生成酚醚。由于酚的酸性比醇强，亲核性比较弱，一般在碱性条件下反应生成酚醚类化合物。

（一）卤代烃为烃化剂

酚在碱性条件下很容易与卤代烃反应，生成高收率的酚醚。

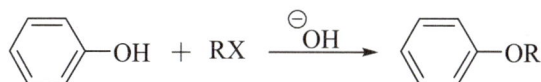

反应的主要影响因素是卤代烃的结构与碱性催化剂的强弱，一般而言，卤代烃活性越大，碱性催化剂可以越弱。常用的碱有氢氧化钠（钾），碳酸钠（钾）。反应介质可用水、醇类、丙酮、二甲基甲酰胺、二甲亚砜、苯、甲苯等溶剂。例如：

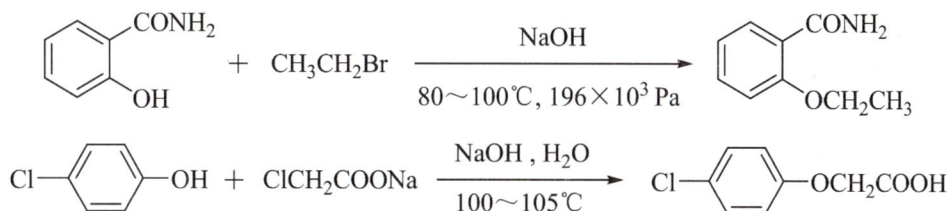

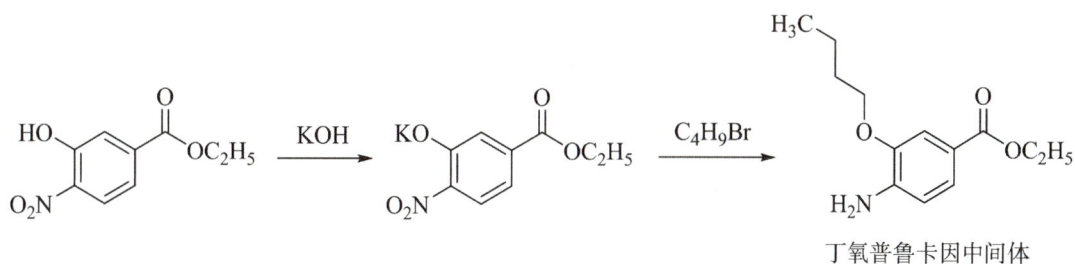

例如，丁氧普鲁卡因（benoxinate）中间体和愈创甘油醚（guaifenesin）的合成利用这类反应。

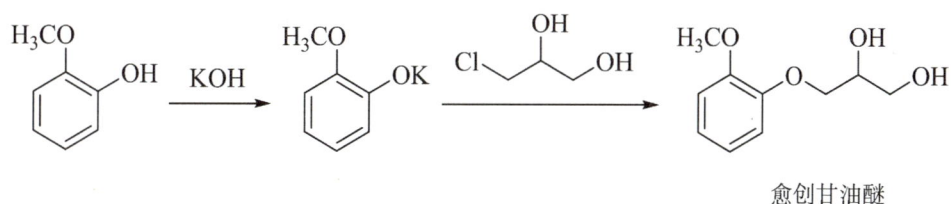

丁氧普鲁卡因中间体

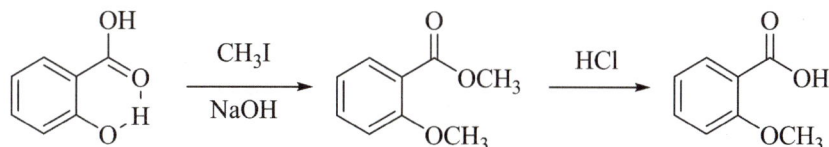

愈创甘油醚

苄基卤代烃、烯丙基卤代烃活性较大，在较弱的碱，例如碳酸钾催化下与酚反应，得到苄醚或烯丙醚。碘甲烷和硫酸二甲酯是常用的甲基化试剂，在药物合成中用于制备酚甲醚。

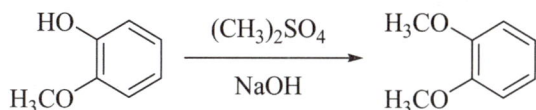

由于碘甲烷价格昂贵，多选用价格更为便宜的硫酸二甲酯。例如，钙离子通道阻滞剂维拉帕米（verapamil）的中间体合成即用愈创木酚与硫酸二甲酯的甲基化反应得到。

维拉帕米中间体

除硫酸二甲酯外，还可用 $TsOCH_3$ 作甲基化试剂，这类试剂的甲基化反应活性大于碘甲烷，可应用于有位阻或螯合酚的 O-甲基化，但这类酚用碘甲烷反应非常困难。

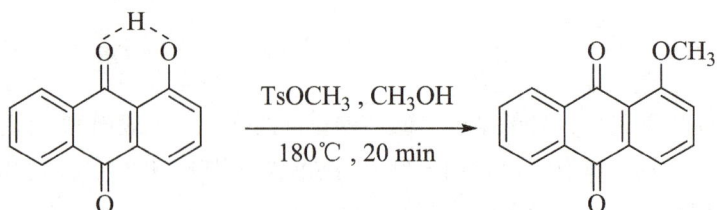

（二）重氮甲烷为烃化剂

重氮甲烷也可用于酚氧原子的甲基化，但反应速率一般较慢，可用三氟化硼或氟硼酸催化。由于反应过程中除放出氮气外，无其他副产物生成，而且纯度和收率都较高，因此重氮甲烷也是实验室常用的甲基化试剂。

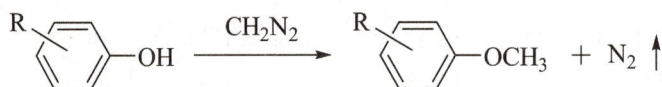

1. 反应机理

推测反应机理可能是羟基解离出质子与重氮甲烷中的活性亚甲基反应生成甲基重氮正离子，后者不稳定，分解放出氮气并生成碳正离子，再与氧负离子结合形成甲醚。

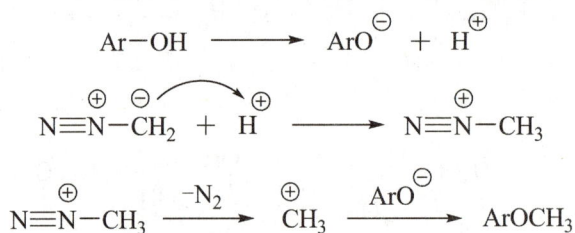

2. 反应的影响因素

反应活性与羟基上的氢的酸性大小有关，酸性越大，反应越易进行。因此，酚反应活性比羧酸弱，但比醇要强，醇不易被重氮甲烷甲基化，需在催化剂催化下方可反应。

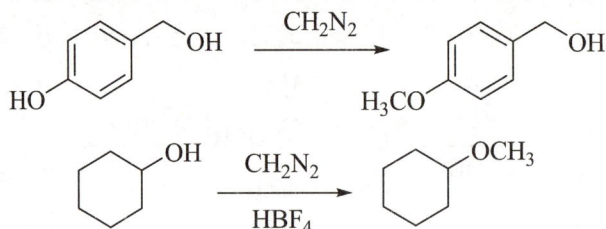

不同酚羟基，由于酸性不同，与重氮甲烷反应活性也有差异，因此，对于多元酚、醇，可利用不同位置酚羟基酸性不同，进行选择性甲基化反应。酚也可与醇通过 DCC 缩合法进行烃化反应使酚偶联。

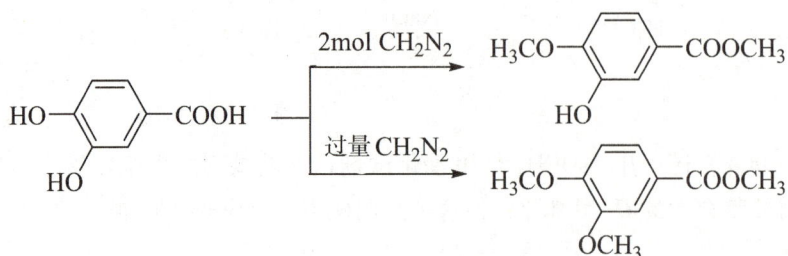

三、氧-烃化反应在药物合成设计中的应用

在复杂化合物和多官能团化合物的合成中，当某个官能团与试剂进行反应时，为了避免其他官能团也发生反应，就要让这些不希望发生反应的官能团"保护"起来，保护的方法就是让官能团生成其衍生物，达到目的后，再脱去"保护"释放出官能团，这就是官能团的保护。

被选用的保护基应当符合"能上能下"的原理，也就是既能与被保护的官能团顺利发生反应，又能在达到目的后方便地脱除。否则不是"保护"，而是"占领"。理想的保护基必须符合如下原则：引入保护基的试剂容易得到，价格便宜。保护和脱除保护的反应条件温和，不引起其他反应，且产物易于分离。官能团被保护后，在脱除保护之前较为稳定，不会参与其他反应。保护基不会引入新的手性中心。

在复杂的天然产物及药物合成中，经常会遇到官能团的保护问题。常用的保护基团有硅烷类、烷基类、缩醛类、酯类和酰胺类等保护基团。被保护的官能团有羟基、氨基、羰基、羧基和巯基等。本节只讨论烷基类保护基对醇酚羟基的保护问题。

（一）甲醚类保护基

醇与甲基化试剂形成的甲基醚非常稳定，一般的酸碱和氧化剂都难以脱除甲基，所以用得较少。然而，酚甲基醚的水解条件非常温和，它不但容易制备，而且对一般试剂的稳定性也较高，因此，甲基醚常可用来保护酚羟基。

质子酸和 Lewis 酸常用来水解酚甲醚，比如 48% HBr-AcOH 回流，酚甲醚类分子中的甲基可以被有效脱除。

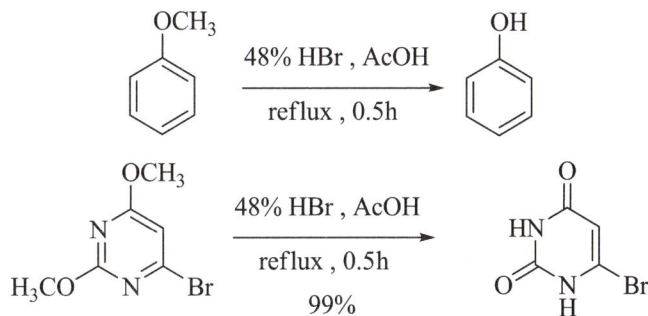

工业生产中，在 200～210℃ 熔融状态下，盐酸吡啶可以脱除 4-甲氧基苯丁酸分子中的甲基。

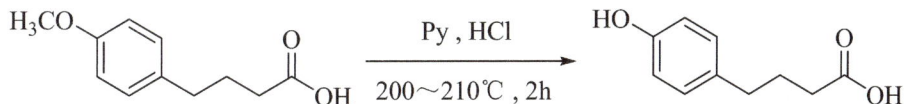

三溴化硼的脱甲基作用较强，反应较缓和，可以在室温或低于室温下进行，副反应较少，因此应用比较多。例如：

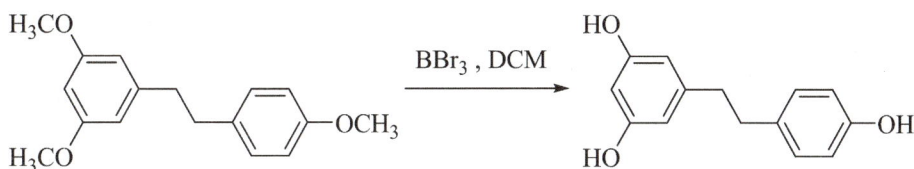

（二）苄醚保护基

苄基醚的稳定性与甲基醚类似，对于多数酸和碱都非常稳定。由于反应试剂苄基溴或苄基氯

便宜易得。所以苄基广泛用于保护糖环及氨基酸中的醇羟基。脱除保护的条件具有专一性，Pd/C-H₂ 氢解是它特征性脱除保护反应。苄基酚醚具有类似的性质，所以苄基也常被用于保护酚羟基。

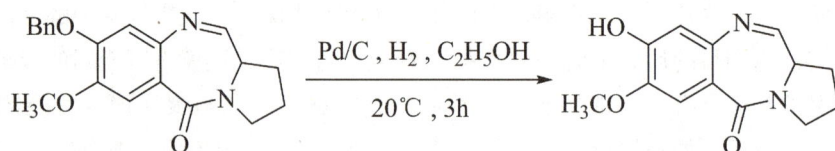

（三）三苯甲醚保护基

在糖化学、核苷和核酸化学领域，三苯甲基（Tr）经常被用来保护伯羟基，尤其是对于多羟基化合物，在伯、仲羟基之间选择性地保护伯羟基是非常有效的。α-D-呋喃葡萄糖甲苷的 6-位伯羟基经三苯甲基化得到产物。其他糖类的伯羟基也可用三苯甲基保护。

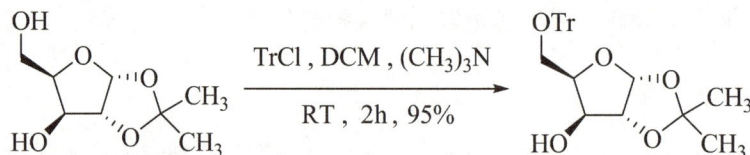

三苯甲醚对碱及其他亲核试剂是稳定的，但在酸性介质中不稳定，容易水解，质子酸和 Lewis 酸都能催化三苯甲醚的水解。

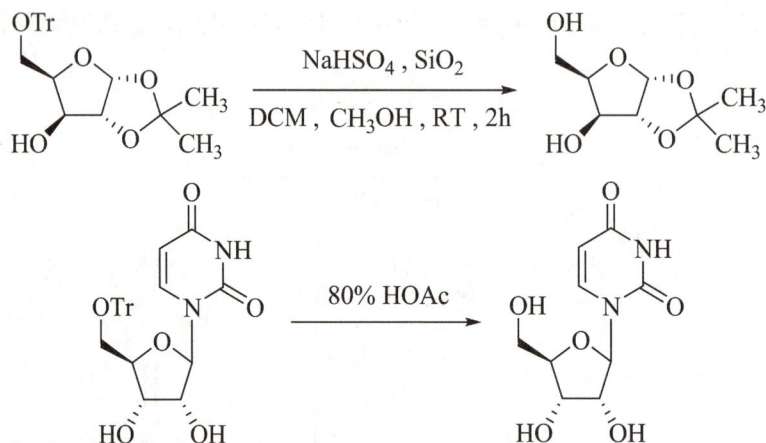

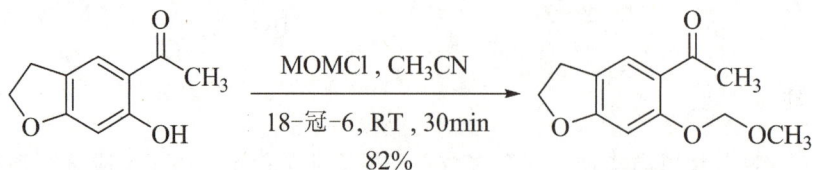

（四）甲氧甲醚（MOM）保护基

甲氧甲醚是甲醛的缩醛化合物（CH₃OCH₂OR），形成缩醛是醛类化合物常用的保护方法，也常用于酚羟基的保护（CH₃OCH₂OAr）。所以这种保护方法所形成的化合物与缩醛具有相同的性质，对酸不稳定，但对碱、Grignard 试剂、氢化铝锂、催化氢化等反应条件都很稳定。形成保护的方法是用氯甲基甲醚（ClCH₂OCH₃，MOMCl）与酚类化合物在碱性条件下反应生成相应的甲氧基甲基酚醚，常用相转移催化剂促进反应的进行，也可以使用 ClCH₂OCH₃，K₂CO₃-丙酮反应体系。

脱除保护的方法一般是用酸性条件水解。如在四氢呋喃溶液中，用 HCl-CH₃OH 或 HCl-CH₃COOC₂H₅ 溶液都可使酚缩醛脱除缩醛保护，转化为酚。

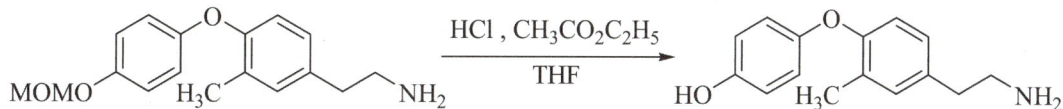

（五）四氢吡喃醚保护基

在酸催化下，2,3-二氢吡喃与醇加成生成四氢吡喃醚（THP）。这是最常用的醇羟基保护方法之一，反应条件温和，操作简单，伯、仲、叔醇羟基都能用 THP 保护，但酚用得较少。

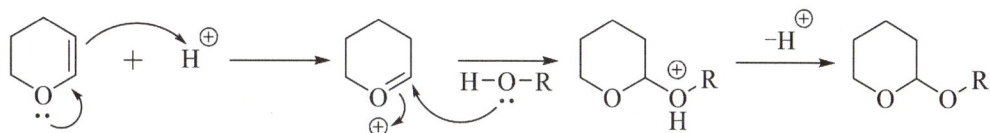

质子酸使烯醇醚的氧原子质子化，形成氧鎓离子，氧鎓离子有强亲电性，容易被醇分子中的氧原子进攻。常用的酸包括盐酸和对甲苯磺酸（p-TsOH）。但对于保护叔醇羟基和含有对酸敏感的官能团（如环氧）时，不能用这些酸，可以使用较弱的酸。例如对甲基苯磺酸吡啶盐（PPTS）、硫酸三甲基硅酯和三氯氧磷等。

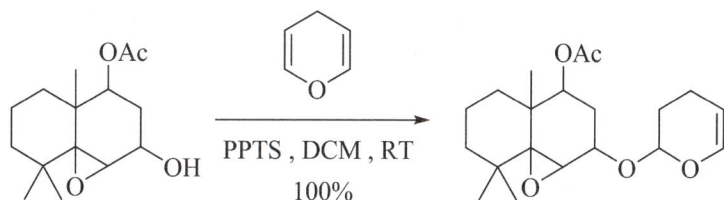

四氢吡喃醚类是混合缩醛，因此，对强碱，有机金属试剂（有机锂试剂、Grignard 试剂等），氢化铝锂以及烃化试剂，酰基化试剂是稳定的，但能在较缓和条件下进行酸化水解（如 HOAc-H₂O、TsOH-CH₃OH、PPTS-CH₃OH 等）。

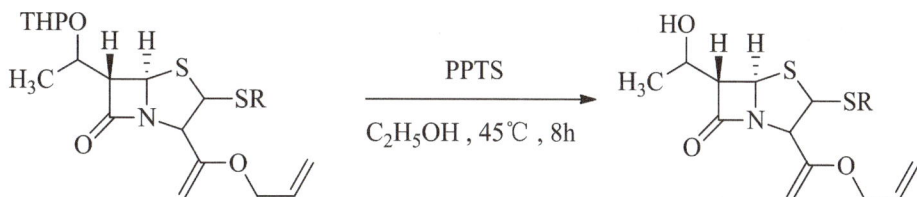

第二节 氮原子上的烃化反应

氨和胺分子中的氮原子都具有碱性，它们的亲核性较强，比醇和酚羟基氧更容易发生烃化反应。氮上烃化反应是合成有机胺的主要方法之一。

一、氨及脂肪胺的 N-烃化

（一）反应通式与反应机理

氨与卤代烃的反应又称氨基化反应。氨的三个氢原子都可被烃基取代，生成伯、仲、叔胺及季铵盐的混合物。

反应机理属于亲核取代，由氨或者伯胺、仲胺、叔胺的孤对电子作为亲核试剂向稍显正电性的烃基 R 进攻，得到胺盐以及季铵盐。反应通式如下：

$$R-X \ + \ \ddot{N}H_3 \ \longrightarrow \ R-\overset{\oplus}{N}H_3 \ \overset{\ominus}{X}$$

$$R-\overset{\oplus}{N}H_3 \ \overset{\ominus}{X} \ + \ NH_3 \ \Longrightarrow \ R-NH_2 \ + \ \overset{\oplus}{N}H_2 \ \overset{\ominus}{X}$$

$$R-NH_2 \ + \ R-X \ \longrightarrow \ R_2\overset{\oplus}{N}H_2\overset{\ominus}{X}$$

$$R_2\overset{\oplus}{N}H_2\overset{\ominus}{X} \ + \ NH_3 \ \longrightarrow \ R_2NH \ + \ \overset{\oplus}{N}H_4\overset{\ominus}{X}$$

$$R_2NH_2 \ + \ R-X \ \longrightarrow \ R_3\overset{\oplus}{N}H_2\overset{\ominus}{X}$$

$$R_3\overset{\oplus}{N}H_2\overset{\ominus}{X} \ + \ NH_3 \ \longrightarrow \ R_3NH \ + \ \overset{\oplus}{N}H_4\overset{\ominus}{X}$$

$$R_3N \ + \ R-X \ \longrightarrow \ R_4\overset{\oplus}{N}\overset{\ominus}{X}$$

反应虽得到混合物，但各产物的比例受烃化剂的结构、原料配比、反应溶剂等诸多因素的影响。如氨过量，伯胺的产量就高；氨不足，则仲胺、叔胺的产率会增加；直链伯卤烃与氨反应，生成伯、仲、叔胺的混合物；而仲卤烃与氨反应，叔胺的比例甚低。

（二）应用特点

1. 伯胺的制备

（1）用过量氨与卤代烃反应　N 原子主要发生单烃基化得伯胺。

烃化反应中如果加入氯化铵、硝酸铵或乙酸铵等盐类，因增加铵离子，使氨浓度增高，有利于反应进行。

（2）Gabriel 反应制备伯胺　邻苯二甲酰亚胺氮原子上的氢具有酸性，与碱反应生成盐，利用氮负离子的强亲核性，再与卤代烃作用，生成 N-烃基邻苯二甲酰亚胺，后者用酸水解或肼解生成高纯度的伯胺。此反应称为 Gabriel 反应。

这一反应酸性水解需要较强烈的条件，有时反应温度高达 180～200℃。肼解法条件温和，特别适合于对强酸、强碱和高温比较敏感的化合物制备伯胺。例如，抗疟药伯氨喹（primaquine）合成即用 Gabriel 反应。伯氨喹是一种 8-氨基喹啉类化合物，临床作为防止疟疾复发和传播的首选药物。首先邻苯二甲酰亚胺与 1,4-二溴戊烷制成 4-溴-1-邻苯二甲酰亚氨基戊烷，然后与 6-甲氧基-8-氨基喹啉反应后，再经历 Gabriel 反应、水解，得到伯氨喹。整个反应路线经历了两次 N-烃化反应，1,4-二溴戊烷的两个卤素原子化学活泼性不同，体现出一定的区域选择性，伯碳连接的溴原子相对更容易与 NBS 反应。

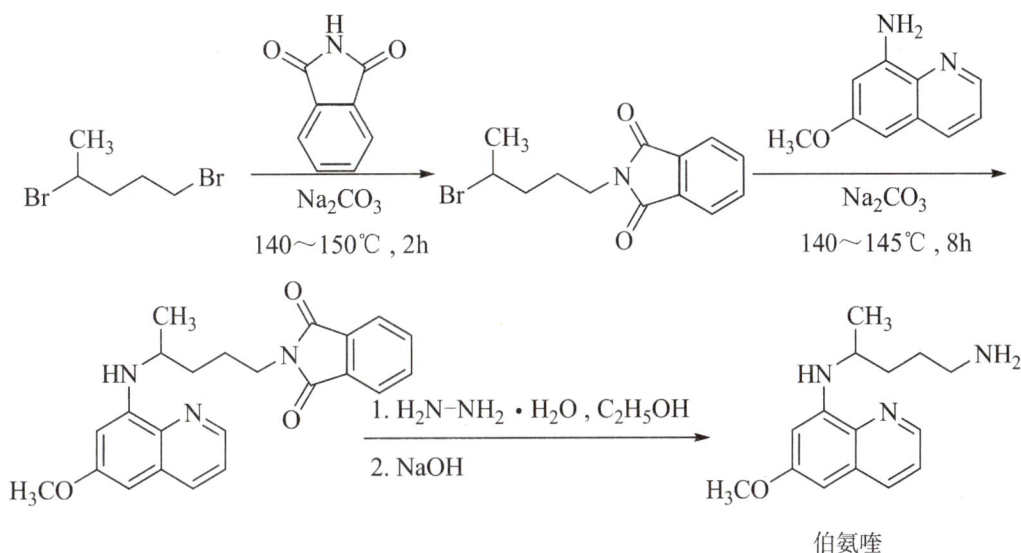

（3）Délépine 反应制备伯胺　卤代烃与环六亚甲基四胺（乌洛托品）反应，生成季铵盐，此季铵盐水解得到伯胺，这一反应称为 Délépine 反应。

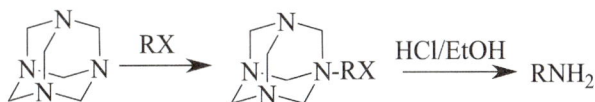

氯霉素（chloramphenicol）中间体的合成利用对硝基苯乙酮为原料，经羰基 a 位溴代，后应用 Délépine 反应制备得到。

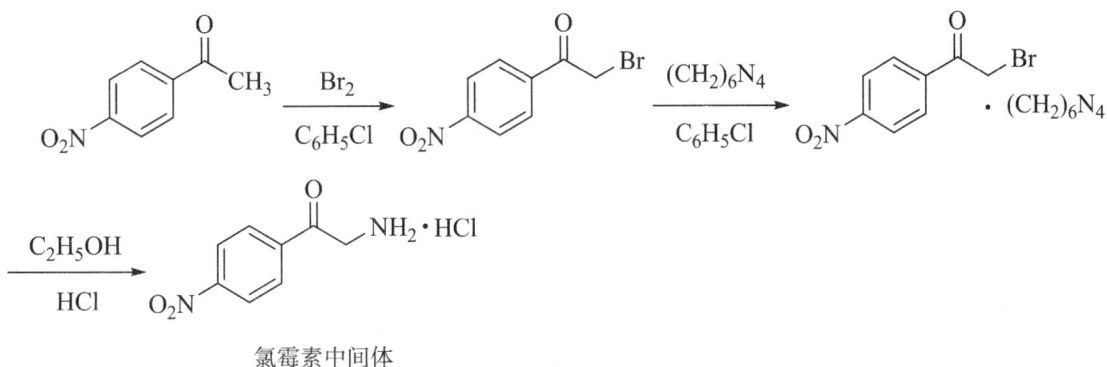

氯霉素中间体

（4）还原烃化反应制备胺类　醛或酮在还原剂存在下，与氨或胺反应，在氮原子上引入烃基的反应称为还原烃化反应。

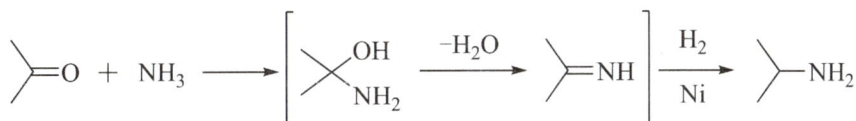

　　生成的伯胺可继续与醛或酮还原烃化，最后得到是伯、仲、叔胺的混合物，但无季铵盐的生成。

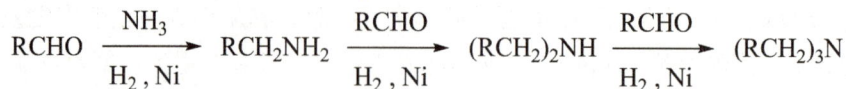

$$RCHO \xrightarrow[H_2, Ni]{NH_3} RCH_2NH_2 \xrightarrow[H_2, Ni]{RCHO} (RCH_2)_2NH \xrightarrow[H_2, Ni]{RCHO} (RCH_2)_3N$$

　　低级脂肪醛（碳原子数少于 4）与氨反应产物是混合物，五个碳以上脂肪醛与过量氨反应主要得伯胺（收率大于 60%），仲胺很少。

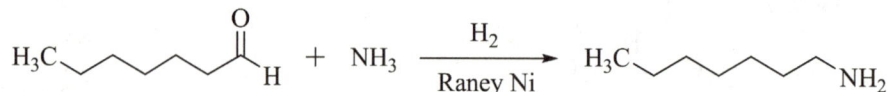

　　苯甲醛与等摩尔氨在这一条件下还原烃化主要得伯胺，过量苯甲醛则主要形成仲胺。

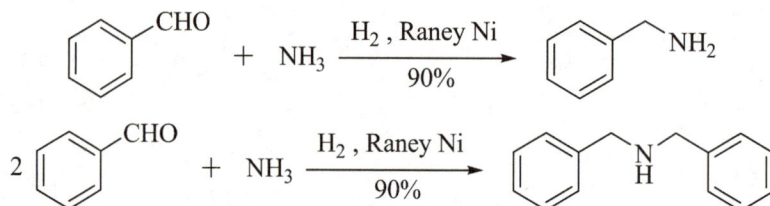

　　脂肪酮与氨还原烃化也可以生成伯胺，但产率受脂肪酮羰基所连接的烃基空间位阻影响较大，甲基酮活性较其他烃基取代的酮反应活性高。

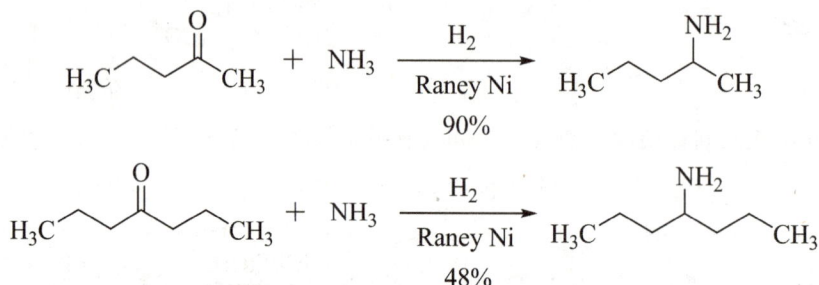

　　芳香酮用上述方法还原烃化产率较低，可采用 Leuckart-Wallach 反应。反应中用的甲酸铵一方面提高氨的浓度，同时作为还原剂。

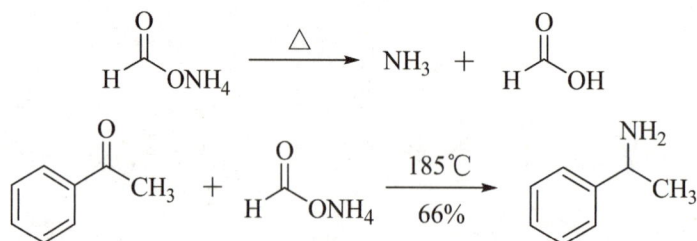

2. 仲胺的制备

　　伯胺与卤代烃反应主要生成仲胺和叔胺的混合物。卤烃的结构对混合物组分产生比例有很大影响，如用仲卤烷与伯胺反应，由于存在立体位阻，主要生成仲胺，叔胺较少。

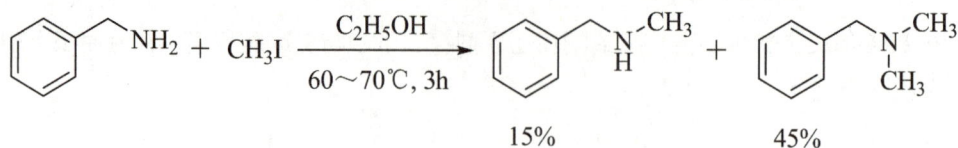

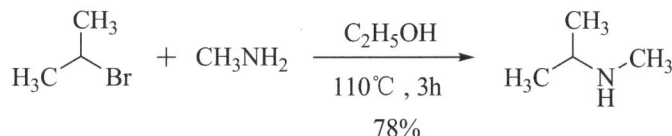

杂环卤代烃与有支链取代的胺类发生烃化反应，受环与胺基取代基的空间位阻影响，反应一般也主要生成仲胺，不易进一步得叔胺。

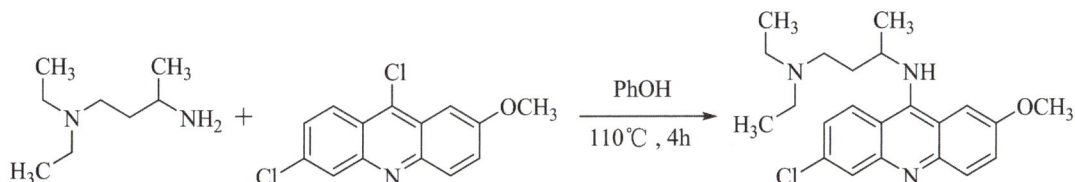

也可用 N-烃基磺酰胺类化合物来制备仲胺，利用酰胺氮上氢的酸性，在碱性条件下与卤代烃作用得 N,N'—二烃基磺酰胺，再经水解脱去磺酰基生成仲胺。例如：

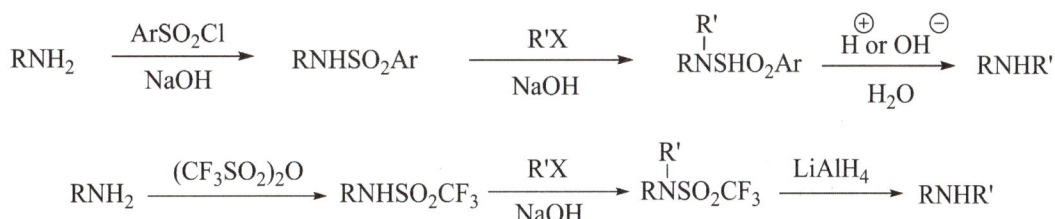

3. 叔胺的制备

仲胺或其锂盐与卤代烃反应得叔胺。仲胺也可以与甲醛进行还原甲基化制备叔胺。此外，在过量甲酸存在下，甲醛与伯胺或仲胺反应，产物也可以得到甲基化的叔胺。

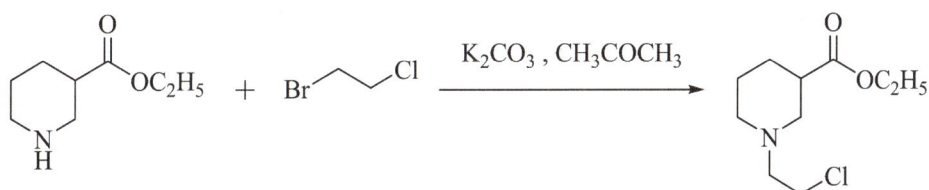

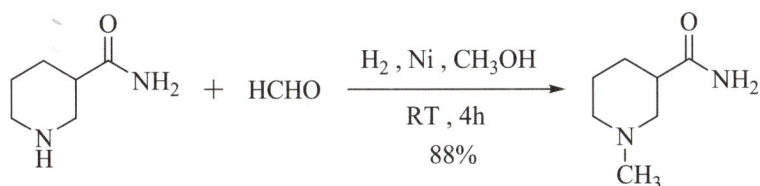

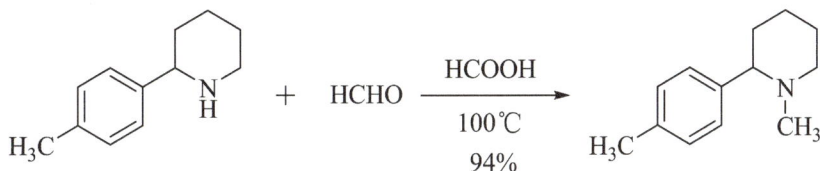

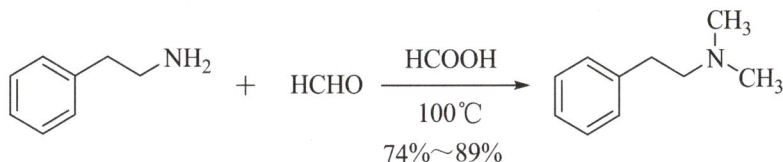

由于空间位阻影响，仲胺和其他羰基化合物的还原烃化制备叔胺比较困难，特别是与位阻大的酮的反应更不易进行。

β-羟基叔胺类化合物可用仲胺与环氧乙烷及其衍生物反应获得，但环氧乙烷的用量必须严格控制，否则过量的环氧乙烷有可能与醇羟基作用产生 N-聚乙二醇。

氮原子的羟乙基化反应在药物合成中应用较多。例如奥硝唑（ornidazole）和萘哌地尔（naftopidil）的合成即采用了此类反应。

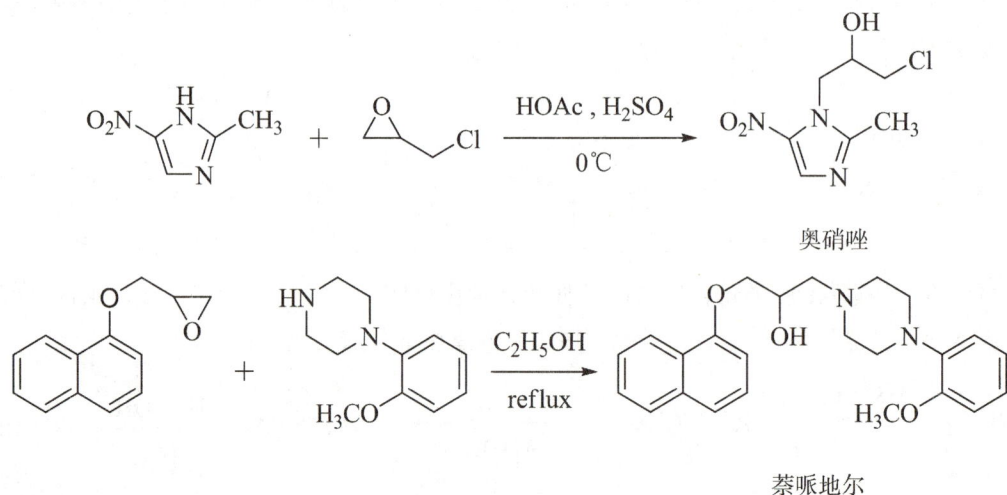

奥硝唑

萘哌地尔

二、芳香胺及杂环胺的 N-烃化

（一）N-烷基及 N,N-双烷基芳香胺的制备

芳香胺与卤代烃、硫酸二甲酯、苯磺酸酯反应得叔胺。

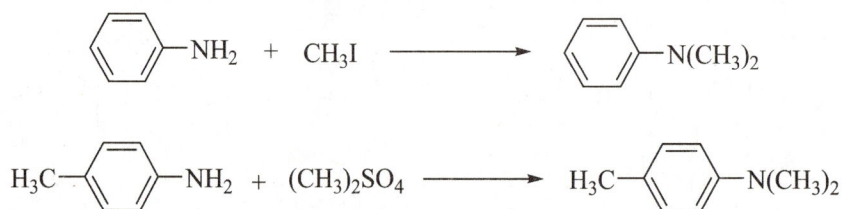

产物通常混有仲胺，通过对仲胺磺酰化，再加稀酸将不被磺酰化的叔胺分离出。芳胺与脂肪伯醇也可发生 N-烃基化反应，生成 N-单烃基或双烃基的芳胺。

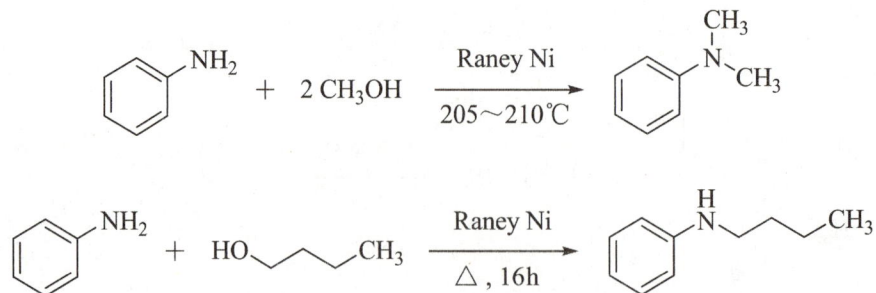

与脂肪胺的还原烃化反应一样，芳香伯、仲胺与羰基化合物缩合生成 Schiff 碱，再用 Raney 镍催化氢化制得仲胺或叔胺。

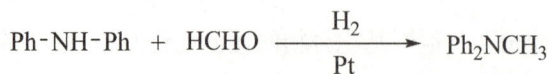

$$Ph\text{-}NH\text{-}Ph + HCHO \xrightarrow[Pt]{H_2} Ph_2NCH_3$$

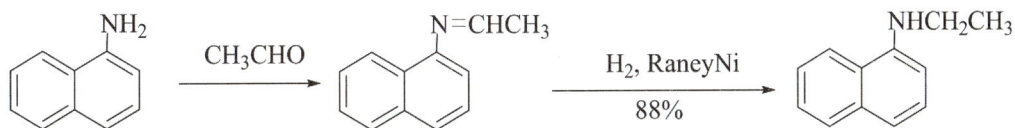

另外，芳基酰胺 N-烃化水解也可作为 N-烃基芳胺的制备方法。该法相当于利用酰基作为芳胺的保护基，在 N-烃化之后经水解得到 N-烃基芳胺。

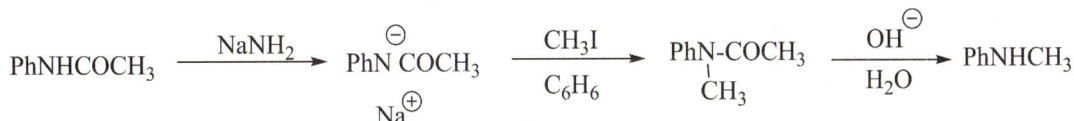

（二）芳胺 N-芳烃化

卤代芳烃一般不易与芳香胺发生烃基化反应。但在铜或铜盐催化下，可发生 Ullmann 反应，生成二芳基胺。

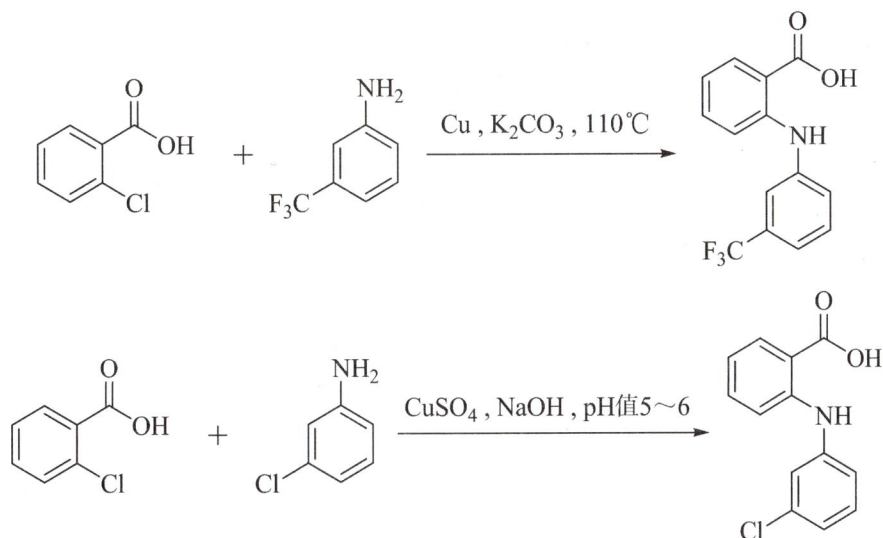

（三）杂环胺的 N-烃化

六元含氮杂环中的氮原子具有吸电子作用，当其邻位或对位连有氨基时，该氨基碱性较弱，可制成盐再进行烃化。例如，抗组胺药曲吡那敏（tripelennamine）的合成。

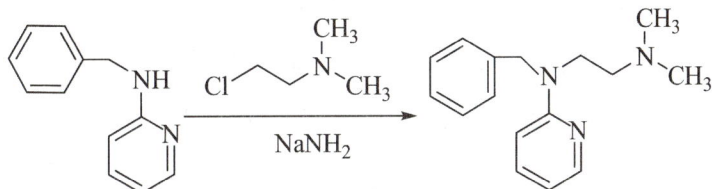

五元含氮杂环中的亚氨基（-NH-）碱性也较弱，在碱性条件下先成盐再与烃化剂进行烃化反应。

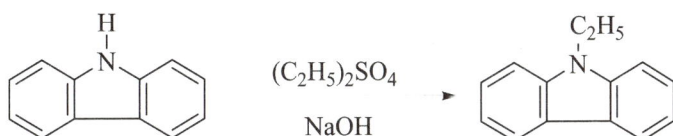

如果含氮杂环上有几个氮原子，可根据氮原子的碱性不同进行选择性烃化。

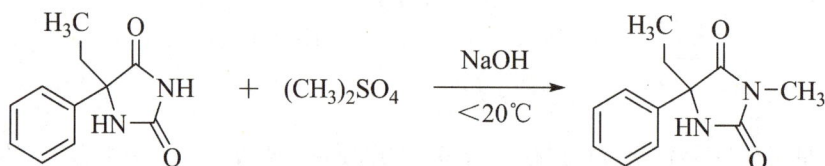

咖啡因（caffeine）和可可碱（theobromine）是黄嘌呤生物碱类化合物，具有中枢兴奋作用。在黄嘌呤骨架结构中三个氮原子可进行 N-烃化反应。碱性条件不同，用硫酸二甲酯烃化黄嘌呤生成的产物也不同。

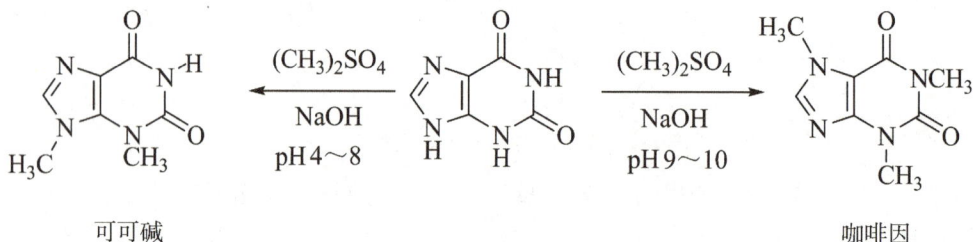

可可碱　　　　　　　　　　　　　　　　　　　　　　　咖啡因

三、氮-烃化反应的药物合成实例

托莫西汀（atomoxetin）是选择性去甲肾上腺素再摄取抑制剂，临床用于治疗缺陷障碍伴多动症。其合成以苯基二醇磺酸酯为原料，先在三苯基膦和偶氮二甲酸二乙酯存在下与邻甲基苯酚发生 O-烃化反应，其间发生手性中心发生立体构型变化，这一反应称之为 Mitsunobu 反应，再与甲胺在发生 N-烃化反应，得到目标产物。

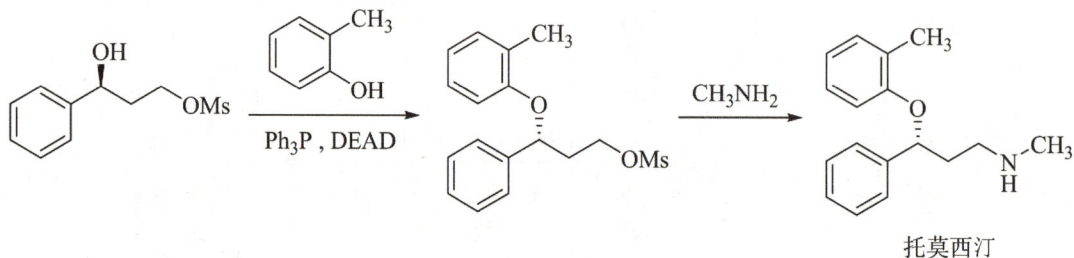

托莫西汀

四、氨基的保护

氨基氮原子上的孤对电子具有较强的亲核性，易作为亲核试剂，进攻卤代烃，羰基化合物，羧酸衍生物等化合物分子中带有部分正电荷的碳原子，发生烃基化，酰基化等反应，同时也容易被氧化生成氮氧化合物。由于许多生物活性分子，如氨基酸、肽、糖肽、氨基糖、β-内酰胺、核苷和生物碱等均含有氮原子，为了在分子其他部位反应时避免氨基发生反应，通常需要用易于脱去的基团对氨基进行保护，因此氨基的保护在有机合成中占有相当重要的位置。

目前已开发出相当多的氨基保护基用于药物合成反应，主要有氨基甲酸酯类保护法（$R_1R_2NCO_2R$）、酰胺类保护法及 N-烷基胺类保护法。本节只讨论与烃化有关的 N-烷基胺类保护法，用烷基保护氨基主要是用苄基或三苯甲基，这些基团特别是三苯甲基的空间位阻作用对氨基可以起到很好的保护作用，并且很容易除去。

（一）苄基保护基

胺和氨基化合物与苄卤代烃的烃基化是用来保护氨基的成熟和有效的方法。伯胺可以两次烷基化，得到 *N*,*N*-二苄基衍生物，由于空间位阻较大，一般不能形成季铵。

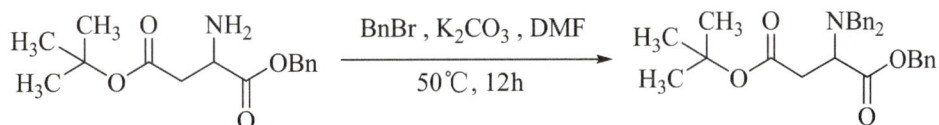

胺的还原烷基化对大规模制备胺的单烷基化非常方便，这种方法广泛用于苄基和对甲氧苄基保护法的引入。

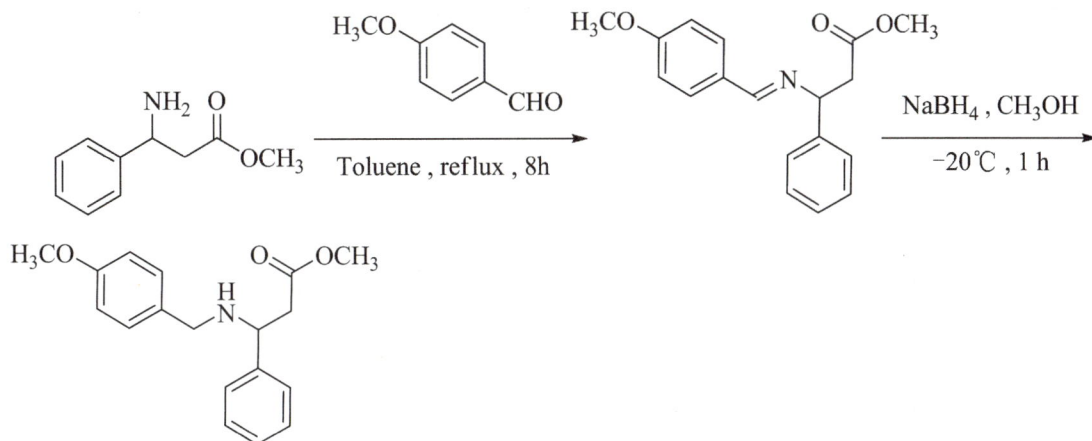

苄胺衍生物脱除苄基的方法用催化氢解，但比苄醚活性小，一般需要较大的催化剂量，有时要使用更高的气压和温度。

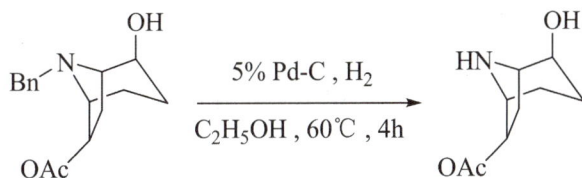

（二）三苯甲基保护基

三苯甲基（trityl，Tr）因其较大的空间位阻，作为胺的保护基团非常有效。三苯甲基胺衍生物对酸敏感，而对碱则稳定。制备方法较为简单，用三苯甲基溴或氯在碱性（如三乙胺）存在下于非质子性溶剂（如三氯甲烷）中与胺进行 *N*-烃基化反应制备，这是氨基引入三苯甲基最常用的方法。

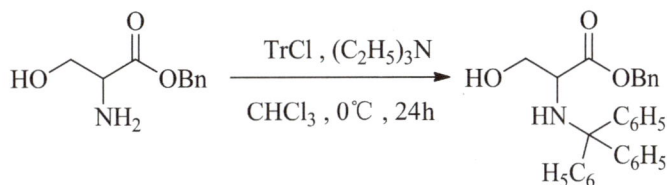

三苯甲基与苄基的脱除方法不同，它可以在温和的酸性条件下脱去，而苄基的脱除通常在钯碳催化加氢气脱除。

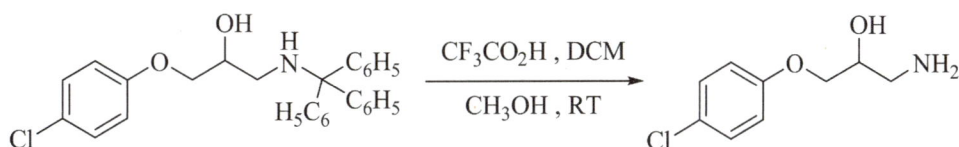

在肽的合成和青霉素的合成中用三苯甲基保护 α-氨基酸是很有价值的。由于其体积大、不

仅可保护氨基，还可对氨基的 α-位基团有一定的保护作用。

（三）亚胺基保护法

酮或醛与伯胺反应生成亚胺（Schiff 碱）。由芳香醛、酮和脂肪酮形成的 Schiff 碱是稳定的，但脂肪醛与胺形成的席夫碱，因可以发生羟醛缩合反应而不适合用作保护基。在强碱条件下，亚胺是稳定的，但在酸性水溶液中容易水解。

胺与二苯基二氯甲烷反应生成相应的 N-二苯基亚甲基胺，反应条件温和，是引入该类保护基的常用方法。二苯亚甲基保护基的脱除方法也较方便，用 80%AcOH，在室温下短时间可有效脱除保护基。

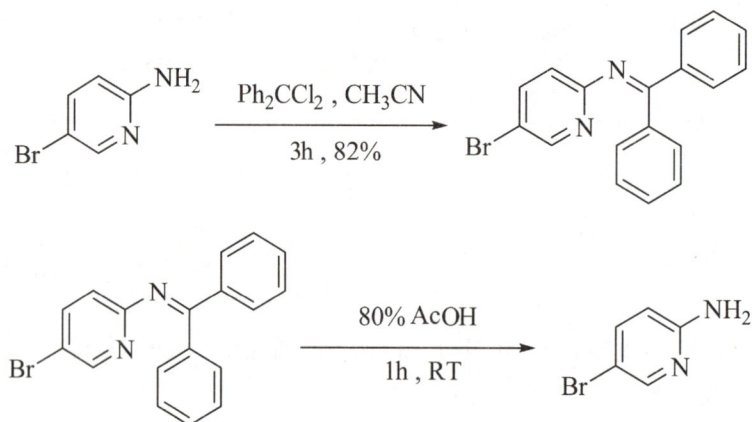

第三节　碳原子上的烃化反应

一、芳烃的烃化

在三氯化铝、三氯化铁等 Lewis 酸催化下，卤代烃与芳香族化合物反应，烃基取代芳环上的氢原子，生成烃基取代芳烃，该反应称为 Friedel-Crafts 烃化反应。引入的烃基有烷基、环烷基、芳烷基等。

烃化剂除卤代烃外，也可用醇、烯、醚等。催化剂主要为 Lewis 酸和质子酸，如三氯化铝、三氯化铁、三氟化硼、氯化锌、四氯化钛、氟氢酸、硫酸和五氧化二磷等。

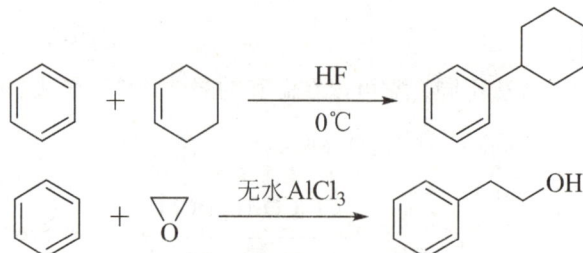

1. 反应机理

Friedel-Crafts 烃化反应是碳正离子对芳香环的亲电取代反应。首先 Lewis 酸与烃化剂卤代烃反应，形成络合物或者离子对，然后离子对带正电荷的烃基作为亲电体进攻芳环，得到 π-σ 络合物，后者再转化为 σ 络合物。σ 络合物的芳香结构被破坏似的能量升高，故快速失去质子，恢复芳香态，反应的结果是芳环的氢被烃基取代，得到烃化产物。

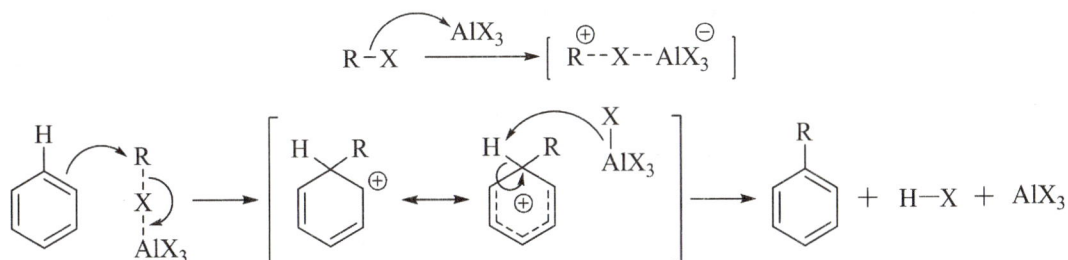

2. 反应的影响因素

（1）烃化剂的结构 烃化剂 R—X 活性既与 R 结构有关，又与 X 的性质有关。R 为叔烃基或苄基时，最易反应，R 为仲烃基时次之，伯烃基较慢，例如，下面的卤代烃作为 Friedel-Crafts 反应烃化剂的反应活性次序为：$CH_2=CHCH_2X \approx PhCH_2X > R_3CX > R_2CHX > RCH_2X > CH_3X > PhX$。

卤代烃中，卤原子不同，烃化活性不同，如 $AlCl_3$ 催化卤代正丁烷或叔丁烷与苯的烷基化反应，其活性次序为 RF>RCl>RBr>RI，正好与一般的活性次序相反。

Friedel-Crafts 反应中，最常用的烃化剂为卤代烃，醇，烯，它们均可用 $AlCl_3$ 催化与苯环发生烃化反应。如：

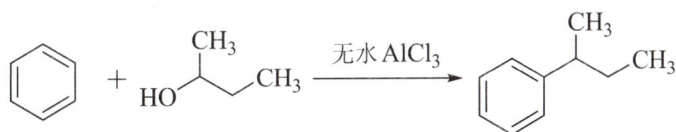

卤代烃只需催化量 $AlCl_3$ 即可与苯环反应，而醇需用较大量的 $AlCl_3$ 进行催化，因醇能与之发生反应，消耗 $AlCl_3$ 的用量：

（2）芳烃结构 芳环上存在斥电子基时，反应较易进行。烃基作为给电子基，连在芳环上时，有利于得到多烃基取代的芳香化合物，但考虑到空间位阻影响，不同结构烃基在芳烃上可取代的数目是不同的。例如，苯环上可以引入六乙基或六正丙基，但只能有四异丙基苯和二叔丁基取代：

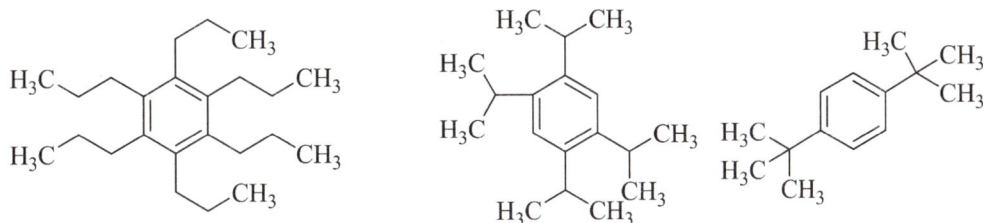

吸电子基连在芳环上，Friedel-Crafts 反应的烃化难以进行。例如硝基苯、苯甲腈不能发生烃化反应。但芳环上同时有强斥电子基，反应可以正常进行。

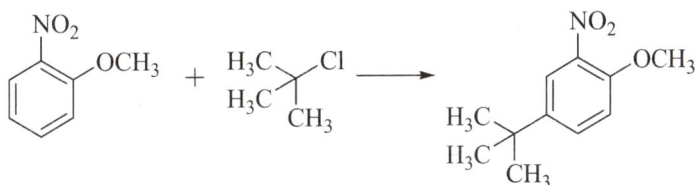

由于—OH、—OR、—NH$_2$基团中氧或氮原子上含有未共用电子对，可以与 Lewis 酸络合，既降低催化剂活性，也降低了它们对苯环的反应活性，所以含有—OH、—OR、—NH$_2$等基团的芳烃 Friedel-Crafts 反应有时比苯更不容易进行。苯胺的烃化尤其如此。

（3）催化剂　催化剂的作用促进 R—X 断裂，生成碳正离子 R$^\oplus$，后者对芳环进行亲电进攻。常用催化剂为 Lewis 酸和质子酸。Lewis 酸的催化活性大于质子酸。以下所列一些 Lewis 酸的催化活性来源于乙酰氯和甲苯的反应：AlBr$_3$ >AlCl$_3$ >SbCl$_5$ >FeCl$_3$ >SnCl$_4$ >TiCl$_4$ >ZnCl$_2$。质子酸的催化活性：HF>H$_2$SO$_4$ >P$_2$O$_5$ >H$_3$PO$_4$。

在 Lewis 酸中，无水 AlCl$_3$ 最为常用，不仅催化活性高，价格也便宜，是以卤代烃作烃化剂时常用的催化剂。但它不太适用于酸和芳香胺等的烃化反应，也不宜用于催化多 π 电子的芳杂环化合物如呋喃，噻吩等的烃化，这类芳杂环在 AlCl$_3$ 作用下，常发生开环分解，即使在温和条件下也如此。另外，芳环上的苄基醚、烯丙基醚等基团在 AlCl$_3$ 存在下，常发生脱烃基的副反应。

（4）烃基异构化　Friedel-Crafts 反应的中间步骤产生碳正离子中间体，由于稳定性原因，碳正离子常发生重排，产生烃基异构化的产物。例如：

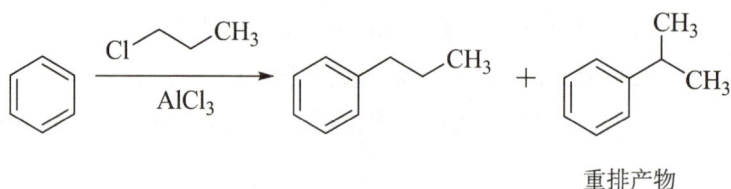

重排产物

反应机理如下：

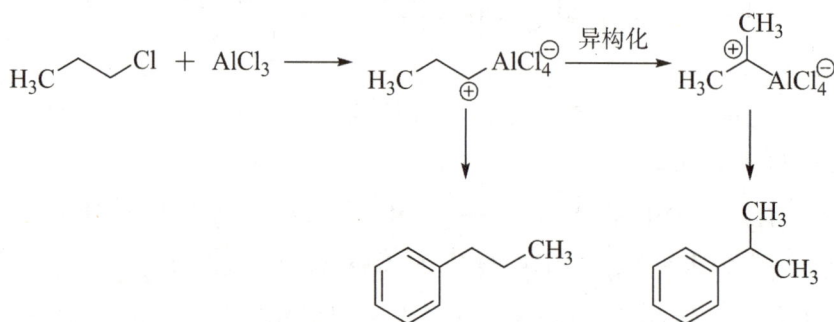

温度对烃基异构化有重要影响。如在 AlCl$_3$ 催化下，氯代正丙烷与苯反应，不同温度得到两种产物的主次情况不同，低温异构化产物较少，而升高温度有利于异构化产物的生成：

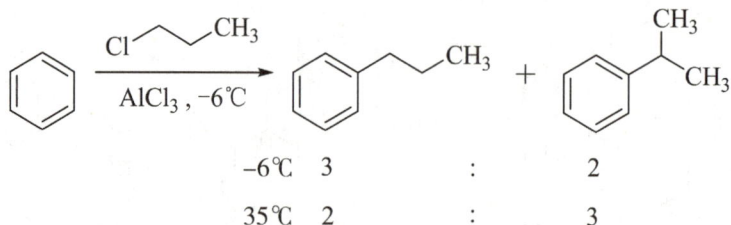

-6℃	3	:	2
35℃	2	:	3

（5）芳环上的异构化　当芳环上已存在一个烃基时，再引入一个烃基，烃基引入的位置比较复杂。除得到邻、对位二烃基苯外，常可产生相当比例的间位产物。通常情况下，较强的催化剂，较长的反应时间和较高的反应温度较易获得不正常的间位产物。例如：

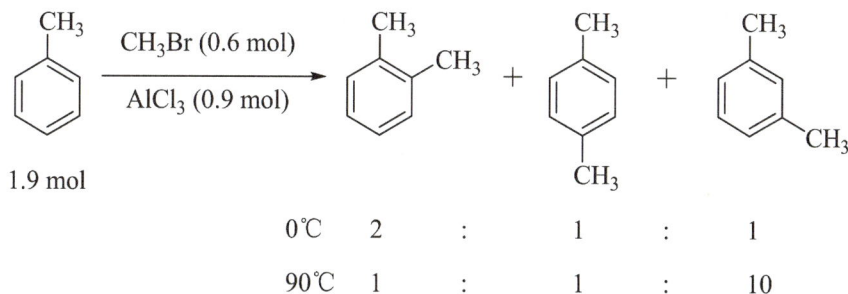

0℃	2	:	1	:	1
90℃	1	:	1	:	10

苯环的三烃基化，也有类似情况，较低温度生成 1,2,4-三烃基苯，较高温度得到 1,3,5-三烃基苯。前一产物在高温和 $AlCl_3$ 存在下，易重排得到后一产物。

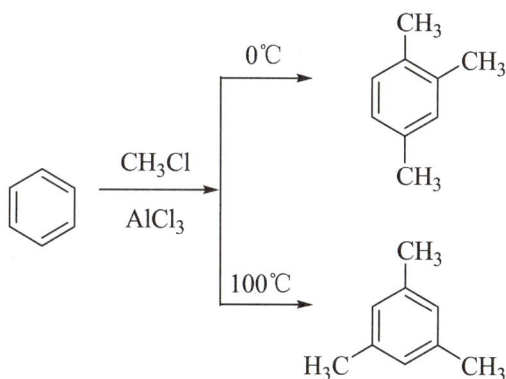

3. 应用实例

在药物合成中，Friedel-Crafts 烃化反应作为构建碳-碳键的有效方法之一，有着广泛的用途。例如，抗肿瘤药物他扎罗汀（tazarotene）和他米巴罗汀（tamibarotene）都采用这类方法进行引入相应的烃基取代基。

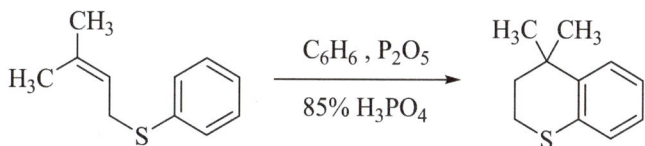

他扎罗汀中间体

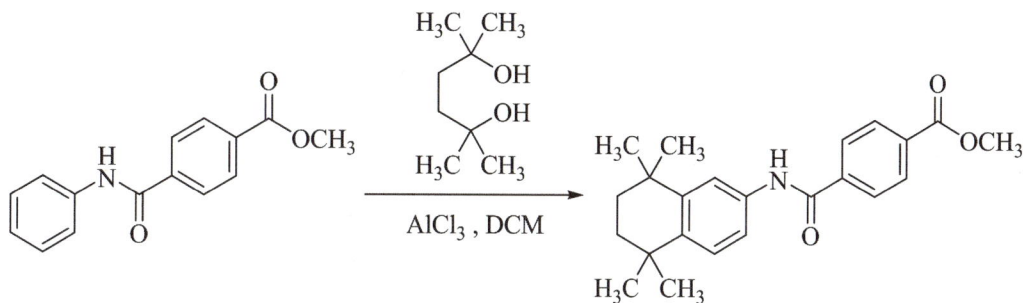

他米巴罗汀中间体

二、羰基化合物 α 位 C-烃化

（一）β-二羰基化合物活性亚甲基 C-烃化

β-二羰基化合物如 β-二酮、β-酮酸酯、丙二酸酯等亚甲基受到两个吸电子的羰基影响，具有较强的酸性，称为活性亚甲基。

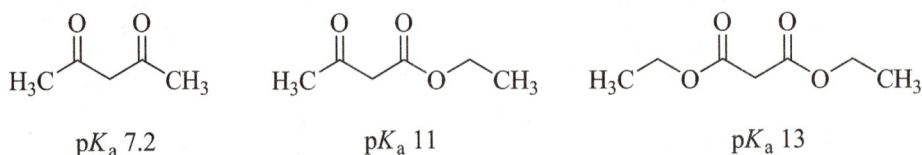

pK$_a$ 7.2　　　　　　　pK$_a$ 11　　　　　　　pK$_a$ 13

这些亚甲基在强碱作用下，与卤代烃发生亚甲基上的 C-烃化反应。例如：

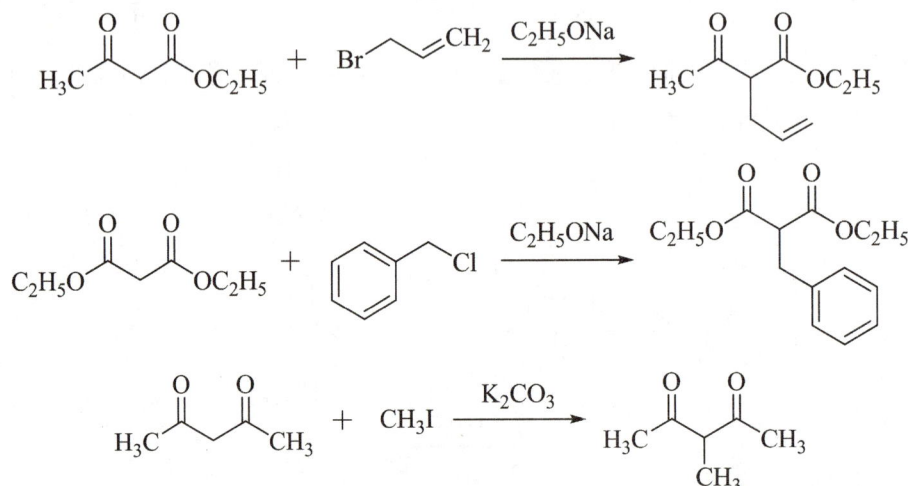

常见的含活性亚甲基的化合物除上述三种外，还有丙二腈、氰乙酸酯、苯乙腈、脂肪族硝基化合物等。亚甲基上所连基团的吸电子性能越强，亚甲基活性越强。一些常见的吸电子基团的吸电子强弱次序：—NO$_2$ >—COR>—SO$_2$R>—CN>—COOR>—SOR>—Ph。

利用活性亚甲基的反应活性，以及 β-二羰基化合物的结构特征，在亚甲基上的烃基化以后，进行加热水解，可用于合成酮类或羧酸类衍生物：

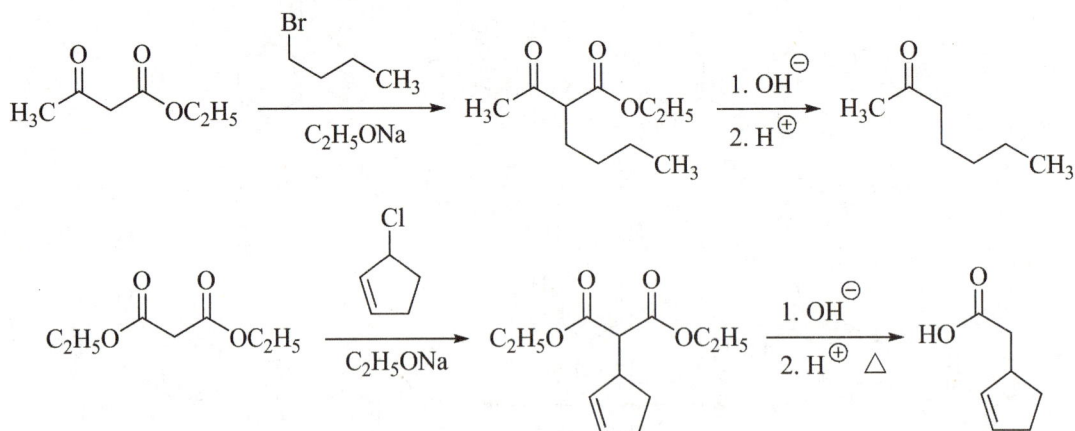

活性亚甲基最适合用的烃化剂是伯卤烃和磺酸伯醇酯，某些仲或叔卤代烃在碱性条件下，通常发生消除反应。

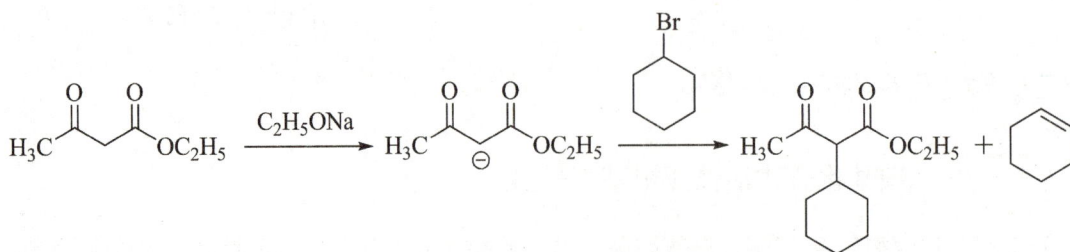

根据活性亚甲基化合物上氢原子的酸性不同可选用不同的碱，常用的碱是醇钠。不同碱的强弱顺序：叔丁醇钾>异丙醇钠>乙醇钠>甲醇钠。

活性亚甲基上有两个活泼氢原子，足够量的碱可使其发生同碳的二次烃化反应，尤其在合成一些环状烃基骨架，如环丁烷、环戊环等。

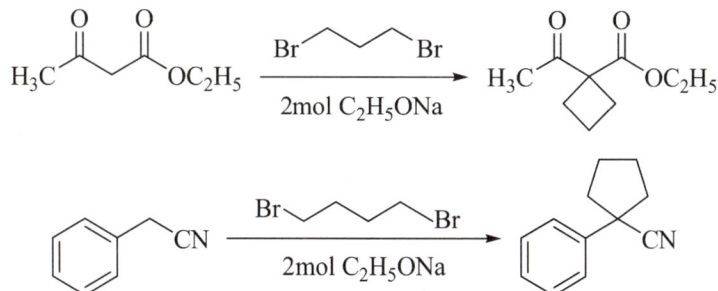

哌替啶（pethidine）是一种阿片受体激动剂，临床用于镇痛。其中间体含有哌啶环，可以苯乙腈为原料，利用苯乙腈结构中的活性亚甲基进行二次烃化反应制备得到：

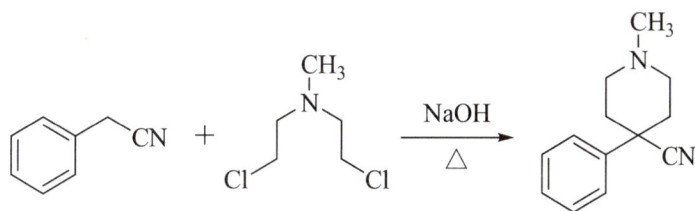

哌替啶中间体

由于空间位阻影响，丙二酸二乙酯亚甲基一般不适合两个仲烃基引入，所得收率极低，一般可利用氰乙酸乙酯来代替。但丙二酸二乙酯可以引入一个伯烃基和一个仲烃基，一般先引入伯烃基再引入仲烃基。

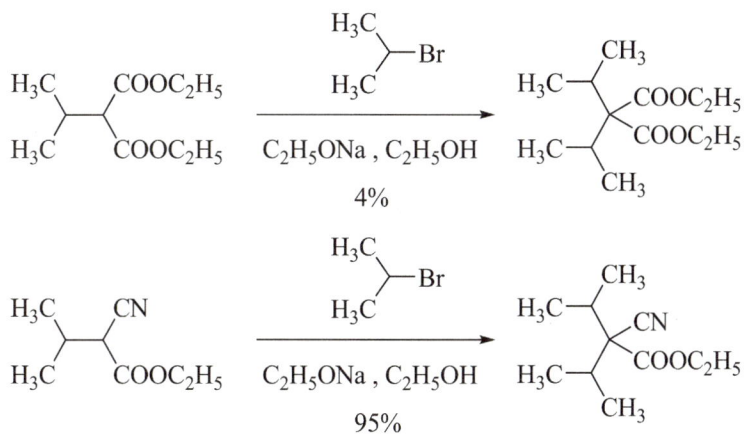

（二）醛、酮、羧酸衍生物的 α 位 C-烃化

醛、酮、羧酸衍生物 α 碳原子只连有一个吸电子的基团，酸性较弱，如果进行 α 碳原子的烃化，必须用足够强的碱，将反应物全部变成碳负离子。常用的强碱有氨基钠、三苯甲基钠、二异丙基氨基锂（LDA）。如果碱性不够强，如醇钠，只将反应物部分地变成负离子就会发生羟醛缩合反应，不能达到烃化的目的。例如：

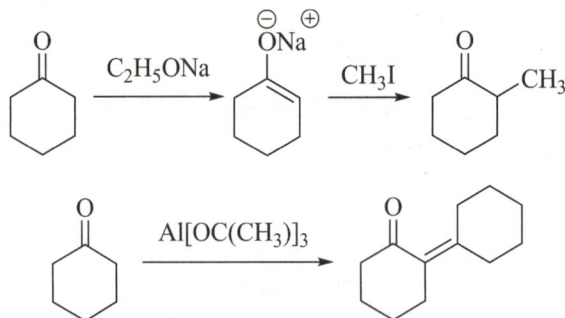

酯在碱性条件下，不仅促进酯缩合反应的发生，也可以参与羰基的加成反应。为避免以上两个副反应的发生，酯羰基 a-位烃化通常要用高度立体障碍的碱（如 LDA）。

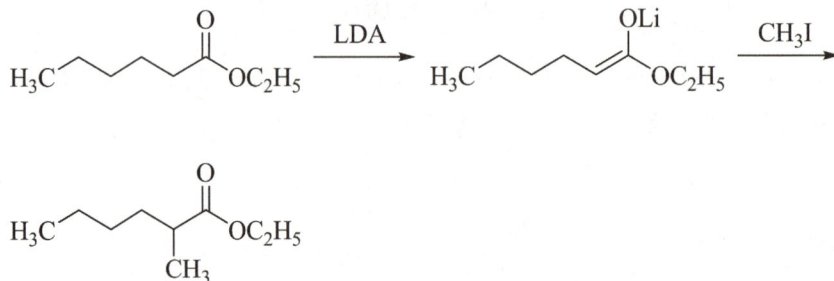

醛在碱性条件下易发生羟醛缩合。为避免自身缩合，可使其先形成烯胺，再在强碱作用下进行烃化，将在第六章的内容中讨论。

不对称酮的两个 α 碳原子上都有氢原子时，用强碱处理时，可以得到不同的烯醇负离子，它们产生的比例取决于受热力学控制还是动力学控制。例如 2-甲基环戊酮受热力学控制和动力学控制产生烯醇负离子比例：

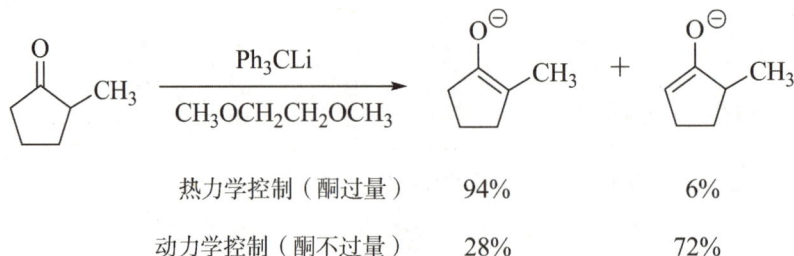

热力学控制（酮过量）	94%	6%
动力学控制（酮不过量）	28%	72%

通过对一系列酮的研究，可以总结为下列的规则，受热力学控制的反应，主要产物是取代更多的烯醇负离子，因为双键的稳定性是和双键碳原子上取代的基团数目有关系，取代越多越稳定；受动力学控制的反应，主产物是取代最少的烯醇负离子，这是由于进攻两个不同氢原子受到的空间位阻不同，取代基越多，空间位阻越大。

（三）烯胺的 β 位 C-烃化

烯胺是相应的烯醇或烯醇醚的含氮类似物，其构造式如下：

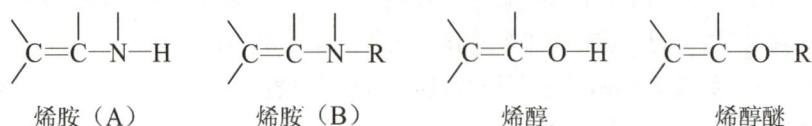

烯胺（A）　　　　　烯胺（B）　　　　　烯醇　　　　　烯醇醚

烯胺（A）结构与烯醇类似，不稳定，易重排变为亚胺结构，烯胺（B）类似烯醇醚，较为稳定。

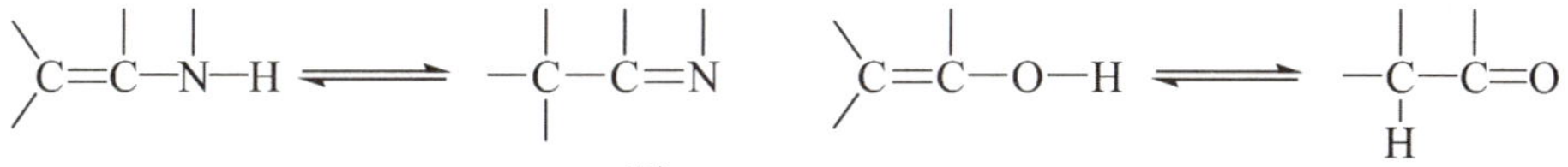

烯胺通常是用含 α 氢的酮和仲胺在酸催化下脱水缩合得到，反应机理如下：

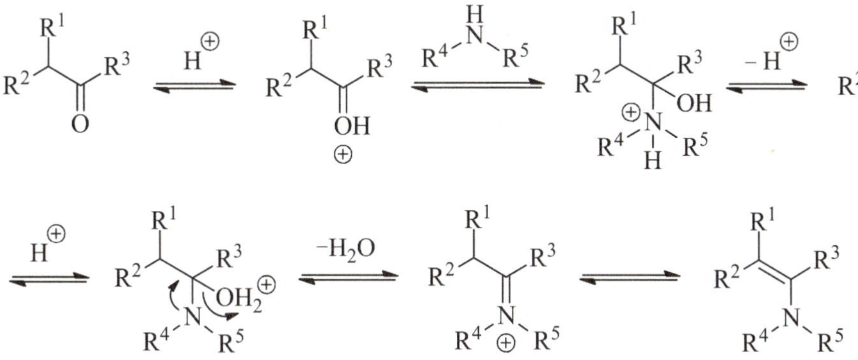

要使反应完全，需要将水从反应体系中及时分离出去，通常用共沸蒸馏法。烯胺在酸性环境中不稳定，在稀酸作用下水解成原来的酮和仲胺：

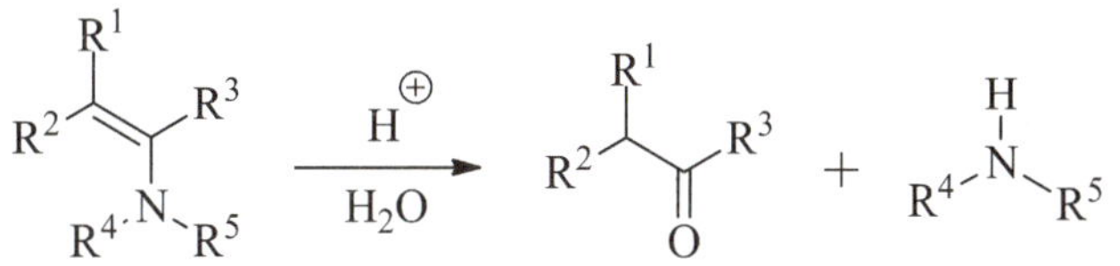

烯胺的 α,β-碳碳双键与氮原子发生 p-π 共轭，氮原子上孤对电子的供电子作用使 β 碳具有较强负电性，因而有较强的亲核性，与卤代烃发生烃化反应。

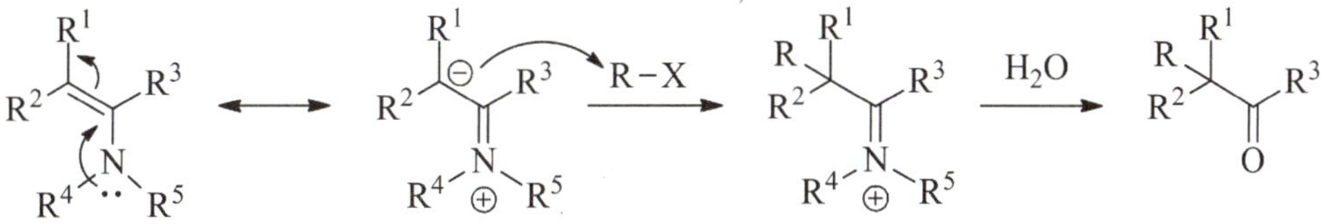

酮与仲胺反应生成烯胺，利用烯胺 β 碳原子的亲核性，引入烃基，再将烯胺水解，可得到了 β 烃基取代的酮，这一反应称作 Stork 烯胺反应。由于不用强碱催化，避免了羟醛缩合及多烃基化等副反应的发生，同时生成的烯胺的反应具有一定的区域选择性。

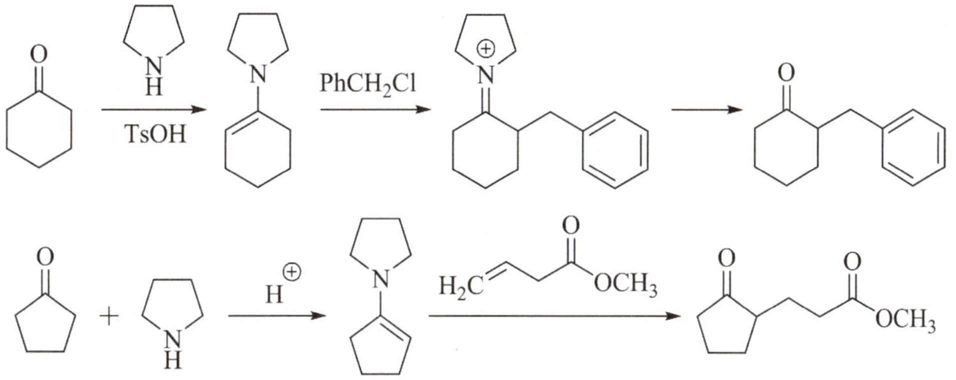

制备烯胺常用的仲胺是四氢吡咯、吗啉和哌啶等，它们与羰基化合物反应活性如下：

四氢吡咯　　　　吗啉　　　　哌啶

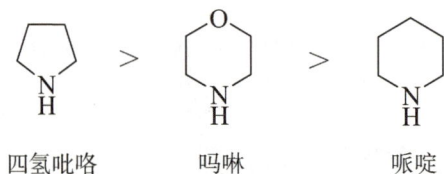

不对称酮和四氢吡咯所生成的烯胺，绝大部分是得到双键碳上少取代的化合物，例如下列反应。双键碳原子多取代产物不占优势是因为空间位阻限制了它的生成，要在含取代基和吡咯环的两个碳形成双键，该取代基和吡咯环由于与双键处于共平面，产生较大的排斥作用，很不稳定。

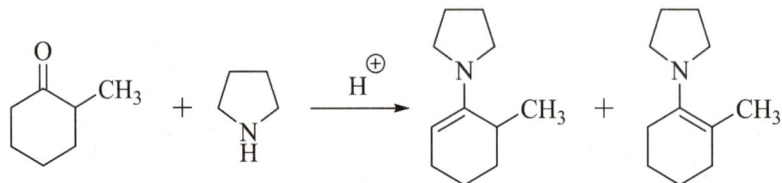

烯胺烃化反应也可以发生在氮原子上，这是碳上烃化的主要竞争反应，此竞争反应限制了烃化的应用范围。

三、其他碳原子上的烃基化

（一）炔烃碳的烃化

端基炔碳原子上的氢称为炔氢，具有弱酸性，可与强碱如氨基钠反应生成炔钠，后者与卤代烃反应，生成新的炔烃。

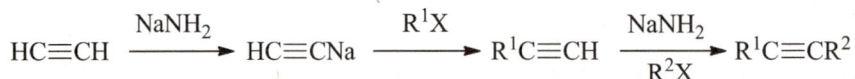

$$HC{\equiv}CH \xrightarrow{NaNH_2} HC{\equiv}CNa \xrightarrow{R^1X} R^1C{\equiv}CH \xrightarrow[R^2X]{NaNH_2} R^1C{\equiv}CR^2$$

由于炔负离子是强碱，一般只有 β 位没有侧链的伯卤烃（RCH_2CH_2X）才有较好的得率，仲、叔卤烃以及 β 位有侧链的伯卤烃易发生消除反应，不能用于合成。

卤代烃活性随卤素与烃基不同而表现出较大差异，对卤素而言，R—I＞R—Br＞R—Cl＞R—F，溴代烃用来烃化炔离子，效果最好。碘代烃虽活性最大，但由于反应是在液氨中进行，其副反应氨解产物较多，结果不理想。对烃基而言，芳香卤代烃不能与炔钠反应生成，脂肪卤代烃活性则随烃基体积增大而减少，卤甲烷活性最大。

硫酸二烷基酯可替代相应的卤烷，用于丙炔和1-丁炔的合成。对甲苯磺酸酯也可与乙炔钠在液氨中反应，进行乙炔的烃化反应。

炔烃还可与 Grignard 试剂或有机锂化合物得到相应的金属炔化物，再与伯卤代烃反应：

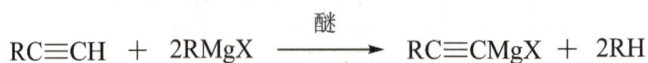

$$HC{\equiv}CH \ + \ 2RMgX \xrightarrow{\text{醚}} XMgC{\equiv}CMgX \ + \ 2RH$$

$$RC{\equiv}CH \ + \ 2RMgX \xrightarrow{\text{醚}} RC{\equiv}CMgX \ + \ 2RH$$

$$HC{\equiv}CH \ + \ 2RLi \xrightarrow{\text{醚}} RC{\equiv}CLi \ + \ 2RH$$

生成的炔基卤化镁和炔化锂，再与伯卤烃反应，生成取代的乙炔：

$$R^1C{\equiv}CMgX \ + \ R^2Br \xrightarrow{\text{醚}} R^1C{\equiv}CR^2 \ + \ BrMgX$$

$$R^1C \equiv CLi + R^2Br \xrightarrow{\text{醚}} R^1C \equiv CR^2 + LiBr$$

（二）烯丙位、苄位 C-烃化

烯丙位、苄位碳原子上的氢能被强碱夺取，形成烯丙位碳负离子或苄位碳负离子，这些负离子存在 p-π 共轭结构而较为稳定，可与卤化烃等烃化剂反应生成烯丙位或苄位烃基化产物：

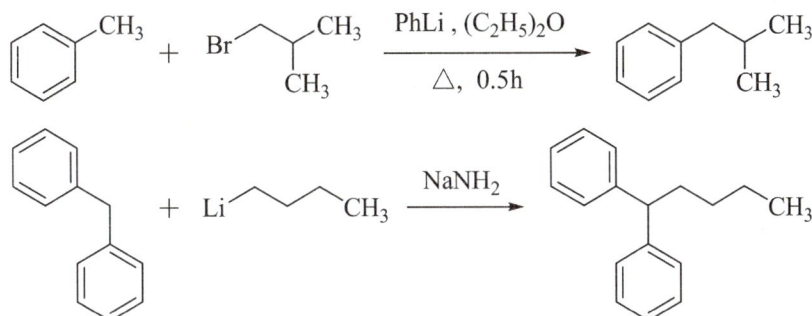

来曲唑（letrozole）是一种非甾体芳香化酶抑制剂，临床用于治疗乳腺癌。在其合成过程中，先后经历了 N-烃化反应和 C-烃化反应。

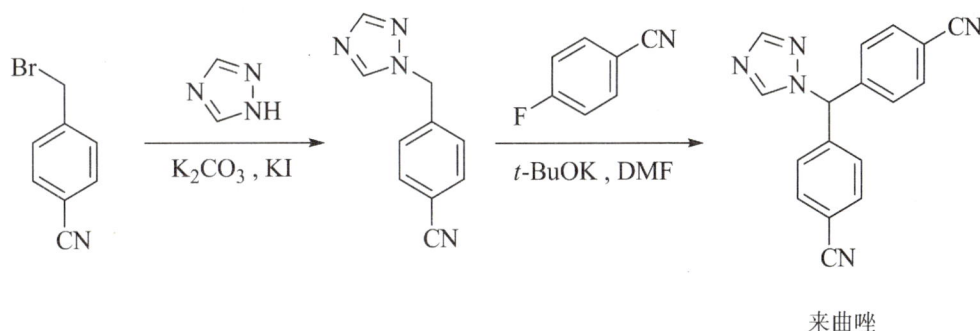

来曲唑

四、有机金属化合物在 C-烃化中的应用

有机金属化合物是指金属与碳原子直接相连的一类化合物。这类化合物碳金属键中的碳原子是以带负电荷的形式存在，这就使有机金属化合物中的烃基具有很强的亲核性和碱性。有机金属化合物在有机合成中有极重要的用途。有机镁、有机锂、有机硅、有机锌、有机铜、有机硼等试剂在有机合成中已广泛应用，其中有机锂、有机镁试剂应用最多，在碳烃化反应中占有重要地位。

（一）有机镁化合物

有机镁化合物是法国化学家 Grignard 于 1901 年首先发现的。它由卤代烃与金属镁在无水乙醚中反应得到：

$$R-X + Mg \longrightarrow R-Mg-X$$

上述有机镁化合物又称为 Grignard 试剂，其化学名叫烃基卤化镁。Grignard 试剂中的烃基带负电荷。与卤代烃中带正电的烃基不同，其极性发生反转，有极强的亲核性和碱性，性质相当活泼，它可与羰基发生亲核加成，在有机合成中得到广泛应用。

Grignard 试剂不太稳定，易被空气中的氧氧化，也可被含活性氢化合物分解。因此，在制取或使用 Grignard 试剂时，操作上应尽可能小心。

$$RMgX + O_2 \longrightarrow 2ROMgX \xrightarrow{H_2O} 2ROH + HOMgX$$

$$RMgX + HB \longrightarrow RH + MgXB$$

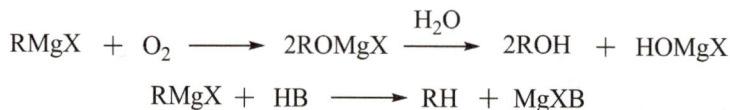

（HB：H_2O、HOR、H_2NR、RCOOH、$RC\equiv CH$ 等）

Grignard 试剂中的 C-Mg 键是离子键，在烃类等非极性溶剂中不溶，但可很好地溶于乙醚、四氢呋喃等溶剂中，其原因是醚作为 Lewis 碱，可与带正电荷的镁络合，使有机镁稳定性增强。

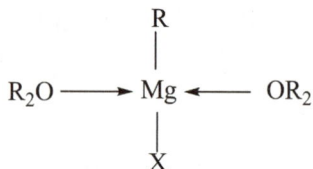

$$R_2O \longrightarrow \overset{\overset{R}{|}}{\underset{\underset{X}{|}}{Mg}} \longleftarrow OR_2$$

Grignard 试剂中的镁也可与胺中的 N 原子络合，因此，在含有叔胺（如三乙胺）的芳烃中，Grignard 试剂也可以溶解。

烃基和卤素不同对形成 Grignard 试剂的活泼性有影响。一般而言，烃基相同时，反应活性：RI>RBr>RCl>RF，碘代烷过于活泼，容易发生副反应，一般产率不高，而且由于价格昂贵，除碘甲烷外，一般较少使用，溴化物活性中等应用最广。由于碘代烷的活性较大，在制备 Grignard 试剂，常加入少许碘甲烷作催化剂，使镁表面活化，有利于镁与其他相对惰性的卤代烃反应。也可直接用碘作催化剂。

卤素相同，烃基不同时，形成 Grignard 试剂的活性：RX>ArX；叔卤代烃＞仲卤代烃＞芳卤代烃伯卤代烃。

叔卤代烃，苄卤代烃，烯丙卤代烃活性较大，可用氯代物形成 Grignard 试剂；乙烯型卤代烃，活性较差，其氯代物不易与镁反应，一般要用碘化物。

含活泼氢的化合物可与 Grignard 试剂发生烃基互换，生成另一个 Grignard 试剂。

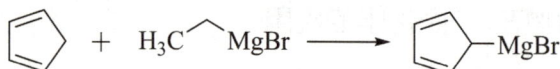

$$R-\!\!\!=\!\!\!-H + H_3C\frown MgX \longrightarrow R-\!\!\!=\!\!\!-MgX$$

Grignard 试剂在 *C*-烃化反应中的主要应用之一是与活泼卤代烃发生偶联反应，生成链增长的烃。

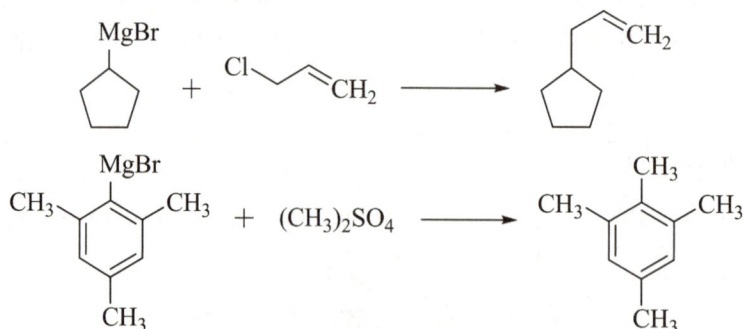

Grignard 试剂另一个重要用途是首先与醛酮化合物发生加成反应，后经水解反应可以生成伯醇、仲醇和叔醇。

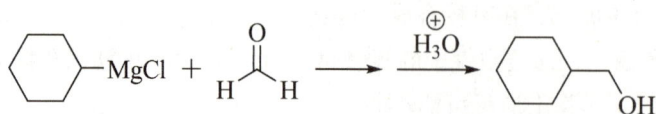

$$O=C \begin{smallmatrix} R \\ R' \end{smallmatrix} + R''MgX \longrightarrow XMgO-C \begin{smallmatrix} R \\ R'' R' \end{smallmatrix} \xrightarrow{\overset{\oplus}{H_3O}} R-C \begin{smallmatrix} R'' \\ R' \end{smallmatrix} OH$$

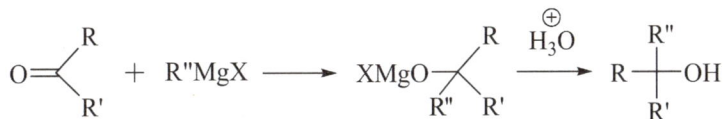

Grignard 试剂在药物中间体的合成中有较多应用，如抗组胺药奥洛他定（olopatadine）中间体制备应用了 Grignard 试剂的合成方法。

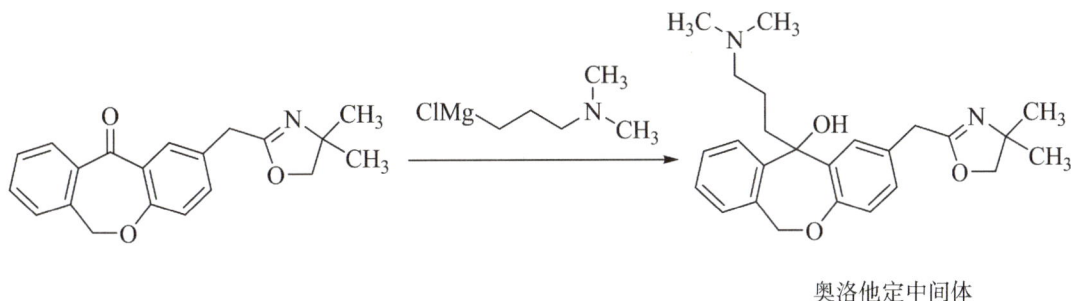

奥洛他定中间体

（二）有机锂化合物

卤代烃与金属锂在醚中或其他惰性溶剂中于较低温度下便可发生反应，生成有机锂化合物。

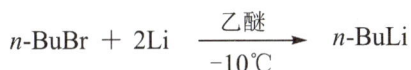

$$n\text{-BuBr} + 2Li \xrightarrow[-10℃]{乙醚} n\text{-BuLi}$$

烃基锂的化学活性高于烃基卤化镁。烃基碳负离子非常容易被氧化，也易与 H_2O、醇等活性氢结合，与空气中 CO_2 反应。所以，在制备有机锂时，应在惰性气体保护下进行，所用试剂如乙醚、苯、环己烷等必须绝对干燥。

卤代烷与锂反应活性次序为：R—I>R—Br>R—Cl>R—F，氟代烷的反应活性很小，而碘代烷活性太大，很容易与生成的 RLi 反应生成偶联产物。

$$2R-I + 2Li \longrightarrow 2R-R + 2LiI$$

芳基锂可由相应的卤烃与锂反应得到，也可与正丁基锂反应制备。

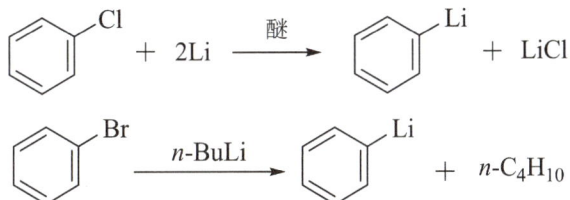

某些含有活性氢（如苄位氢、炔氢等）的化合物，通过与有机锂化合物进行锂氢交换进行制备。

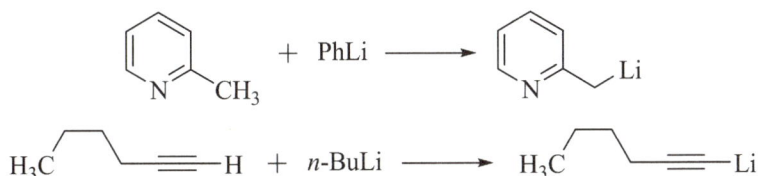

有机锂化合物的反应类似于 Grignard 试剂，但亲核性和碱性更强。大体积的烃基锂可与空间位阻较大的羰基化合物进行亲核加成，而 Grignard 试剂则不能。例如：

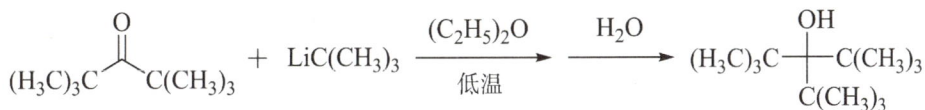

烃基锂甚至可与羧酸锂盐在低温下反应生成酮。

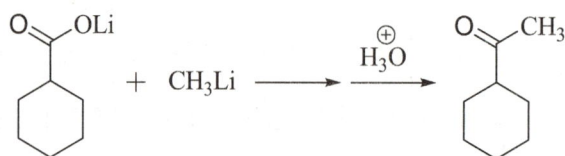

右哌甲酯（dexmethylphenidate）是一种去甲肾上腺素-多巴胺重摄取抑制剂，临床主要用于治疗缺陷多动障碍症。其中间体可用苯基锂进行制备。

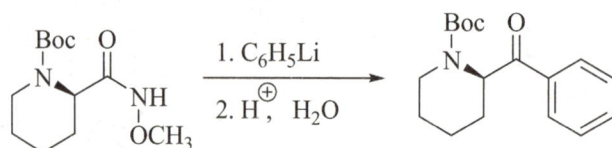

右哌甲酯中间体

（三）有机铜化合物

烃基锂与卤化亚铜在乙醚或四氢呋喃溶液中，于低温，氩气保护下反应，可生成二烃基铜锂，并溶于醚中：

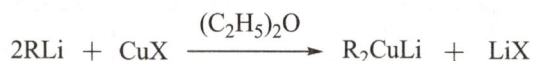

$$2RLi + CuX \xrightarrow{(C_2H_5)_2O} R_2CuLi + LiX$$

二烃基铜锂与卤代烃反应，得到高收率的交叉偶联产物烃。

$$R_2CuLi + R^1X \longrightarrow R-R^1 + RCu + LiX$$

R_1X 中的烃基 R_1 可以是伯烃基，也可以是乙烯基、芳基、烯丙基和苄基。R_2CuLi 中的 R 也可以是伯烷基、乙烯基、烯丙基或芳基。

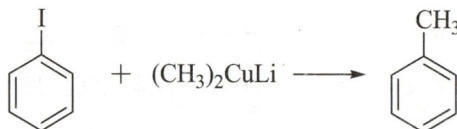

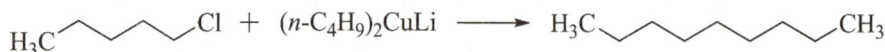

二烃基铜锂烃化反应的特点是适合与卤代烃发生偶联，与羰基、羧基、酯基化合物不反应。因此，二烃基铜锂试剂与 α-卤代酮作用可在 α 位发生偶联烃化而不影响酮基。

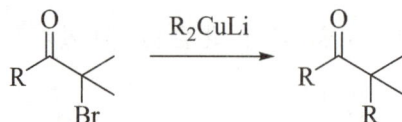

芳香卤代烃的烃化偶联可直接用铜催化制得，这一反应称为 Ullmann 反应，主要应用于合成联芳基化合物。反应通式如下：

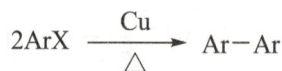

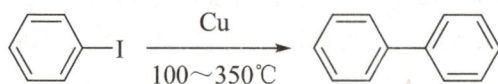

$$2ArX \xrightarrow[\triangle]{Cu} Ar-Ar$$

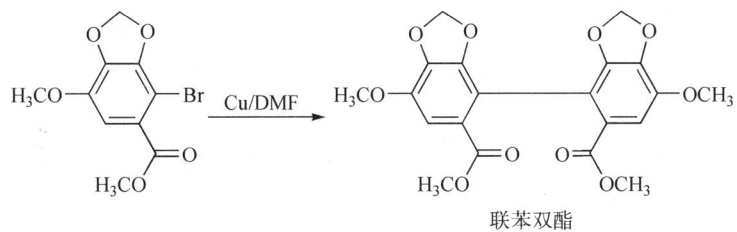

联苯双酯

第四章

酰化反应

扫一扫，查阅本章数字资源，含PPT、音视频、图片等

本章要点

掌握：酰化反应的分类及应用；羧酸、羧酸酯、酸酐、酰氯和酰胺等酰化剂的各类酰化反应的特点、影响因素及其应用；Vilsmeier-Haack 酰化反应、Hoesch 反应、Gattermann 反应、Reimer-Tiemann 反应、Claisen 反应等经典人名反应及其应用。

理解：各类酰化反应的反应机理；间接酰化反应及应用；选择性酰化与羟基、氨基的保护及其应用。

了解：新型酰化试剂及催化剂的种类、特点及其应用。

酰化反应是指在有机分子的碳、氧、氮、硫原子上引入酰基得到醛或酮、酯、酰胺、硫醇酯的反应。酰基是指从含氧的无机酸、有机羧酸或有机磺酸等分子中除去羟基后所剩余的基团。本章所叙述的酰化反应指的是碳酰化，按接受酰基的原子种类不同，分为 O-酰化、N-酰化、C-酰化，由于 S-酰化在药物合成中使用相对较少，故在本章中不作介绍。

酰化反应在药物合成化学中广泛应用。具体用途是利用酰化反应形成的某些酰基官能团是药物的必需药效基团，这些官能团与靶标蛋白相互作用，发挥药效。利用酰化反应对药物进行必要的结构修饰，制备成前体药物，目的是改善药物在人体内的吸收、分布、代谢和排泄性质，提高药物选择性，降低药物的毒副作用等。利用酰化反应在药物合成中实现官能团转化及对羟基、氨基进行保护。

第一节　氧原子的酰化

一、醇的 O-酰化

醇的 O-酰化反应是成酯反应。酯是一类重要的化合物，合成方法多样化，可以通过醇与羧酸、羧酸酯、酸酐、酰氯、酰胺进行直接的 O-酰化反应，也可以通过醇与腈、烯酮、炔进行间接的 O-酰化反应制备得到。

（一）羧酸为酰化试剂

羧酸是常见的酰化试剂，也是比较弱的酰化剂，其所进行的酰化反应一般按双分子历程进行，反应通常加入催化剂以增强其反应活性，常见的催化剂包括质子酸、Lewis 酸、强酸型阳离子交换树脂和二环己基碳二亚胺（DCC）等。

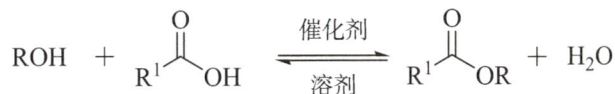

$$ROH + R^1\!-\!\!\overset{\displaystyle O}{\underset{}{C}}\!-\!OH \underset{\text{溶剂}}{\overset{\text{催化剂}}{\rightleftharpoons}} R^1\!-\!\!\overset{\displaystyle O}{\underset{}{C}}\!-\!OR + H_2O$$

1. 反应机理

催化剂的质子先与酰化试剂羧酸羰基的氧结合成质子化的羰基，从而使羰基碳原子的正电性增加，底物醇的羟基氧原子亲核进攻羰基碳原子，生成四面体过渡态。过渡态经质子转移、脱水得到质子化的中间体，质子离去，得到酰化产物。

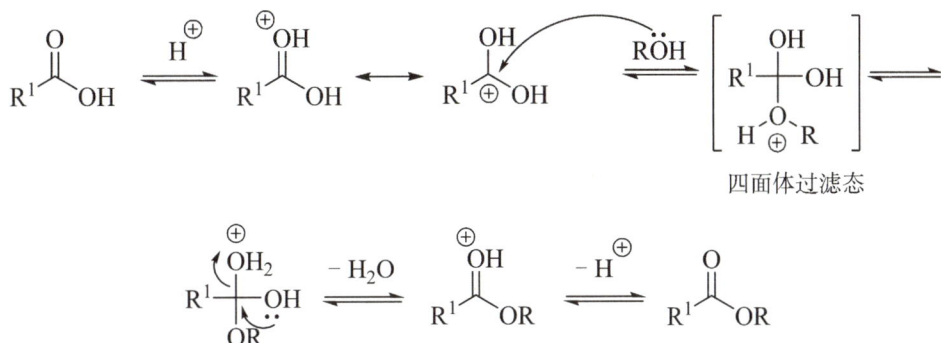

四面体过滤态

2. 反应的影响因素及应用实例

（1）这一酯化反应为可逆平衡反应，为促使平衡向生成酯的方向移动，通常可采用的方法有：①在反应中采用大过量的醇（兼作反应溶剂），反应结束再将其回收套用。②蒸出反应所生成的酯，但采用这一方法须所生成的酯的沸点低于反应物醇和羧酸的沸点。③除去反应中生成的水，除水的方法有：直接蒸馏除水和利用共沸物除水，加入分子筛、无水氯化钙、硫酸铜、硫酸铝、硫酸等除水剂或脱水剂除去生成的水。

（2）一般情况下伯醇反应活性最强，仲醇次之，叔醇由于其立体位阻大且在酸性介质中易脱去羟基而形成较稳定的叔碳正离子，使酰化反应趋向烷氧键断裂的单分子历程进行而使酰化反应难以完成。

（3）采用质子酸催化时，一般采用浓硫酸或在反应体系中通入无水氯化氢，其优点是催化能力强、性质稳定、价廉等，缺点是易发生磺化、氧化、脱水、脱羧等副反应，不饱和酸（醇）易发生氯化反应；对甲苯磺酸、萘磺酸等有机酸催化能力强，在有机溶剂中的溶解性较好，但价格相对较高。

（4）采用 Lewis 酸催化具有收率高、反应速率快、条件温和、操作简便、不发生加成及重排等副反应等优点，适合于不饱和酸（醇）的酯化反应。

（5）二环己基碳二亚胺脱水法 在羧酸与醇的酯化反应中，二环己基碳二亚胺先与羧酸形成活性酯，或活性酯再与羧酸根作用形成酸酐而增强羧酸的反应活性。具体反应过程如下：

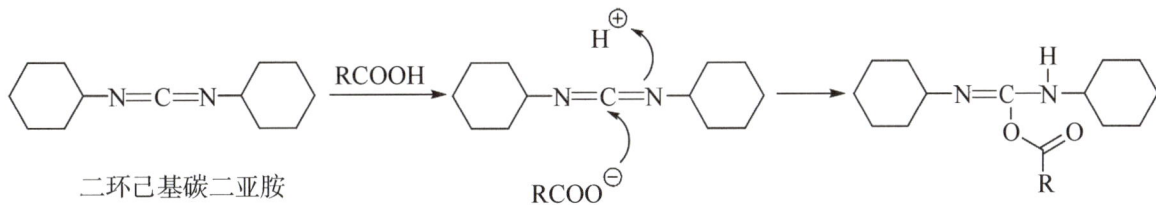

二环己基碳二亚胺

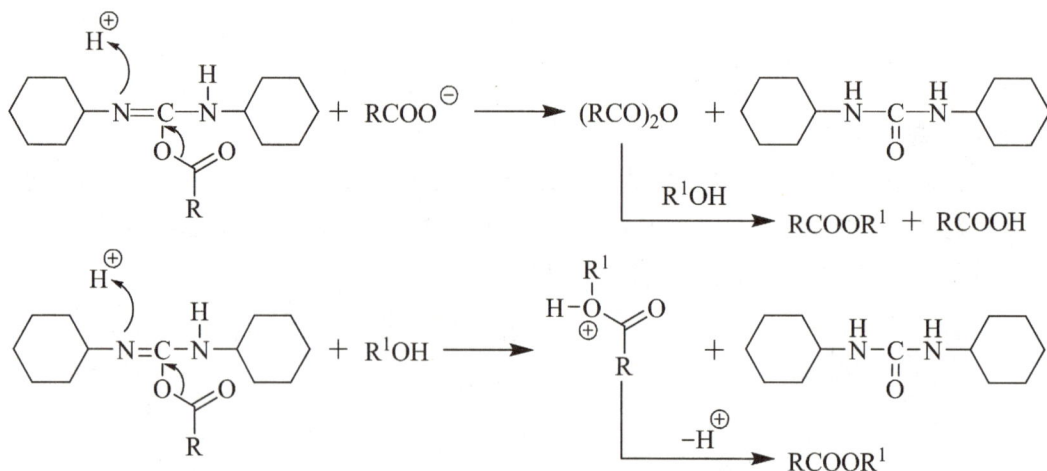

二环己基碳二亚胺（DCC）催化的反应具有条件温和，收率高，立体选择性强的特点。多用于那些不适合于直接酯化或者对酸和热敏感的反应，也适合用于结构复杂的醇、酸的酯化反应。

单独使用 DCC 及其类似物时，产物收率并不高，向反应体系加入催化量的有机碱如 N，N-二甲基吡啶-4-胺（DMAP）或 4-吡咯烷基吡啶（PPY）等吡啶衍生物，可以加快反应速率，提高收率。这一改进方法称作 Steglich 酯化。

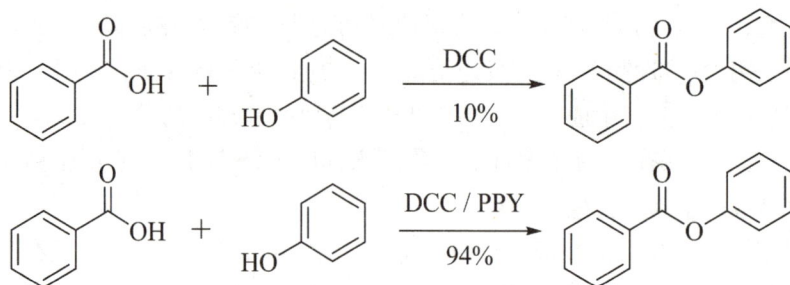

他扎罗汀（tazarotene）是维 A 酸的药物前体，临床用于治疗痤疮。其合成中间体 6-氯烟酸乙酯采用 DCC 和 DMAP 催化合成得到。

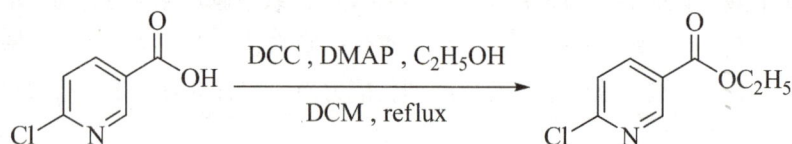

他扎罗汀中间体

伐昔洛韦（valacyclovir）是一种前体药物，用于治疗疱疹病毒感染的疾病。其中间体合成也采用了类似的方法。

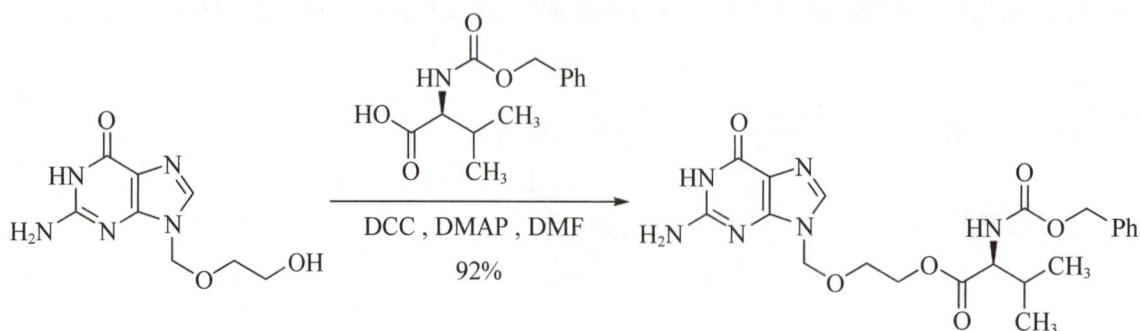

伐昔洛韦中间体

向 Steglich 酯化体系内加入 N,N-二甲基吡啶-4-胺盐酸盐（DMAP·HCl），从而构成 DCC/DMAP/DMAP·HCl/溶剂体系，在高稀释的条件下的反应，DMAP 的盐酸盐可以作为质子源加速反应的进行，缩合剂一般需要过量，能够实现分子内的大环内酯的合成，这一反应称为 Keck 大环内酯化。常用于药物和天然产物的合成。DMAP·HCl 盐也可以用对甲苯磺酸吡啶盐（PPTS）代替。

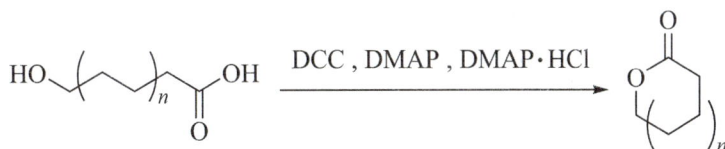

（6）Mitsunobu 反应指的是在偶氮二羧酸酯和三芳基膦存在下，伯醇或仲醇转化成多种官能团，如转化成酯、苯酯或其他化合物，反应伴随立体化学的翻转。常用的偶氮二羧酸酯有偶氮二甲酸二乙酯（DEAD）、偶氮二甲酸二异丙酯（DIAD）。三芳基膦一般为三苯基膦，也用三丁基膦。Mitsunobu 反应是一个脱水缩合反应，与 DCC 及其类似物通过活化羧酸促进酯化反应的方式不同。

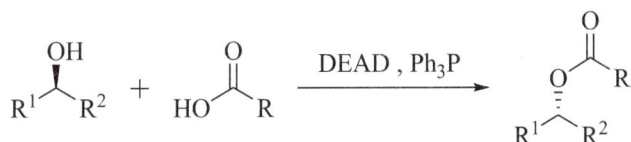

Mitsunobu 反应的机理如下所示。首先偶氮二羧酸酯与三芳基膦迅速发生加成反应，生成两性离子化合物，随后夺取羧酸中的质子生成季鏻盐。醇羟基作为亲核试剂进攻季鏻盐中的磷原子，发生亲核取代反应，生成烃氧基鏻盐。由于 P-O 键具有强的键合能，烃氧基膦与羧酸负离子发生碳原子上的 S_N2 亲核取代反应，生成羧酸酯。

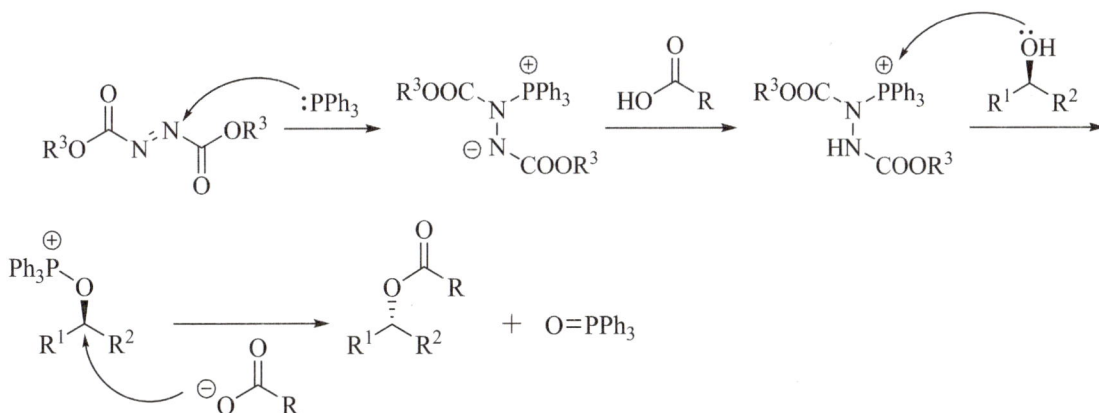

Mitsunobu 反应的特点是反应条件温和，产率高。在酯化过程中，若底物结构中同时存在伯醇和仲醇，由于三芳基膦的位阻效应，伯醇选择性酯化，仲醇不受影响。底物结构中含一个具有手性的仲醇时，其立体构型会发生翻转。

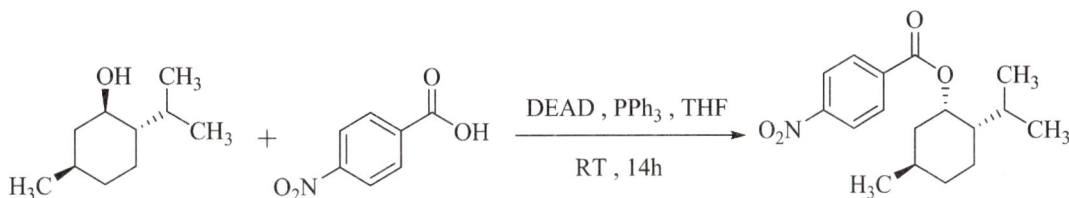

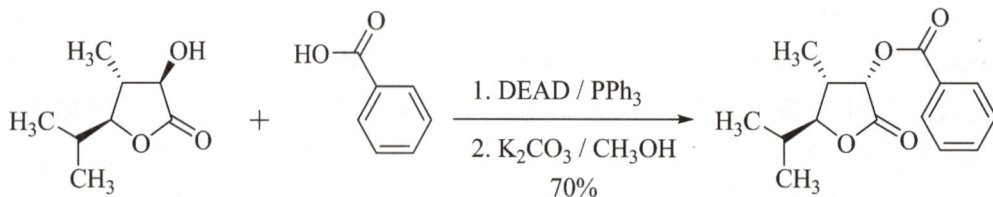

HIV 逆转录酶抑制剂齐多夫定（zidovudine）中间体的合成过程中，胸腺嘧啶脱氧核苷酰与对甲氧基苯甲酸进行第一次 Mitsunobu 反应生成酯，然后再进行第二次 Mitsunobu 反应分子内脱去一分子水，得到氧桥化合物。

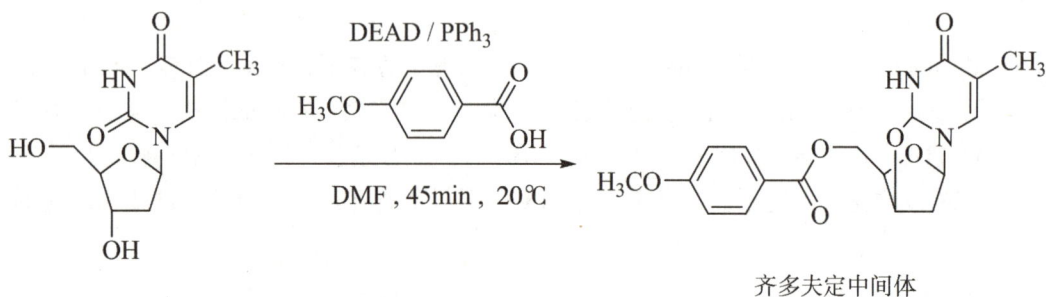

齐多夫定中间体

（二）羧酸酯为酰化试剂

羧酸酯与醇反应，实际上是酯交换反应，在酸或碱的催化下，得到新的酯。

1. 反应机理

酸催化酯的醇解反应机理与酸催化酯化反应的类似，只是离去基团由直接酯化的水变为醇。

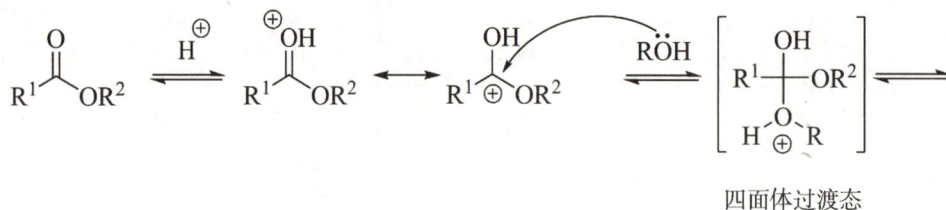

四面体过渡态

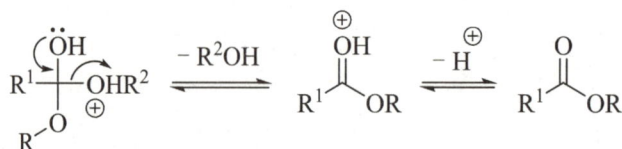

碱催化酯交换反应遵循加成-消除反应机理。在碱性条件下，醇可逆转化为烷氧负离子，从而增强它的亲核性，驱动反应顺利进行。

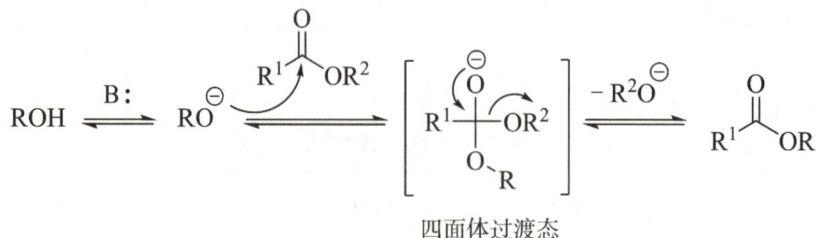

四面体过渡态

2. 反应影响因素

羧酸酯作为酰化试剂进行 O-酰化，反应条件温和，但是由于存在反应的可逆性，须采取措施打破平衡，促进新的酯生成。一般采用酸作为催化剂，例如硫酸、氯化氢、对甲苯磺酸等，或者用碱作为催化剂，例如醇钠，也可以用强酸性离子交换树脂、分子筛等作为催化剂。

一般的羧酸酯活性不够高，难以用于天然活性化合物及其衍生物的合成，可设计专门的活性酯用于药物合成。常用的活性酯包括羧酸吡啶酯、羧酸硫醇酯、羧酸三硝基苯酯、羧酸异丙烯酯和羧酸苯并三氮唑-1-酯。

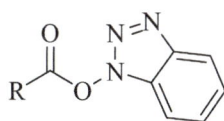

羧酸吡啶酯　　　　硫代羧酸吡啶酯　　　　羧酸苯并三氮唑-1-酯　　　　羧酸异丙烯酯

（1）**羧酸硫醇酯**　羧酸在三苯基膦存在下与二硫化物反应，或者酰氯与硫醇反应，均可以获得羧酸硫醇酯。羧酸硫醇酯增强了离去基团相对应醇的酸性，从而可以增强酯的活性。

（2）**羧酸吡啶酯**　羧酸与2-卤代吡啶季铵盐或氯甲酸吡啶-2-酯反应，均可以获得羧酸吡啶酯。

（3）**羧酸三硝基苯酯**　羧酸盐与2-氯-1,3,5-三硝基苯作用生成羧酸三硝基苯酯，其不须分离，直接与醇进行 O-酰化反应，醇的空间位阻大时收率较低。

（4）**羧酸异丙烯酯**　羧酸与丙炔经加成反应得到羧酸异丙烯酯，可用于空间位阻大的醇的 O-酰化。交换出的异丙烯醇的重排产物为丙酮，其不再具有酯化能力，从而驱动反应向生成产物的方向进行。

（5）**羧酸苯并三氮唑-1-酯**　可由苯并三氮唑-1-醇与酰氯合成得到。其与醇反应条件温和，选择性好，在同一个分子中同时存在伯醇和仲醇时，选择性酰化伯醇。同一个分子中同时存在羟基和氨基时，选择性酰化氨基。

3. 应用实例

格隆溴铵（glycopyrronium bromide）和溴美喷酯（mepenzolate bromide）都是季铵类抗胆碱药，具有抑制胃液分泌及调节胃肠蠕动作用。在它们的合成中，都使用了羧酸甲酯作为酰化试剂，分别与吡咯烷醇和哌啶醇进行 O-酰化反应。

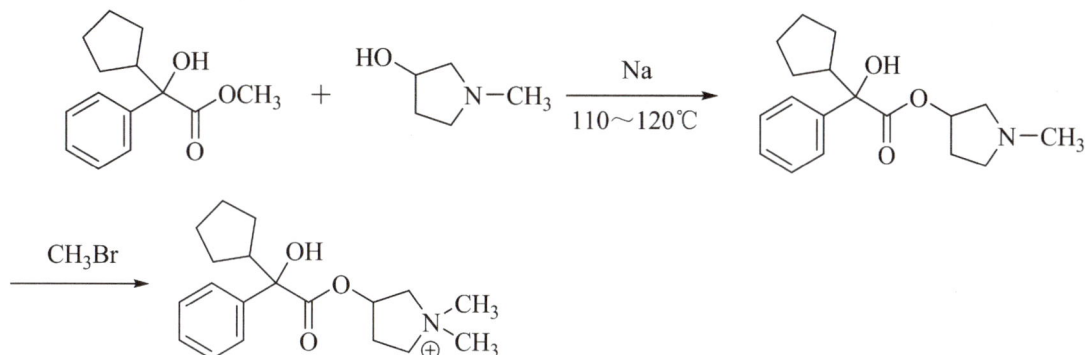

格隆溴铵

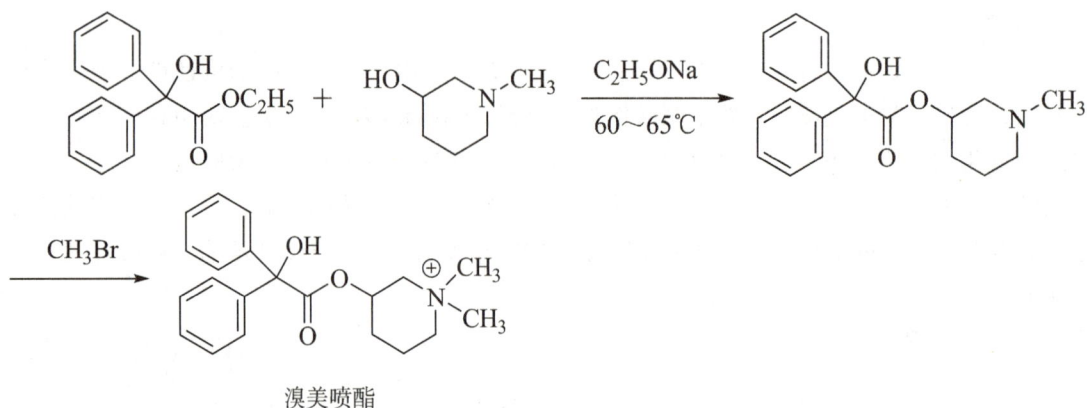

溴美喷酯

（三）酸酐为酰化试剂

酸酐的酰化活性较强，可用于空间位阻较大的醇羟基或一般酯化方法难以反应的酚羟基的酰化。

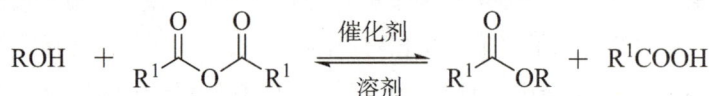

1. 反应机理

酸酐是一类强酰化剂，其酰化反应一般按单分子历程进行，质子酸、Lewis 酸和吡啶类有机碱对酸酐均有催化作用，使之释放出酰基正离子或使其亲电性增强。吡啶的催化作用是与酸酐形成了活性络合物。

质子酸催化：

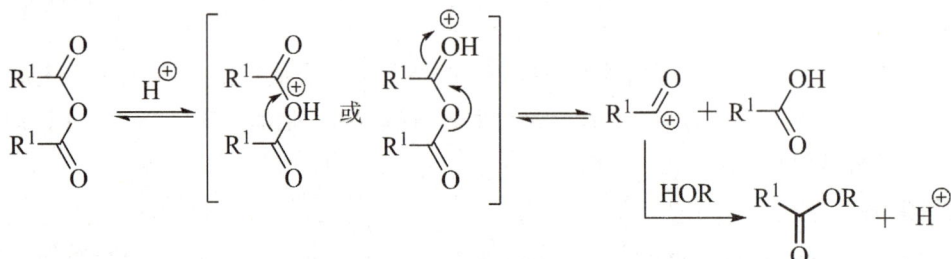

Lewis 酸催化：

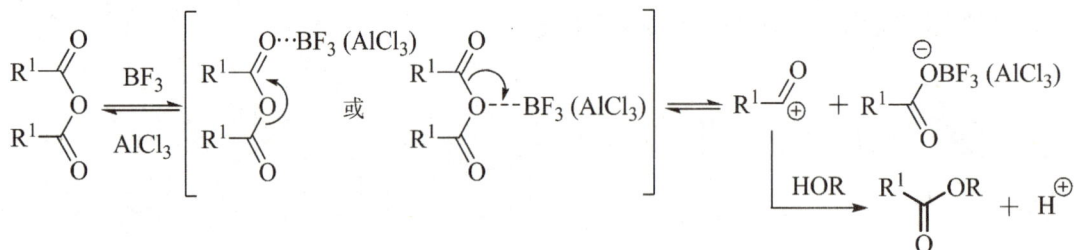

吡啶碱类催化：

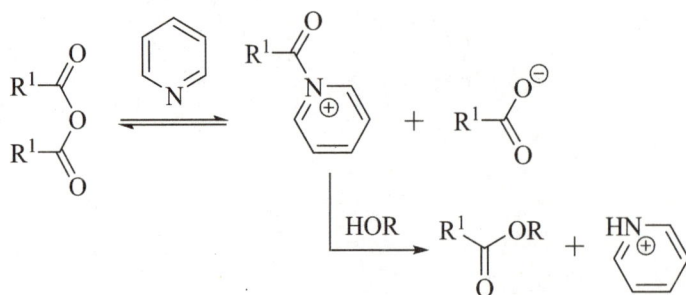

2. 反应影响因素

反应中常加入硫酸、对甲苯磺酸、高氯酸等质子酸或三氟化硼、氯化锌、氯化铝等 Lewis 酸作为催化剂。

吡啶、N,N-二甲基吡啶-4-胺（DMAP）、4-吡咯烷基吡啶（PPY）、三乙胺、乙酸钠等碱性催化剂也用于酸酐的酰化反应。

由于常用的单一酸酐种类较少，除乙酸酐、丙酸酐、苯甲酸酐和一些二元酸酐外，其他种类的单一酸酐较少，限制了这一方法的应用。而混合酸酐容易制备，酰化能力强，因而更具实用价值。常见的混合酸酐包括羧酸-三氟乙酸混合酸酐、羧酸-磺酸混合酸酐、羧酸-磷酸混合酸酐、羧酸-多取代苯甲酸混合酸酐或者其他混合酸酐。

（1）羧酸-三氟乙酸混合酸酐　可以通过羧酸与三氟乙酸酐反应制备。对于空间位阻较大的醇或酸的酯化，采用这一方法常常获得良好的结果。若反应底物对酸敏感，不宜采用这一方法进行 O-酰化。

（2）羧酸-磺酸混合酸酐　可以通过在吡啶溶剂中羧酸与磺酰氯反应制备。由于酰化反应在碱性媒介中进行，因而这一方法适用于对酸敏感的醇的 O-酰化，也可用于立体位阻大的酯和酰胺的合成。

（3）羧酸-磷酸混合酸酐　可以由羧酸与取代磷酸酯在吡啶或三乙胺存在下制备。反应中醇一般不与取代磷酸酯反应，所以可以采用"一锅煮"的方法，即各种原料试剂同时加入到反应体系中。

（4）羧酸-多取代苯甲酸混合酸酐　可以由羧酸与含多个吸电子基的苯甲酰氯制备。苯环上存在的吸电子基大大增强了混合酸酐的活性，使得羧酸很快与醇发生。这一方法反应条件温和，收率高，副反应少。

Yamaguchi 酯化反应是近年来在天然产物全合成研究中得到广泛应用的一个反应，羧酸和2,4,6-三氯苯甲酰氯作用生成混合酸酐使羧酸得以活化，继而在 DMAP 的催化下与醇反应生成酯。这一反应既可以用于普通酯的合成，也可以用于内酯的合成。对于大环内酯的合成尤为有利。

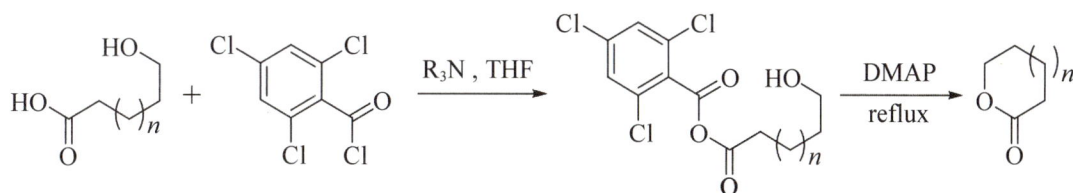

在合成大环内酯时，先与2,4,6-三氯苯甲酰氯作用生成混合酸酐后，加入 DMAP 在高稀释条件下进行大环内酯化的反应。比 Corey-Nicolaou 方法的活性要高，但通常也需要加热回流。

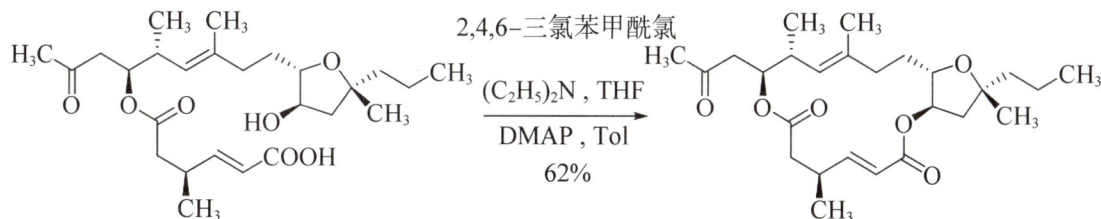

Yamaguchi 大环内酯化反应具有条件温和、操作简便、副反应少等特点，在大环内酯类药物和天然药用成分合成中应用广泛。例如，埃坡霉素 D 是以微管蛋白为靶点的大环内酯类化合物，已作为候选药物进行抗肿瘤活性研究。

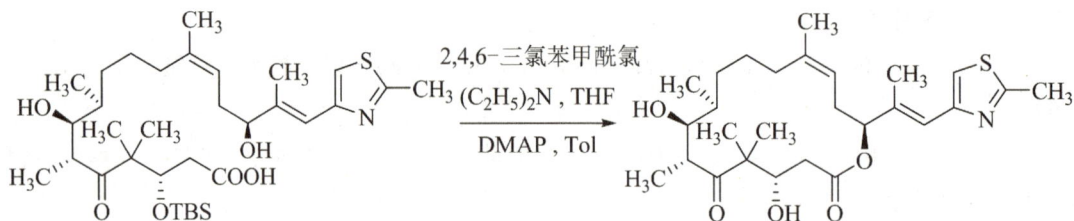

3. 应用实例

在反应中加入氯代甲酸酯、草酰氯、光气等，使得它们与酰化试剂羧酸分别形成混合酸酐，这样可以增强羧酸的酰化能力，这样的混合酸酐常用于半合成 β-内酰胺类抗生素的工业制备。

治疗法布里病的 α-半乳糖苷酶抑制剂米加司他（migalastat）中间体的合成采用乙酸酐进行 O-酰化。

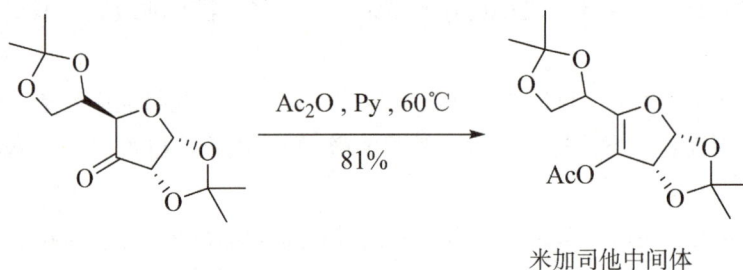

米加司他中间体

（四）酰卤为酰化试剂

酰氯是一类活泼的酰化剂，反应能力强。反应过程中有氯化氢生成需要中和，所以用酰氯酰化时，多数在有机碱或无机碱存在下进行。

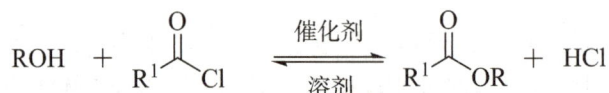

1. 反应机理

酰氯首先与吡啶形成鎓盐活化，然后与醇反应。Lewis 酸类催化剂可催化酰氯生成酰基正离子中间体，增强酰氯的反应活性。

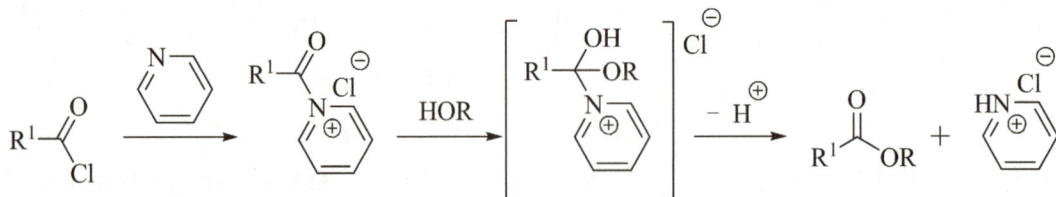

2. 反应影响因素

反应中添加吡啶、N,N-二甲基吡啶-4-胺（DMAP）等有机碱，除了可以中和反应生成的氯化氢外，也可以通过催化作用，使酰氯酰化活性增强。

酰氯为酰化剂的反应一般可选用氯仿等卤代烃、乙醚、四氢呋喃、二甲基甲酰胺、二甲亚砜等为反应溶剂，也可以不加溶剂直接采用过量的酰氯或过量的醇。

酰氯的酰化反应一般在较低的温度（0℃至室温）下进行，加料方式一般是在较低的温度下将酰氯缓慢地滴加到反应体系中，对于较难酰化的醇，也可以在回流温度下进行酰化反应。

在某些羧酸为酰化剂的反应中，加入 $SOCl_2$、$POCl_3$、PCl_3 和 PCl_5 等氯化剂，使之在反应中生成酰氯，参与酰化反应，使反应过程更加简便。

　　酰氯参与的酰化反应一般按单分子历程进行。反应中有氯化氢生成，所以常加入碱性催化剂以中和反应生成的氯化氢。某些酰氯的性质虽然不如酸酐稳定，但其制备比较方便，所以对于某些难以制备的酸酐来说，采用酰氯为酰化剂是非常有效的。

3. 应用实例

　　佐匹克隆（zopiclone）是非苯二氮䓬类镇静催眠药。其合成路线中使用了酰氯作为酰化试剂在二氯甲烷中与吡咯并吡嗪环上的羟基反应，得到目标产物。

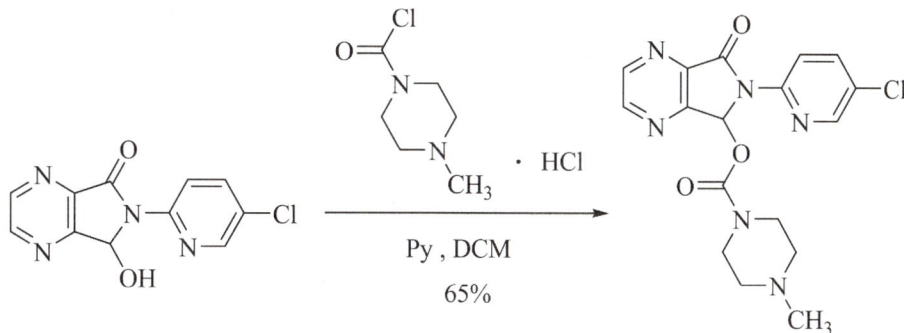

佐匹克隆

（五）酰胺为酰化试剂

　　酰胺是一类较为稳定的化合物，反应活性低，一般不能作为酰化试剂使用。但某些含氮杂环的酰胺由于受到杂环的影响而变得非常活泼，可以作为活性酰胺，在 $O-$ 酰化反应中得到广泛应用。

1. 反应机理

　　活性酰胺中酰胺键的氮原子处于缺电子的芳杂环中，诱导效应的影响使得羰基碳原子的亲电性增强。另一方面离去基团为含氮的五元芳杂环，较为稳定，因而使得酰胺的反应活性得到增强。

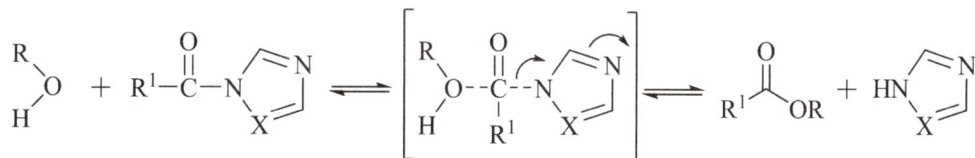

2. 应用实例

　　常用的活性酰胺中的离去基团是含氮原子的五元杂环，性质稳定，它们的结构如下所示。其中 N,N'-羰基二咪唑（CDI）是药物合成中最常用的活性酰胺。CDI 实际上可视为碳酰氯的替代物，但反应活性不如碳酰氯，由于它是以固体形式存在，所以更容易操控。反应中多数情况下不需要碱催化，原因是 CDI 释放出咪唑作为碱。

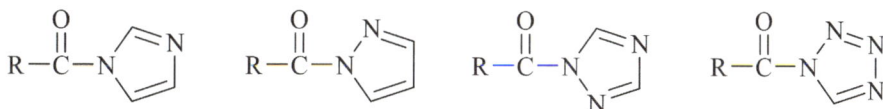

在使用酰基咪唑为酰化试剂时，可以同时加入适量 *N*-溴代琥珀酰亚胺（NBS）使咪唑环活化，生成咪唑正离子中间体，这样的反应能够在室温条件下进行。

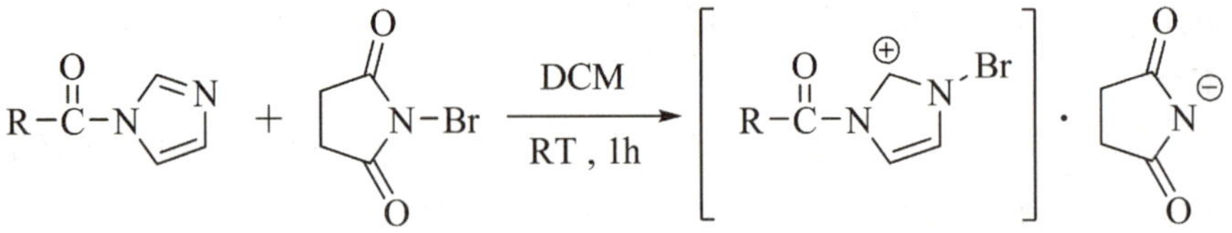

tropesin 是吲哚美辛的托品醇酯，具有抗风湿作用。其合成是吲哚美辛先与 CDI 生成活性酰胺，然后再与托品醇反应，得到目标产物。

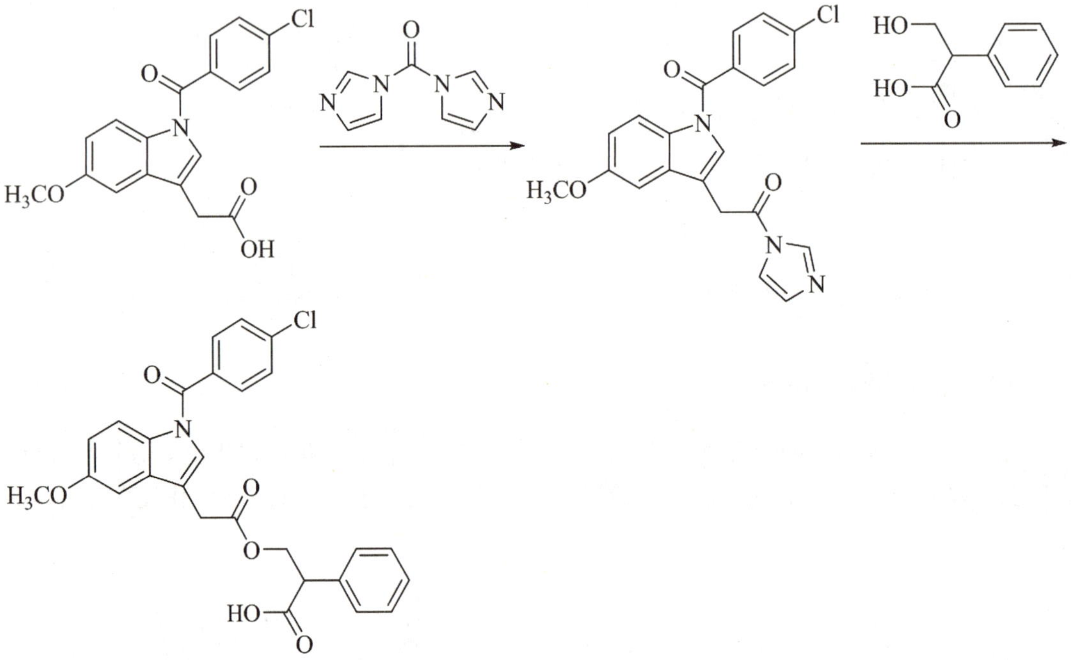

Tropesin

（六）烯酮为酰化试剂

烯酮是一类活泼的有机化合物，含累积双键（$>$C＝C＝O），容易发生加成反应，可作为酰化试剂与醇反应生成羧酸酯。在药物合成中，乙烯酮较为常用，它含一个 sp 杂化的碳原子，性质不稳定，通常以二聚体的形式存在。

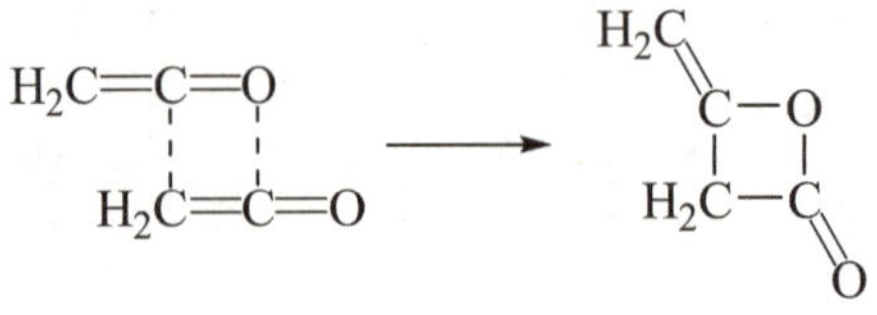

二聚体

1. 反应机理

首先醇在碱作用下失去一个质子，生成醇氧负离子，然后与乙烯酮的羰基碳加成，生成羰基氧负离子，这一状态不稳定，四元内酯环打开，然后酸提供一个质子，得到羧酸酯。

$$ROH + :B \longrightarrow RO^{\ominus} + HB$$

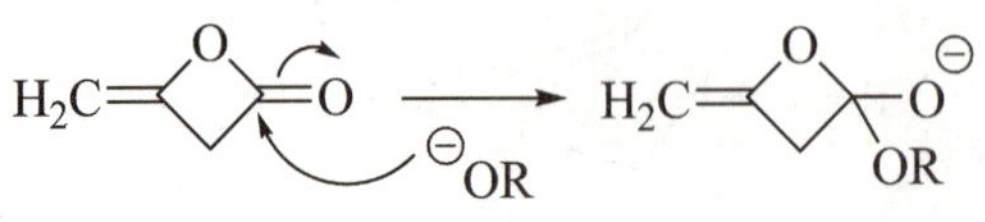

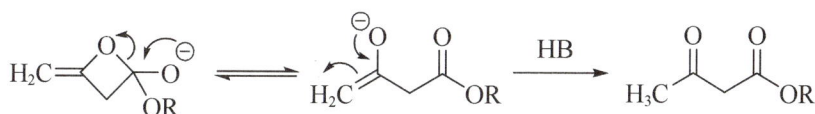

2. 应用实例

西尼地平（cilnidipine）是1,4-二氢吡啶类钙离子通道阻滞剂，临床用于治疗高血压。其合成过程中使用的两种合成砌块乙酰乙酸苯丙烯酯和乙酰乙酸甲氧基乙酯均采用酰化试剂烯酮制备，乙胺作为碱性催化剂。

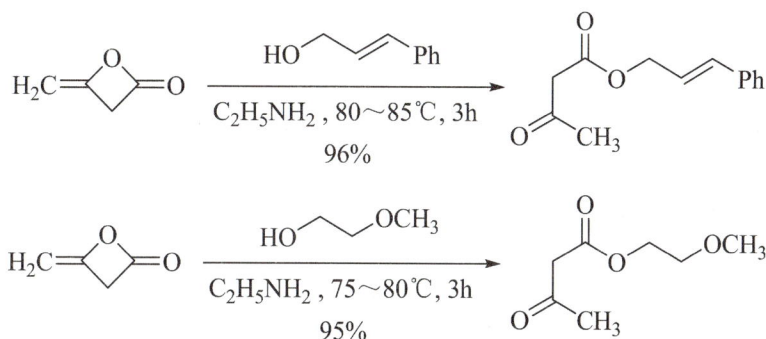

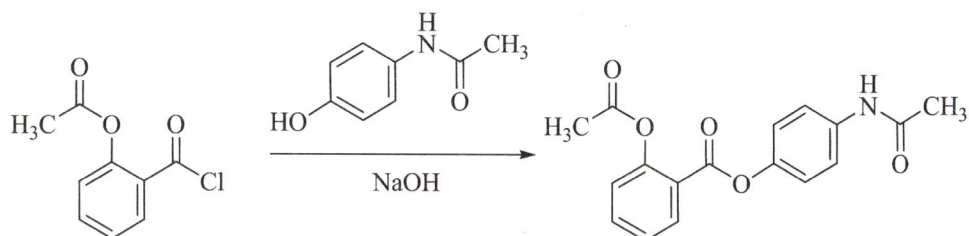

二、酚的 O-酰化

酚的 O-酰化反应机理与醇的 O-酰化相同，但由于酚羟基氧原子的活性弱于醇羟基，所以通常须采用较强的酰化剂。下面通过几个应用实例介绍酚的 O-酰化。

乙酰化是药物合成中常见的 O-酰化反应，例如苯胺基喹唑啉类抗肿瘤药物的中间体合成就采用乙酸酐作为酰化试剂，在吡啶存在下与6,7-二羟基喹唑啉-4-酮反应，得到 O-酰化产物。

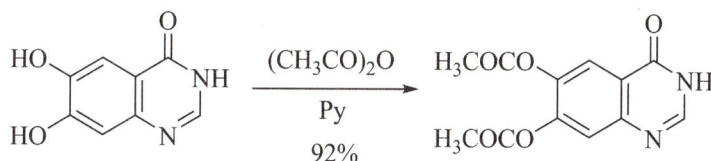

酰氯的酰化能力较强，常用于酚的 O-酰化反应，如前体药物贝诺酯（benorilate）的合成就采用乙酰水杨酰氯作为酰化试剂，在氢氧化钠催化下进行反应。

贝诺酯

羧酸与酚反应须加入二环己基碳二亚胺（DCC）、N,N-二甲基吡啶-4-胺（DMAP）或多聚磷酸（PPA）等来提高酰化试剂的反应活性。例如，具有抗胰腺炎作用的苯甲酸胼基萘酯类化合物的合成就是在室温下反应完成的。

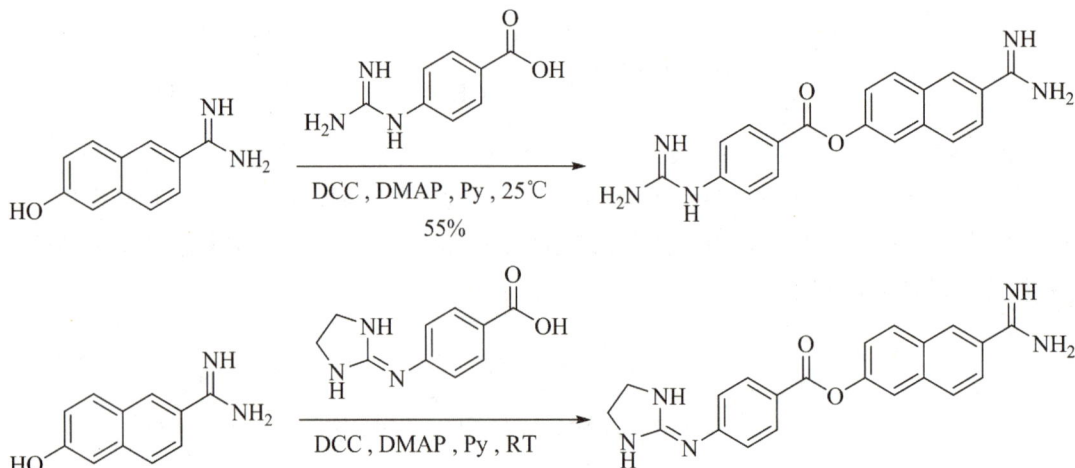

三、醇、酚羟基的保护

官能团保护（functional group protection）是药物合成中很重要的策略之一。对于含有多个官能团的化合物，在合成中除特定部位或基团发生预期反应外，还常常导致其他部位或基团发生变化，结果不仅使得反应产物变得复杂，而且有时还会导致所需反应的失败。对此需要采取一定措施，将不希望参与反应的一些活性基团如羰基、羟基、氨基等加以保护，使其转化为不受后续反应影响的衍生物，待反应完毕后，再使其恢复为原来的基团。这种方法就是药物合成中的基团保护，也称官能团保护。

基团保护一般采用基团保护基的方法，即用保护试剂与被保护的基团发生反应，使其在某一条件下失去反应活性，从而使不希望发生的副反应不能进行或活性降低。一般来说，基团保护的目的是为了拉大主反应和副反应之间的活性差距，使希望发生的反应活性增强，而使不希望发生的反应活性降低。根据被保护基团的性质不同，需要采取不同的方法加以保护。由于亲核试剂的活性取决于其富电子程度，某些亲核试剂例如羟基等的保护，是围绕着降低其中心原子的电子云密度进行的。

基团保护一般包括引入保护基（protecting group）和脱去保护基的过程。脱去保护基是在反应后，选择合适的反应条件将保护基去除。例如，为防止酚羟基被氧化，常常是使它生成酚醚，完成反应之后再与氢碘酸反应生成原来的酚。

基团保护需要选择使用合适的保护基。从基团保护的角度考虑，理想的保护基必须具备一定的条件：①在温和的条件下，保护基容易有选择性地与被保护基团反应；②保护基引入到被保护的基团上后，其性质在保护阶段的各种反应条件下应是稳定的，能够防御其他试剂的侵袭，在反应过程中不发生变化；③保护基在完成保护任务之后，在不破坏分子其他部位的条件下，保护基易于在温和条件下去除；④保护基的引入和去除应操作简单，收率要高；⑤若需要对两个或两个以上的基团进行保护时，在选择保护基时必须注意保护基团的引入和去除互不干扰。

羟基由于氢质子的酸性，能参与许多反应。易于氧化、烷化、酰化，仲醇、叔醇则易于脱水。羟基保护是为了防止这些反应的发生。

羟基氧原子上有一孤对电子，由于其碱性并不强，羟基的质子化是一个动态平衡过程，因而不可能通过质子化的方式来降低其亲核性来保护羟基。若把羟基上的氢用其他基团取代，则能降低羟基氧原子的亲核性，便能达到保护羟基，使其不参与化学反应的目的。因此羟基的常用保护方法是将羟基转化为酯等。

在许多具有生物活性的化合物和有合成价值的化合物，包括核苷、糖类和甾体的分子以及在某些氨基酸的侧链上都含有羟基。当对这些分子进行氧化、酰化、卤化、水解等反应时，往往需要对羟基加以保护。保护孤立的羟基，可将其转化成醚、缩醛或缩酮，也可将其转化成酯。但由于酯化引入羰基，易于发生羰基上的亲核反应、水解及还原反应等，涉及这类反应时不宜用酰化法保护羟基。

药物合成中主要用作保护基的酯是乙酸酯、卤代乙酸酯、新戊酸酯、苯甲酸酯和2,4,6-三甲基苯甲酸酯等。酯通常采用酸酐或酰氯在碱存在下酰化制得。去除保护一般用碱水解或碱醇解法，也可以用氨的醇溶液氨解（如甲醇氨溶液）。酯在碱性条件下稳定性差，相对在酸性条件下较稳定。

（一）乙酰化保护

羟基氧原子的乙酰化是最为常用的羟基保护方法。常用的乙酰化试剂包括乙酸酐、乙酰氯、乙酸乙酯等。对存在立体位阻的醇羟基的保护，可以使用 N,N-二甲基吡啶-4-胺（DMAP）、三甲基硅烷基三氟甲磺酸酯（TMSOTf）、三丁基膦（Bu_3P）等作为催化剂。在利用流感病毒神经氨酸酶抑制剂扎那米韦（zanamivir）的合成中，就采用乙酸酐保护醇羟基，三甲基硅烷基三氟甲磺酸酯催化空间位阻大的醇羟基进行反应。

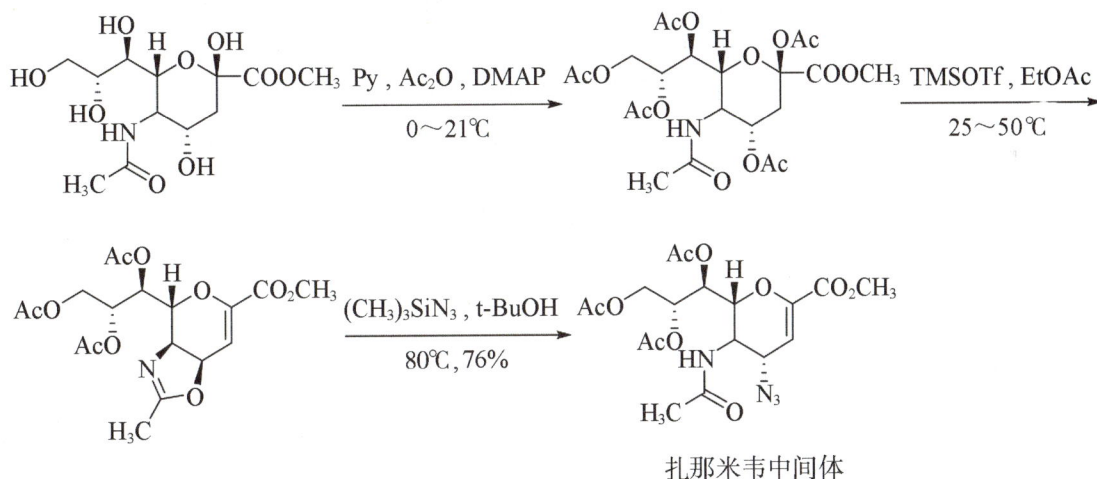

扎那米韦中间体

乙酸酯的脱保护方法是在碱性条件下进行，碱可选用氢氧化钠、碳酸钾、氨、肼、胍等，有时采用醇钠、醇镁或氨的醇溶液，溶剂一般用乙醇或甲醇。例如，酪氨酸蛋白激酶抑制剂吉非替尼（gefitinib）中间体就采用氢氧化铵的甲醇溶液脱去酚羟基上的乙酰基保护基团。

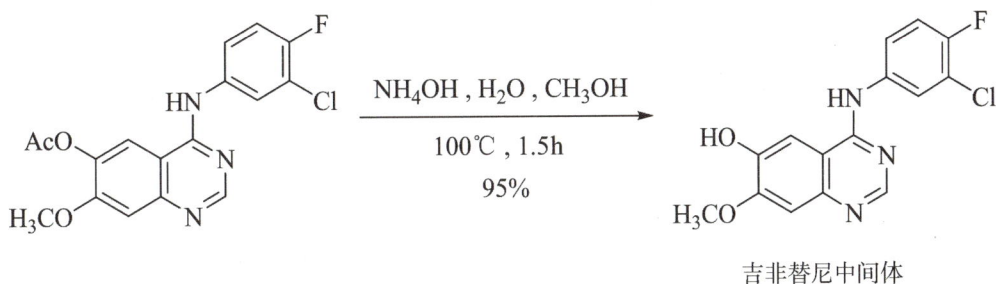

吉非替尼中间体

（二）卤代乙酰化保护

通过卤代乙酸酐或者卤代乙酰氯与须保护的羟基化合物反应可以得到卤代乙酸酯产物。在合成中常见的卤代乙酸酯包括一氯乙酸酯、二氯乙酸酯、三氯乙酸酯和三氟乙酸酯。其中二氯乙酸酯、三氯乙酸酯和三氟乙酸酯只用于多羟基化合物的选择性保护，原因是由于卤素原子的电负性，这些乙酸酯容易水解。

三氟乙酸酐（TFAA）是药物合成中常用的一种酰化试剂，能够选择性保护两个性质非常相似的醇羟基当中的一个羟基。三氟乙酸酯容易水解，在核苷的合成中，室温和 pH 值=7 的环境下，三氟乙酰基保护基团就可迅速水解脱去。

在二肽基肽酶-4 抑制剂沙格列汀（saxagliptin）的合成中，用三氟乙酸酐选择性保护立体位阻小的醇羟基，同时将吡咯烷环上氨基甲酰基转化成腈。

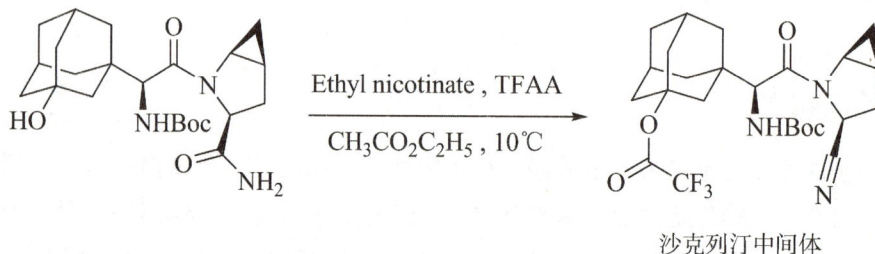

沙克列汀中间体

（三）叔丁基甲酸酯保护

如果反应底物同时含酚羟基和醇羟基，使用叔丁基甲酰氯（PvCl）可以选择性保护酚羟基，而使用 N-叔丁基甲酰噻唑-2-酮可选择性保护醇羟基。应当指出的是，由于烷基给电子作用，叔丁基甲酰氯（PvCl）的脱去不如乙酰化顺利，须在较为剧烈的条件下才能脱去保护基团。若分子中含敏感基团将一并脱去，故脱保护应在低温下进行，并加入金属氢化物例如氢化锂铝、异丁基氢化铝等。

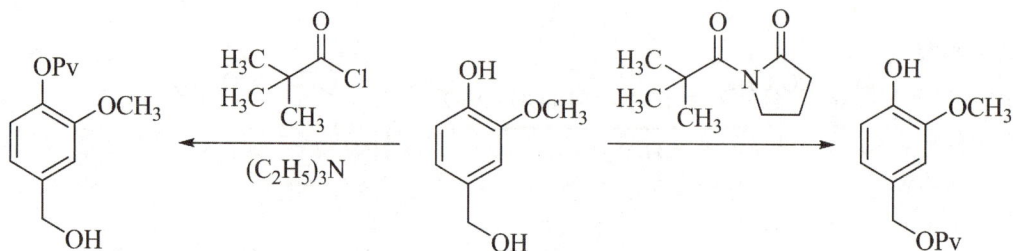

（四）苯甲酸酯保护

苯甲酸酯是醇羟基保护常用的一类酯，可以采用苯甲酰氯、苯甲酸酐、活性苯甲酰胺、活性苯甲酸酯与底物羟基化合物进行反应，得到 O-酰化产物。对于多羟基化合物，采用苯甲酰化比乙酰化更为有利，原因是在苯甲酰化时，伯醇与仲醇相比更容易酰化，处于平伏键上的羟基比直立键上的羟基先于酰化。环体系上的羟基比非环体系上的羟基更容易苯甲酰化。例如，抗丙型肝炎病毒药物索非布韦（sofosbuvir）的合成中，采用苯甲酰氯（BzCl）作为酰化试剂，保护内酯环上的羟基。

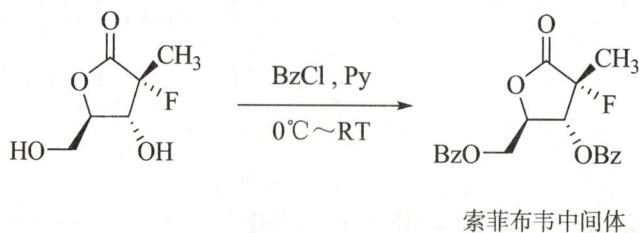

索菲布韦中间体

类似地，用苯甲酰氯（BzCl）选择性保护孟鲁司特（montelukast）的环丙烷中间体上一个醇羟基。

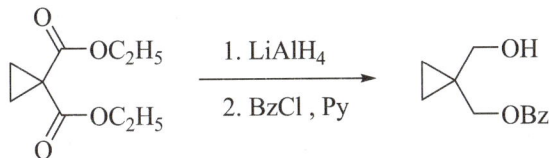

孟鲁斯特中间体

苯甲酸酯脱去保护基也较乙酸酯困难。在同一分子中，若存在两个以上的苯甲酸酯保护基团时，由于化学稳定性存在差异，可以选择性脱去保护。

第二节　氮原子的酰化

一、脂肪胺的 N-酰化

脂肪伯胺和仲胺均可以与各种酰化试剂进行 N-酰化反应。反应机理是按单分子历程，还是双分子历程依酰化试剂的种类不同而定。脂肪伯胺和仲胺作为反应底物，它们的氮原子上的电子云密度越高，反应活性越强。

（一）羧酸为酰化试剂

羧酸与胺在高温下脱水生成酰胺，它与胺成盐后会使得胺的亲核能力下降。

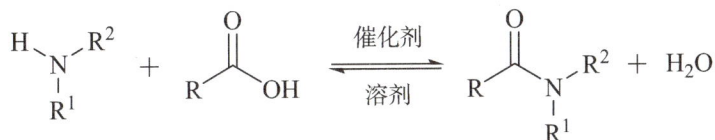

1. 反应机理

羧酸与胺的 N-酰化是一可逆反应，胺上的氮原子有未共用电子对，作为亲核试剂进攻羰基的碳原子，生成四面体过渡态，再脱去一分子水，得到酰化产物。

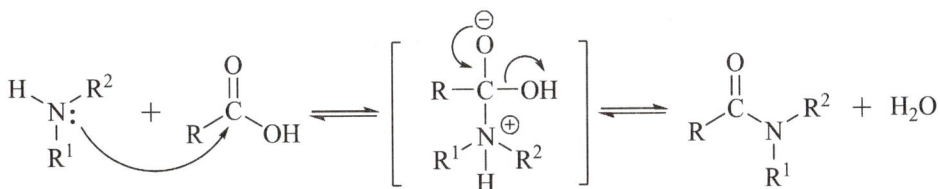

四面体过渡态

2. 反应影响因素与应用实例

当采用羧酸作为酰化试剂时，为保证 N-酰化的顺利进行，通常加入适当的缩合剂。这样的缩合剂包括以苯并咪唑类化合物为代表的试剂，如苯并三氮唑-1-醇（HOBt）、7-偶氮苯并三氮唑-1-醇（HOAT），以含碳二亚胺基团为代表的化合物，如 N,N'-羰基二咪唑（CDI）、二环己基碳二亚胺（DCC）等，另外还有 2-（7-氧化苯并三氮唑）-N,N,N',N'-四甲基脲六氟磷酸酯（HATU）、3-（二乙氧基磷酰氧基）-1,2,3-苯并三嗪-4(3H)-酮（DEPBT）、1H-苯并三唑-1-基氧代三吡咯烷基六氟磷酸盐（PyBOP）等。当使用这些缩合剂时，N-酰化反应的反应速率迅速，分子的手性不受影响。在肽类、环肽、大环内酰胺和大环内酯类等药物合成中发挥重要作用。

　　西格列汀（sitagliptin）是一种二肽基肽酶抑制剂，临床用于治疗 2 型糖尿病。其前体的合成就是利用苯并三氮唑-1-醇（HOBt）和 EDC 活化羧基，在碱的作用下使羧酸与哌嗪衍生物进行 N-酰化，得到 Boc 保护的西格列汀。

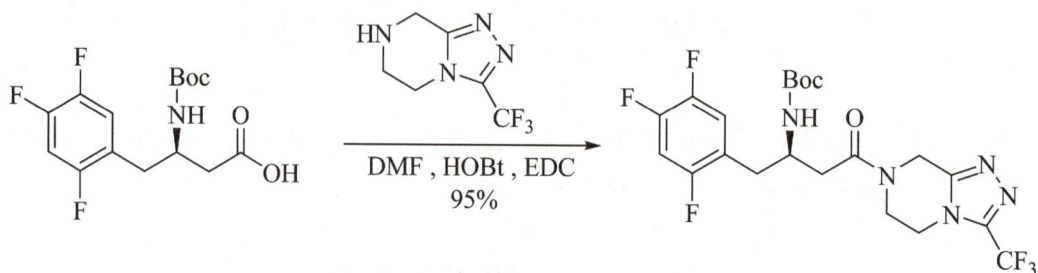

西格列汀前体

　　2 型糖尿病治疗药物安奈格列汀（anagliptin）的乙叉基二胺前体则先用 N,N′-羰基二咪唑（CDI）活化，然后与 2-甲基吡唑并[1,5-a]嘧啶-6-甲酸偶联，得到目标产物。

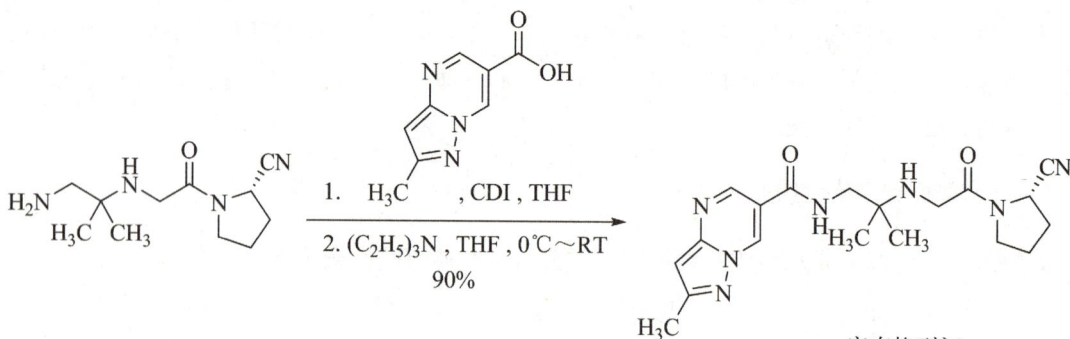

安奈格列汀

　　达卡他韦（daclatasvir）是一种 HCV NS5A 复制复合体抑制剂，临床用于治疗丙型肝炎病毒感染。在它的中间体合成过程中，在多肽结合剂（HATU）和乙基二异丙基胺（DIPEA）存在下，羧酸对氨基酰化，但不影响手性。

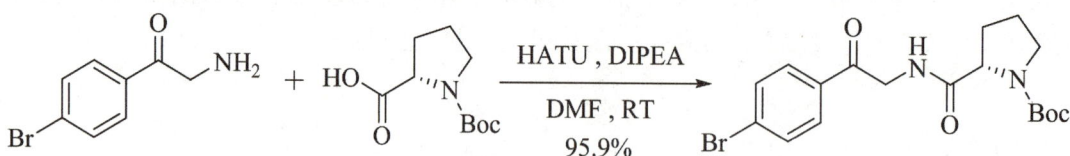

达卡他韦中间体

　　羧酸与胺反应可制备多肽。例如，组蛋白去乙酰化酶抑制剂罗米地辛（romidepsin）二肽中间体的合成过程中就采用六氟磷酸并三唑-1-基-氧基三吡咯烷基磷（PyBOP）和 N,N-二异丙基乙胺（DIPEA）作为缩合剂。

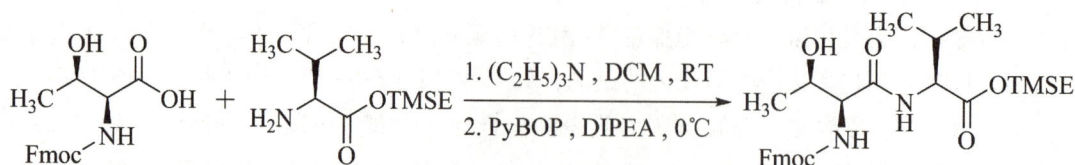

罗米地辛中间体

　　羧酸是一类弱的酰化试剂，通常需要加入某些催化剂与羧酸形成活性中间体。例如 DCC 等催化剂一般也可用于 N-酰化反应中，使羧酸的酰化能力增强。消旋卡多曲（racecadotril）是一种脑啡肽酶抑制剂，临床用于治疗急性腹泻症。其合成即采用羧酸法，二环己基碳二亚胺（DCC）为催化剂，DMF 为溶剂在室温下反应。

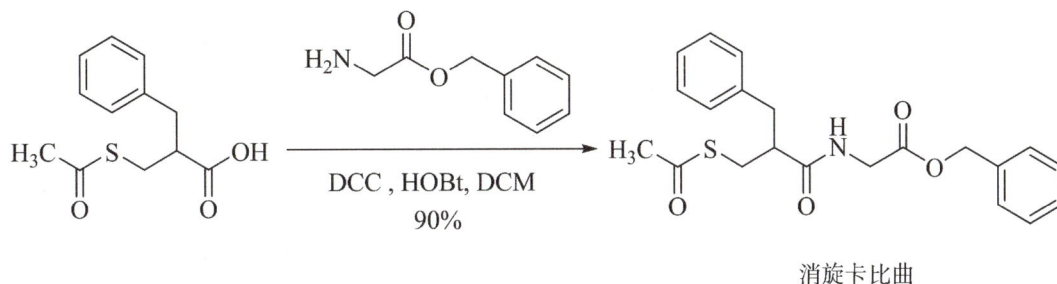

消旋卡比曲

（二）羧酸酯为酰化试剂

酰化试剂包括各种烷基或芳基取代的脂肪酸酯、芳香酸酯。酰化底物一般是各种烷基或芳基取代的伯胺或仲胺以及氨。产物除了生成主要产物酰胺之外，还生成醇。

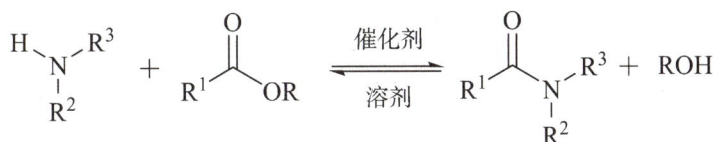

1. 反应机理

羧酸酯与胺的 N-酰化是一可逆反应，胺上的氮原子有未共用电子对，可以作为亲核试剂进攻羰基的碳原子，生成四面体过渡态，再脱去一分子醇，得到酰化产物。

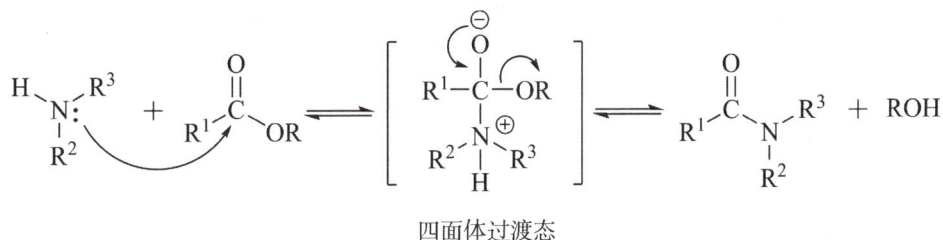

四面体过渡态

2. 反应影响因素与应用实例

羧酸酯与胺反应相对于醇的 O-酰化反应更容易进行，但是需要较高的反应温度，须有酸或碱存在下才能进行。这一反应可视为酯的胺解反应，同样属于可逆反应。在反应进程中，采用多种方法例如反应-分馏方法有效驱动反应平衡向着正反应方向进行。

羧酸酯的活性低于酰卤和酸酐，但易于制备，性质稳定，尤其是反应过程中不与脂肪胺形成不合乎需要的铵盐，因而应用更为广泛。药物合成中较为常用的是羧酸甲酯和乙酯。

阿莫达非尼（armodafinil）是一种间接的多巴胺受体激动剂和多巴胺重摄取抑制剂，临床用于改善成人阻塞性睡眠呼吸暂停、低通气综合征、嗜睡症和轮班工作睡眠障碍。其中间体的合成是取代羧酸甲酯在甲醇中胺解，得到酰化产物。

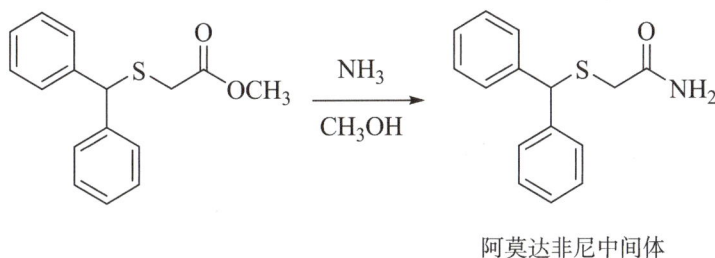

阿莫达非尼中间体

左旋舒必利（levosulpiride）是舒必利的对映异构体，临床用于治疗抑郁症，副作用小。在其中间体的合成过程中，采用取代苯甲酸乙酯与旋光性的胺反应，得到目标产物。

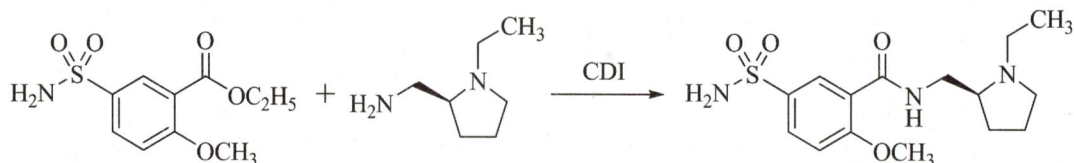

左旋舒必利

羧酸酯与伯胺、仲胺的反应也会使用活性酯。这些活性酯克服了常规酯酰化试剂的活性不足的缺陷，能够在温和的反应条件下进行，产率高，有时还可以进行选择性酰化，不影响反应底物的不对称中心。常用的活性酯包括酚酯、羟胺酯、肟酯、烯醇酯等。

赖右苯丙胺（lisdexamfetamine）是一个前药，本身没有活性，在体内代谢后起效，临床用来治疗注意力不足多动症。其中间体合成过程中，采用羟胺酯进行反应，制备酰胺。

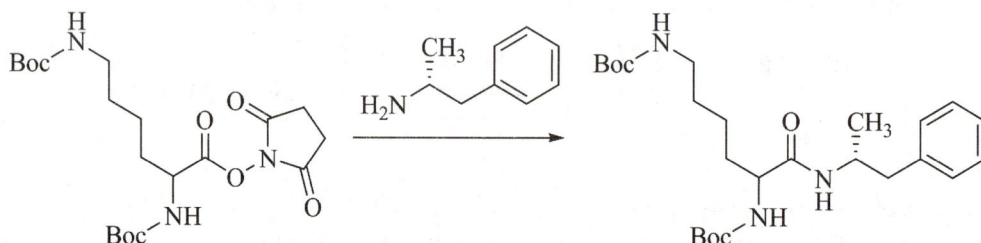

赖右苯丙胺中间体

米伐木肽（mifamurtide）是一种抗骨肉瘤药物，在这个肽类药物的合成过程中，采用 HOAT 和二异丙基碳二亚胺（DIC）催化，N-乙酰基-L-丙氨酰-D-异谷氨酰胺与 N-羟基琥珀酰亚胺进行 N-酰化反应，得到米伐木肽前体。

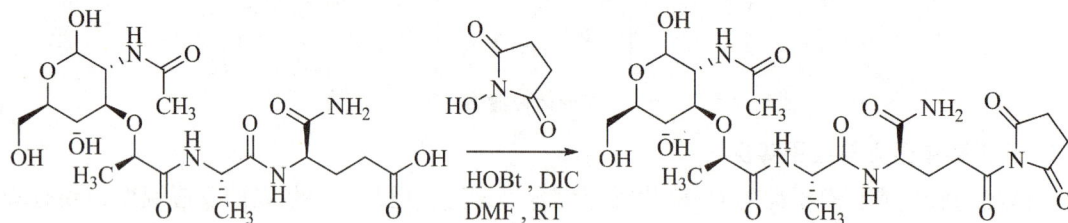

米伐木肽前体

（三）酸酐为酰化试剂

酸酐与酰卤类似，亦能作为胺的酰化剂，但酸酐的活性比相应的酰卤弱，因此它的 N-酰化反应速率比酰卤慢。

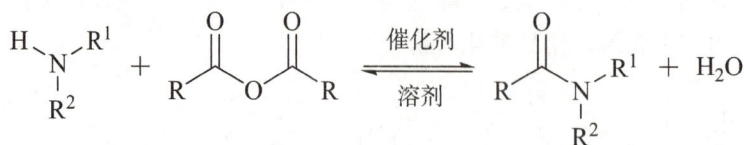

1. 反应机理

酸酐的酰化反应是一个几近不可逆的反应，反应遵循加成-消除机理。空间位阻比较大的胺酰化时，一般需要加入催化量的酸或碱作为催化剂，目的是加快反应速度。

酸催化机理：常用的酸有浓硫酸、磷酸、高氯酸等。

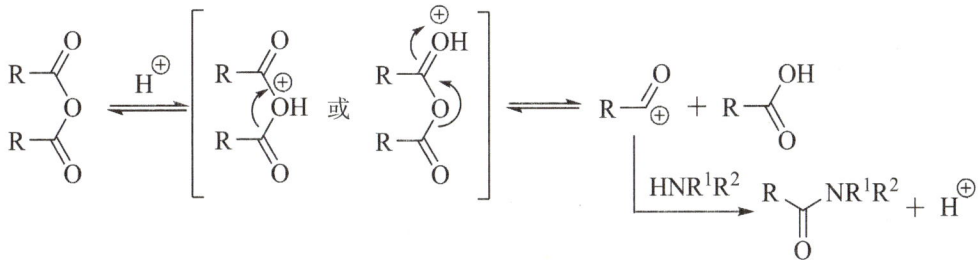

碱催化机理：所使用的碱一般包括叔胺或吡啶类。

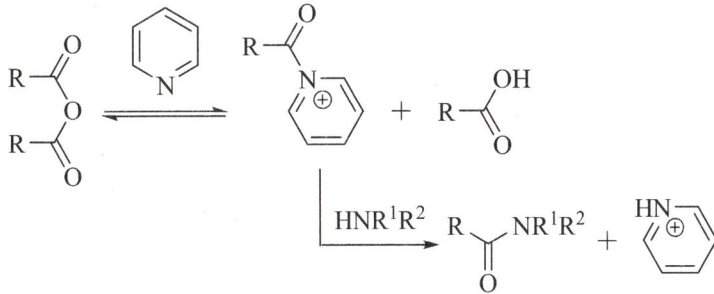

2. 反应影响因素

单一酸酐种类较少，除乙酸酐、丙酸酐、苯甲酸酐和某些二元酸酐以外，其他酸酐在药物合成中并不常见。使用环状二元酸酐时，在较低温度下得到 N-单酰化产物，高温下通常继续反应得到 N,N-双酰化反应产物。

3. 应用实例

佐匹克隆（zopiclone）和艾司佐匹克隆（eszopiclone）均为吡咯酮类镇静催眠药，它们的合成关键是构筑吡咯并吡嗪环，首先使用对称的吡嗪二甲酸酐与取代芳胺进行反应，然后在氯化亚砜存在下闭环，得到要求的中间体，反应过程中经历了两次 N-酰化，不同的是第一次是酸酐作为酰化试剂，第二次是酰氯作为酰化试剂。

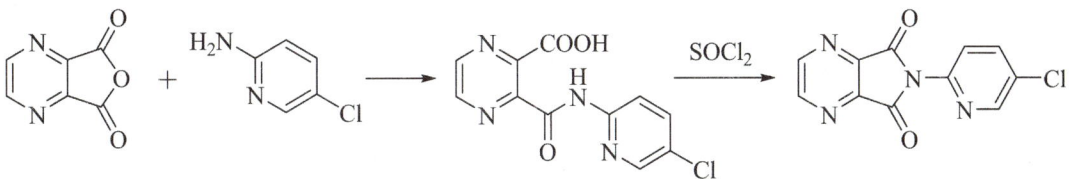

哌啶类阿片受体激动剂如芬太尼（fentanyl）的结构中含丙酰基，一般通过丙酸酐与胺反应得到。

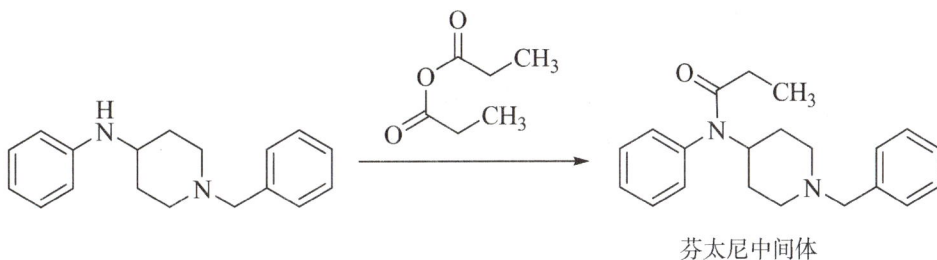

芬太尼中间体

为克服单一酸酐种类较少的缺陷，药物合成一般采用混合酸酐法制备酰胺，特别是在肽类、半合成抗生素的制备过程中较为常见。而且反应条件温和，收率较高。例如，β-内酰胺类抗生素的制备方法之一就是混合酸酐法。

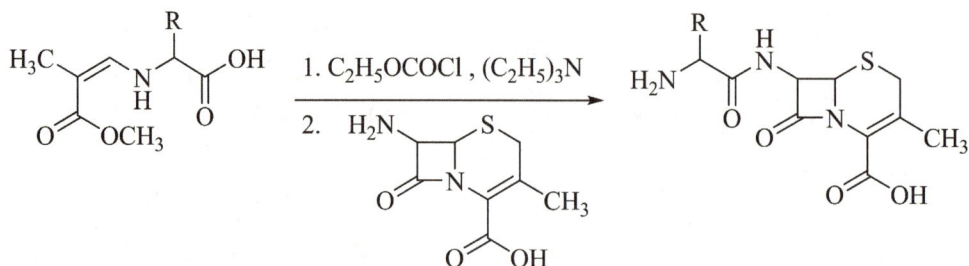

左乙拉西坦（levetiracetam）是一种治疗癫痫的药物，作用于突触囊泡 2A。在它的合成中，采用酸与氯甲酸甲酯形成混合酸酐，然后与氨反应，得到目标分子。

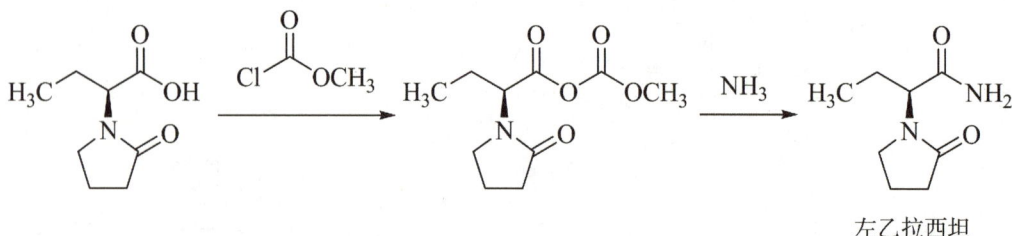

左乙拉西坦

阿夫唑嗪（alfuzosin）是肾上腺素能 α_1 受体拮抗剂，临床用于治疗高血压。在它的中间体合成过程中，采用混合酸酐法制备侧链。

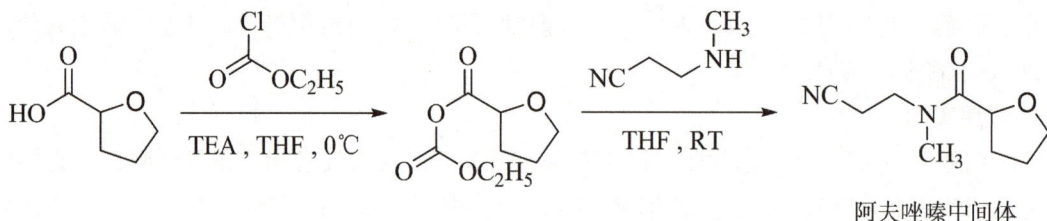

阿夫唑嗪中间体

羧酸与某些磷酸形成活性高的羧酸-磷酸混合酸酐，可使 N-酰化反应在温和的反应条件下进行。例如，寡肽类肾素抑制剂 ES-6864 的合成中就使用了氰基磷酸二乙酯与酸形成混合酸酐，然后与胺进行 N-酰化。

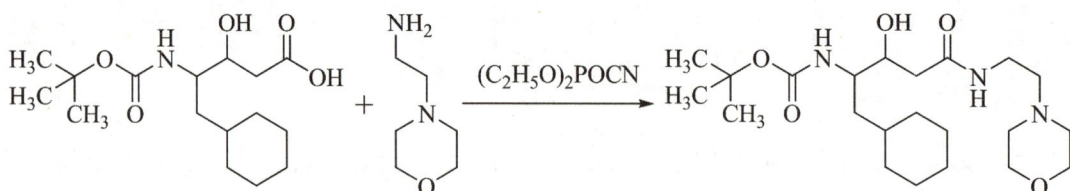

（四）酰卤为酰化试剂

酰卤（酰氯、酰溴和酰氟）与氨或胺反应是合成酰胺的简便方法。酰氟可通过三氟均三嗪在吡啶的存在下制备，其遇水和其他亲核试剂较为稳定。通过酰氯、酰溴与脂肪胺、芳胺均可迅速酰化，以较高的产率生成酰胺。

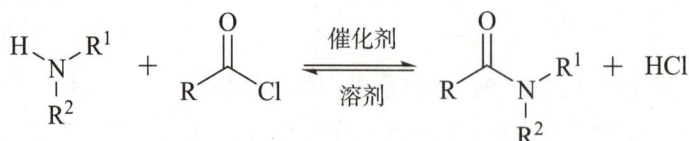

1. 反应机理

胺的氮原子对酰化试剂羰基的碳原子亲核进攻，生成四面体过渡态，过渡态再脱去一分子卤化氢，得到产物酰胺。

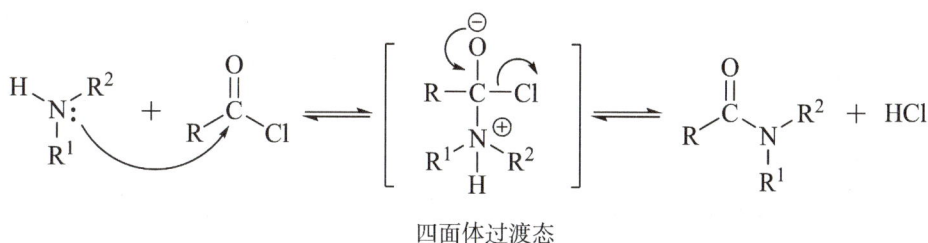

四面体过渡态

2. 反应影响因素和应用实例

酰氯、酰溴与胺反应是放热反应，有时甚至极为激烈，因此通常在冰冷却下进行反应，亦可使用一定量的溶剂以减慢反应速率。常用溶剂为二氯乙烷、四氯化碳、乙醚、甲苯等。由于反应中生成卤化氢，因此需要用碱除去卤化氢，以防止其与胺成盐。无机碱和有机碱都可以用于这类反应，常用的无机碱有碳酸钠、碳酸氢钠、碳酸钾、氢氧化钾和氢氧化钠等，许多反应用无机碱反应更干净，且容易处理。常用的有机碱有三乙胺、吡啶等。

酰氯在碱性条件下与伯胺或仲胺的反应称之为 Schotten-Baumann 反应，这一反应在药物合成中有广泛的应用。伊沙佐米（ixazomib）是一种蛋白酶体抑制剂，临床用于治疗多发性骨髓瘤。其中间体的合成中，在氢氧化钠催化下，采用二氯代苯甲酰氯与甘氨酸反应，顺利得到产物。采用类似反应，也可合成人免疫缺陷病毒蛋白酶抑制剂洛匹那韦（lopinavir）。

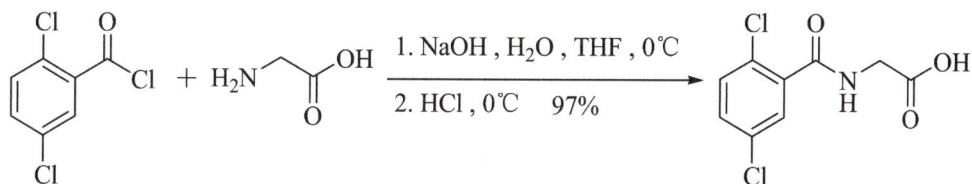

伊沙佐米中间体

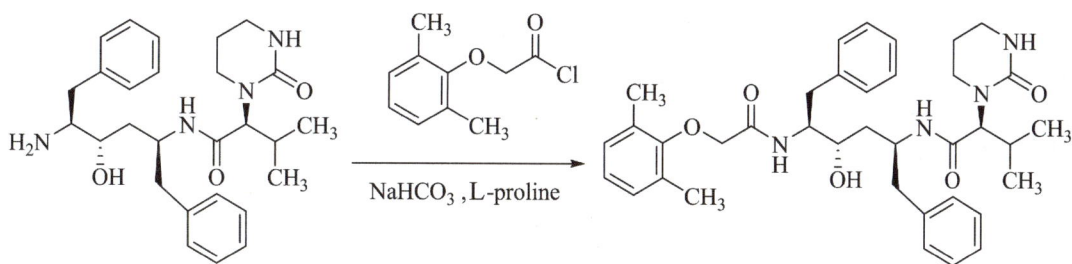

洛匹那韦中间体

（五）酰胺为酰化试剂

酰胺由于其结构中氮原子存在给电子效应，使得其酰化能力减弱，作为酰化试剂效率低下，采用活性酰胺用于 N-酰化反应反而容易进行。

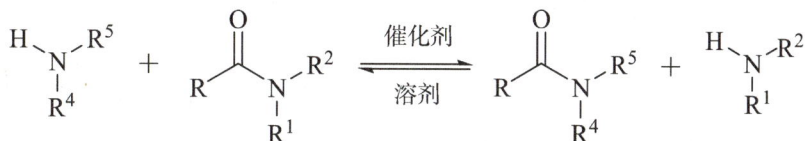

1. 反应机理

反应过程中活性酰胺中的酰胺键氮原子处于缺电子的芳杂环上，通过诱导效应使得羰基碳原子的亲电性增强。

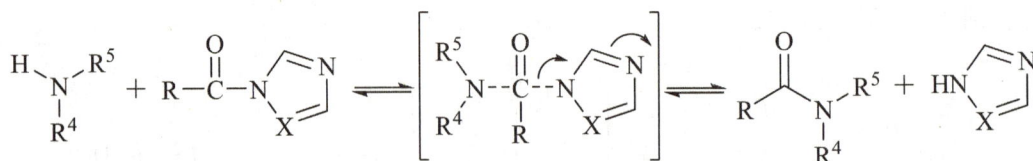

2. 应用实例

酰基咪唑是药物合成中常用的活性酰胺类酰化剂，可用 N,N'-羰基二咪唑（CDI）与羧酸直接作用制备得到。

舒必利（sulpiride）是一种苯甲酰胺类多巴胺 D_2 和 D_3 受体拮抗剂，临床用于治疗精神失常。其合成过程中采用 CDI 活化羧基，然后与吡咯甲胺反应，得到目标产物。

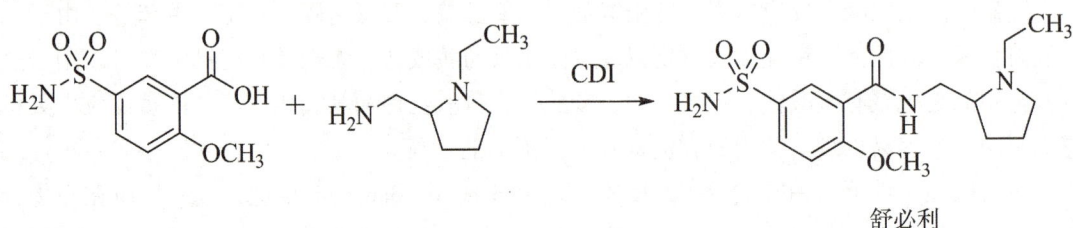

舒必利

在抗肿瘤药西达本胺（chidamide）的合成中，连续使用 CDI，进行两次 N-酰化反应。

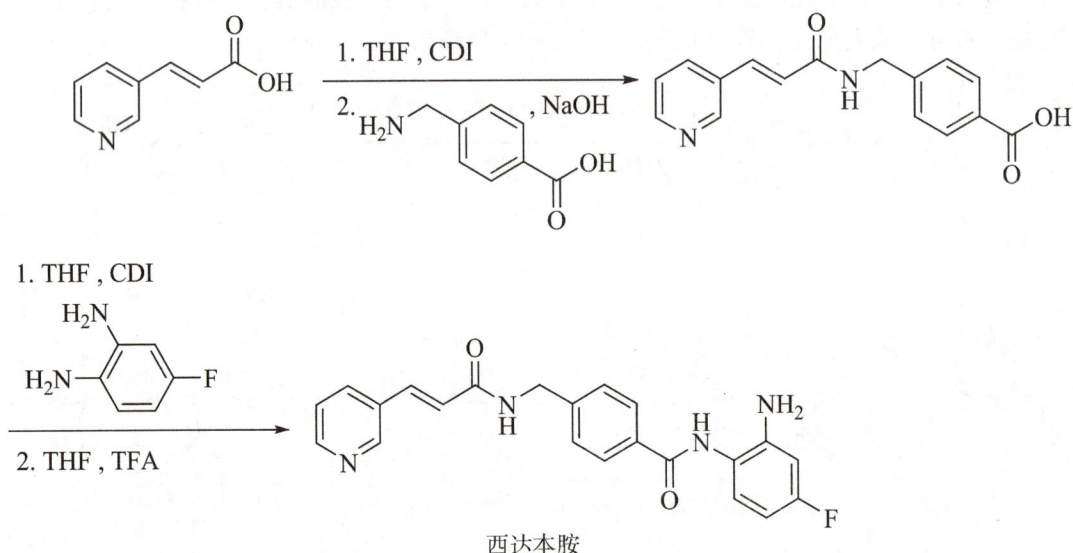

西达本胺

某些含噻唑烷酮、噁唑烷酮和苯并三氮唑的活性酰胺，由于其结构中的酰基受到杂环的影响而使酰化活性增强，可用于复杂结构的酰胺的制备。

（六）烯酮为酰化试剂

烯酮是一类活泼的有机化合物，含累积双键（$>C=C=O$），容易发生加成反应，可作为酰化试剂与胺反应生成酰胺。在药物合成中，乙烯酮较为常用，它含一个 sp 杂化的碳原子，性质不稳定，通常以二聚体的形式存在。

舒尼替尼（sunitinib）是一种多靶点受体酪氨酸激酶抑制剂，临床用作治疗晚期肾细胞癌的一线药物。在它的合成路线中，采用乙烯酮制备舒尼替尼的中间体。

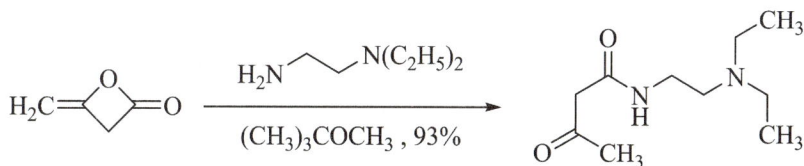

舒尼替尼中间体

二、芳香胺的 N-酰化

芳香胺由于氨基氮原子与芳环存在 p-π 共轭，使氨基氮原子的电子云密度降低，其活性较脂肪胺弱，所以芳香胺的 N-酰化一般采用酰氯、酸酐等较强的酰化试剂。虽然理论上羧酸可以与各种伯胺和仲胺反应生成酰胺，但由于羧酸为弱酰化剂，且羧酸与胺成盐后会使氨基的氮原子的亲核能力降低，所以一般不宜直接以羧酸为酰化剂进行芳香胺的 N-酰化反应。

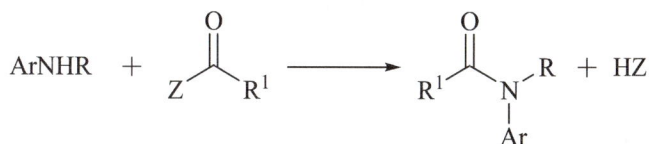

（一）反应机理

芳香胺与各类酰化试剂的 N-酰化反应属于芳胺氮原子的亲电反应机理。这与醇的 O-酰化反应类似。

（二）反应的影响因素

1. 底物结构的影响

当芳香胺的结构上有给电子基团时，可使芳香胺的氮原子电子云密度增加，增强其反应活性。反之，当分子骨架上存在吸电子基团时，由于吸电子效应造成氮原子电子云密度降低，反应活性降低。取代基处于不同的位置也会对 N-酰化有一定影响。

2. 酰化试剂

一般选用酰氯、酸酐、活性酯、活性酰胺等，有利于 N-酰化反应顺利进行。

（三）应用实例

酰氯作为酰化剂较为常见，反应中一般须加入氢氧化钠、碳酸氢钠、乙酸钠等无机碱或三乙胺、吡啶等有机碱作为缚酸剂或催化剂。例如，奥莫替尼（osimertinib）和依鲁替尼（ibrutinib）的合成均使用丙烯酰氯作为 N-酰化的试剂，实现目标产物的合成。

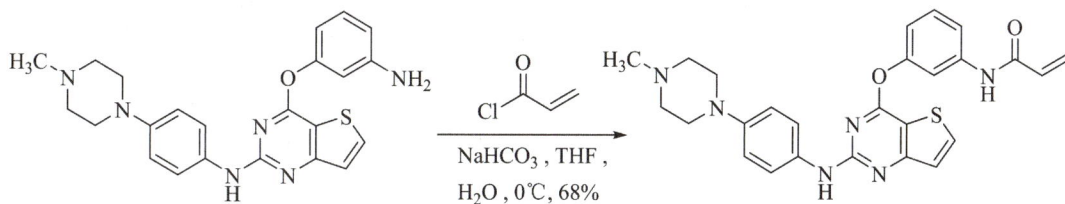

奥莫替尼中间体

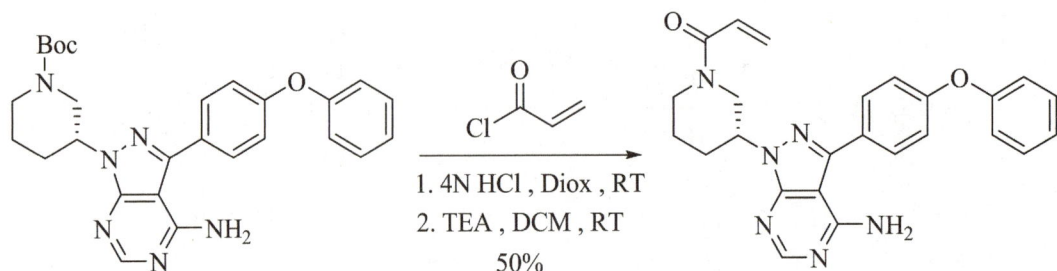

依鲁替尼中间体

依伐卡托（ivacaftor）是一种囊性纤维化跨膜调节因子氯离子通道启动剂，临床主要用于治疗罕见型囊性纤维化。在它的合成路线中，首先苯胺与乙氧基甲亚基丙二酸二乙酯缩合，形成 Michacel 加成/消除醇的产物苯胺基甲亚基双酯，然后分子内发生 Friedel-Crafts 酰化，得到吡啶酮酸酯，水解后得到依伐卡托合成中一个常见的合成砌块吡啶酮酸，最后与氨基取代二叔丁基酚再次进行 Friedel-Crafts 酰化，得到目标产物。

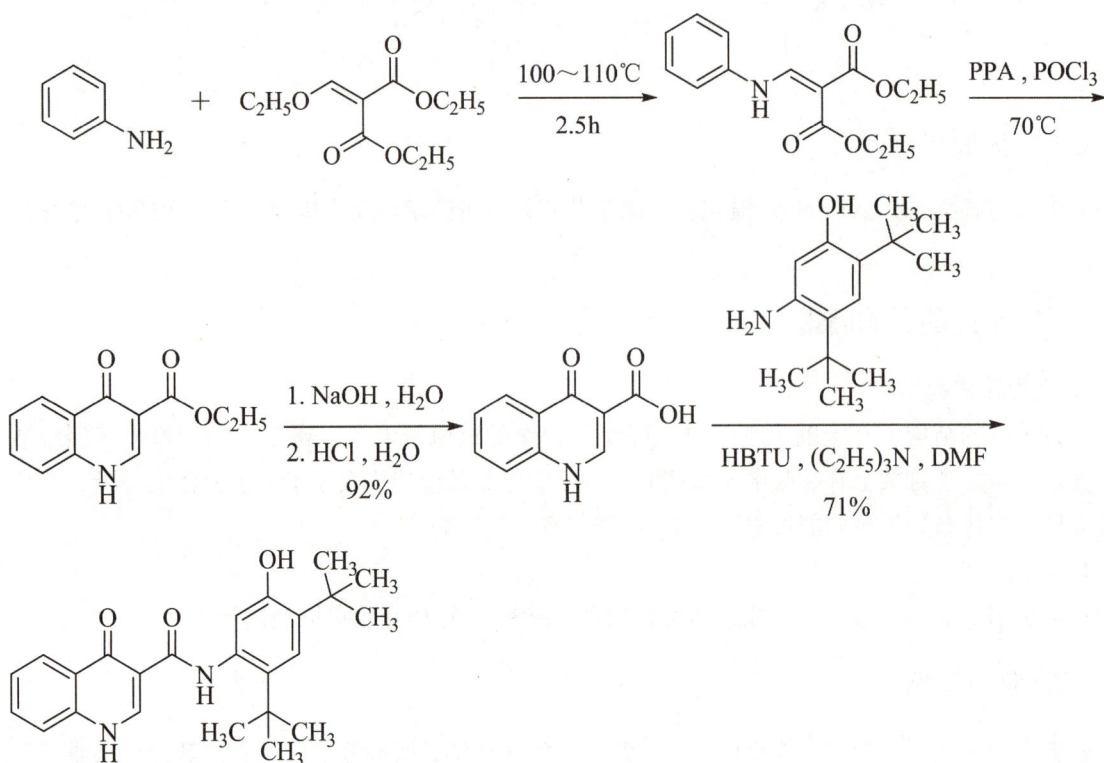

依伐卡托

活性酰胺也可以用于含氨基药物的 N-酰化反应。例如，男性勃起障碍治疗药物西地那非（sildenafil）的前体合成过程中，就采用 CDI 活化羧基，进而与取代氨基吡唑反应，得到 N-酰化产物，两步收率达 90%。

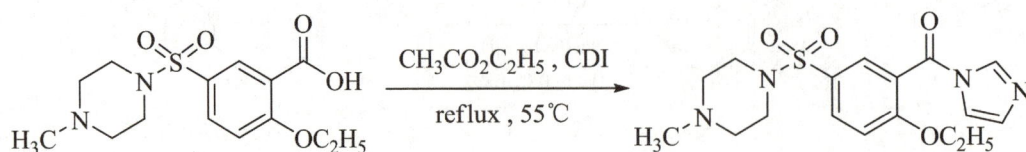

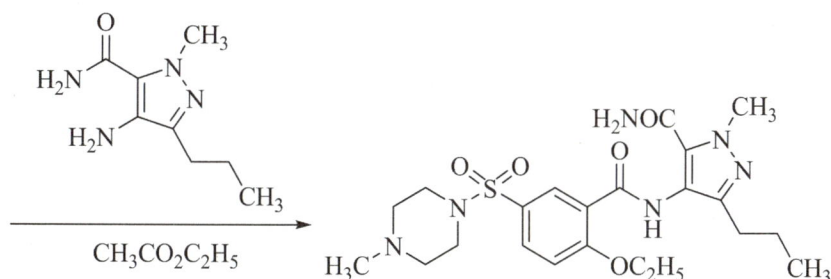

西地那非前体

羧酸酯也作为酰化试剂用来制备酰胺。例如，昔康类非甾体抗炎药一般都是羧酸甲酯与杂环芳香胺反应，得到目标产物。

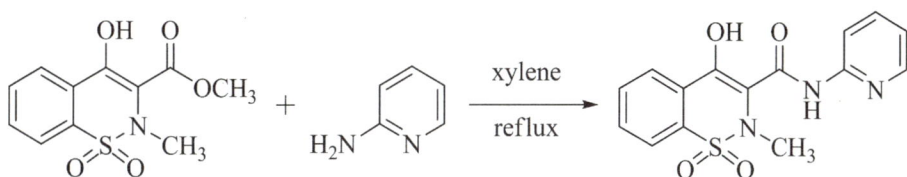

二、氨基的保护

药物合成中的基团保护是提高反应选择性的重要策略之一，不仅提高反应的区域选择性，甚至可实现立体选择性。

胺类化合物中的氨基能参与许多反应，如伯胺、仲胺很容易发生氧化、烷基化、酰化以及与羰基的亲核加成反应等。氨基的氮原子上有一孤对电子，具有碱性，易与质子形成共价键生成四价的铵离子。利用这一性质使氨基质子化，可以使氨基的亲核性下降而起到保护氨基的作用。但是，对于芳胺，特别是带吸电子基的芳胺，则必须在浓硫酸条件下才能质子化，且质子化也难以完全。

（一）甲酰化保护

对伯胺和仲胺保护一般采用甲酸，为提高反应活性，常使用甲酸和乙酸酐的混合溶液作为甲酰化试剂。对于某些容易发生消旋化的胺，最好使用 DCC 缩合法进行甲酰化。除了甲酸以外，还可使用原甲酸三乙酯、甲酸乙酯、甲酸乙烯酯等作为甲酰化试剂。

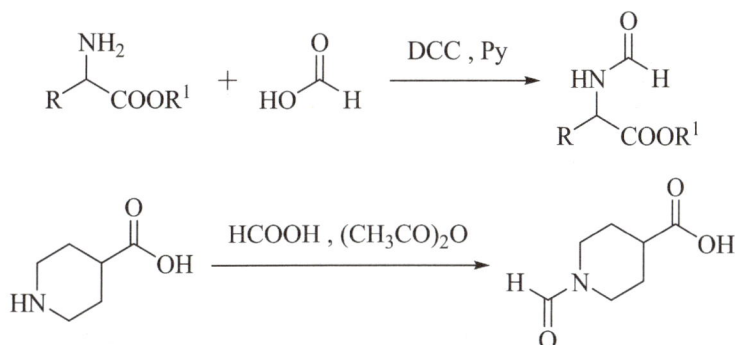

某些胺是以盐的形式存在的，这时须选用甲酸酐作为甲酰化试剂。甲酸酐可以用 N-乙基-N'-(3-二甲基氨基丙基)碳二亚胺盐酸盐（EDC·HCl）与甲酸反应，生成甲酸酐后再在 N-甲基吗啉的催化下与胺的盐酸盐进行甲酰化反应。

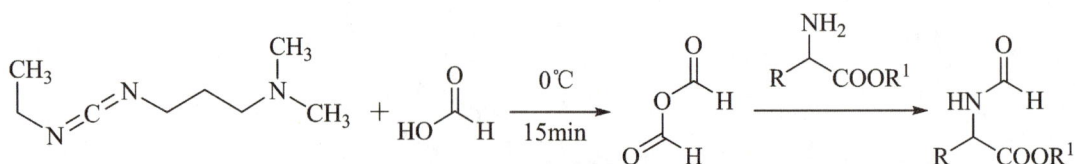

脱去甲酰基的方法包括肼还原法、钯-碳催化氢化法、过氧化氢氧化法等。

（二）乙酰化保护

将氨基酰化转变为乙酰胺是一种简便的保护氨基的方法。在氨基上引入乙酰基，由于乙酰基的吸电子效应致使氨基氮原子的电子云密度降低，使其亲核性减弱，便可达到保护氨基的目的。最简单、最常用的方法是用乙酸酐将氨基乙酰化，然后酸或碱催化水解使其复原。

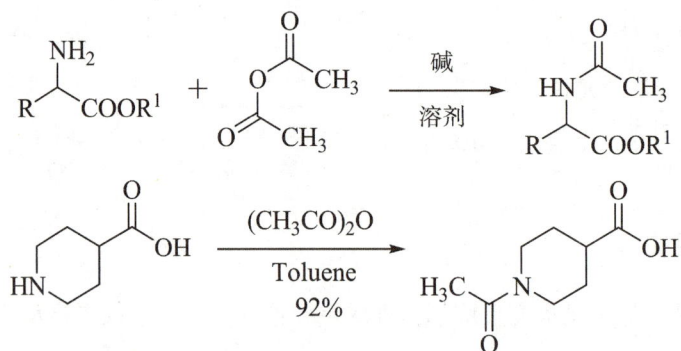

（三）卤代乙酰化保护

由于脱去酰基保护的条件较为苛刻，需要强酸或强碱伴随加热才能实现，于是采用三氟乙酰基保护基团，这样更容易脱去。阿莫曲坦（almotriptan）是一种 5-羟色胺受体 1 激动剂，临床用于治疗偏头痛发作的头痛期治疗。在其中间体的合成中，采用三氟乙酸酐（TFAA）保护苯环上的氨基。

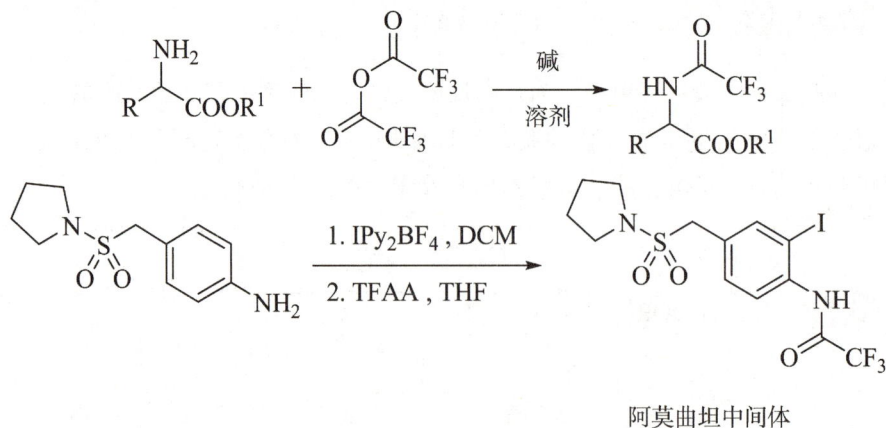

阿莫曲坦中间体

（四）烃氧基羰基保护

在药物合成中常用的碳酸酯包括叔丁氧基甲酸酯（Boc）、苄氧基甲酸酯（Cbz）和 9-芴甲氧基甲酸酯（Fmoc）。

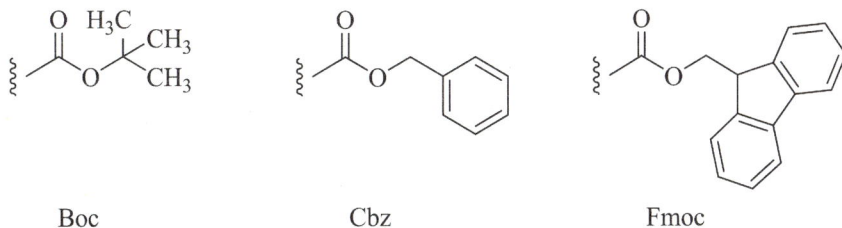

Boc   Cbz   Fmoc

1. 叔丁氧基羰基保护

在碱存在下，胺或氨基酸与叔丁氧羰基甲酸酐（Boc_2O）或氯甲酸叔丁酯反应，生成叔丁氧羰基保护的胺。反应机理属于不饱和碳原子上的亲核取代反应，即胺或氨基酸氨基上的氮原子作为亲核试剂，先与 Boc_2O 的羰基发生亲核加成，然后再脱去酰氧负离子，生成 Boc 保护的产物。常用的叔丁氧基羰基试剂还有 Boc-ON［2-（叔丁氧基羰基氧亚氨基）-2-苯乙腈］和 $BocONH_2$ 等。$BocONH_2$ 与胺的反应速率比 Boc_2O 快大约 2 倍。

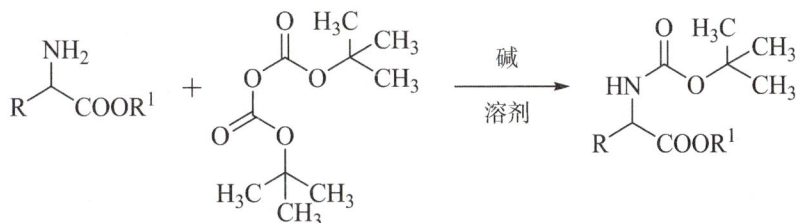

叔丁氧基羰基（Boc）作为氨基的保护基在碱性环境和催化氢化条件下稳定，不易受亲核试剂、有机金属化合物、金属氢化物影响。可用于肽的合成。

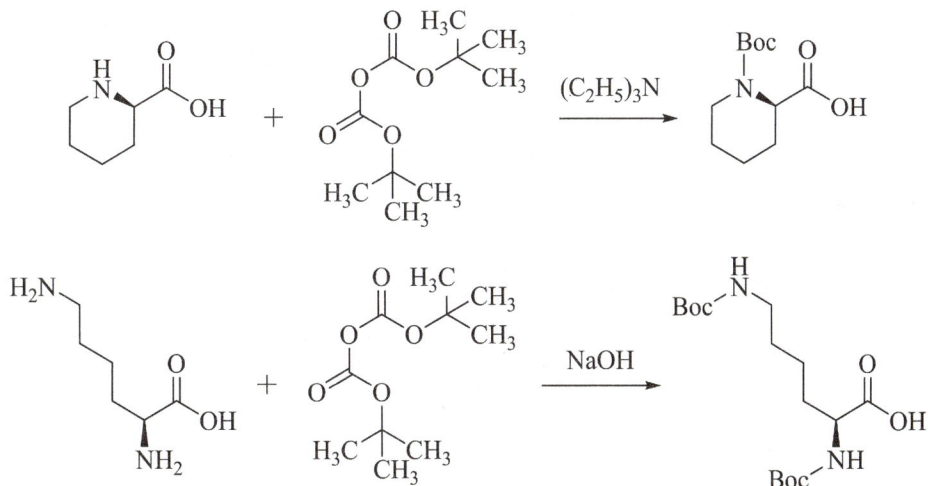

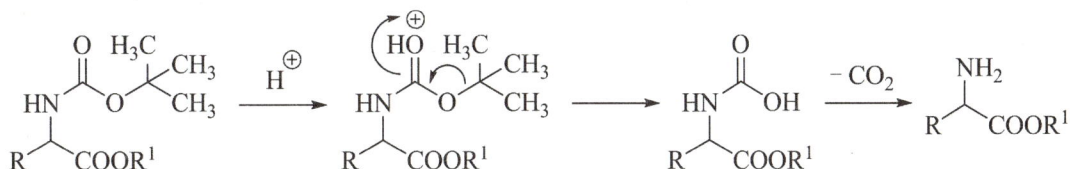

当需要脱去保护时，采用酸例如三氟乙酸（TFA）、盐酸（HCl）等在室温或加热条件下就能实现，且条件温和。酸催化脱去 Boc 保护基的机理是酸在羰基氧原子上加成，然后消除叔丁基正离子生成氨基甲酸化合物，最后失去一分子二氧化碳，得到脱保护产物。

例如降血糖药阿格列汀（alogliptin）和抗流感病毒药拉尼米韦（laninamivir）的合成过程中就采用了类似的方法。

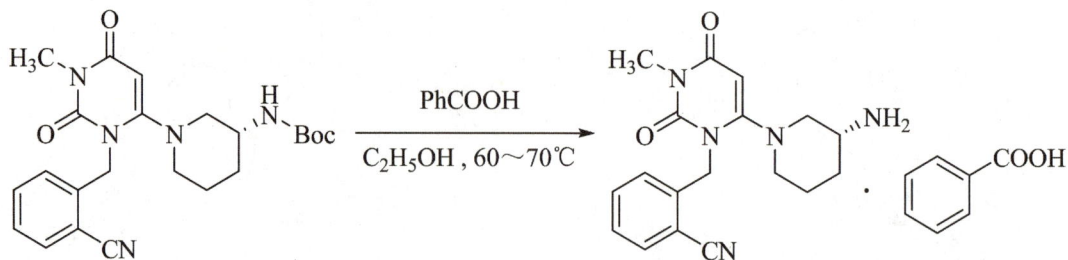

苯甲酸阿格列汀

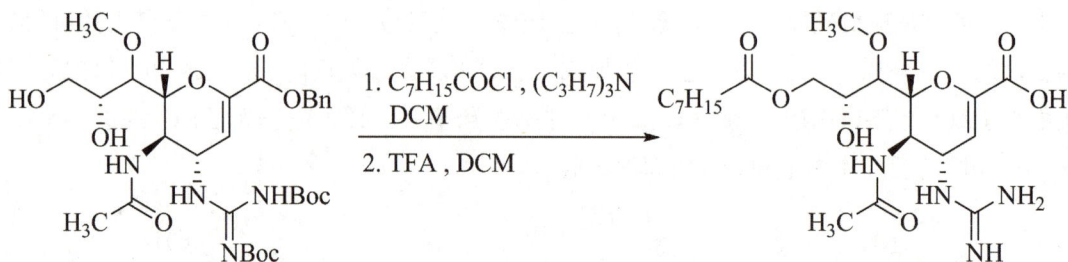

拉尼米韦

2. 苄氧基羰基保护

苄氧基羰基（Cbz）作为氨基的保护基在弱酸和弱碱环境中稳定，在反应体系中存在亲核试剂例如肼时也不受影响。常用的苄氧基羰基试剂有氯甲酸苄酯、碳酸酐二苄酯、苄氧基羰基腈。

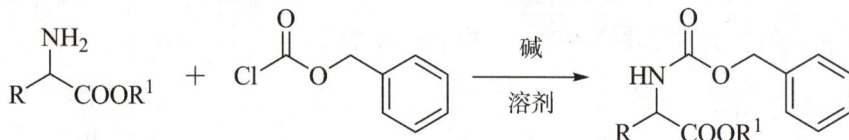

这一反应的机理与酰氯与胺的反应类似，属于不饱和碳原子上的亲核取代，即氨基酸或胺的氨基上氮原子作为亲核试剂，先与 CbzCl 的羰基发生亲核加成，然后再脱去一分子卤化氢，生成 Cbz 保护的化合物。

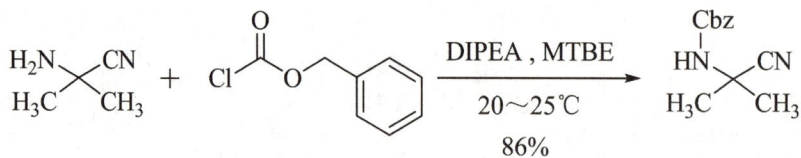

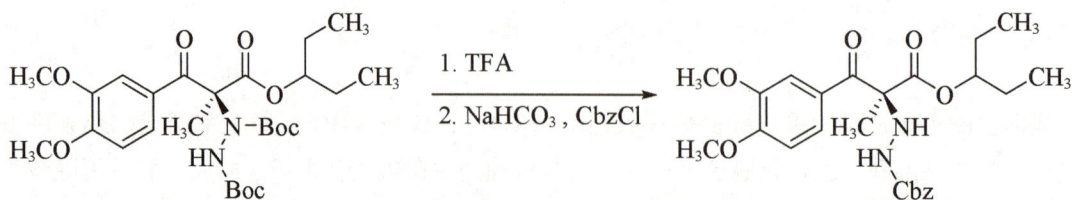

当需要脱去保护基团时，一般采用钯-碳催化氢化方法在室温条件下就能顺利实现，具体的反应机理尚不清楚。

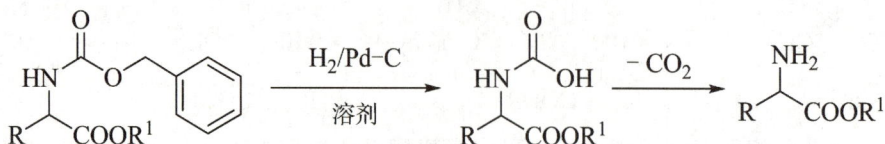

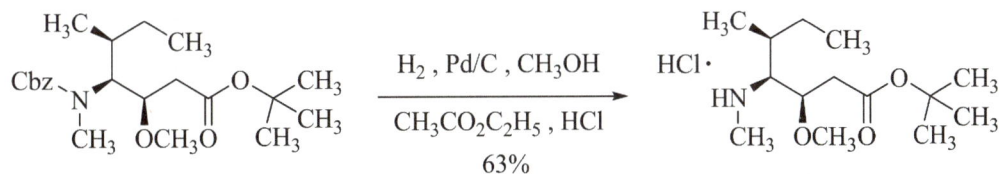

在强酸环境中，则须使用其他试剂如三氯化硼、三溴化硼、三氯化铝、碘代三甲基硅烷等才能脱去 Cbz 保护基。

3. 9-芴甲氧基羰基保护

在碱性条件下，氨基与9-芴甲氧基甲酸酯（Fmoc）反应可顺利实现基团保护。Fmoc 保护基对酸非常稳定，因此当 Fmoc、Boc 和 Cbz 多个保护基同时存在时，可以选择适当的条件脱去 Boc 和 Cbz，保留 Fmoc 基团不变。

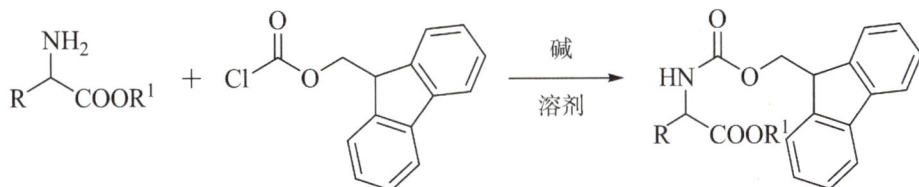

药物合成中常用的9-芴甲氧基甲酸酯是碳酰氯的衍生物，可由9-芴甲醇与碳酰氯合成得到。

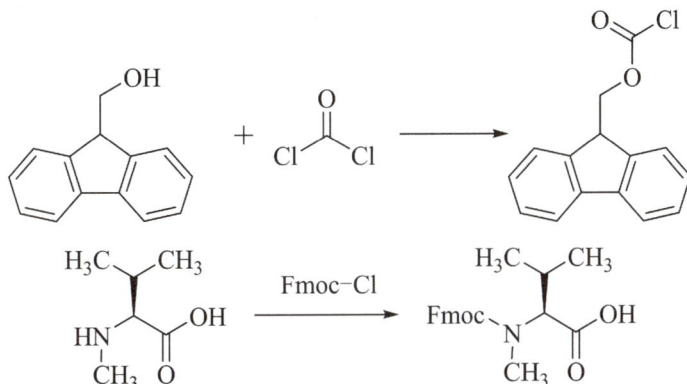

9-芴甲氧基甲酸酯与 N-羟基琥珀酰亚胺的二环己基铵盐反应制备得到9-芴甲基琥珀酰亚氨基碳酸酯（FMOC-OSu），FMOC-OSu 是另一个引入 Fmoc 保护基的方法。

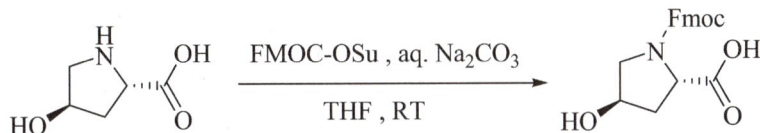

固相合成中，Fmoc 保护基一般在二甲基甲酰胺中与哌啶反应除去，原因是 Fmoc 的芴环9-位氢具有酸性，可与哌啶形成碳负离子，然后发生消除反应，脱去 Fmoc 保护基。其他例如二乙胺、吗啉、二环己胺等也可以除去 Fmoc 保护基。例如，抗体偶联药物中脱除 Fmoc 保护基在二乙胺的 N-甲基吡咯烷酮溶液中进行，条件温和，反应选择性好。

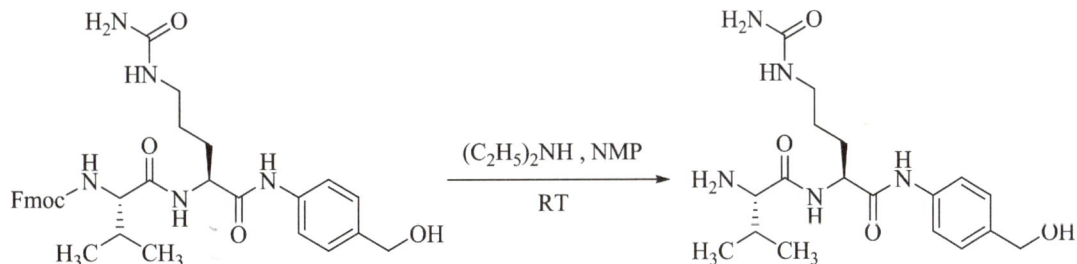

第三节 碳原子的酰化

一、芳烃的 *C*-酰化

芳烃经碳酰化，可以制得芳酮和芳醛。在药物合成中醛、酮占有特殊的重要位置，它们常常是合成药物的起始原料或中间体。利用羰基亲核加成反应和羰基 α-碳上氢的活性，可进一步发生缩合、卤化、还原、氧化等反应形成一系列的目标产物。芳烃的 C-酰化反应在药物合成中的应用非常广泛。这类反应包括直接引入酰基的 Friedel-Crafts 酰化反应与间接引入酰基的 Hoesch 反应、Gattermann 反应、Vilsmeier 反应以及 Reimer-Tiemann 反应。

（一）Friedel-Crafts 酰化反应

羧酸及其衍生物在 Lewis 酸或质子酸的作用下，对芳烃进行亲电取代反应生成芳酮，此反应称为 Friedel-Crafts 酰化反应。

1. 反应机理

首先是催化剂与酰化试剂作用，生成酰基正离子活性中间体，在这一情况下，它是线性酰基镓离子。之后，酰基正离子进攻芳环上电子云密度较大的位置，取代该位置上的氢，生成芳酮。

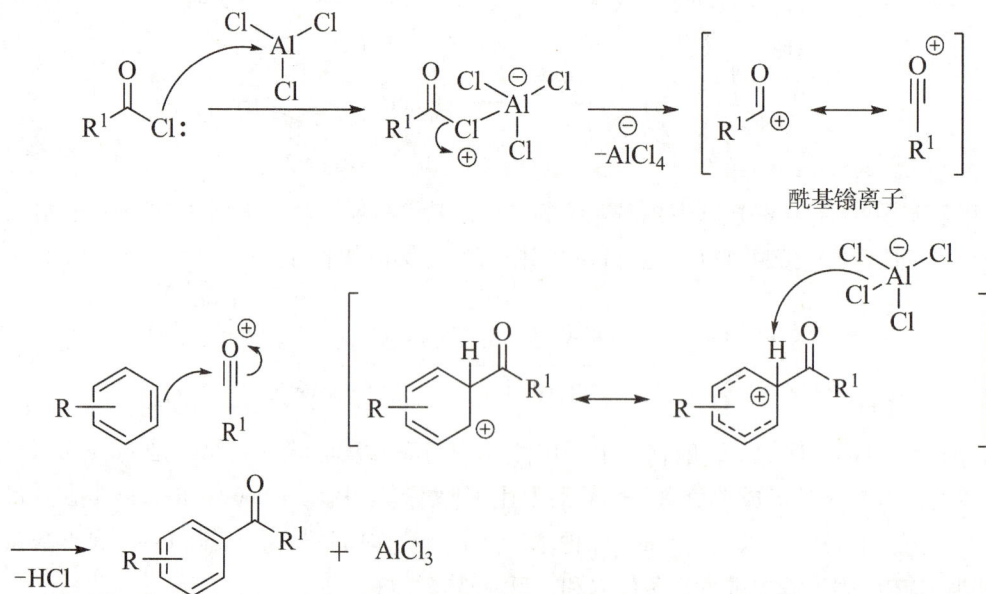

酰基镓离子

2. 反应的影响因素

（1）被酰化物的影响 Friedel-Crafts 酰化反应是亲电取代反应，遵循芳环亲电取代反应的规律。当芳环上含有给电子基时，反应容易进行。反之，反应难以进行。另外，多电子的芳杂环如噻吩、吡咯等易于反应，缺电子的芳杂环如吡啶，喹啉等不易发生反应。因酰基的立体位阻比较大，所以酰基主要进入给电子基的对位，对位被占据后酰基才进入邻位。

氨基虽然也能活化芳环，但它容易同时发生 *N*-酰化及氨基与 Lewis 酸络合的副反应，因此在

C-酰化以前应该首先对氨基进行保护。

芳环上有吸电子基时，C-酰化反应难以进行。由于酰基本身是较强的吸电子取代基，所以，当芳环引入一个酰基后，芳环被钝化，不易再引入第二个酰基，但分子内的芳酮酰化相对容易。

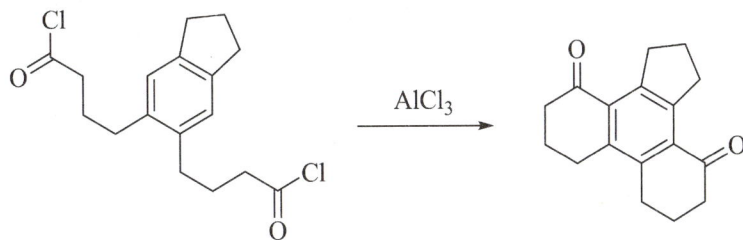

如果在酰基的两侧都具有给电子基时，则可以削弱甚至抵消酰基的吸电子作用，这样可以引入第二个酰基，如在 1,3,5-三甲苯上可以引入第二个酰基。

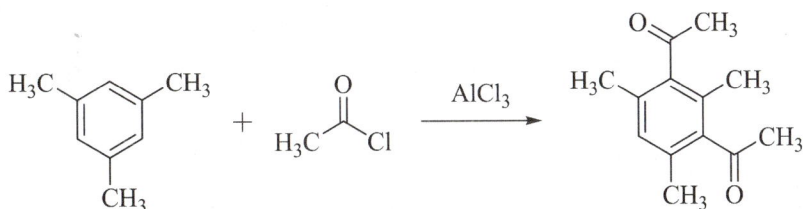

（2）酰化试剂的影响　酰卤和酸酐是最常用的酰化剂，酰卤中最常用的是酰氯。脂肪酰氯中烃基结构对反应的影响较大，如酰基的 α-位为叔碳原子时，受三氯化铝的作用容易脱羰基形成叔碳正离子，因而主要得到烃化产物。

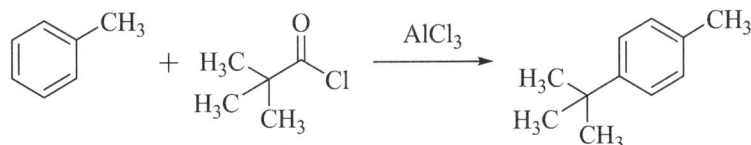

当用 α,β-不饱和脂肪酰氯与芳烃反应时，需严格控制反应条件，否则因分子中存在烯键，在三氯化铝的催化下可发生分子内烃化而环合的副反应。如 1-甲氧基-4-甲基苯与 α,β-不饱和丁烯酰氯在过量三氯化铝存在下加热可得下列混合物。

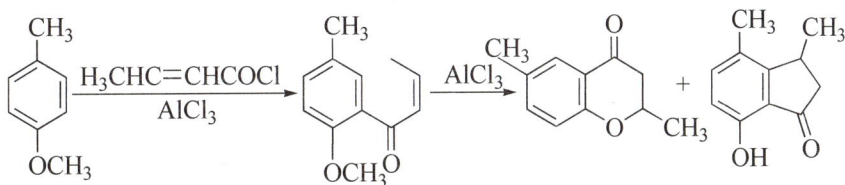

较为常用的酸酐多为二元酸酐，如丁二酸酐、顺丁烯二酸酐、邻苯二甲酸酐及它们的衍生物。

混合酸酐也可作芳烃的 C-酰化试剂，如羧酸与磺酸的混合酸酐，特别是三氟甲磺酸的混合酸酐，是一个很活泼的酰化试剂，它可以在没有催化剂的作用下温和地进行酰化反应。

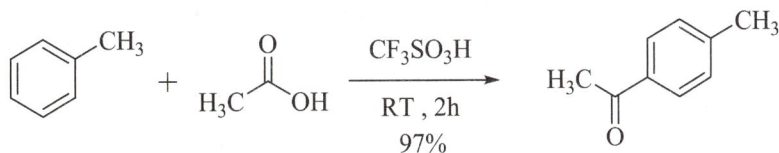

羧酸可以直接作酰化剂，且当羧酸的烃基中有芳基取代时，可以进行分子内酰化得芳酮衍生物，这是制备稠环化合物的重要方法。其反应难易与形成环的大小有关，一般规律是：六元环>

五元环＞七元环。

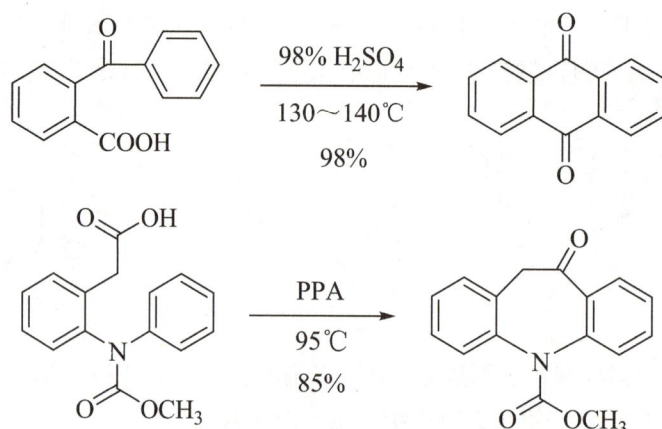

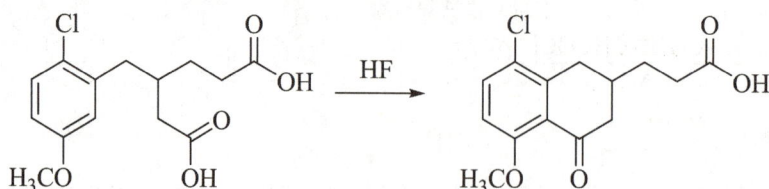

（3）催化剂的影响　Friedel-Crafts 酰化反应如果用酰氯或者酸酐作为酰化试剂时，常用 Lewis 酸催化剂，其活性大小顺序：$AlBr_3 > AlCl_3 > FeCl_3 > BF_3 > SnCl_4 > ZnCl_2$，其中无水 $AlCl_3$ 及 $AlBr_3$ 最为常用，其价格便宜，活性高。

呋喃、噻吩、吡咯等芳杂环宜选用活性较小的三氟化硼（BF_3）、四氯化锡（$SnCl_4$）等弱催化剂，原因是三卤化铝反应过程中产生大量的铝盐废液，易分解破坏芳杂环。例如，抗心律失常药决奈达隆（dronedarone）苯并呋喃中间体的合成就选用 $SnCl_4$ 这样的弱催化剂。

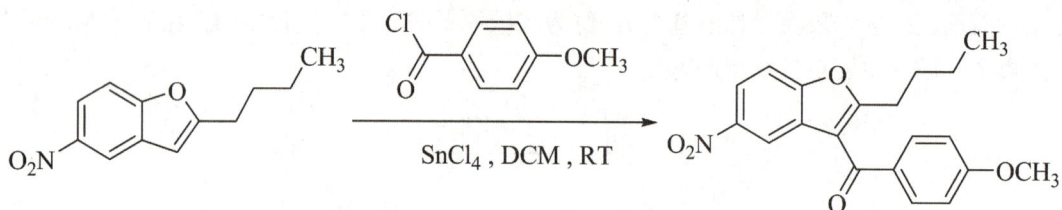

决奈达隆中间体

以羧酸为酰化试剂时则多选用质子酸为催化剂。常用质子酸有：HF、HCl、H_2SO_4、H_3BO_3、$HClO_4$、PPA 等无机酸以及 CF_3COOH、CH_3SO_3H、CF_3SO_3H 等有机酸。例如，四环素类抗生素物质山环素（sancycline）的合成中就采用 HF 作为催化剂。

山环素中间体

（4）溶剂的影响　C-酰化生成的芳酮与 $AlCl_3$ 的络合物大都是黏稠的液体或固体，所以在反应中常需加入溶剂。低沸点的芳烃进行反应时，可以直接采用过量的芳烃作溶剂，当不宜选用过量的反应组分作溶剂时，需加入另外的适当溶剂。常用溶剂有二硫化碳、硝基苯、石油醚、四氯乙烷、二氯甲烷、氯仿等，其中硝基苯与 $AlCl_3$ 可形成复合物，反应呈均相，极性强，应用较广，但硝基苯沸点较高，较难以回收。

溶剂对反应的影响很大，不仅可以影响收率而且对酰基引入的位置也有影响。例如用邻苯二甲酸酐对萘进行酰化时，用苯作为溶剂的总收率可达 87%～91%，用硝基苯作溶剂则下降到 28%，用二硫化碳作溶剂则收率仅为 15%～18%。

3. 应用实例

例如，在钠-葡萄糖协同转运蛋白 2 抑制剂坎格列净（canagliflozin）的合成中，采用二氯甲烷作为溶剂，在无水三氯化铝催化下，完成 Friedel-Crafts 反应。

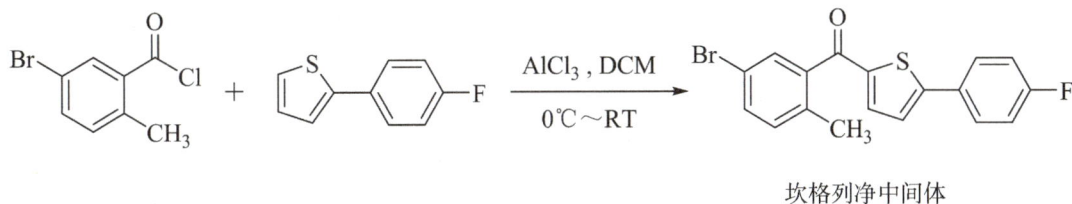

坎格列净中间体

（二）Gattermann 反应

羟基或烷氧基取代的芳烃化合物在三氯化铝或氯化锌为催化剂的作用下与氰化氢和氯化氢进行 *C*-酰化得到芳醛的反应称为 Gattermann 反应。

$$ArH + HCN + HCl \xrightarrow[\text{或 } AlCl_3]{ZnCl_2} ArCH=NH \cdot HCl \xrightarrow{H_2O} ArCHO + NH_4Cl$$

1. 反应机理

Gattermann 反应属于芳环亲电取代反应（$S_E Ar$）。首先是生成亚胺甲酰氯，然后与 Lewis 酸氯化锌作用，生成碳正离子活性中间体，之后，羟基或烷氧基取代的芳烃进攻碳正离子，生成酰亚胺中间体，然后失去一个质子生成亚胺盐酸盐，最后水解成芳醛。

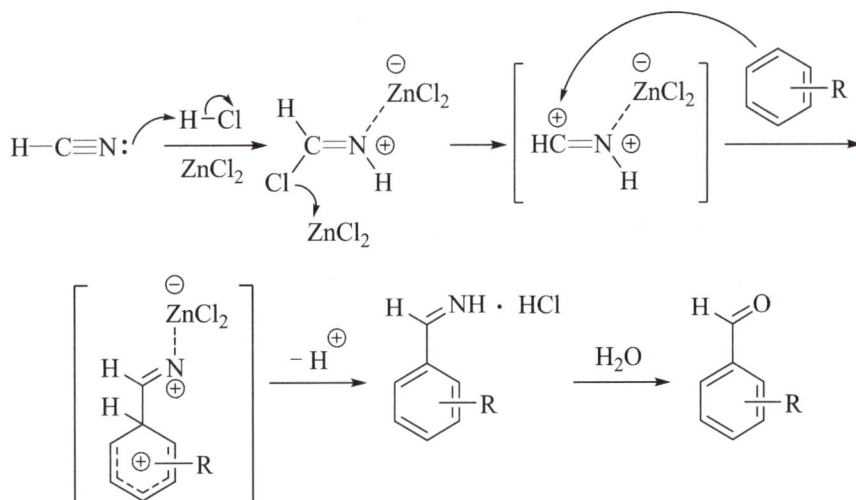

2. 反应的影响因素

Gattermann 反应中酰化剂的活性较强，所以可用于酚或者酚醚，也可用于吡咯、吲哚等杂环化合物，但不适用于芳胺的反应。反应的中间产物往往不经分离，直接加水使之转化成醛，收率较好。反应通常在氯化氢气体中进行，常用的催化剂为氯化锌或三氯化铝。为了避免使用剧毒的 HCN 气体，在实际操作中常用无水氰化锌，也称之为 Schmidt 改进法。

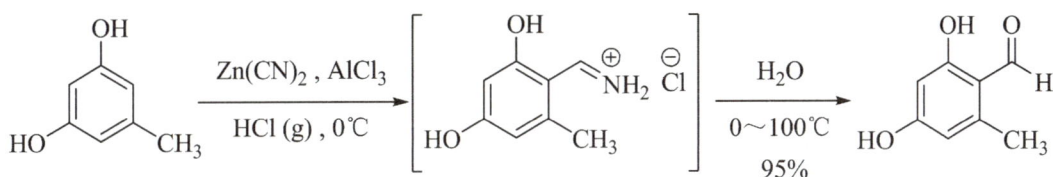

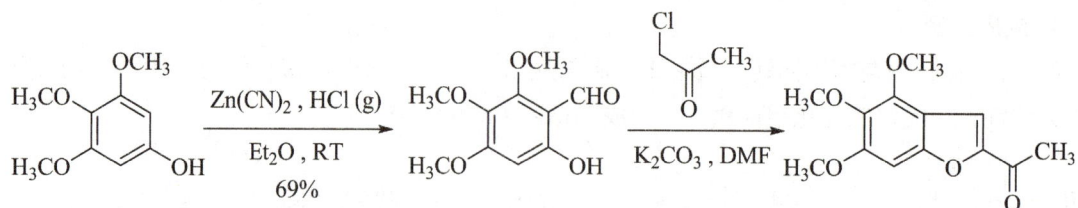

对于烷基苯或者活性较低的芳环，采用 CO/HCl 为酰化剂，在加压条件下，用氯化亚铜或三氯化铝作为催化剂进行 C-酰化，生成芳醛，这一反应称为 Gattermann-Koch 反应，收率较高，是工业上制备芳醛的主要方法。

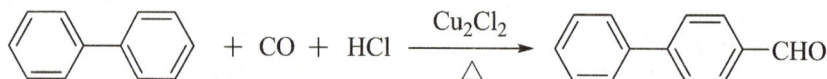

（三）Houben-Hoesch 反应

Houben-Hoesch 反应以分别在 1915 年和 1926 年发现这一反应的两位化学家 Hoesch 和 Houben 的名字命名。腈类化合物与氯化氢在 Lewis 酸 ZnCl$_2$ 催化下，与含羟基或烷氧基的芳烃进行反应，生成相应的酮亚胺，再经水解得含羟基或烷氧基的芳香酮。这一反应以腈为酰基化试剂，间接地在芳环上引入酰基，是合成酚或酚醚类芳酮的重要方法。

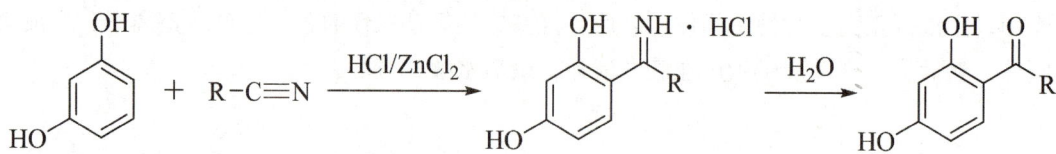

1. 反应机理

Houben-Hoesch 反应可看成是 Friedel-Crafts 酰基化反应的特殊形式。反应历程是腈类化合物首先与氯化氢结合，在无水氯化锌的催化下，形成具有碳正离子活性的中间体，然后向苯核亲电进攻，经 σ-络合物转化为酮亚胺，再经水解得芳酮。

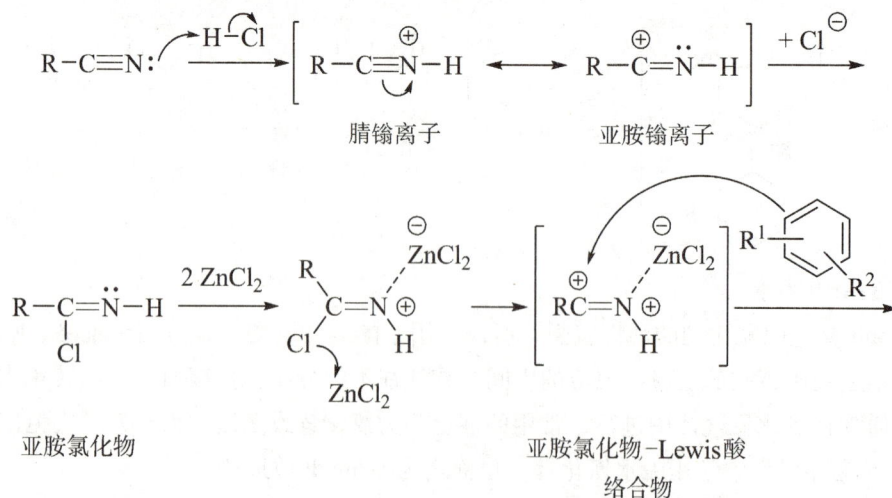

腈鎓离子　　　　　亚胺鎓离子

亚胺氯化物　　　　　　　　　　　亚胺氯化物-Lewis酸
　　　　　　　　　　　　　　　　　　络合物

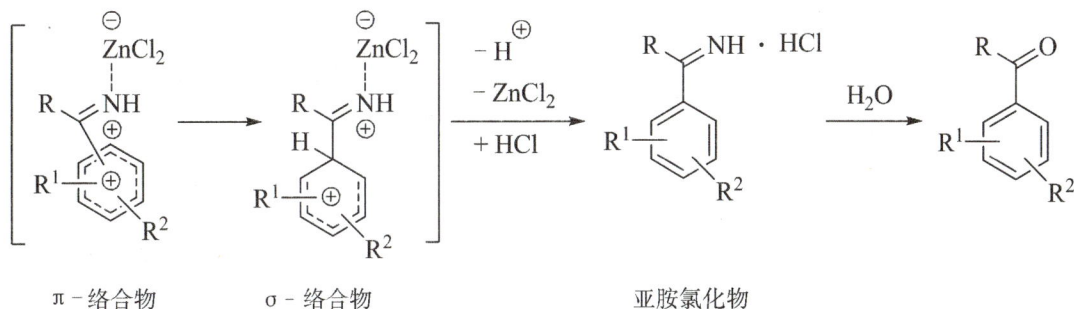

π-络合物　　　σ-络合物　　　　　　　亚胺氯化物

2. 反应的影响因素

Houben-Hoesch 反应要求被酰化物为间苯二酚、间苯三酚以及酚醚，或者是噻吩、吡咯等富电子的芳杂环化合物。一元酚、苯胺的产物通常是 O-酰化或 N-酰化产物，得不到酮。萘-1-酚虽然是一元酚，但由于其属于电子云密度较高的芳稠环，也可发生 Houben-Hoesch 反应。

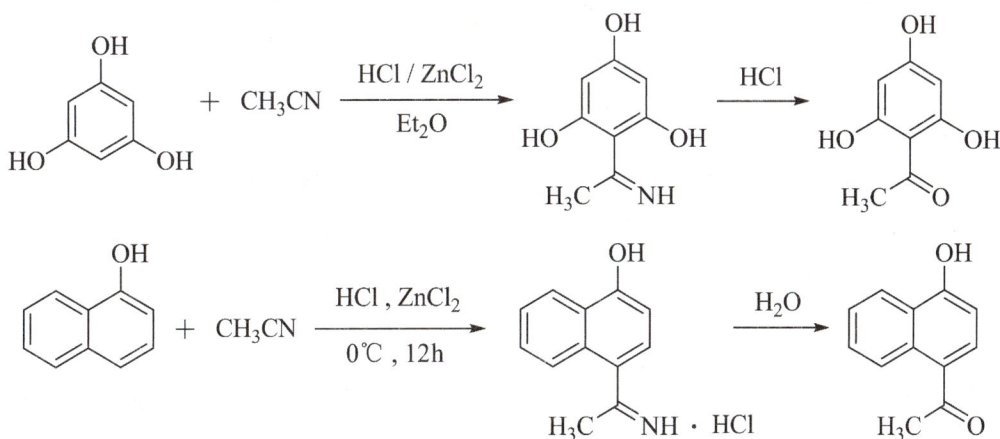

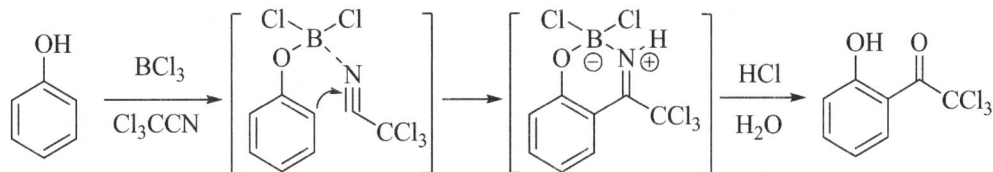

腈的结构也对这一反应存在影响。脂肪族腈类化合物的活性强于芳香族腈类化合物，收率较高。脂肪族腈类的结构中 α-位存在卤素等吸电子取代基时，反应活性增加。

Houben-Hoesch 反应中的催化剂一般用 Lewis 酸，如无水氯化锌、三氯化铝、三氯化铁等。当使用三氯化硼作为催化剂时，一元酚可得到邻位酰化产物。

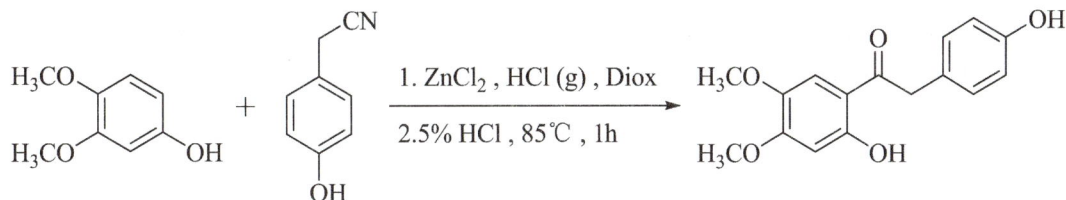

3. 应用实例

脱氧安息香是合成天然产物异黄酮类衍生物的中间体。用对羟基苯乙腈与间苯二酚进行 Houben-Hoesch 反应，得到脱氧安息香。

分子内也可以发生 Houben-Hoesch 反应，制备环酮。这对天然产物合成非常有利。例如，右旋胡桐素 A（calanilide A）是一种抗人免疫缺陷病毒活性的天然产物，利用这一反应，可以顺利构筑苯并吡喃酮骨架。

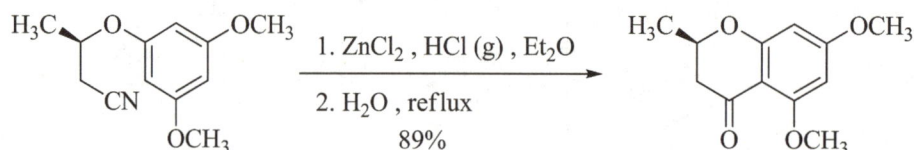

（四）Vilsmeier-Haack 反应

电子云密度较高的芳香化合物与 **N**-取代甲酰胺在三氯氧磷作用下，生成芳烃甲酰化产物的反应称为 Vilsmeier-Haack 反应。

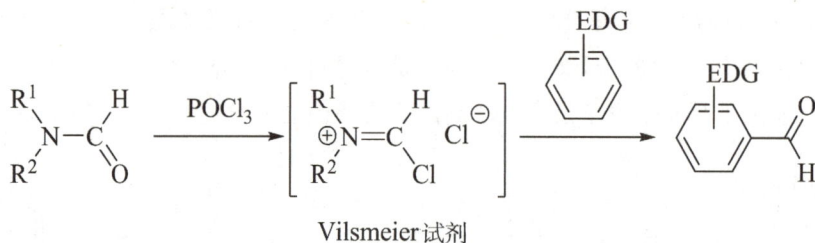

1. 反应机理

Vilsmeier-Haack 反应是芳环亲电取代反应，首先 **N**-取代甲酰胺在三氯氧磷的作用下形成带正电荷的氯代甲亚基铵盐，即 Vilsmeier 试剂，其作为亲电试剂进攻芳环，经由 σ-络合物生成甲酰化产物。

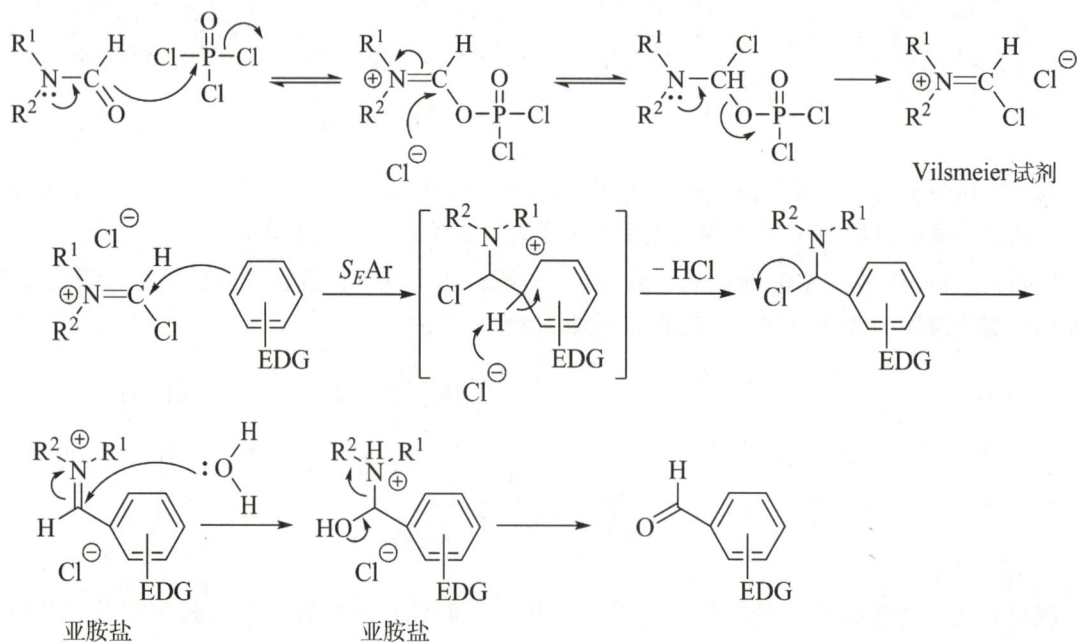

2. 反应的影响因素

（1）被酰化物   常用该反应作为芳环上的亲电取代反应，被酰化物一般为活泼的芳烃类，包括芳胺、酚和酚醚等，单取代的芳胺或酚醚通常生成对位被酰化的产物。由于吡咯、呋喃、噻吩、吲哚等杂环活性较高，常常在没有给电子基团的存在下也可以发生反应。

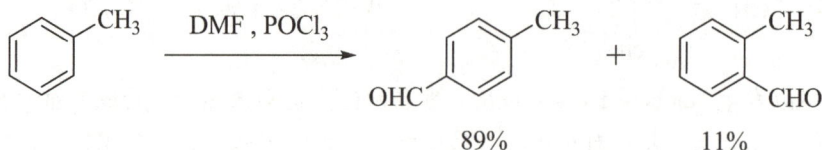

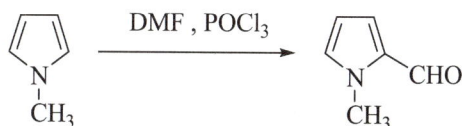

烯烃也可作为被酰化物参与 Vilsmeier-Haack 反应，产物为 α,β-不饱和醛。共轭烯烃的反应活性更强，更容易发生酰化反应。

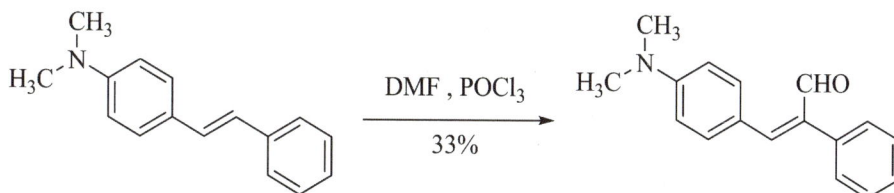

（2）酰化试剂 常用的酰化剂除 DMF 外，其他 N,N-双取代的甲酰胺也可以作为酰化剂。反应如果用其他酰胺代替甲酰胺，则产物为芳酮。

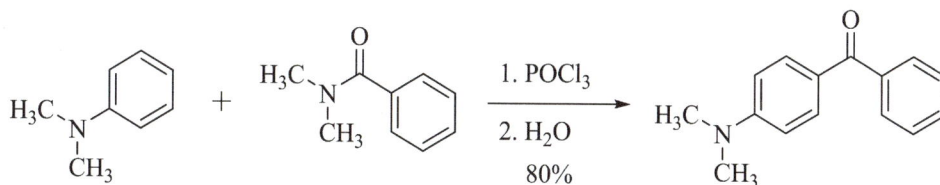

（3）催化剂 常用的催化剂有 POCl₃、SOCl₂ 以及 COCl₂ 等。

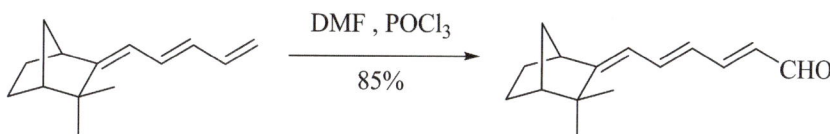

3. 应用实例

抗血小板聚集药物氯吡格雷（clopidogrel）的合成和噻氯匹定（ticlopidine）中间体的合成采用 Vilsmeier-Haack 反应。

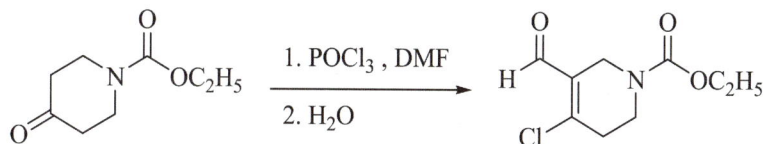

血管紧张素受体拮抗剂氯沙坦（losartan）中间体的合成采用 Vilsmeier-Haack 反应。

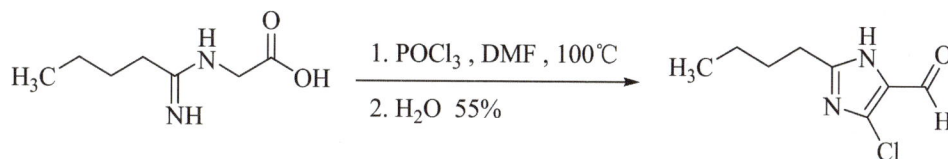

氯沙坦中间体

褪黑素受体与人体昼夜节律的控制有关，他司美琼（tasimelteon）是褪黑素 MT₁ 和 MT₂ 受体激动剂，临床用于治疗非 24h 觉醒紊乱。其中间体合成采用二醇与 Vilsmeier 盐反应，得到分子内环合产物。

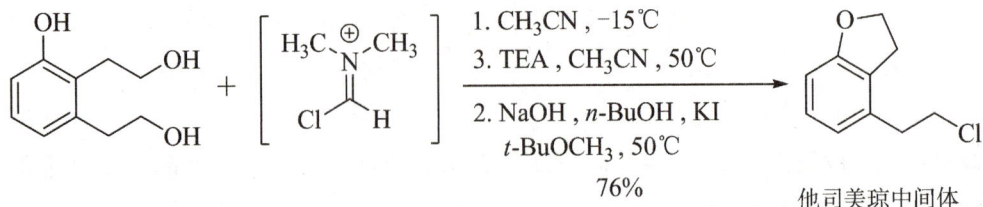

他司美琼中间体

舒尼替尼的合成采用 Vilsmeier-Haack 反应。

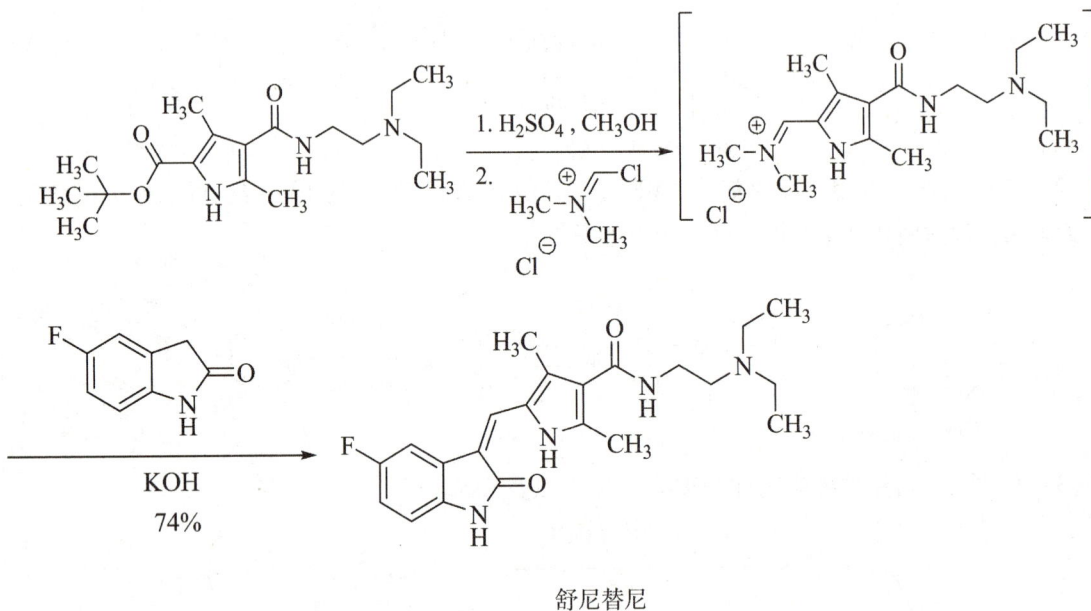

舒尼替尼

（五）Reimer-Tiemann 反应

在碱金属氢氧化物的水溶液中，苯酚及某些杂环化合物与氯仿生成芳醛的反应称为 Reimer-Tiemann 反应。

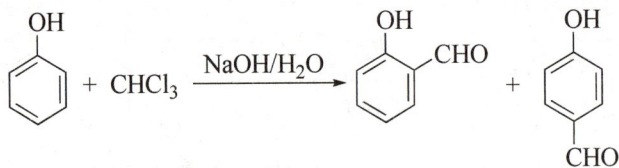

1. 反应机理

在反应中，氯仿与碱作用发生 α-消除形成二氯卡宾（:CCl$_2$），再与芳烃加成后水解生成甲酰化产物。

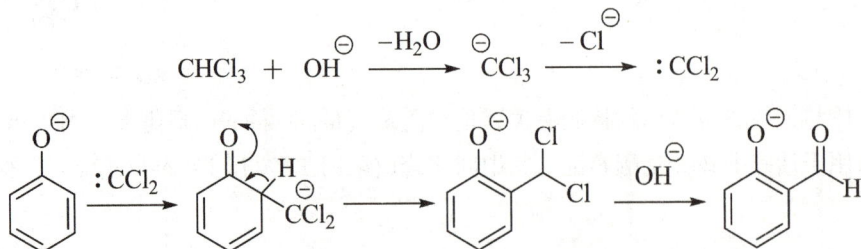

2. 反应的影响因素

被酰化物一般包括酚类、吡咯等多 π 芳杂环化合物。酚类酰化生成产物为羟基的邻、对位混合物，但邻位产物的比例较高。

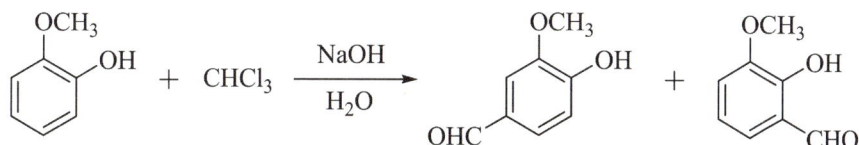

对于酚的反应，除生成邻位甲酰化产物外，还可能生成氯甲基取代的环己二烯酮。

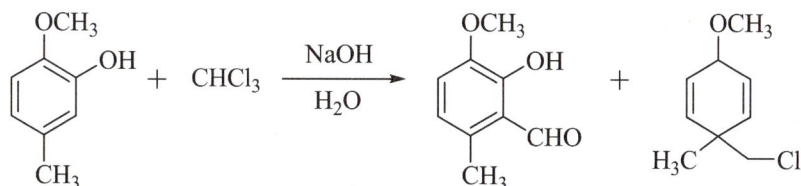

当用吡咯作为反应底物时，除了正常的产物外，还可能生成氯代吡啶。

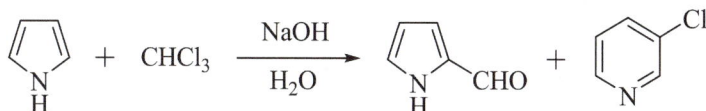

3. 应用实例

水杨醛是天然药用活性成分，也是肾上腺素能 β_2 受体激动剂沙丁胺醇（salbutamol）的原料。其合成采用苯酚为原料，在氢氧化钠存在下与氯仿发生 Reimer-Tiemann 反应。香草醛、藜芦醛也可以采用类似的方法合成。

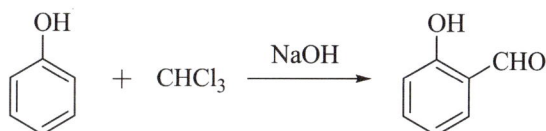

二、活性甲叉基化合物的 *C*-酰化

活性甲叉基化合物的甲叉基上的氢原子由于受到相邻吸电子基团的影响，所以具有一定的酸性，在碱性催化剂存在下，可与酰化试剂发生 *C*-酰化反应。由于产物中含有三个活性基团，很容易分解其中的一个或两个而实现官能团之间的转化。因此，这一反应在药物合成中的应用十分广泛。

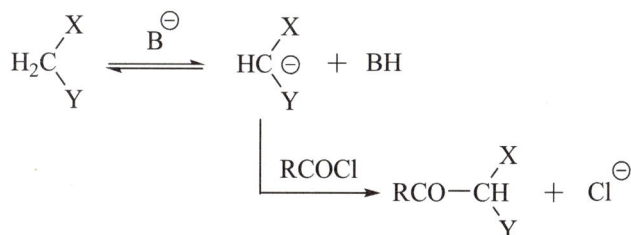

（一）反应机理

在碱性催化剂的作用下，活性甲叉基化合物 α-位碳原子解离一个质子，生成 α-位碳负原子中间体。这一中间体对酰化试剂的羰基碳原子进行亲核进攻，生成四面体过渡态，再经分子内重排，脱去离去基团 Z 的负离子，得到酰化产物。

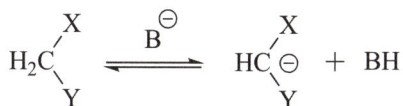

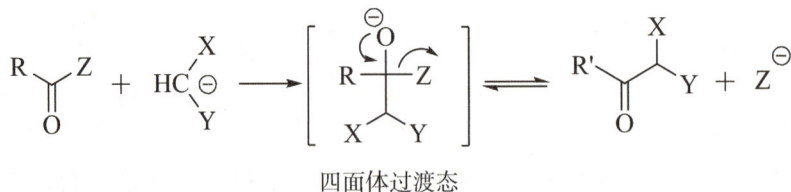

四面体过渡态

（二）反应的影响因素

1. 活性甲叉基化合物的影响

活性甲叉基化合物的活性取决于与之相连的吸电子基团的吸电子效应，吸电子效应越强，其 α-位的氢原子活性越强，反应也越容易发生。常见的吸电子基团活性顺序：$-NO_2 > -COR > -SO_2R > -COOR > -CN > -SOR > -Ph$。

2. 酰化剂的影响

该反应常用酰氯或酸酐作为酰化剂，羧酸、酰基咪唑等也有应用。

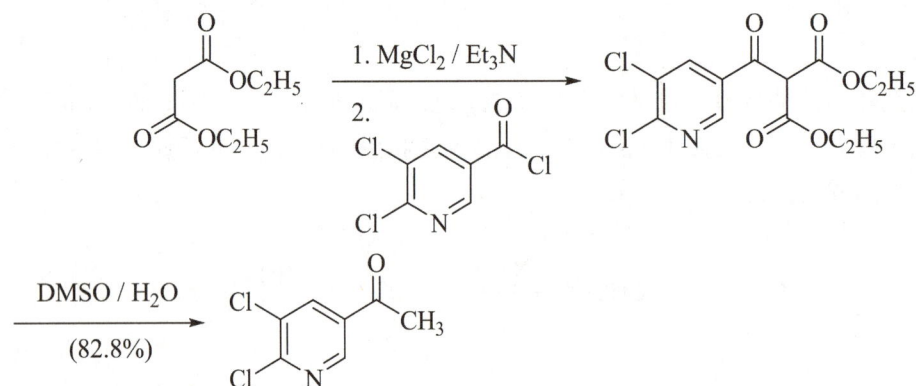

3. 催化剂的影响

反应常用强碱作为催化剂，如醇钠、氢化钠、氨基钠等，有时可用乙醇镁作为催化剂，乙醇镁在醚类溶剂中具有良好的溶解性，同时可抑制二酰化副产物的形成。

4. 溶剂的影响

与烃化反应不同的是，酰化反应不能在醇中进行，酰化试剂会与醇发生反应，常用的溶剂为乙醚、四氢呋喃、二甲基甲酰胺等。

（三）应用实例

利用这一反应在活性甲叉基上引入酰基，再经适当的转化，可以制备 β-二酮、β-酮酸酯、结构特殊的酮类化合物。如乙酰乙酸乙酯与酰氯作用得二酰基取代的乙酸酯，如果将此乙酸酯在水溶液中加热回流，可选择性地脱去乙氧羰基，得 1,3-二酮；如果在氯化铵水溶液中反应，则可使含碳少的酰基（通常是乙酰基）被选择性地脱去，得 β-酮酸酯。

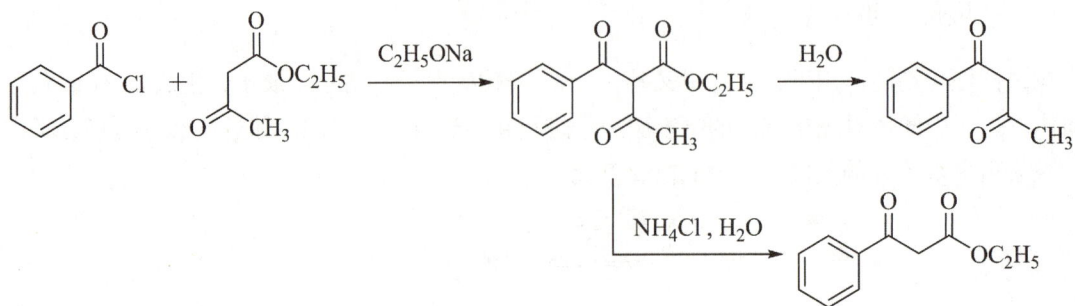

丙二酸酯也可利用该方法制取 α-酰基取代的丙二酸酯，这类化合物在酸性条件下不稳定，加热易脱羧。利用此性质，可以制备用其他方法不易制得的酮类化合物。

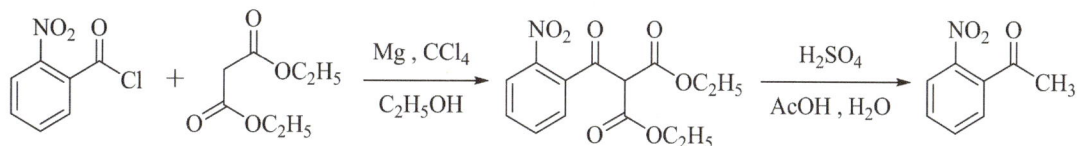

三、烯烃的 C-酰化反应

烯烃与酰化试剂在 Lewis 酸、质子酸的催化下同样可以发生 C-酰化反应。

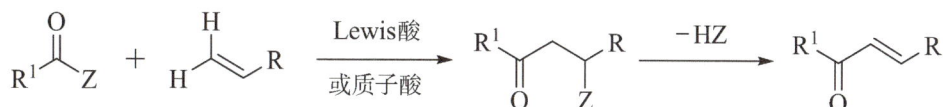

（一）反应机理

酰氯在催化剂的作用下生成酰基正离子，然后对烯烃进行亲电进攻，得到 β-氯代酮中间体，再消除一分子氯化氢得 C-酰化产物 α,β-不饱和酮。

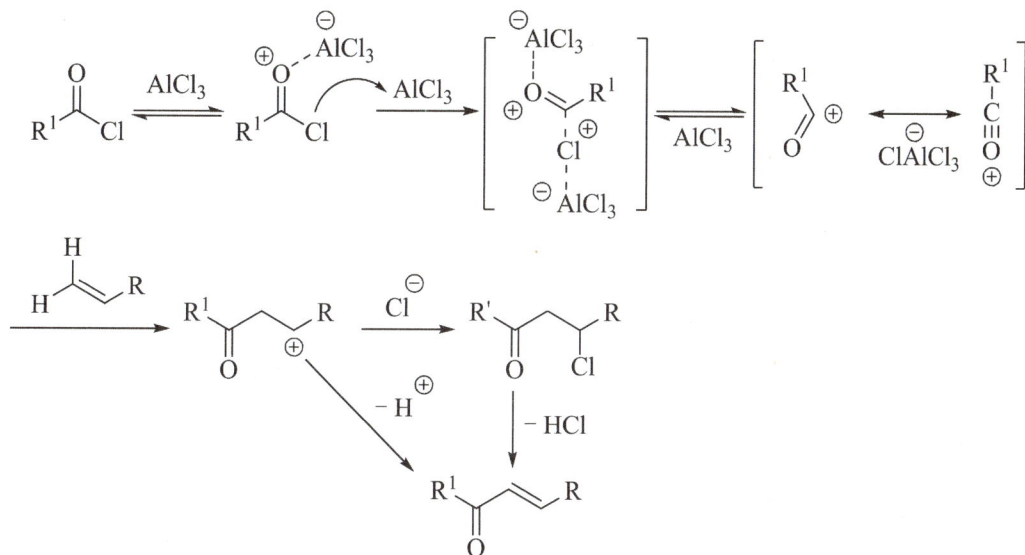

（二）反应的影响因素

反应常用的被酰化物为烯烃或者炔烃，酰化试剂对烯键的加成反应符合 Markovnikov 规则。

采用烯基硅烷及烯丙基硅烷作为底物所进行的酰化反应，酰化的部位及双键的定位均具有区域专一性。

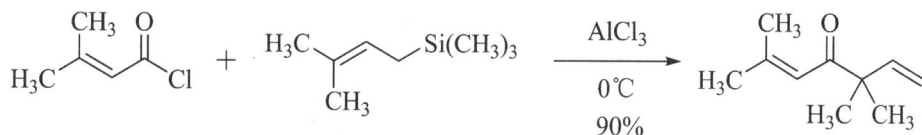

酰化剂除酰氯外，也可以用酸酐或者羧酸等；催化剂常用 Lewis 酸、质子酸（以酸酐或羧酸作为酰化剂）。

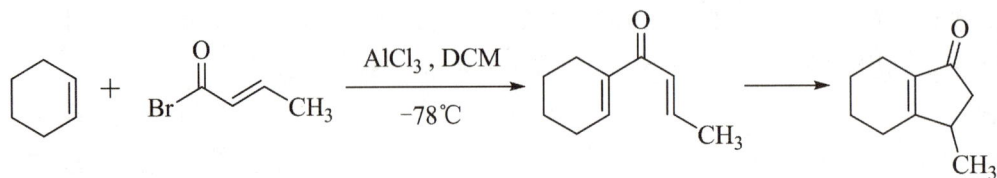

诺美孕酮（nomegestrol）是一种 19-位去甲基孕酮衍生物，临床用于预防子宫内膜增生。其中间体合成采用 Reimer-Tiemann 反应，在 B 环 6-位引入甲酰基。

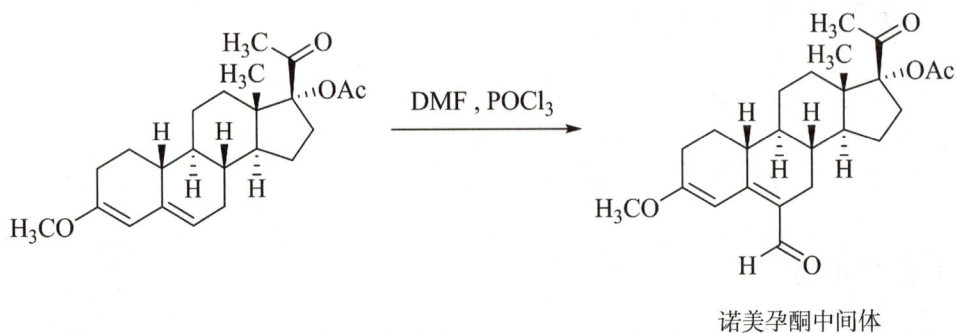

诺美孕酮中间体

四、烯胺的 *C*-酰化

烯烃双键上的氢被氨基或烃氨基代替所生成的化合物成为烯胺（烯胺的制备方法参见第四章）。与烯醇类似，烯胺一般有两个反应中心，一个是在碳上，一个是在氮上。

烯胺可以与酰氯发生酰基化反应，经水解后可制得酰基化的酮。烯胺的酰基化反应可以发生在烯胺的氮和碳原子上，由于在氮原子上产生的酰基化产物很不稳定，又可以转化成 *C*-酰化产物。

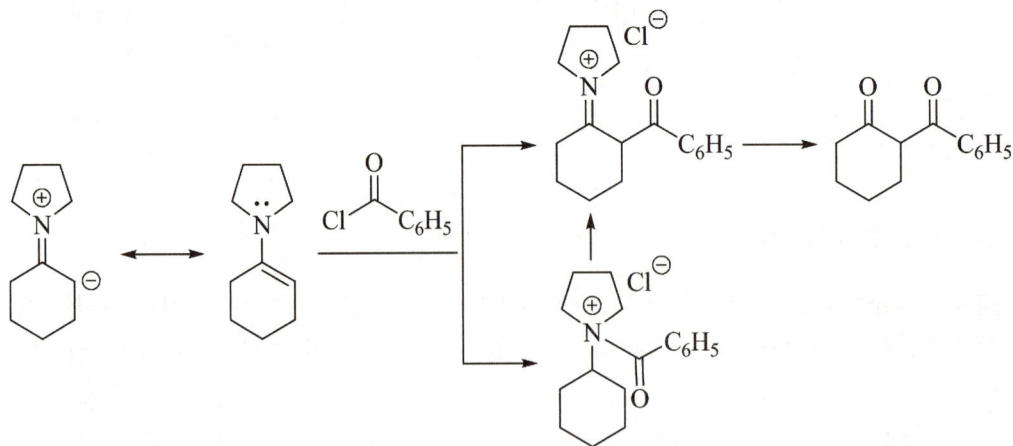

扫一扫，查阅本章数字资源，含PPT、音视频、图片等

本章要点

掌握：Aldol 缩合的分类、反应机理、反应影响因素及实例；Michael 加成反应机理、反应底物结构影响、催化剂影响及实例；Claisen 缩合的分类（酯-酯缩合、酯-酮缩合和酯-腈缩合）、反应机理、反应影响因素；Mannich 反应机理、反应底物结构影响、催化剂影响及实例。

理解：Dieckmann 缩合、Wittig 反应、Reformatsky 反应、Knoevenagel 反应、Robinson 环化反应、Perkin 反应等化学反应机理。

了解：Stobbe 反应、Blanc 反应、Horner-Wadsworth-Emmons 烯化反应、Pictet-Spengler 反应。

在碱性或酸性催化剂存在下，两分子 α 位碳原子上有活性 α-氢原子的醛类发生加成反应，生成 β-羟基醛即醇醛（Aldol）称为醇醛缩合（Aldol 缩合），或称为 α-羟烷基反应。酮类也能起同样的缩合形成 β-醇酮。但生成的化合物不稳定，易发生消除生成 α,β-不饱和醛或酮，不仅两分子醛或酮可以起醇醛缩合作用，生成的醇醛可以同样的方式进一步和第三分子醛相缩合。

广泛含义的缩合反应，是指两个或多个有机化合物分子通过反应形成一个新的较大分子的反应，或同一个分子发生分子内反应形成新的分子。通常，在反应过程中，同时脱去一些简单的小分子（如水、醇），如醛醇缩合等，也有些是加成缩合，如环加成反应，不须脱去小分子。就化学键而言，缩合反应是构建 C—C 键和 C—X 键的常用手段。

缩合反应在药物合成中应用非常广泛，是一个增长碳链、形成分子骨架的重要手段，也是天然药用产物全合成经常涉及的反应类型。本章介绍的内容仅限于形成新的碳-碳键的反应，主要是具有活性氢的化合物与羰基化合物（醛、酮、酯等）之间的缩合反应。

第一节 羟醛缩合反应

在碱或酸的催化下，含 α-氢的醛或酮发生自身缩合，或者与另一分子的醛或酮发生缩合，生成 β-羟基醛或酮类化合物的反应，称为 α-羟烷基反应。但该类化合物不稳定，易发生消除生成 α,β-不饱和醛或酮。这类反应又称为醛醇缩合反应（Aldol 缩合）。

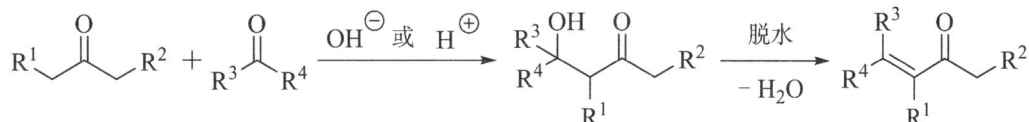

一、含 α-H 的醛、酮自身缩合

在碱或酸的催化下，含 α-氢的醛或酮可发生自身缩合，生成 β-羟基醛、酮类化合物，或进而发生消除反应，生成 α,β-不饱和醛酮。

（一）反应机理

含有 α-氢的醛或酮的自身缩合，属于亲核加成-消除反应机理。

碱催化反应机理：

在碱性条件下，α-氢的醛、酮易失去一个 α-氢，形成一个电子离域的稳定的碳负离子。碳负离子作为亲核试剂进攻另一分子醛、酮的羰基，生成 β-羟基化合物。由于 β-羟基化合物中，α-氢受羰基的影响，本身具有弱酸性，在碱存在下，极易与 β-羟基发生脱水消除，生成更稳定的 α,β-不饱和醛酮。

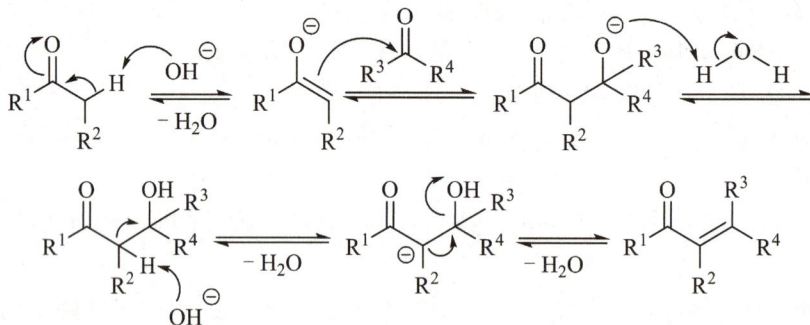

酸催化反应机理：

在酸的存在下，醛、酮分子中的羰基被质子化，并转化成较稳定的烯醇式，后者与另一分子的质子化羰基发生亲核加成反应，生成质子化的加成产物，然后经质子转移，脱水、消除生成 α,β-不饱和醛酮。

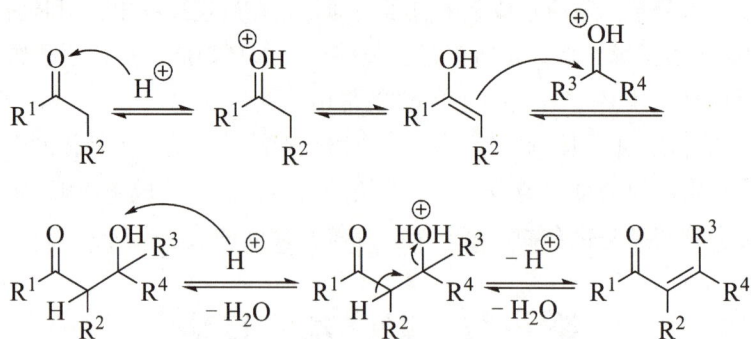

（二）反应的影响因素

1. 醛、酮结构的影响

醛的自身缩合速率较快，若升高温度可使反应平衡向生成 α,β-不饱和醛的方向移动。具有 α-氢的酮分子间自身缩合的速率较慢，反应活性较醛低。例如，当丙酮的自身缩合反应到达平衡时，缩合物的浓度仅为丙酮的 0.01%，欲打破这一平衡，可用 Soxhlet 抽提、弱酸性阳离子交换树脂等方法除去反应中生成的水，促进反应往正向发展，从而提高了收率。

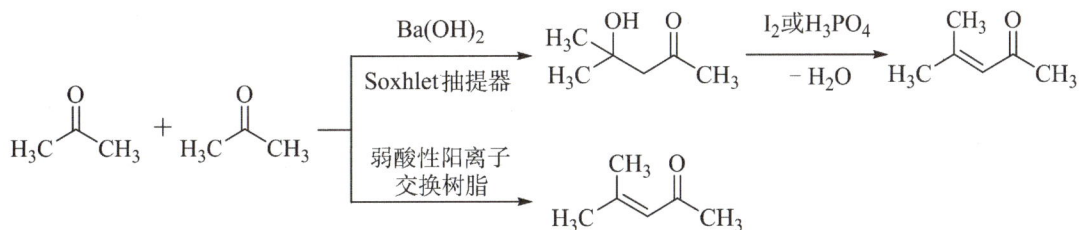

关于酮的自身缩合，若是对称酮，则产品较单纯；若是不对称酮，则不论是碱催化还是酸催化，反应主要发生在羰基 α-位上取代基较少的碳原子上，得 β-羟基酮或其脱水产物。

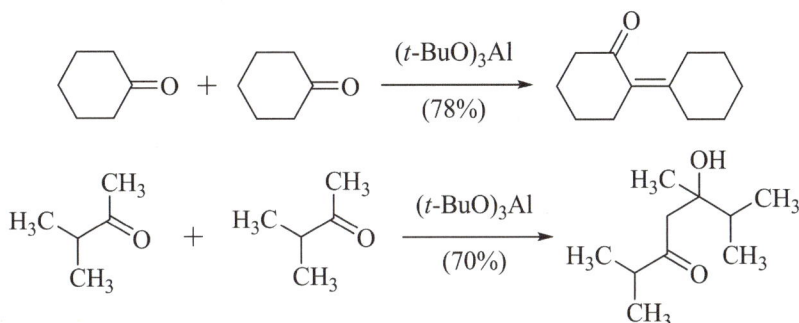

2. 反应温度的影响

反应温度对醛、酮自身缩合反应的速率及产物类型有一定影响。对活性醛而言，如果反应温度较高或催化剂的碱性较强，有利于打破平衡，进而消除脱水，得 α,β-不饱和醛，例如，在不同温度下，正丁醛的自身缩合反应的产物类型有所不同，80℃ 下明显有利于消除脱水反应：

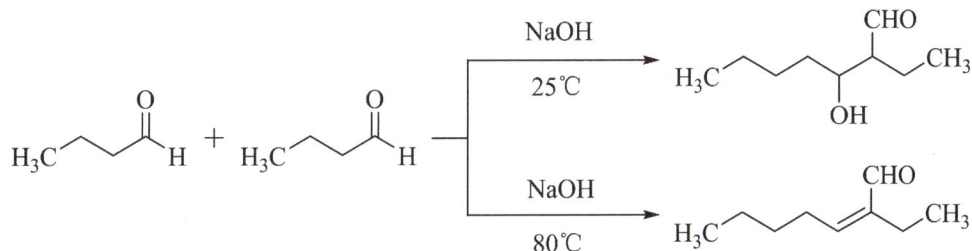

3. 催化剂的影响

醛或酮的自身缩合反应常须用碱作催化剂，酸催化剂则应用相对较少，较常用的催化剂主要有硫酸、盐酸、对甲苯磺酸、阳离子交换树脂及一些 Lewis 酸如三氟化硼等。

（三）应用实例

临床上镇静催眠药甲丙氨酯（meprobamate）的中间体合成就采用了这一反应。在氢氧化钠作用下，丙醛之间发生自身缩合，产率高达 90%。

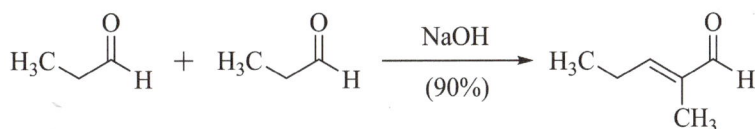

甲丙氨酯中间体

二、不同醛、酮分子之间的缩合

不同醛、酮之间的羟醛缩合称作交叉（混合）羟醛缩合反应。一般来说，在酸或碱催化条件下，一分子醛或酮的烯醇负离子作为亲核试剂，对另一作为亲电试剂的醛或酮进行亲核加成反应。交叉羟醛缩合反应存在着化学选择性（即哪一组分发生烯醇化作为亲核体，哪一组分作为亲电体）、区域选择性（在非对称酮的哪一侧形成烯醇负离子）和立体选择性等诸多问题，结果将产生多种区域异构体和立体异构体的混合物，故而应用上较为困难。近年来，区域选择性及立体选择性的醛醇缩合反应已发展成为一类形成新的 C—C 键的重要方法，称为定向醛醇缩合（Directed Aldol Condensation）。主要有以下几种方法。

1. 烯醇盐法

先将醛或酮中的某一组分在具有位阻的碱如二异丙胺锂（LDA）作用下形成烯醇盐，再与另一分子的醛或酮的羰基加成生成缩合产物，实现区域选择性或立体选择性羟醛缩合。

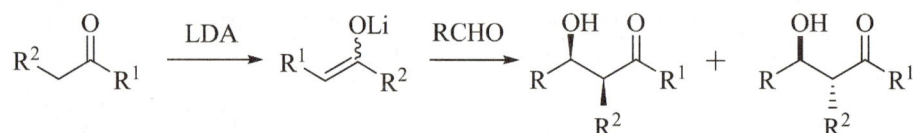

例如，2-戊酮用 LDA 处理后生成烯醇盐，然后再与苯甲醛反应，形成专一的加成产物1-羟基-1-苯基-3-己酮。

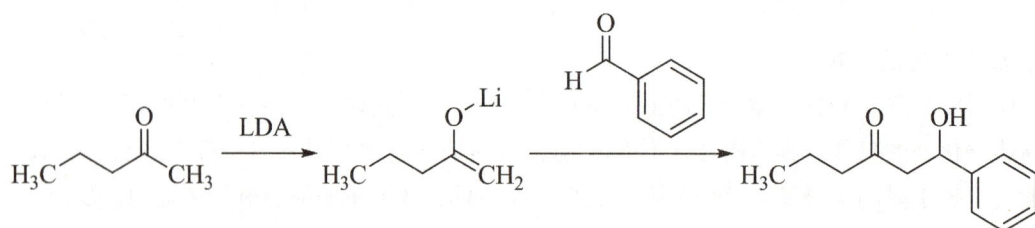

缩合产物的立体化学取决于烯醇盐的构型，在动力学控制的条件下，*E*-烯醇盐的反应立体选择性得到苏式（threo）产物，*Z*-烯醇盐的反应立体选择性得到赤式（erythro）产物。

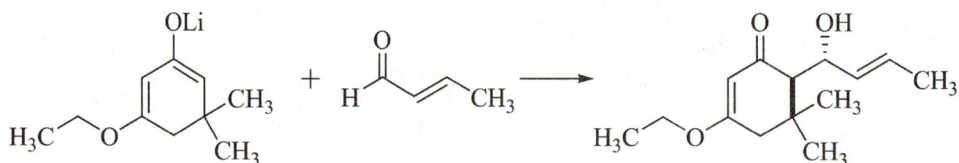

threo : erythro = 93 : 7

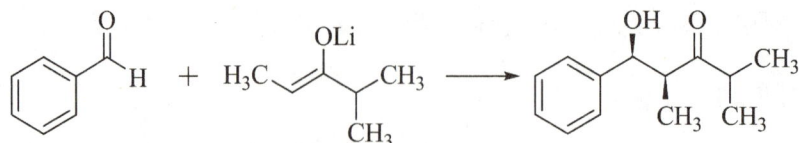

Z-烯醇盐　　　　erythro : threo = 90 : 10

原料为开链的酮一般更倾向于生成 *Z*-烯醇盐，最后得到顺式产物。若改变反应条件，反应的立体选择性也会随之发生改变。

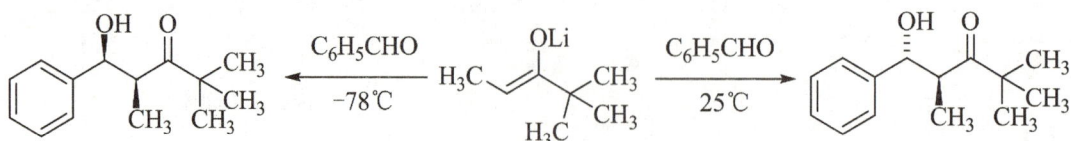

Z-烯醇盐

原料为环状酮只能生成 *E*-烯醇盐，通常以苏式产物为主。

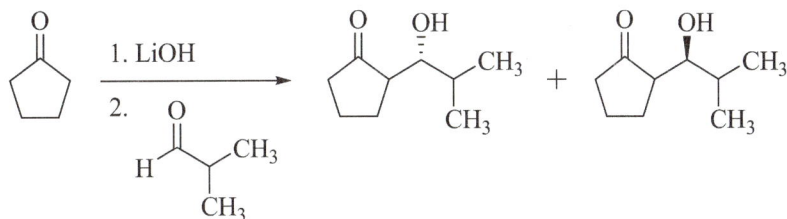

2. 烯醇硅醚法

预先将醛或酮中的某一组分转变成烯醇硅醚，然后 Lewis 酸的催化下，与另一分子醛或酮发生定向羟醛缩合，产物为 β-羟基醛或酮，这一反应也称作 Mukaiyama 羟醛缩合反应。

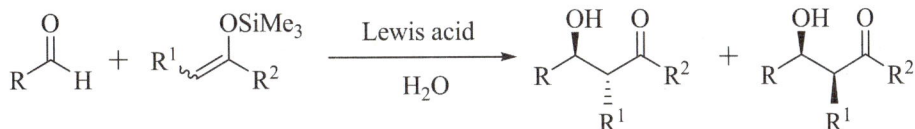

在 Mukaiyama 羟醛缩合反应中，这一烯醇硅醚为烯醇负离子的等效体，但烯醇硅醚的硅原子不具有 Lewis 酸性，造成亲核性不够强，不能直接与醛、酮反应，因此需要加入化学计算量的 Lewis 酸以活化羰基。Mukaiyama 羟醛缩合反应机理很大程度上取决于反应条件、底物和 Lewis 酸，在常用的 Lewis 酸中，四氯化钛效果最好。一般地，Lewis 酸活化醛组分，随后迅速形成 C—C 键，硅烷基可以分子内或者分子间形式转移。反应的立体化学问题通常用开放式过渡态解释。烯醇硅醚与醛或酮的加成反应经由下面的过程：

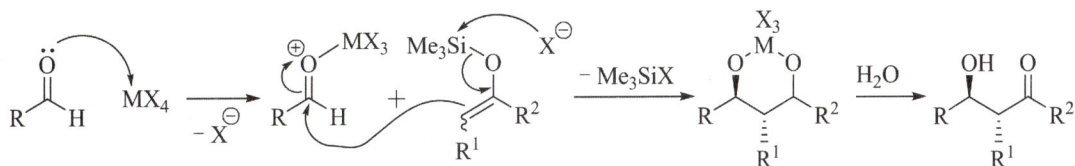

烯醇硅醚与底物的反应温度有差异，与醛反应可在 -78℃ 下发生，但与酮反应则要求温度较高。因而对醛和酮羰基存在选择性。须仔细地选择底物和反应条件，可控制 Mukaiyama 羟醛缩合反应的立体选择性。

缩醛或缩酮作为亲电试剂也可用在 Mukaiyama 羟醛缩合反应中。例如，可利用糖与烯醇硅醚的反应构建 α 取代的环状醚，这在天然产物的合成中有实用价值。

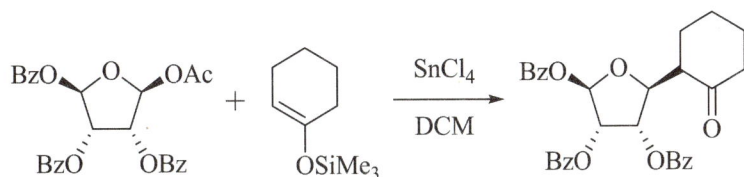

在 Mukaiyama 羟醛缩合中，烯醇硅醚不仅可由醛或酮制备，也可由 α,β-不饱和醛或酮以及羧酸衍生物制备。例如，丁烯醛与三甲基氯化硅反应生成烯醇硅醚，再与肉桂醛的二甲基缩醛发生 Mukaiyama 羟醛缩合反应，生成二烯醛。

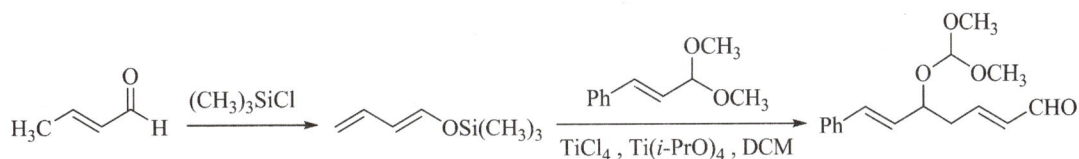

银杏苦内酯 B（ginkgolide B）是一个药用天然产物。可利用 Mukaiyama 羟醛缩合构建螺环中间体片段。

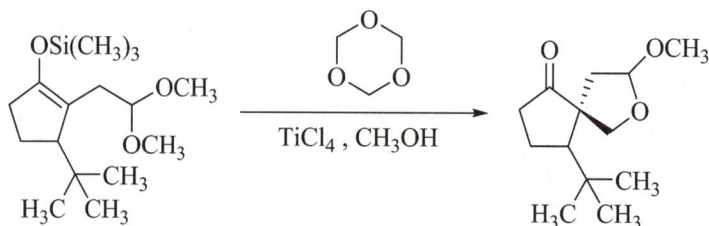

士的宁（strychnine）是一个中枢兴奋药，临床用于抗休克。可利用 Mukaiyama 羟醛缩合反应向环己烯上引入羟甲基，在这个反应中使用三氟甲磺酸镱作为 Lewis 酸。

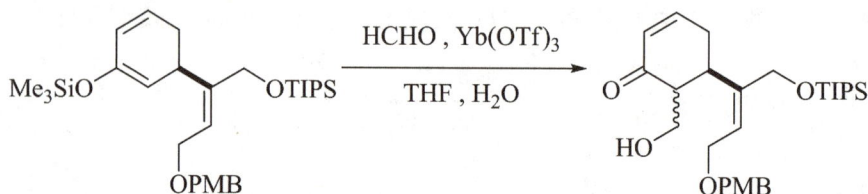

psilostachyin C 是天然来源的细胞周期免疫检查点抑制剂。作为倍半萜烯，其复杂的结构和潜在的生物活性受到关注。下面是 Psilostachyin C 全合成过程中的部分反应步骤，在碘化亚酮存在下，丙烯基溴化镁与 2-甲基环戊酮发生 1,4-加成，用氯化三甲基硅烷捕获加成中间体烯醇负离子，生成烯醇硅醚，然后，烯醇硅醚与 4-戊烯醛发生 Mukaiyama 羟醛缩合反应，在这一反应中，使用三氟化硼乙醚络合物作为 Lewis 酸。

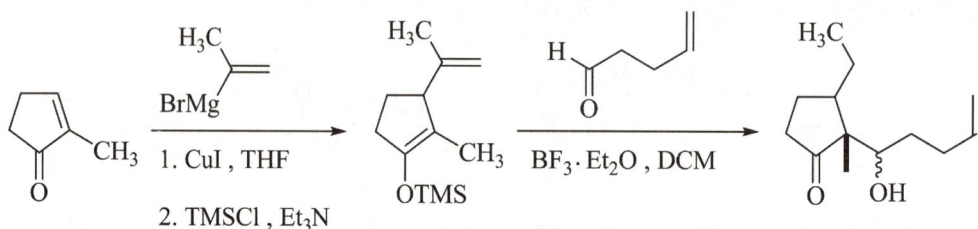

依泽替米贝（ezetimibe）是一种选择性胆固醇吸收抑制剂，临床用于治疗高脂血症。可利用 Mukaiyama 羟醛缩合反应向 β-内酰胺甲醛核心结构上引入侧链，在这一反应中使用 Lewis 酸三氟化硼乙醚络合物作为催化剂。首先使对氟苯乙酮与 LDA 作用烯醇化，然后烯醇锂盐与氯化三甲基硅反应转化为烯醇硅醚，后者与 β-内酰胺甲醛在四氯化钛催化下生成不对称的 β-羟基酮。

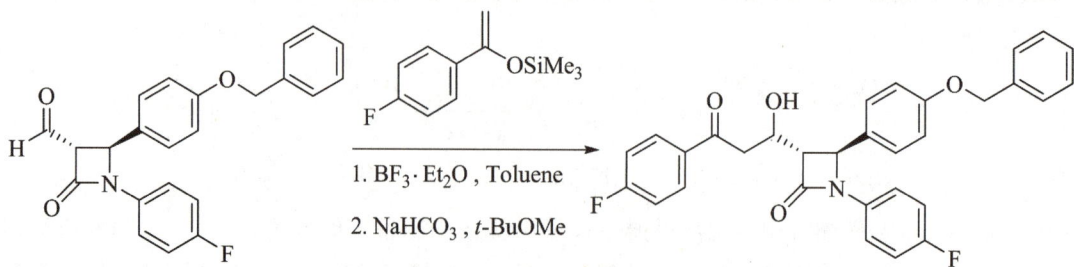

依泽替米贝中间体

Mukaiyama 羟醛缩合反应一般以 Lewis 酸作为催化剂，若在反应系统中加入手性 Lewis 酸，或者能够与 Lewis 酸配位的手性配体，则可以实现不对称羟醛缩合反应。例如，在手性配体存在下，在三氟甲磺酸锡催化下，可实现 94% 光学纯度（ee）的对映选择性。

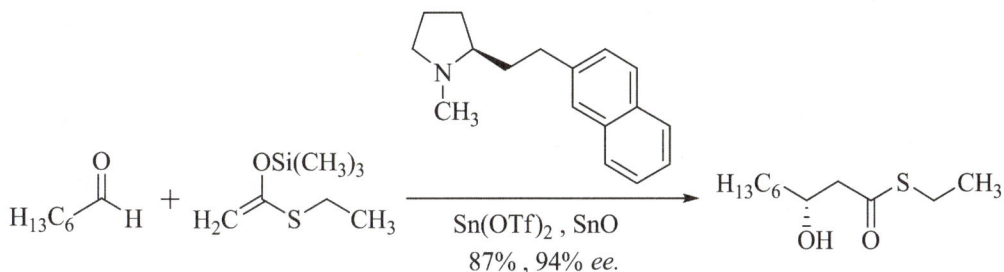

3. 亚胺法

醛类化合物一般较难形成相应的烯醇负离子，它们往往在与亲电试剂反应之前就会发生自身缩合。可通过使用相应的亚胺或二甲基氮杂烯醇负离子等合成等效体来解决这一问题。因为这些合成等效体的亲电性低，而它们的负离子亲核性高，可以顺利发生交叉羟醛缩合。一般地，可先将醛与胺类反应形成亚胺，亚胺再与 LDA 作用转变成亚胺锂盐，然后与另一分子醛或酮发生醛醇缩合，得 α,β-不饱和醛。

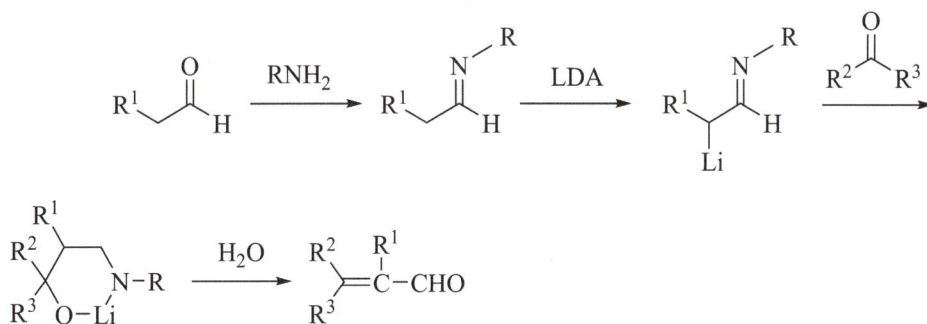

例如，先使丙醛生成叔丁基亚胺，再用 LDA 去质子化后形成亚胺锂盐，然后与苯丁醛发生交叉羟醛缩合。这一反应被用于天然产物的合成。其中亚胺锂盐的碳负离子进攻另一分子醛的羰基官能团。

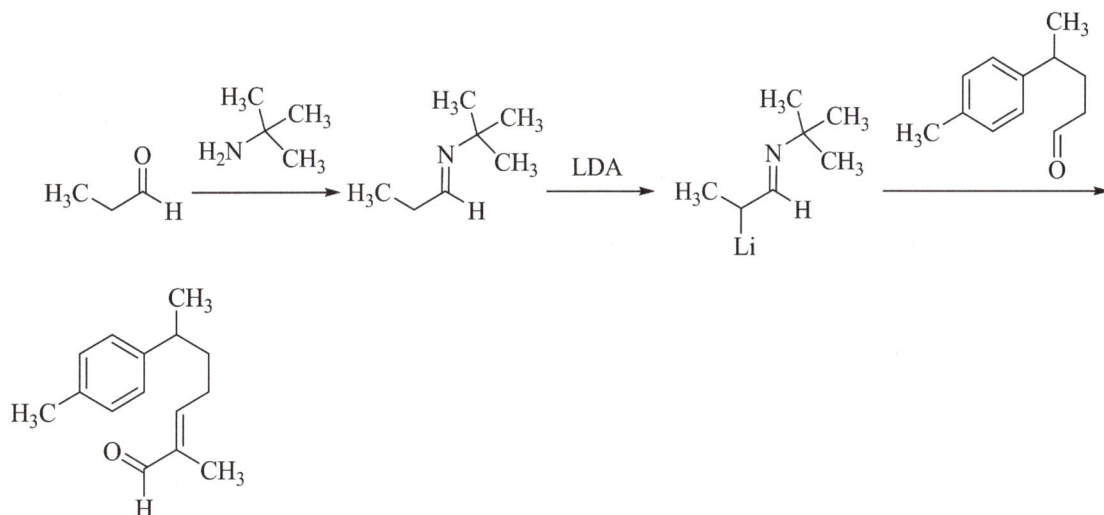

三、甲醛与含 α-H 的醛、酮缩合

由于羟醛缩合是构建碳骨架的重要方法，而且羟醛缩合产物 α-烷基-β-羟基羰基合成砌块存在于大环内酯和离子载体等具有重要生物活性的天然产物中，因此，发展了许多控制羟醛加成反应选择性的方法。

（一）反应机理

甲醛本身无 α-H，因而就不能烯醇化，它在羟醛缩合中就只能作为亲电体起反应，在碱催化下，可与含 α-H 的醛或酮进行羟醛缩合，在醛或酮的 α-碳原子上引入羟甲基，这一反应称为 Tollens 缩合，反应产物是 β-羟基醛、酮。

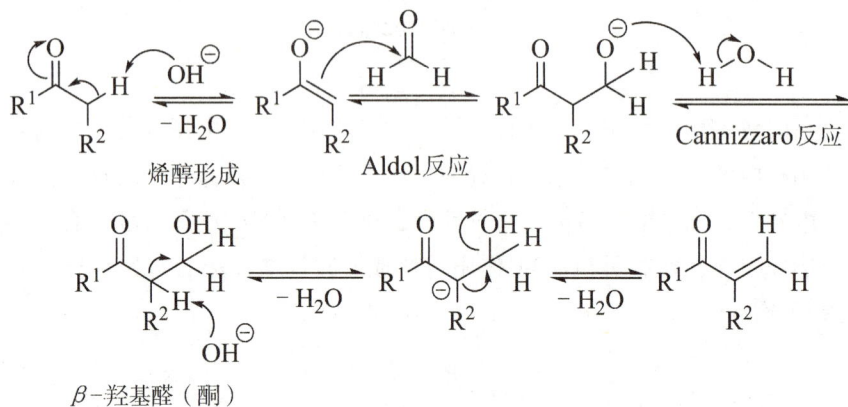

（二）反应影响因素

影响因素与 α-H 的醛或酮的自身缩合类似。

（三）应用实例

氯霉素（chloramphenicol）是一种从委内瑞拉链霉菌培养滤液中得到的抗生素。在氯霉素的合成中，利用 Tollens 缩合反应制备关键中间体对硝基 β-羟基苯丙酮：

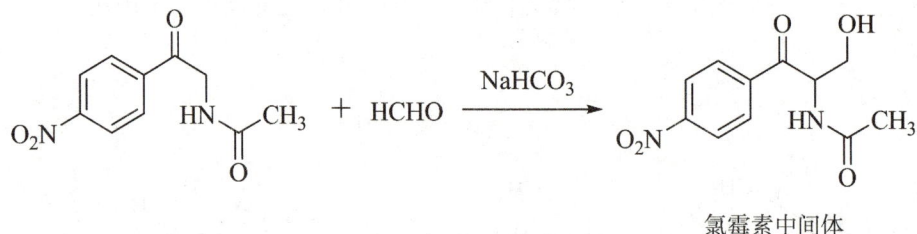

氯霉素中间体

在碱性条件下甲醛与含 α-H 的醛或酮缩合或不含 α-H 的醛能发生歧化反应（Cannizarro 反应），这是制备多羟基化合物的有效方法。血管扩张药硝酸戊四硝酯（pentaerythritol tetranitrat）的中间体季戊四醇的合成，甲醛与乙醛在碱性条件下的缩合可连续进行，乙醛的所有 α-H 均能发生 Cannizarro 反应，生成季戊四醇和甲酸盐。

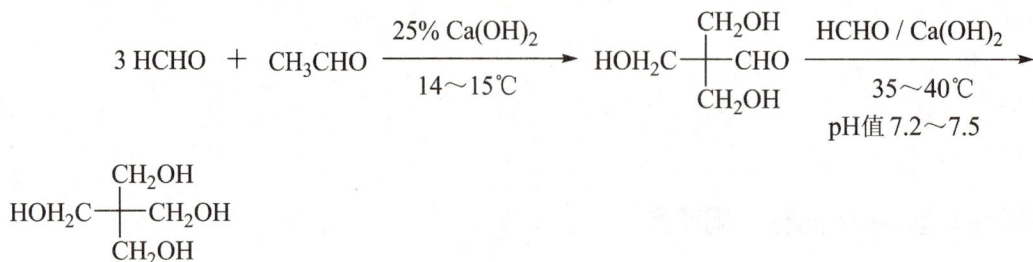

季戊四醇

四、芳醛与含 α-H 的醛、酮的缩合

在碱催化下，芳醛和脂肪族醛、酮缩合而成 α,β-不饱和醛、酮的反应称为 Claisen-Schmidt 反应。

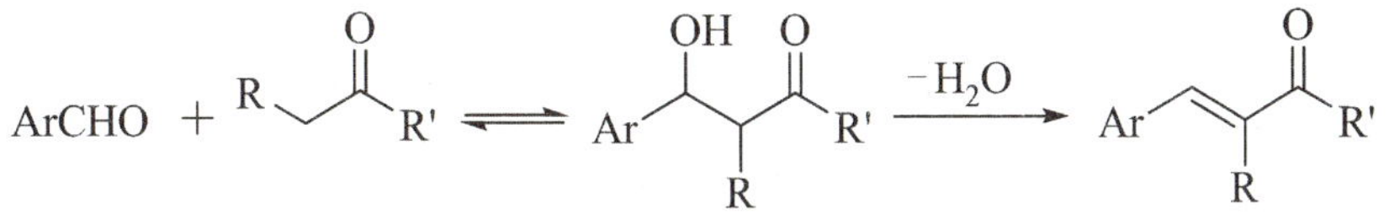

（一）反应机理

Claisen-Schmidt 反应先形成中间产物 β-羟基芳丙醛（酮），但它极不稳定，随即在强碱或强酸催化下脱水生成稳定的芳丙烯醛（酮）。产物的构型一般都是反式。

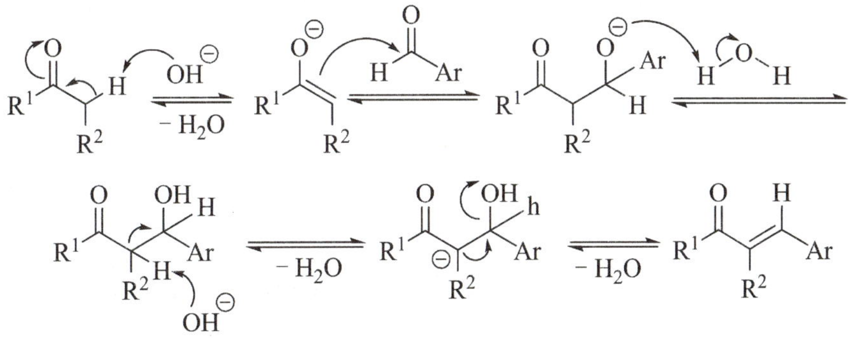

β-羟基芳丙醛（酮）

（二）反应的影响因素

1. 不对称酮结构的影响

芳香醛与不对称酮缩合时，例如不对称酮中仅含一个 α-H，则产品单一，而且，最终产物与催化剂酸碱无关，为同一产物。

2. 催化剂的影响

酮的两个 α 位均有活性氢原子，则可能得到两种不同产品。当苯甲醛与甲基脂肪酮缩合时，以碱催化，一般得甲基位上的缩合产物（1 位缩合），若用酸催化，则得甲叉基位上的缩合产物（3 位缩合）。例如：

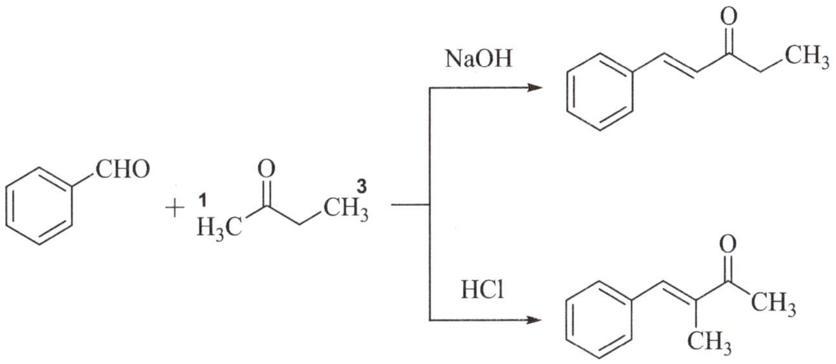

原因是在碱催化时，1 位比 3 位较容易形成碳负离子。而在酸催化时，形成烯醇体的稳定性为 $CH_3OHCH{=}CH{-}CH_3$ 大于 $CH_3CH_2CHOH{=}CH_2$，因而缩合反应主要发生在 3 位上，所得缩

合物为带支链的不饱和酮。

（三）应用实例

利用 Claisen-Schmidt 反应可制备反式芳基丙酮。

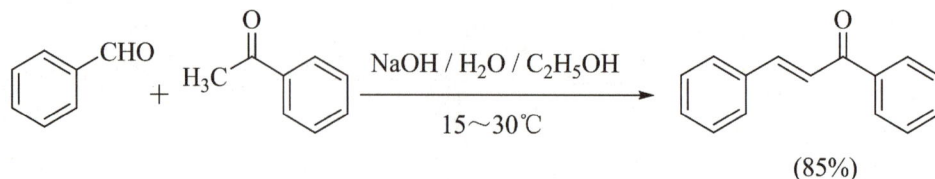

（85%）

抗痛风药物秋水仙碱（colchicine）的中间体查尔酮的合成，以 3,4,5-三甲氧基苯甲醛为原料，在碱性条件下，与 3-羟基-4-甲氧基苯乙酮进行 Claisen-Schmidt 反应。

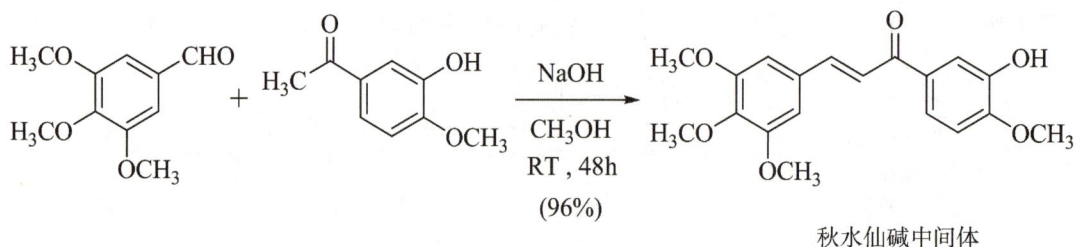

秋水仙碱中间体

第二节　活性甲叉基化合物的缩合反应

一、Knoevenagel 反应

在弱碱催化下，具有活性甲叉基的化合物，与醛、酮发生的失水缩合反应称为 Knoevenagel 反应，反应的结果是在羰基 α-碳上引入甲叉基。一般活性甲叉基化合物具有两个吸电子基团时，反应活性较大。

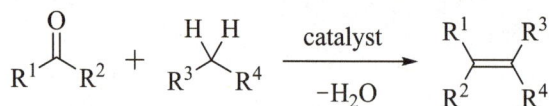

（R^3、R^4 =—CN，—COX，—NO$_2$，—COOX，—CONHX 等）

（一）反应机理

Knoevenagel 反应的机理与所使用的催化剂相关。当使用伯胺、仲胺或羧酸铵盐催化时，羰基化合物先与伯胺、仲胺催化剂缩合生成亚胺正离子，活性甲叉基化合物则在催化剂作用下失去 α-H，形成烯醇负离子，接着烯醇负离子或碳负离子作为亲核试剂，进攻亚胺正离子，生成缩合产物。其过程如下：

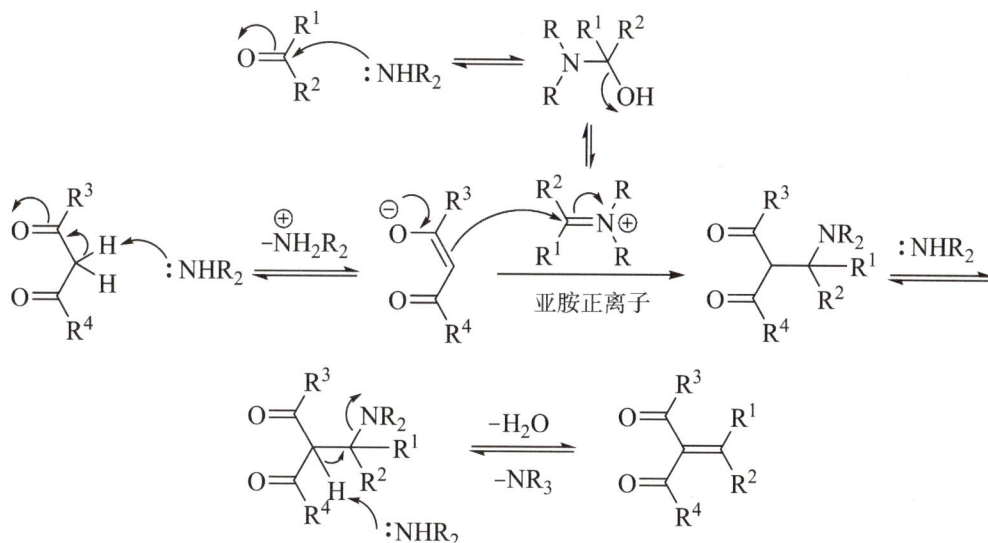

当使用羧酸铵盐作为催化剂时，可能先释放出氨，再与醛或酮生成亚胺正离子中间体。

与伯胺、仲胺或羧酸铵盐不同，用叔胺催化时，Knoevenagel 反应可能依照羟醛缩合机理进行，烯醇负离子或碳负离子作为亲核试剂直接进攻底物的羰基，生成缩合产物。

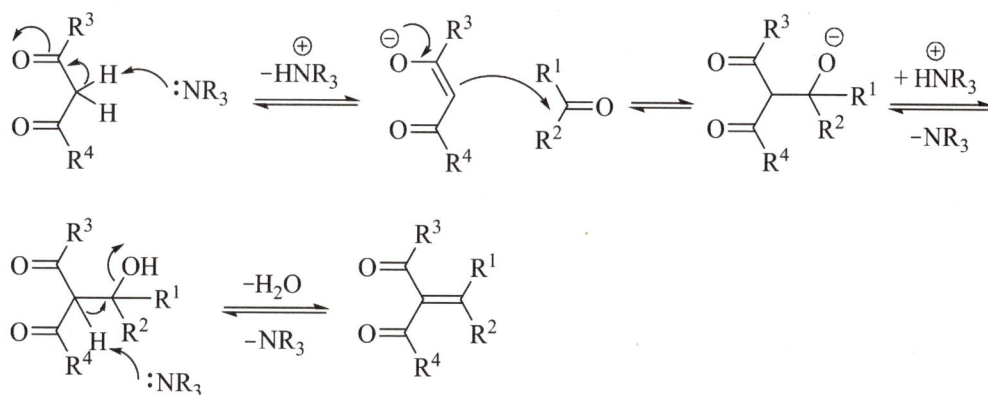

（二）反应的影响因素

1. 底物的活性与位置的影响

Knoevenagel 反应所得烯烃的收率与底物的活性、立体位阻有关，在同一条件下，位阻大的醛、酮比位阻小的醛、酮反应要困难些，收率也低。氰乙酸酯比较活泼，与醛、酮均可缩合。丙二腈、硝基烷烃是活性较高的甲叉基化合物，有时不需催化即可与醛、酮顺利发生反应。

2. 催化剂的影响

反应常用的碱性催化剂有吡啶、哌啶、二乙胺、氨或它们的羧酸盐，以及氢氧化钠、碳酸钠及其盐类等。Knoevenagel 反应过程中常采用甲苯、苯等有机溶剂共沸带水，以促使反应完全。

氰乙酸酯、丙二腈、硝基烷烃等化合物甲叉基活泼性较高，可使用弱碱例如羧酸铵盐作为催化剂。

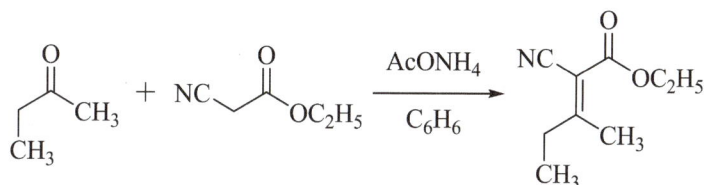

丙二酸酯、β-酮酸酯及 β-二酮的亚甲基活泼性略低，与醛反应时，可用羧酸铵盐作为催化剂。与酮反应时，若采用羧酸铵盐，反应速率较慢，这时改用四氯化钛/吡啶作为催化剂，则不仅可与醛，也可以与酮顺利发生反应。这一方法称作 Lehnert 方法。

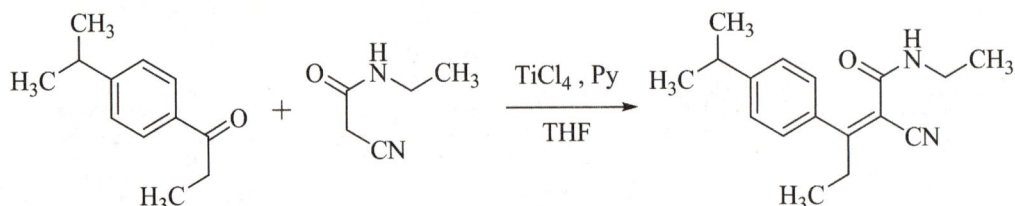

丙二酸与醛缩合用吡啶或者吡啶/哌啶作为催化剂，可得到纯度较高的 α,β-不饱和羧酸，称作 Knoevenagel-Doebner 改良方法。

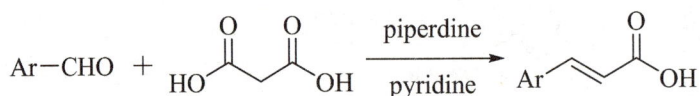

3. 顺反异构

丙二酸酯、β-酮酸酯等经历 Knoevenagel 反应，可进一步水解、脱羧，得到的产物往往是 E 和 Z 两种异构体的混合物。改用 4Å 分子筛和等量的 β-丙氨酸催化，β-酮酸酯与芳醛及其衍生物反应，可发生脱羧。得到 α,β-不饱和酮，产物主要是 E 型异构体。

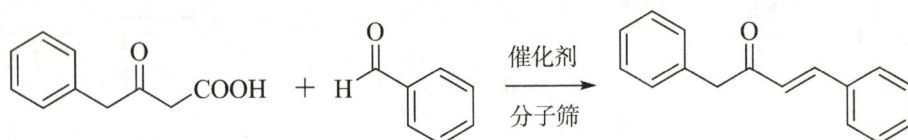

（三）应用实例

利用 Knoevenagel 反应制备 α,β-不饱和酸和芪类化合物是较好的方法之一，尤其在制备芪类化合物方面，相比于 Wittig 反应、Grignard 反应，具有反应条件简单、收率高的特点。以噻唑烷酮类 PPARα/PPARβ 抑制激动剂洛贝格列酮（lobeglitazone）的合成为例，期望能对 Knoevenagel 反应在药物合成起到抛砖引玉作用。取代芳甲醛与噻唑烷二酮经过 Knoevenagel 反应缩合，然后还原，合成目标分子洛贝格列酮。

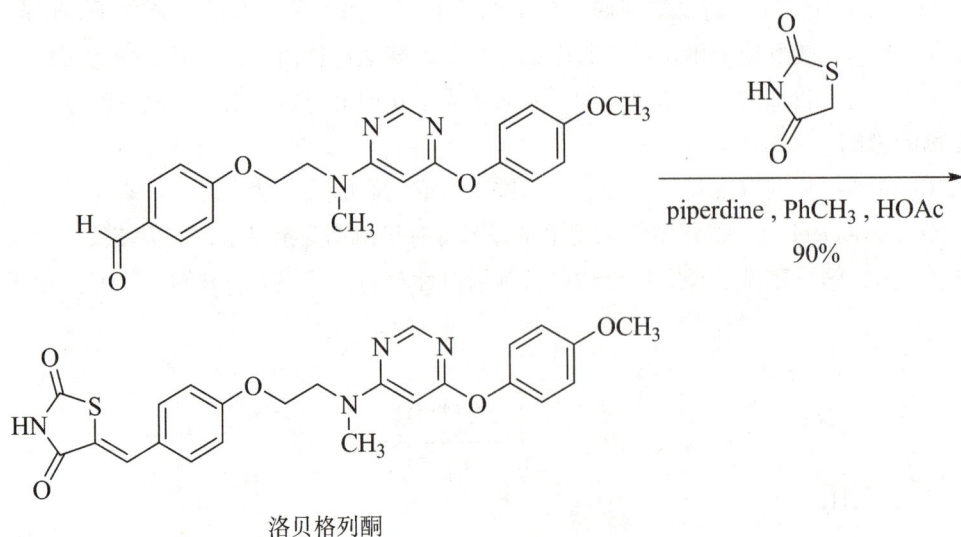

洛贝格列酮

瑞舒伐他汀（rosuvastatin）是一种羟甲戊二酰辅酶 A 还原酶抑制剂，临床用于治疗高脂血症。在这个药物的合成路线的初始阶段，使用了 Knoevenagel 反应。

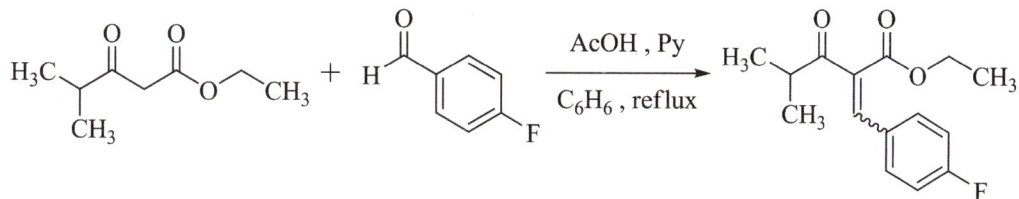

瑞舒伐他汀中间体

二、Stobbe 反应

在碱存在下，丁二酸酯或 α-烃代丁二酸酯与醛、酮缩合，生成 α,β-不饱和羧酸的反应称作 Stobbe 反应。

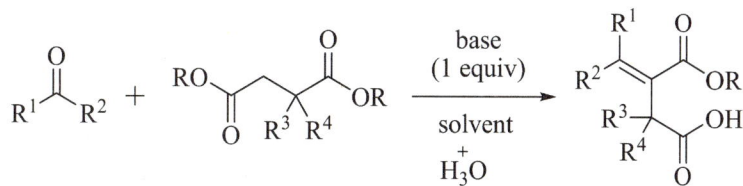

（一）反应机理

丁二酸酯先在强碱存在下进行烯醇化，形成的碳负离子与羰基化合物发生 Aldol 缩合，内酯化，即失去一分子乙醇形成内酯，接着在强碱作用下，内酯再经开环，酸化生成产物。反应机理如下：

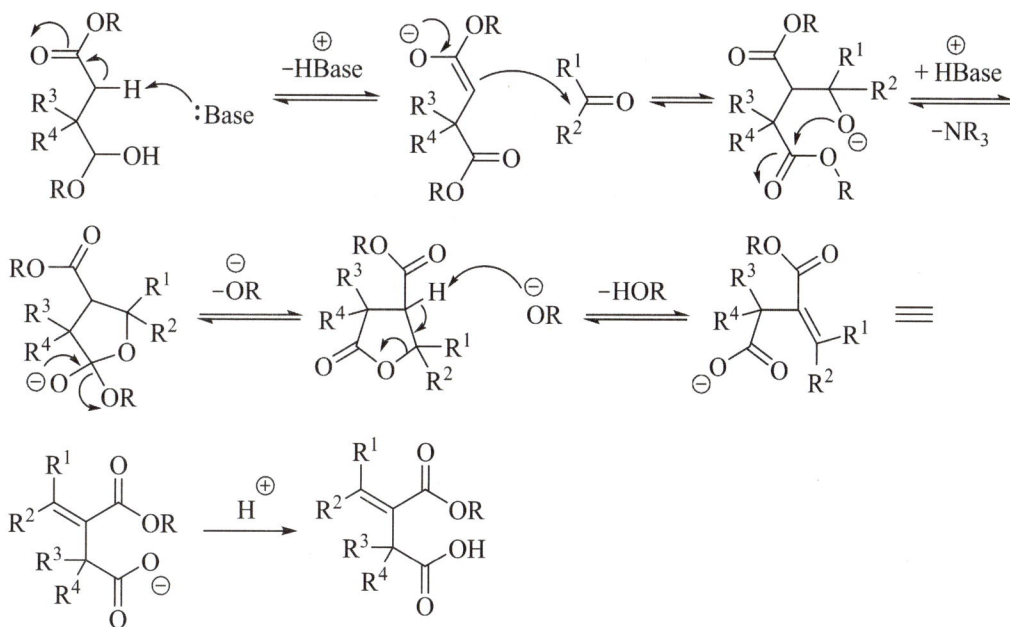

（二）反应的影响因素

1. 底物结构的影响

在 Stobbe 反应中，为使反应顺利进行，通常使用化学计量的碱。若反应物为对称酮，则仅得一种产物，收率较高；若反应物为不对称酮，则产物是顺、反异构体的混合物。另外，除了丁二酸酯以外，氰乙酸酯、硝基乙酯及醚类似物等具有活性甲叉基的化合物，同样适用于 Stobbe 反应。

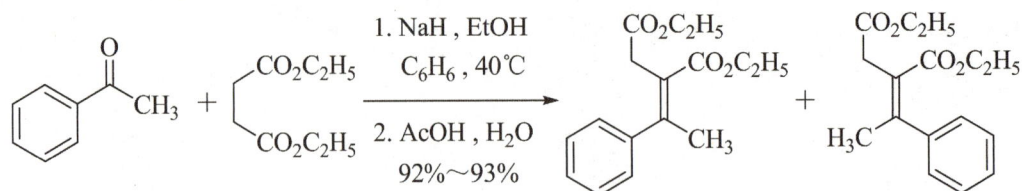

2. 催化剂的影响

反应常用的碱性试剂有醇钠、叔丁醇钾、氢化钠和三苯甲烷钠等。

3. 酸碱的影响

Stobbe 反应的产物，用 48% 氢溴酸-乙酸溶液处理，产物中酯键水解，并伴随脱羧，得到 β, γ-不饱和酸，是制备 β,γ-不饱和酸的有效方法。

（三）应用实例

普瑞巴林（pregabaline）是一种神经递质 γ-氨基丁酸的类似物，临床用于抗癫痫药。在其合成路线中，使用 Stobbe 反应制备最初的中间体。在催化作用下，用丙二酸二乙酯作为原料与异戊醛发生 Stobbe 缩合反应，然后与氰化钾发生 1,4-加成，制备得到 β-氰基双酯中间体。

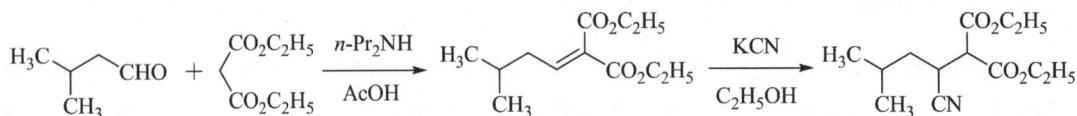

普瑞巴林中间体

抗抑郁药物舍曲林（sertraline）的合成过程中，第一步应用了 Stobbe 反应，在强碱叔丁醇钾作用下，起始原料 4,5-二氯二苯甲酮与丁二酸乙二酯发生反应，顺利生产 α,β-不饱和羧酸，然后经水解脱羧、氢化还原、关环、成亚胺还原拆分得舍曲林。

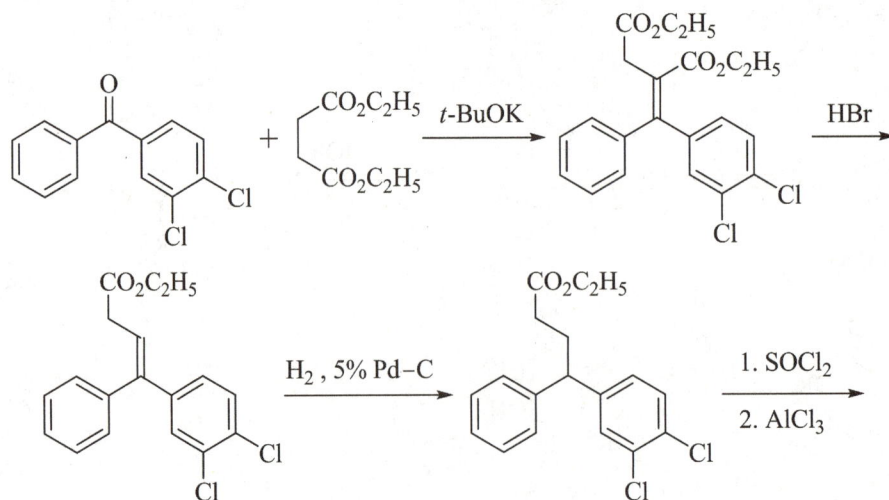

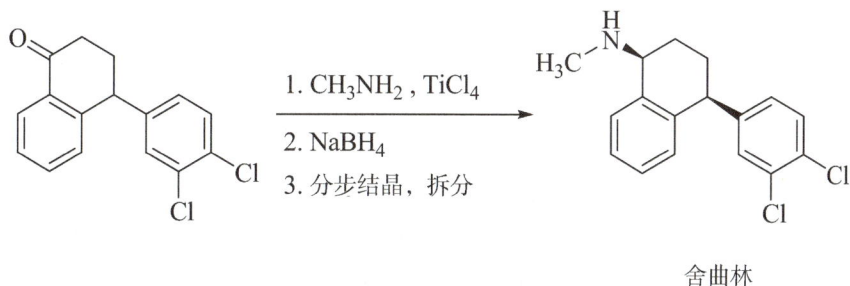

舍曲林

三、Perkin 反应

在相应的脂肪酸碱金属盐的催化下，芳香醛和脂肪酸酐缩合，生成 β-芳基丙烯酸类化合物，称为 Perkin 反应。

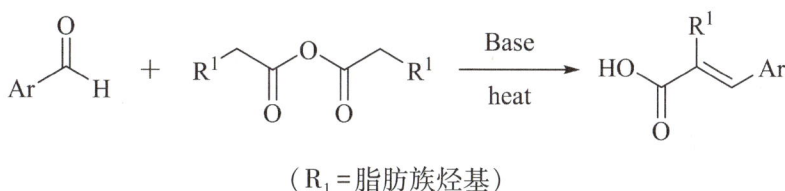

（R_1=脂肪族烃基）

（一）反应机理

Perkin 反应的实质是酸酐的甲叉基与醛进行缩合。在碱作用下，酸酐经烯醇化后，再与芳醛发生 Aldol 缩合，经酰基转移、消除、水解，得 β-芳基丙烯酸类化合物。反应机理如下所示。

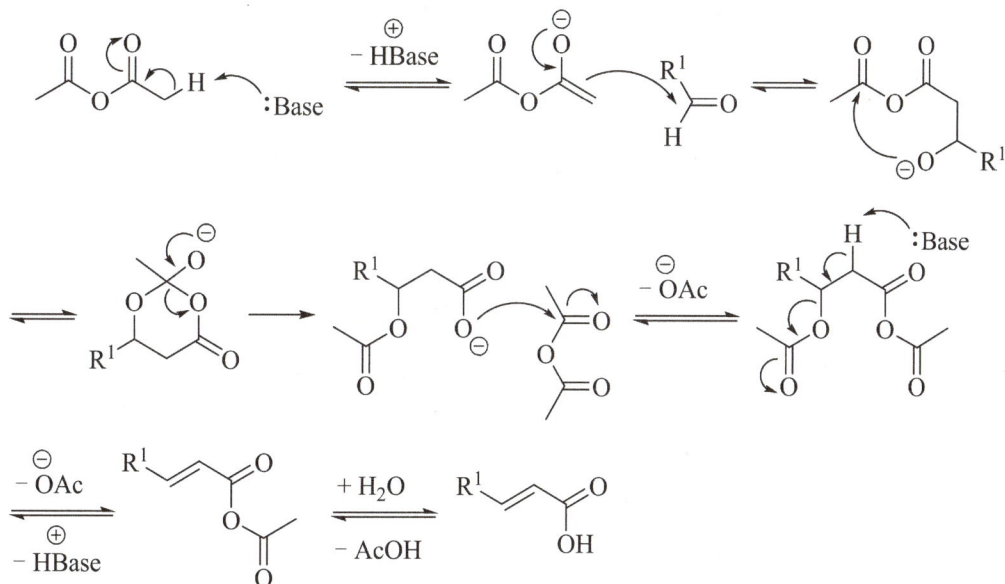

（二）反应的影响因素

1. 芳香醛结构的影响

通常情况下，Perkin 反应局限于芳香族醛类，取代芳醛在 Perkin 反应中的活泼性与取代基的性质密切有关。当连有吸电子取代基时，活性明显增强，反应易于进行；反之，连有给电子取代基时，则反应速率随即减慢，收率相应也低，甚至不能发生反应。当用邻羟基、邻氨基芳香醛进行反应时，常伴随闭环。某些杂环醛，如呋喃甲醛、2-噻吩甲醛亦能进行反应。

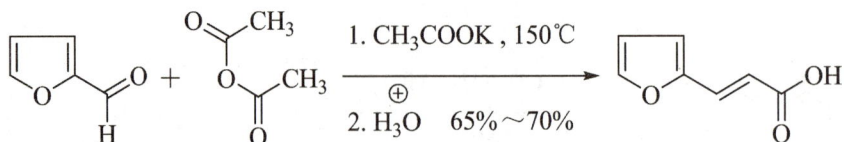

2. 酸酐结构的影响

若酸酐具有两个 α-H，则其产物均是 α,β-不饱和羧酸。若用 β-二取代酸酐 $(R_2CHCO)_2O$ 反应，则可获得 β-羟基羧酸。高级酸酐制备较难，来源亦少，但可采用该酸酐盐与乙酸酐代替，使先形成相应的混合酸酐再参与缩合。

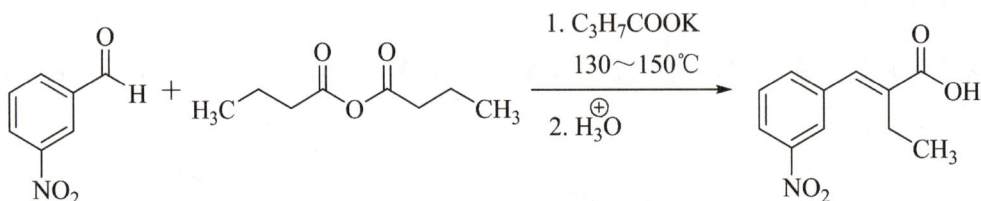

3. 催化剂的影响

催化剂常用相应羧酸的钾盐或钠盐；若用铯盐催化效果更佳，反应速率快，收率也较高。由于羧酸酐是活性较弱的甲叉基化合物，而催化剂羧酸盐又是弱碱，所以反应温度要在较高的温度（150～200℃）下进行。

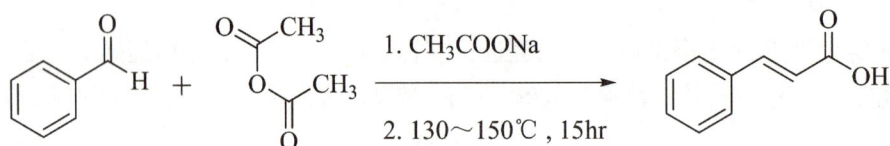

4. 反应的立体选择性

Perkin 反应优先生成 β-大基团与羧基处于反式的产物，即 Z 型产物，然而，在乙酸钠存在下，三氟乙酰基苯与乙酸酐加热反应，可得到 E 型产物。

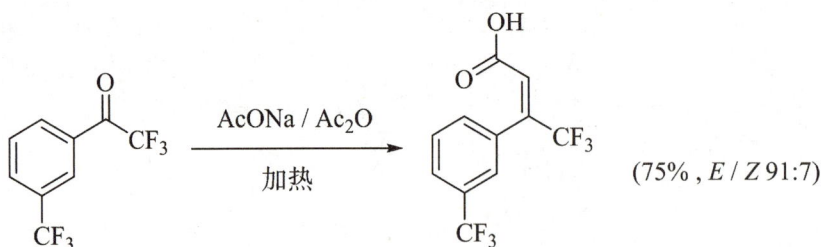

$(75\%, E/Z\,91:7)$

5. 分子内的 Perkin 反应

在吡啶存在下，2-乙酰基-4-硝基苯氧乙酸与酸酐共热，可发生分子内的 Perkin 反应，生成苯并呋喃甲酸类衍生物。

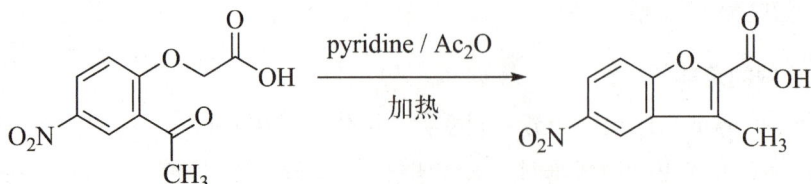

（三）应用实例

Perkin 反应可用于抗肿瘤药考布他汀（combretastatin）的合成。在三乙胺和乙酸酐的存在下，3,4,5-三甲氧基苯乙酸与 3-羟基-4-甲氧基苯甲醛发生 Perkin 反应，得 β-芳基丙烯酸类化合物，然后，在铜粉、喹啉、碘存在下，高温脱羧、烯烃顺反转化，得考布他汀。

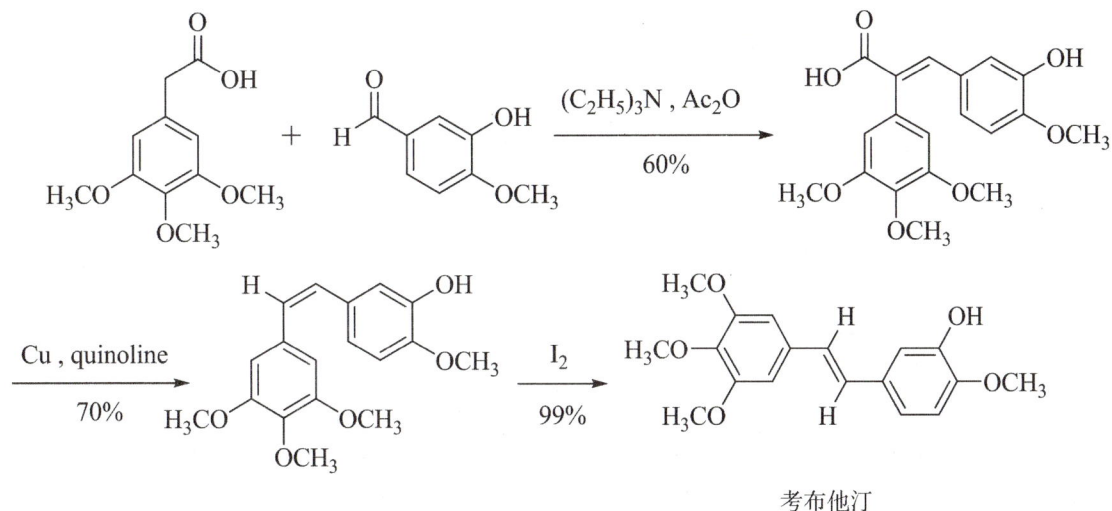

考布他汀

第三节　烯键的加成缩合反应

一、Michael 加成反应

1887 年，Michael 发现碱催化下，由活泼亚甲基化合物形成的碳负离子可与 α,β-不饱和羰基化合物发生 1,2-加成或 1,4-加成，后把这类反应称之为 Michael 加成（迈克尔加成反应）。

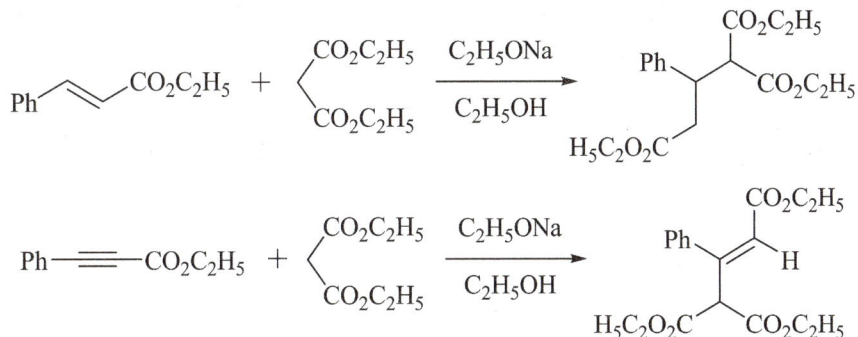

（一）反应机理

在碱性催化剂存在下，活性甲叉基化合物和 α,β-不饱和羰基化合物发生加成缩合，生成 α-烷基类化合物的反应，称为 Michael 反应（迈克尔反应）。其中，α,β-不饱和羰基化合物及其衍生物则称为 Michael 受电体，能形成碳负离子的活性甲叉基化合物常称为 Michael 供电体。

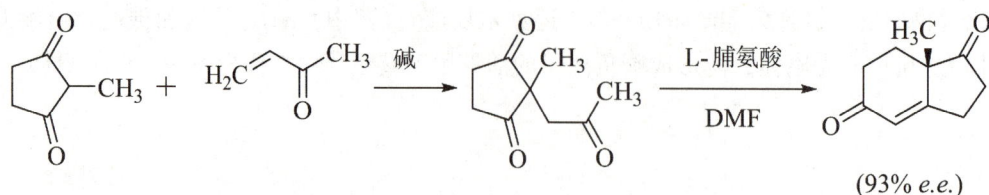

迈克尔供电体　　　　　　　　烯醇酯　　　迈克尔受电体

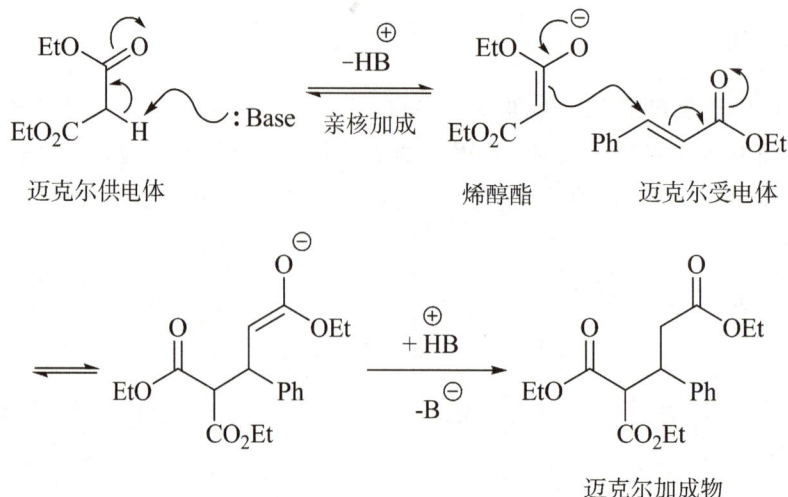

迈克尔加成物

（二）反应的影响因素

1. 反应底物结构的影响

通常，Michael 供电体酸度大，易形成碳负离子，活性也大，如丙二酸二乙酯和苯乙酮作比较，前者酸性（$pK_a = 13$），后者的 $pK_a = 9$，若采用弱碱哌啶或吡啶催化，其他条件一致的情况下，前者因为酸性大，加成物的产率很高，而后者反应较困难；然而，Michael 受电体的活性，则与 α,β-不饱和键上连接的官能团性质有关，官能团的吸电子能力强，活性也越大。同一加成产物由两个不同的反应物（供电体和受电体）组成。

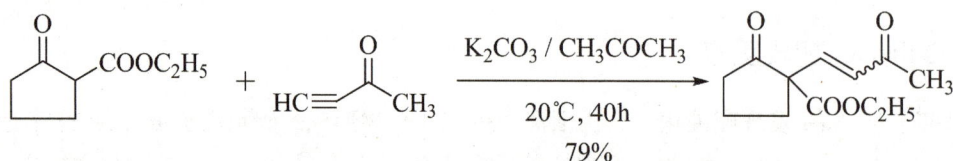

值得一提的是，不对称酮的 Michael 加成主要发生在取代基多的碳原则上，究其原因，烷基取代基越多，烯醇负离子的活性稳定性越强。进一步研究表明，当活性甲叉基化合物连有不同的取代基时，在 Michael 反应条件下，均可以 Z 型或 E 型几何异构体的形式存在。当活性甲叉基化合物的烯醇式为 E 型时，得到顺式 Michael 加成产物；反之，则得到反式 Michael 加成产物。

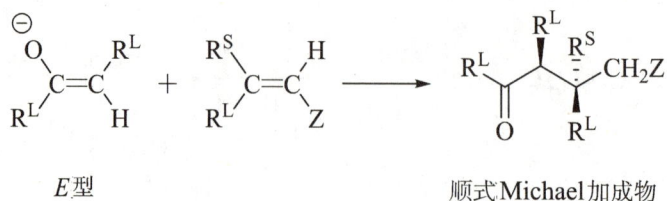

E 型　　　　　　　　　　　　　　　　顺式Michael加成物

环状酮与 α,β-不饱和酮在碱性条件下进行 1,4-加成反应，继而闭合环化，生成新的化合物，该反应广泛用于甾族、萜类稠环化合物等的合成。

(93% e.e.)

2. 催化剂的影响

迈克尔反应可选用催化剂，包括：醇钠（钾）、氢氧化钠（钾）、金属钠、氨基钠、氢化钠、哌啶、吡啶、三乙胺、季铵碱等。这些碱催化剂的选择与供电体的活性和反应条件有关。同时，Michael 加成也可选用质子酸和 Lewis 酸催化剂：三氟甲磺酸和氧化铝等。在三氟甲磺酸催化下，2-氧代环己基甲酸乙酯与丙烯酸乙酯反应，高产率生产 1,4-加成物。

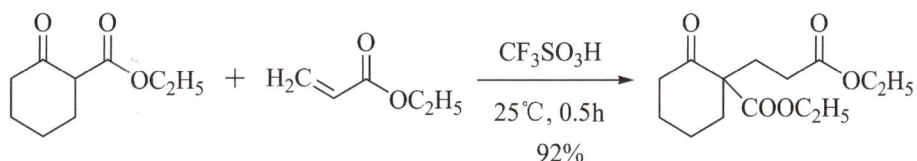

近来研究表明，在质子性溶剂中，提高经典的 Michael 反应使用催化量的碱，使之达到等物质的量，活性甲叉基完全转化成烯醇式，反应收率更高，选择性强。

某些简单的无机盐，例如氯化铁、氟化钾也可催化 Michael 加成。在氯化铁催化下，烯酮肟与乙酰乙酸乙酯发生 Michael 加成、脱水、环合，可得到烟酸衍生物。

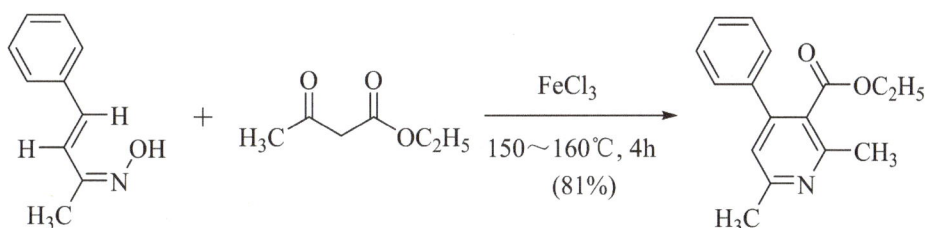

（三）应用实例

托法替尼（tofacitinib）是一种 Janus 激酶（JAK）抑制剂，用于治疗对甲氨蝶呤（Methotrexate，MTX）反应不佳的中至重度类风湿关节炎成人患者。α,β-不饱和双键酮与甲基 Grignard 试剂发生 Michael 不对称加成，经 AlH₃ 还原酰胺的羰基成甲叉基，然后脱除 TBDPS 保护基，在 DIAD-PPh₃ 作用下，与嘌呤衍生物偶联，再在溴化锌作用下脱除 Boc 基生成前体，最后与氰基乙酸在 EDC/HOBt 作用下偶联，得到目标物托法替尼。

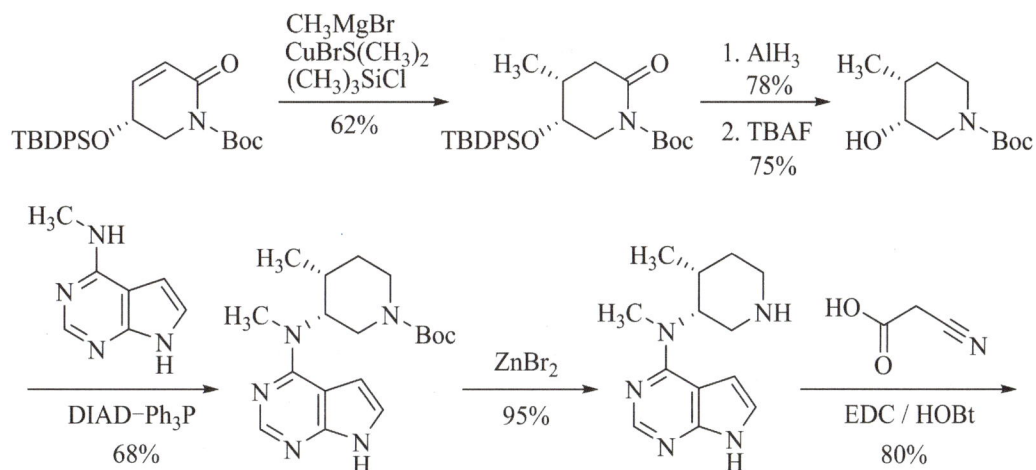

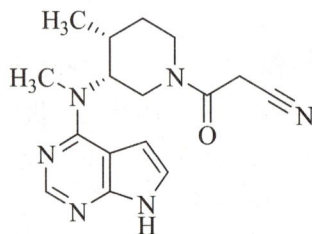

托法替尼

二、Robinson 环化反应

脂环酮与 α,β-不饱和酮的共轭加成产物发生的分子内缩合反应，可以在原来环结构的基础上再引入一个环，称为 Robinson 环化反应。在催化量碱的作用下，具有 α-氢的二羰基化合物，发生分子内的醛醇缩合反应，换句话说，在碱催化下，羰基 α-碳失去氢原子形成碳负离子，继而进攻缺电子的羰基碳原子，生成加成产物，属于亲核加成机理。

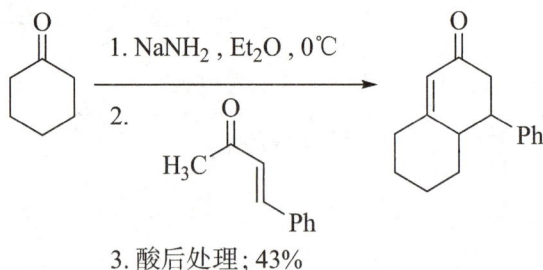

（一）反应机理

Robinson 环化法通过脂环酮与 α,β-不饱和酮的 Michael 加成和分子内的缩合反应实现，在碱催化下，羰基 α 碳失去氢原子形成碳负离子，与 α,β-不饱和酮发生 1,4-亲核加成反应，加成产物在强碱作用下，发生烯醇化，进攻缺电子的羰基碳原子，形成另一新环，具体的反应机理如下。

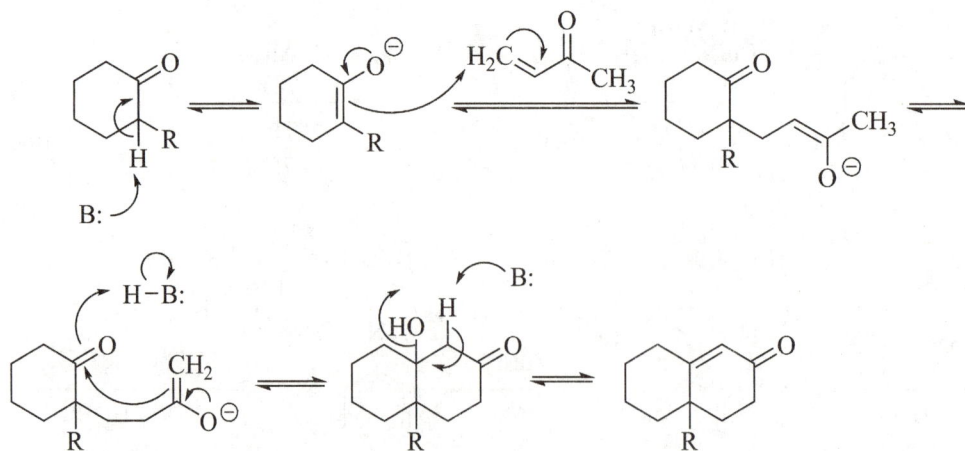

（二）反应的影响因素

Robinson 环化反应不仅可在碱催化下进行，也可在酸催化下发生。

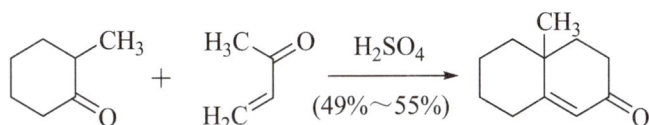

加成反应生成的中间体是一个新的碳负离子，可导致许多副反应的发生。因此，在进行 Robinson 环化反应时，为了减少由于 α,β-不饱和羰基化合物反应活性较大带来的副反应，常用其前体代替，如用 4-三甲氨基-2-丁酮作为 2-丁烯酮的前体；亦可用烯胺代替碳负离子，或位阻大的强碱，使环化反应有利于在取代基较少的碳负离子上进行。

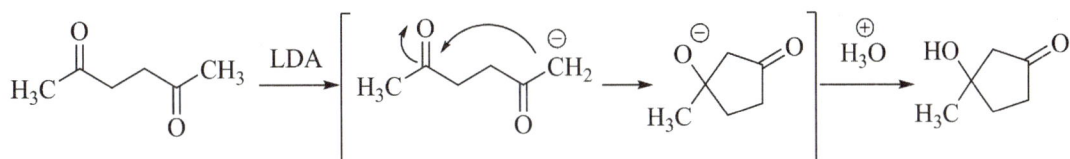

为减少副反应，α,β-不饱和羰基化合物可用其前体代替。

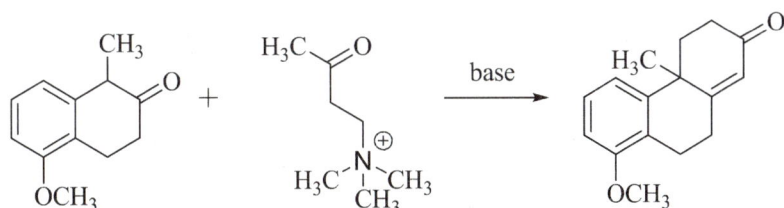

或者，也可以将环酮先转化成烯胺，再发生 Robinson 环化反应。

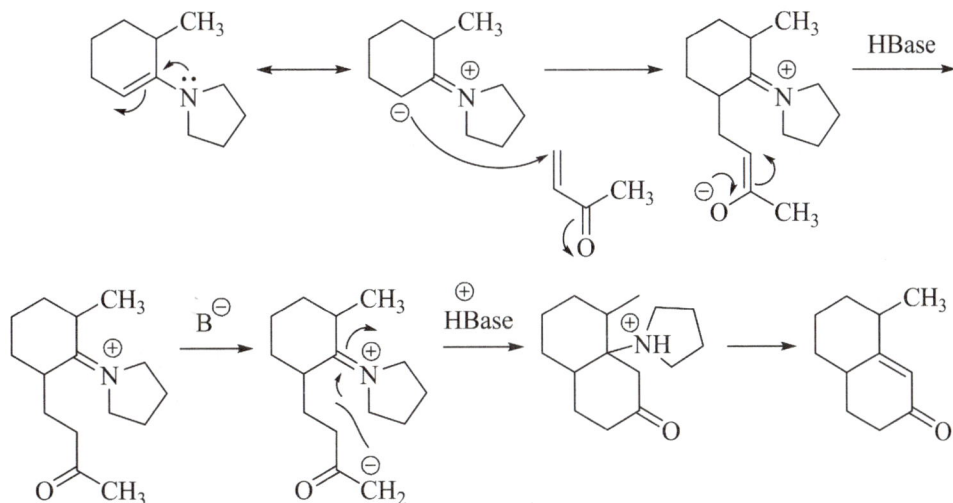

（三）应用实例

2-亚甲基环酮与脂肪酮也可以发生 Robinson 环化反应。

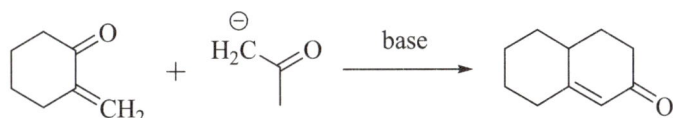

Robinson 环化法经常被用来合成稠环化合物，如甾类、萜类等。

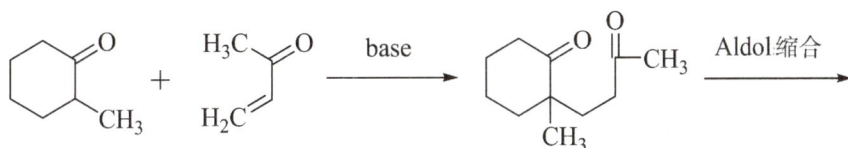

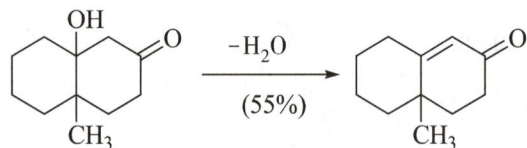

Robinson 环化法最具有代表性的是合成 Wieland-Miescher 酮，该酮是甾体激素类药物全合成的基础，也是抗肿瘤药紫杉醇（taxol）全合成的起始原料。近年来，以催化量的 L-脯氨酸为手性助剂，实现了 Wieland-Miescher 酮的对映选择性合成。

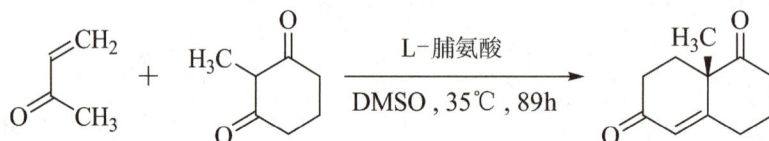

三、Prins 反应

在酸催化下，烯烃与甲醛（或其他醛）加成而得 1,3-二醇或其环状缩醛 1,3-二氧六环及 α-烯醇的反应，称为 Prins 反应。

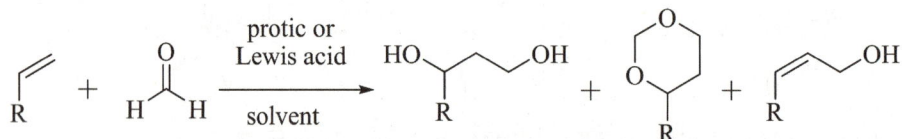

（一）反应机理

在酸催化下，甲醛经质子化形成碳正离子，然后与烯烃进行亲电加成。根据反应条件的不同，加成物脱氢得 α-烯醇，或与水反应得 1,3-二醇，后者可再与另一分子甲醛缩醛化，得 1,3-二氧六环型产物。这一反应可看作经过加成，在不饱和烃上引入一个 α-羟甲基的反应。

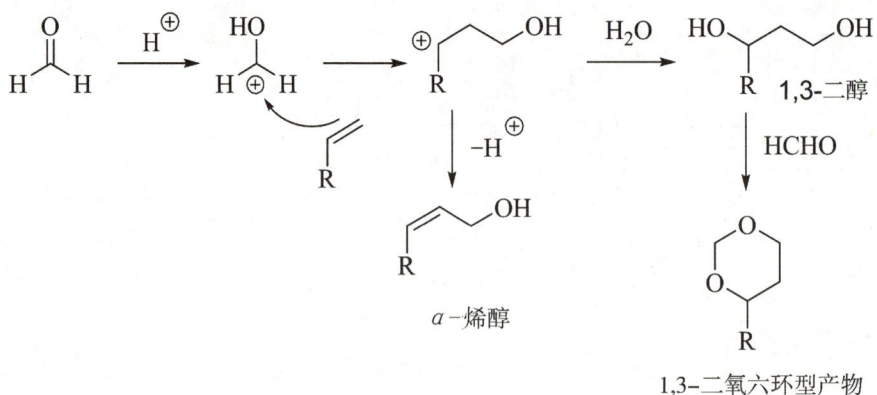

（二）反应的影响因素

1. 底物烯烃结构、酸催化的浓度及反应温度的影响

1,3-二醇和环状缩醛的比例取决于烯烃的结构、酸催化的浓度以及反应温度等因素。乙烯反应活性较低，而烃基取代的烯烃反应比较容易。RCH⟶CHR 型烯烃经反应主要得 1,3-二醇，但收率较低；而 R₂C⟶CH₂ 或 RCH⟶CH₂ 型烯烃反应后主要得到环状缩醛，收率较好。某些环状缩醛，特别是由 RCH⟶CH 或 RCH⟶CHR′ 形成的环状缩醛，于较高的温度下，在酸液中水解，或在浓硫酸中与甲醇一同回流醇解，均可得到 1,3-二醇。苯乙烯与甲醛在甲酸中进

行 Prins 反应，生成 1,3-二醇甲酸酯，再经水解得 1,3-二醇。

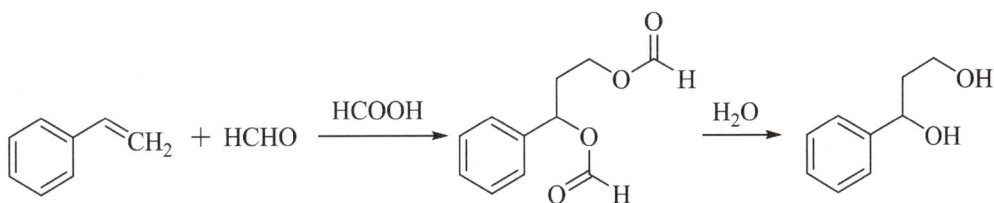

2. 催化剂的影响

Prins 反应通常用稀硫酸催化，亦可用磷酸、强酸性离子交换树脂或三氟化硼、氯化锌等 Lewis 酸作催化剂。若用盐酸催化，则可能发生使生成的环状缩醛转化为 γ-氯代醇的副反应。

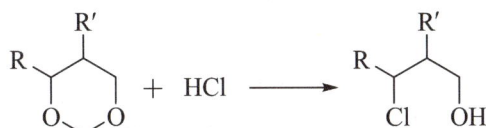

在酸性树脂催化下，苯乙烯与甲醛进行 Prins 反应，可得 4-苯基-1,3-二氧六环。

（三）应用实例

帕罗西汀（paroxetine）是一个对映体纯的(-)-反式-3,4-二取代哌啶，临床用来治疗抑郁症。下面是帕罗西汀的合成路线之一，可由苄基哌啶酮为起始原料，采用 Grignard 反应引入对氟苯基，脱水，然后与甲醛发生 Prins 反应，拆分，得 4-苯基-5-卤代-1,3-二氧六环中间体。再经还原、保护、烃化、还原，得到目标物。

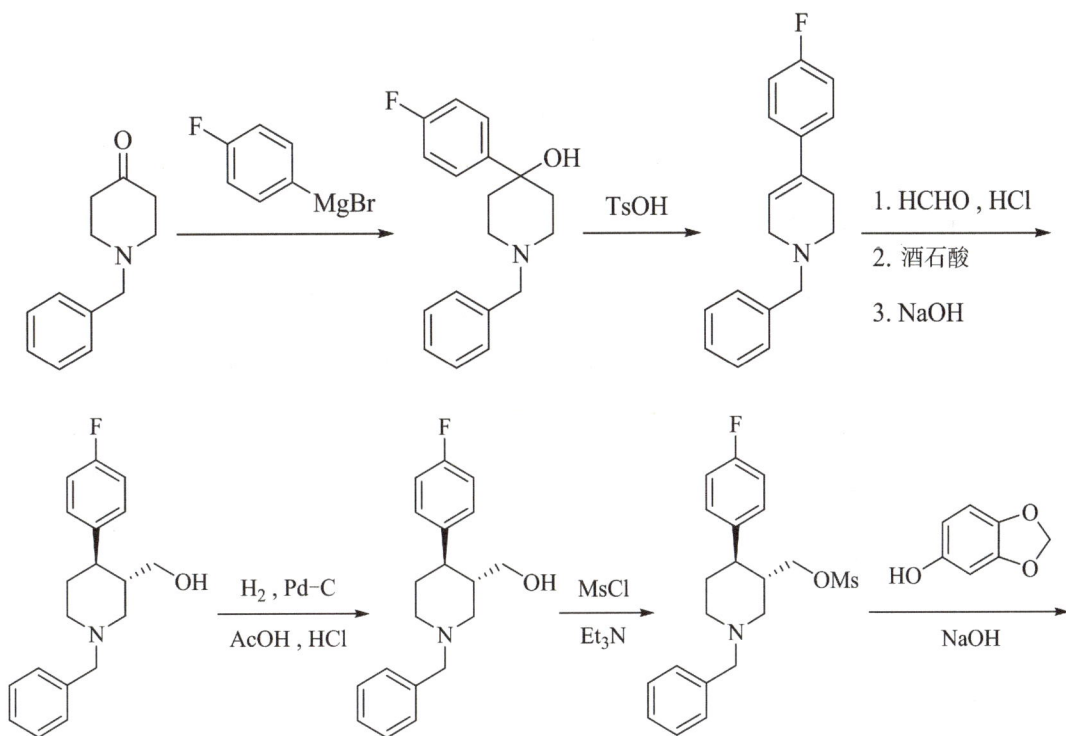

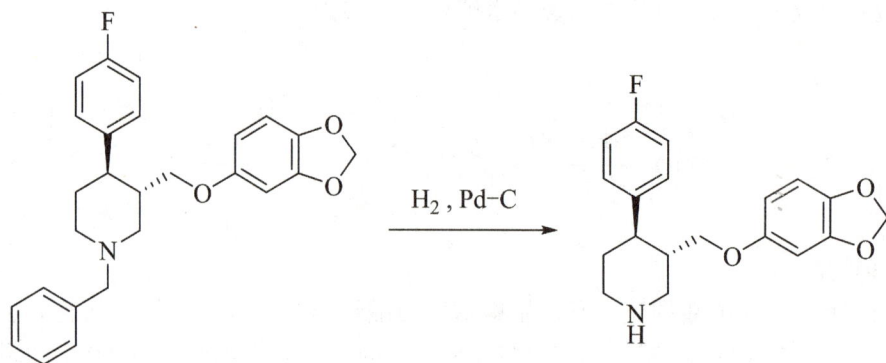

帕罗西汀

第四节　酯缩合反应

在碱性催化剂作用下，含有 α-H 的酯发生缩合反应，失去一分子醇，得到 β-酮酸酯，称为酯缩合反应。若含 α-H 的酯与另一个相同的酯分子在碱催化下缩合得到 β-酮酯，称作 Claisen 缩合。若两个反应的酯发生分子内缩合形成五元环或六元环的 β-环酮酸酯连接在一起，那么就发生了 Dieckmann 缩合。在相同条件下两个不同的酯分子之间的反应称之为交叉（混合）Claisen 缩合。

Claisen 缩合：

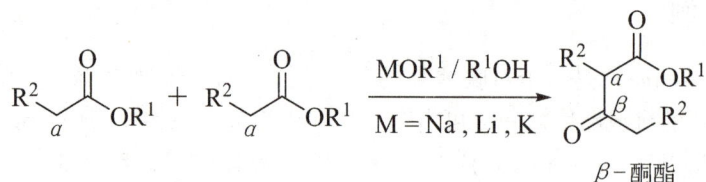

β-酮酯

Dieckmann 缩合：

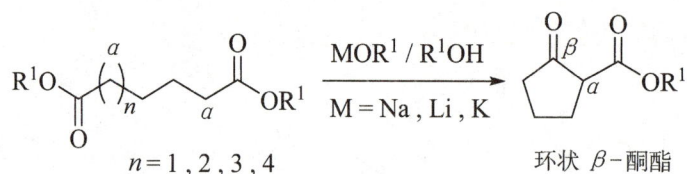

$n = 1, 2, 3, 4$

环状 β-酮酯

交叉（混合）Claisen 反应：

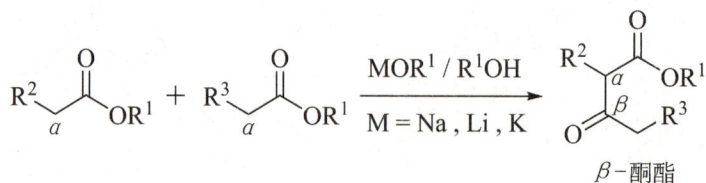

β-酮酯

一、Claisen 缩合

这一部分包括酯-酯缩合、酯-酮缩合和酯-腈缩合。

（一）酯-酯缩合

1. 反应机理

首先含 α-H 的酯在强碱作用下脱去质子，形成烯醇负离子，其作为亲核试剂进攻另一个酯分子的羰基，形成四面体过渡态，释放一个离去基团后过渡态破坏。由于产物 β-酮酸酯的 α-质子位于两个羰基之间，比前体酯更具有酸性，在碱性条件下，这一个质子脱去，得到相对稳定的阴离子，由于其比第一步生成的烯醇负离子反应活泼性弱，因此得到的 β-酮酸酯不再进一步反应。

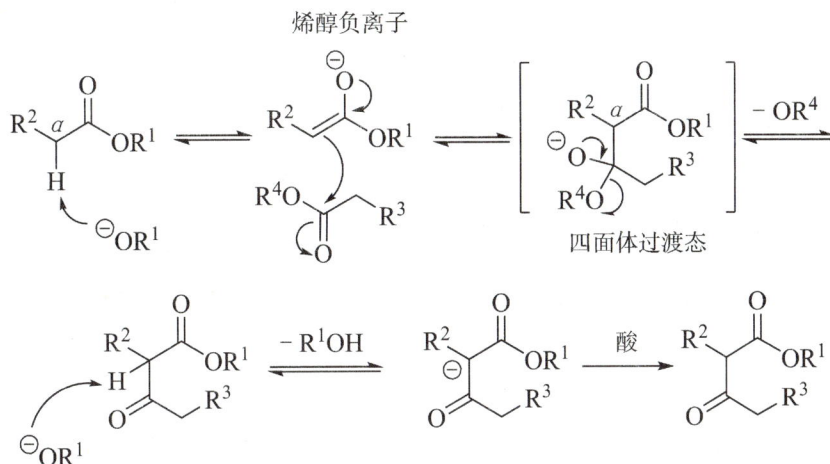

2. 反应的影响因素

（1）催化剂　催化剂碱性越强，越有利于形成烯醇负离子，从而使得 Claisen 反应的平衡向正方向移动。除常用乙醇钠外，还有叔丁醇钾、叔丁醇钠、氢化钾、氢化钠、三苯甲基钠、二异丙胺锂和 Grignard 试剂等，酯的 α-H 的酸性的强弱，确定所使用的碱强弱。

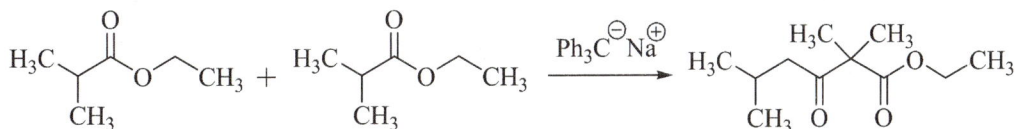

（2）反应底物结构　相同或不同的酯均能发生酯缩合，理论上不同酯发生 Claisen 缩合反应，得到四种不同的产物，称为混合酯缩合，在制备上是没有太大的意义。如果其中一个酯分子既无 α-H，而且烷氧基羰基又较为活泼时，则仅生成一种缩合产物。

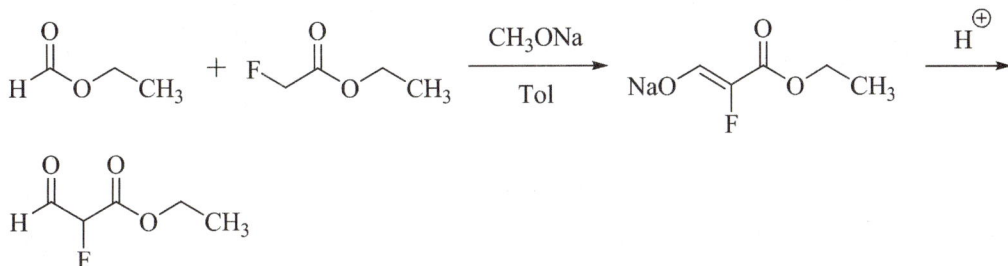

（3）溶剂　酯缩合反应大多在无水条件下进行，反应可在非质子溶剂中进行，也可在质子溶剂中发生。一般选用的非质子溶剂包括乙醚、四氢呋喃、乙二醇二甲醚、苯、甲苯、二甲基亚砜、二甲基甲酰胺或石油醚等；质子溶剂通常采用醇类、氨等。若选用质子溶剂，其酸度应小于碱的共轭酸（BH）的酸性，否则将使 B-离子浓度降低，以至于影响酯的烯醇负离子的形成，从而不利于反应。

3. 应用实例

在氢化钠催化下，制备抗癫痫药物苯巴比妥（phenobarbital）的中间体，以苯乙酸乙酯为原料，与乙二酸二乙酯发生 Claisen 缩合反应。

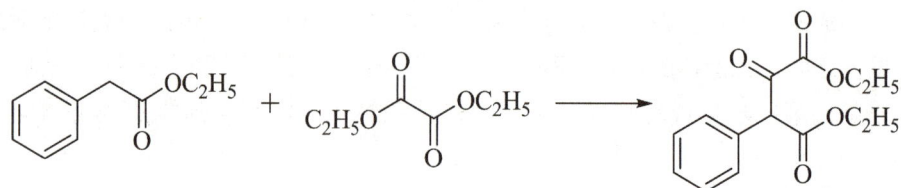

苯巴比妥中间体

（二）酯-酮缩合

1. 反应机理

在反应过程中，由于酮较酯更易于形成烯醇负离子，故作为亲核试剂进攻酯的羰基，经消除一分子的烷氧化物，生成 β-二酮类化合物。

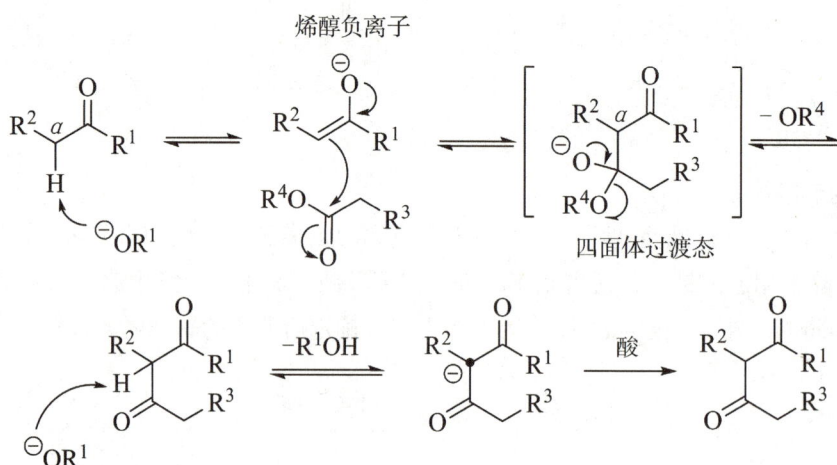

烯醇负离子

四面体过渡态

2. 反应的影响因素

在酯-酮缩合反应中，底物的结构对反应存在影响。烷基的给电子效应和空间位阻都会使得酮或者酯的反应活性降低。

在碱性催化剂作用下，酮越易形成烯醇负离子，那么产物中酮的自身缩合的比例越高。若酯更容易形成烯醇负离子，则产物中一般混杂酯的自身缩合副产物，若定向合成一种产物，须考虑反应选择性。选择不含 α-H 的酯与对称酮缩合，可得到较为单纯的产物。

3. 应用实例

在二肽基肽酶 4 抑制剂吉格列汀（gemigliptin）中间体的合成中，使用了 Claisen 缩合反应。市售试剂 N-Boc-3-哌啶酮预先用六甲基二硅基胺基锂（LHMDS）处理，然后与三氟乙酸乙酯反应，得到要求的二酮中间体。

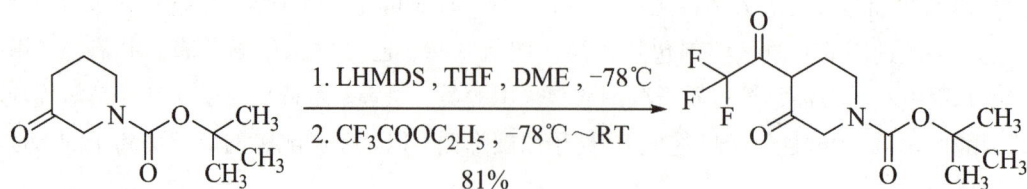

1. LHMDS, THF, DME, -78℃
2. CF₃COOC₂H₅, -78℃～RT
81%

吉格列汀中间体

在氢化钠催化下，利用 Claisen 缩合反应，合成细胞周期依赖性蛋白激酶抑制剂阿尔瓦西德（alvocidib）的中间体。

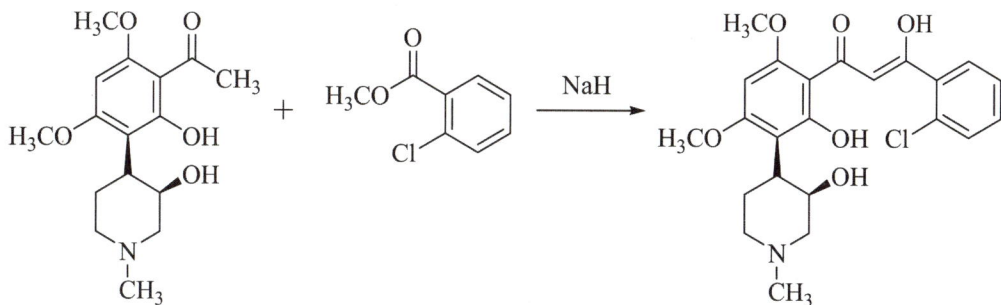

阿尔瓦西德中间体

（三）酯-腈缩合

酯-酯缩合的反应条件和反应机理与酯-酯缩合、酯-酮缩合类似。原因是氰基具有较强的吸电子能力，使得其相邻的 α-H 酸性较强，容易被碱夺取，形成烯醇负离子进攻酯分子的羰基，而后消除烷氧基，生成 β-羰基腈化合物。例如，对-氯苄腈与丙酸乙酯在乙醇钠存在下缩合，然后酸化，得到抗疟药物乙胺嘧啶（pyrimethamine）的中间体。

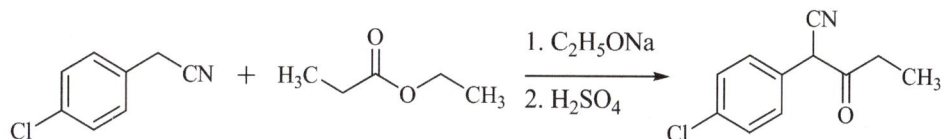

乙胺嘧啶中间体

可以利用酯与腈发生 Claisen 反应，制备异噁唑化合物。

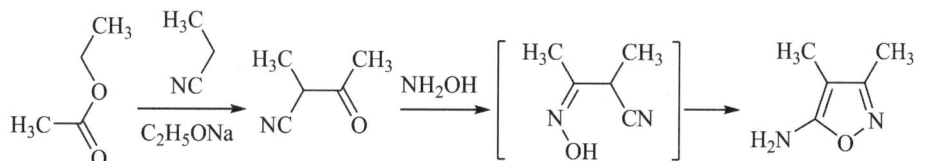

磺胺异噁唑中间体

二、Dieckmann 缩合

二元羧酸分子中的两个酯基由 4 个以上的碳原子隔开时，在金属钠、醇钠、氢化钠等催化下，可发生分子内的酯缩合的方法，用于构建脂环结构的化合物，形成五元环或更大环的酯称之为 Dieckmann 反应。Dieckmann 缩合实质上是分子内的 Claisen 缩合反应。通常反应在苯、甲苯、乙醚、无水乙醚等溶剂中进行。

（一）反应机理

在强碱作用下，二元酸酯形成烯醇化，5-位外向进攻闭环，消除一分子乙醇，另一分子强碱继续作用，再次烯醇化，酸化处理，得到脂环酮。

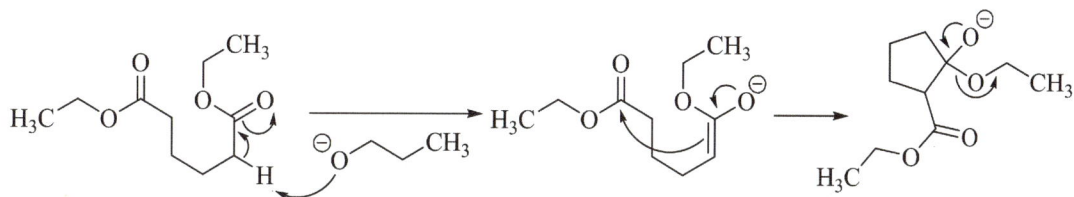

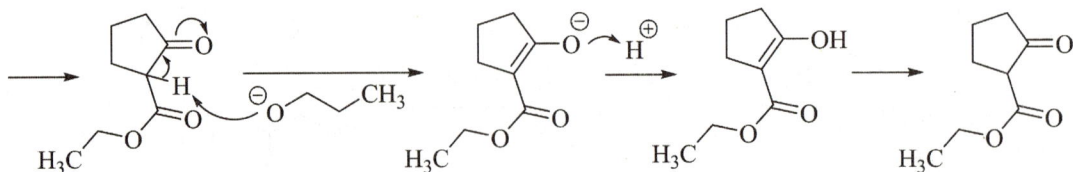

（二）反应影响因素

底物结构影响：含有两个不同 α-H 二元酸酯化合物，酸性较大的 α-H 优先被夺去，形成碳负离子，进攻酸性较小 α-H 边的羰基，形成相应脂酮酸酯。即使发生酸性较小 α-H 被被键夺去，生成的副产物脂酮酸酯，会通过酯缩合逆反应和酯缩合反应转化成目标脂酮酸酯。

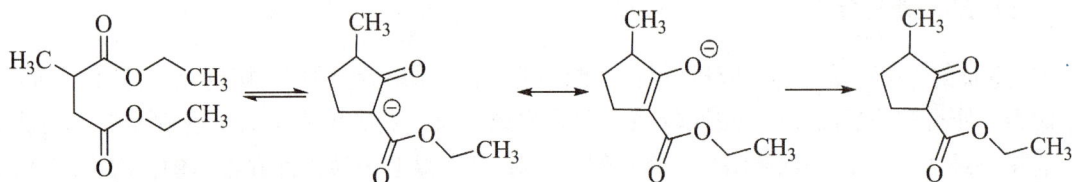

（三）应用实例

非甾体抗炎药物环氧合酶-2 抑制剂罗非考昔（rofecoxib）的中间体苯基季酮酸的合成，采用 Dieckmann 反应进行合成。

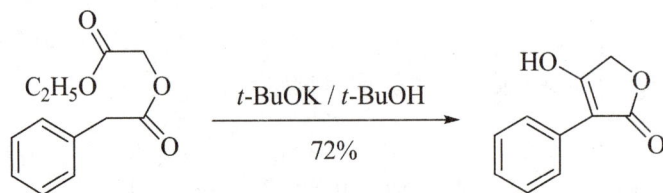

Dieckmann 反应也是合成环酮类化合物的有效途径，其过程包括缩合和脱羧两个步骤。临床上用于治疗低钠血症状的选择性、竞争性血管加压素受体 2 拮抗剂托伐普坦（tolvaptan）的中间体合成，就是采用 Dieckmann 反应实现的。

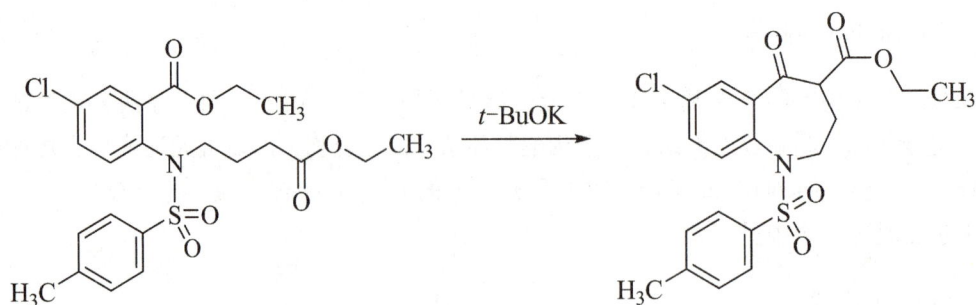

托伐普坦中间体

第五节　羰基烯化反应

一、Wittig 反应

醛或酮与磷叶立德反应合成烯烃的反应称为羰基烯化反应，又称 Wittig 反应，其中该磷叶立德（ylide）称为 Wittig 试剂。

$$R^4R^5C{=}O \ + \ (R^1)_3 \overset{\oplus}{P}{-}\overset{\ominus}{C}R^2R^3 \ \longrightarrow \ R^3R^2C{=}CR^4R^5 \ + \ (R^1)_3P{=}O$$

（一）反应机理

Wittig 试剂中碳负原子对醛、酮的羰基作亲核进攻，形成内鎓盐或氧磷杂环丁烷中间体，进而经顺式消除，分解成烯烃及氧化三苯膦，机理如下图所示。

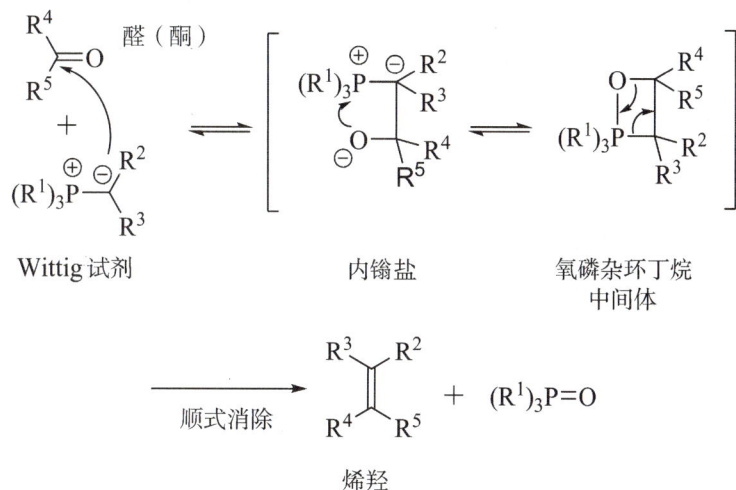

（二）反应的影响因素

1. Wittig 试剂的影响

Wittig 试剂的反应活性和稳定性随着 α-碳上的取代基不同而不同。若取代基为氢、脂肪烃基、脂环烃基等，稳定性小，反应活性高；Wittig 试剂的 α-碳上的取代基若为吸电子基团，则亲核性降低，但稳定性增大。例如：

$$(C_6H_5)_3P{=}CH{-}\text{C}_6\text{H}_4{-}NO_2 \ \text{稳定性} \ > \ (C_6H_5)_3P{=}CH{-}CH_3$$

前者可由三苯基（对硝基苄基）卤化膦在三乙胺中处理即得，而后者则需将三苯基乙基溴（碘）化膦在非质子溶剂（如 THF）中用强碱正丁基锂处理制备。

2. 羰基结构的影响

醛、酮活性可影响反应的速率和收率。通常情况，醛反应最快，酮次之，酯最慢。利用羰基的活泼性差异，可选择性亚甲基化。如含有酮基羧酸酯类化合物发生 Wittig 反应时，仅酮基参与反应，而酯羰基不受影响。

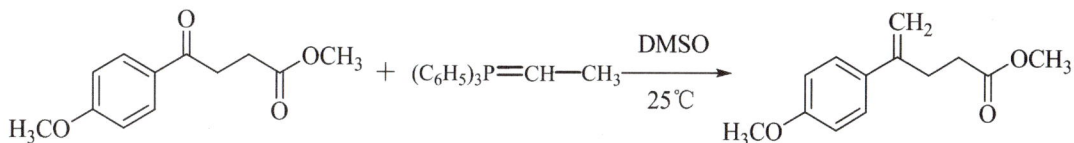

3. 溶剂及其他因素的影响

反应产物烯烃可为 Z、E 两种异构体，其选择性受到影响因素较多，如溶剂的极性、是否含盐、Wittig 试剂稳定性与反应活性。如在极性溶剂和无质子条件下，稳定的活性较小试剂或不稳定的活性较大的试剂，选择性均差，但稳定的活性较小试剂以 E 型为主，然而，在极性溶剂和有质子条件下，稳定的活性较小的试剂生成的 Z 型异构体的选择性增加，不稳定的活性较大的 Wittig 试剂，生成的 E 型异构体的选择性增加。假如在非极性溶剂和无盐存在下，有利于提高选择性，稳定 Wittig 试剂的反应产物以 E 型烯烃为主，活泼 Wittig 试剂的反应产物 Z 型烯烃生成量增加，但是非极性溶剂和有盐的条件下，稳定 Wittig 试剂的反应产物的 Z 型异构体增加，活泼 Wittig 试剂的反应产物以生成 E 型异构体增加。

由此可见，Wittig 试剂反应的立体选择性可通过改变反应试剂和条件达到，可立体选择地合成一定构型的产物（如 Z 型或 E 型异构体）。例如，当用稳定性大的 Wittig 试剂与乙醛在无盐条件下反应时，主要得 E 型异构体；若用活性较大的 Wittig 试剂与苯甲醛反应，则 Z 型异构体增加，E 型和 Z 型异构体的组成比例接近 $1:1$。

（三）应用实例

1. Wittig 试剂可用于制备环外烯键化合物

Wittig 反应条件比较温和，收率较高，且生成的烯键处于原来羰基位置，一般不会发生异构化，可以制得能量上不利的环外双键化合物。

2. Wittig 试剂制备共轭多烯化合物

Wittig 试剂与 α,β-不饱和醛反应时，不发生 1,4-加成，双键位置固定，利用这一特性可合成大量共轭多烯化合物。

3. Wittig 试剂制备醛、酮的有效方法

用 α-卤代醚制备的 Wittig 试剂与醛或酮反应可得到烯醚化合物，再经水解而生成醛，是一种新的制备醛、酮的有效方法。

4. 制备其他 Wittig 产物

Wittig 试剂除了与酮反应外，烯酮、异氰酸酯、酸酐、亚胺、亚硝基化合物也是不错的反应底物。

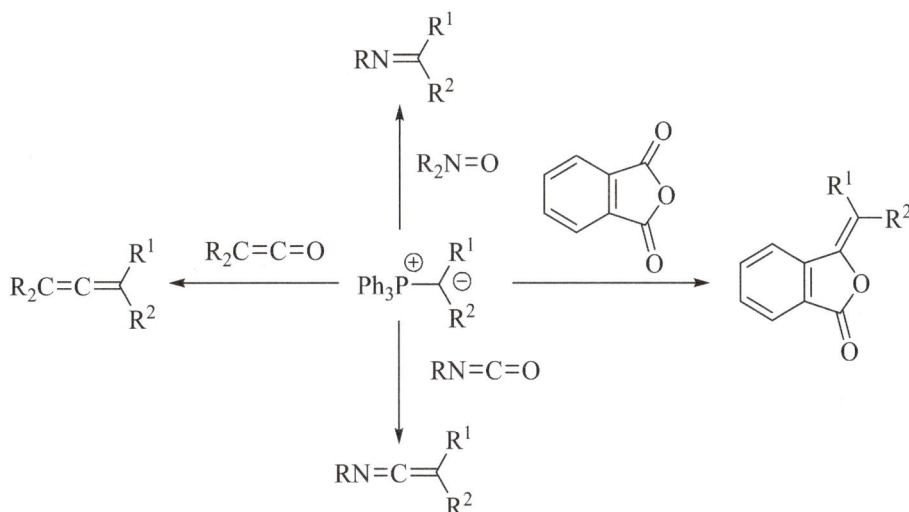

5. 临床药物合成的应用

抗丙型肝炎药物索非布韦（sofosbuvir）中间体的合成使用了 Wittig 试剂，可方便制得对映体纯的不饱和羧酸酯。

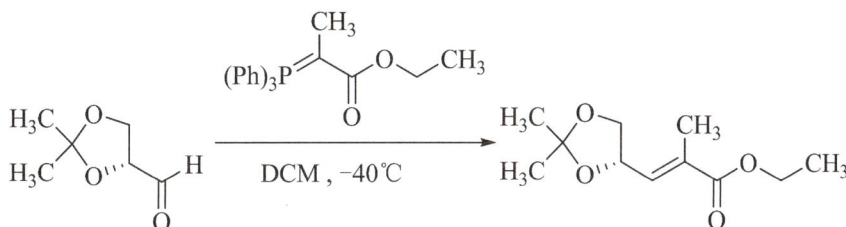

利用 Wittig 试剂，可以制备细胞周期蛋白依赖性激酶 4/6 抑制剂帕博西尼（palbociclib）的芳丙烯酸中间体。

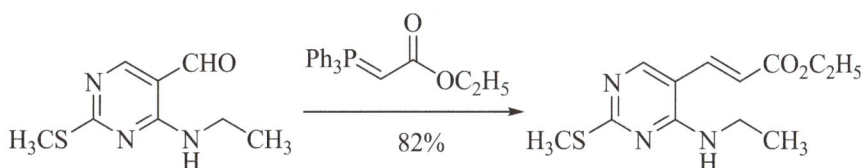

采用 Wittig 反应构建共轭多烯方法，合成羟甲戊二酰辅酶 A 还原酶抑制剂瑞舒伐他汀（rosuvastatin）中间体。

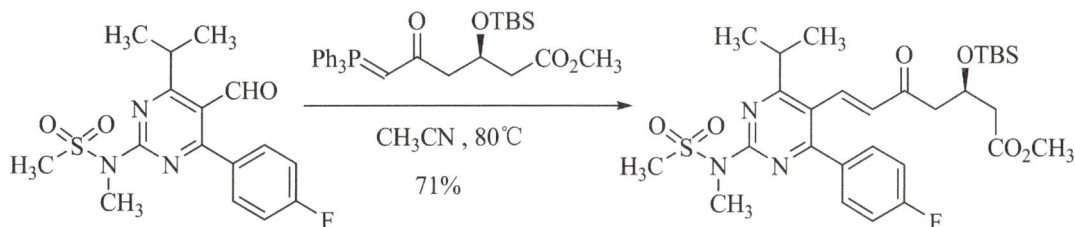

源自海洋聚醚大环内酯类软海绵素 B 的结构改造产物类艾日布林（eribulin）是一种抗微管蛋白药物，临床用于治疗肿瘤。在其中间体合成中，其环状半缩醛中间体与甲氧基羰基亚甲基三甲氧基膦烷反应，得到 α,β-不饱和羧酸酯片段。

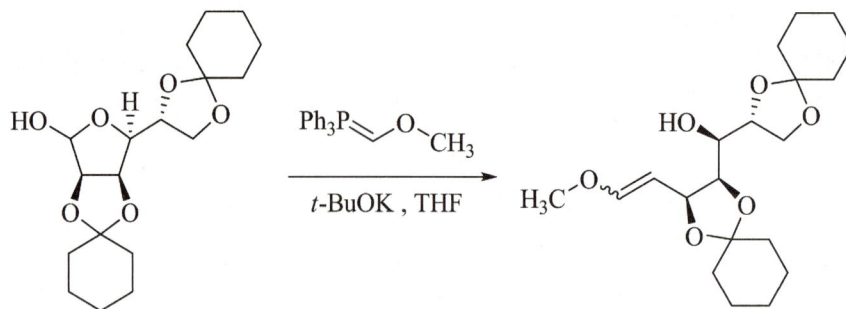

艾日布林中间体

右哌甲酯（dexmethylphenidate）是治疗儿童多动症的药物，其中间体合成利用 Wittig 试剂完成了酮羰基的烯化。

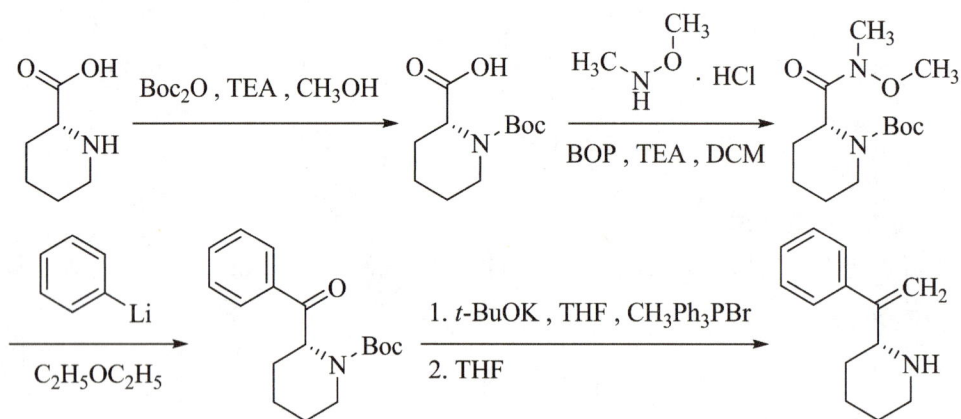

右哌甲酯中间体

二、Horner–Wadsworth–Emmons 烯化反应

在碱存在下，膦酸酯与醛、酮类化合物反应，生成烯烃产物，称为 Horner–Wadsworth–Emmons 反应或者 Wittig–Horner 反应。

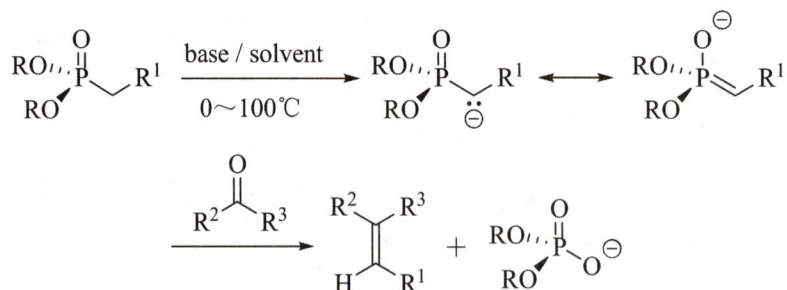

Horner–Wadsworth–Emmons 反应的试剂可由三烷基亚膦酸酯与有机卤代物经 Michaelis–Arbuzow 重排制备，即用亚膦酸酯在卤代烃（或其衍生物）作用下异构化而得到，反应过程如下图所示。

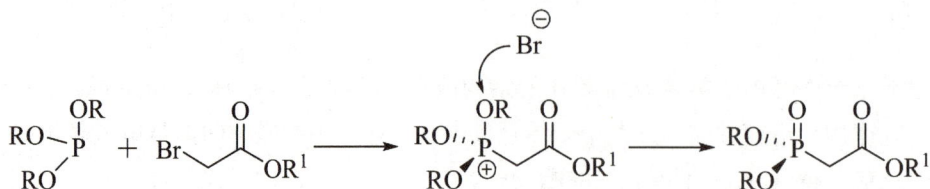

（一）反应机理

Horner-Wadsworth-Emmons 反应中，膦酸酯在碱的作用下脱去 α-H，形成碳负离子中间体，后者与羰基化合物发生加成、消除生成烯烃，机理与 Wittig 反应类似。

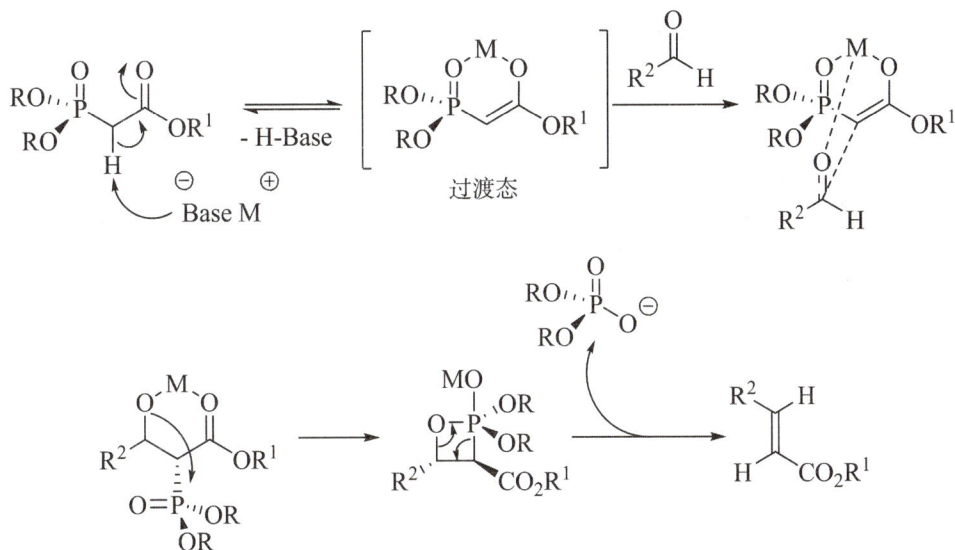

（二）反应的影响因素

Horner-Wadsworth-Emmons 反应的试剂生成烯烃产物，像 Wittig 试剂反应一样，同样可能出现 E、Z 两种构型，金属离子、溶剂、反应温度、膦酸酯中醇的结构均可以影响其立体选择性。如膦酸酯与苯甲醛在溴化锂存在下，可得到单一 E 型异构体；在低温下，膦酸酯与醛反应的产物主要是 Z 型异构体。

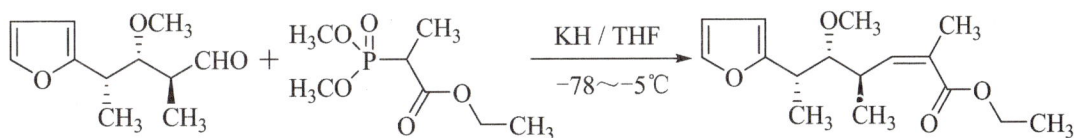

Horner-Wadsworth-Emmons 反应亦可采用相转移反应，避免了无水操作。

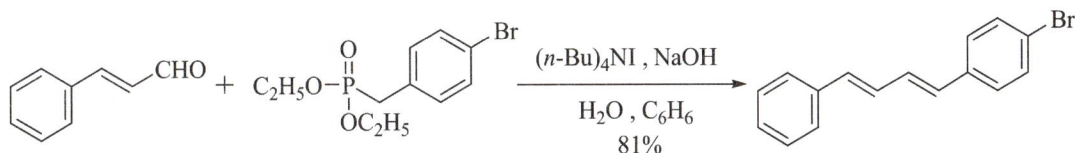

（三）应用实例

1. 制备多个共轭烯烃结构

Horner-Wadsworth-Emmons 反应广泛用于各种取代烯烃的合成。α,β-不饱和醛、双酮、烯酮等均能发生。

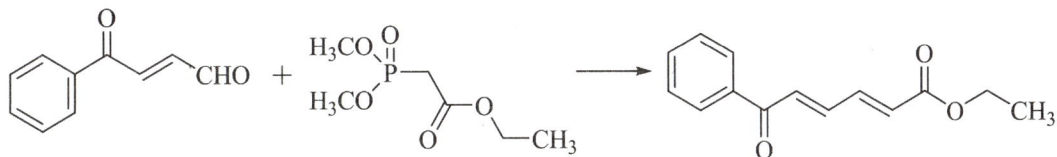

2. 临床药物合成中的应用

利用膦酸酯进行 Horner−Wadsworth−Emmons 反应，能选择性地 E-异构体烯烃产物的特性，成功地用于治疗急性淋巴白血病的蛋白激酶 C 抑制剂荜茇酰胺（Piperlongumine）的合成中。

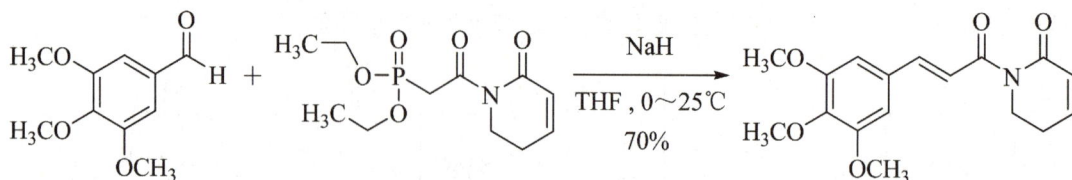

沃拉帕沙（vorapaxar）是一种蛋白酶激活受体−1（PAR−1）拮抗剂，可抑制凝血过程。首先利用膦酸酯进行 Horner−Wadsworth−Emmons 反应，构建环外双键。在四丁基氟化铵盐的存在下，脱除三异丙基硅基保护基团，然后用三氟乙酸酐活化酚羟基，再与 3-氟苯硼酸反应，然后经盐酸作用脱去乙二醇，在四氯化钛催化下引入氨基，最后在胺作用下与氯甲酸乙酯反应得目标分子沃拉帕沙。

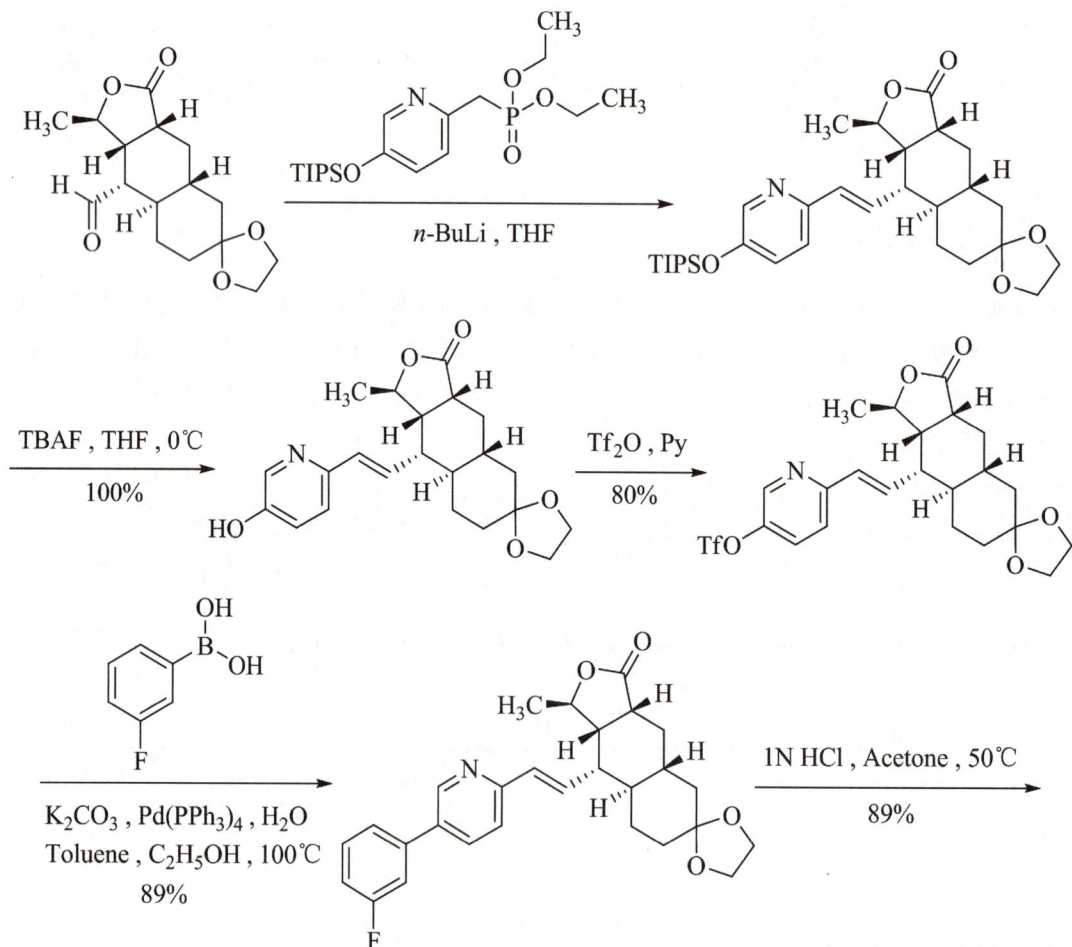

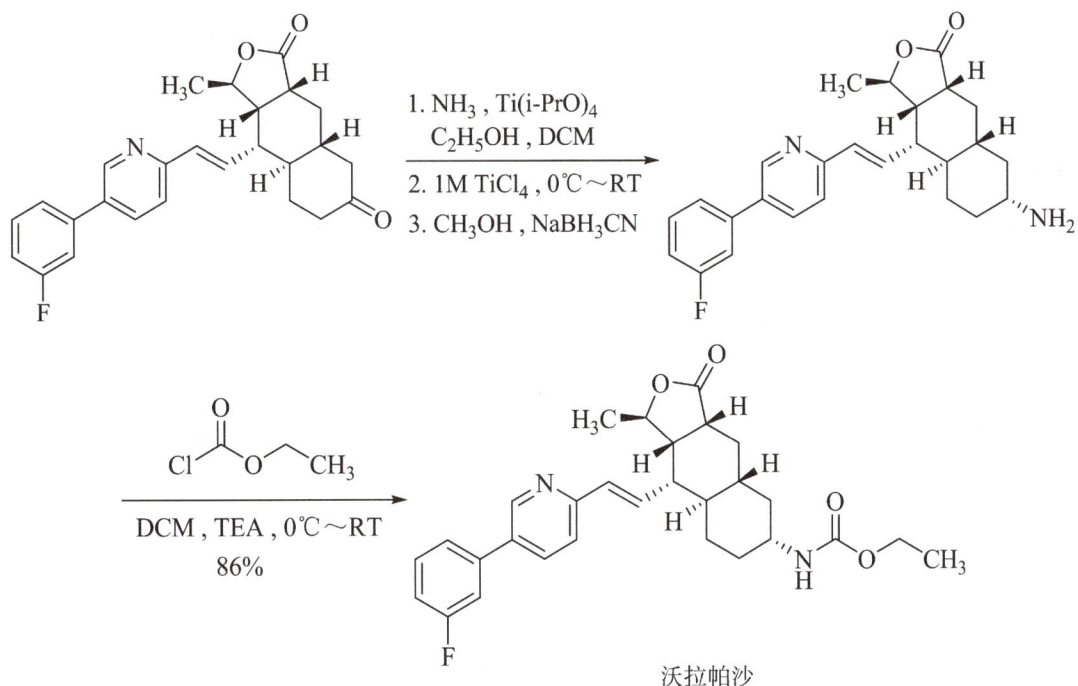

沃拉帕沙

三、Peterson 烯化反应

在碱作用下，含 α-氢的硅烷化合物与醛或酮类化合物反应，形成 β-羟基硅烷，然后消除生成烯烃，称为 Peterson 烯化。

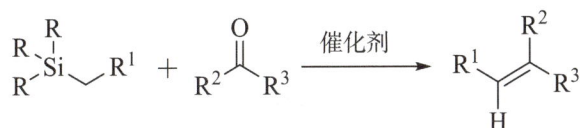

（一）反应机理

Peterson 烯化反应机理仍不十分清晰，大多数研究认为，有机硅烷在碱的作用下脱去 α-氢，形成碳负离子与羰基化合物加成，加成物经由氧硅杂四元环状过渡态发生消除反应，生成烯烃。当在酸性条件下，加成物的 C–Si 键旋转，形成羟基硅烷中间体，不经过氧硅杂四元环状过渡态，即可发生消除反应，得到烯烃。

碱性条件：

硅基烷氧化物中间体

酸性条件：

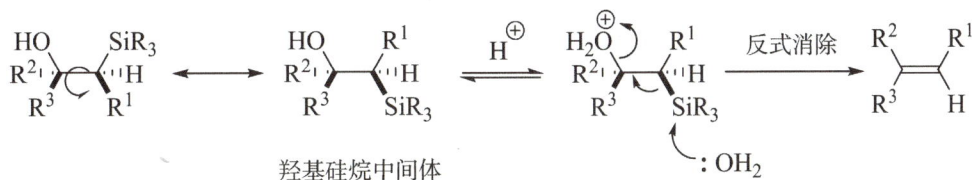

羟基硅烷中间体

（二）影响反应的因素

Peterson 烯化反应与 Wittig 反应、Horner-Wadsworth-Emmons 反应相比，α-硅烷碳负离子活泼性更高，可以与各种羰基化合物反应。副产物三烷基硅醇或硅醚水溶性好，挥发性高，易于分离。

这一烯化反应中，α-硅烷碳负离子与羰基化合物加成选择性差，通常会生成顺式和反式异构体的混合物。

（三）应用实例

Peterson 烯化反应在复杂天然产物全合成中应用。例如，构建紫杉醇 A 环过程中就用 Peterson 烯化反应引入环外双键。

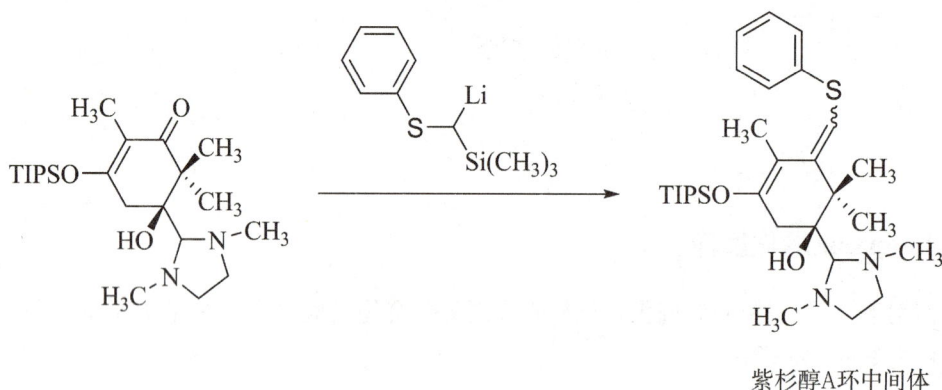

紫杉醇A环中间体

第六节　其他缩合反应

一、Grignard 反应

Grignard 反应，简称格氏反应，通常是指，在乙醚、丁醚、戊醚等无水醚存在下，由有机卤素化合物（卤代烷、活性卤代芳烃等）与金属镁生成 Grignard 试剂（RMgX），后者再与羰基化合物（醛、酮等）反应而得相应醇类。

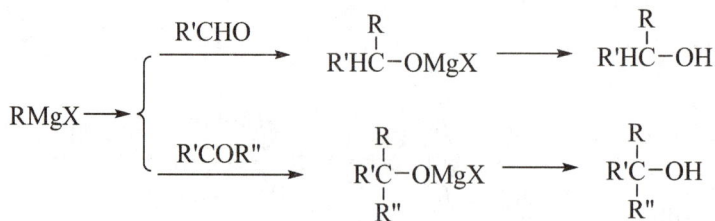

（一）反应机理

Grignard 反应的机理，首先是 Grignard 试剂中带有正电荷的镁离子与羰基氧结合，进而另一分子 Grignard 试剂中的烃基进攻羰基碳原子，形成环状过渡态，经单电子转移生成醇盐，再经水解得到产物。

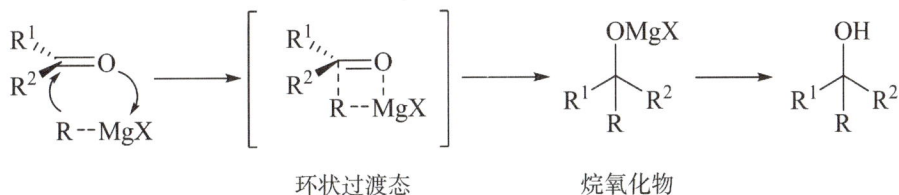

环状过渡态　　　　烷氧化物

（二）反应的影响因素

1. 反应物中羰基化合物结构与 Grignard 试剂结构的影响

α,β-不饱和酮与 Grignard 试剂作用时，反应可发生在羰基碳原子上（1,2-加成），亦可发生在 β-位烯碳原子上（1,4-加成），二者的比例视 Grignard 试剂或者酮基上取代基大小的不同而异。酮连有较大取代基时，主要发生 1,4-加成，而当 Grignard 试剂带有较大取代基时，以 1,2-加成产物为主。

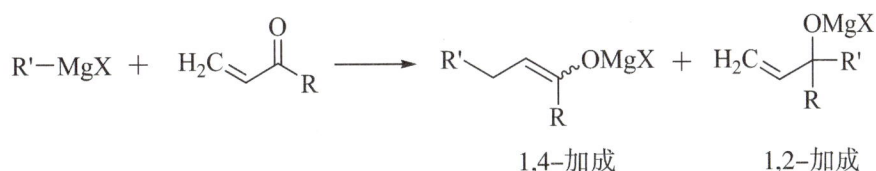

具有刚性的环状酮与 Grignard 试剂的反应常显出高度的非对映选择性。

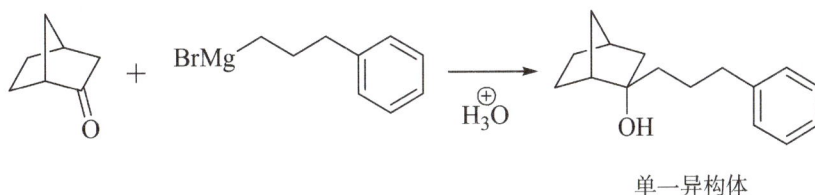

2. 溶剂的影响

除常用的四氢呋喃和乙醚外，Grignard 反应使用的溶剂还有可用 2-甲基四氢呋喃及甲苯-四氢呋喃等。Grignard 试剂是一类具有高度反应性的强碱，它可与水反应生成烷（芳）烃，与分子氧反应生成醇。因此，在制备和使用 Grignard 试剂时，需无水操作并隔绝空气。

溶剂对 Grignard 反应有一定影响。当卤代乙烯型化合物（如氯乙烯、溴乙烯等）在乙醚中与金属镁反应时，一般不能形成 Grignard 试剂；若采用四氢呋喃作溶剂，即可顺利地制备高收率的乙烯基卤化镁。

（三）应用实例

1. 制备醇类化合物

利用 Grignard 试剂与羰基化合物的反应，是制备伯醇、仲醇、叔醇的有效方法。

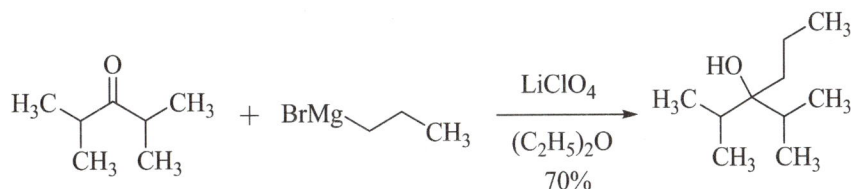

2. 预测产物醇的构型

α 或 β-位是杂原子的手性酮与 Grignard 试剂反应时，由于酮的羰基及杂原子可与 Grignard 试剂镁离子螯合，形成环状过渡态，其产物具有高度的非对映选择性，借此可预测产物醇的构型。

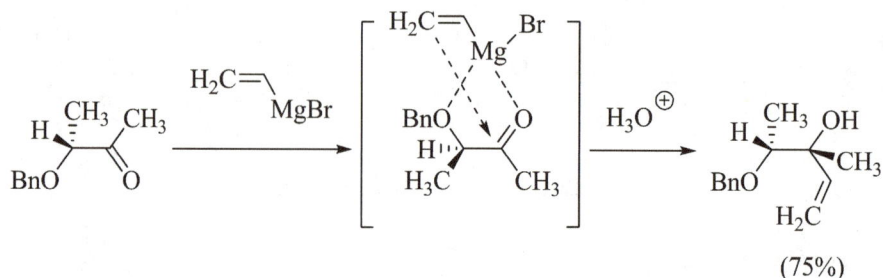

(75%)

3. 临床药物中应用

Grignard 反应是药物合成中常用的方法，例如抗肿瘤药物他莫昔芬（tamoxifen）的合成是
Grignard 应用很好的例子。

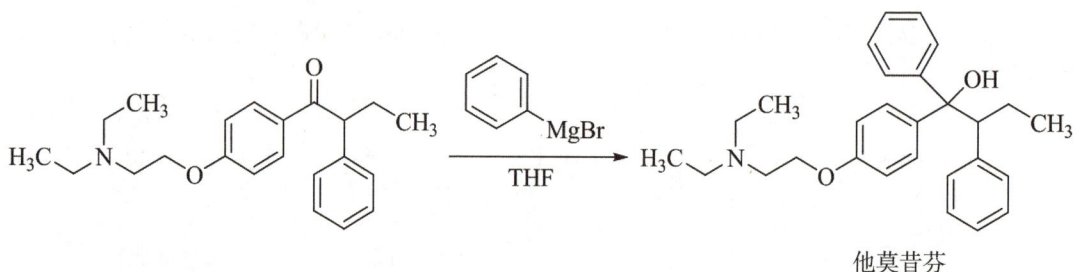

他莫昔芬

近年来，Grignard 反应应用于钠-葡萄糖转运蛋白 2 抑制剂的合成中获得成功，例如降血糖
药恩格列净（empagliflozin）中间体和鲁格列净（luseogliflozin）中间体的合成。

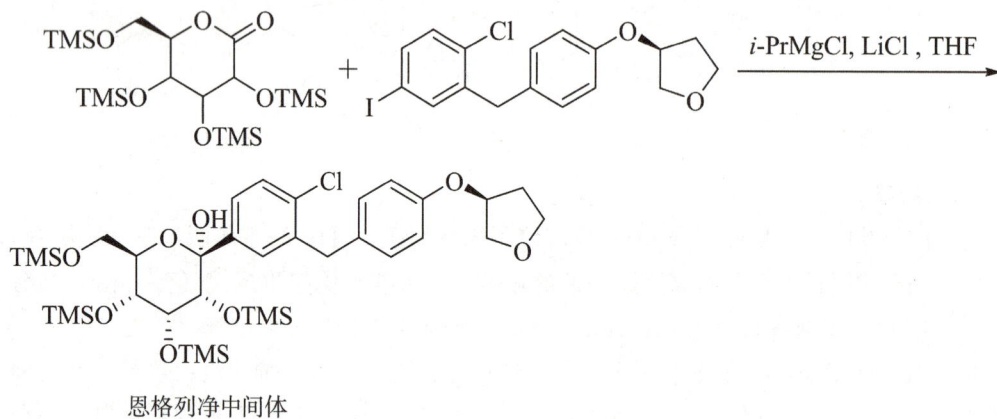

恩格列净中间体

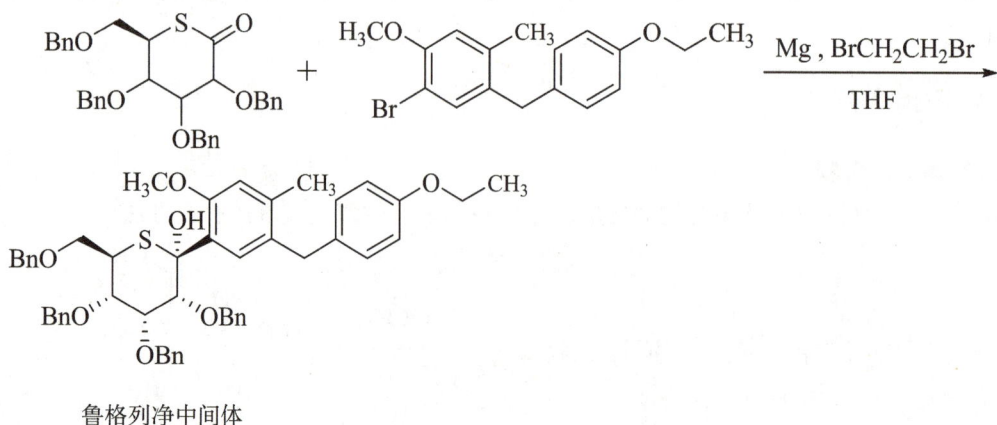

鲁格列净中间体

将糖苷配基 2-（2-甲基-5-溴苄基）-5-（4-氟苯基）噻吩预先制成 Grignard 试剂，然后与叔丁
基二苯基氯硅烷保护的糖苷三醇反应，得到 β-端基异构体，接着用四丁基氟化铵（TBAF）除去
保护基团，得到抗糖尿病药物坎格列净（canagliflozin）。

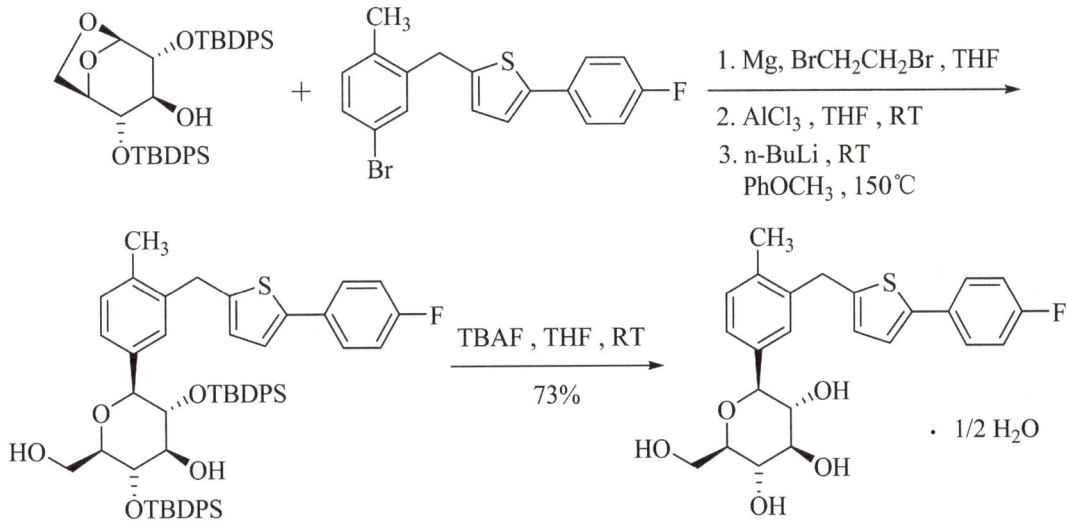

二、Darzens 反应

在强碱作用下，醛、酮与 α-卤代羧酸酯缩合，生成 α,β-环氧羧酸酯（缩水甘油酯）的反应，称为 Darzens 反应。

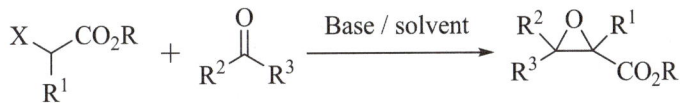

（一）反应机理

在碱性条件下，α-卤代羧酸酯生成相应的碳负离子中间体，后者亲核进攻醛或酮的羰基碳原子，发生醛醇型加成，再经分子内 S_N2 取代反应形成环氧丙酸酯类化合物。

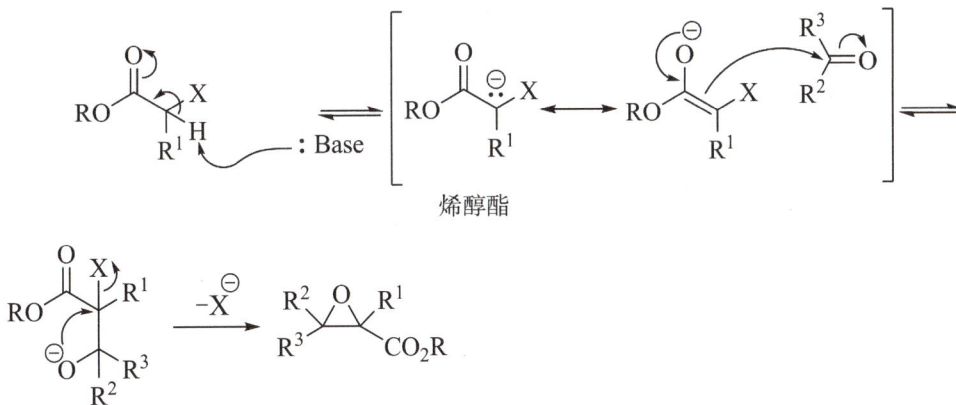

（二）反应的影响因素

1. 醛、酮及 α-卤代酸酯结构的影响

除脂肪醛外，芳香醛、脂肪酮、脂环酮及 α,β-不饱和酮等均可顺利进行这一反应。除常用 α-氯代酸酯外，α-卤代酮、α-卤代腈、α-卤代亚砜和砜、α-卤代-N,N-二取代酰胺及苄基卤代物均可发生类似反应，生成 α,β-环氧烷基化合物。

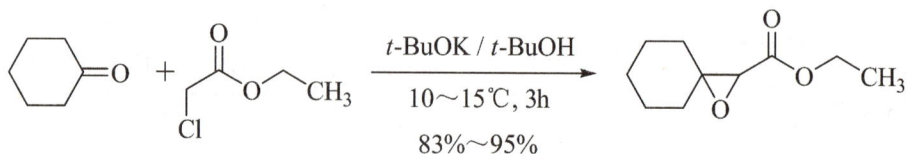

2. 催化剂的影响

Darzens 反应常用的碱性催化剂有醇钠（醇钾）、氨基钠、LDA/氯化铟等，另外，手性相转移催化剂也可催化 Darzens 反应。

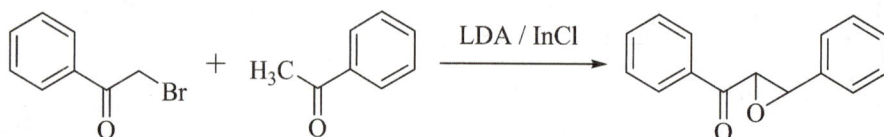

3. 试剂控制的不对称

利用试剂控制的不对称 Darzens 反应，可获得中等至良好的立体选择性。在叔丁醇钾存在下，对称或不对称酮与 α-氯乙酸-(-)-8-苯基薄荷酯反应，得到产物的非对映选择性在 77%～96%。

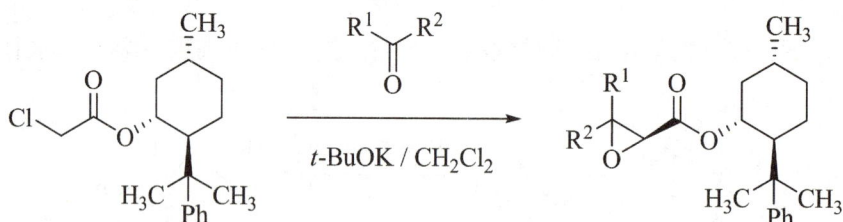

（三）应用实例

1. 制备 α,β-环氧羧酸酯及其转化产物

α,β-环氧羧酸酯是极其重要的有机中间体，可经水解、脱酸，转变成比原有反应物醛、酮增加一个碳原子的醛、酮。

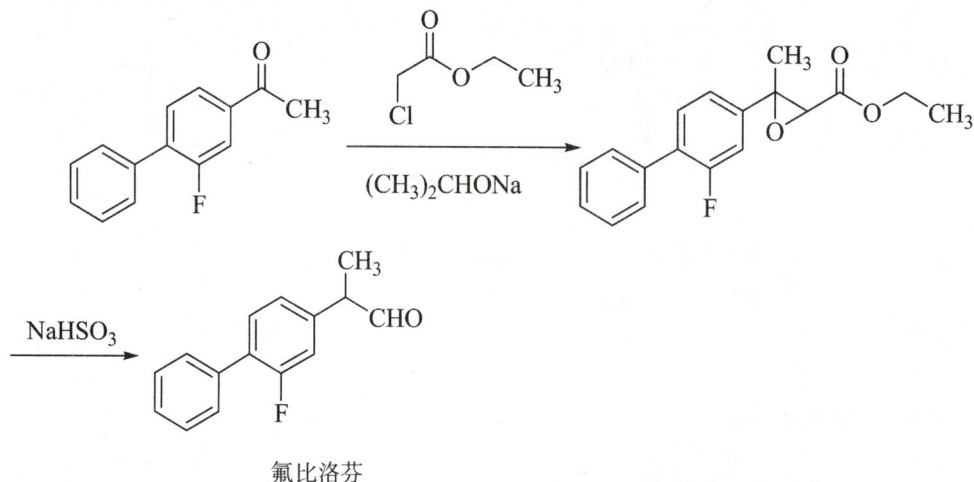

氟比洛芬

2. 临床药物中的应用

非甾体抗炎药布洛芬（ibuprofen）的合成第二步，利用 Darzens 反应，最终达到增加一个碳原子的醛。异丁基苯与乙酰氯发生 Friedel-Crafts 反应，产物与氯乙酸乙酯进行 Darzens 反应，再经水解、酸化、氧化、酸化得布洛芬。

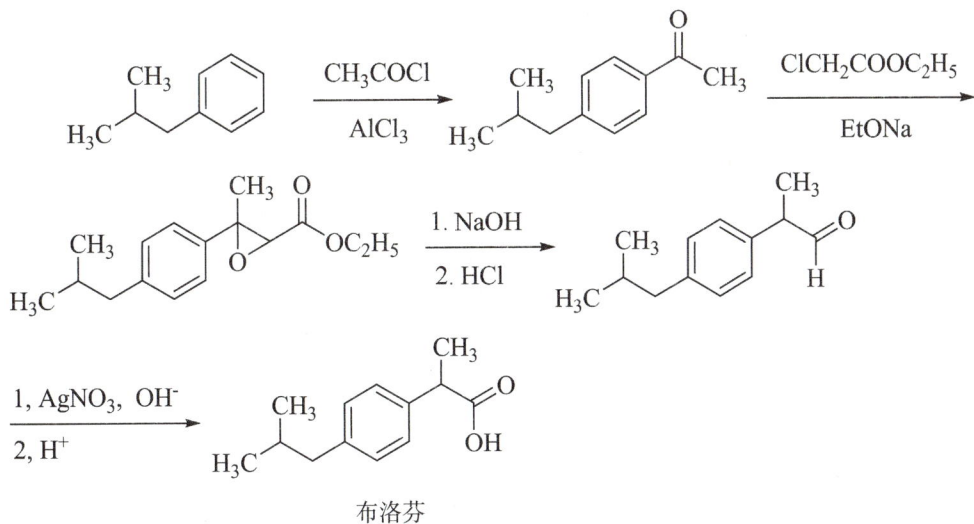

治疗夜盲症的维生素乙酸酯的合成中，以 β-紫罗兰酮为原料，采用 Darzens 缩合反应，在甲醇钠的存在下，与氯乙酸甲酯缩合成缩水甘油酯；再经水解、脱酸和重排的 C_{14} 醛。

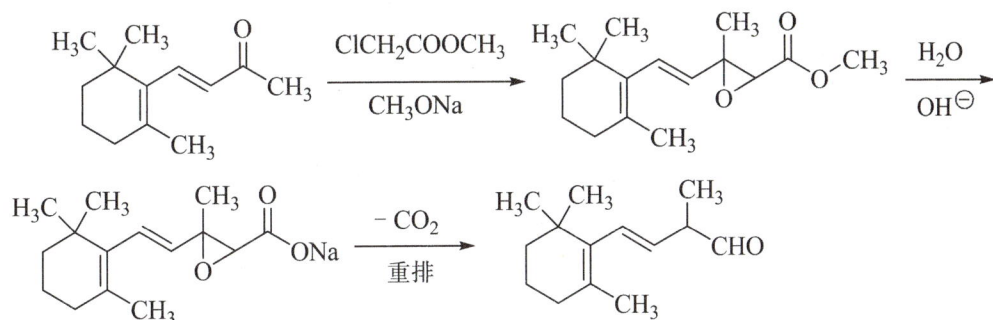

三、Reformatsky 反应

在金属锌粉存在下，醛或酮与 α-卤代酸酯缩合得 β-羟基酸酯或脱水得 α,β-不饱和酸酯的反应，称为 Reformatsky 反应。

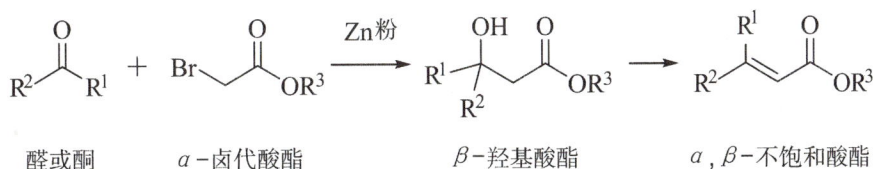

醛或酮　　　α-卤代酸酯　　　　β-羟基酸酯　　　α,β-不饱和酸酯

（一）反应机理

α-卤代酸酯先与金属锌作用形成有机锌化合物，在四氢呋喃溶剂中有机锌试剂以二聚体的形式存在。这里有机锌化合物是 C-烯醇盐。

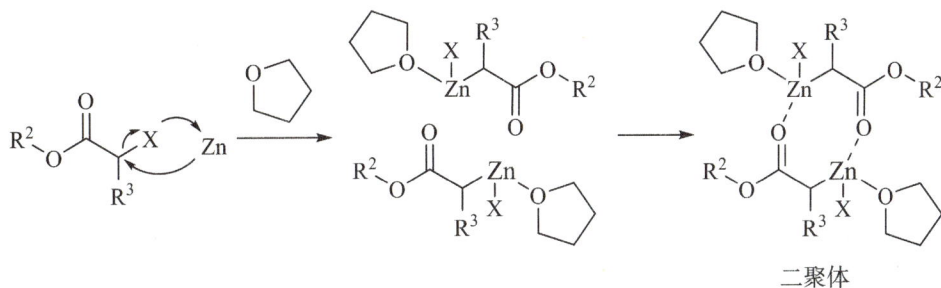

二聚体

当有机锌试剂二聚体与醛、酮亲核加成，有机锌试剂裂解成单体并转化成相应的 O-烯醇盐。经过六元环过渡态，再经酸性条件下水解，得 β-羟基酸酯。

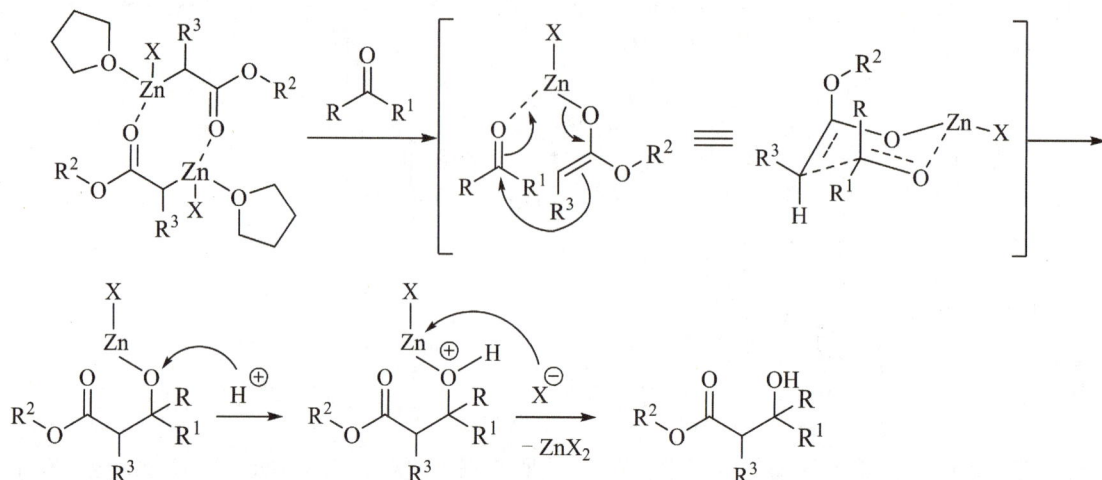

（二）反应的影响因素

1. α-卤代酸酯结构的影响

Reformatsky 反应中 α-卤代酸酯的活性顺序为：

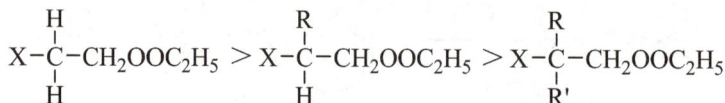

$$ICH_2COOC_2H_5 > BrCH_2COOC_2H_5 > ClCH_2COOC_2H_5$$

α-碘代酸酯的活性虽大，但性质不够稳定，α-氯代酸酯的活性小，与金属锌的反应速率慢，或者难以反应。因此，通常以 α-溴代酸酯使用较多。α-多卤代酸酯也可与醛、酮发生 Reformatsky 反应，例如：

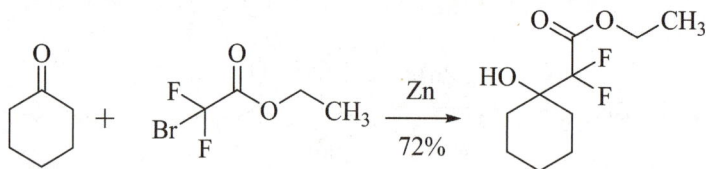

2. 醛、酮结构的影响

各种醛、酮均可进行 Reformatsky 反应，醛的活性一般比酮大，但活性大的脂肪醛易发生自身缩合等副反应。在 Sn^{2+}、Ti^{2+}、Gr^{3+} 等金属离子催化下，当芳香醛与 α-卤代酸酯发生 Reformatsky 反应，常得 erythro 型产物。

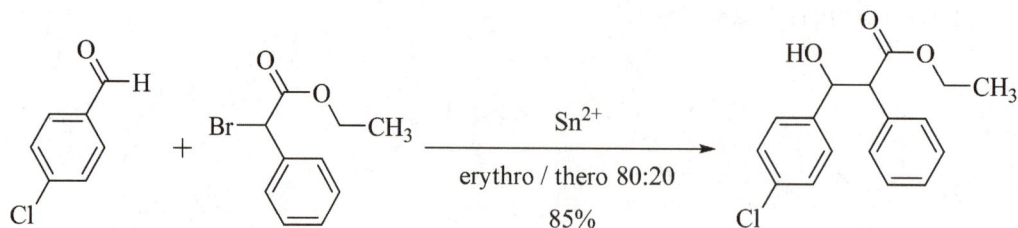

3. 催化剂结构的影响

锌粉必须活化，常用 20% 盐酸处理，再用丙酮、乙醚洗涤，真空干燥。亦可用钾（K）、钠

（Na）、锂（Li）等还原无水氯化锌，此法锌活性较高。镁（Mg）、镉（Cd）、钡（Ba）、铟（In）、锗（Ge）、钴（Co）、镍（Ni）、铈（Ce）等金属离子同样适用该方法催化。

锌粉的活化也可以用制成的 Zn-Cu 复合物或石墨为载体的 Zn-Ag 复合物，复合物的活性更高，即使低温下，反应可以顺利进行，且收率高，后处理方便。金属镁、锂、铝等试剂也适合这一活化。由于镁的活性比锌大，往往用于一些有机锌化合物难完成的反应。

4. 溶剂极性的影响

α-卤代酸酯与锌的反应，基本上与制备 Grignard 试剂（RMgX）的条件相似，需要无水操作和在有机溶剂中进行，常用的溶剂有乙醚、苯、四氢呋喃、二氧六环、二甲氧基甲烷、二甲氧基乙烷、二甲基亚砜、二甲基甲酰胺等。不同的溶剂极性对反应的选择性有一定影响。

（三）应用实例

1. 制备 β-羟基酸酯

在金属钾还原制得的活性锌存在，溴乙酸乙酯与环己酮可在室温下反应，几乎以定量产率生成 β-羟基酸酯。

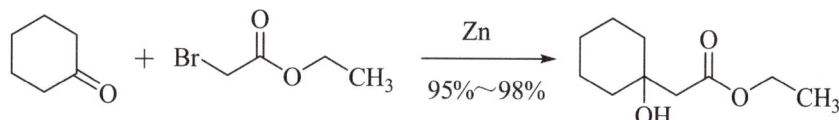

2. 制备 β-酮酸酯、内酰胺

除了醛、酮外，烯胺、酰氯等均可与 α-卤代酸酯缩合，分别生成内酰胺、β-酮酸酯。

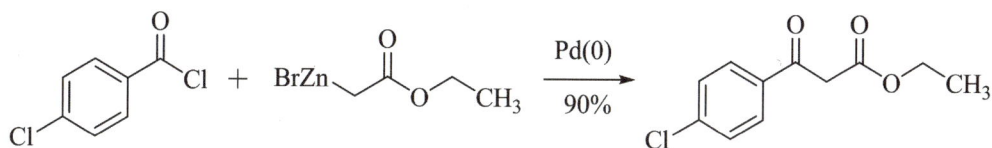

3. 药物合成应用

脑啡肽酶抑制剂沙库必曲（sacubitril）是一种新型抗心力衰竭药物。以 4-腈甲基联苯和溴代乙酸烷基酯为底物，经 Reformatsky 反应，接着，在强碱作用下，与 2-溴代丙酸乙酯缩合，再经转氨酶催化胺化，与丁二酸酐反应得到沙库必曲。

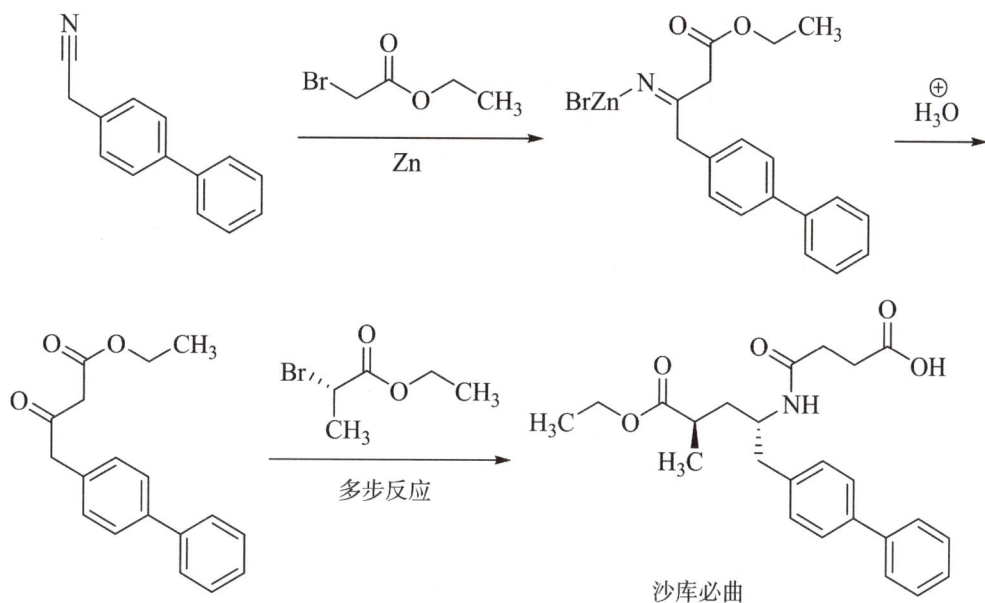

沙库必曲

四、Mannich 反应

具有活性氢的化合物与甲醛（或其他醛）、胺进行缩合，生成氨甲基衍生物的反应称为 Mannich 反应，也称为 α-氨烷基化反应。涉及活性氢的有醛、酮、酸、酯、腈、硝基烷、炔、酚及某些杂环化合物等；涉及的胺有伯胺或仲胺或氨。

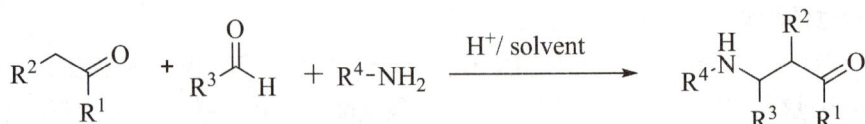

（一）反应机理

按催化剂分为酸催化反应与碱催化反应两种，这里主要介绍酸催化反应。

亲核性较强的胺与甲醛反应，产生 N-羟甲基加成物，在酸催化下，脱水产生亚甲铵离子，进而向烯醇式的酮作亲电进攻而得产物。

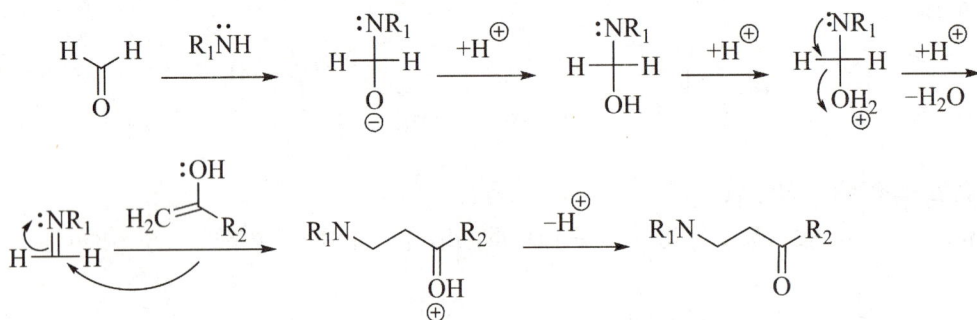

（二）反应的影响因素

1. 反应底物的影响

在 Mannich 反应中，若活性氢化合物与甲醛过量，则氨或伯胺的氨上的氢均可参与缩合反应。若甲醛、胺过量的情况下，反应物具有两个或两个以上活性氢时，同样可以生成多氨甲基化产物。

含有 α-活泼氢的不对称酮为反应物，生成的 Mannich 产物往往为一混合物，但用不同的 Mannich 试剂，可获得区域选择性的产物。采用烯氧基硼烷与碘化二甲基铵盐为 Mannich 试剂，提供了区域选择性合成 Mannich 碱的新方法。如将环己酮变成烯醇锂盐，然后分别投入亚铵三氟乙酸盐与之反应，可以区域选择性地合成 Mannich 碱。

除酮外，酚类、酯及杂环化合物也常见应用 Mannich 反应而获得新化合物。如取代吡咯与甲醛、二甲胺反应，可获得 Mannich 碱。

不对称 Mannich 反应，可以加入手性催化剂的诱导进行。在丙酮/DMSO（1∶4）溶剂中，对硝基苯甲醛、对氧基苯胺经 L-脯氨酸不对称诱导，可获得高光学纯的 Mannich 产物。

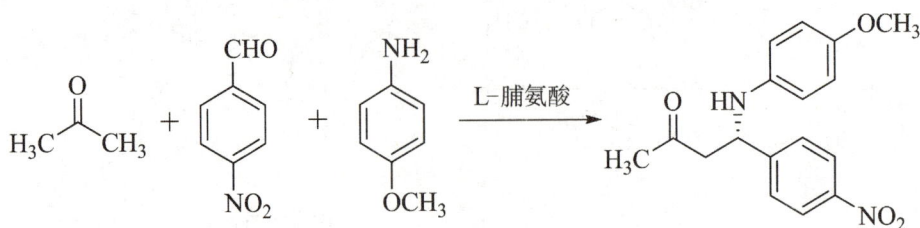

2. pH 值的影响

在典型的 Mannich 反应中，必须有一定浓度的质子才有利用形成亚甲铵碳正离子，所以反应所用的胺（或铵）常为盐酸盐。反应中所需的质子和活性氢化合物的酸度有关。如在甲醇中，二乙胺烟酸盐、聚甲醛、丙酮和少量浓盐酸反应，生成 1-二乙氨-3-丁酮。

预先用三氟乙酸处理亚甲基二胺为 Mannich 试剂，即能得到活泼的亲电试剂亚甲铵正离子的三氟乙酸盐，经分离后与活性氢化化合物反应，可以直接制备 Mannich 碱。

（三）应用实例

抗胆碱药盐酸苯海索（benzhexol hydrochloride）合成中应用了 Mannich 反应。在乙醇中，以苯乙酮为原料，与甲酸、盐酸哌啶进行 Mannich 反应，得 β-哌啶基苯丙盐酸盐，再与环己基氯化镁进行 Grignard 反应而得到。

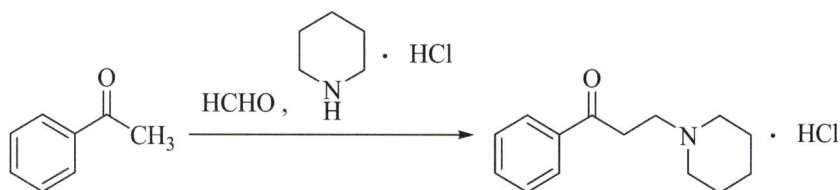

类似地，度洛西汀的中间体合成中也使用了经典的 Mannich 反应。

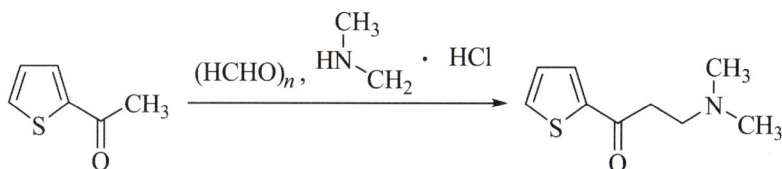

新型止吐药盐酸昂丹司琼（ondansetron hydrochloride）为 $5-HT_3$ 受体拮抗剂，用于手术后和癌症治疗过程中所引起的呕吐。用经典的咔唑酮的合成方法得到三环咔唑酮，然后进行氨基甲基化（Mannich 反应），连接上二甲氨基甲基，季胺化后，连上咪唑环，最后成盐得盐酸昂丹司琼。

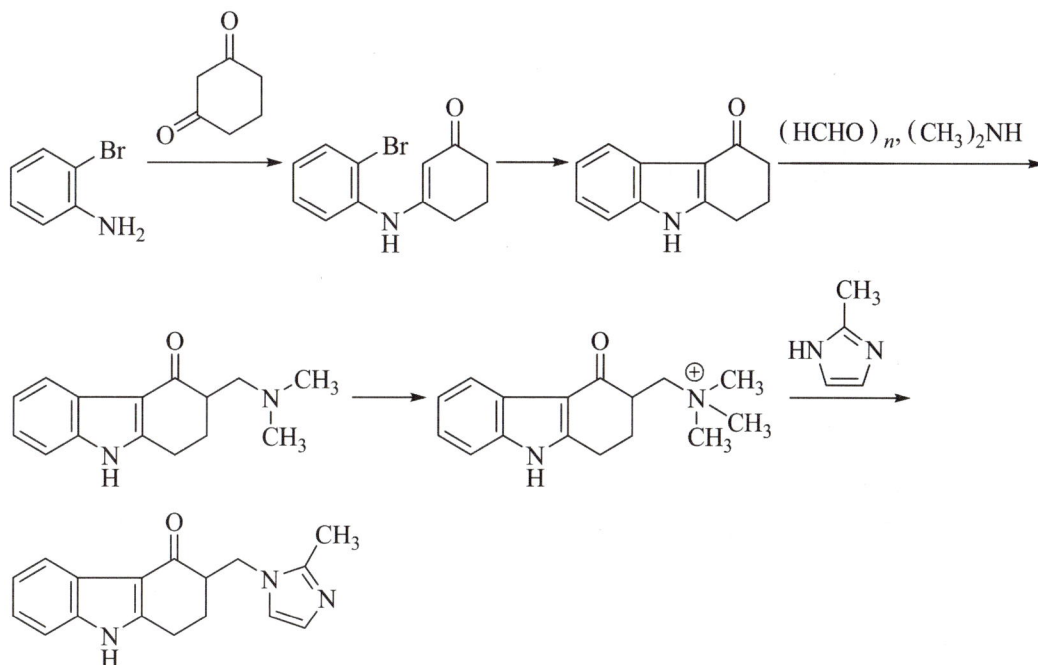

昂丹司琼

五、Pictet-Spengler 反应

在酸性溶液中，β-芳乙胺与羰基化合物缩合生成 1,2,3,4-四氢异喹啉的反应，简称为 Pictet-Spengler 反应。一般认为，羰基化合物为甲醛或甲醛缩二甲醇。

（一）反应机理

Pictet-Spengler 反应实际上是 Mannich 氨甲基化反应的特殊例子。芳乙胺与醛首先作用得 α-羟基胺，再脱水生成亚胺，然而，在酸催化下，进行分子内亲电取代反应而闭环。

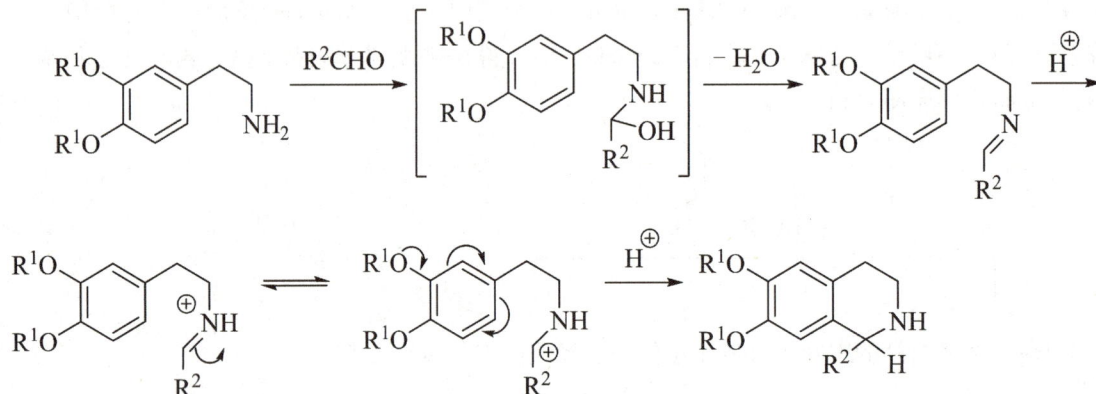

（二）反应影响因素

1. 芳乙胺结构的影响

芳乙胺的芳环反应性能对反应的难易有很大影响，芳环闭环位置上电子云密度增加，有利于反应进行；反之，则不利于反应。所以，Pictet-Spengler 反应均需要活化基团如烷氧基、羟基等存在。

Pictet-Spengler 反应制备取代四氢异喹啉时，芳环上环合部位取代基可以诱导产物区域选择性。3-甲氧基苯乙胺与甲醛-甲酸反应，主要生成 6-甲氧基四氢异喹啉，当在其 2-位引入三甲基硅烷基后，则生成 8-甲氧基四氢异喹啉。

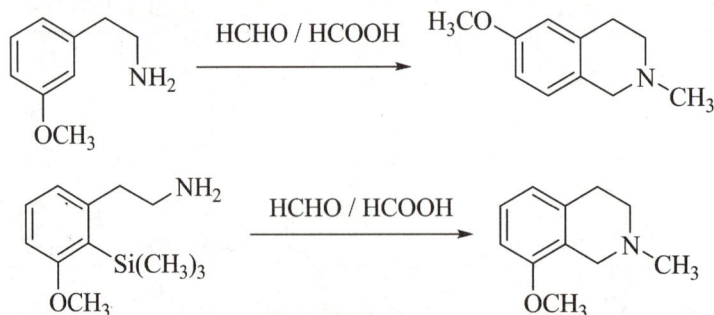

2. 反应温度的影响

苯甲醛等其他醛与芳乙胺环合时，产物顺反异构体比例与温度密切有关，一般认为，低温反应有利于获得较高的选择性。

（三）应用实例

氯吡格雷（clopidogrel）是一个 PY_{12} 受体抑制剂，临床用于治疗血小板聚集，其结构如下：

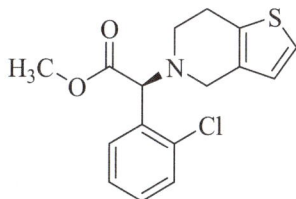

通过剖析目标物的结构，可以看出如何构建其四氢噻吩并吡啶环是关键。最初一条合成路线是以噻吩为原料，经烃化、水解、酯化、亲核取代、Pictet–Spengler 反应，得到目标分子氯吡格雷。

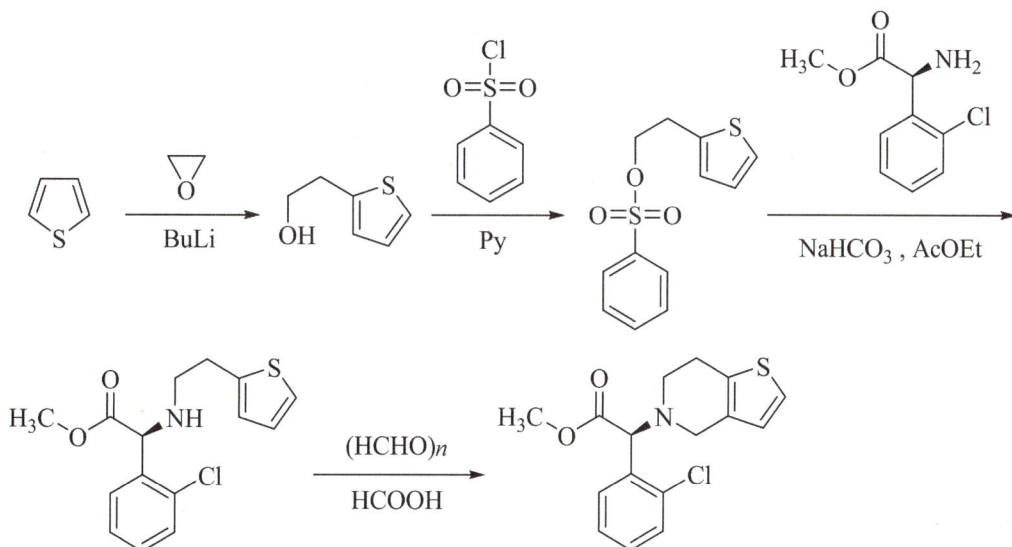

氯吡格雷的另一条合成路线仍以噻吩为原料，依次经历 Vilsmeier 反应、Darzens 反应和 Leuckart 反应，得到中间体 2-噻吩乙胺。然后通过 Pictet–Spengler 反应，完成四氢噻吩并吡啶环的构建，最后偶合、拆分，得到目标物。

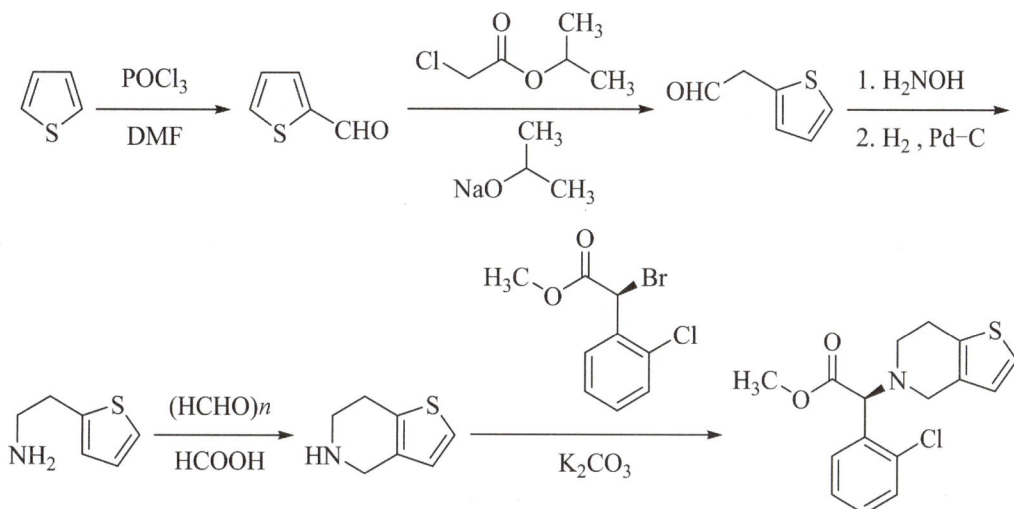

他达拉非（tadalafil）是环磷酸鸟苷特异性磷酸二酯酶 5（PDE5）的选择性可逆抑制剂，治疗男性勃起功能障碍，其结构如下：

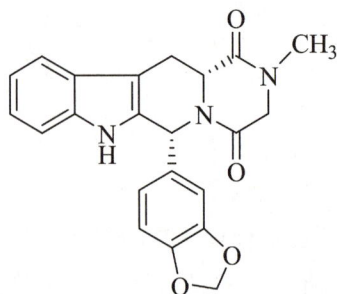

利用 Pictet-Spengler 反应构建他达拉非的的核心稠环结构。以（R）-2-氨基-3-吲哚-3′-丙酸甲酯为起始原料，与 3,4-二亚甲基苯甲醛进行 Pictet-Spengler 反应，经氯代乙酰氯酰化，再与甲胺成环，得到目标物他达拉非。

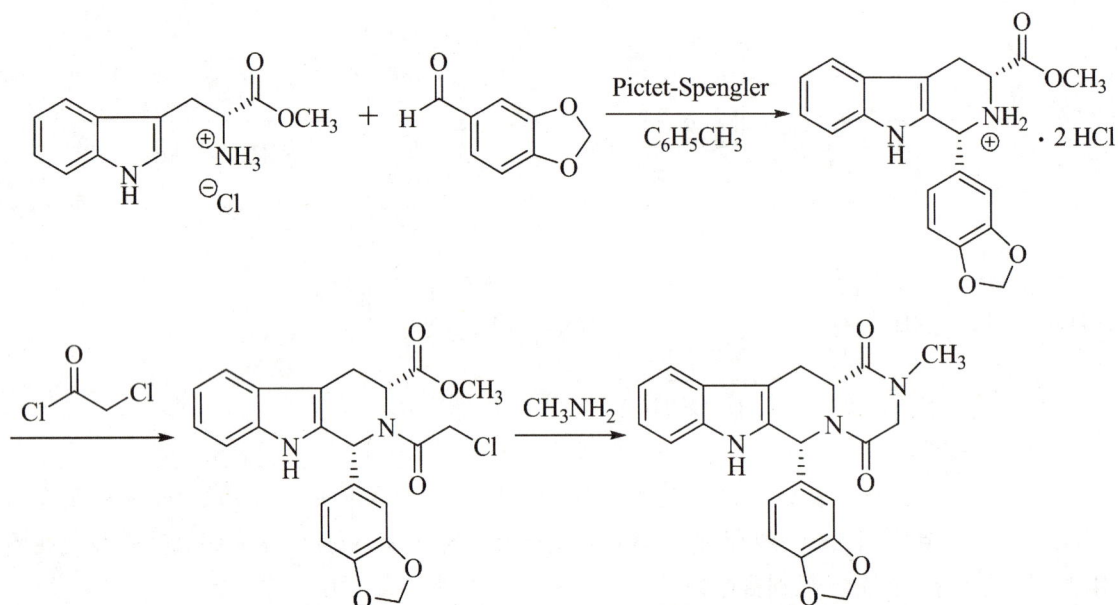

他达拉非

值得一提的是，除可用于制备四氢异喹啉外，Pictet-Spengler 也常用于其他不同类型稠环化合物。

第六章
氧化反应

扫一扫，查阅本章数字资源，含PPT、音视频、图片等

本章要点

掌握：不同类型有机化合物如烷烃、醇、醛、酮、烯烃及芳烃被氧化的特点、常用氧化剂、氧化产物及氧化反应条件。

理解：各类氧化反应的反应机理、氧化反应类型、脱氢反应中常用的脱氢剂及其特点，以及芳构化反应的应用。

了解：胺、卤化物、磺酸酯及含硫化合物的氧化特点及应用。

广义概念的氧化反应是指有机化合物分子中，失去电子或电子偏移，使碳原子上电子云密度降低的反应。狭义的氧化反应是指分子中增加氧或失去氢的反应，一般有机合成化学中是指狭义概念的氧化反应。

一些反应，如卤代、硝化、磺化，在反应过程中反应底物的氢被除去，有关碳的氧化态亦有所升高，但是，习惯上这类反应不归属于氧化反应。另外，催化氢化虽然和典型的氧化反应有差异，习惯上却常把它和氧化反应同时讨论。

利用氧化反应可以制备各种含氧化合物，如醇、醛、酮、羧酸、酚、酯、环氧化合物等，也可以制备各种不饱和烃类、不饱和芳香化合物等。由于氧化剂种类繁多，作用特点各异，往往一种氧化剂，可对几种不同基团进行反应；反之，一种基团也可以被数种氧化剂氧化。因此，在药物合成实际应用中，需要把各有关反应条件联系起来，通盘分析，选择符合要求的氧化剂。

本章拟以官能团的衍变为主线，从反应选择性角度，对氧化反应所用试剂、反应条件、影响因素等进行讨论。

第一节　醇的氧化

药物合成中经常用到醇类的氧化反应。不同醇的氧化，产物不同，可以是醛、酮，亦可以是羧酸。适用试剂很多，包括各种金属氧化物和盐类（例如铬酸及其衍生物，高锰酸钾、二氧化锰、碳酸银、四乙酸铅等）、硝酸、过碘酸和二甲亚砜等。

一、伯、仲醇被氧化成醛、酮

（一）铬的化合物为氧化剂

常用的铬化合物有铬酸（H_2CrO_4）、氧化铬-硫酸（$CrO_3-H_2SO_4$，Jones 试剂）、氧化铬-吡啶络

合物〔CrO$_3$(Py)$_2$，Collins 试剂〕、氯铬酸吡啶盐（C$_6$H$_5$N・ClCrO$_3$H，PCC），可将伯、仲醇氧化为醛或酮。

1. 反应机理

铬酸氧化醇的机理是铬酸先与醇首先形成铬酸酯，随后酯键发生断裂生成醛或酮。醇的羟基同碳上的氢失去，同时铬-氧键断裂生成酮。作用于氢的方式有两种解释：一种解释是水作为碱夺取质子，另一种是分子内铬酸的氧夺取质子。

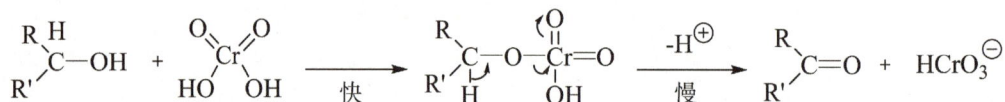

2. 反应的影响因素

（1）醇的空间位阻的大小影响铬酸氧化醇的反应性，这样的影响既可能表现在影响铬酸的形成过程，也可能表现在氢的消除、铬酸酯的分解过程。当非位阻醇用铬酸氧化时，形成铬酸酯的过程较快，随后发生的除氢、铬酸酯的分解是控制反应速率的步骤。在环己烷系中，羟基处于直立键上比羟基处于平伏键上更易被氧化，这是由于直立键上的羟基在形成酯后的立体障碍比平伏键羟基酯大的多，而这种立体张力在酯分解生成产物（醛或酮）时能被解脱，从而加速酯的分解，故氧化反应较快。

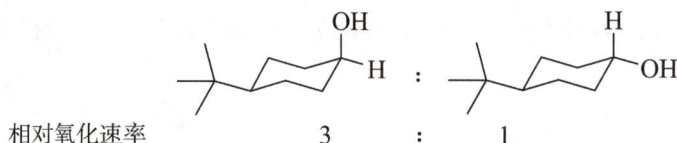

相对氧化速率　　　　　3　：　1

（2）在很少数情况下，当羟基的空间位阻非常大时，如龙脑和异龙脑，由于受到桥甲基大的空间位阻影响，铬酸酯的形成变为控制反应速率的步骤。异龙脑中羟基处于平伏键上，形成的酯较龙脑更稳定，更容易形成，故较易被氧化。

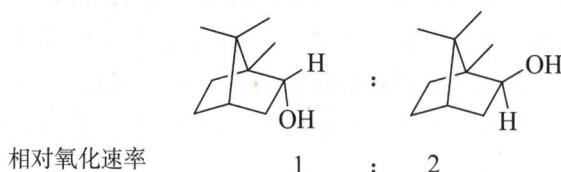

相对氧化速率　　　　　1　：　2

3. 应用实例

铬酸在有机合成中的重要用途是醇的氧化。

（1）铬酸为氧化剂　仲醇氧化成酮，常用铬酸（H$_2$CrO$_4$）作为氧化剂，一般在乙酸溶液中进行。为了防止产物进一步氧化，反应常在低温进行，并加入其他有机溶剂（如乙醚、二氯甲烷或苯等）形成非均相体系，这样，氧化生成的醛、酮立即转移到有机相，避免了和水相中氧化剂的接触。有时，在反应中需加入少量还原剂（如 Mn^{2+}），以除去反应生成的 Cr^{5+} 及 Cr^{4+}。因较难控制氧化程度，铬酸一般不用于伯醇氧化成醛。

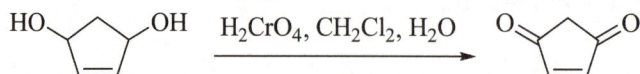

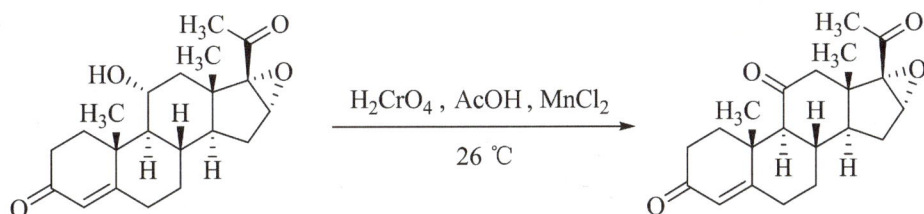

（2）氧化铬-硫酸（Jones 试剂）为氧化剂　Jones 试剂（$CrO_3-H_2SO_4$，26.72g 氧化铬溶于 23mL 浓硫酸中，加水稀释到 100mL 即得）可选择性地氧化仲醇为酮，而不影响其他敏感基团，如缩酮、酯、环氧基、氨基、不饱和键等。一般不用于伯醇氧化成醛。

半合成头孢菌素类抗生素拉氧头孢钠（latamoxef disodium）的制备中，用 Jones 试剂氧化醇羟基的同时，对结构中的内酰胺环、酰胺键、酯键不影响。

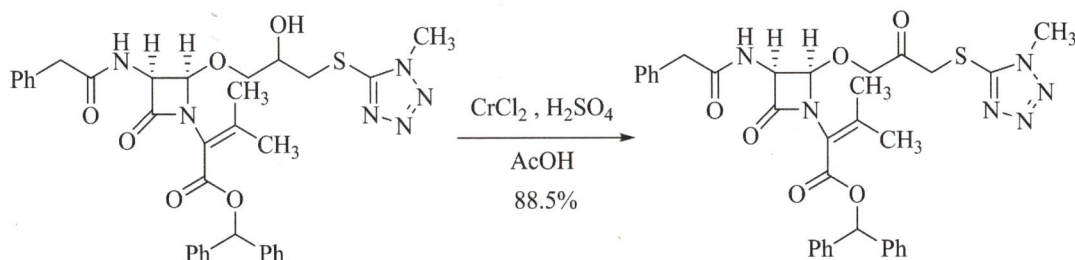

拉氧头孢中间体

（3）氧化铬-吡啶络合物（Collins 试剂）为氧化剂　Collins 试剂［$CrO_3(Py)_2$，三氧化铬-吡啶络合物溶解到二氯甲烷形成的溶液］适合于伯醇、仲醇在非水溶液中被氧化为醛或酮，不会发生进一步的氧化反应。并且适用于对酸性敏感的醇类氧化。

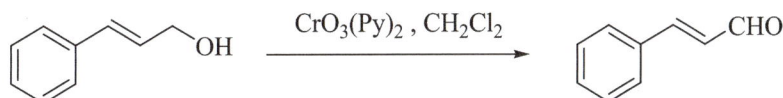

降血脂药物氟伐他汀（fluvastatin）合成中，用叔丁基二苯基氯硅烷（BPS-Cl）保护（3R,5S)-二羟基-6-三苯甲氧基己酸丙烯酯，然后用三氟乙酸处理制备赤式-(3R,5S)-双叔丁基二苯基硅氧基-6-羟基己酸丙烯酯，经三氧化铬、吡啶氧化成赤式-(3R,5S)-双叔丁基二苯基硅氧基-6-氧代己酸丙烯酯。

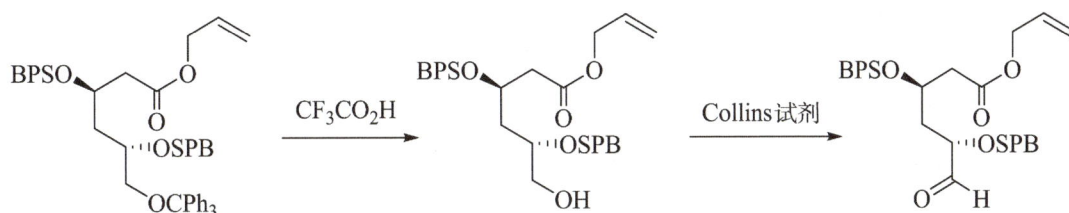

氟伐他汀中间体

屈螺酮（drospirenone）是一种高效、低毒、安全性好的新一代孕激素。在其合成中，采用 Collins 试剂顺利氧化多个羟基，并且引入了 17 位螺内酯环。

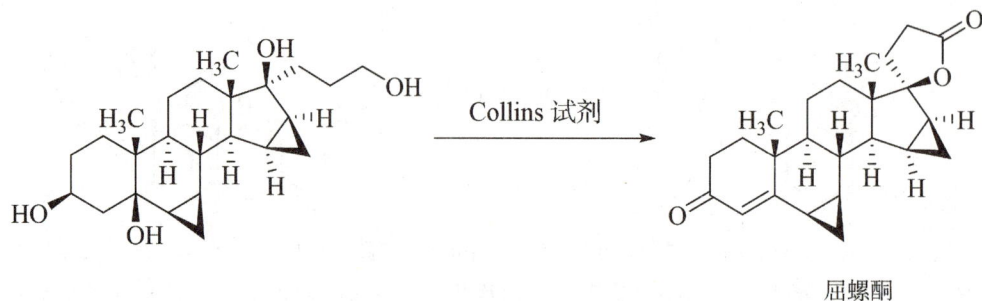

屈螺酮

Collins 试剂的缺点是：性质很不稳定，易吸潮，不易保存，反应需在无水条件下进行；氧化剂用量大，需用相当过量（约 6 倍摩尔量）的试剂才能反应完全，配置时容易着火等。

（4）氯铬酸吡啶盐（PCC）为氧化剂 PCC（$C_6H_5N \cdot ClCrO_3H$，将吡啶加到氧化铬的盐酸溶液中）是目前使用最广泛的将伯醇或仲醇氧化成醛或酮的方法。该法基本弥补了 Collins 氧化法的缺点，但选择性和收率方面不及 Collins 法。

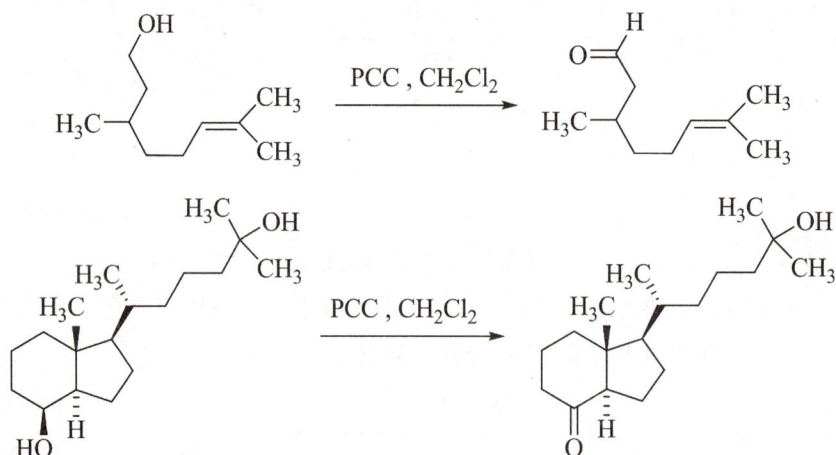

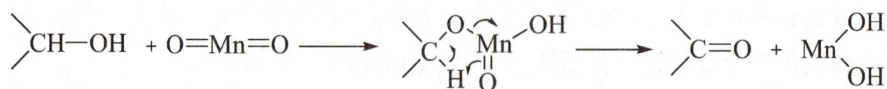

（二）锰的化合物作为氧化剂

锰的化合物主要有高锰酸钾和二氧化锰，可氧化伯、仲醇为醛或酮，高锰酸钾还可将醛进一步氧化为酸。

1. 反应机理

高锰酸钾作为氧化剂，在中性或碱性中，锰由 Mn^{7+} 被还原为 Mn^{4+}，在酸性介质中，Mn^{7+} 被还原为 Mn^{2+}；二氧化锰为氧化剂，锰由 Mn^{4+} 被还原为 Mn^{2+}。以二氧化锰为例，将羟基氧化为羰基的反应为亲电消除反应机理。

2. 应用实例

二氧化锰反应条件温和，选择性好，特别适合烯丙位羟基和苄位羟基的氧化，产物为相应的醛或酮，收率较高，不饱和键和其他位置羟基不受影响。二氧化锰的活性取决于其制备方法及所选用溶剂。在碱存在时，高锰酸钾和硫酸锰反应，可获得高活性的含水二氧化锰。

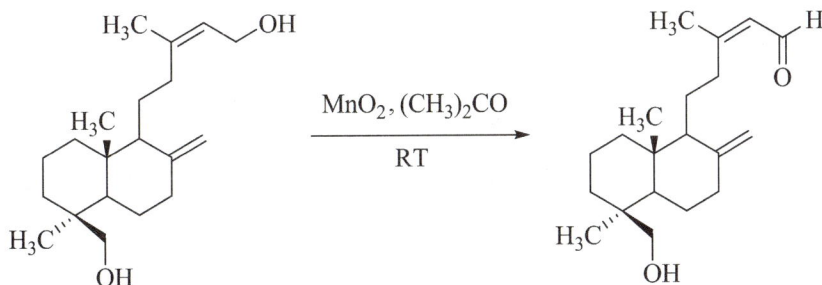

利尿药西氯他宁（cicletanine）中间体的制备中，用活性二氧化锰氧化苄位羟基，收率为 65.7%。

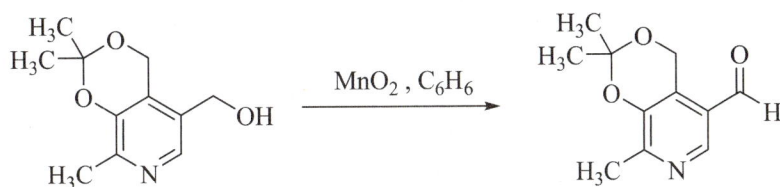

西氯他宁中间体

镇痛药羟吗啡酮（oxymorphone）中间体的合成中，用二氧化锰氧化烯丙仲醇，得到相应的酮。

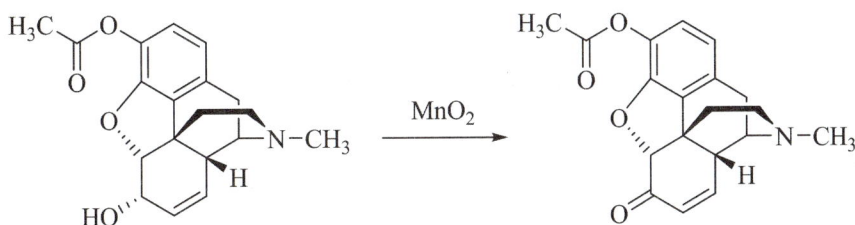

羟吗啡酮中间体

高锰酸钾（KMnO₄）能把伯醇氧化为羧酸，仲醇氧化为酮。当氧化所生成的酮羰基 α-碳原子上有氢时，会发生烯醇化，烯醇双键进而被高锰酸钾氧化断裂，从而降低酮的收率。只有当氧化所生成的酮羰基 α-碳原子上没有氢时，用高锰酸钾氧化才能获得较高的收率。如 4-吡啶基苯基甲醇用高锰酸钾氧化，可定量的生成相应的酮。

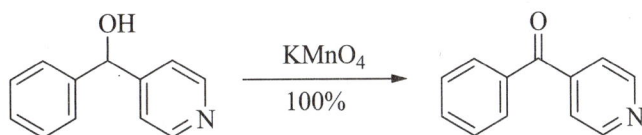

（三）二甲亚砜作为氧化剂

二甲亚砜（DMSO）单独应用可氧化醇成醛或酮，但反应条件高，收率低。当加入强亲电性试剂（二环己基碳二亚胺、乙酐、碳二亚胺、草酰氯、三氧化硫等）时，在质子供给体存在下，二甲亚砜可生成锍盐，极易和醇反应，经烷氧基锍盐中间体，进而生成醛或酮。该法特别适合于甾族、核酸、生物碱、碳水化合物等对一般氧化剂敏感化合物的氧化。

1. 反应机理

亲电性试剂以二环己基碳二亚胺（DCC）为例，二甲亚砜氧化醇的反应属于亲核消除反应机理。首先二甲亚砜和二环己基碳二亚胺在质子供给体（H⁺）催化下生成活性锍盐，再和醇作用得烷氧锍盐，在碱催化下失去质子裂解得到醛或酮和二甲硫醚。

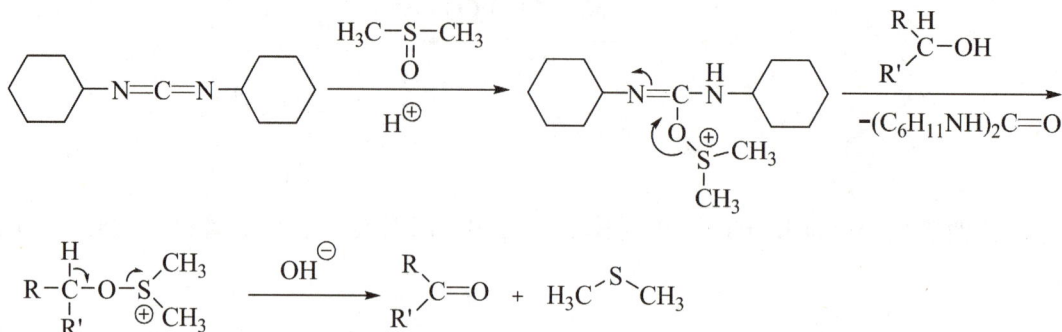

2. 应用实例

Pfizner 和 Moffart 研究发现在二环己基碳二亚胺（DCC）存在下，二甲亚砜可将醇氧化成醛或酮。氧化反应必须有中等强度的酸催化，例如磷酸、或三氟乙酸吡啶盐。

二甲亚砜-二环己基碳二亚胺（DMSO-DCC）是氧化醇的温和试剂，分子中存在双键、酯、酰胺、叠氮、糖苷键等不受影响。

用这一方法氧化时，立体障碍大的羟基较难被氧化，如 11-羟基孕甾-4-烯-3,20-二酮中 11β-羟基较 11α-羟基难氧化，收率明显降低。

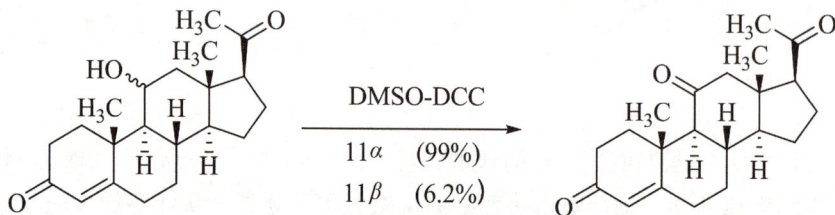

二甲亚砜-乙酸酐（DMSO-Ac₂O）氧化：用 Ac₂O 代替 DCC 做活化剂，能使二甲亚砜氧化选择性差、位阻大的醇，并可避免毒性大及副产物难处理的缺点。

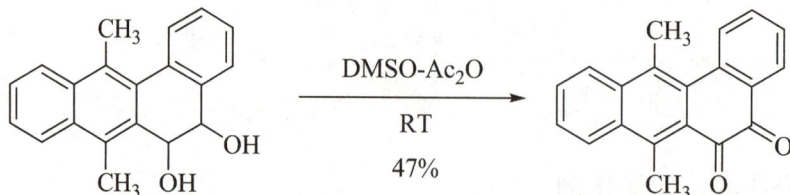

（四）Oppenauer 氧化

用丙酮或环己酮做为氧化剂，在异丙醇铝或叔丁醇铝催化下，可以将伯醇、仲醇氧化为醛或酮，该反应称为 Oppenauer 氧化法。

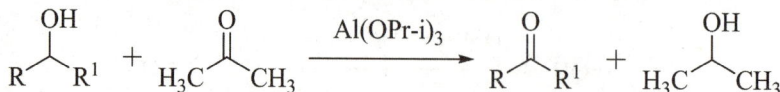

1. 反应机理

首先醇和异丙醇铝中的烷氧基发生交换，然后在丙酮的影响下，使醇脱去一个负氢，并脱离铝，生成氧化产物酮，同时丙酮转变为烷氧基与铝偶联，恢复成原来的异丙醇铝。

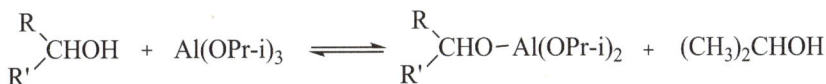

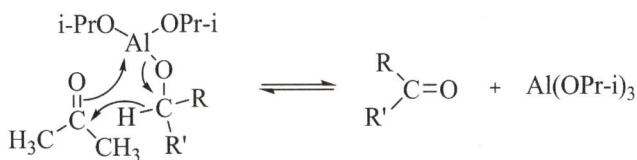

$$\underset{R'}{\overset{R}{>}}CHOH + Al(OPr\text{-}i)_3 \ \rightleftharpoons\ \underset{R'}{\overset{R}{>}}CHO\text{-}Al(OPr\text{-}i)_2 + (CH_3)_2CHOH$$

$$\rightleftharpoons\ \underset{R'}{\overset{R}{>}}C=O + Al(OPr\text{-}i)_3$$

2. 应用实例

对于伯醇，一般用对苯醌代替丙酮进行氧化，以免发生生成的醛和氧化剂酮发生缩合反应。

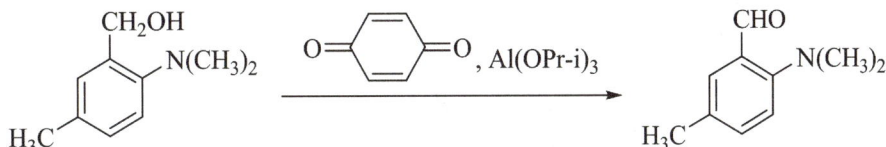

Oppenauer 氧化广泛应用于甾醇的氧化，特别是烯丙位的仲醇羟基的氧化，对其他基团无影响。但在反应条件下，β,γ-位的双键常会位移到 α,β-位成共轭酮。

如雄性激素丙酸睾酮（testosterone propionate）的合成，以去氢表雄酮为起始原料，在异丙醇、环己酮作用下氧化得到中间体雄甾-4-烯-3,17-二酮。

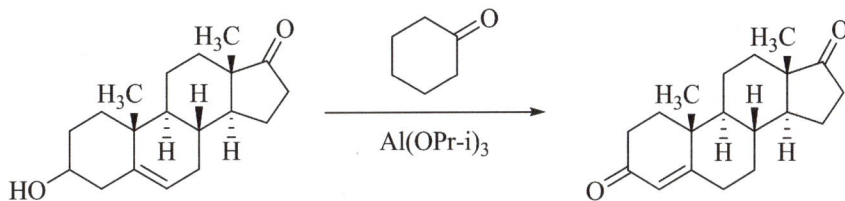

丙酸睾酮中间体

二、醇氧化成羧酸

伯醇在强氧化剂存在下可以直接氧化为羧酸，常见的氧化剂有铬酸、高锰酸钾、硝酸等。

（一）反应机理

以铬酸为例，伯醇首先被氧化为醛，然后铬酸进攻醛发生亲核加成，随后醛基上氢脱去酯键断裂生成羧酸。

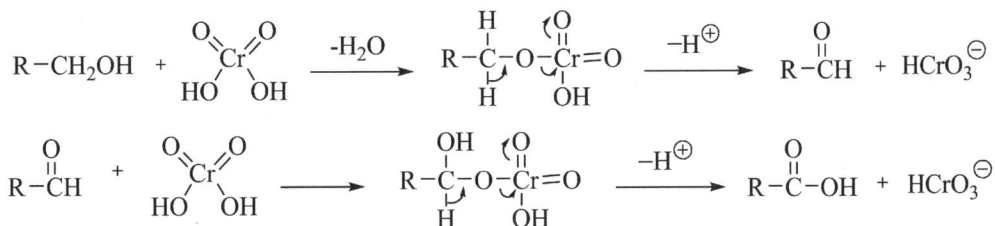

（二）应用实例

用铬酸、高锰酸钾、硝酸等作为氧化剂，可将伯醇氧化为羧酸。

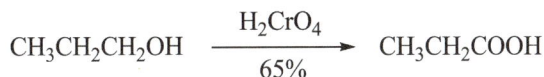

$$CH_3CH_2CH_2OH \xrightarrow[65\%]{H_2CrO_4} CH_3CH_2COOH$$

$$C_6H_5CH_2OH \xrightarrow[83\%]{KMnO_4,(CH_3)_2CO,H_2O} C_6H_5COOH$$

$$OHC(CH_2)_3CH_2OH \xrightarrow[\substack{10℃ \\ 75\%}]{HNO_3} HOOC(CH_2)_3COOH$$

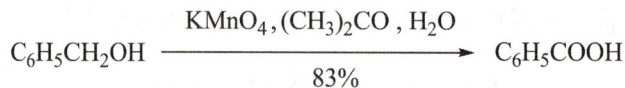

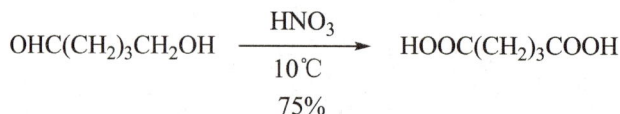

孕激素类药物炔诺酮（norethisterone）的合成中，两次用到了铬酸氧化。首先用铬酸使 3 位羟基氧化为酮，再在碱性条件下脱氯化氢即生成 Δ^4_3-酮，用锌粉还原开环，在 C_{19} 生成醇，然后用铬酸氧化成羧酸。由于叔碳原子上的羧基极易脱羧，生成 19-去甲基甾体，乙炔化后即得产品炔诺酮，总收率 28%。

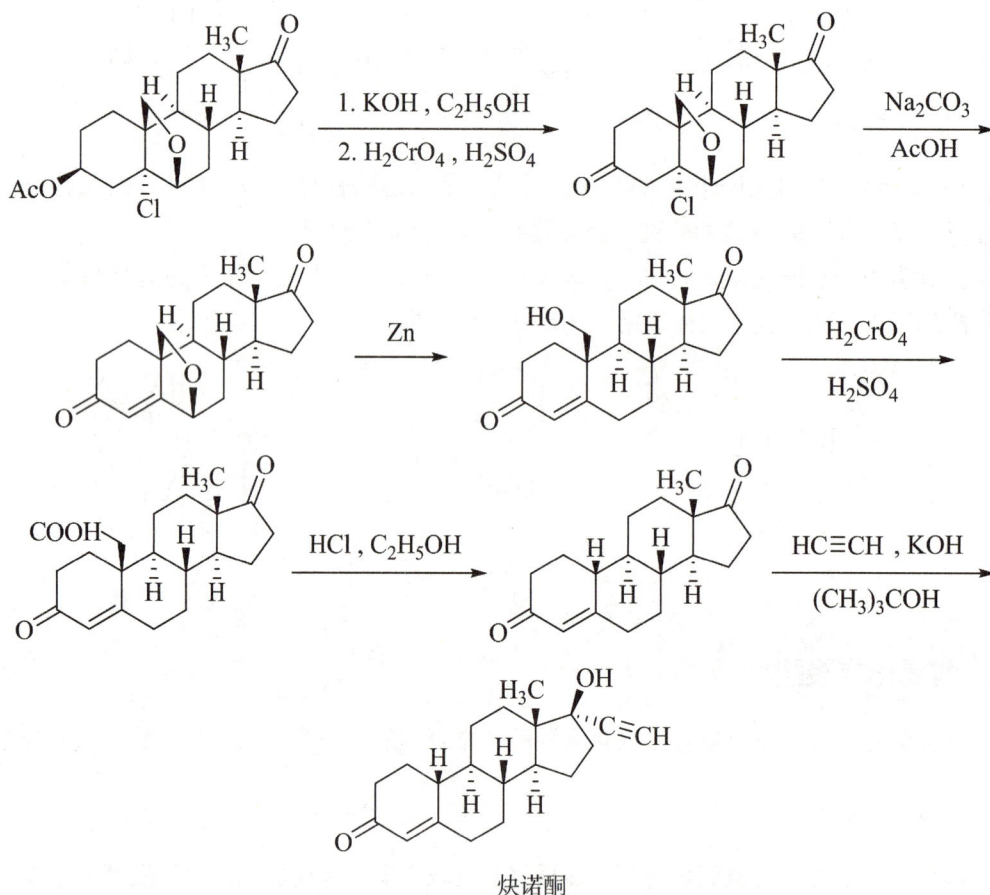

炔诺酮

三、1,2-二醇的氧化

1,2-二醇的氧化常发生 C—C 键的断裂，生成相应的醛或酮。常用的氧化剂有四乙酸铅和高碘酸。这一氧化反应条件温和，收率较高，故被广泛用于醛或酮的制备，以及 1,2-二醇的结构测定和定量分析研究。

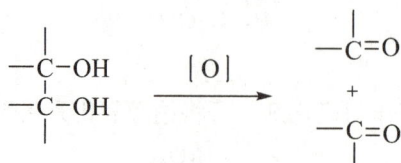

（一）四乙酸铅作为氧化剂

1. 反应机理

四乙酸铅氧化顺式 1,2-二醇，先生成环酯的中间产物，进一步发生 C—C 键断裂，生成醛或酮。

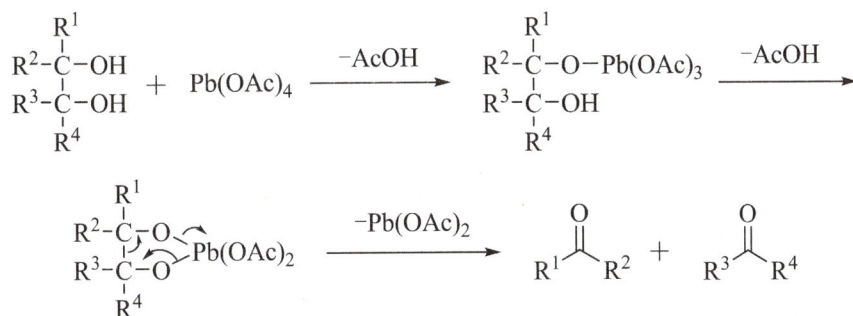

对于反式 1,2-二醇的氧化，可能经历非环状中间体的酸或碱催化的消除过程。

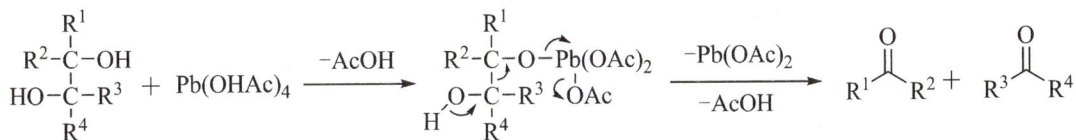

2. 应用实例

四乙酸铅做氧化剂，顺式和反式邻二醇均能发生反应。如顺式和反式 9,10-二羟基十氢萘均能够氧化为相应的酮。

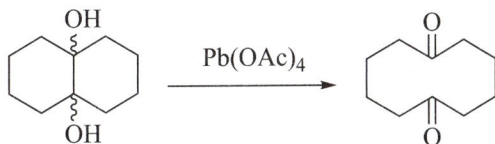

利用本法可以合成用其他方法较难制得的烷氧基乙醛。

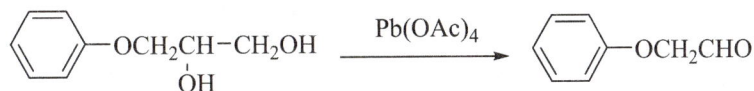

肾上腺素 β-受体阻断剂噻吗洛尔（timolol）中间体 R-甘露醛缩丙酮的合成就是以 D-甘露醇为起始原料，1,2,5,6-位羟基用丙酮保护后，经四乙酸铅氧化裂解而得。

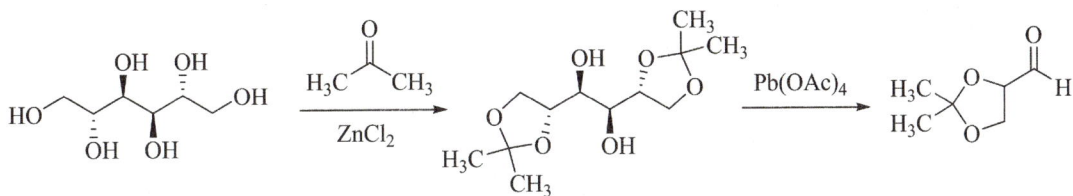

（二）高碘酸作为氧化剂

1. 反应机理

高碘酸（H_5IO_6 或 HIO_4+2H_2O）氧化机理与四乙酸铅类似，经过环状中间体过渡态，裂解得到产物醛或酮。

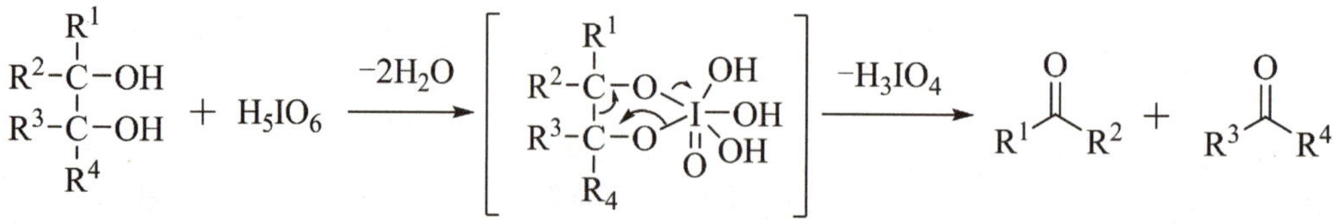

环状中间体过渡态

2. 应用实例

高碘酸氧化常以水为溶剂，在室温下进行，操作简便，收率高。特点为主要氧化顺式邻二醇，反式邻二醇很难进行。

止吐药多拉司琼（dolasetron）中间体的合成，以3-环戊烯-1-甲酸乙酯为原料，经四氧化锇氧化得到3,4-二羟基环戊烷甲酸乙酯，再经高碘酸钠氧化开环得到相应的二醛。

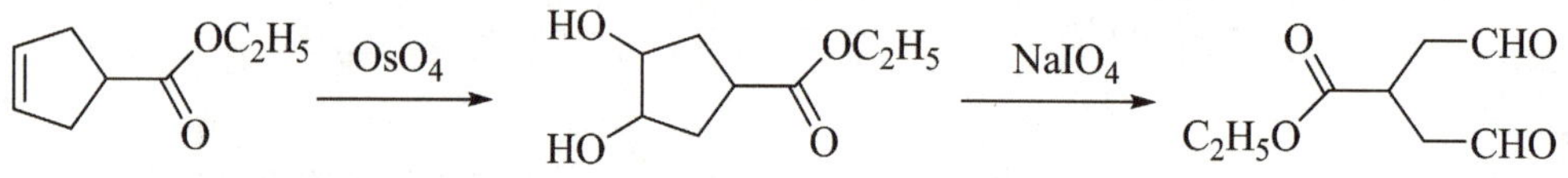

多拉司琼中间体

高碘酸可以选择性的断裂糖分子中连二羟基或连三羟基处，生成相应的多醣醛、甲醛或甲酸。反应定量地进行，每开裂一个碳碳键消耗一分子高碘酸。通过测定高碘酸消耗量及甲酸的释放量，可以判断糖苷键的位置、直链多糖的聚合度、支链多糖的分支数目等。

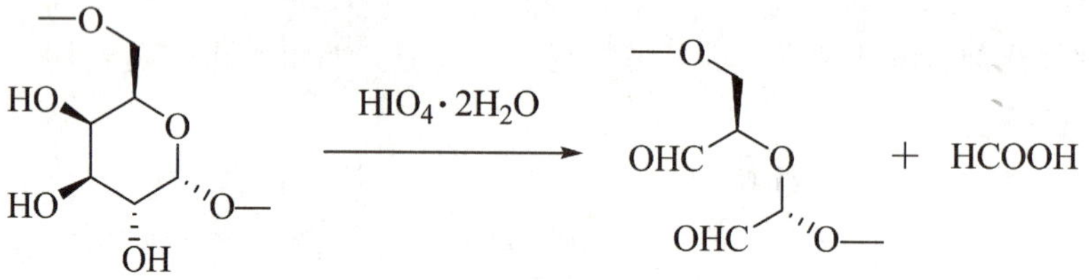

1,6-半乳糖

第二节 醛、酮的氧化

一、醛的氧化

醛较易被氧化，产物一般为羧酸。常用的氧化剂有过氧酸、高锰酸钾、铬酸、氧化银、二氧化锰等。

$$R-CHO \xrightarrow{[O]} R-COOH$$

（一）反应机理

有机过氧酸氧化芳香醛的机理为：过氧酸首先与芳香醛进行亲核加成，然后脱去羧酸，接着发生重排得到产物羧酸或甲酸酯，后者经水解得到酚。

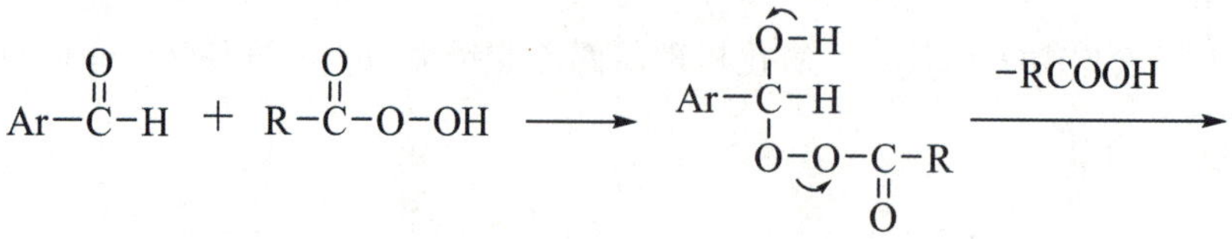

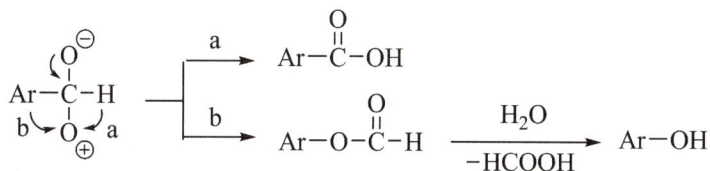

（二）反应的影响因素

1. 当芳环上没有取代基或有吸电子基或供电子基团在间位，芳香醛与有机过氧酸反应，按"a"方式重排氧化为羧酸。

2. 当芳环醛基对位（或邻位）有供电子基团时，与有机过氧酸反应，醛基经甲酸酯阶段，经过水解转换成羟基，即反应按"b"方式进行。

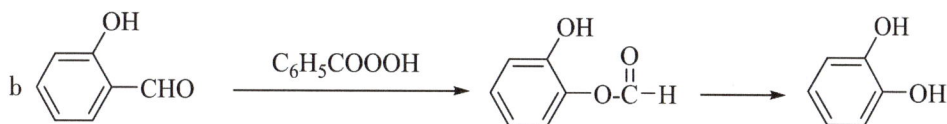

（三）应用实例

1. 有机过氧酸为氧化剂

有机过氧酸氧化醛基邻对位有供电子基团的芳香醛，经甲酸酯中间体，得到羟基化合物，该反应称为 Dakin 反应。

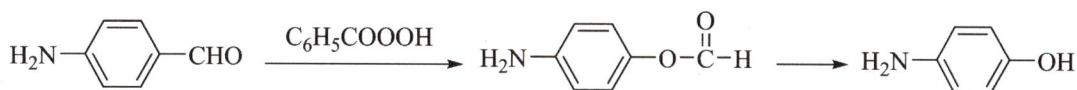

2. 高锰酸钾为氧化剂

高锰酸钾的酸性、中性或碱性溶液都能氧化芳香醛和脂肪醛成羧酸，并且有较高收率。

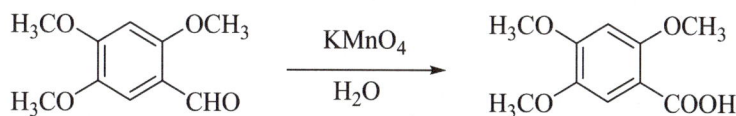

α-羟基醛可用高锰酸钾的 1,4-二氧杂环己烷水溶液顺利地氧化成 α-羟基酸。

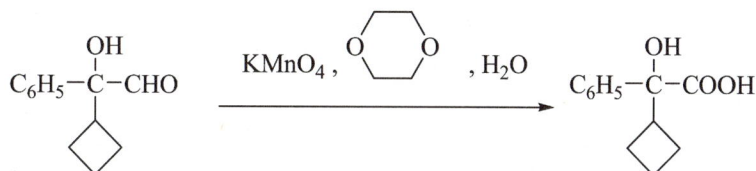

抗过敏药物非索非那定（fexofenadine）中间体的制备中，新戊醇经二甲亚砜氧化为醛，然后高锰酸钾氧化醛成羧酸。

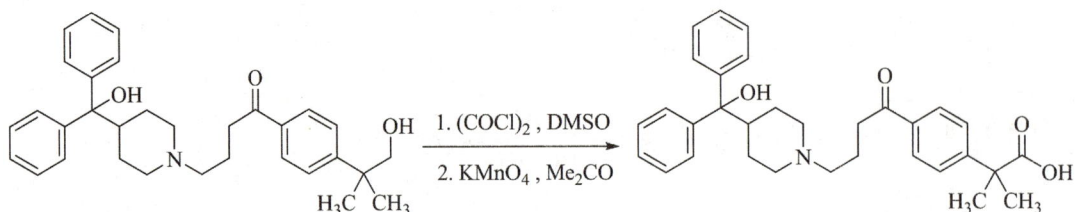

非索非那定中间体

3. 铬化合物为氧化剂

氧铬酸为氧化剂很容易将芳香醛和脂肪醛氧化为羧酸，如胡椒醛被氧化为羧酸。

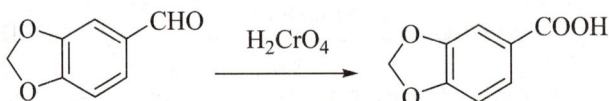

氧化铬的硫酸溶液（CrO_3-H_2SO_4，Jones 试剂）性能温和，选择性好，是氧化醛为羧酸的优良试剂。分子中若存在碳碳双键、三键，均不会受影响。

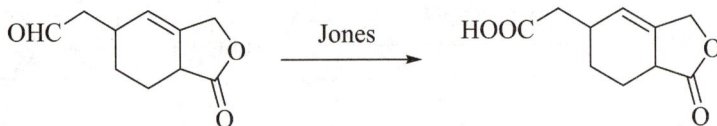

4. 氧化银为氧化剂

氧化银（Ag_2O）氧化能力较弱，选择性较高，不影响分子中双键、酚羟基、氨基等，适用于不饱和醛及一些易氧化芳香醛的氧化。

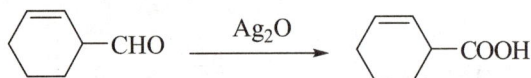

香草醛被氧化银氧化，以良好的产率（96.8%）生成香草酸。

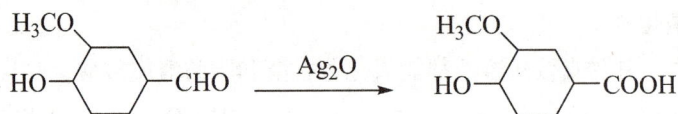

5. 二氧化锰为氧化剂

二氧化锰氧化性能温和，选择性高。一般使烯丙醇氧化停留在烯丙醛阶段，可在氰化钠存在下，能使 α,β-不饱和醛进一步氧化成相应的羧酸。本法不仅产率高，而且在反应过程中不发生双键的氧化及顺、反异构化，是 α,β-不饱和醛立体定向氧化的良好方法。

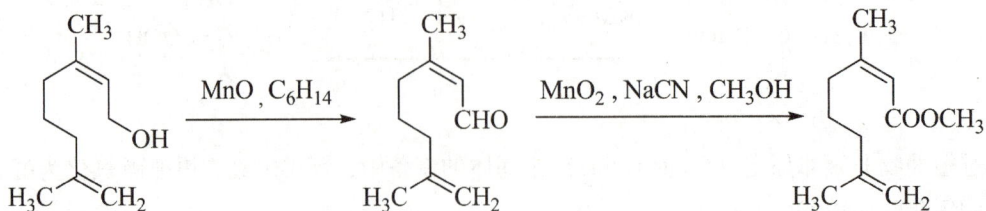

二、酮的氧化

氧化剂不同，酮的氧化产物不同。常见的氧化剂有有机过氧酸、二氧化硒、重铬酸盐等。用重铬酸盐为氧化剂，常需要激烈的反应条件，导致邻近羰基的 C—C 键发生断裂，得到羧酸。一般较少有合成价值。

（一）有机过氧酸为氧化剂

1. 反应机理

有机过氧酸或过氧化氢氧化酮，会发生重排，生成相应的酯类化合物的反应称之为 Baeyer-Villiger 反应。Baeyer-Villiger 反应并没生成 C—C 键断裂产物，实际反应结果是羰基碳和邻位碳间的 C—C 键断裂，插入一个氧。Baeyer-Villiger 反应机理为酮和过氧酸先进行加成，再发生烃基迁移重排。具体过程是在酸催化下，过氧酸的羟基亲核性进攻羰基碳原子，生成偕二醇过氧酯，接着烃基由碳原子迁移重排至邻位氧，同时过氧键断裂，羧酸负离子离去，生成酯。

在碱催化下，过氧化氢的氧化是由过氧化氢负离子亲核性进攻羰基碳原子，生成偕二醇过氧醇，随后烃基由碳原子迁移重排到邻位氧，同时羟基负离子离去，生成酯。由于羟基作为离去基团比酰氧基困难，所以，碱性催化过氧化氢的氧化反应活性比过酸性条件下催化差。

2. 应用实例

不对称酮用有机过氧酸氧化，羰基两边的烃基均可以迁移，产物是两种酯。一般情况下，得到一种主产物，烃基迁移能力顺序为：芳基＞乙烯基＞叔碳＞苯环≈环己烷≈苄基＞亚甲基＞甲基＞氢。芳环上若有吸电子基团，会使迁移能力减小。

（二）二氧化硒为氧化剂

二氧化硒使酮中羰基邻位的甲基或亚甲基氧化，生成 α-醛酮或 α-双酮的衍生物。

三、α-羟基酮的氧化

α-羟基酮可被氧化成 α-二酮，实质上是醇的氧化。可用的氧化剂有氧化铋（Bi_2O_3）、氯化汞（$HgCl_2$）、铁氰化钾［$K_3Fe(CN)_6$］等。由于邻位羰基的影响，反应较易发生。抗癫痫药苯妥英钠的中间体二苯乙二酮的制备就是以安息香为原料，经氧化制得。

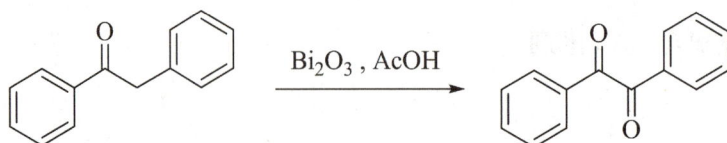

第三节 碳-碳双键的氧化

一、碳-碳双键环氧化

碳-碳双键用一定量的有机过氧酸在无水惰性的有机溶剂中低温处理，则生成1,2-环氧化合物，本反应亦称为环氧化反应。常用的过氧酸氧化剂有过氧苯甲酸、过氧邻苯二甲酸、过氧乙酸、过氧甲酸及三氟乙酸，要根据烯键邻近结构的不同而选择适合的氧化剂。

氧化反应如在水溶液中进行，则中间体生成的环氧化将被进一步水解成二醇类。因此本方法是制备1,2-环氧化合物类或1,2-二醇类的简易方法。

（一）α, β-不饱和羰基化合物的环氧化

α, β-不饱和羰基化合物中与羰基共轭的碳碳双键，一般在碱性条件下用过氧化氢或叔丁基过氧化氢使之环氧化，得到α, β-环氧基酮。

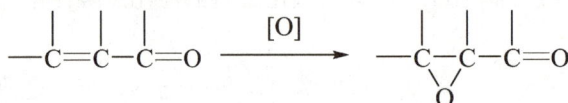

1. 反应机理

α, β-不饱和酮的环氧化反应属亲核加成反应机理，首先$HOO^{\ominus}$对不饱和双键亲核加成形成双键移位的氧负离子中间体，该中间体消除$OH^{\ominus}$，即得到环氧化物。

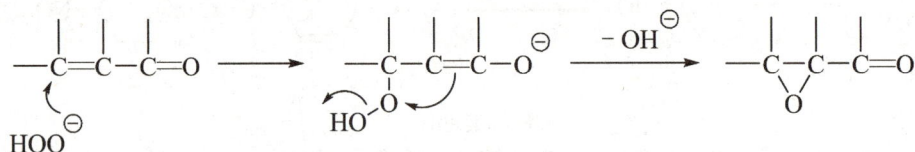

2. 影响因素

（1）pH值的影响 对于α, β-不饱和醛的环氧化，pH值不同，产物的结构可能不同。如肉桂醛在碱性过氧化氢作用下，得到环氧化的酸；而调节pH值到10.5，用叔丁基过氧化氢氧化，生成物则为环氧化的醛。

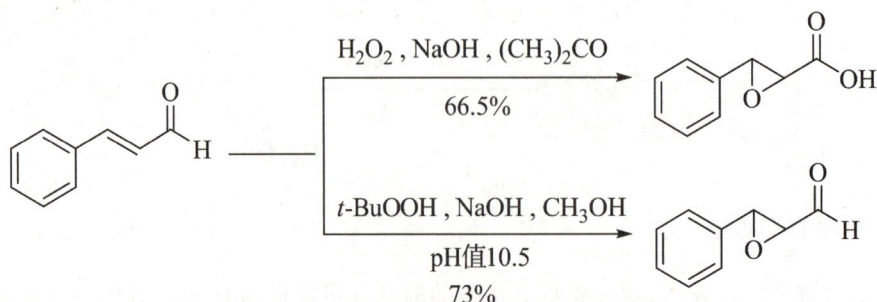

对于不饱和酯的环氧化，控制pH值可使酯基不被水解。如下例中酯的pH值在8.5～9.0时，使用间氯过苯甲酸（MCPBA）环氧化可得到较高收率的环氧化合物，酯基不被水解。

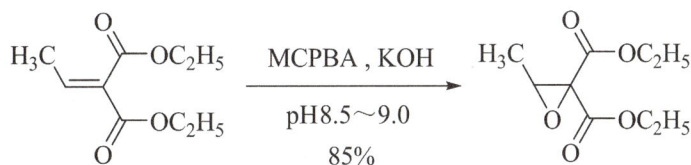

（2）**立体效应的影响**　在环氧化反应过程中，双键的构型可能由不太稳定的构型变为稳定的构型。如下例中 Z 型和 E 型的 3-甲基-3-烯-2-戊酮经碱性过氧化氢处理，氧化得到相同的 E 型环氧化合物。

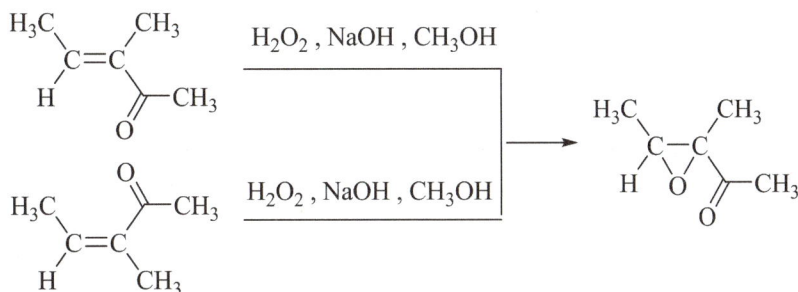

3. 应用实例

甾体抗炎药泼尼卡酯（prednicarbate）的重要中间体 $16\alpha,17\alpha$-环氧-3β-羟基孕甾-5-烯-20-酮的制备就是采用 30% 过氧化氢的碱性溶液进行 D 环的环氧化。

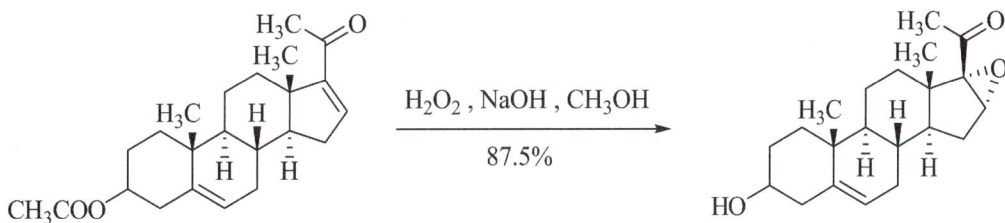

（二）不与羰基共轭的烯键的环氧化

这类烯烃的电子云较丰富，它们的环氧化常具有亲电性特点。常用的氧化剂为过氧化氢、烷基过氧化氢、有机过氧酸等。

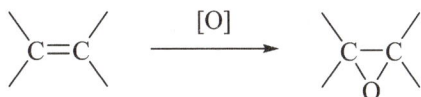

1. 反应机理

根据使用环氧化试剂不同，反应机制也有所不同。

在腈存在时，碱性过氧化氢可使富电子双键发生环氧化。实际上，起作用的是腈和碱性过氧化氢生成的过氧亚氨酸（peroxy carboximidic acid），后者为亲电性环氧化剂。其机理如下。

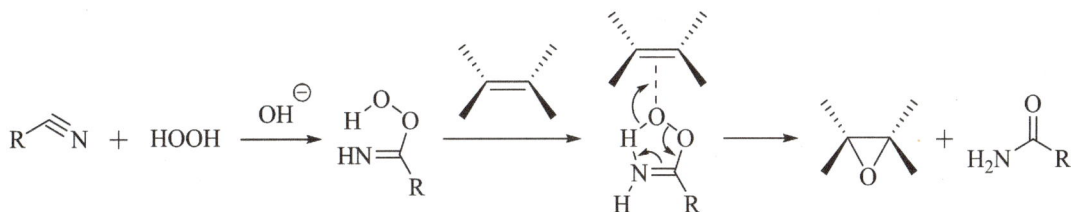

由有机过氧酸亲电性进攻双键而发生的环氧化反应为自由基加成反应机理：

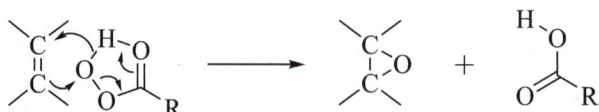

2. 影响因素

（1）溶剂的影响　反应通常在烃类溶剂中进行，烯烃本身也是良好的反应溶剂。醇或酮不宜作为溶剂使用，因为它们会发生氧化副反应，给产物的纯化造成困难。

（2）过氧化物结构的影响　烷基过氧化氢的结构可影响反应速率，当烷基上有吸电子基团时，可增加环氧化速率。例如用 $Mo(CO)_6$ 作催化剂，使 2-辛烯环氧化时，不同的烷基过氧化氢有不同的反应速率，存在下列规律。

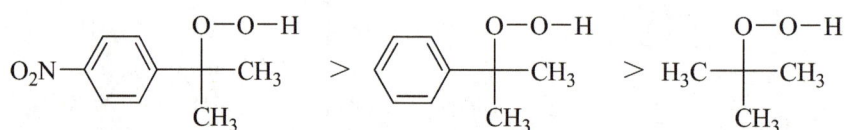

（3）电子效应的影响　烯键碳上有给电子基（如烃基）时，可使烯键电子云密度增大，亦可增加环氧化速率。在多烯烃中，常常是连有较多给电子基的双键被优先环氧化。当仅使其中一个双键环氧化时，甲基取代的烯键常优先反应。

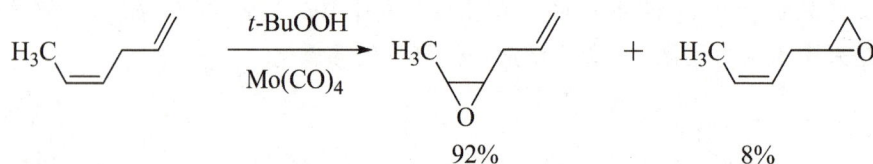

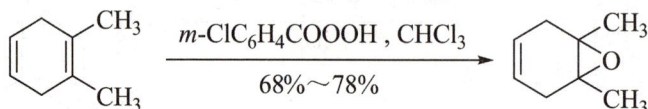

（4）立体效应的影响　环烯烃的环氧化一般较易发生，当不含有复杂基团时，环烯烃环氧化的立体化学由立体因素决定。如 1-甲基-4-异丙基环己烯被环氧化时，氧环在位阻较小的侧面形成。

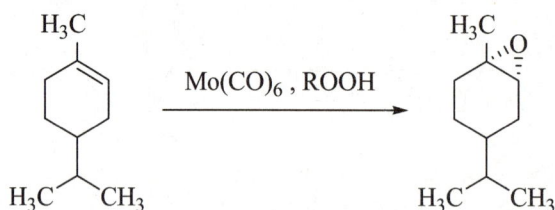

在环烯烃中，过氧酸通常从位阻小的一侧进攻得到相应的环氧化合物。

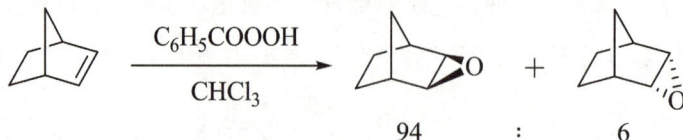

烯丙位的羟基对过氧酸的环氧化存在明显的立体化学影响，即羟基和所形成的氧环处在同侧的化合物为主产物。据此认为：在过渡态中，羟基和试剂之间形成氢键，有利于在羟基同侧环氧化。

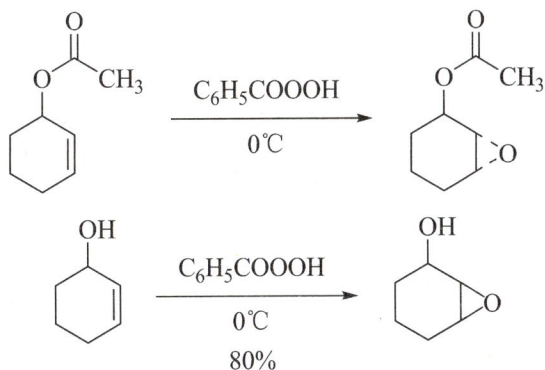

3. 应用实例

（1）过氧化氢或烷基过氧化氢作氧化剂　依普利酮（eplerenone）是一种选择性醛甾酮受体抑制剂，能特异性地抑制激素醛甾酮的功能，是治疗高血压和其他心血管病的药物。在其合成的最后步骤中，用过氧化氢作氧化剂，将前体化合物 C-9 位和 C-11 位双键发生环氧化反应，生成目标化合物依普利酮。

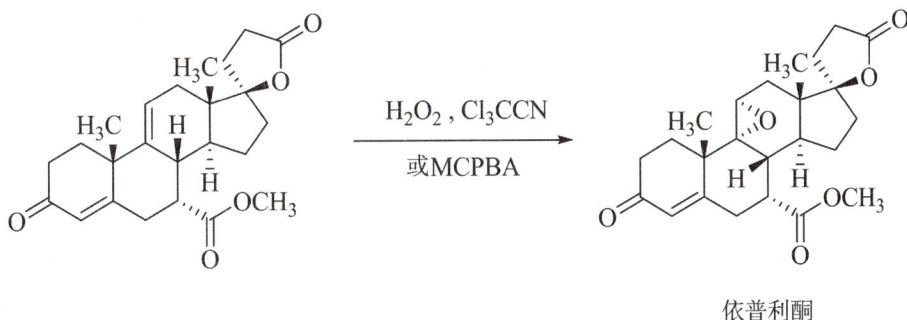

依普利酮

碱性过氧化氢在腈存在时可使富电子烯键发生环氧化。

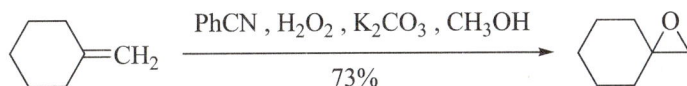

这一试剂不和酮发生 Baeyer-Villiger 反应，常用来使非共轭不饱和酮中的烯键环氧化。在非共轭不饱和酮中，烯键富电子，碱性过氧化氢选择性作用于烯键，而不影响酮羰基；而用过氧酸时，则会发生 Baeyer-Villiger 氧化。

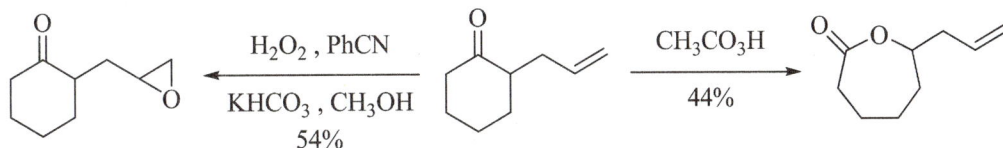

过渡金属络合物催化过氧化氢或烷基过氧化氢对烯键的环氧化反应。这类络合物包括由钒（V）、钼（Mo）、钨（W）、铬（Cr）、锰（Mn）和钛（Ti）所构成的络合物。

Mo(CO)$_6$、VO(acac)$_2$ 和 Salen-锰络合物对非官能化烯键的环氧化是最有效的催化剂。以 Mo(CO)$_6$ 作催化剂时，常用烷基过氧化氢作氧化剂。

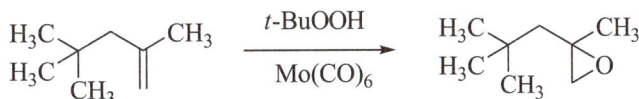

该类过渡金属络合物催化剂对烯丙醇的双键环氧化，有明显的选择性。例如，下面两个烯烃中各含有两个碳碳双键，在过渡金属络合物催化下，用烷基过氧化氢作氧化剂，能选择性地环氧

化烯丙醇双键。

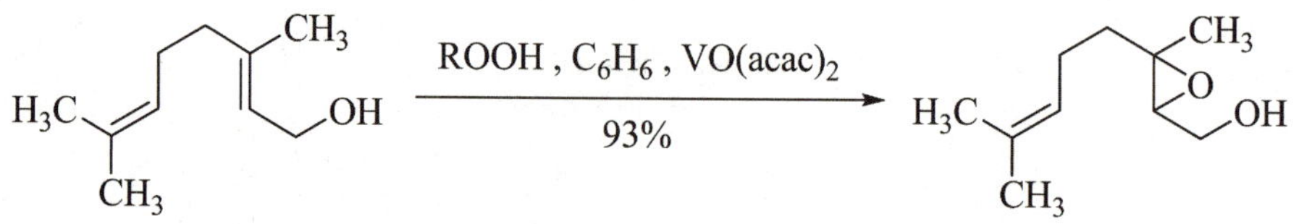

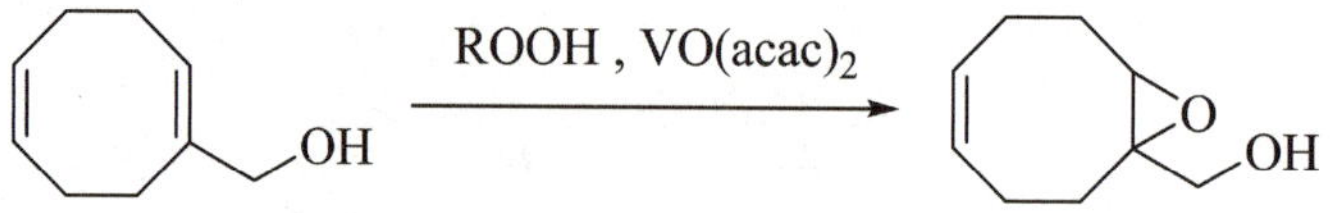

氧环和羟基处于顺式的异构体在反应产物中占绝对优势。

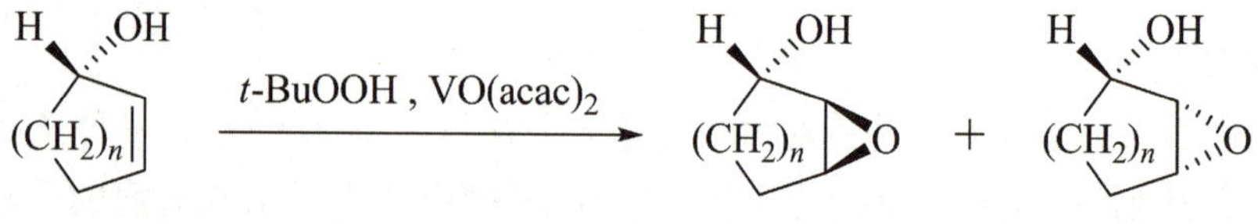

$$n = 2, 3, 4 或 5 \qquad 9 \quad : \quad 91$$

（2）有机过氧酸作环氧化剂　常用的有机过氧酸有间氯过氧苯甲酸、过氧苯甲酸、单过氧邻苯二甲酸、过氧甲酸、过氧乙酸、三氟过氧乙酸等。其中，间氯过氧苯甲酸比较稳定，是烯键环氧化的较好试剂；而其余试剂不太稳定，一般在使用前新鲜制备，或者采用相应的酸和过氧化氢在体系中原位生成。过氧苯甲酸、单过氧邻苯二甲酸和间氯过氧苯甲酸可在适当的溶剂中直接使用以合成环氧化合物。其他过氧酸（过氧乙酸）需在缓冲剂（如乙酸钠）存在下，才能得到环氧化合物，否则，反应过程中释放的酸不断增加会破坏所生成的环氧化物，形成邻二醇的单酰基化合物或其他副产物。

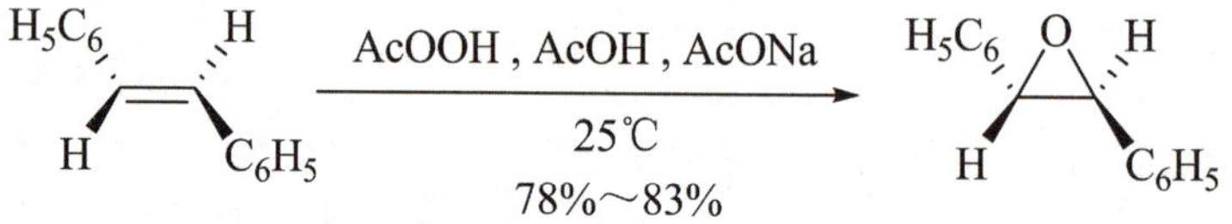

二、碳碳双键的双羟基化

烯键可以被高锰酸钾、四氧化锇、碘/羧酸银等氧化而生成1,2-二醇，即烯键的全羟基化，在分子降解和天然产物全合成方面十分有用。所使用的氧化剂不同，产物的立体构型也不同；但都属于亲电加成机制。

（一）顺式羟基化

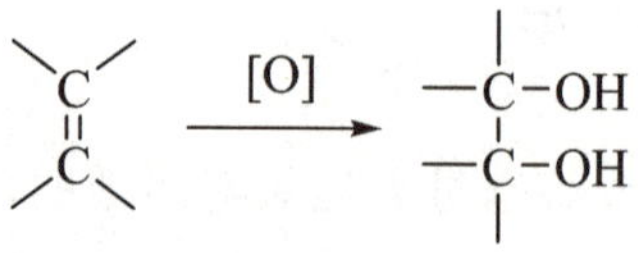

1. 反应机理

高锰酸钾氧化烯烃的双羟基化反应是按锰酸酯机理进行的。同位素 ^{18}O 研究表明，氧是高锰酸根转移给生成的醇。

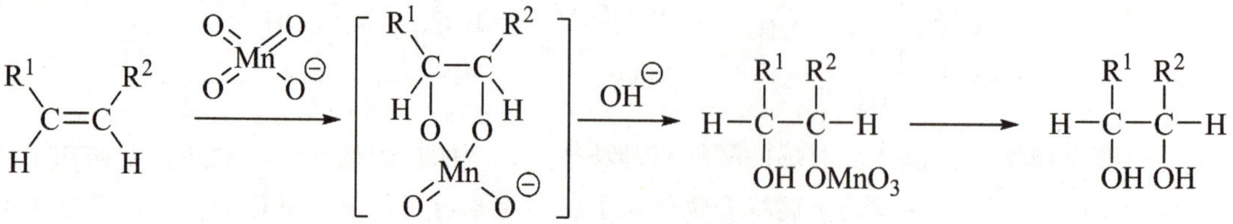

四氧化锇的双羟基化反应是经过环加成与烯烃生成六价锇酯，在水或醇溶液中分解成邻二醇。锇酯中的配位体是溶剂分子或者是加入的试剂，原因是锇酯不稳定，常加入叔胺（如吡啶）组成络合物，以稳定锇酸酯，并加速反应。由于锇酸酯合物的空间位阻，四氧化锇双羟基化反应从双键位阻较小的一面进攻烯烃。与高锰酸钾一样，四氧化锇双羟基化反应得到的产物是顺式邻二醇。

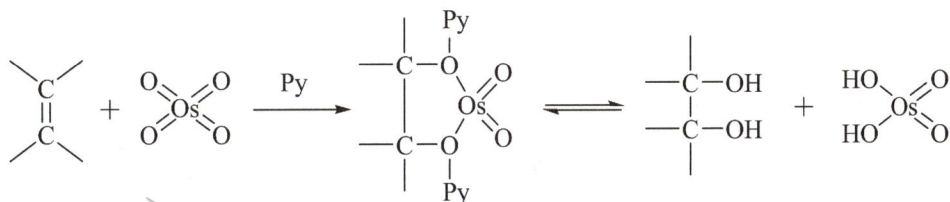

锇酯的水解是可逆反应，常加入一些还原剂如亚硫酸钠、亚硫酸氢钠等使锇酸还原成金属锇而沉淀析出，以打破平衡，完成反应。

碘和湿羧酸银氧化烯键成 1,2-二醇的反应属亲电加成反应机理。

2. 应用实例

烯键被氧化成 1,2-二醇，常用的氧化剂为高锰酸钾、四氧化锇及碘-湿乙酸银。

（1）高锰酸钾作氧化剂　用高锰酸钾氧化烯键是烯烃全羟基化中应用较广泛的方法。用水或含水有机溶剂（丙酮、乙醇或叔丁醇）作溶剂，加化学计算量低浓度（1%～3%）的高锰酸钾，在碱性条件（pH 值在 12 以上）低温反应，需仔细控制反应条件以免进一步氧化。不饱和酸在碱性溶液中溶解，这一方法特别适用于不饱和酸的全羟基化，收率也高。如油酸全羟基化的收率达 80%。

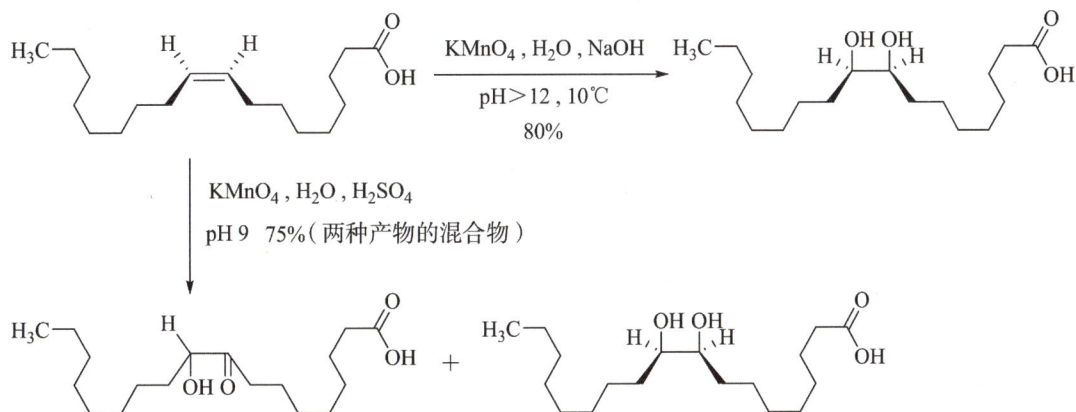

对于不溶于水的烯烃，用高锰酸钾氧化时，可加入相转移催化剂。如顺式环辛烯的全羟基化，在相转移催化剂存在时，收率为 50%，而没有相转移催化剂时，收率仅 7%。

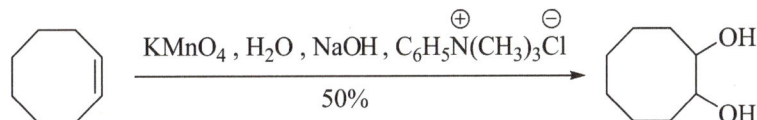

（2）四氧化锇作氧化剂　用四氧化锇使烯烃双键全羟基化，得到顺式羟基，在位阻小的一面形成 1,2-二醇，收率较高。

四氧化锇价贵且有毒，实验中常用催化量的四氧化锇和其他氧化剂，如与氯酸盐、碘酸盐、过氧化氢等共用。反应中，催化量的四氧化锇先与烯烃生成锇酸酯，进而水解成锇酸，再被共用的氧化剂氧化又生成四氧化锇而参与反应。所以，和单独使用四氧化锇效果一样，生成顺式 1,2

-二醇。并且可使三取代或四取代双键氧化成 1,2-二醇，而单独用氯酸盐或过氧化氢一般是不可能的。此法优点是可以减少四氧化锇的用量，但缺点是可能产生进一步氧化的产物。

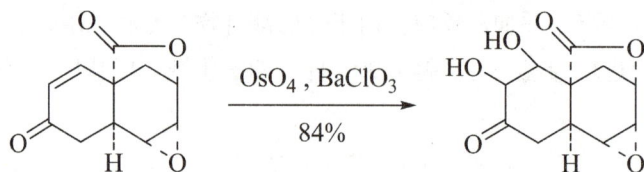

N-甲基吗啉-N-氧化物（NMO）与催化量的四氧化锇组成的共氧化剂是一种特殊、高效的双羟基化试剂。例如，环辛烯经 NMO 和四氧化锇氧化，得到顺式 1,2-环辛二烯。

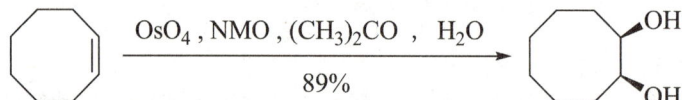

当 C—C 双键的邻位含有手性碳原子，手性碳上取代基的位阻存在影响烯烃氧化反应中生成双羟基的空间取向，通常双羟基位置处在立体位阻影响较小的一侧。

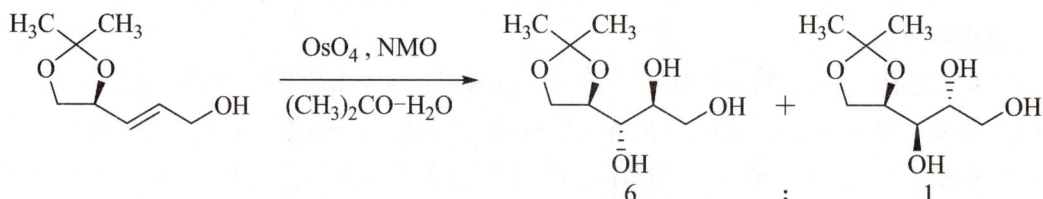

（3）碘和湿羧酸银作氧化剂（Woodward 法） 由碘的四氯化碳溶液和等物质的量的乙酸银或苯甲酸银所组成的试剂，称为 Prevost 试剂。这一试剂可氧化烯键成 1,2-二醇，产物结构随反应条件不同而异。当有水存在时（Woodward reaction），得到顺式 1,2-二醇的单酯，进而得顺式加成的 1,2-二醇；而在无水条件下（Prevost reaction），则得到反式 1,2-二醇的双酯化合物。这一试剂的价值在于它的专一性，具有温和的反应条件。游离碘在所用的条件下，不影响分子中的其他敏感基团。

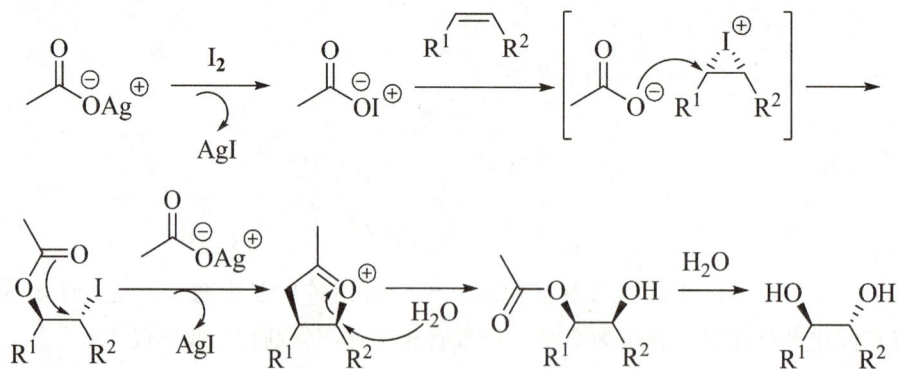

四氧化锇与碘和湿羧酸银的反应机理不同，二者立体化学特点也正好相反，在天然产物刚性分子的双键氧化中有利用价值。

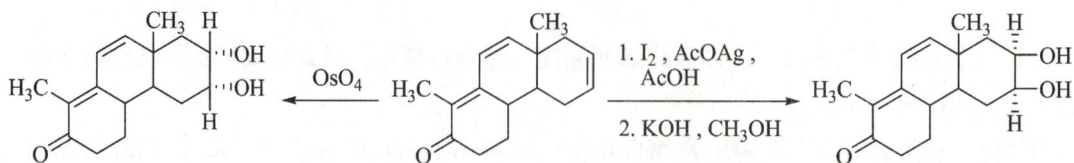

（二）反式羟基化

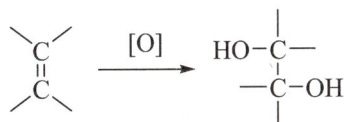

1. 反应机理

过氧酸氧化反应为自由基加成反应机理。过氧酸氧化烯键成环氧化合物，羧基负离子从烯键平面的另一侧进攻，再水解形成反式 1,2-二醇。

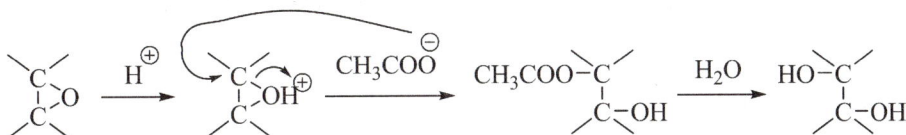

碘和湿乙酸银氧化烯烃双键的机理为亲电加成反应。Prevost 反应机理和 Woodward 反应类似，中间体都是环状正离子，不同的是，在无水条件下，酰氧负离子从另一平面侧面进攻环状正离子，由此形成反式 1,2-二醇的双酰基衍生物。

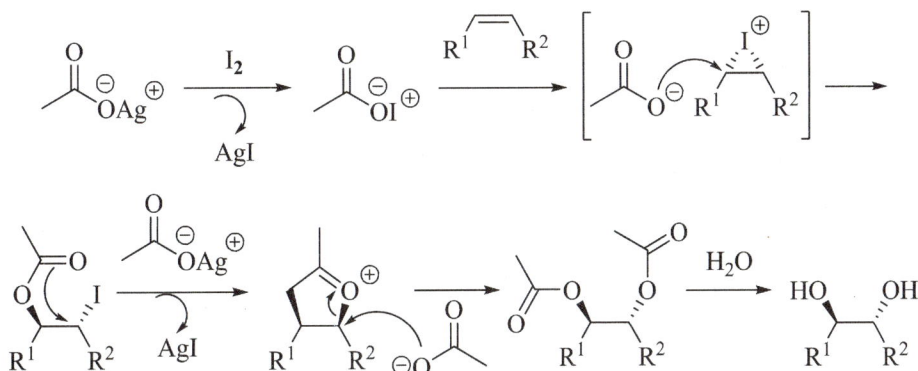

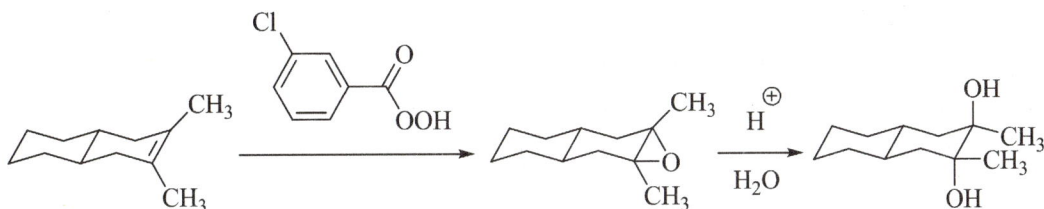

2. 应用实例

烯键的反式羟基化主要是过氧酸法、碘和湿羧酸银法。

（1）过氧酸作氧化剂　过氧酸氧化烯键可生成环氧化合物，亦可形成 1,2-二醇，主要取决于反应条件。过氧酸与烯键反应先形成环氧化合物，当反应中存在可使氧环开裂的条件（如酸）时，则氧环即被开裂成反式 1,2-二醇。过氧乙酸和过氧甲酸常用于从烯烃直接制备反式 1,2-二醇。例如：

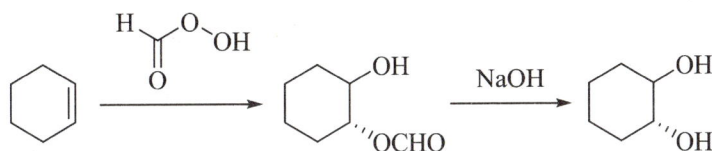

反应也可分两步进行，先用过氧酸氧化烯键成环氧化合物，分离后加酸分解。该法较广泛地用于反式 1,2-二醇的制备。

（2）碘和湿羧酸银作氧化剂 以碘和羧酸银试剂在无水条件下和烯键作用，可获得反式1,2-二醇的双乙酰衍生物，此反应称为 Prevost 反应。生成物进而水解得反式1,2-二醇。该反应条件温和，不会影响其他敏感基团。

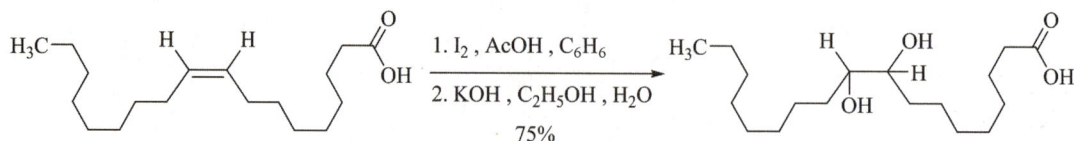

$$\xrightarrow[\text{2. KOH, C}_2\text{H}_5\text{OH, H}_2\text{O}]{\text{1. I}_2\text{, AcOH, C}_6\text{H}_6} \quad 75\%$$

第四节　碳碳双键断裂氧化

一、高锰酸盐氧化

高锰酸钾的稀碱溶液在低温下氧化烯烃得到顺式邻二醇。但在剧烈条件下，如提高氧化剂的浓度、反应温度，使用酸性溶液，高锰酸钾可直接氧化烯键使之断裂成相应的醛、酮或羧酸等羰基化合物。在药物合成中高锰酸钾法是断裂 C==C 双键最常用的方法。

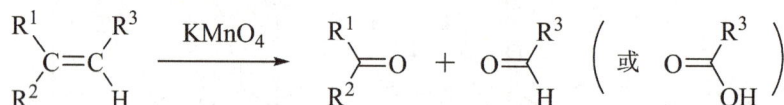

（一）反应机理

高锰酸钾氧化反应为亲电加成反应机理。中间生成的酯经水解生成邻二醇，是否进一步氧化，取决于反应介质的 pH 值。pH 值在 12 以上，有利于水解生成邻二醇；pH 值低于 12，则有利于进一步氧化，生成 α-羟基酮或断键的产物。高锰酸钾过量或浓度过高均对进一步氧化有利。

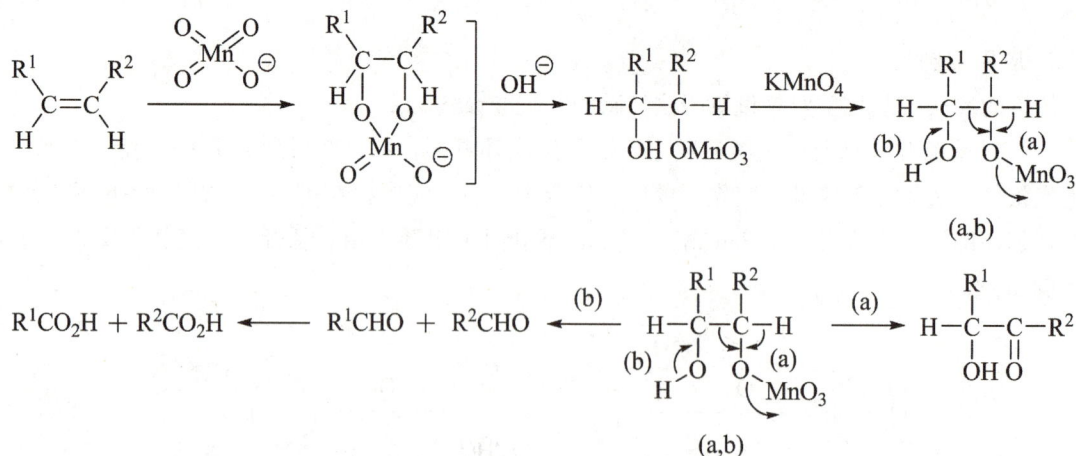

（二）应用实例

单用高锰酸钾氧化，反应选择性差（其他易氧化基团也可同时被氧化），环境污染大，生成大量二氧化锰，增加了后处理的困难，同时吸附大量产物。

改用含高锰酸钾的高碘酸钠溶液作氧化剂（$NaIO_4$：$KMnO_4$ = 6：1，Lemieux 试剂）氧化双键使之断裂的方法称为 Lemieux-von Rudloff 法。此法没有单用高锰酸钾的缺点。其原理是：高锰酸钾先氧化双键成1,2-二醇，然后高碘酸钠氧化1,2-二醇成碳-碳键断裂产物，同时，高碘酸钠将五价的锰氧化成高锰酸盐继续反应。该方法条件温和，收率高。例如：

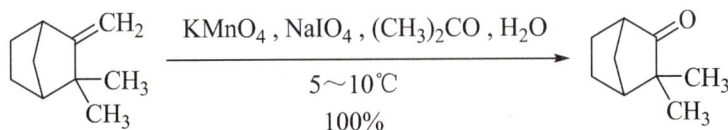

这样的烯烃断裂氧化反应通常在水中进行，水溶性较差或水中不太稳定的烯烃则可以四烷基铵高锰酸盐（由 R_4NX 与 $KMnO_4$ 制得）作为氧化剂在有机溶剂中进行氧化，或者向反应体系中加入相转移催化剂冠醚（如二环己基-18-冠-6、二环己基-18-冠-6、$DC_{18}C_6$）则可显著提高产品收率。如二苯乙烯或 α-蒎烯在用 $KMnO_4$ 水溶液氧化时，不加冠醚，收率为 40%～60%；加入冠醚，收率提高到 90% 以上。加冠醚的反应一般在室温下进行，温度过高会使冠醚-高锰酸钾络合物分解。

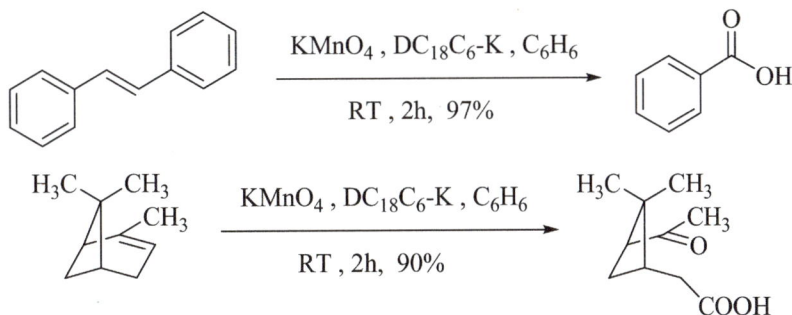

二、四氧化钌和四氧化锇

四氧化钌可氧化烯烃成醛、酮或羧酸。单独使用四氧化钌时产率不稳定，有时产量很低。但四氧化钌与高碘酸钠合并使用，则可显著提高氧化收率。四氧化钌-高碘酸钠试剂氧化能力强，氧化含有氢的双键时得到的主要产物是羧酸而不是醛。

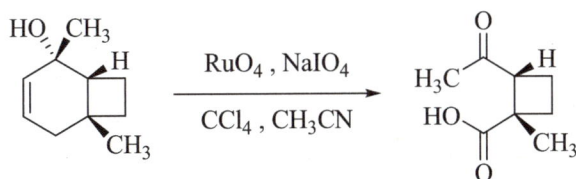

四氧化钌-高碘酸钠试剂是较为温和的氧化剂，氧化烯成酮时并不氧化仲羟基。

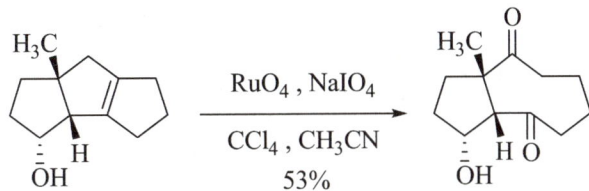

用四氧化锇氧化可以断裂烯烃为酮或醛。首先是四氧化锇将双键氧化成二醇，然后再用高碘酸钠断裂 C-C 键。

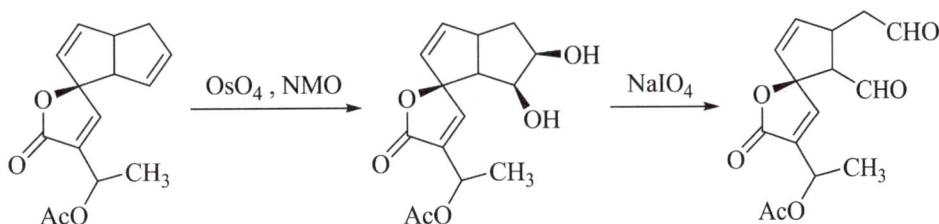

三、臭氧氧化

臭氧分解是烯键和臭氧反应生成臭氧化物，随后该臭氧化物分裂的过程。这一方法是氧化断裂烯键的常用方法。

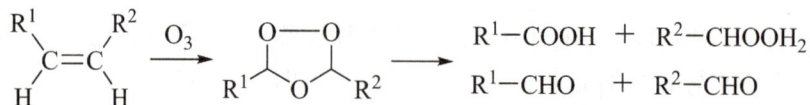

（一）反应机理

该反应机理为亲电加成反应。

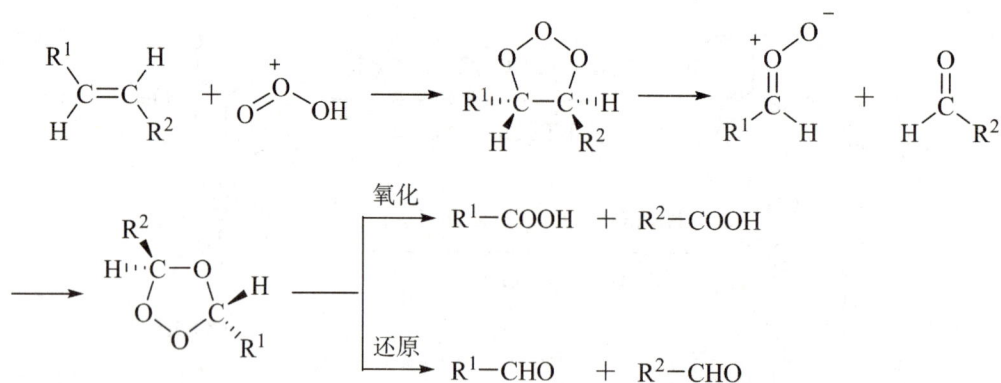

（二）影响因素

臭氧是亲电试剂，和烯键反应形成臭氧化物。后者可被氧化或还原断裂成羧酸、酮或醛。产物取决于所用方法和烯烃的结构。反应常在二氯甲烷或甲醇等溶剂中低温下通入含 2%～10% 臭氧的氧气中进行。生成的粗臭氧化物不经分离，直接用过氧化氢或其他试剂氧化分解成羧酸或酮。四取代烯得两分子酮，三取代烯得一分子酸和一分子酮，对称二取代烯得两分子酸。生成的粗过氧化物用还原剂还原分解可得醛和酮。常用的还原方法有催化氢化、锌粉和酸的还原、亚磷酸三甲（乙）酯还原等。用二甲硫醚在甲醇中和臭氧化物反应，也可得到很好的还原效果，反应选择性高，分子内的羰基和硝基不受影响，在中性条件下反应。

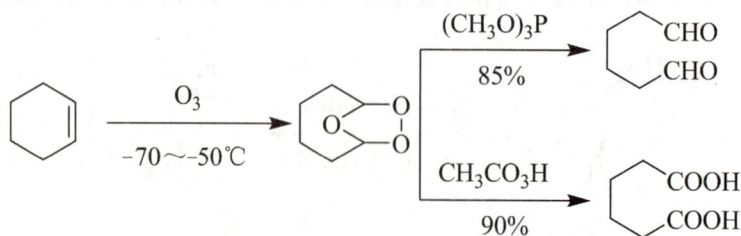

（三）应用实例

臭氧分解广泛应用于分子降解和从烯合成醛、酮、酸。如 2-甲基环己酮开环合成 2-酮庚酸：用氢化钠、三甲基氯硅烷使 2-甲基环己酮变成烯醇式硅醚，进而臭氧化、还原得到目标产物。

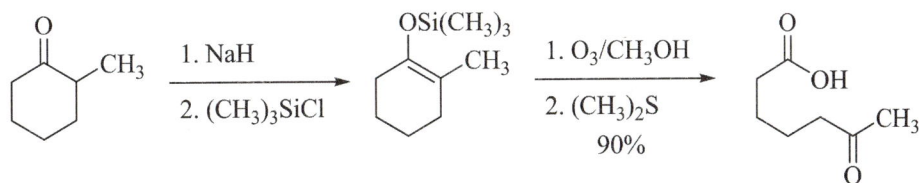

第五节　苄位烃基和烯丙基的氧化

烃类的氧化反应一般包括饱和烷烃的氧化、苄位烃基的氧化、羰基 α 位氧化和烯丙位的氧化，其中饱和烷烃中碳氢键的氧化，由于其反应条件激烈、产物复杂、不易控制和收率低等原因，在药物合成中的应用很少。本节主要介绍苄位烃基和烯丙位的氧化。

一、烯丙位的氧化

烯丙位的烃基具有一定的活性，可被氧化为醇、醛或酮而不破坏 C===C 双键，常用的氧化剂有二氧化硒、三氧化铬-吡啶和有机过氧酸酯。

（一）二氧化硒为氧化剂

二氧化硒可将烯丙位甲基、亚甲基或次甲基氧化成相应的醇，正常反应条件下常发生进一步氧化，生成羰基化合物，通常产物是醛或酮。如果使用乙酸为反应介质，生成的乙酸酯分离出来，经过水解则得到氧化产物醇。

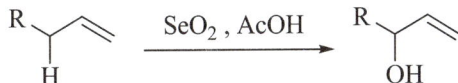

1. 反应机理

Sharpless 提出二氧化硒的氧化机理由三个基本步骤构成：二氧化硒作为亲烯组分和具有烯丙位氢的烯发生亲电烯反应；脱水，同时发生 [2,3]-σ 迁移重排；生成的硒酯水解，得到烯丙位氧化产物。

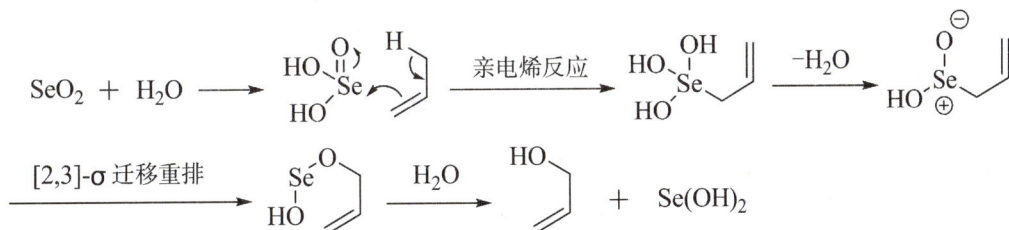

2. 影响因素

二氧化硒作为氧化剂时反应介质可影响共氧化产物。一般情况下氧化产物为醛或酮。若使用乙酸为反应介质，则可得到氧化产物醇。

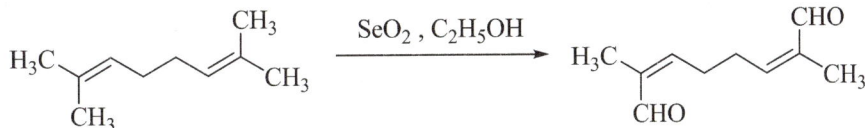

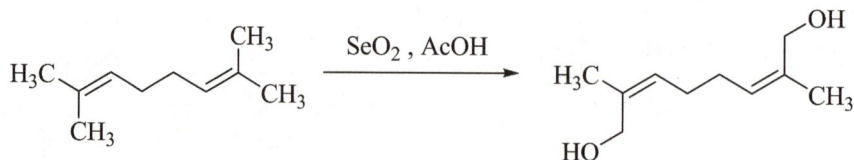

当化合物中有多个烯丙位活性烃基存在时，二氧化硒氧化的选择性规则包括：优先氧化取代基多的一侧的烯丙位，产物以 E 式为主；对于环内双键，氧化位置一般发生在双键碳上取代基较多一边的环上的烯丙位；末端双键氧化，常会发生烯丙位重排，羟基引入末端。

3. 应用实例

维生素类药物阿法骨化醇（alfacalcidol）中间体的合成中，用二氧化硒氧化烯丙位得到相应的醇。

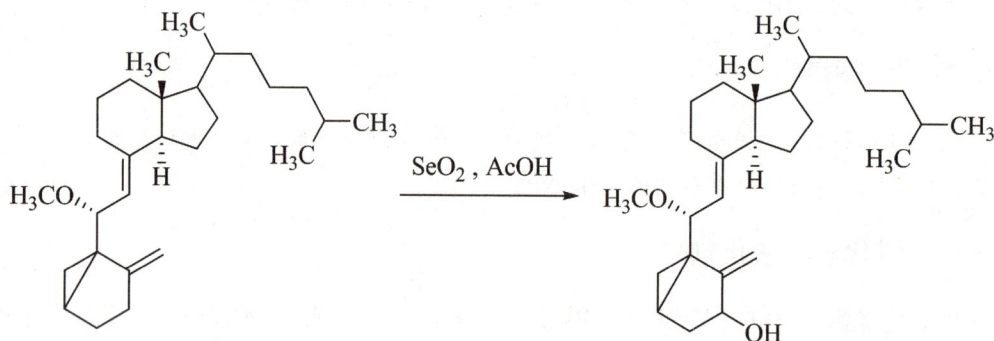

阿法骨化醇中间体

（二）氧化铬-吡啶为氧化剂

三氧化铬-吡啶络合物［$CrO_3(Py)_2$］溶解到二氯甲烷形成的溶液为 Collins 试剂，可选择性地将烯丙位烃基氧化为相应的羰基，而对双键、硫醚等不作用。除 Collins 试剂外，氯铬酸吡啶盐（$C_6H_5N \cdot ClCrO_3H$，PCC）和铬酸叔丁醇酯（$CrO_3-t-BuOH$）也可用于烯丙位烃基的氧化。

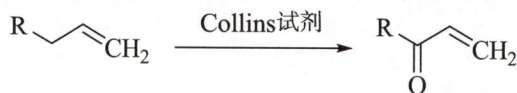

1. 反应机理

Collins 试剂氧化烯丙位烃基的反应属于自由基消除反应机理。

2. 影响因素

下面一些方法可选择性的氧化烯丙位烃基，并且产物收率较高：①在室温下用过量的 Collins 试剂或将 PCC 在二氯甲烷或苯中回流；②在硅藻土（或分子筛）存在下使用 PCC；③在使用 Collins 试剂的同时加入 3,5-二甲基吡唑。

在一些反应中，用 Collins 试剂氧化的同时可发生烯丙双键的移位，原因是由于中间体烯丙基自由基转位，造成双键移位。

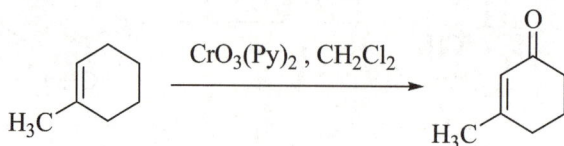

3. 应用实例

Collins 试剂是一个对双键、硫醚等不作用的选择性氧化剂，用于烯丙位的氧化可取得较好效果。

（三）有机过氧酸酯为氧化剂

以有机过酸酯作为氧化剂，可在烯丙位烃基上引入酰氧基，再经水解得烯丙醇类。由于酰氧基不会继续氧化，所以不存在进一步氧化产物。常用的试剂有过氧乙酸叔丁酯 $[CH_3COOOC(CH_3)_3]$ 和过氧苯甲酸叔丁酯 $[C_6H_5COOOC(CH_3)_3]$。

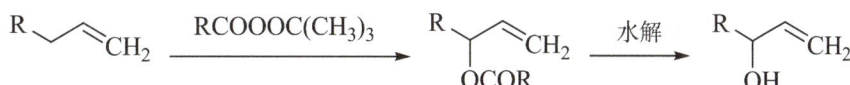

1. 反应机理

有机过氧酸酯氧化反应为自由基机理。

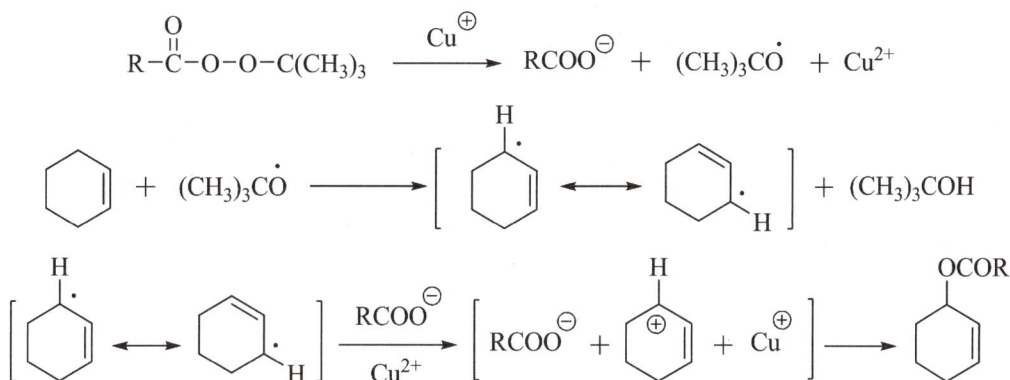

2. 应用实例

环烯在溴化亚铜存在下和过氧苯甲酸叔丁酯反应，生成相应的酰氧基化合物，经水解得到醇。

脂肪族烯烃发生这一氧化反应时常发生异构化。如 1-丁烯和 2-丁烯经过氧乙酸叔丁酯氧化，均得到收率 90% 的 3-酰氧基-1-丁烯和收率 10% 的 1-酰氧基-2-丁烯组成的混合物。原因是反应中可能存在亚铜离子和烯的配位作用，具有末端双键的烯烃和亚铜离子所形成的配位化合物比中间双键的烯烃所形成的类似配位化合物稳定，从而导致产物发生异构化。

二、苄位烃基的氧化

苄位烃基被氧化，可生成相应的芳香醇、醛、酮或羧酸。由于反应过程中形成苄自由基或碳正离子氧化中间体，能与苯基产生共轭效应使结构稳定，故苄位氧化比较容易发生，反应收率较高。

（一）苄位烃基氧化成醛

苄位甲基可被氧化成相应的醛，由于醛基易被进一步氧化成酸，若要使氧化反应停留在醛阶段，需要选择适当的氧化剂。常用的氧化剂有二氯铬酰、硝酸铈铵、三氧化铬-乙酐试剂，以及新近发展的铈乙酸盐和钴乙酸盐。

$$ArCH_3 \xrightarrow{\ [O]\ } ArCHO$$

1. 二氯铬酰为氧化剂

二氯铬酰（CrO_2Cl_2）又称 Etard 试剂，可将苄位甲基氧化为醛基，收率较高，该反应称为 Etard 反应。二氯铬酰的制备方法：在温度低于 10℃，将盐酸、硫酸滴加到三氧化铬中，再通过蒸馏除水即得。

（1）反应机理　Etard 反应机理有离子型和自由基型两种。

离子型：

Etard 复合体

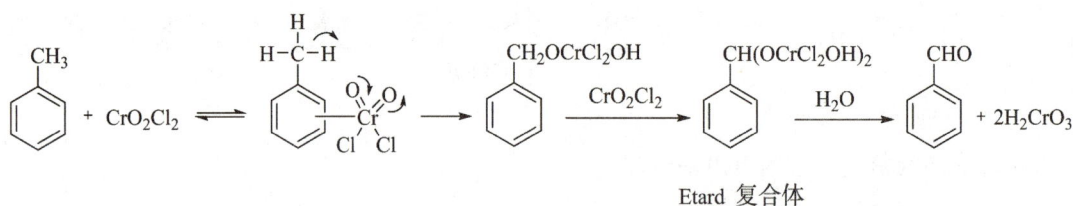

自由基型：在下面反应中，首先是形成由一分子烃和两分子铬酰氯组成的 Etard 复合体，再经水解得到醛。

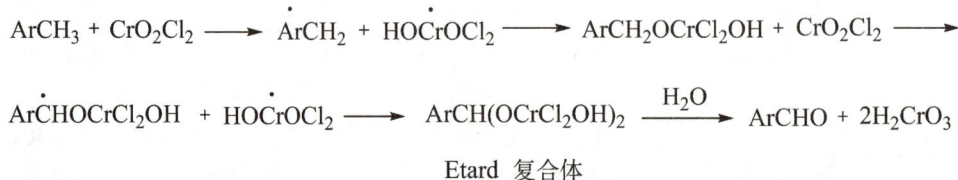

$$ArCH_3 + CrO_2Cl_2 \longrightarrow Ar\overset{\cdot}{C}H_2 + HO\overset{\cdot}{C}rOCl_2 \longrightarrow ArCH_2OCrCl_2OH + CrO_2Cl_2 \longrightarrow$$

$$Ar\overset{\cdot}{C}HOCrCl_2OH + HO\overset{\cdot}{C}rOCl_2 \longrightarrow ArCH(OCrCl_2OH)_2 \xrightarrow{H_2O} ArCHO + 2H_2CrO_3$$

Etard 复合体

（2）影响因素　当芳环中存在多个甲基时，仅其中的一个甲基被氧化为醛基。吸电子基团对氧化反应不利，收率降低。当芳环上其他位置有取代基时，由于立体效应会使反应收率降低，邻位影响最为明显。

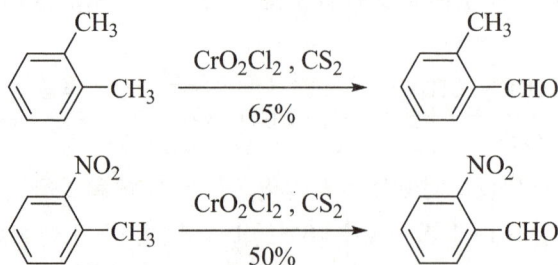

（3）应用实例　用 Etard 试剂氧化苄位烃基生成醛的收率较高，如对溴甲苯用铬酰氯氧化成对甲基苯甲醛，其收率可达 80%。

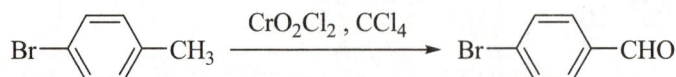

2. 硝酸铈铵为氧化剂

硝酸铈铵［$Ce(NH_4)_2(NO_3)_6$，CAN］为另一种实用的氧化剂，反应在酸性介质（乙酸、高氯酸等）中进行，可将苄位甲基氧化为芳醛，操作简便，选择性好，收率高。

（1）反应机理　硝酸铈铵的氧化机理为单电子转移过程，中间体为苄醇，反应需要有水参与。

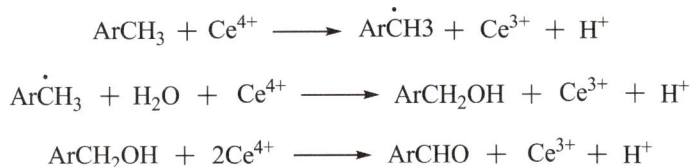

$$ArCH_3 + Ce^{4+} \longrightarrow Ar\overset{\cdot}{C}H_3 + Ce^{3+} + H^+$$

$$Ar\overset{\cdot}{C}H_3 + H_2O + Ce^{4+} \longrightarrow ArCH_2OH + Ce^{3+} + H^+$$

$$ArCH_2OH + 2Ce^{4+} \longrightarrow ArCHO + Ce^{3+} + H^+$$

（2）影响因素　在不同的反应温度下，不同的苄位甲基可得到不同的氧化产物。较低的温度对苄位甲基氧化成醛基有利。如邻二甲苯在 50~60℃下用硝酸铈铵氧化，可接近定量地得到邻甲基苯甲醛，而在高温下反应，则主要得到邻甲基苯甲酸。

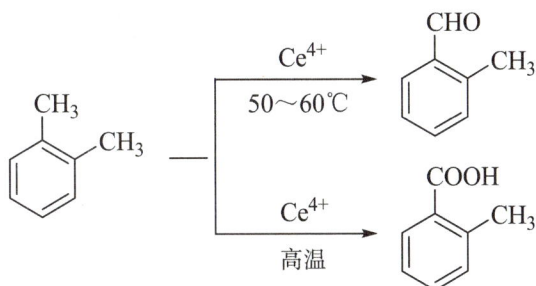

芳环上取代基的的性质对反应也有影响，当有吸电子基团，如硝基、羧基、卤素等存在时，苄甲基的氧化收率明显降低。如间硝基甲苯和间氯甲苯用硝酸铈铵氧化时，与甲苯氧化相比，收率明显降低。

（3）应用实例　在正常条件下，多甲基芳烃仅一个甲基被氧化。如 1,3,5-三甲基苯用硝酸铈铵氧化，可得到 3,5-二甲基苯甲醛。

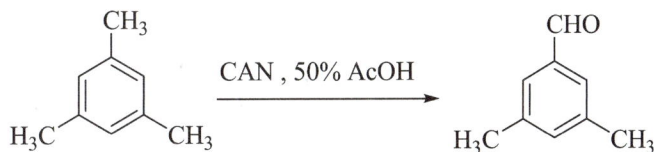

除二氯铬酰、硝酸铈铵外，三氧化铬-醋酐也可用来氧化苄位甲基成醛基。反应中，先被转化成醛的二乙酸酯，该二乙酸酯水解得醛。二乙酸酯的形成，保护醛基不被进一步氧化。

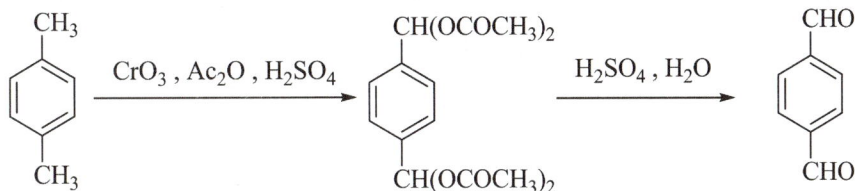

（二）氧化生成羧酸或酮

苄位甲基或亚甲基可被氧化成相应的羧酸或酮，常见的氧化剂有三氧化铬（CrO_3）、重铬酸钠（$Na_2Cr_2O_7$）、高锰酸钾（$KMnO_4$）、稀硝酸（HNO_3）等。另外，硝酸铈铵也常用于苄位亚甲基氧化成酮的反应。

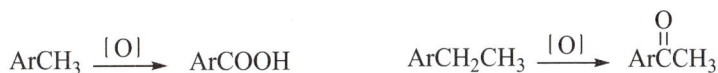

$$ArCH_3 \xrightarrow{[O]} ArCOOH \qquad\qquad ArCH_2CH_3 \xrightarrow{[O]} Ar\overset{\overset{\displaystyle O}{\|}}{C}CH_3$$

1. 反应机理

铬氧化物或铬酸盐作为氧化剂时，铬由 Cr^{6+} 被还原为 Cr^{3+}。高锰酸钾作为氧化剂，在中性或碱性中，锰由 Mn^{7+} 被还原为 Mn^{4+}；在酸性介质中，Mn^{7+} 被还原为 Mn^{2+}，硝酸浓度不同，还原产物不同，稀硝酸被还原为一氧化氮，浓硝酸则被还原为二氧化氮。

2. 应用实例

（1）铬氧化物或铬酸盐为氧化剂　用三氧化铬小心氧化可使苄位亚甲基氧化成酮。用硝酸铈铵作氧化剂时，苄位亚甲基也可被氧化为相应的酮，收率亦较高（76%）。

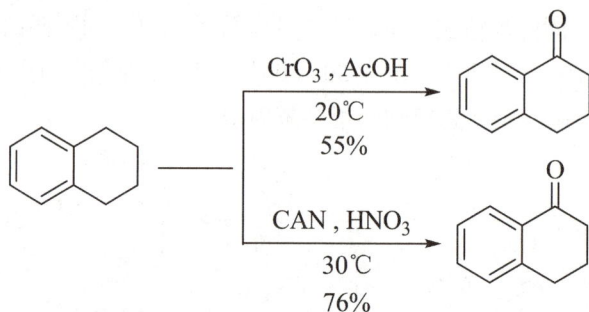

重铬酸钠可氧化苄位甲基生成相应的芳烃甲酸。例如，局部麻醉药盐酸普鲁卡因（procaine hydrochloride）中间体对硝基苯甲酸的制备，即是以对硝基甲苯为原料，经重铬酸钠氧化而得。

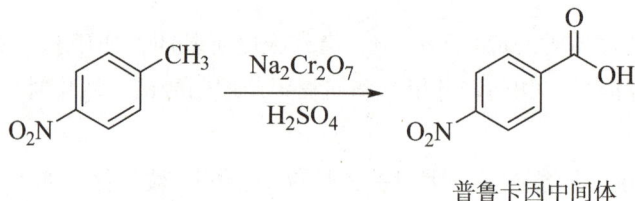

普鲁卡因中间体

（2）高锰酸钾为氧化剂　高锰酸钾是一种强氧化剂，在不同的 pH 值环境中，氧化反应的强度不同，其中酸性介质中氧化力最强。其氧化特点是无论芳环侧链多长，均被氧化为芳烃甲酸。

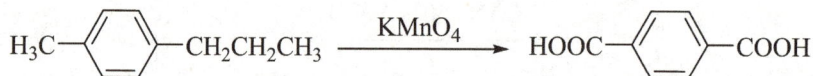

芳烃侧链的氧化一般用碱性高锰酸钾溶液，生成的羧酸钾盐易溶于水，与产物二氧化锰的分离方便。例如，髓袢利尿药阿佐塞米（azosemide）的合成中间体4-氯-2-硝基-苯甲酸的制备，即是由4-氯-2-硝基甲苯经碱性高锰酸钾氧化制得。

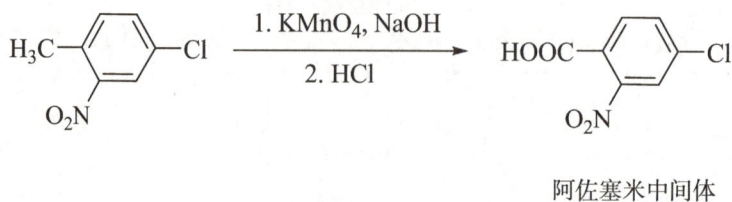

阿佐塞米中间体

抗过敏药物卢帕他定（rupatadine）的合成中间体 5-甲基烟酸是以 3,5-二甲基吡啶为原料经碱性高锰酸钾氧化制得。

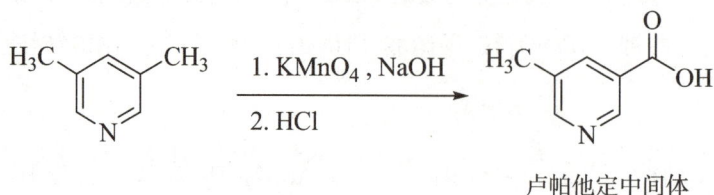

卢帕他定中间体

扫一扫，查阅本章数字资源，含PPT、音视频、图片等

本章要点

掌握：催化氢化反应的分类、影响因素、官能团选择性及相关催化剂；金属复氢化物、醇铝、硼烷、金属及肼还原剂介导的还原反应的特点、底物适用范围、影响因素及应用。

理解：各类还原反应例如 Birch 反应、Meerwein-Ponndorf-Verley 反应、Clemmensen 反应、Wolff-Kishner-黄鸣龙反应、Rosenmund 反应的机理。

了解：新型还原剂、新型催化剂及还原反应的新进展。

在化学反应中，使有机物分子中碳原子总的氧化态（Oxidation state）降低的反应称为还原反应，即在还原剂作用下，能使有机分子得到电子或使参加反应的碳原子上的电子云密度增加的反应。直观地讲，可视为在有机分子中增加氢或减少氧的反应。根据采用还原方法的不同，还原反应分为三大类：①在催化剂的存在下，反应底物与分子氢进行的加氢反应，称为催化氢化反应；②使用化学物质作为还原剂进行的反应，称为化学还原反应；③使用微生物发酵或活性酶进行底物中特定结构的还原反应，称为生物还原反应。

本章主要介绍催化氢化反应和化学还原反应。催化氢化按反应机理和作用方式可分为非均相催化氢化、均相催化和转移氢化。化学还原反应根据还原剂的反应机理分为亲核加成（金属负氢化物、醇铝、甲酸及肼对羰基含氮化合物等的还原）、亲电加成（硼烷对烯烃、羰基的还原）和自由基反应（钠、镁、锌等电子转移反应，有机锡氢解碳-卤键的自由基取代反应）。

还原反应在药物及其中间体的合成中应用十分广泛，是药物合成中官能团转换的重要手段。通过还原反应，可由硝基、偶氮基、氰基、酰胺基等有机化合物还原制得各种胺类。

第一节　催化氢化还原

催化氢化还原是指有机化合物在催化剂的作用下与氢发生氢化或氢解的还原反应。氢化是指有机化合物分子中不饱和键在催化剂的存在下，全部或部分加氢还原；氢解则是指有机化合物分子中某些化学键因加氢而断裂。

催化氢化按反应机理和作用方式可分为三种类型：催化剂自成一相的称为非均相催化氢化；催化剂溶于反应介质的称为均相催化氢化；氢源为其他有机物分子的为催化转移氢化。按催化剂的存在状态，可把催化氢化分为非均相催化氢化和均相催化两大类。催化剂以固体状态存在于反应体系中，以氢气为氢源者称为多相催化氢化（heterogeneous hydrogenation）；以某种化合物代替

氢气为氢源者称为转移催化（transfer hydrogenation）；催化剂溶解于反应介质中，称均相催化氢化（homogeneous hydrogenation）。

一、非均相催化氢化

在目前的化工、医药生产中，非均相催化氢化居催化氢化反应的主要地位。非均相催化氢化还原是众多还原方法中最方便的方法之一，操作简单，后处理方便。反应只需在适当的溶剂（若被还原的物质是液体，可不需要溶剂）以及氢气条件下，将反应物与催化剂一起搅拌或者振荡即可进行；催化剂可直接过滤除去，产物从滤液中分离出即可。

非均相催化反应在催化剂表面进行，影响反应的诸多因素均与催化剂的表面性质密切相关，其反应过程一般认为包括以下五个连续的步骤：①底物分子向催化剂界面扩散；②底物分子在催化剂表面吸附（包括物理吸附和化学吸附）；③底物分子在催化剂表面进行化学反应；④产物分子由催化剂表面吸解；⑤产物分子由催化剂界面向介质扩散。原则上，任何一步都有可能是最慢的步骤，从而成为决定总反应速率的限速步骤，但通常决定总反应速率的主要是吸附和解吸两步。

反应物在催化剂表面的吸附（物理吸附和化学吸附）是不均匀的，而是吸附在某些特定的部位即所谓活性中心上。所谓活性中心，是指在催化剂表面晶格上一些具有很高活性的特定部位，可为原子、离子，也可为由若干个原子有规则排列而组成的一个小区域。只有当作用物分子的结构与活性中心的结构之间有一定的几何对应关系时，才可能发生化学吸附，表现出催化活性。

关于催化氢化的反应机理，主要有两种解释，以烯烃的催化加氢为例，Polyani 首先提出的机理是两点吸附形成 σ 络合物而进行顺式加成，Bond 则提出 σ-π 络合物的顺式加成机理。Polyani 认为，首先氢分子在催化剂表面的活性中心上进行离解吸附（a），乙烯与相应的活性中心发生化学吸附，π 键打开形成两点吸附活化络合物（b），活化的氢进行分步加成，生成半氢化中间产物（c），最后氢进行顺式加成得到乙烷（d）。

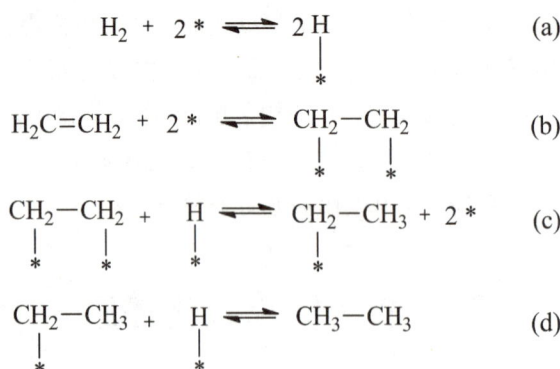

$$H_2 + 2* \rightleftharpoons 2\overset{|}{\underset{*}{H}} \qquad (a)$$

$$H_2C{=}CH_2 + 2* \rightleftharpoons \overset{}{\underset{*}{CH_2}}{-}\overset{}{\underset{*}{CH_2}} \qquad (b)$$

$$\underset{*}{CH_2}{-}\underset{*}{CH_2} + \underset{*}{H} \rightleftharpoons \underset{*}{CH_2}{-}CH_3 + 2* \qquad (c)$$

$$\underset{*}{CH_2}{-}CH_3 + \underset{*}{H} \rightleftharpoons CH_3{-}CH_3 \qquad (d)$$

根据烯烃在化学吸附时形成 σ-π 络合物，Bond 等提出了另一历程。

$$D_2 + 2* \rightleftharpoons 2 \underset{*}{D}$$

$$H_2C=CH_2 + * \rightleftharpoons H_2\overset{|}{C}-\underset{*}{CH_2} \tag{e}$$

$$H_2\overset{|}{C}-\underset{*}{CH_2} + \underset{*}{D} \rightleftharpoons H_2\overset{|}{C}-CH_2D \tag{f}$$

$$H_2\overset{|}{\underset{*}{C}}-\underset{*}{CH_2} + H_2\overset{|}{\underset{*}{C}}-CH_2D \longrightarrow CH_2CH_3 + H_2\overset{|}{\underset{*}{C}}-CHD \tag{g}$$

$$H_2\overset{|}{\underset{*}{C}}-CH_2D + \underset{*}{D} \longrightarrow DCH_2CH_2D + 2*$$

$$H_2\overset{|}{\underset{*}{C}}-CH_2D + D_2 \longrightarrow DCH_2CH_2D + \underset{*}{D}$$

$$2\, H_2\overset{|}{\underset{*}{C}}-CH_2D \longrightarrow CH_3CH_2D + H_2\overset{|}{\underset{*}{C}}-CHD + * \tag{h}$$

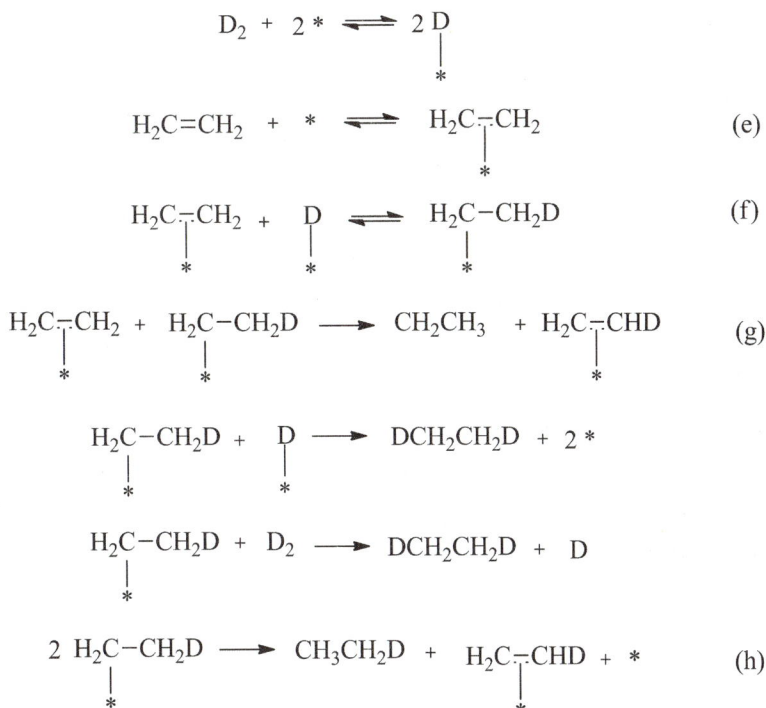

Bond 历程与 Polyani 历程的不同之处是强调了电性因素的重要性，并补充了氢的转移步骤（g）和歧化反应（h）。以上机理可解释烯烃在氢化反应中发生的氢交换、双键的位置异构及顺反异构现象。

不饱和键氢化主要得到顺式加成产物。不饱和键上的空间位阻越小越容易被催化剂吸附进而被还原。原因是反应物立体位阻较小的一面容易吸附在催化剂的表面，进而易使得吸附在催化剂表面上的氢更快地转移到被吸附的反应物分子上，进行顺式加成反应。

（一）烯烃、炔烃的还原

催化氢化是将碳-碳不饱和键还原为碳-碳单键的首选方法。烯烃和炔烃易于催化氢化，且具有较好的官能团选择性。两者经加氢还原均可得到相应的烷烃，但若控制反应条件，炔烃的还原可停留在烯烃产物阶段。

1. 反应通式及机理

烯烃和炔烃的非均相催化还原反应为非均相催化加氢反应机理，反应通式如下：

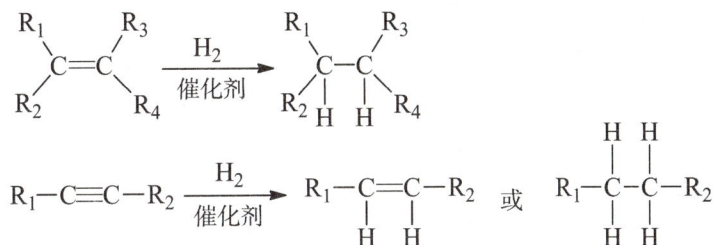

$$\underset{R_2}{\overset{R_1}{C}}=\underset{R_4}{\overset{R_3}{C}} \xrightarrow[\text{催化剂}]{H_2} \underset{R_2\ H}{\overset{R_1}{C}}-\underset{H\ R_4}{\overset{R_3}{C}}$$

$$R_1-C\equiv C-R_2 \xrightarrow[\text{催化剂}]{H_2} R_1-\underset{H}{\overset{|}{C}}=\underset{H}{\overset{|}{C}}-R_2 \quad\text{或}\quad R_1-\underset{H}{\overset{H}{C}}-\underset{H}{\overset{H}{C}}-R_2$$

2. 反应影响因素及应用实例

反应的影响因素主要有催化剂、被还原物结构、反应温度、压力等。

（1）催化剂的种类　能够催化非均相催化氢化的催化剂种类较多，常用的催化剂有镍、钯、铂。

1）镍催化剂：根据制备方法和活性的不同，镍催化剂可以分为多种类型，主要有 Raney 镍、载体镍、还原镍和硼化镍等。

Raney 镍又称活性镍，是具有多孔海绵状结构的金属镍微粒。Raney 镍是最常用的氢化催化剂。在中性和弱碱性条件下，可以用于炔键、烯键、氰基、羰基、硝基、芳杂环和芳稠环的氢化以及碳-卤键、碳-硫键的氢解，对苯环和羧基的催化活性弱，对酯、酰胺无催化活性。在酸性条件下活性下降，pH 值 <3 时活性消失。含硫、磷、砷、锡、铝、碘等单质或其化合物可导致Raney 镍中毒。氯化镍在乙醇中经硼氢化钠还原也能制得硼化镍（Ni_2B）。Ni_2B 的特点是活性高，选择性好，还原烯类化合物不产生双键的异构化。对顺式烯烃的还原活性大于反式烯烃，且随烯烃双键取代基数目的增加催化活性下降。当烯键、炔键同时存在时，可选择性地还原炔键。并且，还原苄基或烯丙基时不会引起氢解副反应。

2）钯催化剂：钯催化剂常用的类型有钯黑、钯碳（Pd/C）和 Lindlar 催化剂。

钯的水溶性盐经还原制成呈黑色的极细金属粉末，称钯黑。将钯黑吸附在载体上称载体钯，用活性炭为载体称为钯碳。5% 的钯碳是还原氢化烯键、炔键最好的催化剂，同时可在低压、室温条件下还原硝基、氰基、肟、Schiff 碱等官能团；加压催化氢化含有酚、醚的芳环，还可用于脱卤氢解、脱硫氢解及二硫键的还原。钯不易中毒，如选用适当的催化活性抑制剂，可用于复杂分子的选择性还原。

硫酸钡（或碳酸钙）是一种催化剂毒剂，具有抑制催化氧化反应活性的作用。将钯吸附在载体碳酸钙或硫酸钡上，并加入少量抑制剂（乙酸铅或喹啉），这种部分中毒的催化剂称为 Lindlar 催化剂，常用的有 $Pd-CaCO_3/PbO$ 与 $Pd-BaSO_4$/喹啉两种。其中钯的含量为 5%～10% Lindlar 催化剂具有较好的选择性还原能力，可选择性地还原炔烃为顺式烯烃。

3）铂催化剂：铂催化剂主要有铂黑、铂碳（Pt-C）和二氧化铂（PtO_2）$_3$ 类。

铂的水溶性盐经还原制得的极细黑色金属粉末称为铂黑，铂黑吸附在载体活性碳上称为铂碳，其作用是增强活性，减少催化剂用量。二氧化铂也称 Adams 催化剂，具有便于保存的优点，使用时被还原为铂产生催化作用。铂催化剂活性高，应用范围十分广泛，可在室温、常压下催化氢化及氢解反应，碱性物质可使铂催化剂钝化而失活，因此，铂催化剂应在酸性介质中进行还原。

金属钯和铂催化剂的共同特点是催化活性大，反应条件要求较低，一般可在较低的温度和压力还原，适应于中性或酸性反应条件。其应用范围较广泛，除 Raney 镍所能应用的范围外，还可用于酯基和酰胺基的氢化还原以及苄位结构的氢解。铂催化剂较易中毒，故不宜用于有机硫化物和有机胺类的还原，但对苯环及共轭双键的氢化能力较钯强。

（2）影响氢化反应速率及选择性的因素　催化氢化的反应速率和选择性主要由催化剂因素、反应条件和底物结构所决定。属于催化剂因素的有催化剂的种类、类型、用量、载体以及助催化剂、毒剂或抑制剂的选用；反应条件有反应温度、反应压力、溶剂极性和酸碱度、搅拌效果等。

1）底物结构：被还原物中各种官能团催化氧化的活性各异。有机化合物催化氢化活性的一般顺序为炔烃＞烯烃＞芳杂环＞芳稠环＞芳环，此外炔键活性大于烯键，位阻较小的不饱和键的活性大于位阻较大的不饱和键，三（四）取代烯需要在较高的温度（100～200℃）和压力 [（7.85～98.11）×10^5Pa] 下反应能顺利进行；酰氯＞硝基＞醛＞酮＞氰＞酯＞酰胺＞酸。

2）催化剂因素：一般来说，催化剂活性强，则选择性低；催化剂活性降低，降低催化剂活性通常会使选择性提高；催化剂用量增大，反应速率加快，但不利于后处理或降低成本。催化剂的用量应按反应底物和催化剂的活性大小而定。在氢化反应或催化剂的制备过程中，由于少量杂质的引入，使催化剂的活性大大下降或完全消失，并难以恢复到原有活性，这种现象称为催化剂中毒。使催化剂中毒的物质称催化毒剂，通常指硫、磷、砷、铋、碘等离子以及某些有机硫和有机胺类物质。毒剂能与催化剂的活性中心发生强烈的化学吸附，催化剂的活性中心被"占据"，一般方法无法进行解吸，而丧失催化活性。如果仅使催化剂的活性受到抑制，但经过适当的活化处理可以再生，这种现象称为阻化；使其阻化的物质称催化抑制剂。抑制剂能够使催化剂部分中毒，使催化剂的活性降低。催化毒剂和催化抑制剂之间并无严格界限。

添加抑制剂虽使催化剂活性降低，反应速率变慢，不利于氢化反应，但在一定条件下却可提高氢化反应的选择性。如合成芸苔素内酯（brassinolide）及相关化合物时，使用 Lindlar 催化剂可以将炔丙醇氢化还原成为相应的烯丙醇结构。

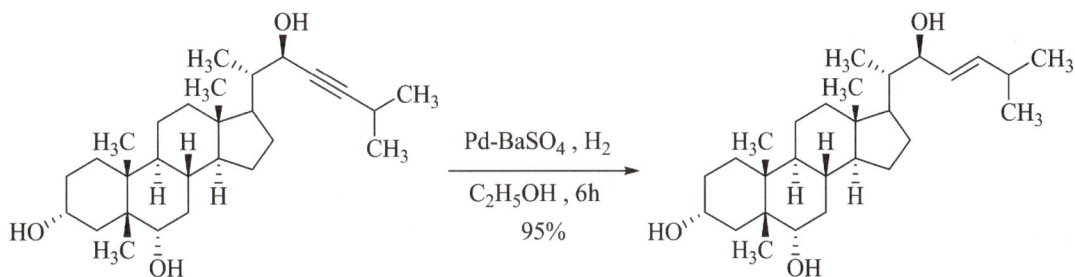

（3）反应条件

1）反应温度：温度升高，反应速率也相应加快，这一点与一般的化学反应相同；但若催化剂活性很高，升高温度以提高反应速率则意义不大，反而使选择性降低、副反应增多，因此尽可能在较低温度下进行氢化反应。下例可说明温度对反应选择性的影响：

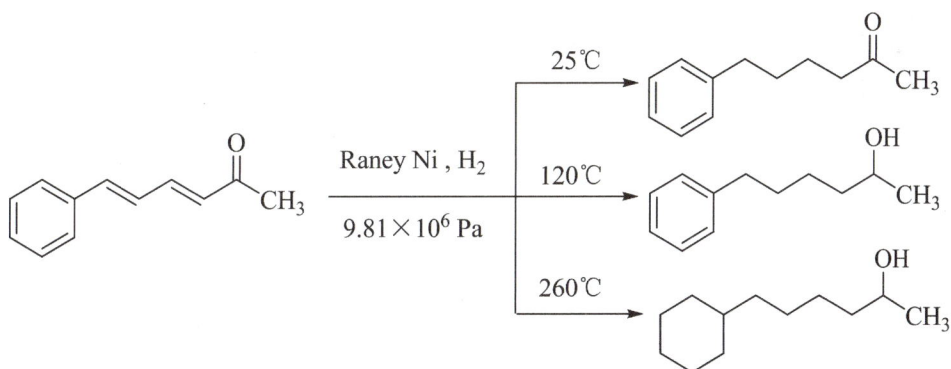

2）反应压力：增加氢化反应的压力就是增加氢浓度，这有利于平衡向加氢反应的方向进行，但会使反应的选择性降低，对设备的要求也相应提高。因此，在氢化反应时要权衡这两方面的因素。

3）溶剂：一般来说，氢化反应溶剂的沸点应高于反应温度，并对产物有较大的溶解度，以利于产物从催化剂表面解吸。催化剂的活性通常随着溶剂极性的增加而增强。各种溶剂的使用有一定的限制，例如有机胺或含氮芳杂环的氢化通常选用乙酸做溶剂，可使碱性氮原子质子化而防止催化剂中毒；二氧六环用于活性镍氢化，反应温度宜在150℃以下，温度过高易引发事故；醇在150℃以上可与伯胺、仲胺发生 N-烃化反应，在高温、高压下还可引起酯和酰胺的醇解。此外，溶剂的酸碱度可影响反应速率和选择性，而且对产物的构型也有较大的影响。低压氢化常用的溶剂及活性顺序为乙酸>水>乙醇>乙酸乙酯>醚>烷烃。

4）搅拌：氢化反应为多相且放热的反应，为避免出现过热现象并减少副反应，可在氢化反应中进行高效强力的搅拌。

（4）反应底物　烯烃和炔烃在温和的条件下即可被催化氢化还原，常用的催化剂有钯、铂和镍。除了酰卤和芳硝基外，当分子中存在其他可还原的官能团时，均可用催化氢化法选择性地还原炔键和烯键，而对其他的官能团没有影响。例如，抗肥胖药物长效特异性胃肠道脂肪酶抑制剂奥利司他（orlistat）的中间体的制备中小心控制氢化反应条件，可选择性地还原双键，而羰基、羧基、芳环均不受影响。

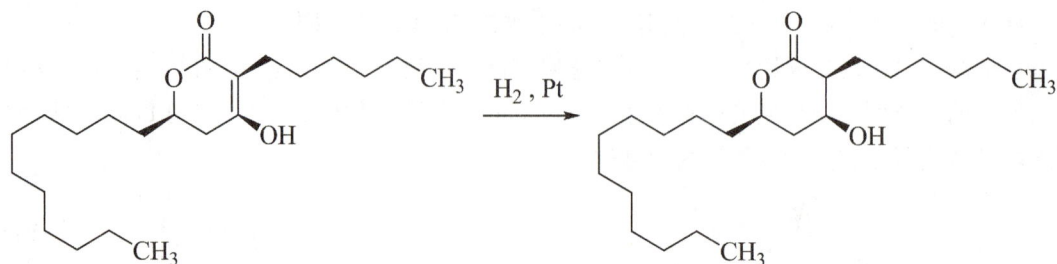

奥利司他中间体

炔烃、烯烃的催化氢化反应一般都是在分子中空间位阻较小的一面发生化学吸附，然后氢化，产物以顺式体为主；但因存在向更稳定的反式体转化等因素，所以仍有一定量的反式体产物。

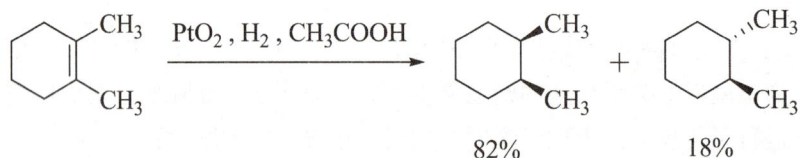

82%   18%

与羰基共轭的双键可以用催化氢化和金属-供质子剂两种方法还原，但两种方法所得产物的立体化学结构不同。当以催化氢化法还原时，生成同向加成产物；而金属-供质子剂还原以形成热力学稳定的异构体为主。例如，治疗男性前列腺肥大及秃发等疾病药物非那雄胺（finasteride）的中间体合成中，以铂为催化剂，对反应物进行催化氢化，受反应物取代基的影响，分子 α 面空间位阻较小，因此发生同面加成产物。

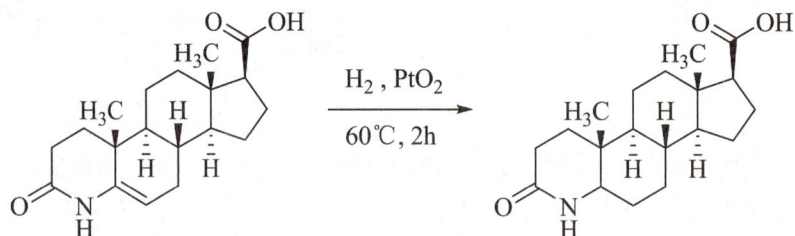

非那雄胺中间体

分子中存在共轭双键及非共轭双键时，共轭双键可被选择性还原。例如，性激素黄体酮中间体的合成中，分子中的 5,6 位双键、16,17 位共轭双键及 20 位羰基均可催化氢化还原，但 16,17 位双键因与 20 位碳基共轭导致电子云密度降低，更易发生氢化反应，故得到 16,17 位双键被选择性部分氢化的还原产物。

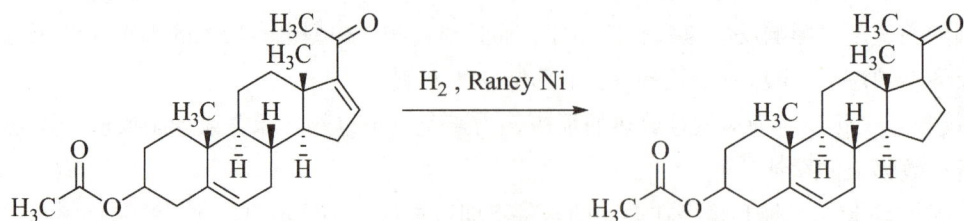

（5）Lindlar 催化剂　Lindlar 催化就是在钯/碳酸钙/乙酸铅催化剂中加入适量的吡啶、喹啉或铋盐作为抑制剂，降低其催化活性，选择性地还原炔键成烯键。Lindlar 催化剂可将炔烃部分还原，得到顺式烯烃。例如在维生素 A 的制备中，采用 Lindlar 催化剂，低温下定量地通入氢气，可选择性地将炔键部分氢化还原为烯键而达到选择性还原的目的。

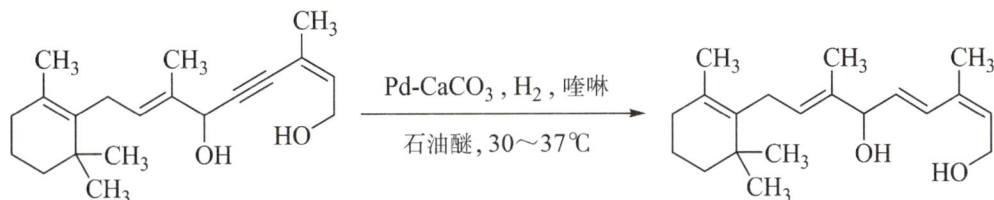

维生素A中间体

此外，P-2 型硼化镍能选择性地还原炔键和末端烯键，而不影响分子中存在的非末端双键，效果优于 Lindlar 催化剂，例如维生素 B$_6$ 的中间体顺丁烯二醇的制备。

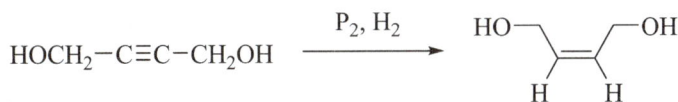

（二）芳（杂）环的还原

1. 反应通式及机理
芳烃的催化还原为非均相催化加氢反应机理，反应通式如下：

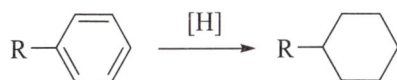

2. 反应影响因素及应用实例
（1）底物结构　苯环是难于氢化的基团，芳稠环如萘、蒽、菲等因芳香性较弱，较苯环易于氢化。取代苯（如苯酚、苯胺等）以及含氮、氧、硫等杂原子的芳杂环由于取代基或杂原子的引入，使芳环极性增加，比苯易于发生催化氢化反应。

（2）催化剂　催化剂铂和铑为芳烃还原最常用的催化剂，可以在常温下还原。在乙酸中用铂做催化剂时，取代苯的活性顺序为 ArOH>ArNH$_2$>ArH>ArCOOH>ArCH$_3$。

（3）应用实例　环己烷类化合物的制备。例如，降血糖药格列苯脲（glibenclamide）的中间体 4-异丙基环己酸的制备就是采用 4-异丙基苯甲酸为反应原料，二氧化铂催化下，在温和的条件下发生芳环的还原、冠醚的氢化。

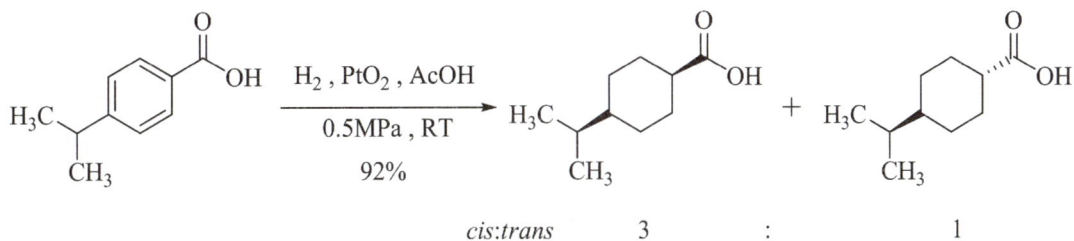

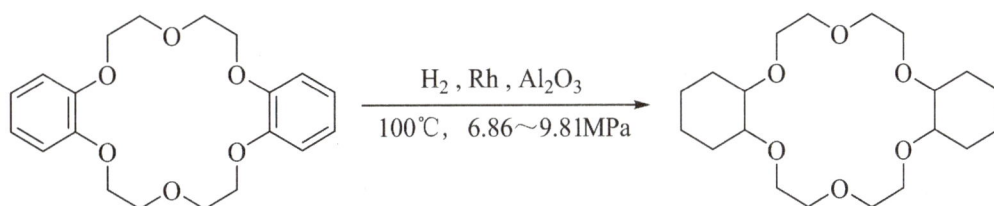

环己酮类化合物的制备，该方法是制备取代环己酮的简捷方法。例如，2,4-二甲基苯酚在钯-碳催化下发生氢化反应，得到 2,4-二甲基环己酮。

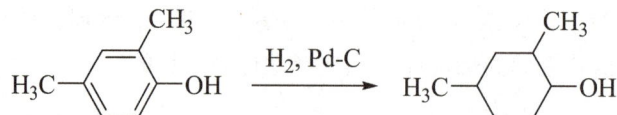

含氧、硫的芳杂环在酸性条件下进行氢化反应可发生开环，含氮的杂环通常在强酸性条件下采用铂或钯进行催化反应。选用 Raney 镍催化氢化一般需要在高温、高压条件下反应。例如，利培酮（risperidone）的改进合成工艺是在盐酸水溶液中进行含氮杂环的催化氢化，进行了有效的氢化还原并且没有脱氯的副产物。

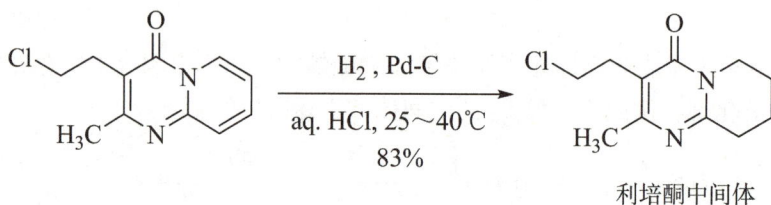

利培酮中间体

（三）醛、酮的还原

1. 反应通式及机理

醛、酮的催化氢化还原为多相催化加氢机理。

反应通式如下：

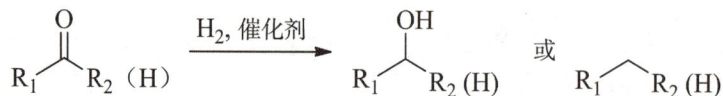

2. 反应影响因素及应用实例

（1）与烯、炔和芳烃相比，醛、酮的催化氢化活性弱于烯、炔烃，强于芳烃。

（2）脂肪族醛、酮的氢化通常用 Raney 镍和铂催化，钯催化一般需在较高的温度和压力下还原，钌也可用于脂肪族醛的还原，并且可在水溶液中反应。例如，Raney 镍作为催化剂，葡萄糖催化氢化反应得到山梨醇；降血脂药物氯贝特（clofibrate）的中间体制备是在 Raney 镍催化下对羰基的还原制得。

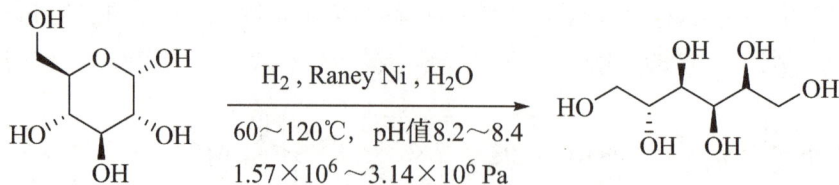

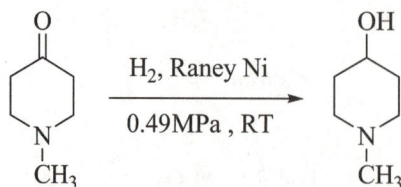

氯贝特中间体

（3）在加压或酸性条件下，芳香族酮、醛在钯催化下还原成醇后往往进一步氢解为烃。例如，茚满酮类化合物钯催化氢化还原成醇，进一步发生氢解得到茚满烷类化合物。

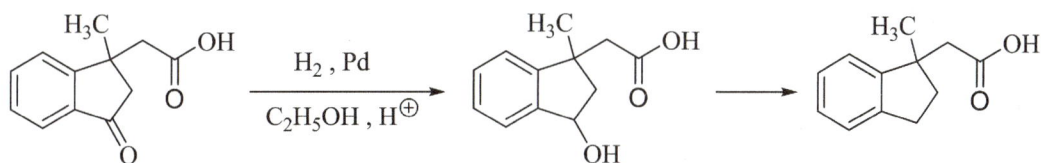

在温和的条件下，脂芳酮和芳醛可还原为醇。例如，抗菌消炎药、抗休克药物肾上腺素和升压药苯福林中间体的制备都是在催化剂存在下将芳酮还原为芳醇而得到的。

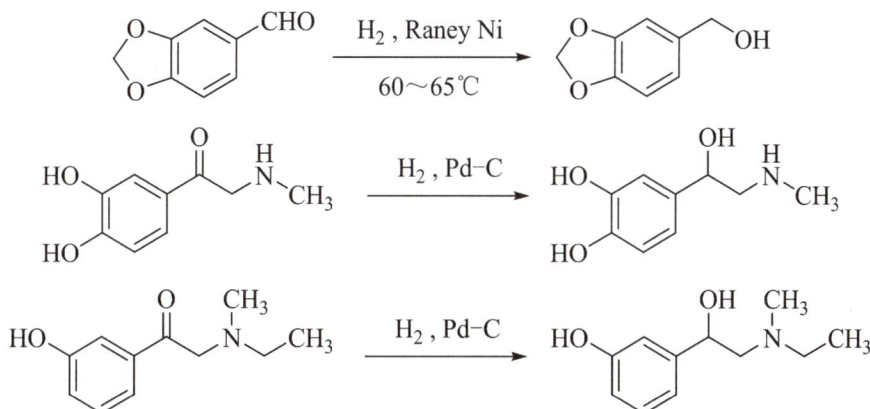

（4）选用锇碳为催化剂，可选择性地将 α,β-不饱和醛还原为不饱和醇。例如，巴豆醛在5% Os-C 催化剂条件下催化氢化，双键保留，醛还原成醇。

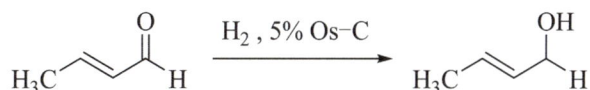

（5）钯、镍、铂均可催化氢化酰胺类化合物的还原形成新的胺类化合物，该反应称为还原胺化反应。通常认为反应先生成亚胺中间体，但不需要分离，继续催化氢化生成胺基化合物。若分子中存在其他如碳-碳双键、氰基等不饱和键，则该反应受到限制。例如，治疗阿尔茨海默病药物卡巴拉汀（rivastigmine）中间体的合成：

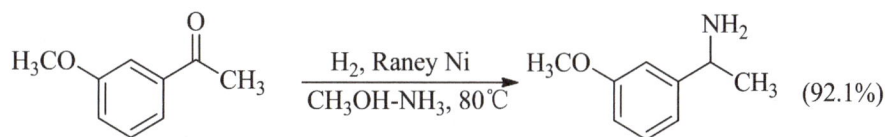

根据被还原物的结构，采用催化氢化可完成多官能团的同时还原。如下例，具有多官能团的化合物在钯碳催化氢化条件下，一锅法完成双键还原、酮羰基还原胺化、醛基脱保护、苄氧羰基脱除、分子内环合5步反应形成双环哌啶并吡咯啉化合物。

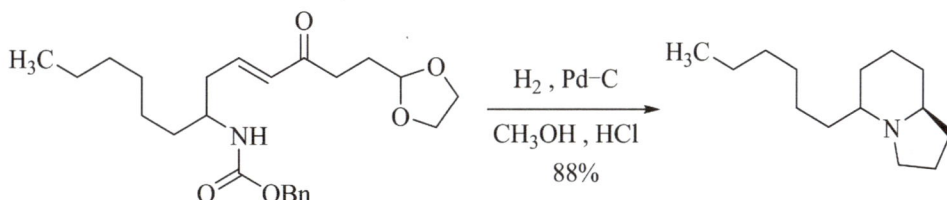

（四）含氮化合物的还原（硝基化合物、腈、肟、偶氮、叠氮化合物）

催化氢化法也是还原含氮不饱和键的常用方法，可将硝基、腈、肟、偶氮、叠氮化合物还原为相应的伯胺。

1. 反应通式及机理

$$R-NO_2 \xrightarrow{[H]} R-NH_2$$

$$R-CN \xrightarrow{[H]} R-NH_2$$

$$R-N_3 \xrightarrow{[H]} R-NH_2$$

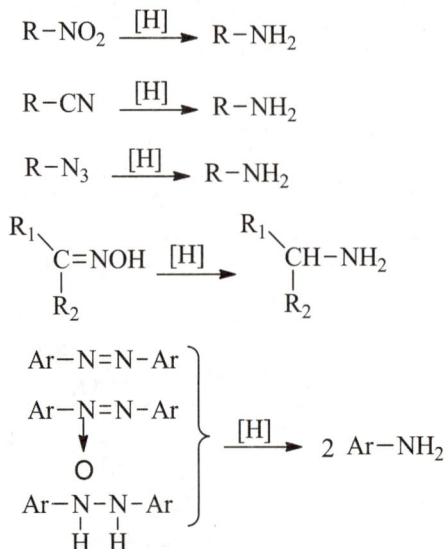

2. 反应影响因素及应用实例

（1）与烯烃或羰基化合物相比，硝基化合物易于被催化氢化还原，还原速率快、反应条件温和、后处理简便。常用的催化剂有 Raney 镍、钯、铂等。例如，抗肿瘤药物伊马替尼（imatinib）和抗精神分裂症药物奥氮平（olanzapine）的中间体的硝基还原。

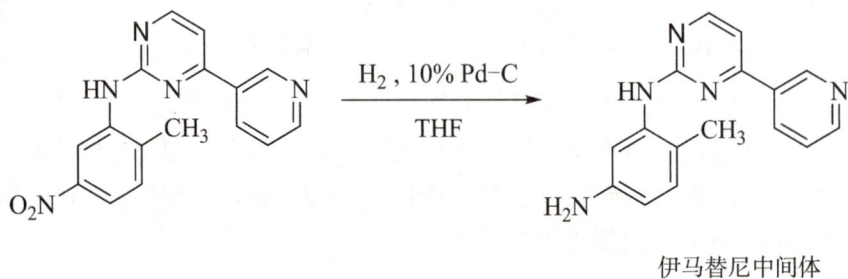

伊马替尼中间体

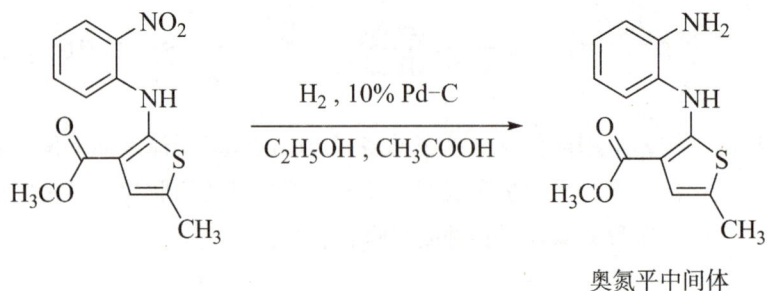

奥氮平中间体

硝基苯的催化氢化当选择合适的氢化条件时，可使反应停留在羟胺阶段、在酸性条件下转位即可得对氨基酚，这是生产药物中间体对氨基酚的最简捷的路线。

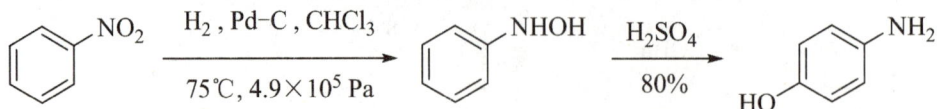

（2）钯、铂为催化剂在常温、常压下反应，也可以 Raney 镍为催化剂在加压条件下反应，常用催化氢化腈来制备伯胺。羟甲基戊二酰辅酶 A 还原酶抑制剂阿托伐他汀（atorvastatin）的中间

体的合成就是以 Raney 镍催化氢化还原氰基得到胺。

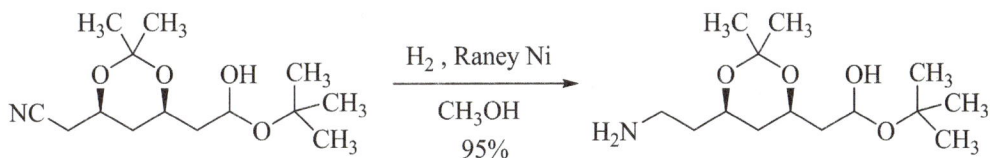

阿托伐他汀钙中间体

腈的还原产物中除伯胺外，通常还含有较多的仲胺甚至叔胺的副反应。

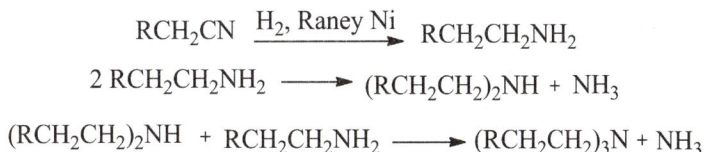

$$RCH_2CN \xrightarrow{H_2, Raney\ Ni} RCH_2CH_2NH_2$$

$$2\ RCH_2CH_2NH_2 \longrightarrow (RCH_2CH_2)_2NH + NH_3$$

$$(RCH_2CH_2)_2NH + RCH_2CH_2NH_2 \longrightarrow (RCH_2CH_2)_3N + NH_3$$

为了避免腈催化氢化生成仲胺的副反应，可用钯、铂或铑催化，在酸性溶剂或乙酸酐中还原，使产物伯胺生成铵盐，从而阻止缩合副反应的发生。例如维生素 B_6 中间体的制备是氰基化合物在酸性溶液中经钯还原得到伯胺，硝基因活性强同时被还原。

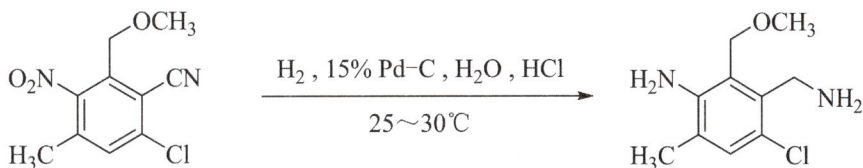

腈催化下加入过量的氨水，也可阻止脱氨从而减少仲胺生成的副反应。例如，色胺的合成中，铑和氧化铝为催化剂催化还原，并且向反应中加入过量氨水提高伯胺收率。

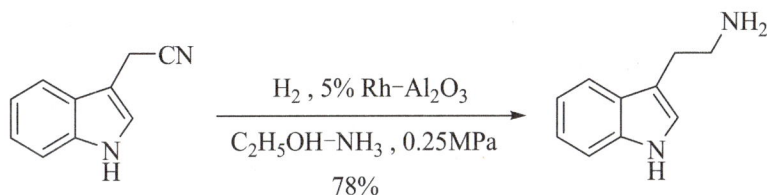

钯碳或 Raney 镍催化氢化腈类化合物将腈还原成亚胺，进一步水解可制备醛。

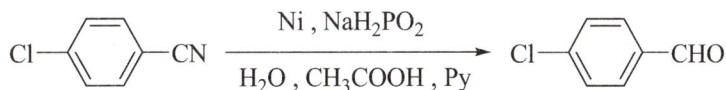

（3）肟可经催化氢化还原得到对应的伯胺或烯胺。在酸性溶液中以钯或铂催化，或者 Raney 镍在加压条件下，将肟还原为伯胺；在常温、低压条件下一般还原得到烯胺。例如，升压药甲氧胺（methoxamine）和抗疟药奎宁（quinine）中间体的制备就是利用钯为催化剂进行催化氢化还原制得。

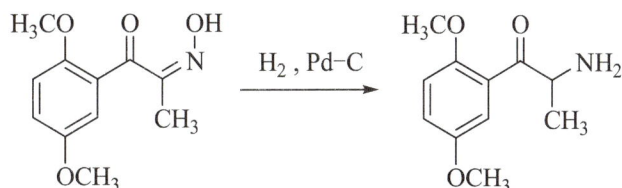

甲氧胺中间体

奎宁中间体

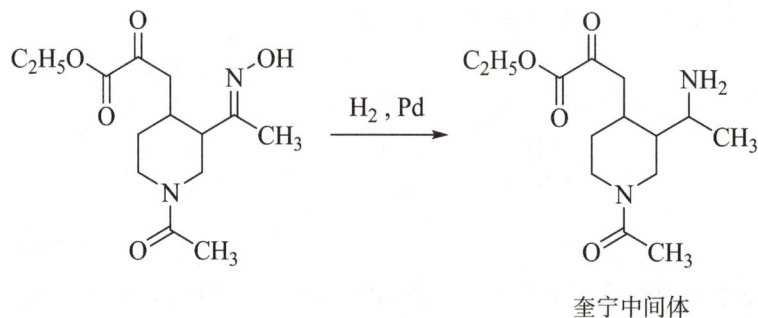

（4）用 Raney 镍和钯催化，将偶氮和叠氮化合物还原为相应的伯胺。偶氮化合物的催化氢提供了一个间接定位引入氨基至活泼芳香族化合物的方法，不易产生位置异构体。例如，抗结肠炎药美沙拉嗪（mesalamine）的合成就是通过偶氮化合物的氢化还原得到。此外，噁唑烷酮类抗菌药利奈唑酮（linezolid）的中间体制备就是通过催化氢化对叠氮中间体的还原得到的。

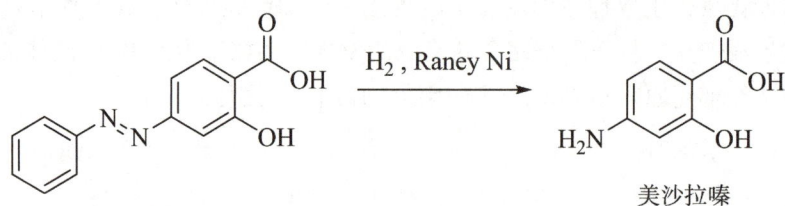

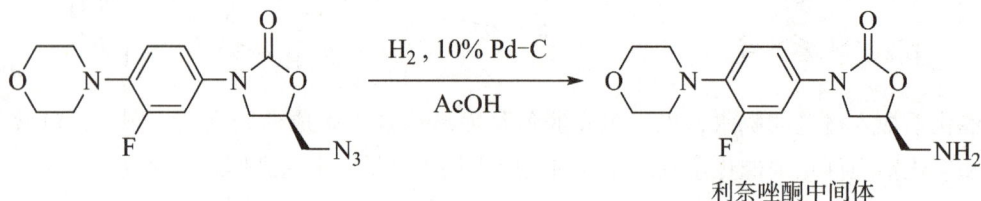

美沙拉嗪

利奈唑酮中间体

（五）羧酸、酯及酰胺的还原

1. 反应通式

$$R^1-C(=O)-OR^2(H) \xrightarrow{[H]} R^1-CH_2OH$$

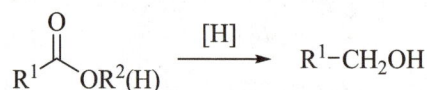

2. 反应影响因素及应用实例

羧酸难于用一般的催化氢化条件还原，需要用 RhO_2 或 RuO_2 等为催化剂，在苛刻条件下方可进行还原反应。与羧酸相比，酯较易于催化还原，因此，常采用将脂肪酸制成酯（常用甲酯）再进行氢化还原来制备脂肪醇。羧酸酯常用 $CuCr_2O_4$ 为催化剂，在高温、加压条件下进行酯的催化氢化。

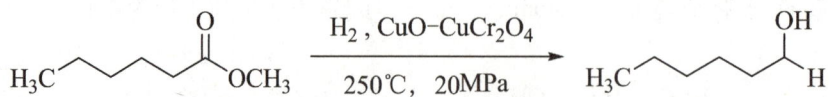

（六）氢解反应

氢解反应通常是指在还原反应中碳-杂键（或碳-碳键）断裂，由氢取代杂原子（碳原子）或基团而生成相应烃的反应。氢解反应主要应用催化氢化还原，主要包括脱卤氢解、脱硫氢解和开环氢解；某些条件下也可用化学反应还原法完成。它不仅作为消除反应用于制备烃，也是脱保护基的一个重要手段。

1. 反应通式及机理

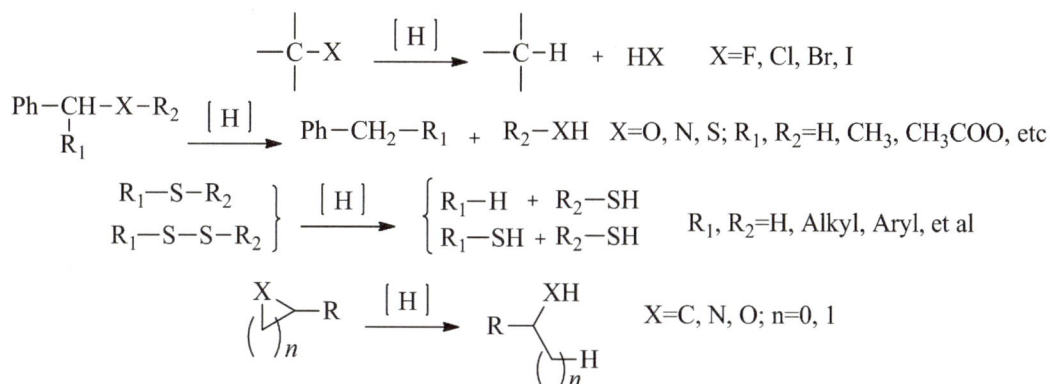

$$—\overset{|}{\underset{|}{C}}-X \xrightarrow{[H]} —\overset{|}{\underset{|}{C}}-H \ + \ HX \qquad X=F, Cl, Br, I$$

$$\underset{\overset{|}{R_2}}{Ph-CH}-X-R_2 \xrightarrow{[H]} Ph-CH_2-R_1 \ + \ R_2-XH \quad X=O, N, S; R_1, R_2=H, CH_3, CH_3COO, etc$$

$$\left.\begin{array}{l} R_1-S-R_2 \\ R_1-S-S-R_2 \end{array}\right\} \xrightarrow{\quad[H]\quad} \left\{\begin{array}{l} R_1-H \ + \ R_2-SH \\ R_1-SH \ + \ R_2-SH \end{array}\right. \quad R_1, R_2=H, Alkyl, Aryl, et al$$

$$\underset{n}{\overset{X}{\triangle}}-R \xrightarrow{[H]} R-\overset{XH}{\underset{\underset{n}{|}H}{|}} \quad X=C, N, O; n=0, 1$$

以脱苄氢解为例，其反应机理如下：

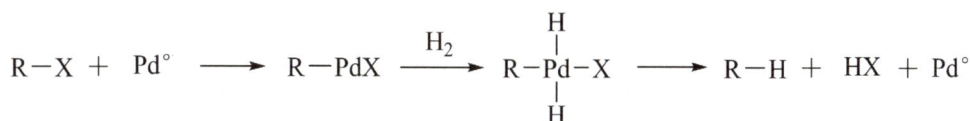

$$R-X \ + \ Pd^\circ \longrightarrow R-PdX \xrightarrow{H_2} R-\overset{H}{\underset{H}{Pd}}-X \longrightarrow R-H \ + \ HX \ + \ Pd^\circ$$

2. 反应影响因素及应用实例

（1）脱卤氢解　卤代烃的氢解活性取决于两个方面的因素，即卤原子的活性及卤原子在分子的位置。

卤原子活性顺序为 I>Br>Cl>F。卤原子的位置，一般来说卤代烷较难氢解，然而酰卤、苄卤、烯丙基卤、芳环上电子云密度较低位置的卤原子和 α-位有吸电基团（如酮、腈、硝基、羧基、酯基、磺酰基等）的活泼卤原子均易发生氢解反应。例如，抗精神病药物齐拉西酮（ziprasidone）的中间体中氯原子的活性弱于溴，以钯催化氢解仅使得碳-溴键被氢解。

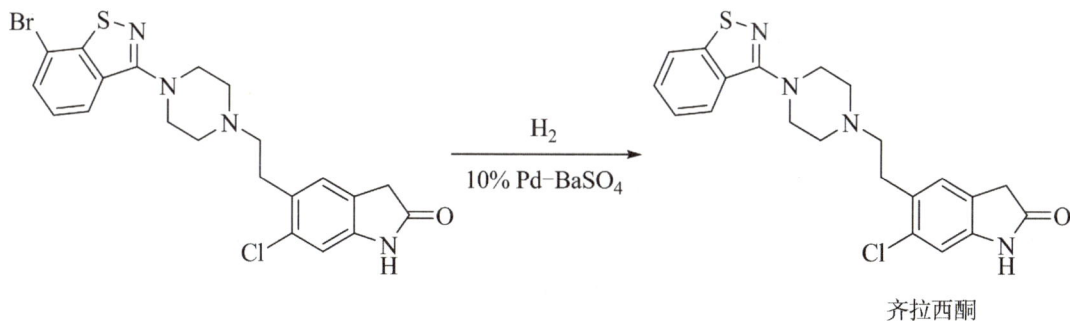

齐拉西酮

脱卤氢解反应中，催化剂钯为首选催化剂，镍由于易受卤原子的毒化一般需增大用量。因此，在反应中通常加入碱以中和生成的卤化氢，避免催化剂中毒使反应速率减慢甚至停止。氢解后的卤原子特别是氟，可使催化剂中毒，故一般不用于 C—F 键的氢解。

脱卤氢解在合成上的应用主要有两个方面：一是将羧酸经酰氯转化为醛；二是从化合物分子中除去卤素。

Rosenmund 还原反应是指在催化剂作用下，氢气将酰氯还原为醛的反应，反应中使用的催化剂称为 Rosenmund 催化剂（Rosenmund catalyst），是附着在硫酸钡（$BaSO_4$）上的钯粉并加入中毒剂（2,6-二甲基吡啶、喹啉-硫等）制成。以 2,6-二甲基吡啶（DMPY）为钯催化抑制剂，氢解条件温和，特别适用于敏感的酰氯的氢解。

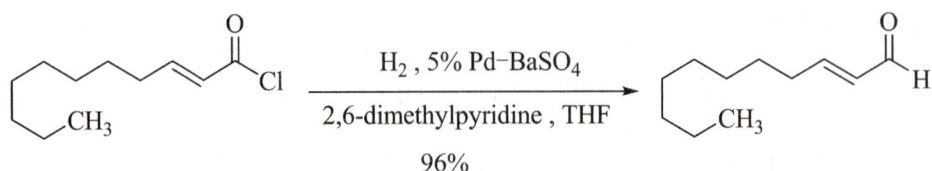

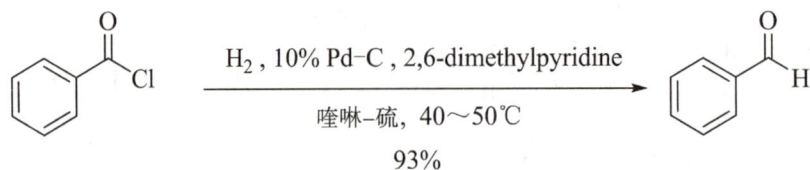

Rosenmund 反应还原是将酰氯还原成醛，结构式中的卤素、硝基、酯基等基团在催化还原反应中均不受影响，羟基则需要保护。该方法能够有效地实现从不饱和酰氯制备不饱和醛的转化，碳-碳双键虽不被还原，但有时会发生双键的移位。

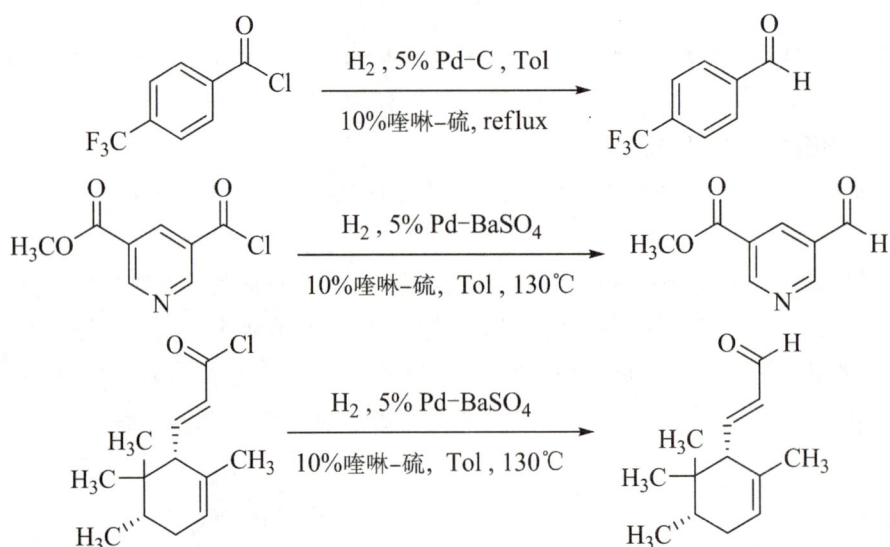

碳-卤键易氢解，是从化合物分子中除去卤素的好办法。例如，激素类药物乙酸可的松（cortisone acetate）中间体的制备，采用镍催化氢解将溴原子脱除制得。强效镇静催眠药物氟硝西泮（flunitrazepam）的中间体的合成中，选用钯催化剂的条件下发生芳基卤的活性较高的氯脱去，而氟活性较弱没有发生氢解反应。

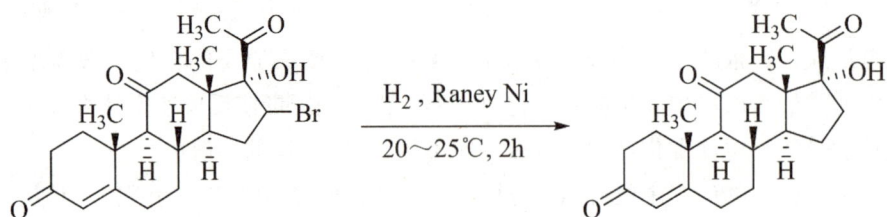

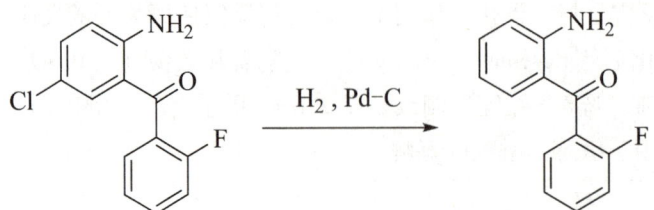

可的松中间体

氟硝西泮中间体

在不饱和杂环化合物中，相同卤原子的氢解与其位置有关。例如，阿托伐他汀钙（atorvastatin calcium）中间体的制备中应用脱卤氢解脱去溴制备得到，结构式中有两个溴原子，由于酯基吸电作用使酯基 α 位的溴选择性地氢解。

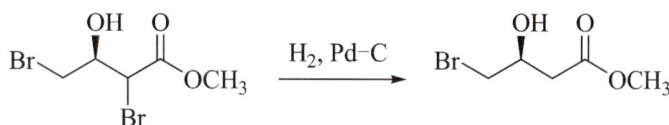

（2）**脱苄氢解**　苄基或取代苄基与氧、氨或硫连接生成的醇、醚、酯、苄胺、硫醚等均可通过氢解反应脱去苄基生成相应的烃、醇、酸、胺等化合物。苄基与氧、氮相连脱苄活性按下列顺序递减，可据此进行选择性脱苄反应。

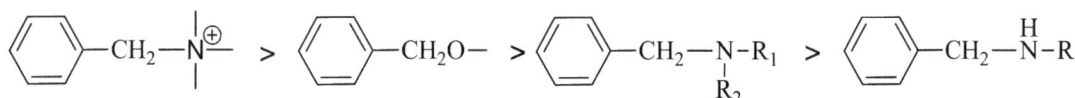

在钯碳催化下，脱苄基的速率与基团的离去能力有关，脱 O 位苄基时，氢解速率为 OR>OAr>OCOR。利用脱苄活性的不同，可进行选择性脱苄反应，例如，天然产物凯林（khellin）的中间体的制备中，选择性进行脱 O-苄基氢解，而 O-甲基保留。

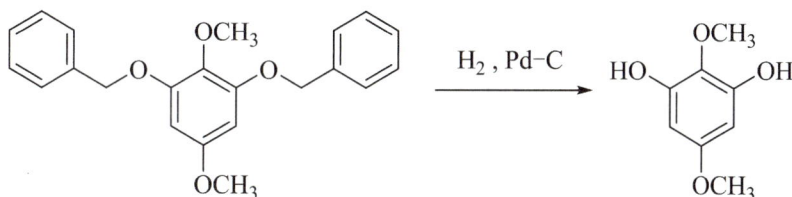

如果反应物结构中存在其他易被还原的基团，可以选择氢化钯碳（Pearlman 催化剂）作为催化剂，反应收率高，且不会发生脱卤氢解及烯烃氢化。Pearlman 催化剂用于苄胺的氢解，优先脱去 N-苄基。下面的例子用 Pearlmen 催化剂催化仅苄基被氢解，而其他敏感官能团不被还原。

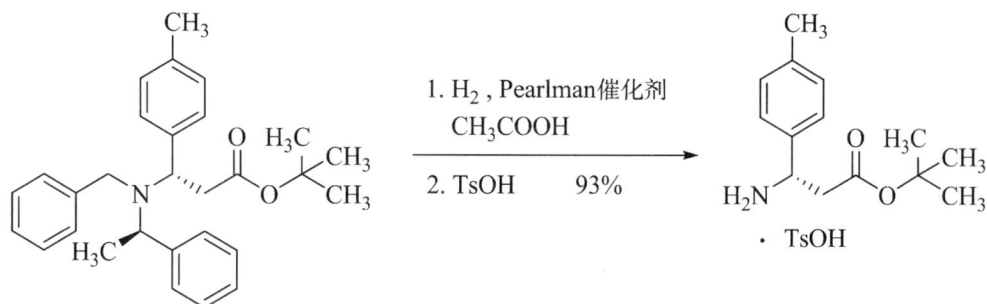

羧基的保护可以用苄醇与羧基形成苄酯，然后中性条件下氢解脱苄基保护基，而避免结构中对酸、碱水解敏感的结构的变化。例如，抗炎药保泰松（phenylbutazone）中间体的制备中以苄醚保护酚羟基，在温和条件下脱苄氢解得到中间体，不影响分子中酰胺键。

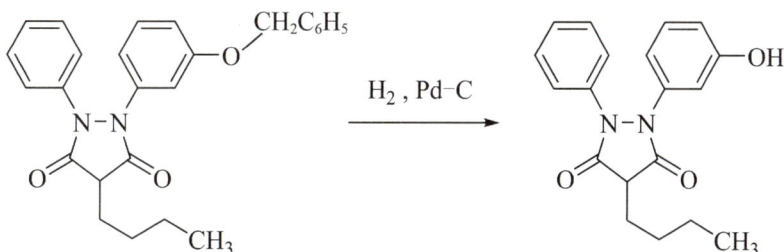

（3）**脱硫氢解**　硫醇、硫醚、二硫化物、亚砜、砜以及某些含硫杂环可在 Raney 镍或硼化镍

228　药物合成反应

催化下使 C–S 键断裂，发生脱硫氢解。

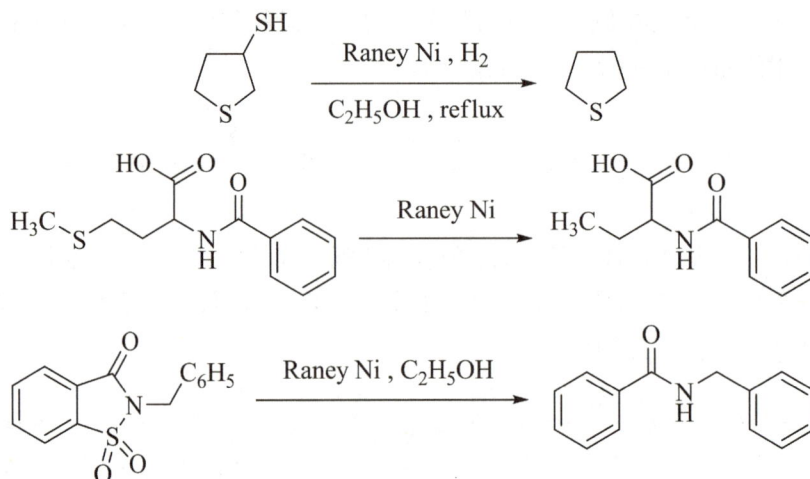

在硼化镍的催化下，硫代酯类化合物可氢解得到伯醇。

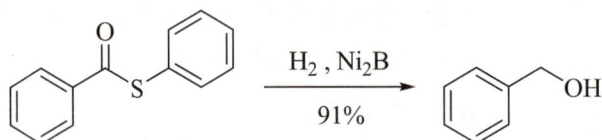

硫醚可发生催化氢解，用来合成烃类化合物。例如，抗偏头痛药物舒马曲坦（sumatriptan）中间体的合成就是利用酚醚在催化剂存在下发生脱硫氢解反应制备。

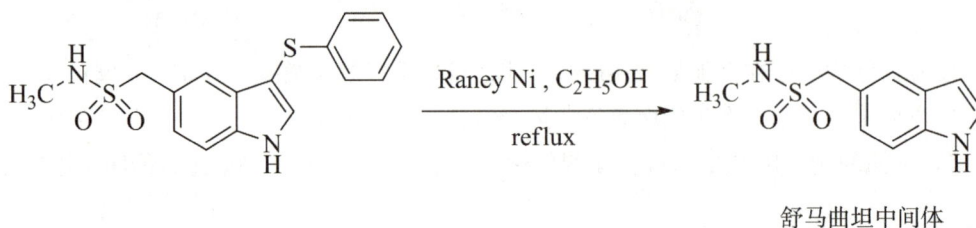

舒马曲坦中间体

硫杂环可在镍催化下氢解，脱硫开环。

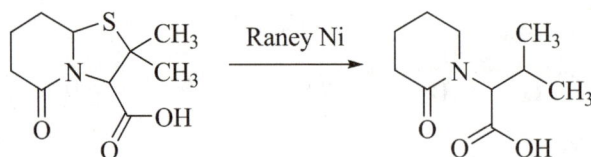

硫代缩酮（醛）的氢解脱硫是间接将羰基转变为次甲基的另一种选择性方法。例如，下面的化合物与乙二硫醇反应生成硫代缩酮，在活性镍存在下，在乙醇中回流，氢解脱硫而得到烃。

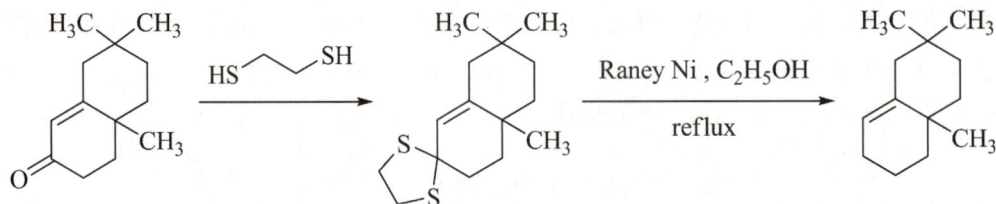

（4）开环氢解　部分碳环化合物能够发生开环氢解，根据环稳定性不同，反应难易程度不同。环丙烷、环丁烷不稳定，可催化氢解开环，五元环以上的碳环化合物一般不能氢解开环。含氮、氧原子的杂环亦可被氢解开环，分别生成伯胺及仲醇。例如抗疟药氯喹（chloroquine）中间体的制备。

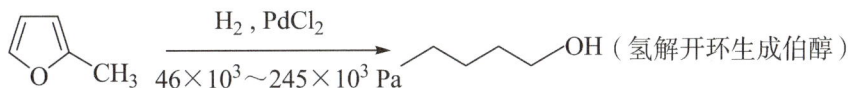

（氢解开环生成伯醇）

二、均相催化氢化

均相催化氢化是指催化剂可以溶于反应介质的催化反应，其特点是反应活性高，选择性好，反应条件温和，速率快，副反应少。在药物合成中主要用于不饱和键的选择性还原，一般不伴随氢解反应和双键异构化。

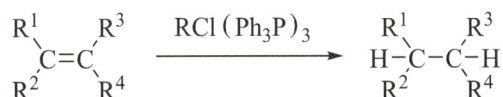

（一）反应机理

均相催化氢化涉及 4 个基本过程，即氢的活化、底物的活化、氢的转移和产物的生成。

由三氯化铑和三苯基膦作用而得的氯化三苯基膦合铑 $RhCl(Ph_3P)_3$ 称为 Wilkinson 催化剂，以催化乙烯的加氢反应为例说明这一具体过程。

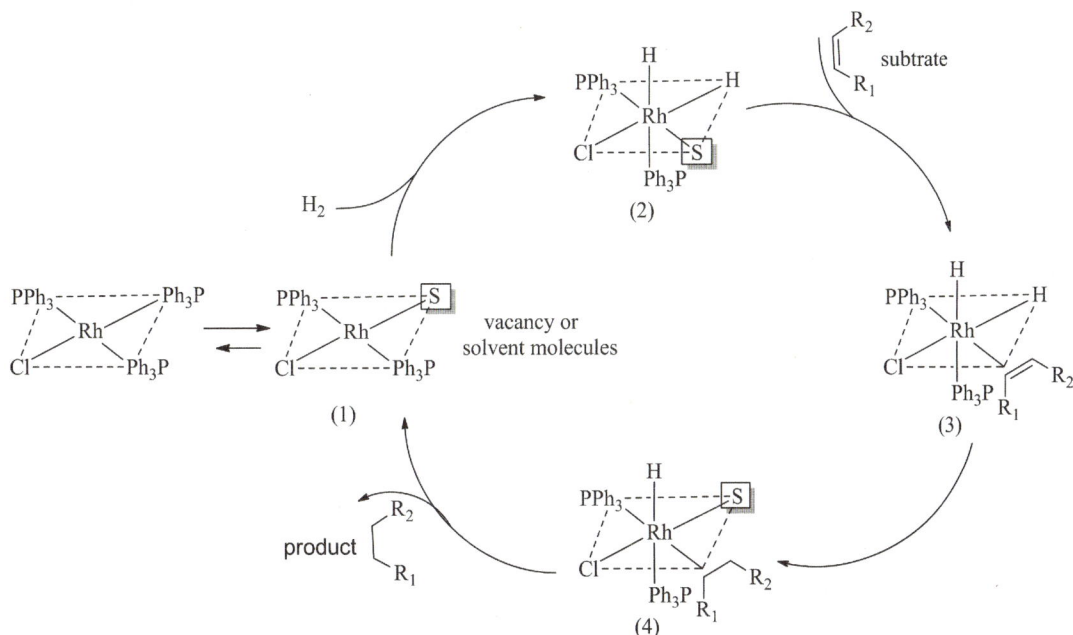

在均相催化氢化反应中，$RhCl(Ph_3P)_3$，先在溶剂（S）中离解生成氯二（三苯膦）合铑与溶剂（S）生成复合物（1），然后活化氢与催化剂中的过渡金属生成活泼二氢络合物（2）。加氢时，底物中双键或三键等反应官能团置换溶剂分子以配价键与中心金属原子相结合形成活性中间配合物（3）。然后氢进行分子内转移发生顺式加成，再经异裂或均裂氢解得到氧化产物。离解得复合物（1）循环参加催化反应。

（二）反应影响因素及应用实例

1. 均相催化剂多数为过渡金属配合物，最常用的是铑、钌、铱、铂和镍等，它们都是具有未充满和不稳定的 d 电子轨道，极易与具有孤立电子对的元素、基团形成络合物。常见的配位基有 Cl^-、OH^-、CN^- 和 H^- 等离子和三苯基膦、NO、CO 和胺等有孤对电子的极性分子。常见的均相催化剂有 Wilkinson 催化剂，其他常见的催化剂还有氯氢三苯基膦合钌 [$(Ph_3P)_3RuClH$]、氯氢羰基三苯基膦合铱 [(Ph₃P)₂Ir(CO)ClH] 等。

2. 采用 Wilkinson 催化剂进行均相催化催化反应，可有效还原非共轭烯烃和炔烃，立体选择性地生成顺式加成产物，底物分子中的羰基、氰基、酯基、芳烃、硝基和氯取代基不被还原。

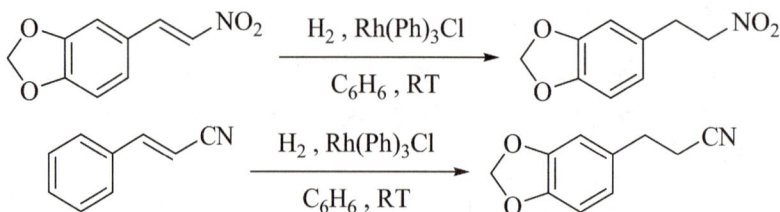

3. 进行均相催化时，Wilkinson 催化剂由于含有立体位阻很大的三苯基膦，在对末端双键和环外双键的氢化具有较好的选择性。

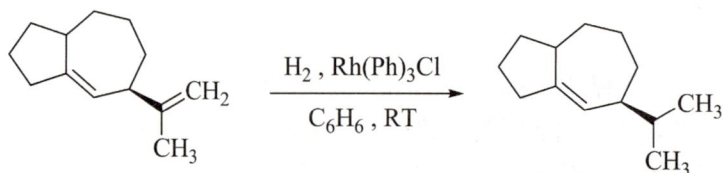

4. 在 Wilkinson 催化下，顺式烯烃更容易被氢化，所以炔烃在通常情况下的氢化还原成饱和烷烃，但含有硫原子官能团的炔烃使 Wilkinson 催化剂活性降低，高选择性地将炔烃还原成烯烃。

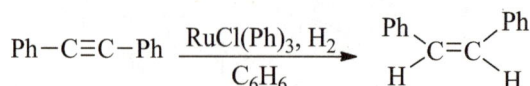

5. Wilkinson 催化剂还能催化不饱和化合物的多种反应，如氢硅烷化、氢甲酰化、硼氢化、异构化、环加成及羰基化反应。

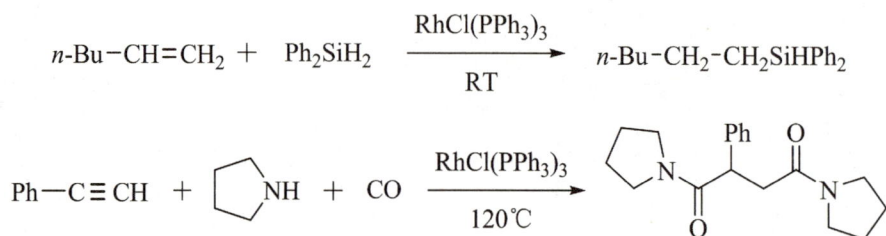

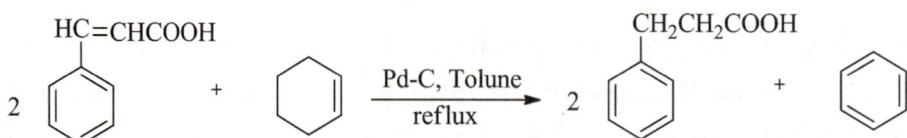

三、催化转移氢化反应

催化转移氢化（catalytic transfer hydrogenation，CTH）属于非均相催化氢化，是在金属催化剂的存在下，用有机化合物作为供氢体以代替气态氢为氢源进行的氢化还原反应。

（一）反应通式及机理

以肉桂酸在钯碳催化下环己烯为氢源的转移催化氢化反应为例，其中环己烯为供氢体，反应物肉桂酸为受氢体，反应过程中通过催化剂的作用，氢由供氢体转移到受氢体而完成还原反应。其反应方程式如下：

多相催化转移氢化反应的机理与多相氢化类似，首先是供氢体 H_2D 与催化剂的表面活性中心结合，随即底物 S 与结合了供氢体的催化剂作用形成络合物，进而在催化剂表面发生氢的转移生成产物 H$_2$S。需要指出的是，第二个氢的加成是通过形成五元环或六元环的过渡态实现的。

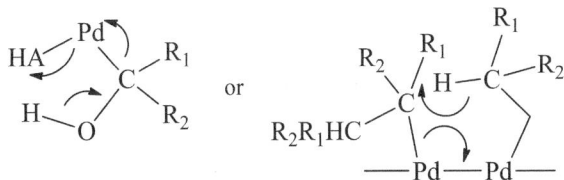

二氮烯的还原机理可能是不饱和键与二氮烯通过一个非极性环状过渡态，使氢转移至不饱和键并放出氮气而完成还原反应，因此，其加氢仍为同向加成。

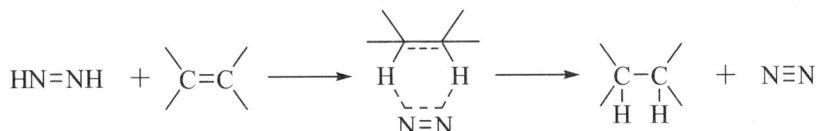

（二）反应影响因素及应用实例

1. 通常所用的供体氢主要有不饱和环脂肪烃、不饱和萜类和醇类，如除了应用最为普遍的环已烯和四氢化萘外，还有环已二烯 2-蒎烯、乙醇、异丙醇和环已醇等。目前研究中无水甲酸铵、甲酸、水合肼、二氮烯甚至无机物次磷酸钠（NaH$_2$PO$_2$）都可作为供氢体，参与催化转移氢化反应。

2. 常用的有效催化剂是钯黑和钯碳，铂、铑等催化剂的活性较低。Raney 镍仅用于醇类的反应。

3. 转移氢化反应主要用于烯键、炔键的氢化。将烯烃还原为烃，对炔类化合物的转移氢化如控制加氢的量，可得顺式烯烃。甾体化合物可以选择性地还原环外双键，而不影响分子中其他易还原基团。例如，避孕药甲羟孕酮乙酸酯（medroxyprogesterone acetate）中间体的制备。

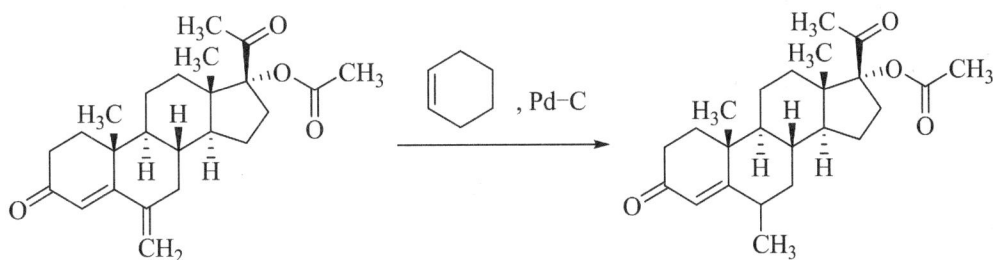

甲羟孕酮乙酸酯中间体

4. 催化转移氢化还可以用于硝基、偶氮基、烯键、亚胺和氰基的还原，亦可用于碳-卤键、苄基、烯丙基的氢解。

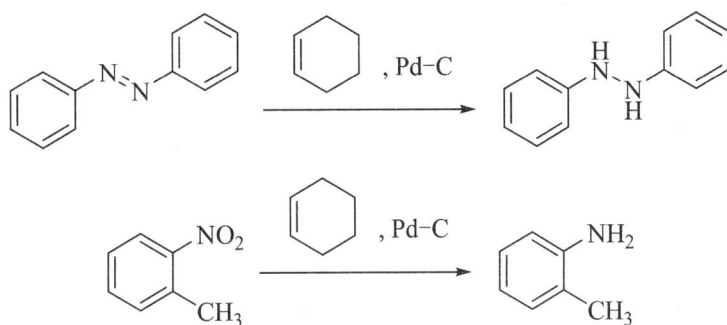

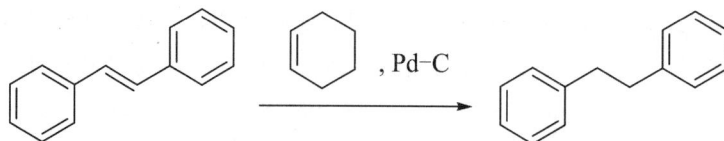

5. 钯碳催化下，以无水甲酸铵作为氢供体可选择性将硝基、叠氮化合物还原成相应的胺类化合物，还原羰基成醇，芳环上的氰基还原成甲基。

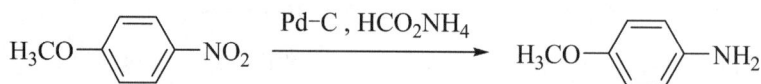

钯碳催化下，甲酸在甲苯–水体系中，可使单或多卤芳烃脱卤。

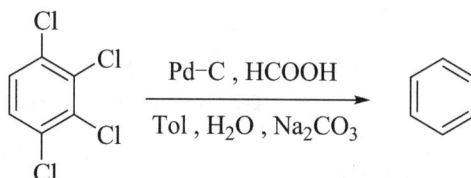

在近中性的条件下甲酸铵转移氢化可选择性地脱去苄氧羰基、O–苄基和O–烯丙基，避免反应物（如肽、氨基酸）中其他对酸、碱敏感的保护基（如叔丁氧羰基）。例如，肉桂酸烯丙酯脱烯丙基而得到肉桂酸，双键不受影响。进行其侧链的改造，再以甲氨酸–钯催化下温和地脱去O–烯丙基保护基，具有较好的应用价值。

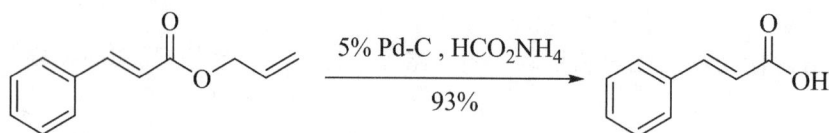

6. 二氮烯（HN＝NH）作为选择性还原剂，稳定性差，通常在反应中用肼类化合物为原料，临时加入适当的催化剂（如 Cu²⁺）和氧化剂（空气、过氧化氢、氧化汞等）制备，不需分离直接参加反应。二氮烯可有效地还原非极性不饱和键如烯键和炔键，并且不影响硝基、氰基、羰基、亚氨基等不饱和基团。氢化还原烯键和炔键时加氢为顺式同面加成反应，反应速率和产率随着双键上取代基增多、位阻增大明显下降，对末端双键及反式双键的活性较高，可用于选择性还原。此外，二氮烯选择性地还原烯键时不会引起二硫键的氢解，因此适用于含有二硫键的分子的还原。

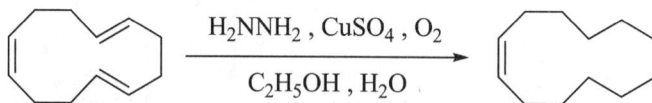

水合肼可直接作为供氢体，还原偶氮化合物为胺、且不易产生异构体。

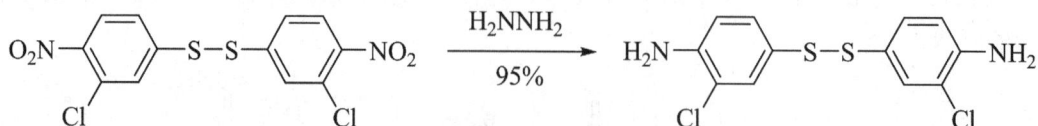

7. 在铜、镍或钯碳的存在下，甲酸作为氢供体可对共轭双键、叁键、芳环和硝基化合物进行催化转移氢。例如抗肿瘤药埃罗替尼（erlotinib）的中间体的硝基的还原。

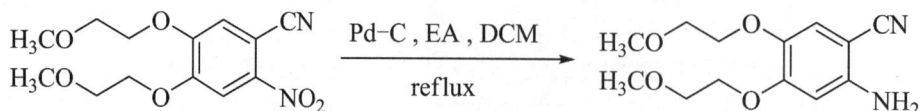

用镍铝合金与甲酸或活性镍与甲酸共热，能将腈还原成醛，并且不影响结构式中烯键、酯

基、酰基、酰氨基和羧基。

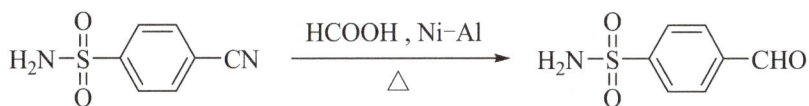

$$H_2N-\underset{\underset{O}{\overset{O}{\|}}}{\overset{\overset{O}{\|}}{S}}-\!\!\!\!-\!\!\!\!-CN \xrightarrow[\triangle]{HCOOH, Ni-Al} H_2N-\underset{\underset{O}{\overset{O}{\|}}}{\overset{\overset{O}{\|}}{S}}-\!\!\!\!-\!\!\!\!-CHO$$

第二节 化学还原反应

使用化学物质作为还原剂进行的还原反应，叫做化学还原反应。化学还原反应可使用的还原剂种类繁多，常用的有金属氢化物还原剂、硼烷类还原剂、烷氧基铝还原剂、金属还原剂、含硫化合物还原剂和水合肼还原剂。

一、金属氢化物还原剂

金属氢化物还原剂是锂、钠、钾等离子与第三主族硼、铝等的复氢负离子形成的复盐。常用的有氢化铝锂（$LiAlH_4$）、氢化铝钠（$NaAlH_4$）、硼氢化锂（$LiBH_4$）、硼氢化钠（$NaBH_4$）、硼氢化钾（KBH_4）及其相关衍生物，如三叔丁氧基氢化铝锂 $[LiAlH(OC_4H_9\text{-}t)_3]$、二乙氧基氢化铝锂 $[LiAlH_2(OC_2H_5)_2]$ 和硫代硼氢化钠（$NaBH_2S_3$）。在这当中以氢化铝锂和硼氢化钠研究和应用得最多。

金属氢化物主要对含有碳-氧双键、碳-氮双键、氮-氧双键，硫-氧双键等含有极性双键的化合物进行还原，如羰基化合物、羧酸及其衍生物、氮的含氧衍生物等。对于非极性碳-碳双键还原能力较差，所以一般不能还原烯烃。

由于金属氢化物还原是由氢负离子完成的，所以还原反应机理主要是亲核反应。不论是 AlH_4^- 还是 BH_4^-，它们的四个氢负离子都能进行还原反应。但是对于 AlH_4^-，第一个氢负离子作用较快，还原能力较强，其余氢负离子作用依次减慢，还原能力也依次减弱。而对于 BH_4^-，第一个氢负离子作用较慢，在第一个氢负离子反应以后，其余氢负离子反而较易反应，还原能力也有所提高。因此，可利用氢化铝锂、硼氢化钠及其衍生物还原能力的差别，进行选择性还原。

在反应过程中，如果有酸性溶剂存在或者反应温度高于100℃时，氢化铝锂和硼氢化钠有释放出 AlH_3 和 BH_3 的可能。AlH_3 和 BH_3 中的 Al 和 B 都是缺电子的，因此，还原反应的机理也可以是亲电反应机理。

（一）醛、酮的还原

醛、酮通过金属复氢化物还原能得到醇。

1. 反应机理

金属氢化物中的氢负离子，对羰基中带正电荷的碳原子进行亲核进攻，剩余部分与羰基氧原子形成络合物离子，由于氢化铝锂有四个氢负离子，因此一分子氢化铝锂可与四分子羰基化合物反应，最后，络合物离子与质子结合后完成还原反应过程。

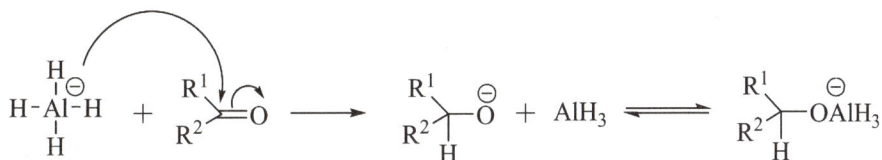

$$H-\underset{\underset{H}{|}}{\overset{\overset{H}{|}}{Al}}-H \;+\; \underset{R^2}{\overset{R^1}{>}}\!C\!=\!O \longrightarrow \underset{R^2}{\overset{R^1}{>}}\!\underset{H}{\overset{|}{C}}\!-\!\overset{\ominus}{O} + AlH_3 \;\rightleftharpoons\; \underset{R^2}{\overset{R^1}{>}}\!\underset{H}{\overset{|}{C}}\!-\!\overset{\ominus}{O}\!AlH_3$$

$$3 \underset{R^2}{\overset{R^1}{\diagdown}} C=O \longrightarrow \left(\underset{R^2}{\overset{R^1}{\diagdown}} \underset{H}{\overset{|}{C}} - \overset{\ominus}{O} \right)_4 Al \xrightarrow{H_2O} 4 \underset{R^2}{\overset{R^1}{\diagdown}} \underset{H}{\overset{|}{C}} - OH + \overset{\ominus}{Al}O_2$$

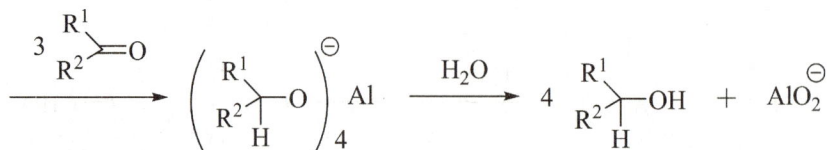

2. 反应的影响因素

用氢化铝锂为还原剂时要注意，凡是具有活泼氢原子的化合物，如酸、醇、胺、烯醇等，都会消耗氢负离子，形成氢气，降低氢化铝锂的还原活性。因此，在用氢化铝锂进行还原反应的时候，须像制备 Grignard 试剂一样，隔绝水和氧气。

硼氢化钠的反应性能不是很活泼，在常温下不和水、醇反应，被空气氧化的速度也比较缓慢，因此，反应一般用醇作溶剂在常温下进行。如要在较高温度下反应，可用异丙醇、四氢呋喃、乙二醇二甲酯、二甲亚砜等作为溶剂。硼氢化钠的还原反应一般在碱性或中性介质中进行，其与强酸接触能产生易燃和剧毒的硼化氢。

3. 应用实例

对于不饱和醛或酮，如果双键离羰基较远，氢化铝锂只还原羰基不还原双键，如果是α,β-不饱和醛或酮，在少量氢化铝锂作用下只还原羰基，在氢化铝锂过量时，羰基和双键都被还原。

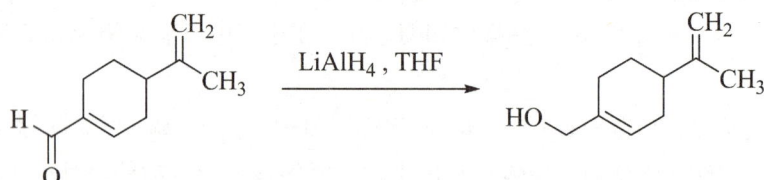

硼氢化钠对于羰基化合物的选择性比较好，分子中存在双键、硝基、氰基、卤素等不受影响，而且操作简便、安全，已经成为还原羰基化合物为醇的首选试剂。

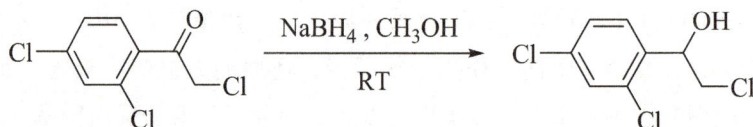

（二）羧酸及其衍生物的还原

羧酸及其衍生物酰氯、酯、酸酐可被金属氢化物还原为醇，酰胺和腈被还原为胺。如果用选择性的金属氢化物还原剂，可将还原产物控制在醛的阶段。

1. 羧酸、酰氯、酯、酸酐的还原

（1）反应机理　金属氢化物中的氢负离子，对羰基中带正电荷的碳原子进行亲核进攻，剩余部分与羰基氧原子形成络合物离子，络合物离子与质子结合形成醇中间体，然后消除小分子 R_2XH 生成醛，最后金属氢化物对醛进行还原得伯醇。

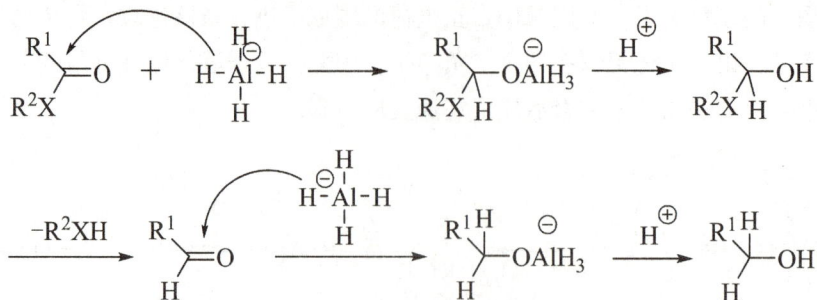

（2）反应的影响因素 氢化铝锂能较好地还原羧酸及其衍生物，硼氢化钠还原效果较差，通常需要加入 Lewis 酸作为催化剂来提高其还原能力。

利用选择性的还原剂，例如三叔丁氧基氢化铝锂和二乙氧基氢化铝锂，能将反应物还原为醛。

（3）应用实例 氢化铝锂是还原羧基为伯醇的常用试剂，反应条件温和，一般不会停留在醛的阶段，而且反应受空间位阻的影响不大。

单独用硼氢化钠通常不能还原羧酸，但如果有 Lewis 酸存在，如三氯化铝、三氟化硼等，能大大提高其还原能力，将羧酸还原成伯醇。

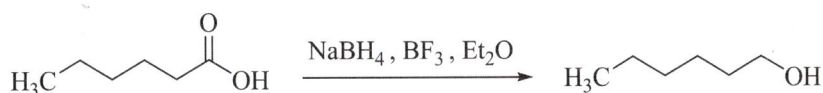

酰卤能被氢化铝锂和硼氢化钠还原为醇，如果用选择性还原剂，如三叔丁氧基氢化铝锂进行还原，能将产物维持在醛的阶段，而分子中的双键、硝基、氰基和酯基等不受影响。

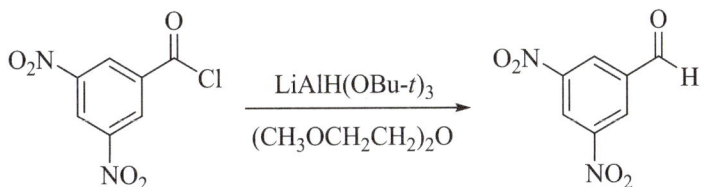

氢化铝锂能将酯还原成伯醇，而且双键等不会受影响。单纯使用硼氢化钠对酯的还原效果较差，加入 Lewis 酸，则其还原能力大大增强，能还原酯为醇。

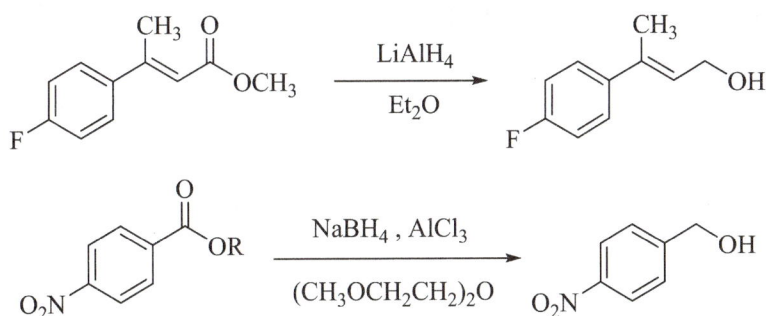

氢化铝锂能还原链状酸酐为两分子醇，还原环状酸酐为二醇，硼氢化钠不能还原链状酸酐，但能还原环状酸酐为内酯。

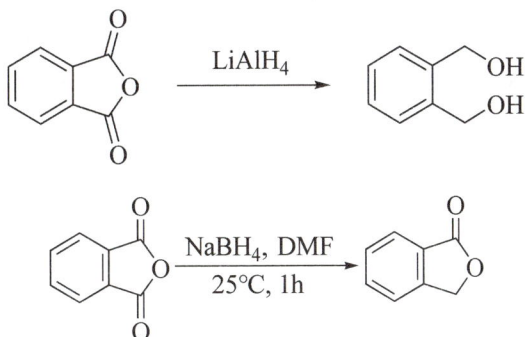

2. 酰胺和腈的还原

氢化铝锂能较好地还原酰胺和腈成胺，而单独使用硼氢化钠不能还原酰胺和腈成胺，通常需要使用硼氢化钠的衍生物，如酰氧基硼氢化钠，或者加入金属催化剂。

（1）反应机理　金属氢化物中的氢负离子，对羰基中带正电荷的碳原子进行亲核进攻，剩余部分与羰基氧原子形成络合物离子，经消除反应成亚胺正离子，最后，金属氢化物对亚胺正离子进行还原得胺。金属氢化物中的氢负离子，对碳-氮三键亲核加成得胺。

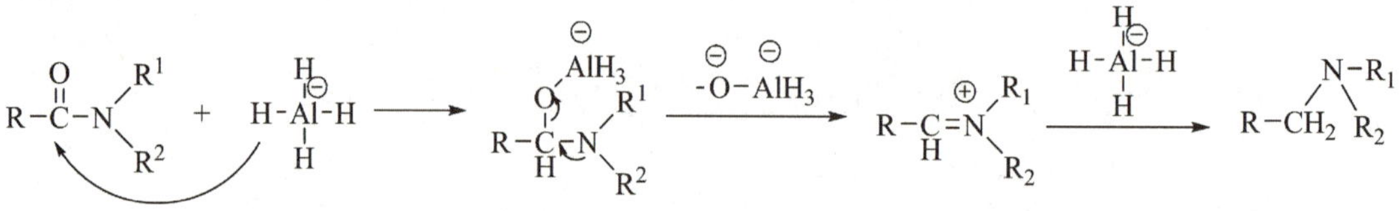

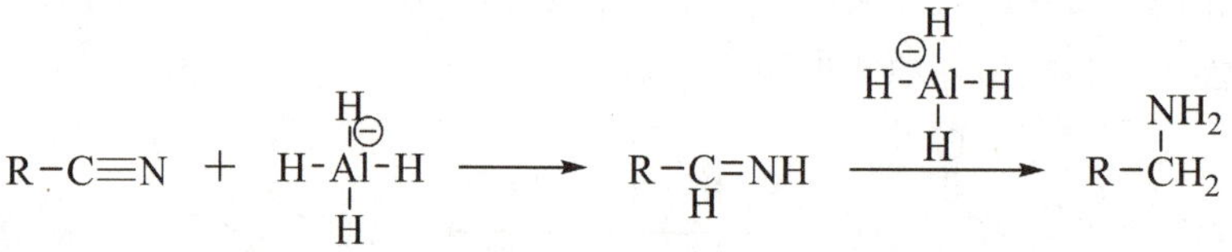

（2）反应的影响因素　酰胺比较难还原，特别是氮原子上含有活泼氢的酰胺，还原产物一般是胺，在某些条件下，常常伴以碳-氮键的断裂而生成醛。

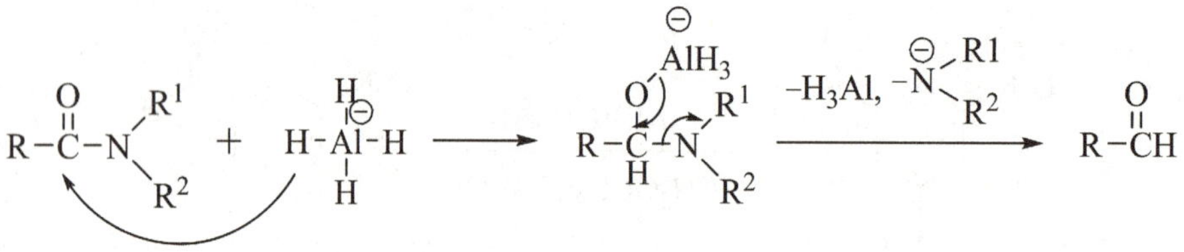

腈的还原也比较困难，为使反应进行完全，常需要加入过量的氢化铝锂，有时需要在溶剂乙醚的沸点进行反应。

（3）应用实例　氢化铝锂是还原酰胺成胺最常用的试剂，可在较温和的条件下进行反应。如抗肿瘤药物三尖杉酯碱（harringtonine）中间体的合成。

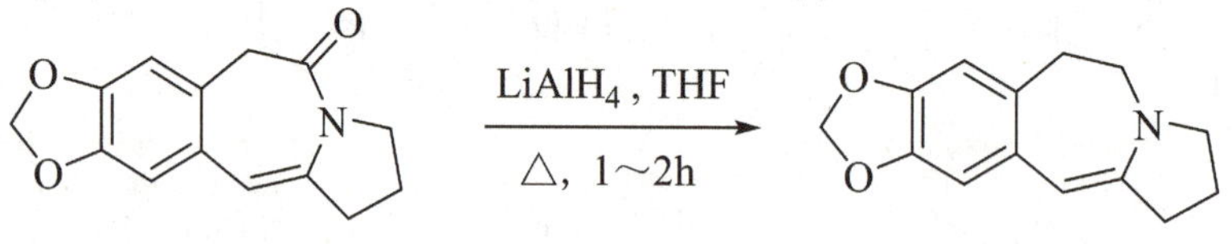

三尖杉酯碱中间体

酰氧硼氢化钠能将酰胺还原成胺。

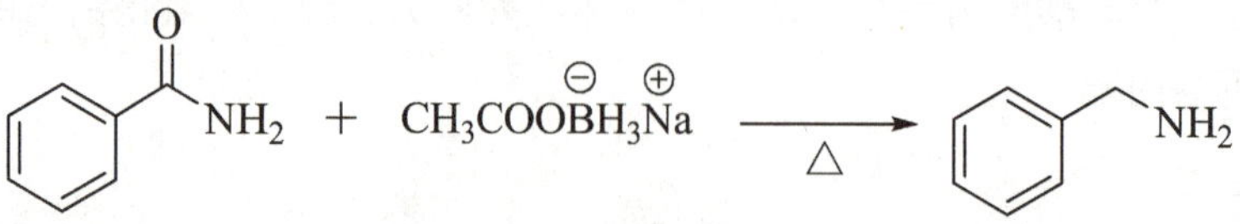

氢化铝锂能还原腈为伯胺，而硼氢化钠需要有催化剂存在，才能将腈还原为胺。

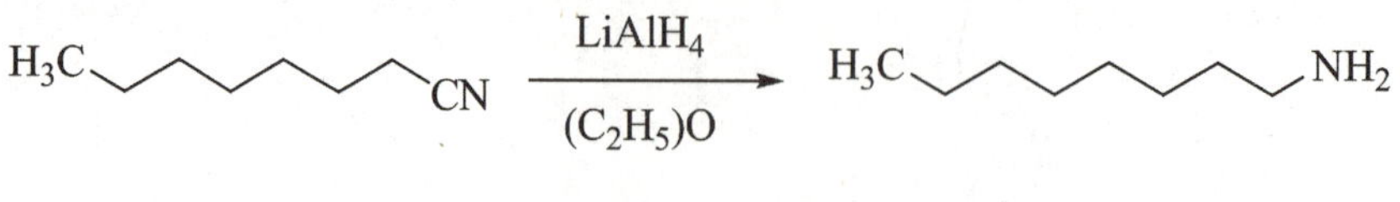

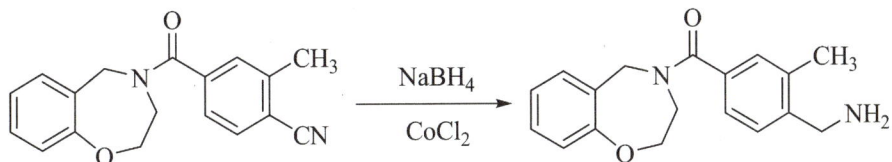

酰胺在选择性金属氢化物还原剂的作用下可被还原成醛。

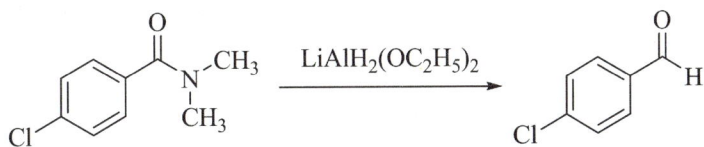

（三）含氮化合物的还原

含氮化合物主要包括硝基化合物、亚硝基化合物、肟、Schiff 碱和叠氮等。氢化铝锂能将含氮化合物还原成胺或偶氮化合物，而硼氢化钠，通常需要使用硼氢化钠的衍生物，如硫代硼氢化钠，或者加入金属催化剂才能将含氮化合物还原成胺。

1. 反应机理

金属氢化物还原含氮化合物的机理为亲核反应机理。

2. 反应的影响因素

金属氢化物通常不能还原偶氮化合物。

3. 应用实例

氢化铝锂还原脂肪族硝基化合物得胺，芳香族硝基化合物得偶氮化合物，如与 $AlCl_3$ 合用仍可得胺。

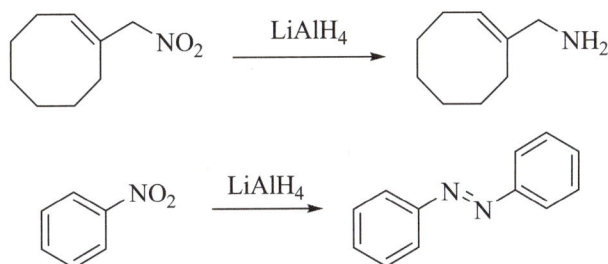

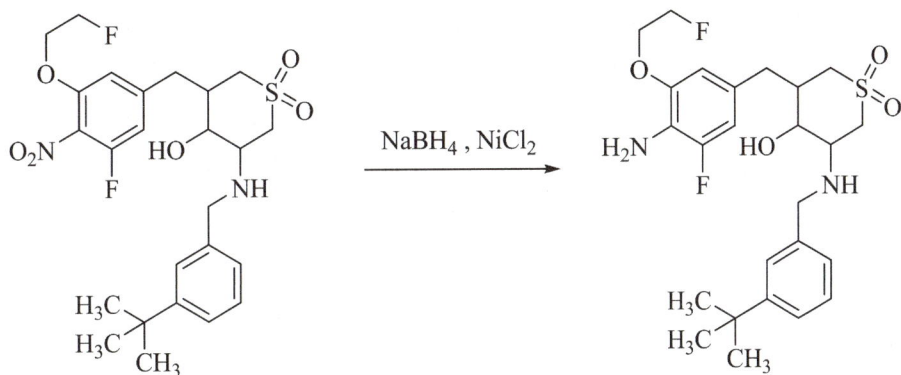

硼氢化钠与催化剂氯化镍合用，能还原芳香族硝基化合物为胺，分子中的卤素、砜基等不受影响。

金属氢化物对肟、Schiff 碱和叠氮等也有很好的还原效果。

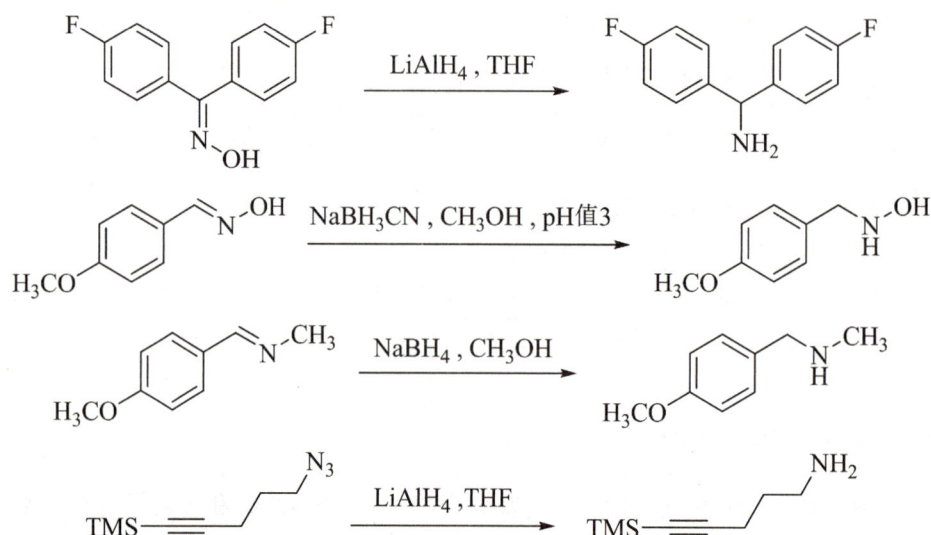

（四）其他化合物的还原

氢化铝锂还能将含硫化合物，如磺酰氯、磺酸酯、砜、亚砜和二硫化合物还原成硫醇或者硫醚，还能将卤化物脱卤氢解。

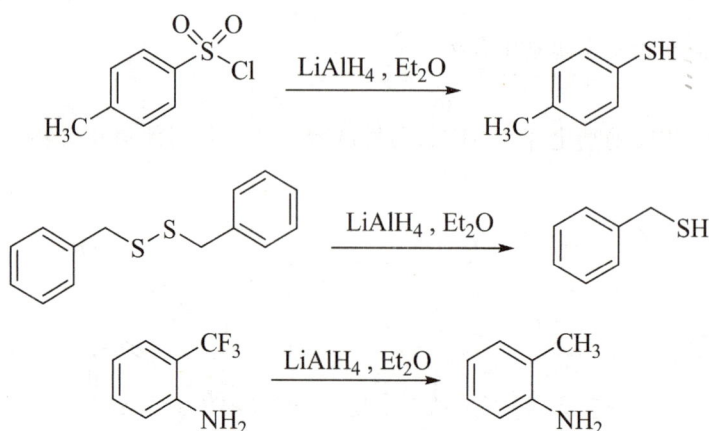

二、硼烷类还原剂

硼烷类还原剂主要包括硼烷和乙硼烷。一般情况下，硼氢化钠不能还原羧酸，但是当把硼氢化钠与三氟化硼配合使用时，则能还原羧酸和双键。事实是，它们首先形成硼烷而发挥还原作用。因此，硼烷可由硼氢化钠和三氟化硼反应制备。乙硼烷是硼烷的二聚体，是有毒气体，一般溶于四氢呋喃中使用。硼烷中的硼原子因极化而带部分正电荷，发生还原反应时，硼原子首先加到不饱和键中富含电子的原子上，然后氢负离子加到另外一个原子上，属于亲电加成机理。硼烷主要用于双键、醛、酮、羧酸和酰胺的还原。

（一）双键的还原

1. 反应机理

硼烷对碳-碳双键进行亲电加成，硼原子和氢原子一起加到双键的同侧，即顺式加成，所形成的烷基取代硼烷加酸水解使碳-硼键断裂而得饱和烃。底物分子中碳原子上的原子或取代基仍保持原来的相对位置，整个分子的几何形状不发生改变，保持原来的构型。

$$\overset{|}{\underset{|}{C}}=\overset{|}{\underset{|}{C}} + BH_3 \xrightleftharpoons{O(CH_2CH_2OCH_3)_2} -\overset{|}{\underset{H}{C}}-\overset{|}{\underset{BH_2}{C}}- \longrightarrow (-\overset{|}{\underset{H}{C}}-\overset{|}{\underset{|}{C}}-)_3B \xrightarrow{\overset{\oplus}{H_3O}} 3-\overset{|}{\underset{H}{C}}-\overset{|}{\underset{H}{C}}- + B(OH)_3$$

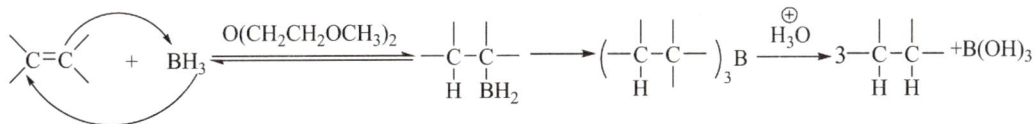

2. 反应的影响因素

（1）硼烷的还原性 硼烷中的氢原子被烃基取代后形成取代硼烷，随着烷烃取代基的增多，其还原活性降低，因此，可制备各类硼烷的一取代和二取代物作还原剂，它们比硼烷具有更高的选择性。

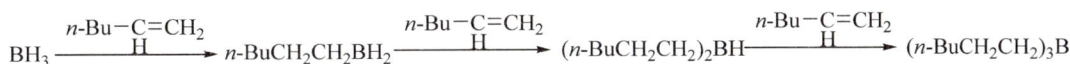

$$BH_3 \xrightarrow[H]{n\text{-}Bu-C=CH_2} n\text{-}BuCH_2CH_2BH_2 \xrightarrow[H]{n\text{-}Bu-C=CH_2} (n\text{-}BuCH_2CH_2)_2BH \xrightarrow[H]{n\text{-}Bu-C=CH_2} (n\text{-}BuCH_2CH_2)_3B$$

（2）立体因素的影响 硼烷对不对称烯烃加成，硼原子主要加成到取代基较少的碳原子。

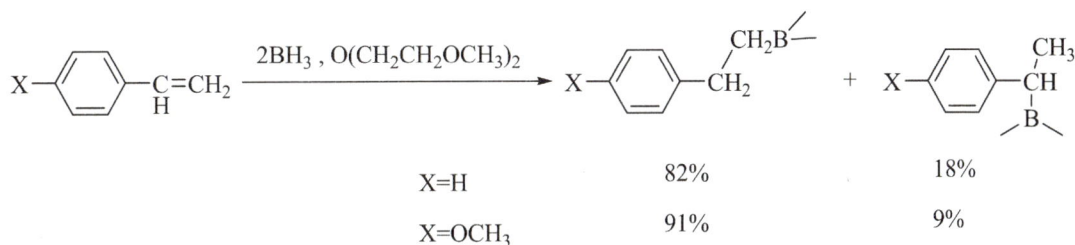

X=H	82%	18%
X=OCH₃	91%	9%

X 为给电子基时，更有利于优势产物的生成。

如果烯烃碳原子上取代基数目相等，则取代基的位阻对反应结果影响较大，位阻大的位置硼加成物较少。如果选择位阻大的硼烷试剂，则选择性更高，优势产物可达 95%。

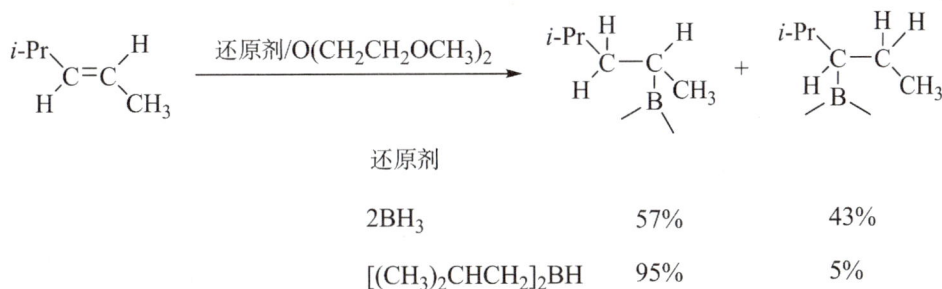

还原剂		
2BH₃	57%	43%
[(CH₃)₂CHCH₂]₂BH	95%	5%

除了能还原碳-碳双键，乙硼烷还能还原碳-氮双键。

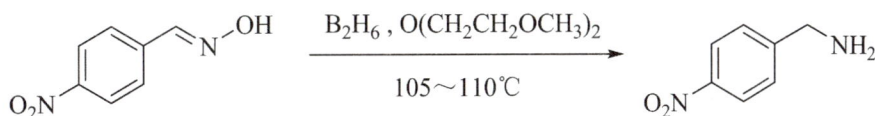

3. 应用实例

用硼烷类还原剂还原双键，与催化氢化相比，选择性高，另外，硼烷与不饱和键加成生成烷基取代硼烷后，不经分离，可直接氧化成醇。

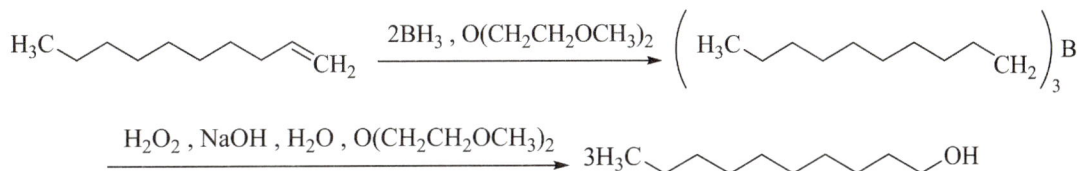

（二）醛、酮的还原

1. 反应机理

硼烷对醛、酮进行还原时，首先是硼原子与羰基氧结合，然后是氢原子与羰基碳结合，最后经水解得醇。

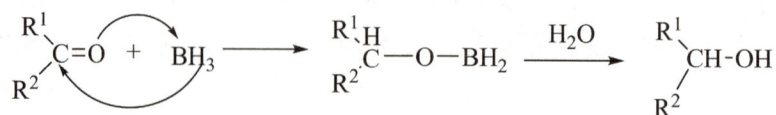

2. 反应的影响因素

硼烷类还原剂通常能将醛、酮还原为醇，但乙硼烷和三氟化硼能将环丙基酮还原成烃。

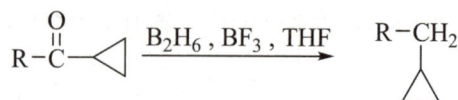

3. 应用实例

醛基能有效地被还原为醇羟基，且分子中的碳-碘键不受影响。

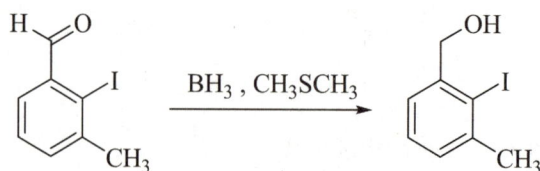

（三）羧酸的还原

1. 反应机理

用硼烷还原羧酸，可能是先生成三酰氧基硼烷，然后氧原子上的未共用电子与硼原子相互作用形成内鎓盐中间体，中间体的羰基受内鎓盐的影响，较为活泼，进一步按照羰基还原的方式还原得到醇。

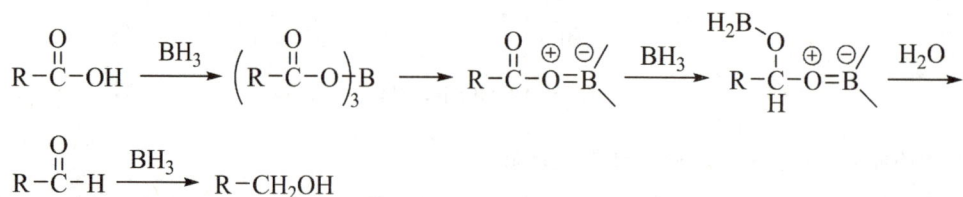

2. 反应的影响因素

硼烷是选择性还原羧酸为醇的还原剂，其条件温和，反应速率快。硼烷还原羧酸的速率是：脂肪羧酸大于芳香羧酸，位阻小的羧酸大于位阻大的羧酸。

硼烷对脂肪酸酯的还原速率一般比羧酸慢，对芳香酸酯几乎不还原。这是由于芳环与羰基的共轭效应降低了羰基氧上的电子云密度，使硼烷难以进行亲电进攻。

3. 应用实例

硼烷为亲电性还原剂，其还原羧酸的速率比还原其他基团快，因此，当羧酸中有其他官能团存在时，如硝基、卤素、氰基、酯基、醛或酮等，若控制硼烷的用量，将会选择性地将羧酸还原为醇，其他基团不受影响。

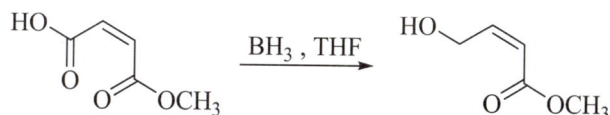

（四）酰胺的还原

1. 反应机理

硼烷对羰基进行亲电加成，后经消除生成亚胺氮正离子，亚胺正离子经电子重新排布形成碳正离子，碳正离子经硼烷还原，水解后得胺。

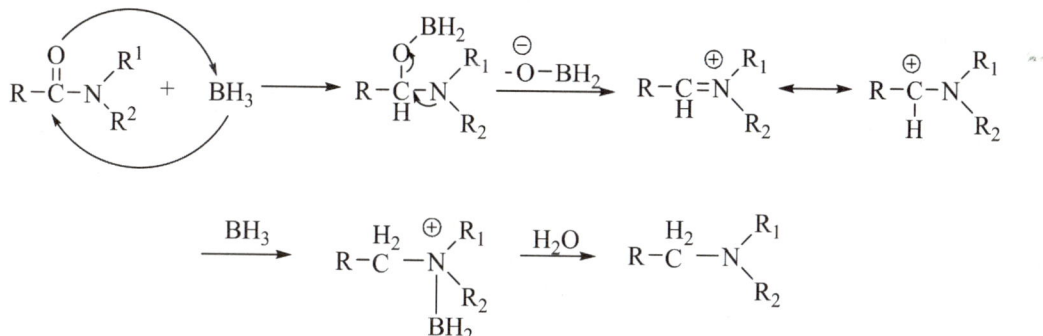

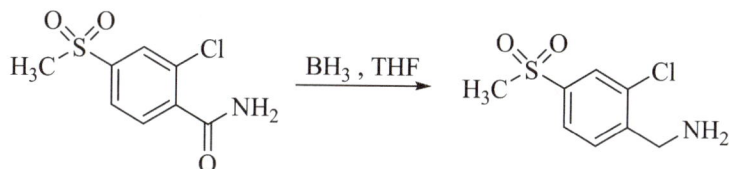

2. 反应的影响因素

乙硼烷是还原酰胺的优良试剂，反应通常在四氢呋喃中进行，产率较高。还原速率为：N,N-二取代酰胺大于 N-单取代酰胺大于无取代酰胺，脂肪族酰胺大于芳香族酰胺。

3. 应用实例

硼烷还原酰胺时，没有醛的生成，且不影响分子中的硝基、酯基和卤素等基团，但如有烯键，将同时被还原。

三、烷氧基铝还原剂

烷氧基铝是还原反应中应用范围很窄的一种还原剂，只能还原羰基化合物成为羟基化合物，对于其他官能团，如碳-碳双键和叁键、硝基、卤原子等不起反应，因此，这类还原剂有个最大的优点是选择性强。事实上，不仅是烷氧基铝，烷氧基的许多金属盐，如烷氧基镁和烷氧基钠都能催化这一还原反应，只是以烷氧基铝效果最好，这其中又以异丙醇铝效果最好，其催化反应速度快、产量高。

以异丙醇为溶剂，异丙醇铝能将醛、酮等羰基化合物还原为醇，同时异丙醇被氧化为丙酮，这一反应称为 Meerwein-Ponndorf-Verley 反应，此反应的逆反应即为 Oppenauer 反应。

（一）反应机理

异丙醇铝的铝原子进攻羰基氧原子，与氧形成配位键，异丙基中的氢进攻羰基碳原子，将氢负离子转移到碳原子上，同时，异丙醇铝中的铝-氧键断裂，形成新的醇铝衍生物和丙酮，新的醇铝衍生物经异丙醇醇解后生成产物和异丙醇铝，异丙醇铝能继续催化反应的进行。

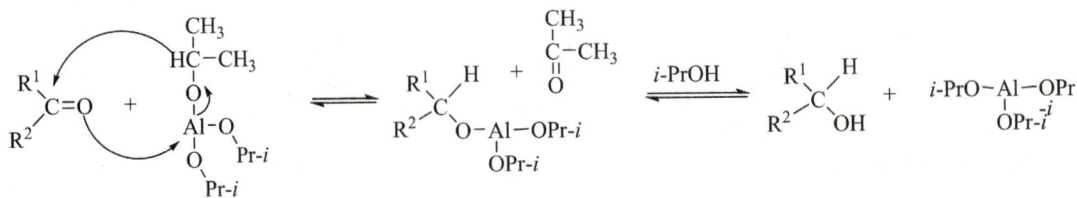

（二）反应的影响因素

1. 可逆反应

反应过程中，不断除去产物酮，能使反应不断向右进行。异丙醇也应该大大过量。

2. 立体结构的影响

羰基经烷氧基铝还原，所得羟基的构象选择性不明显，但如果原化合物中具有不对称结构，则可以诱导羟基的空间位置。

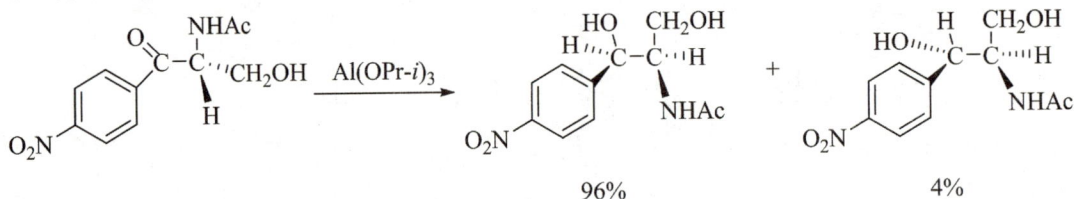

羰基 α-位的羟甲基，能与异丙醇铝形成配位键，使氢负离子主要从空间位阻较小的一侧进攻羰基，故主要得苏式产物。

（三）应用实例

异丙醇铝是醛、酮的选择性还原剂，对分子中的烯键、硝基、氰基及卤素等官能团没有影响。

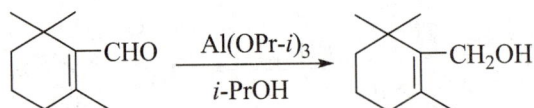

四、金属还原剂

金属还原剂是使用得最早、研究得最多、应用范围最广的一类还原剂。一切金属活动性顺序在氢以上的金属都可以用作还原剂。常用的金属有碱金属、碱土金属、第三主族的铝、第四主族的锡和第八族的铁。有时也用金属与汞的合金，即汞齐。一般来说，汞齐可以使原来活泼性高的金属活泼性降低，使原来活泼性低的金属活泼性升高。以活泼金属作为还原剂时，电子从金属表面或金属溶液转移到被还原基团，形成负离子自由基，然后从供质子试剂，如酸、水、醇、氨等，接受质子，形成自由基。自由基在金属表面或金属溶液获得一个电子形成负离子，再从供质子试剂获得质子而完成还原反应。

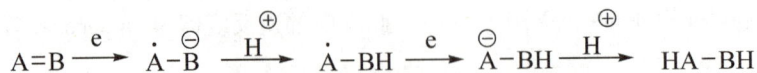

金属还原剂能还原芳核、羰基化合物、酯、含氮化合物和脱卤、脱硫氢解。

（一）芳环的还原

芳环在液氨中用碱金属，如钠、锂或钾等还原，生成非共轭二烯的反应称为 Birch 反应。

1. 反应机理

Birch 反应为电子转移机理。

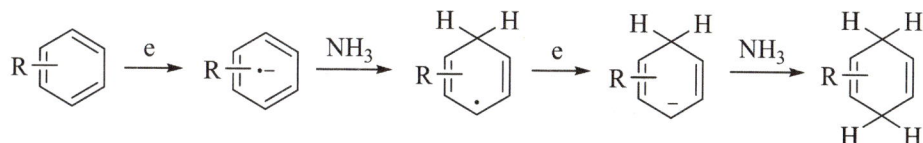

2. 反应的影响因素

当芳环上有吸电子基时，能加速反应进行，当芳环上有供电子基时，能减慢反应进行。

对于单取代苯，如果取代基为吸电子基，得 1-取代-2,5-环己二烯，如果取代基为供电子基，得 1-取代-1,4-环己二烯。

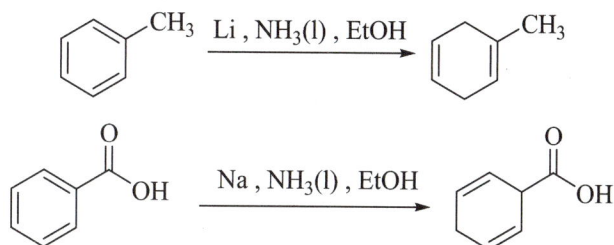

3. 应用实例

口服避孕药物左炔诺孕酮（levonorgestrel）中间体的制备。

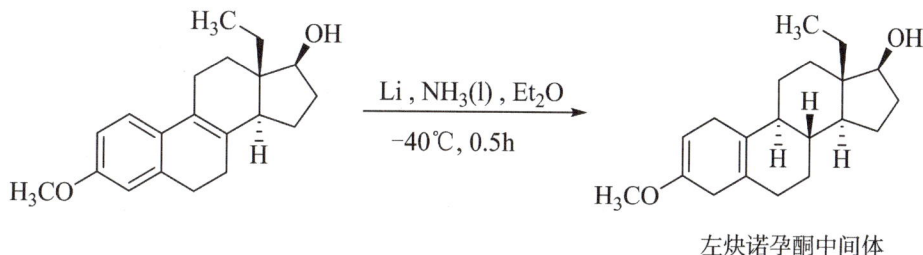

左炔诺孕酮中间体

（二）醛、酮的还原

羰基化合物一般被金属还原剂还原成醇，醛还原为伯醇，酮还原为仲醇。

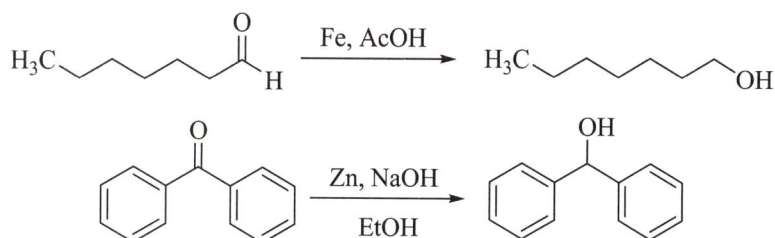

但是，锌汞齐和盐酸能将醛、酮原为甲基或亚甲基，是一种专用还原剂，这一反应被称为 Clemmensen 反应。

1. 反应机理

Clemmensen 反应为电子转移机理。

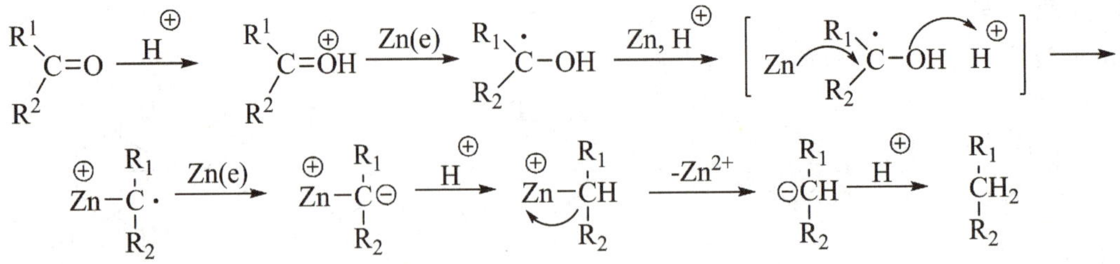

2. 反应的影响因素

（1）pH 值的影响　由于反应是在酸性条件下进行，因此，对于一些对酸敏感的化合物，如有吡咯环的化合物，不能用其还原。

（2）羰基所处化学环境的影响　α-酮酸及其酯，用 Clemmensen 法还原，只能将酮羰基还原为醇羟基，而 β-酮酸或 γ-酮酸及其酯，酮羰基被还原为亚甲基。

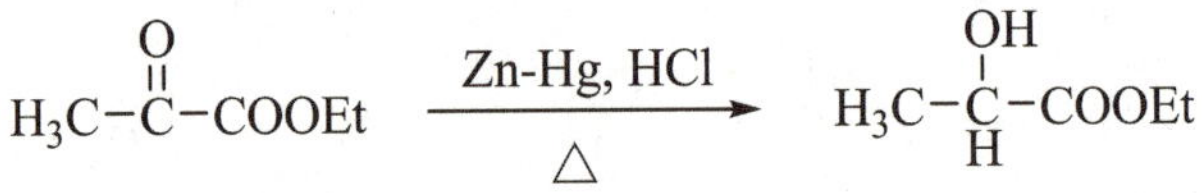

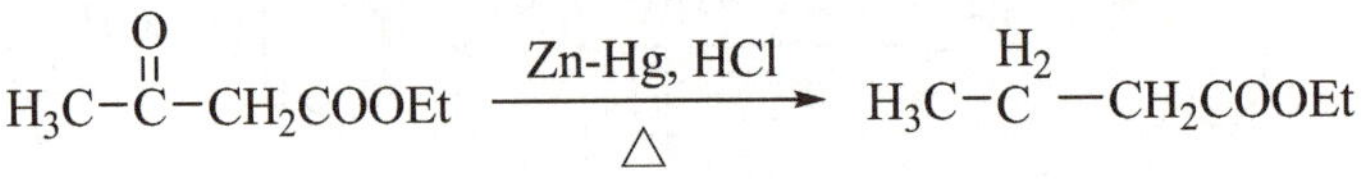

（3）双键的影响　还原不饱和酮时，与羰基共轭的双键同时被还原，孤立的双键不受影响。

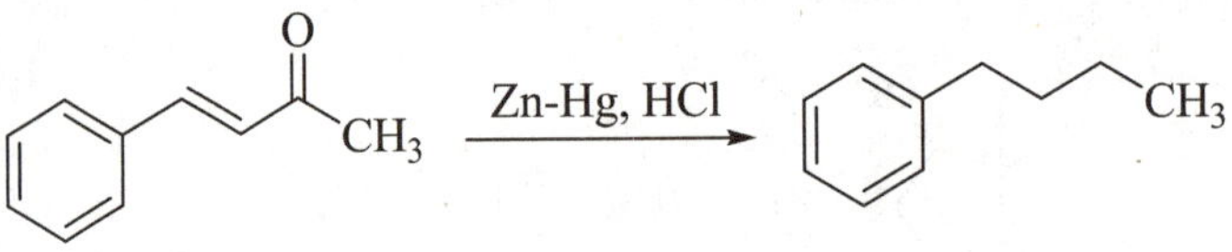

3. 应用实例

Clemmensen 反应几乎适用于所有的芳香酮和脂肪酮的还原，分子中有羧基、酯、酰胺等羰基时，也不受影响。

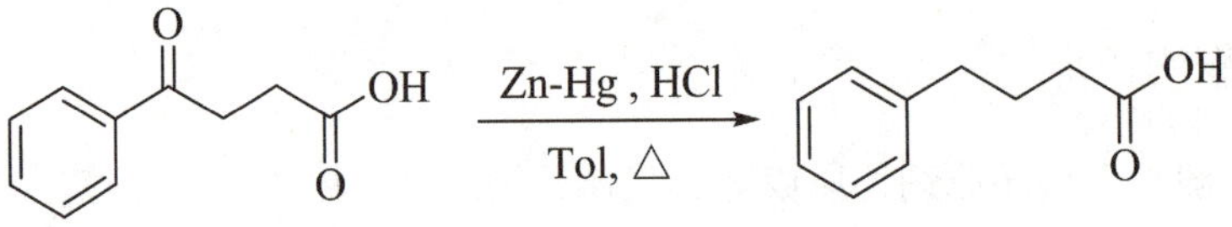

（三）酯的还原

金属钠和无水醇将酯还原为伯醇的反应，称为 Bouveault-Blanc 反应。

1. 反应机理

Bouveault-Blanc 反应为电子转移机理。

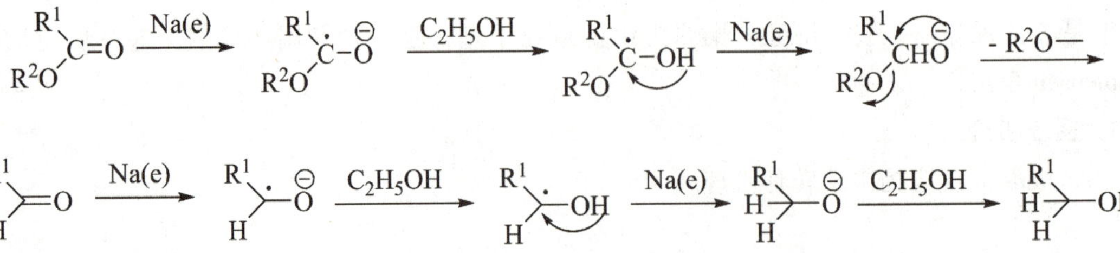

2. 反应的影响因素

如果反应先在非质子溶剂中进行，反应完成后再加入质子性溶剂，则反应得偶姻缩合的产物。

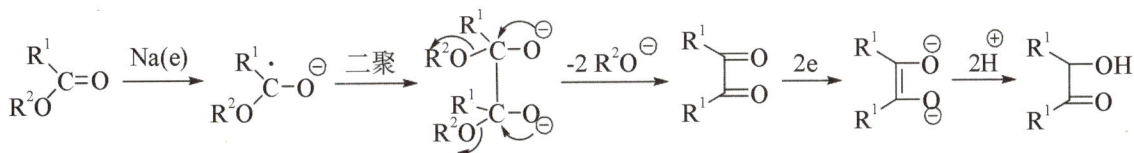

偶姻缩合是合成脂肪族 α-羟基酮的重要方法。

3. 应用实例

心血管药物普尼拉明（prenylamine）中间体的制备。

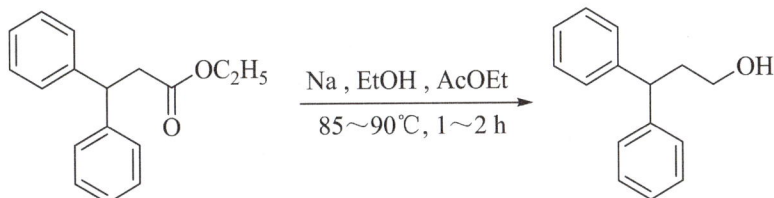

普尼拉明中间体

（四）含氮化合物的还原

硝基化合物、亚硝基化合物、羟胺以及肟和 Schiff 碱均能用金属还原剂还原。活泼金属在酸性、碱性或中性盐的水溶液中具有强还原能力，能将上述基团还原成胺。

1. 反应机理

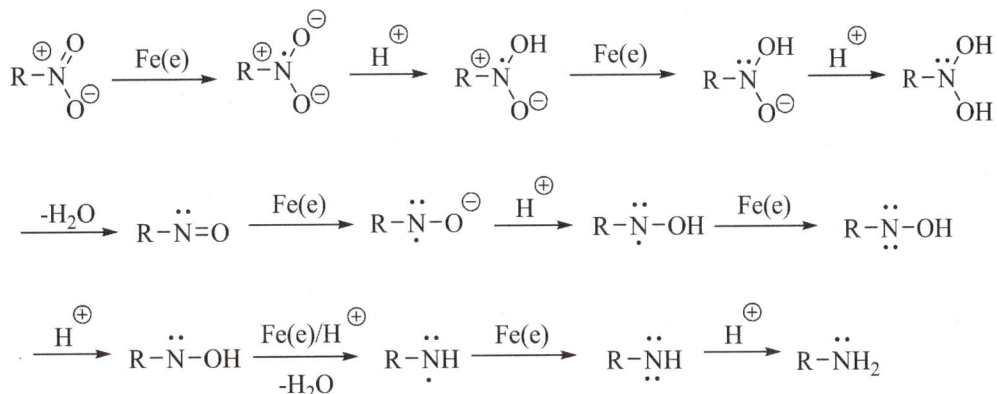

金属还原剂还原硝基化合物是电子转移机理。由上式可以看出，1mol 硝基化合物还原为氨基化合物需要得 6 个电子。工业上还原硝基最常用铁粉。铁粉给出电子转化为四氧化三铁，1 分子四氧化三铁中含两分子 Fe^{3+}，一分子 Fe^{2+}。

2. 反应的影响因素

（1）不同反应条件对产物结构的影响　不同金属与不同质子性溶剂还原同一底物可生成不同产物，同一金属与不同质子性溶剂也能还原同一底物生成不同产物，甚至同一金属与同一质子性溶剂在不同 pH 条件下，也能得不同产物。

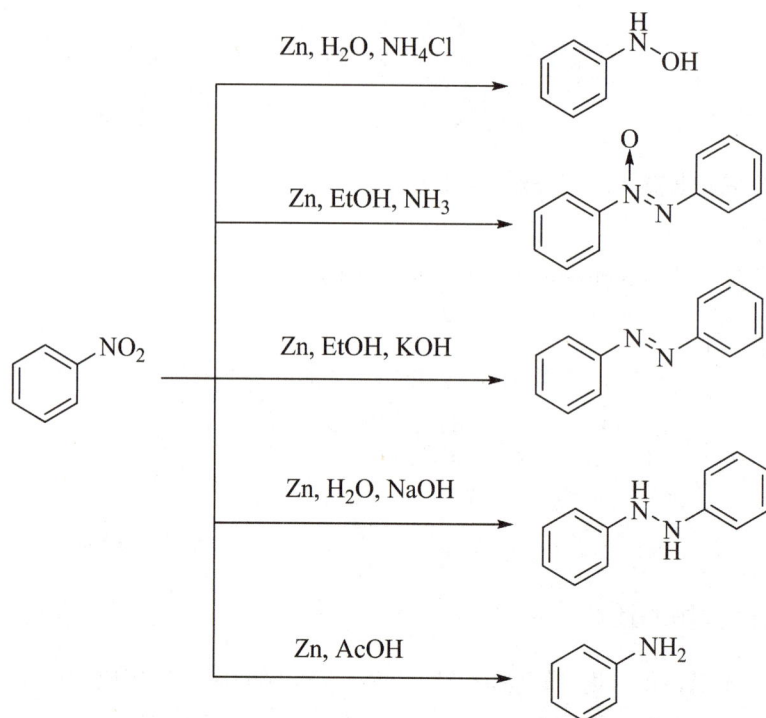

（2）电性因素的影响　当芳环上有吸电子基时，硝基氮原子的亲电性增强，还原较容易进行，反之不易。

3. 应用实例

偶氮化合物也能用活泼金属来还原，机理与硝基还原相同。紫脲酸是合成中枢兴奋药咖啡因（caffeine）的中间体，其肟化物还原时，分子中肟和 Schiff 碱同时被还原。

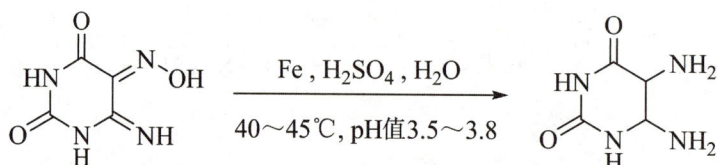

亚硝基、肟和 Schiff 碱类化合物的还原与硝基化合物相似。

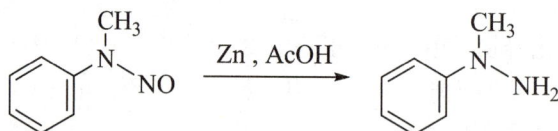

（五）其他化合物的还原

卤代烃和二硫化物在金属还原剂作用下，能脱卤和脱硫氢解生成烃和巯基化合物。反应历程以卤代烃的氢解为例：首先，发生电子转移，形成自由基阴离子，然后裂解成卤负离子和碳自由基，通过再转移一个电子到碳自由基上形成碳负离子，最后经质子化得烃。

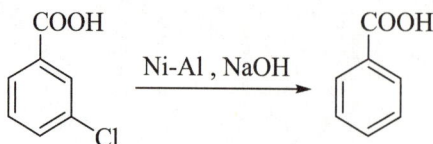

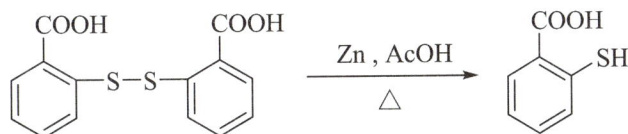

五、含硫化合物还原剂

此类还原剂包括硫化物和含氧硫化物。硫化物主要有：硫化物、多硫化物和硫氢化物。含氧硫化物主要有：亚硫酸钠、连二亚硫酸钠和亚硫酸氢钠。以含硫化合物作为还原剂，可将硝基化合物或偶氮化合物还原为氨基化合物。

（一）反应机理

用含硫化合物还原硝基或偶氮的反应，为电子转移机理。其中，含硫化合物为电子供给体，水或醇为质子供给体。

（二）反应的影响因素

使用硫化钠作还原剂，有氢氧化钠生成，会使反应液碱性增大，易生成双分子还原产物，而且产物中常带入有色杂质。为避免这些副作用的发生，可在反应液中加入氯化铵中和生成的碱，也可以加入过量还原剂，使反应迅速进行，不停留在中间体阶段。

$$4PhNO_2 \xrightarrow{6Na_2S\,,\,7H_2O} 4PhNH_2 \;+\; 3Na_2S_2O_3 \;+\; 6NaOH$$

以二硫化钠还原可避免氢氧化钠的生成。

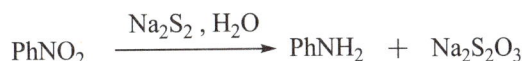

$$PhNO_2 \xrightarrow{Na_2S_2\,,\,H_2O} PhNH_2 \;+\; Na_2S_2O_3$$

多硫化钠还原虽然没有碱生成，但析出胶体硫而使分离困难。

$$PhNO_2 \xrightarrow{NaSx\,,\,H_2O} PhNH_2 \;+\; Na_2S_2O_3 + S\downarrow$$

（三）应用实例

以硫化物为还原剂可选择性还原二硝基苯衍生物中的一个硝基。

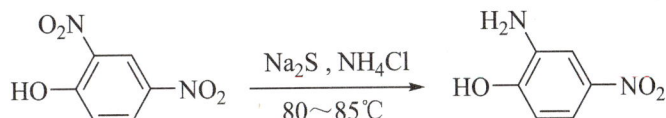

连二亚硫酸钠，又称保险粉，还原能力强，能还原硝基、重氮和醌。由于其性质不稳定，使用时通常在碱性条件下临时配制。如抗凝血药莫哌达醇（mopidamol）中间体的制备。

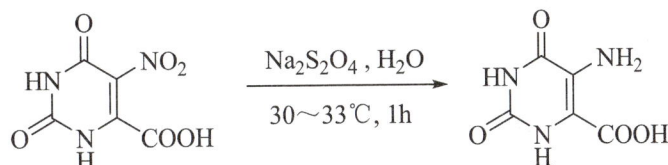

连二亚硫酸钠还能还原偶氮化合物。

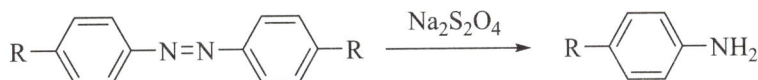

六、肼还原剂

肼具有很好的还原性，醛、酮在强碱性条件下和水合肼加热反应生成烃，硝基化合物以及偶氮化合物以镍、钯等为催化剂在水合肼的作用下能被还原成胺基。肼的氧化产物二酰亚胺是选择性非常强的还原试剂，能还原非极性重键，如碳-碳双键、叁键和氮-氮双键，而对极性重键无还原作用。

（一）Wolff-Kishner-黄鸣龙还原反应

醛、酮在强碱性条件下与水合肼加热被还原成烃的反应，称为 Wolff-Kishner-黄鸣龙还原反应。

1. 反应机理

酮与肼加成、消除一分子水后生成腙，腙在强碱性条件下，失去氢离子形成氮负离子，氮负离子经电荷重新排布后形成碳负离子，然后碳负离子发生质子转移并放出氮气，形成新的碳负离子，最后碳负离子与质子结合生成烃。

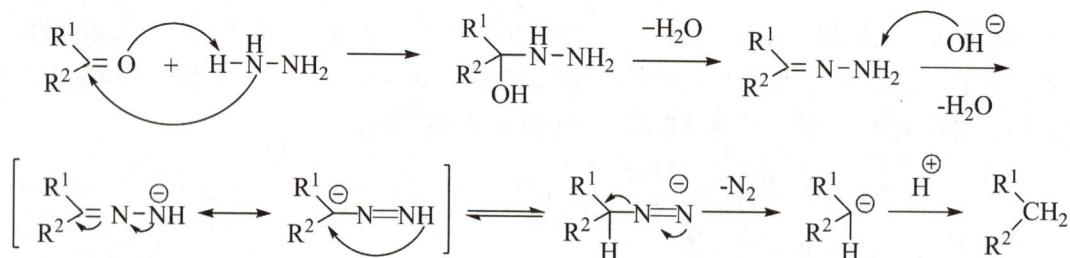

2. 反应的影响因素

该反应的反应条件是经过几名化学家的优化后得到的。Wolff 将醛、酮转变成腙后与醇钠，在封管中加热得到烃。Kishner 是把混有少量铂/素瓷的氢氧化钾与醛、酮成的腙一块加热，得到烃。我国化学家黄鸣龙对上述方法进行了改进，将醛、酮与水合肼和氢氧化钾混合，以高沸点的二乙二醇为溶剂，常压下加热，先蒸去水分，再于 195℃反应 2～4 小时，得高产率的还原产物。

水的存在会使生成的腙部分发生水解得到醛或酮，醛或酮再和剩余的腙发生反应生成连氮化合物，连氮化合物不能分解成烃，因而会降低收率。

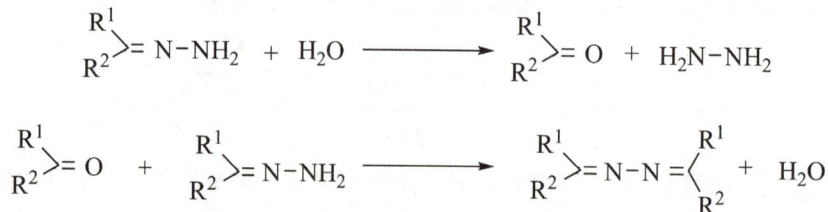

水存在的另一个缺点是水解腙所得到的醛或酮，在醇钠的作用下，能还原成醇，使产物不纯。增加水合肼的用量，可以抑制上述副反应的发生。

3. 应用实例

氮芥类抗肿瘤药物苯丁酸氮芥（chlorambucil）中间体的制备采用了这一方法。

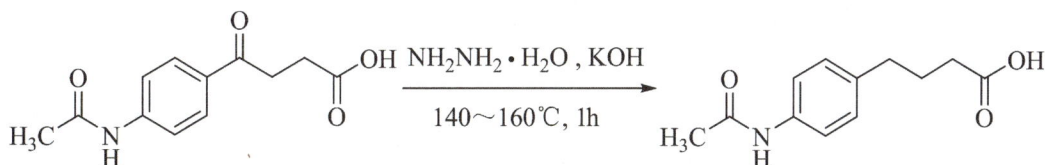

苯丁酸氮芥中间体

（二）肼催化还原法

肼在乙醇溶液中加热回流可以还原硝基化合物，但产率不高。如果加入钯或镍作为催化剂，则能得到很好的产率。利用肼催化还原硝基化合物时，除亚硝基化合物外，所有单分子和双分子还原产物，如羟胺、偶氮、氧化偶氮和肼类化合物都可以得到。改变肼的用量，可以得到不同还原程度的产物，最终都可以还原成胺。

1. 反应机理

肼催化还原反应和催化氢化相似，只是氢源不是氢气而是肼，属于转移氢化机理。

2. 反应的影响因素

该反应无须在压力下进行，操作简便，但价格较贵，主要用于还原少量硝基化合物和脱卤反应。

3. 应用实例

利尿药吡咯他尼（piretanide）中间体的合成利用了此方法。

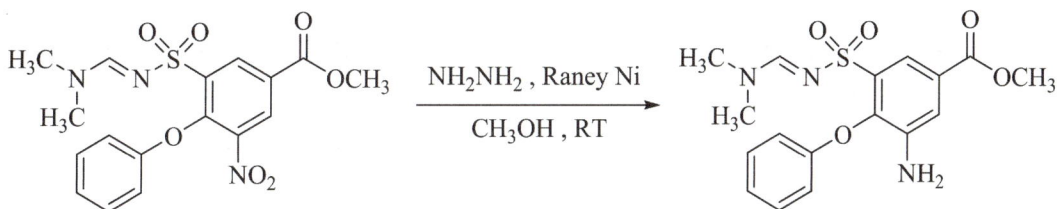

吡咯他尼中间体

偶氮化合物也能以此方法来还原。

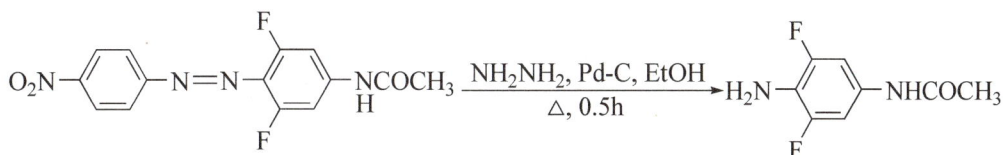

芳香卤化物，可以被肼催化还原脱卤，其中以碘化物最容易，氯化物较难，氟化物不反应，脱卤用的催化剂以钯最为有效。硝基和卤素同时存在时，两者都能被还原。

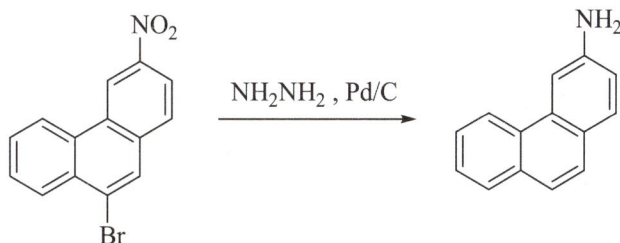

（三）二酰亚胺还原

用肼催化还原烯烃，通常产率不高，如果反应在氧气或者空气存在下进行，产率有所提高。

后来，被证实真正起到还原作用的是肼的氧化产物二酰亚胺。

1. 反应机理

二酰亚胺还原可能经过一个环状过渡态，然后进行协调分解，生成饱和烃和氮气。其加成还原过程为顺式加成。

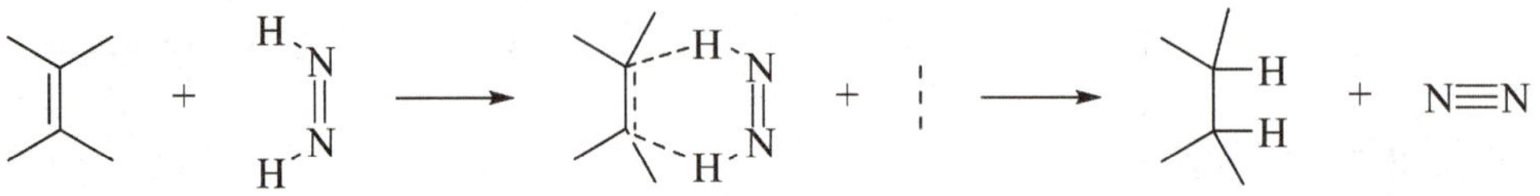

2. 反应的影响因素

(1) 二酰亚胺的制备　二酰亚胺很不稳定，通常以肼类化合物为原料，加入催化剂（铜离子）和氧化剂（空气中的氧、过氧化氢、氧化汞、高铁氰化钾等）制备，不用分离直接进行反应。也可加热磺酰基肼或偶氮二甲酸钾来制备。

$$H_2N-NH_2 \xrightarrow{[O]} HN{=}NH$$

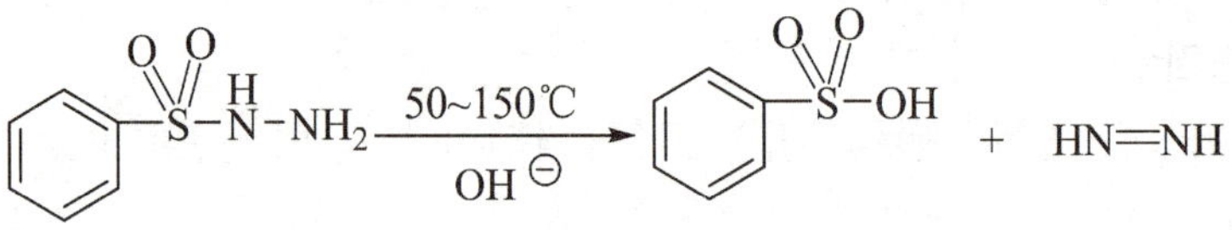

$$KOOC-N{=}N-COOK \xrightarrow{H^{\oplus}} HN{=}NH + 2CO_2$$

(2) 烯烃结构的影响　被氢化的烯烃，有末端双键及反式双键的活性较好，产率比顺式双键高。随着双键上取代基的增多，反应速度和产率逐渐下降。

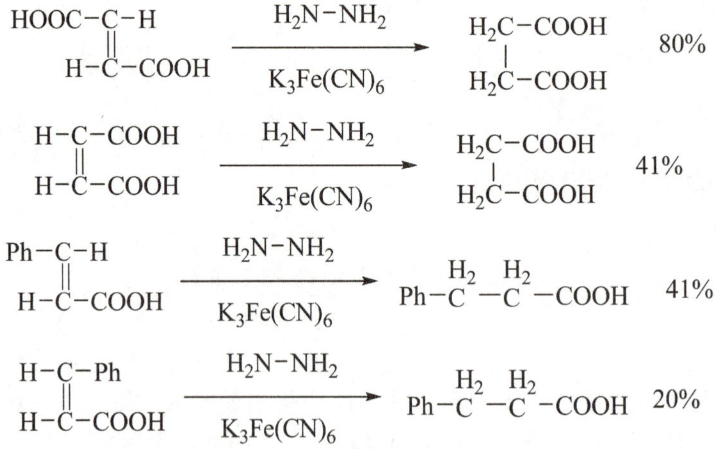

3. 应用实例

二酰亚胺还原双键有很好的选择性，不影响分子中其他易还原官能团，如下反应，由于二硫键的存在，用其他还原方法无法进行。

$$H_2C{=}CH-CH_2-S-S-CH_2-CH{=}CH_2 \xrightarrow{[HN{=}NH]} C_3H_7-S-S-C_3H_7$$

第八章

重排反应

扫一扫，查阅本章数字资源，含PPT、音视频、图片等

本章要点

掌握：Wagner-Meerwein 重排、Pinacol 重排、Beckmann 重排、Hoffmann 重排、Curtius 重排、Schmidt 重排、Favorskii 重排、Claisen 重排、Cope 重排等重排反应的反应机理及其应用。

理解：Benzil 重排、Wolff 重排、Baeyer-Villiger 重排、Wittig 重排、Sommelet-Hauser 重排的反应机理及其应用。

了解：各类重排反应中化学基团的迁移能力和影响因素。

重排反应是指在一定反应条件下，在同一分子内，分子中的某些原子或基团发生位置的迁移而形成新的分子的反应。

常见的重排反应过程有基团的迁移、碳架的变化以及环状化合物的扩大或缩小、电子云重新排布等。重排反应在天然产物和药物合成中应用比较广泛，利用重排反应可以得到区域专一性产物和立体选择性产物。

$$\underset{A-B}{\overset{W}{|}} \longrightarrow \underset{A-B}{\overset{W}{|}}$$

起点原子：A；终点原子：B；迁移基团：W

第一节　重排反应的分类

重排反应可以按反应机理分类、按电子多少分类、按起点原子和终点原子的种类分类，本章按照反应机理进行分类讨论。

一、按反应机理分类

（一）亲核重排

亲核重排是指迁移基团带着一对电子向缺少电子的终点原子进行迁移的重排反应，多数亲核重排都是 1,2-迁移，即迁移基团向相邻原子进行迁移。

$$\underset{A-B}{\overset{W}{|}}{}^{\oplus} \longrightarrow {}^{\oplus}\underset{A-B}{\overset{W}{|}}$$

重排过程中，W 带着一对电子从 A 原子迁移到缺少一对电子的 B 原子上，该重排反应又称为缺电子重排，一般有正离子中间体的产生。

亲核重排反应过程一般包含三个步骤。第一步，反应物在催化剂作用下失去离去基团，形成不稳定的缺电子六隅体或正离子；第二步，与缺电子六隅体或正离子相邻的迁移基团带着一对电子向其进攻；第三步，新的缺电子六隅体或正离子受到外界试剂的进攻，或经分子内电子调整形成稳定的化合物。例如，卤代烃在银盐的作用下生成碳正离子中间体，进行的 Wagner-Meerwein 重排。

第一步，卤代烃在银盐的作用下，生成碳正离子中间体。

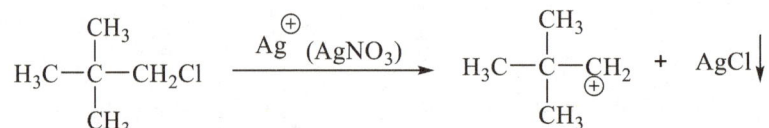

第二步，与碳正离子相邻的碳上所连接的基团发生迁移，迁移起点原子 A 转变为碳正离子中间体。

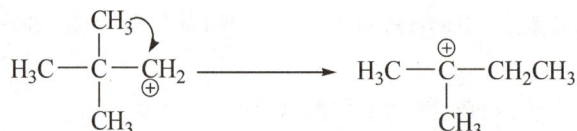

第三步，新的碳正离子受到亲核试剂（Y）的进攻，形成稳定的化合物。

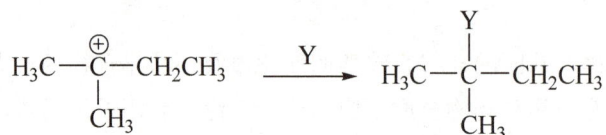

虽然按照亲核重排反应的机理来讲，反应一般分三步进行，但在许多情况下，其中的两步或所有的三步反应实际上是同时发生的，如 Wolff 重排。

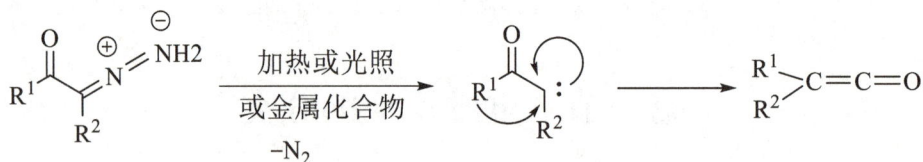

本章的大多数重排反应都属于亲核重排，如 Wagner-Meerwein 重排、Pinacol 重排、Wolff 重排、Beckmann 重排、Hofmann 重排均属于亲核重排。

（二）亲电重排

亲电重排是指迁移基团以正离子形式向富电子的终点原子进行迁移的重排反应，大多数亲电重排发生的也是 1,2-迁移。

重排过程中，W 以正离子形式从 A 原子迁移到富电子的 B 原子上，一般有负离子中间体的产生。该反应大多数是在碱性条件下进行，不如亲核重排普遍。例如：在 ［1，2］-Wittig 重排

中，醚在强碱作用下生成碳负离子后，碳氧键发生均裂形成烷基自由基和羰基自由基，再进行组合，生成重排产物。

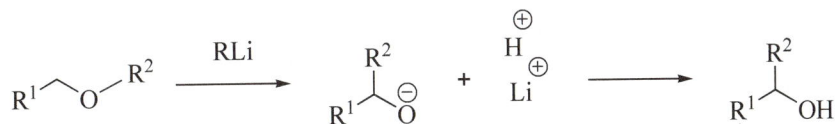

本章所涉及的亲电重排反应较少，主要有 Stevens 重排和 Wittig 重排。

（三）自由基重排

自由基重排是指迁移基团带着一个电子向终点原子进行迁移的重排反应。

重排过程中，W 带着一个电子从 A 原子迁移到 B 原子上，生成新的自由基。自由基重排较亲核重排少见，不再举例。

（四）协同反应

协同反应是指迁移基团在迁移的过程中，化学键的断裂和生成同时发生，没有中间体生成的重排反应。本章主要介绍 σ 键迁移重排，即与 π 键相邻的一个 σ 键发生迁移，同时 π 键的位置改变的这种非催化的分子内协同反应。用"[i, j] – σ迁移重排"表示一个具体的 σ 迁移重排，将要迁移的方 σ 键两端的原子编号为 1，形成新的 σ 键的原子编号为 2、3、……。方括号内的"i, j"表示迁移后形成新的 σ 键的原子的编号。例如：

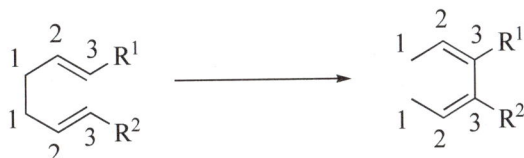

本章涉及的 Claisen 重排和 Cope 重排均为 [3, 3] – σ 迁移重排。

二、按电子多少分类

按照迁移基团携带电子的多少，重排反应分为缺电子重排、富电子重排和自由基重排。但是该分类方法并不能反映分子结构的变化，现在已经较少应用。

三、按起点原子和终点原子的种类分类

除以上两种分类外，也可按迁移起点原子和终点原子的种类进行分类，即可以分为从碳原子到碳原子的重排、从碳原子到杂原子的重排和从杂原子到碳原子的重排，其中杂原子可以是 N、O、S 等。本章 Wagner-Meerwein 重排、Pinacol 重排、Favorski 重排和 Wolff 重排都属于从碳原子到碳原子的重排。而 Beckmann 重排、Hofmann 重排和 Curtius 重排则属于从碳原子到杂原子的重排。另外，Stevens 重排、Wittig 重排属于从杂原子到碳原子的重排。

第二节 亲核重排反应

一、Pinacol 重排

邻二醇在酸性条件下，重排成醛或酮的反应，称为 Pinacol 重排。

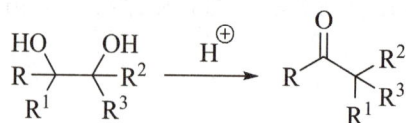

（一）反应机理

Pinacol 重排属于 1,2-重排。在酸催化下，邻二醇中的一个羟基质子化后脱水形成碳正离子，该正离子进行 1,2-迁移后生产更加稳定的碳正离子，最后失去质子生成羰基化合物。

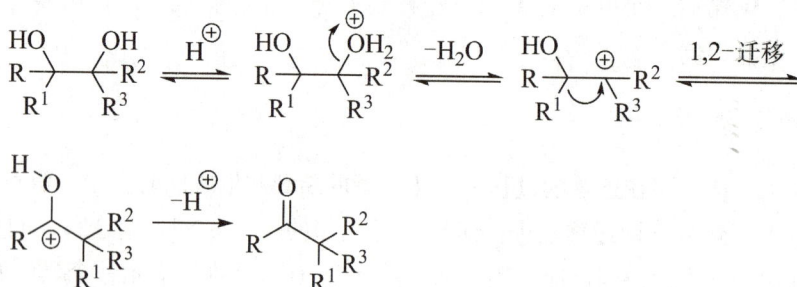

（二）反应的影响因素

1. 反应物结构的影响

Pinacol 重排的动力是生成更加稳定的碳正离子中间体。该重排反应的产物主要取决于反应底物醇的结构，同时试剂的性质和反应条件对反应结果也会有一定影响。这一重排反应遵守下列规则：

能生成稳定碳正离子的羟基优先被质子化。如某一羟基脱水后，可以得到较为稳定的碳正离子，则这一羟基更容易脱去。碳正离子的稳定性顺序：三级碳正离子＞二级碳正离子＞一级碳正离子。

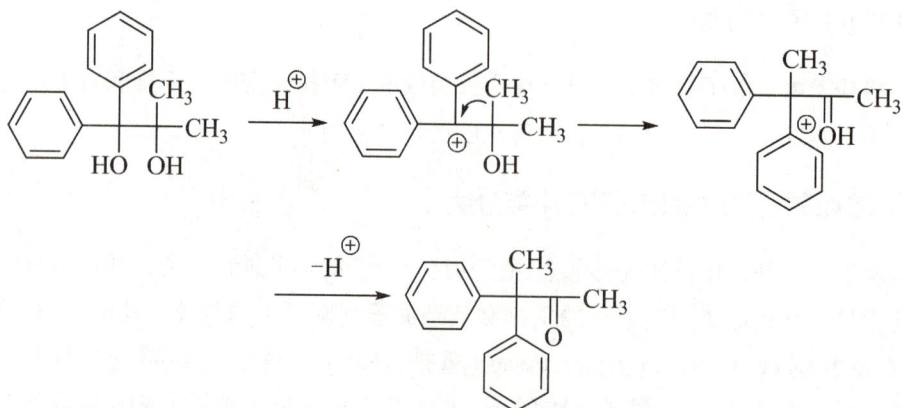

生成碳正离子后，电子云密度高的基团优先发生迁移。当空间位阻因素影响不大的时候，相

邻两个基团中电子云密度高、亲核性强的先发生迁移。一般情况下，芳基的迁移能力大于烷基，带给电子基的芳基迁移能力大于带吸电子芳基。

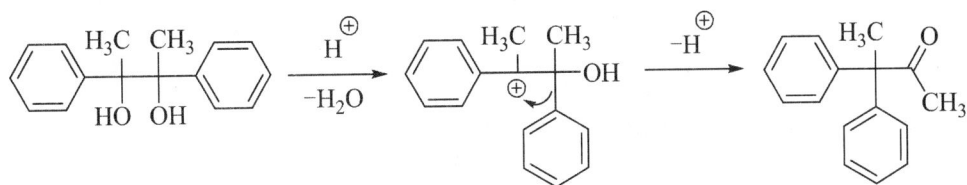

羟基位于脂环上的邻二醇在酸催化下经过重排后可以得到不同的产物。当只是一个羟基与脂环相连时，重排后将得到扩环脂环酮。当两个脂环相连的碳原子上各有一个羟基时，将重排生成螺环酮。

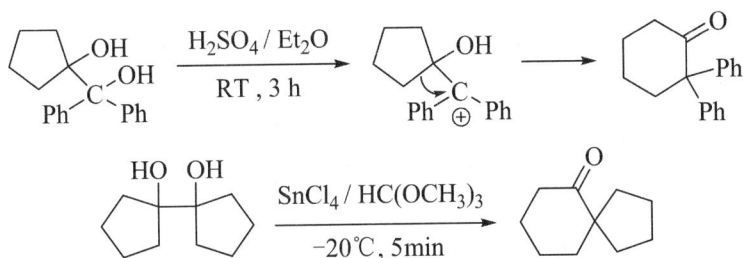

2. 立体化学因素的影响

在脂环系统中，由于环上的 σ 键不能自由旋转，基团的迁移还要考虑立体因素。当脂环上有两个相邻羟基时，迁移基团必须和离去基团反式，依据两个羟基所处的顺反关系不同会产生不同的重排产物。

顺式-1,2-二甲基-1,2-环己二醇中，离去基团（OH$_2^{\oplus}$）与甲基反式，所以甲基发生迁移，得到 2,2-二甲基环己酮。而其反式二醇在相同条件下，由于离去基团与甲基顺式，迁移的不是甲基而是缩环，反应较慢，重排后得到缩环产物。

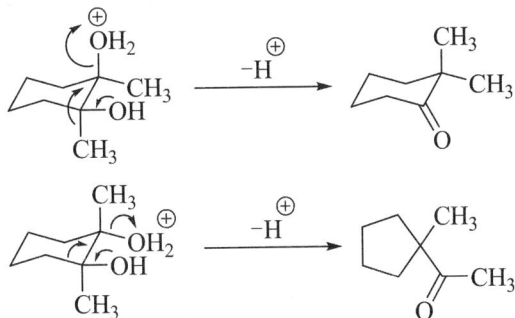

（三）应用实例

1. 制备结构较复杂的醛酮

Pinacol 重排的特征在于可以生成羰基，通过这一反应，可以制备一些用其他方法难以制得的醛、酮类化合物。例如天然产物 Azulenofuran 和 Hydroxyphenstatin 中间体的合成就是利用 Pinacol 重排引入羰基官能团。

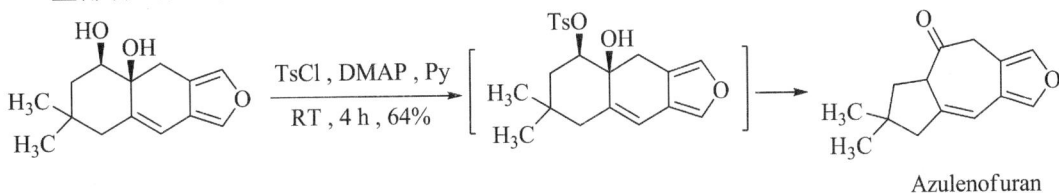

Azulenofuran

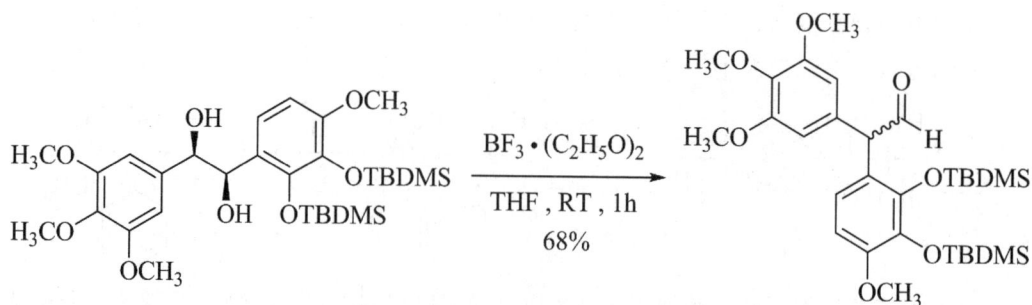

Hydroxyphenstatin中间体

2. 制备螺环酮

Pinacol 重排在合成上的一个重要应用就是制备螺环酮。例如，具有下列结构的连乙二醇，重排后生成螺环酮化合物。

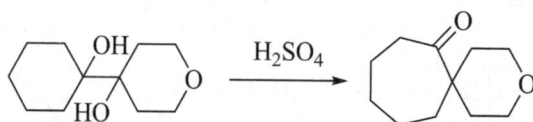

3. Semipinacol 重排制备酮类化合物

从 Pinacol 重排反应机理来看，生成酮的过程是先消除一个羟基生成了 β-碳正离子中间体，再发生迁移重排。因此，凡是能够生成相同中间体的其他类型反应物均可进行类似的反应，得到酮类化合物，这类重排反应称为 Semipinacol 重排。

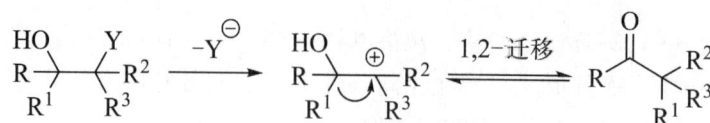

β-氨基醇的 Semipinacol 重排 这类化合物经过亚硝酸处理，经重氮化后形成碳正离子，再经过 Pinacol 重排生成酮类化合物。下列 β-氨基醇化合物，经重氮化后，失去氮分子，重排得到扩环的酮类化合物。

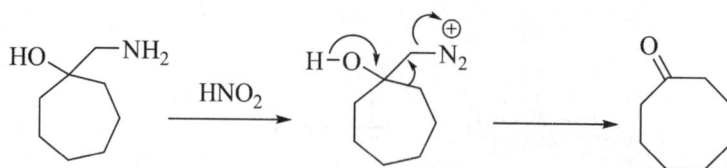

例如，可以采用环己酮与硝基甲烷为反应物，应用这个重排反应制备降压药胍乙啶（guanethidine）的中间体环庚酮。环己酮与硝基甲烷反应，再还原，生成 β-氨基醇化合物，经重氮化后，失去氮分子，重排得到扩环的酮类化合物。

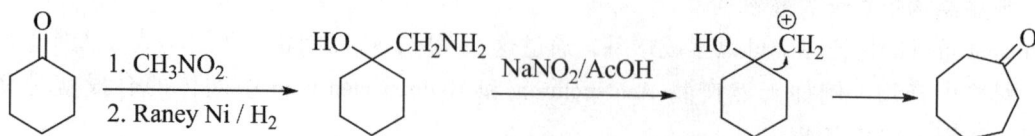

胍乙啶中间体

β-卤代醇的 Semipinacol 重排 这类化合物在银离子的作用下，脱去卤负离子，形成碳正离子，再经过 Pinacol 重排生成酮类化合物。

$$\text{Cl}\text{—}\underset{\underset{\text{Ph}}{\big|}}{\overset{\overset{\text{HO}}{\big|}}{\text{C}}}\text{—}\underset{\underset{\text{H}}{\big|}}{\overset{\overset{\text{Br}}{\big|}}{\text{C}}}\text{—Ph} \xrightarrow[\text{RT}]{\text{AgNO}_3 \text{, EtOH}} \text{Cl}\text{—}\overset{\overset{\text{O}}{\big\|}}{\text{C}}\text{—}\underset{\underset{\text{H}}{\big|}}{\overset{\overset{\text{Ph}}{\big|}}{\text{C}}}\text{—Ph}$$

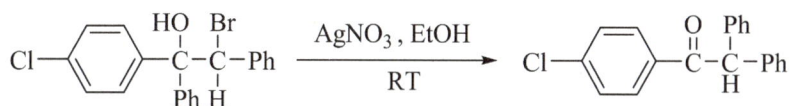

二、Wagner-Meerwein 重排

Wagner-Meerwein 重排是指有机分子在催化剂的作用下产生碳正离子，其邻近的基团或原子发生 1,2-迁移至该碳原子，形成更稳定的新的碳正离子，后经亲核取代或质子消除而生成新化合物的反应。

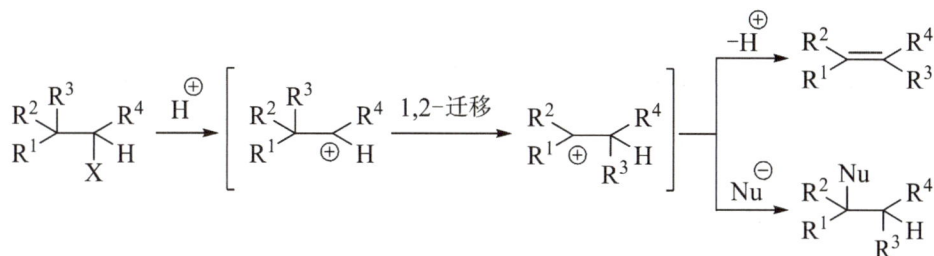

（一）反应机理

Wagner-Meerwein 重排为亲核重排反应。醇、卤化物、烯烃、环氧化物等在质子酸或 Lewis 酸等催化下生成碳正离子，发生 1,2-迁移，重排成更稳定的碳正离子。重排后的碳正离子可发生消除反应生成烯烃，也可被亲核试剂进攻得到相应的化合物。

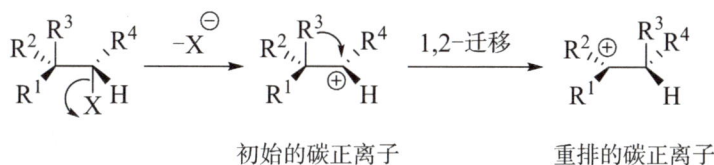

初始的碳正离子　　　　　重排的碳正离子

（二）反应的影响因素

1. 反应底物结构影响

凡是能生成碳正离子的化合物，如：醇、卤代烃、环氧化物、烯烃等，均能发生 Wagner-Meerwein 重排。其重排的动力为生成分子内能更低的产物，并转变成更加稳定的碳正离子中间体。以下为几种常见的形成碳正离子中间体的途径。

由卤代烃生成碳正离子：

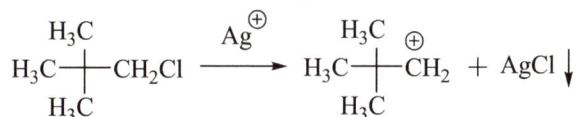

由醇与酸作用生成碳正离子：

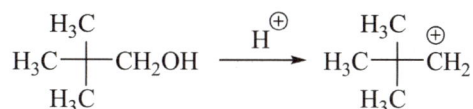

由烯烃生成碳正离子：

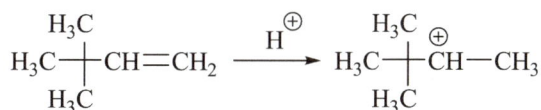

胺与亚硝酸作用生成碳正离子

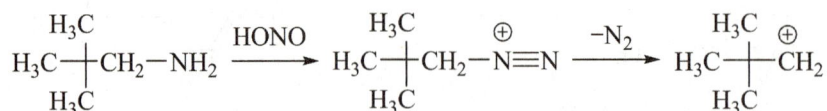

2. 基团迁移的影响

Wagner-Meerwein 重排常见的迁移基团有芳基、烷基、氢原子，在决定哪个基团可以发生迁移时，要考虑电性效应和空间效应。

就非环体系而言，电性效应为主导，反应总是从一种碳正离子重排成更加稳定的碳正离子。一般情况下，常见基团迁移的顺序为：芳基＞叔烷基＞仲烷基＞伯烷基＞氢，具有给电子基的芳基迁移能力大于具有吸电子基的芳基。例如，在下面的反应中，苯基发生迁移，生成更加稳定的三级碳正离子。

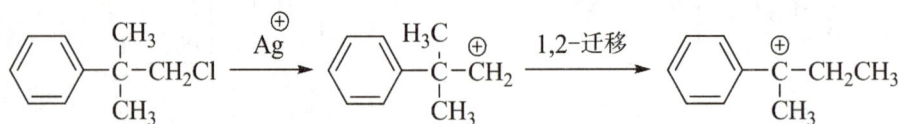

对环状体系而言，环张力是必须考虑的因素。一般四元环、七元环重排生成比较稳定的五元环、六元环。例如，在下面的反应中，四元环重排生成更稳定的五元环。

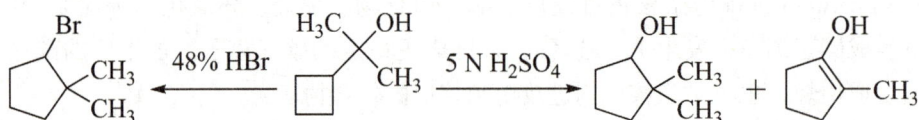

（三）应用实例

Wagner-Meerwein 重排在药物合成中应用广泛，经常会引起碳骨架改变，利用这一重排反应生成的碳正离子，然后经 1,2-重排后，在不同反应条件下，得到相应产物。

1. 卤代烃的 Wagner-Meerwein 重排

卤代烃可以在银离子或汞离子的作用下，脱去卤素，形成碳正离子，进行 Wagner-Meerwein 重排。

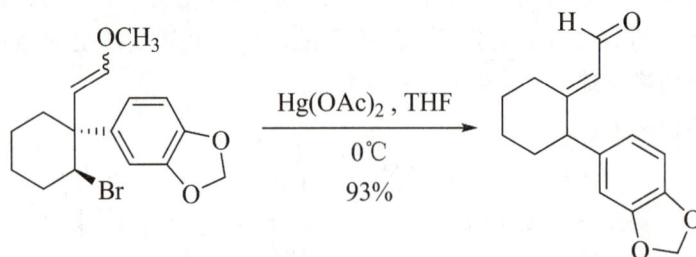

2. 醇的 Wagner-Meerwein 重排

醇可以在酸催化下脱去羟基，生成碳正离子，进行 Wagner-Meerwein 重排。例如，镇痛药布托啡诺（butorphanol）和抗肿瘤药物哌溴来新（pibrozelesin）中间体的合成，就是利用醇作为反应底物，进行了 Wagner-Meerwein 重排。

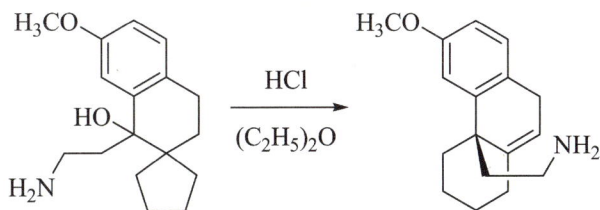

布托啡诺中间体

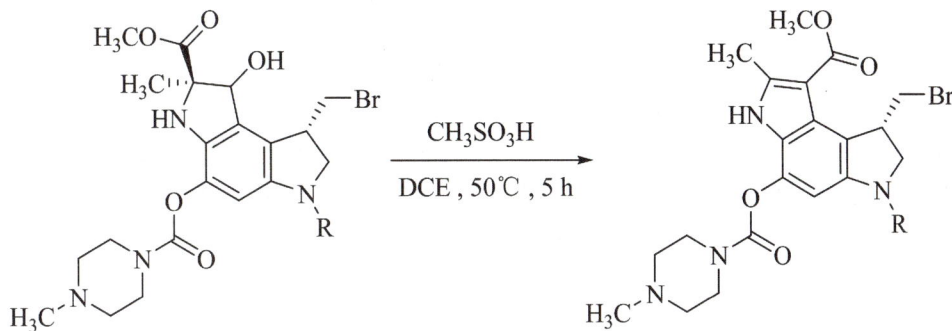

哌溴来新中间体

3. 烯烃的 Wagner–Meerwein 重排

烯烃可以在酸催化下发生加成反应，生成碳正离子，进行 Wagner-Meerwein 重排。

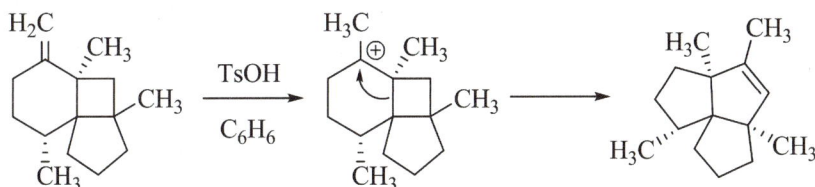

4. 胺类化合物的 Wagner–Meerwein 重排

胺类化合物可在亚硝酸存在下，重氮化脱去氨基，生成碳正离子，进行 Wagner-Meerwein 重排。这一反应也称作 Demjanov 重排。

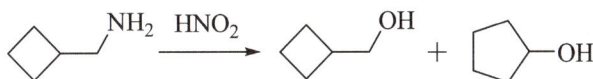

三、Beckmann 重排

肟类化合物在酸性催化剂或酰卤作用下，烃基向氮原子迁移，生成取代酰胺的反应，称为 Beckmann 重排。

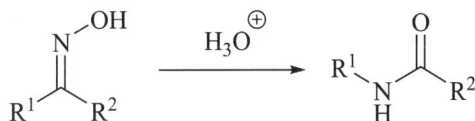

（一）反应机理

Beckmann 重排为亲核重排反应。在酸催化下，肟羟基变成易离去的基团，与羟基处于反位的基团进行迁移，与此同时，肟羟基离去，生成碳正离子，并立即与反应介质中的亲核试剂（如 H_2O）作用，生成亚胺，最后异构化得到取代酰胺。

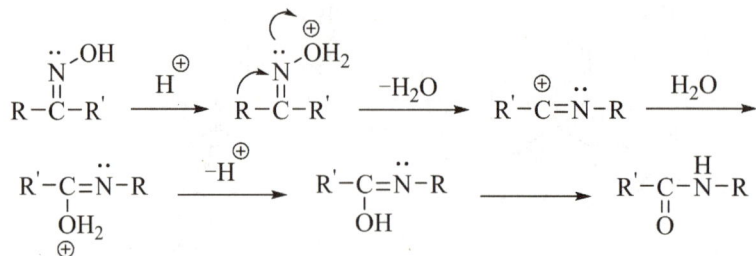

（二）反应的影响因素

1. 催化剂的影响

Beckmann 重排常用的催化剂包括质子酸（H_2SO_4、HCl、PPA、TFA 等），Lewis 酸（BF_3、$AlCl_3$、$TiCl_4$ 等）以及各种类型的酰氯（$POCl_3$、PCl_5、$SOCl_2$、MsCl、TsCl 等）。它们的作用是使肟羟基转变成离去基团，以利于 C—N 键的断裂。

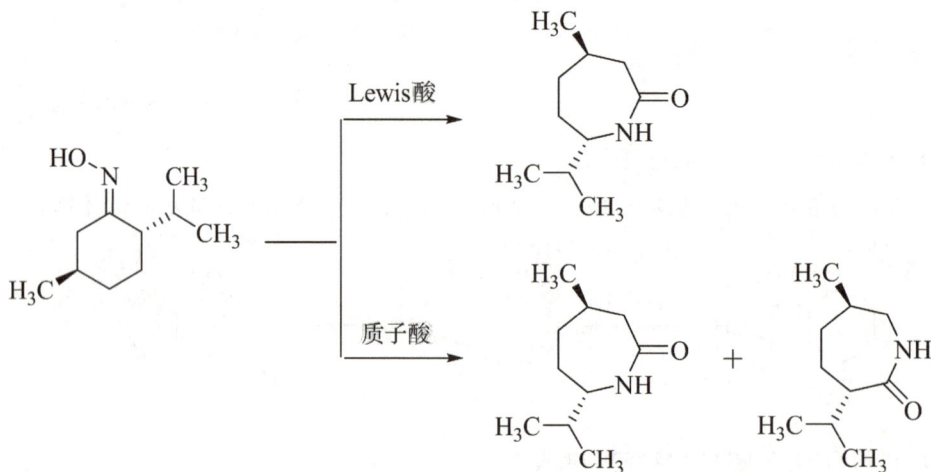

　　质子酸是常用的催化剂，当在极性溶剂中催化不对称肟的重排时，肟通常会发生异构化，往往得到酰胺的混合物，这是因为在重排发生之前，质子酸能将肟异构化。为避免异构化，可用 Lewis 酸或酰氯催化反应。

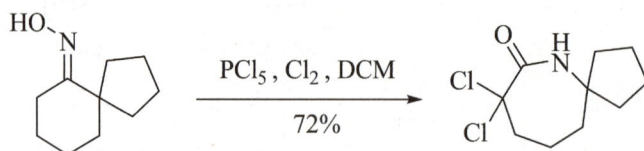

　　如果肟的结构中含有对酸敏感基团时，同样应选用 Lewis 酸或酰氯来催化反应。

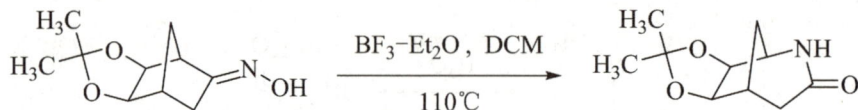

2. 溶剂的影响

　　重排反应中溶剂的选择与催化剂有较大的关系。在极性质子溶剂中，如用质子酸催化，重排为酰胺混合物。在非极性或极性小的非质子溶剂中，改用酰氯为催化剂，可防止异构化的发生。

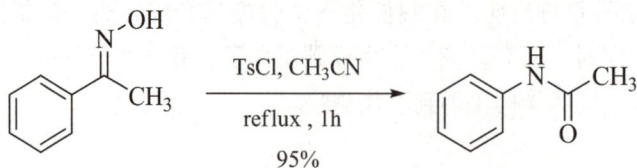

当溶剂中含有亲核性化合物或溶剂本身为亲核性化合物（如醇、酚、硫醇、胺等）时，重排生成的中间体碳正离子与其结合得到相应化合物，而得不到酰胺。

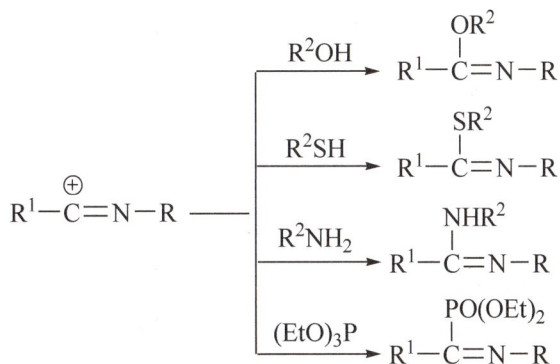

3. 酮肟结构的影响

脂芳酮肟较稳定，不易异构化，且芳基比烷基优先迁移，因此，重排后主要得到芳胺的酰化产物。例如：

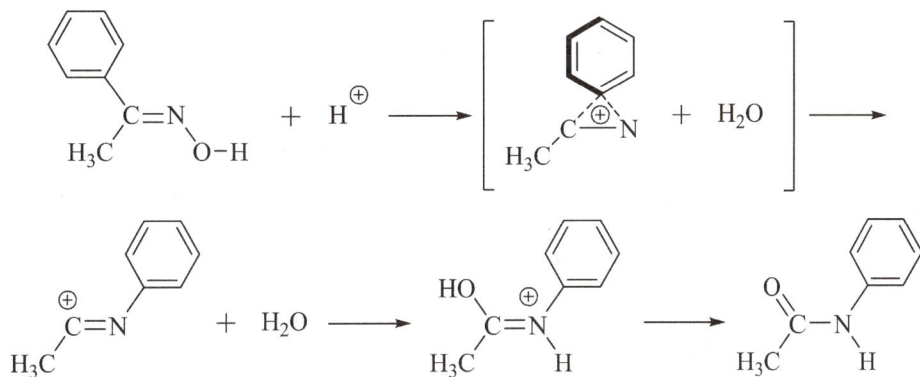

如果酮肟迁移基团是手性的，重排后其构型一般保持不变。

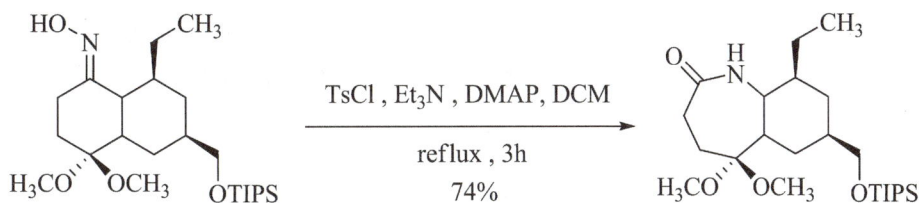

醛肟在 Lewis 酸催化下通常导致醛肟脱水形成腈，而不发生 Beckmann 重排。例如：

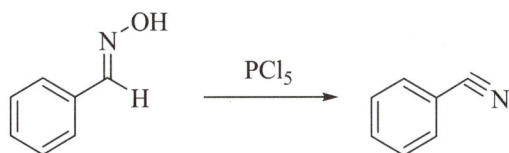

（三）应用实例

1. 脂环酮肟的扩环

各种大小的脂环酮肟经 Beckmann 重排，生成扩环的内酰胺。

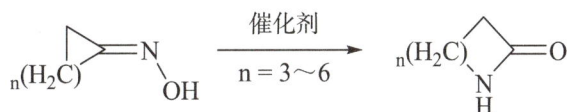

Beckmann 重排在药物合成领域有较广的应用，例如，镇咳药可待因中间体的合成。

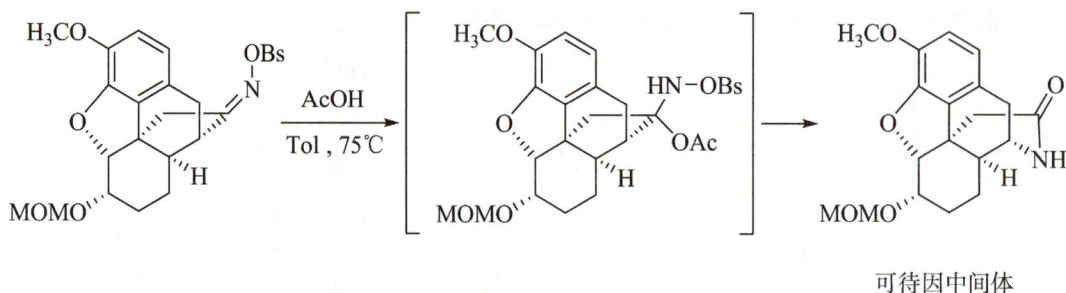

可待因中间体

2. 苯并杂环类化合物的合成

脂-芳酮进行 Beckmann 重排，如迁移基团为苯环并且其邻位上有羟基或氨基时，可发生分子内环合反应，生成苯并噁唑或苯并咪唑类化合物。

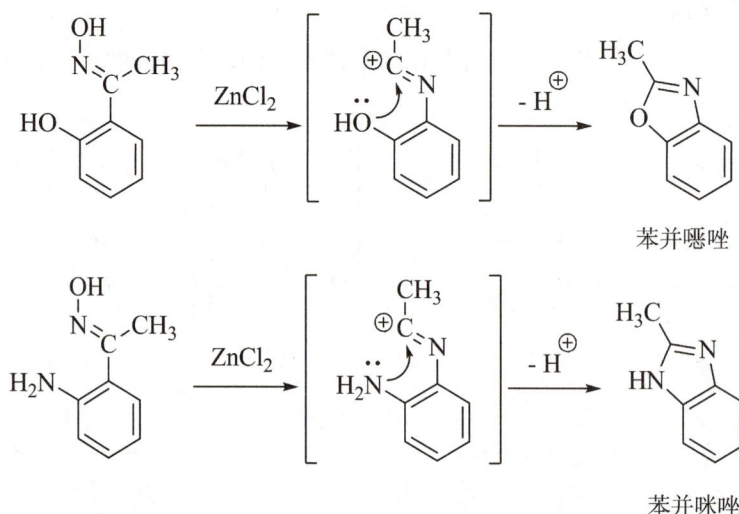

苯并噁唑

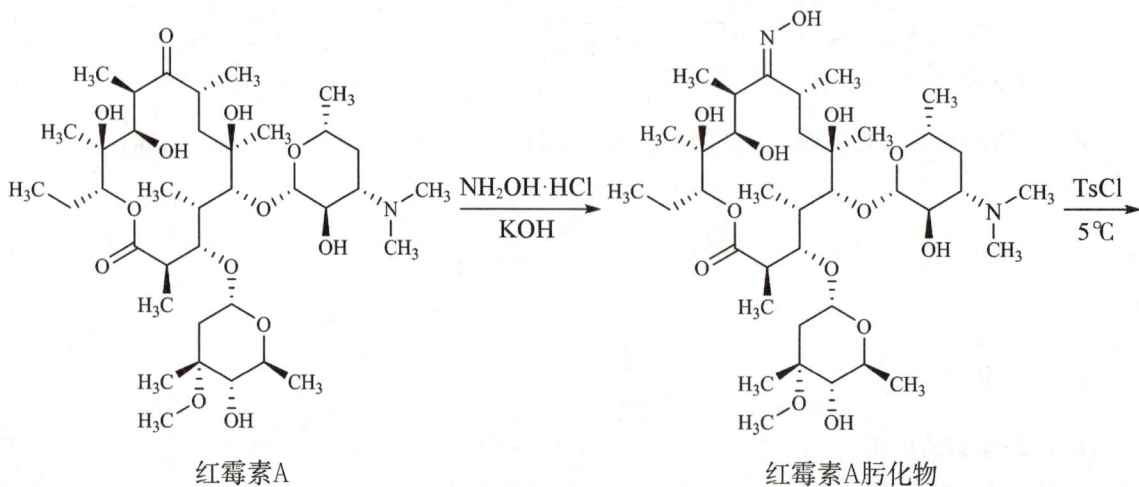

苯并咪唑

阿奇霉素（azithromycin）是一种十四元环大环内酯类抗生素，其合成过程中把红霉素 A 的 9 位羰基先成肟，然后在对甲苯磺酰氯催化下经 Beckmann 重排后得到扩环产物氮红霉素前体，后者用硼氢化钾还原双键，再引入甲基，从而制备氮杂十五元环大环内酯类抗生素。

红霉素A   红霉素A肟化物

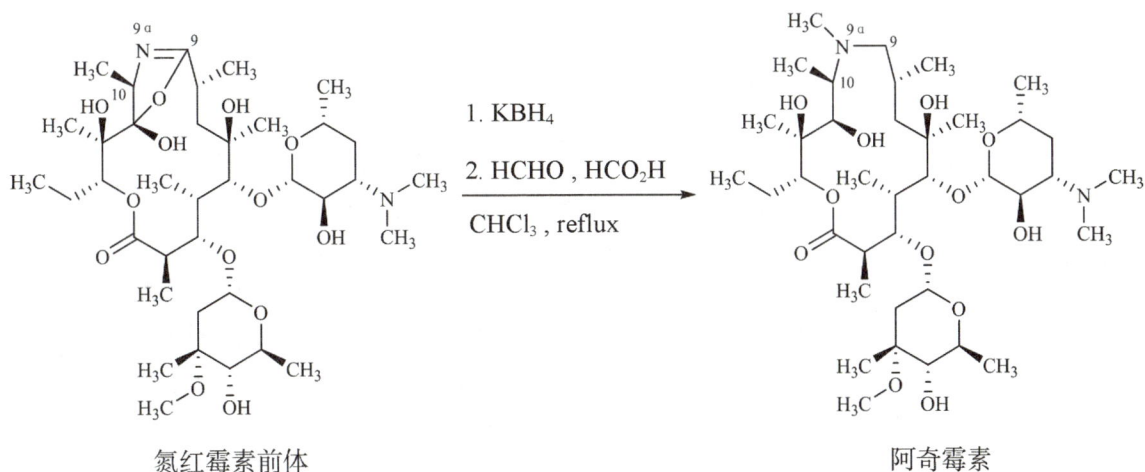

氮红霉素前体　　　　　　　　　　　　　　　　阿奇霉素

四、Hofmann 重排

伯酰胺与次溴酸钠（或溴与氢氧化钠）反应，得到比反应物少一个碳原子的伯胺的反应，称为 Hofmann 重排。

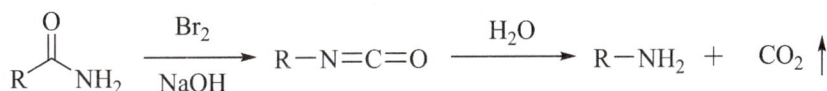

（一）反应机理

Hofmann 重排属于亲核重排。伯酰胺在溴和氢氧化钠作用下形成氮溴代伯酰胺，接着碱夺取氮溴代酰胺上的质子生成酰胺负离子，然后迁移基团向氮原子迁移，同时溴负离子离去，生成异氰酸酯，最后经水解、脱羧得到伯胺。

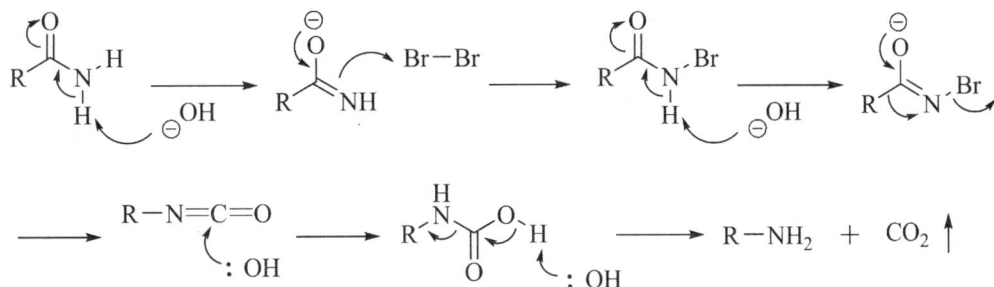

（二）反应的影响因素

1. 卤素/碱试剂的影响

Hofmann 重排最常用的试剂为 $Br_2/NaOH$。当大于七个碳的脂肪酰胺进行反应时，收率较低。这是因为在此反应条件下，产物 RNH_2 和反应物 $RCONH_2$ 分别与异氰酸酯（RNCO）发生加成反应，得到副产物脲和酰基脲。

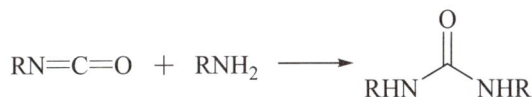

$$RN=C=O \quad + \quad RCONH_2 \longrightarrow \underset{\underset{H}{\overset{O}{\parallel}}}{RHN} \overset{O}{\overset{\parallel}{C}} R$$

用 $Br_2/NaOCH_3$（或 $NBS/NaOCH_3$）溶液代替 $Br_2/NaOH$ 溶液进行反应，可提高收率。在这一反应条件下，异氰酸酯的加成产物是氨基甲酸甲酯，将其水解而得到伯胺。

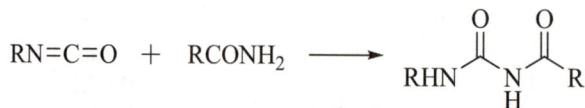

当反应物对碱敏感时，就不能用次溴酸钠进行 Hofmann 反应，而是可用其他氧化剂如 NBS、四乙酸铅或高价碘试剂 ［$PhI(OAc)_2$、$PhI(CF_3CO_2)_2$］ 作为反应物进行这一反应。

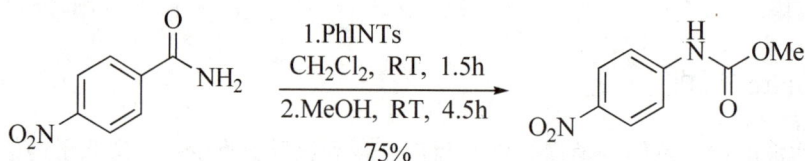

2. 酰胺结构的影响

当酰胺羰基的 β 或 γ 位具有羟基或氨基时，这些亲核性基团能与中间体异氰酸酯反应，生成环状的氨基甲酸酯或脲。

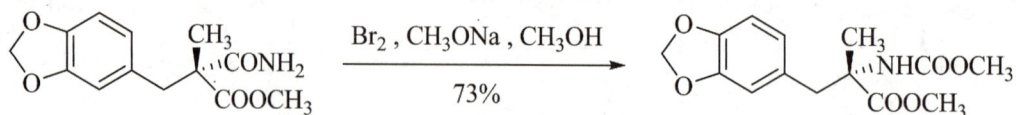

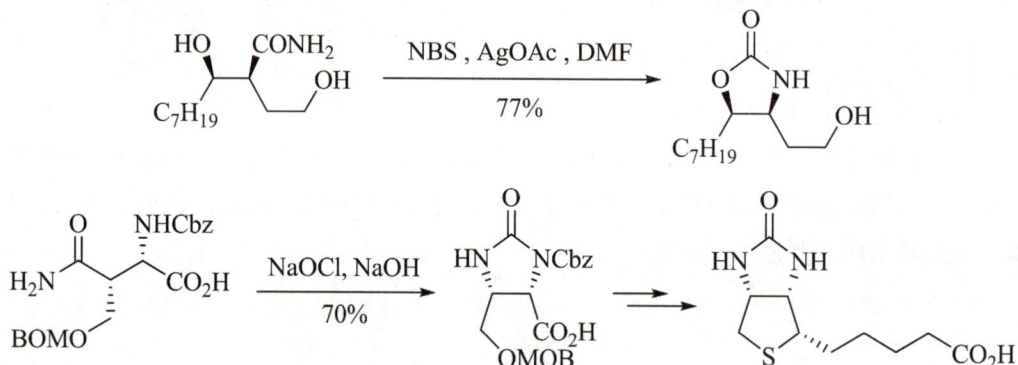

当酰胺羰基的 α 位具有羟基、卤素、α,β-不饱和键时，Hofmann 重排后水解生成不稳定的胺或烯胺，进一步水解成醛或酮。

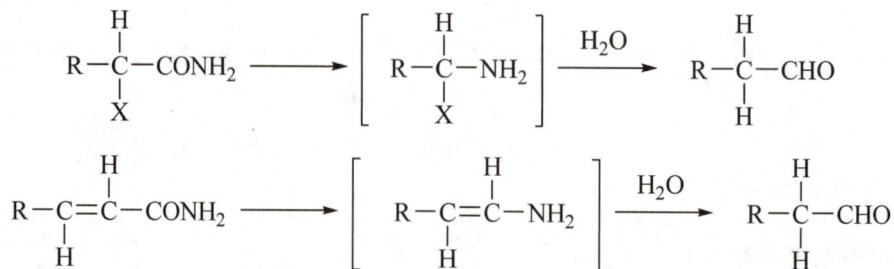

（三）应用实例

1. 由酰胺制备少一个碳原子的伯胺

利用 Hofmann 重排反应可制备比反应物少一个碳原子的伯胺。

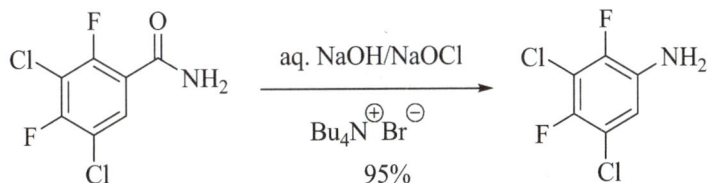

2. 由酰胺制备少一个碳原子的氨基甲酸酯

利用 Hofmann 重排反应可制备比反应物少一个碳原子的氨基甲酸酯。

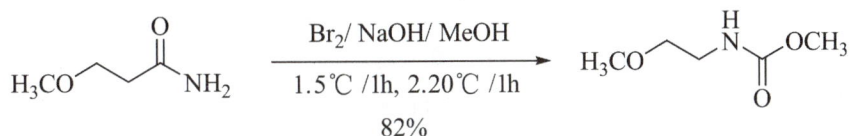

加巴喷丁（amrinone）是 γ-氨基丁酸的衍生物，临床治疗癫痫。其关键中间体 1,1-环己基二乙酸单酰胺在氢氧化钠和次氯酸钠存在的条件下，发生 Hofmann 重排反应后可顺利得到最终目标产物盐酸盐。

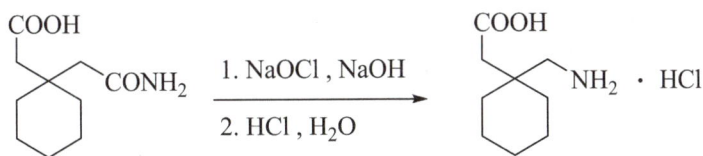

加巴喷丁中间体

氨力农（amrinone）是治疗充血性心力衰竭的药物。在这个药物的合成过程中，采用 Hofmann 重排可顺利在母环的结构上引入氨基。

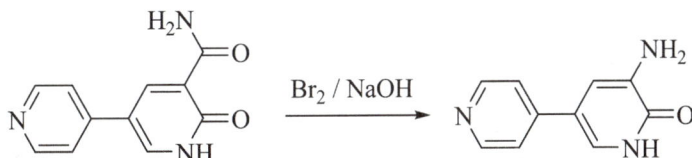

氨力农

帕珠沙星（pazufloxacin）是具有喹诺酮环的抗菌药，其中间体可通过 Hofmann 重排在 9 位侧链的环丙烷引入氨基。

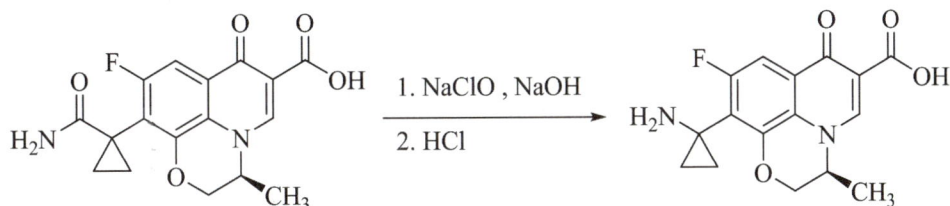

帕珠沙星中间体

3. Lossen 重排

异羟肟酸的 O-酰基衍生物用碱处理，先生成异氰酸酯，然后水解得到伯胺的反应称为 Lossen 重排。Lossen 重排的反应机理与 Hofmann 重排相似。

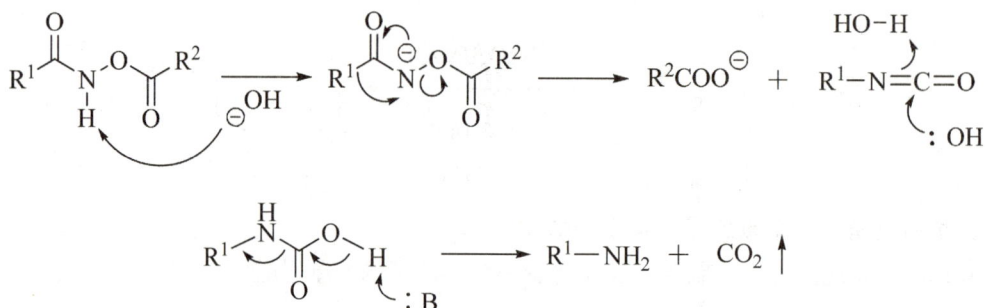

由于异羟肟酸不易获得、稳定性不高等原因，这一反应实际应用较少。但该反应条件温和，不需要强碱或强热。例如，人中性粒细胞蛋白酶抑制剂夫瑞司他（freselestat）中间体的合成，正是利用了 Lossen 重排反应条件温和的特点。

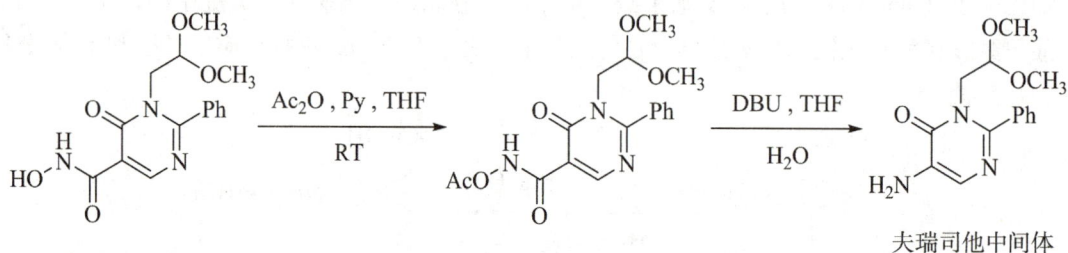

夫瑞司他中间体

芳香酰氯通过与 NH_2SO_2OH 反应，再经过类似 Lossen 重排可得到芳香胺。

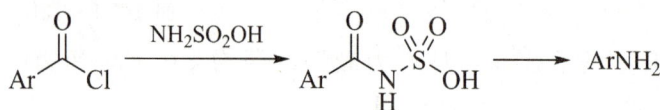

五、Curtius 重排

酰基叠氮加热进行 1,2-碳-氮迁移并放出氮气，生成异氰酸酯的反应被称为 Curtius 重排。反应中原位生成的异氰酸酯和各种亲核试剂反应，可以得到氨基甲酸酯，脲等各种 N-酰基衍生物。也可以直接水解得到伯胺。

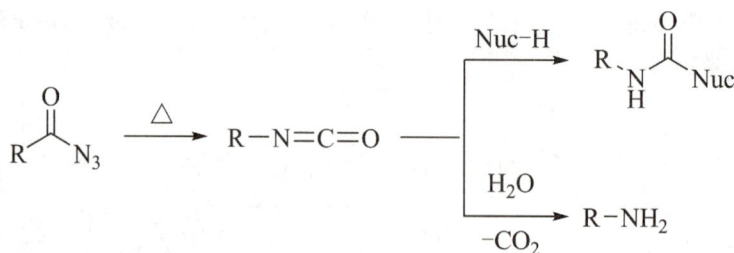

（一）反应机理

Curtius 重排是一种常用的将羧酸转化为少一个碳的胺及相应衍生物的常用方法。其反应机理如下：酰氯先被转化为酰基叠氮，其加热重排脱去一分子氮气后，得到相应的异氰酸酯，然后异氰酸酯水解或与其他亲核试剂反应，得到胺及相应的衍生物。

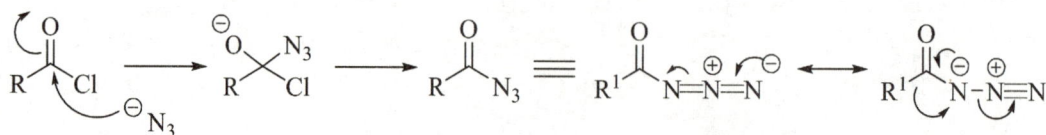

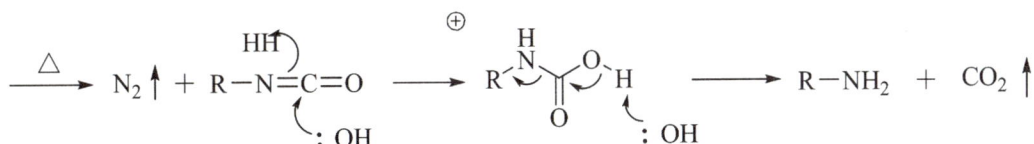

光照条件下也可以重排，酰基叠氮在光照条件下先生成氮宾，而后重排为异氰酸酯。

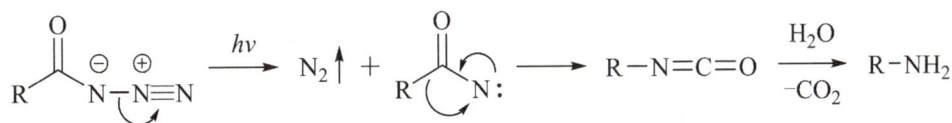

（二）应用实例

例如，单胺氧化酶抑制剂（tranylcypromine）的合成就采用了 Curtius 重排反应。

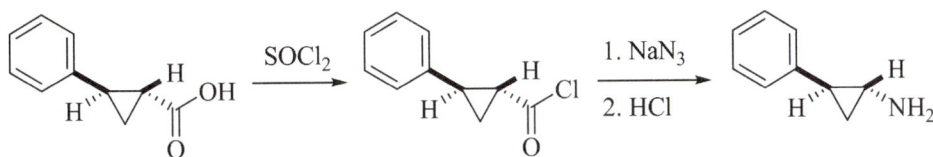

在合成抗丙型肝炎病毒 NS3/4A 蛋白酶抑制剂西咪匹韦（simeprevir）过程中，采用 Curtius 重排反应制备中间体。

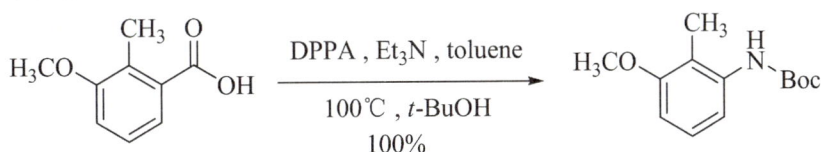

类似地，血管紧张素受体拮抗剂阿齐沙坦（azilsartan）也采用了这样的反应。

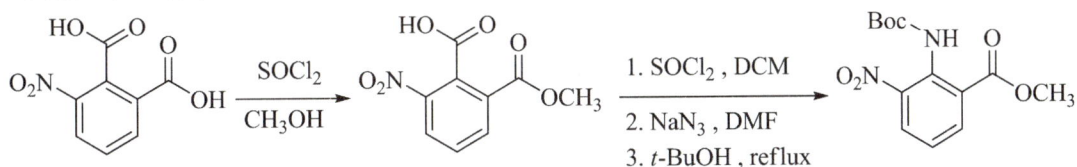

阿齐沙坦中间体

奥塞米韦（oseltamivir）的环己烷中间体用叠氮磷酸二苯酯（DPPA）处理，得到异氰酸酯，其进一步与邻近的醇缩合，得到噁唑烷酮。

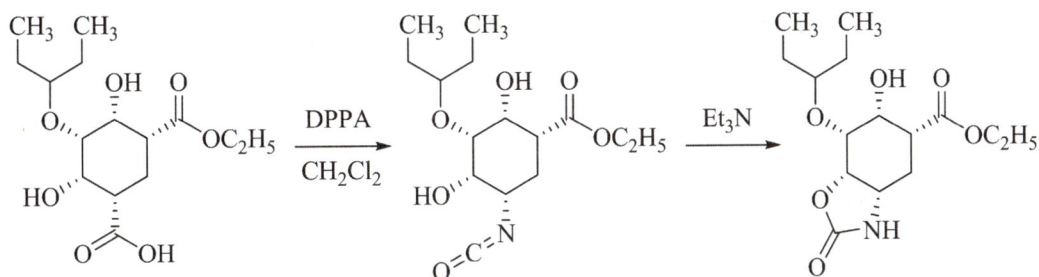

第三节　亲电重排反应

一、Favorskii 重排

α-卤代酮在氢氧化钠水溶液中加热重排生成含相同碳原子数的羧酸；如为环状 α-卤代酮，则导致环缩小。

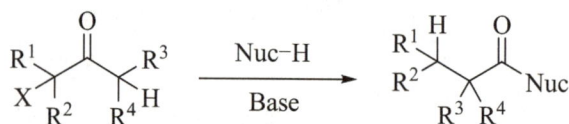

（一）反应机理

Favorskii 重排的反应机理是首先在氯原子另一侧形成烯醇负离子，负离子进攻另一侧的碳原子，氯离子离去，形成一个环丙酮并五元环的中间体。受氢氧根离子进攻，羰基打开，三元环打开，得到羧基邻位的碳负离子，最后获得一个质子得到产物。

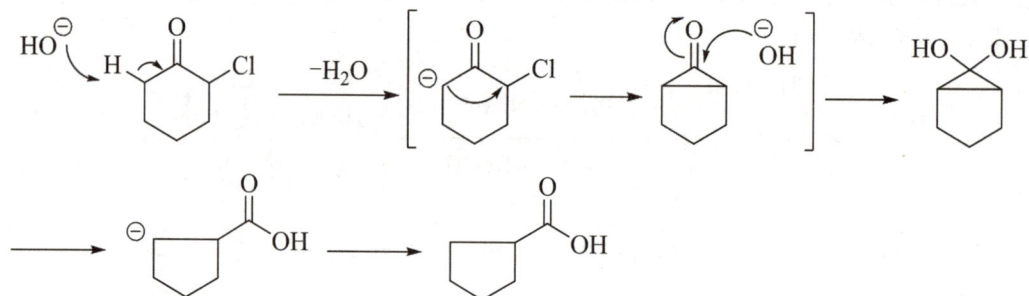

（二）应用实例

在甾体激素药物氢化可的松（hydrocortisone）的合成中使用了 Favorskii 重排。

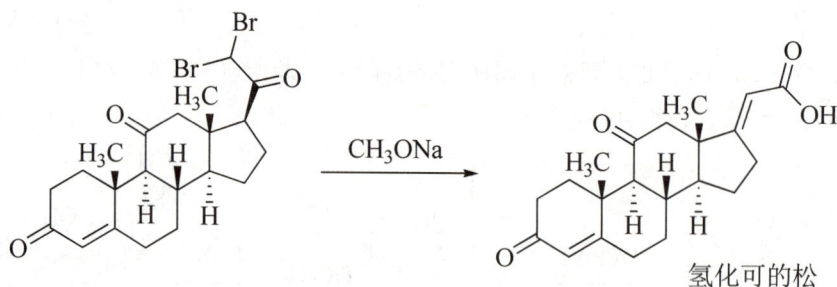

氢化可的松

二、Stevens 重排

α 位上具有吸电子基（Z）的季铵盐，在强碱催化下，发生 1,2-重排生成叔胺的反应，称为 Stevens 重排。

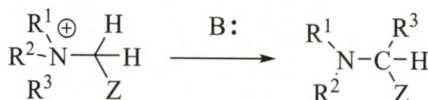

（一）反应机理

Stevens 重排的机理目前尚有争议，普遍接受的是自由基机理。在碱催化下，α 位上具有吸电子基（Z）的季铵盐脱去一个氢生成内鎓盐（叶立德，分子中两个相反电荷的原子相互连接成键），迁移基团与氮原子之间的 C-N 键均裂产生自由基对，自由基对再发生分子内重组，生成叔胺。

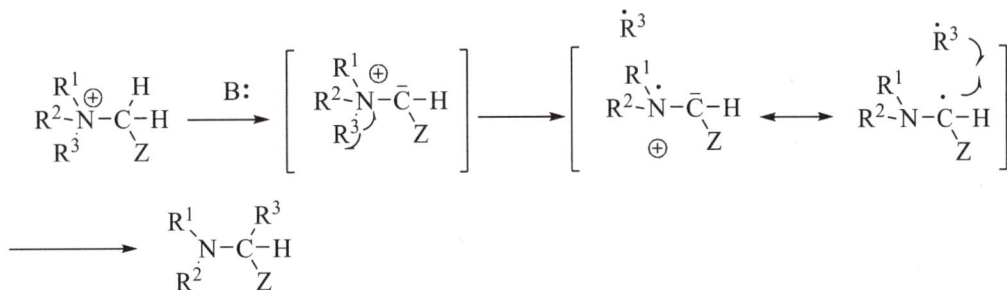

（二）反应的影响因素

1. 碱的影响

在 Stevens 重排中，形成叶立德是关键。根据叶立德的稳定性，选择合适的碱。常用的碱有氨基钠、醇钠、氢氧化钠、有机锂等试剂。稳定性强的碳负离子的叶立德，可使用常用的碱如醇钠和氢氧化钠；稳定性差的叶立德，需用强碱如氨基钠、有机锂等试剂。

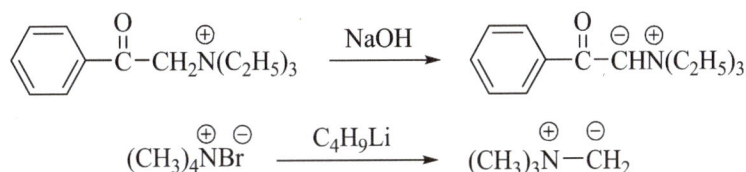

2. 季铵盐结构中重排基团的影响

在 Stevens 重排中，反应物季铵盐结构中与氮原子相连的碳通常与羰基、芳基、酯基等吸电子基相连，以便于在碱性条件下生成叶立德。优先发生迁移的基团一般为苄基、烯丙基；如重排基团存在手性中心，这一基团在重排前后的构型保留不变。

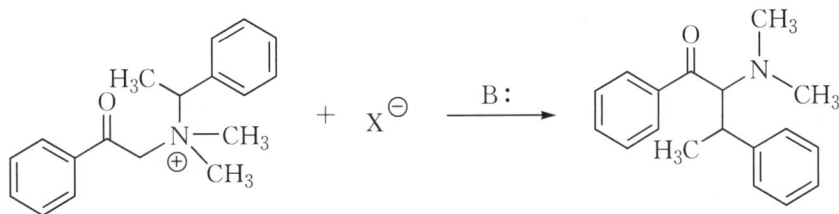

（三）应用实例

1. 由季铵盐制备叔胺

利用 Stevens 重排可以对环状化合物进行扩环或缩环反应，得到相应的叔胺类化合物。如：pentahelicene 的合成利用了 Stevens 重排的缩环特性。

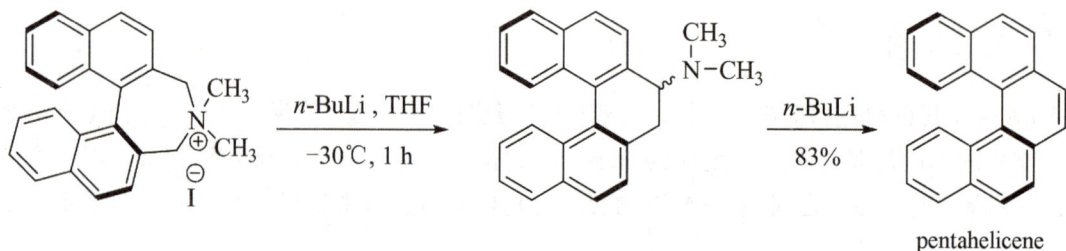

pentahelicene

类似的，苯并喹诺里嗪中间产物的制备利用了 Stevens 重排的扩环特性。

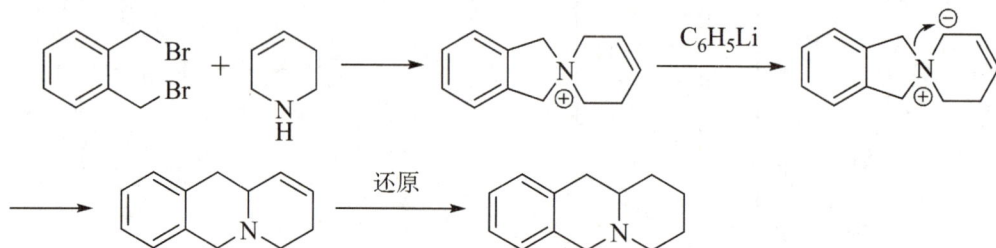

苯并喹诺里嗪中间产物

2. 构建天然产物骨架

利用 Stevens 重排可以构建一些特定结构的天然产物骨架，例如，天然产物脱氧可待因（desoxycodeine）的 D 环构建就采用了重排等。

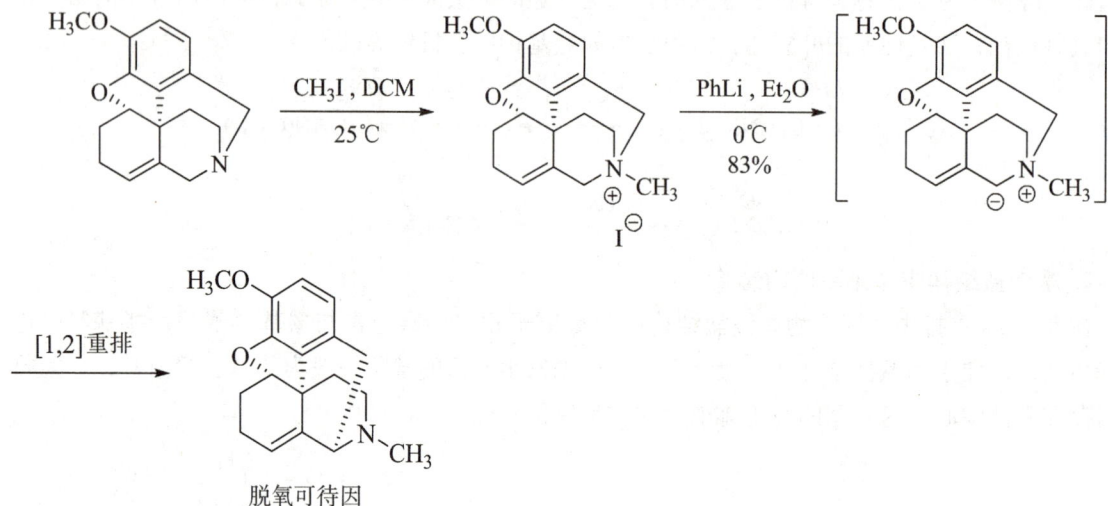

脱氧可待因

三、Wittig 重排

醚类化合物在强碱作用下重排得到烷氧盐，经酸化得到醇类化合物，该反应称为 Wittig 重排。Wittig 重排分成 [1,2]-Wittig 重排和 [2,3]-Wittig 重排。

[1,2]-Wittig 重排：

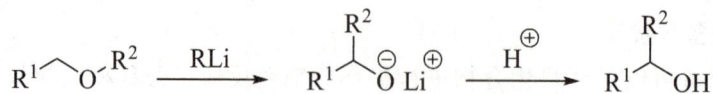

[2,3]-Wittig 重排：

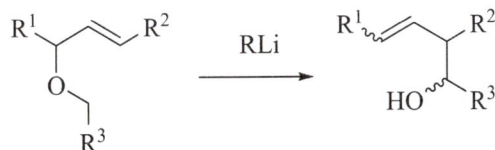

（一）反应机理

[1,2]-Wittig 重排为自由基重排。醚在强碱作用下生成碳负离子后，碳氧键发生均裂形成烷基自由基和羰基自由基，再进行组合，生成重排产物。

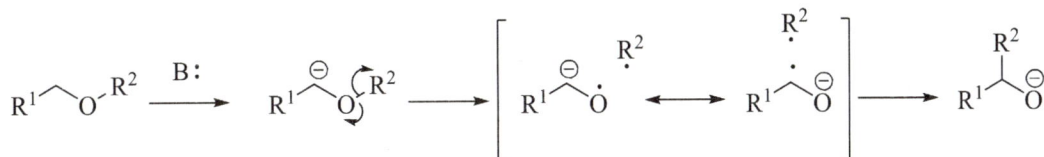

[2,3]-Wittig 重排为周环机理。烯丙基醚 α 位的氢在强碱作用下离去，生成碳负离子中间体，再发生[2,3]σ 迁移重排，得到烯醇类化合物。

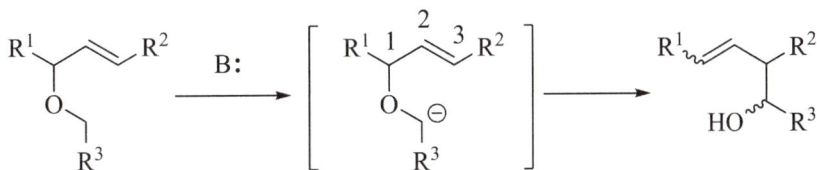

（二）反应的影响因素

1. 碱的影响

Wittig 重排需要用强碱，常用的强碱有：烷基锂、LDA、氨基钠等，以确保醚能在强碱作用下生成碳负离子中间体。

2. 醚的结构的影响

[1,2]-Wittig 重排中，醚的结构要求不高，R^1 和 R^2 可以是烷基、芳基，只要其中一侧的基团能在碱的作用下形成碳负离子即可。基团迁移能力：烯丙基、苄基>叔烷基>仲烷基>伯烷基>甲基。R^1 取代基能够稳定碳负离子或 R^2 取代基能够提高迁移能力的因素都能提高Wittig 重排反应的选择性。

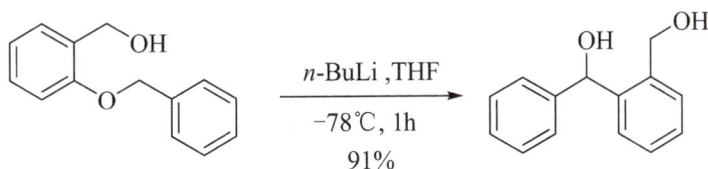

[2,3]-Wittig 重排中，对醚的结构要求比较高，一般来说，R^3 取代基一般为吸电子基，如芳基、烯基、炔基、羰基等，以便于碳负离子在 R^3 取代基一侧形成；与手性碳原子相连的碳氧键断裂，新形成的碳碳键的手性几乎完全转变。

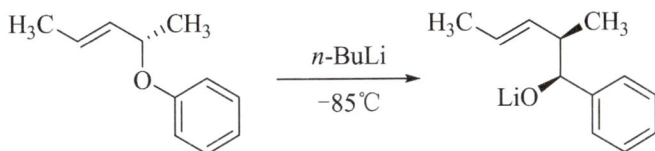

（三）应用实例

在药物合成中，可以应用 Wittig 重排对环醚进行缩环反应。例如，抗肿瘤药紫杉醇的三环骨架就是通过［1,2］-Wittig 重排构建的。

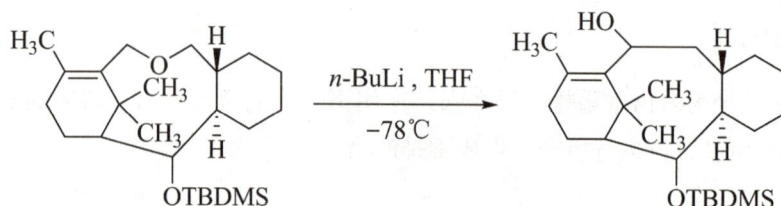

$$\xrightarrow[-78℃]{n\text{-BuLi}, \text{THF}}$$

紫杉醇中间体

四、Wolff 重排

α-重氮酮在加热、光照或金属化合物的催化下，重排生成烯酮的反应称为 Wolff 重排。生成的烯酮与水、醇或胺反应，可以分别转变成羧酸、酯或酰胺。

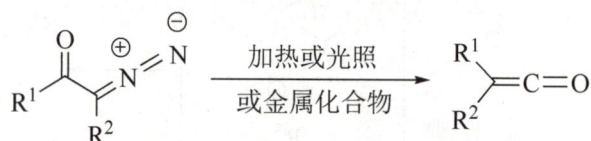

$$\xrightarrow[\text{或金属化合物}]{\text{加热或光照}}$$

（一）反应机理

Wolff 重排为亲核重排。α-重氮酮在加热、光照或金属化合物的催化下，释放出氮气生成碳烯（卡宾）中间体，碳烯的碳原子外层只有六个电子，R^1 迁移基团带着其成键电子向碳烯碳原子迁移，生成烯酮。

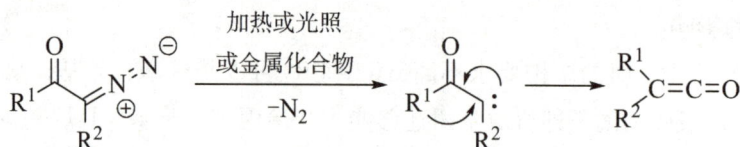

$$\xrightarrow[-N_2]{\substack{\text{加热或光照} \\ \text{或金属化合物}}}$$

（二）反应的影响因素

1. 反应底物

α-重氮酮的制备主要有以下两种方法。活性羧酸转变成酰卤，与重氮甲烷反应得到α-重氮酮。这种由活化的羧酸（酰卤或酸酐）与重氮甲烷反应得到 α-重氮酮，在金属催化剂和亲核试剂作用下，经过 Wolff 重排生成比原有羧酸增加一个碳原子的羧酸的反应，称为 Arndt-Eistert 反应。

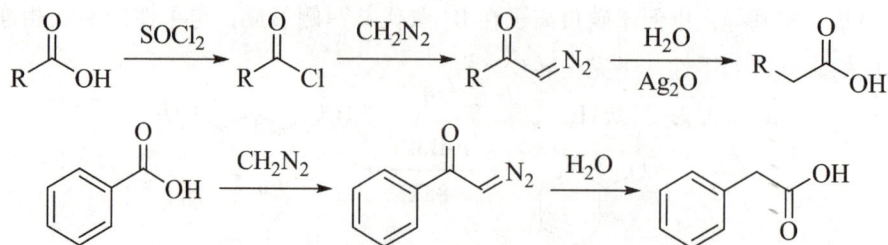

$$R-COOH \xrightarrow{SOCl_2} R-COCl \xrightarrow{CH_2N_2} \xrightarrow{\substack{H_2O \\ Ag_2O}}$$

$$\xrightarrow{CH_2N_2} \xrightarrow{H_2O}$$

如果迁移基团有手性碳原子，迁移后构型保留。当重氮酮的结构中含亲核基团时，重排后生成的烯酮与亲核基团进行分子内反应，获得相应的化合物。

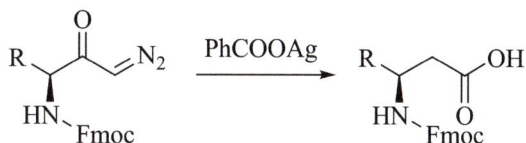

2. 反应条件

Wolff 重排的引发可以通过加热、光照或过渡金属催化剂。通常不用加热来引发反应，容易引发副反应。光照引发比较方便，在很低的温度下都能引发反应。金属化合物可用新鲜制备的氧化银、苯甲酸银或铑等化合物。

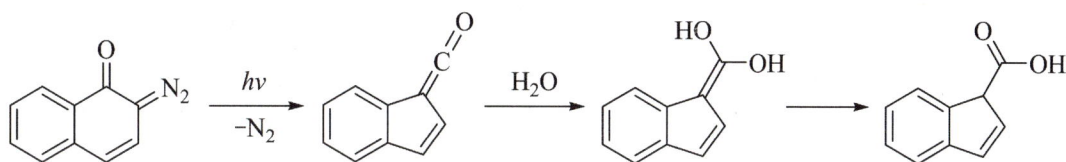

3. 反应溶剂

Wolff 重排的产物是烯酮，烯酮在含有活泼氢的不同溶剂中会迅速转化，得到不同的产物。

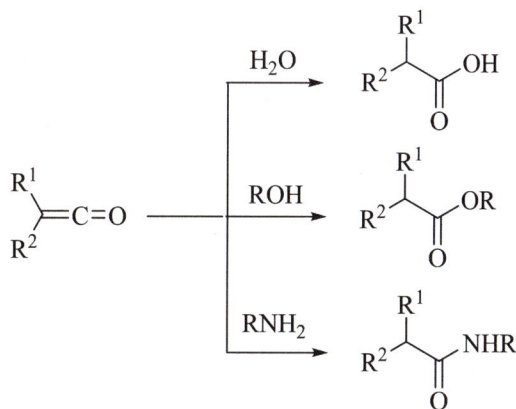

若反应在水溶液中进行，则生成羧酸；反应在醇溶液中进行，则生成酯；反应中有胺的存在，则生成酰胺。例如：

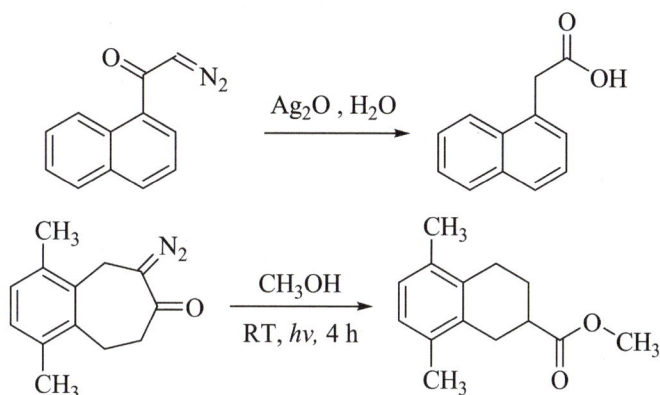

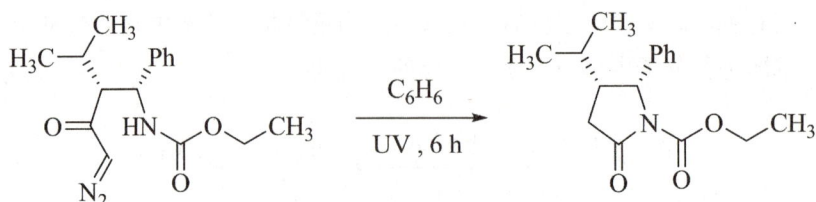

（三）应用实例

1. 由羧酸制备多一个碳原子的羧酸或其衍生物

Wolff 重排的应用之一就是制备比原有羧酸反应物增加一个碳原子的羧酸。例如，匹鲁卡品（pilocarpine）中间体的合成采用 Arndt-Eistert 反应。

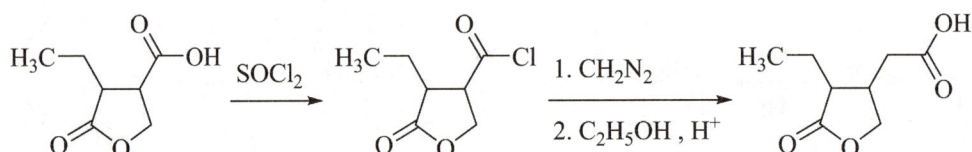

匹鲁卡品中间体

例如，降血糖药物西格列汀（sitagliptin）的中间体合成就采用了 Wolff 重排反应。

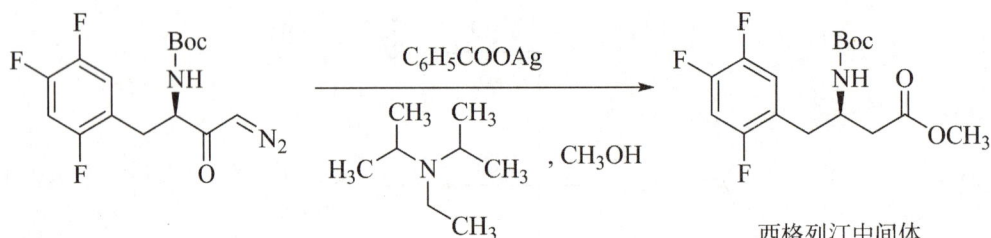

西格列汀中间体

2. 制备缩环产物

通过 Wolff 重排可以对环酮进行缩环反应，获得比原环少一个碳原子的环状化合物。脂环烃的 α-重氮酮失去氮后光解，重排成烯酮，再分别与醇或水反应，生成缩环的环状化合物。

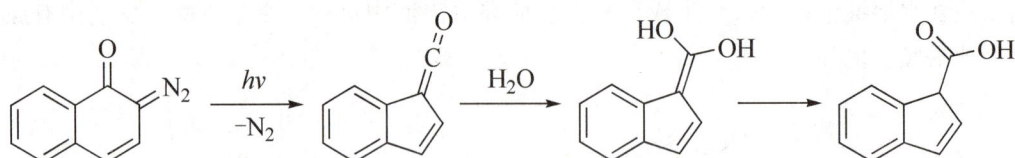

金刚烷胺（amantadine）是一种抗流感病毒和抗帕金森病药物，这个药物中间体的合成也可通过 Wolff 重排实现。

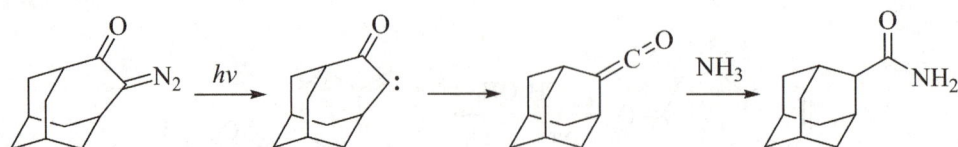

金刚烷胺中间体

第四节　σ 键迁移重排反应

σ 迁移反应（Sigmatropic reaction）是一类周环反应，其中反应物一个 σ 键沿着共轭体系从一个位置转移到另一个位置。在迁移的过程中，迁移基团键的断裂和生成同时发生，没有中间体的生成。与 π 键相邻的一个 σ 键发生迁移，同时 π 键的位置改变，这种非催化的分子内协同反应，称为 σ 键迁移重排。用 [i,j] σ 迁移重排表示一个具体的 σ 迁移重排，将要迁移的 σ 键两端的原子编号为 1，形成新的 σ 键的原子编号为 2、3……方括号内的 i, j 表示迁移后形成新的 σ 键的原子的编号。

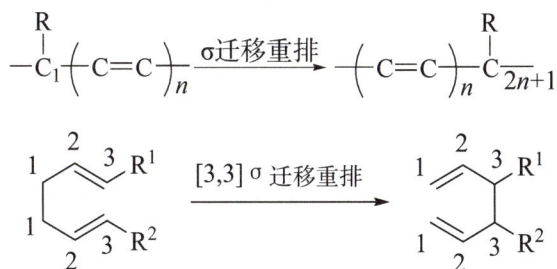

本章涉及的 Claisen 重排和 Cope 重排均为 [3,3] σ 迁移重排。

一、Claisen 重排

烯丙基乙烯基醚加热 [3,3] σ 迁移重排为 γ,δ-不饱和羰基化合物的反应称为 Claisen 重排。

（一）反应机理

Claisen 重排反应机理是周环 [3,3] σ 迁移重排反应机理。

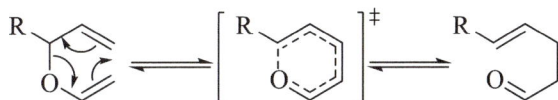

当芳香族 Claisen 重排时，例如，烯丙基 3 位碳原子与芳环上邻位碳原子形成新的 C—C 键，同时 C—O 键断裂。当邻位被占据，因邻位重排中间体不稳定，则发生第二次 [3,3] σ 迁移，烯丙基迁移到对位。

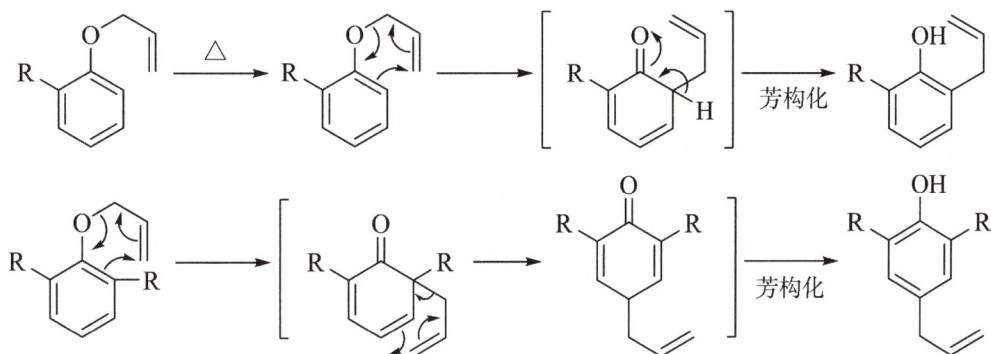

（二）反应的影响因素

1. 芳香族 Claisen 重排

芳基烯丙基醚重排主要生成邻烯丙基酚，同时还有少量的对位产物，反应可在无溶剂存在下，或惰性的高沸点溶剂中，加热至 100～250℃进行。

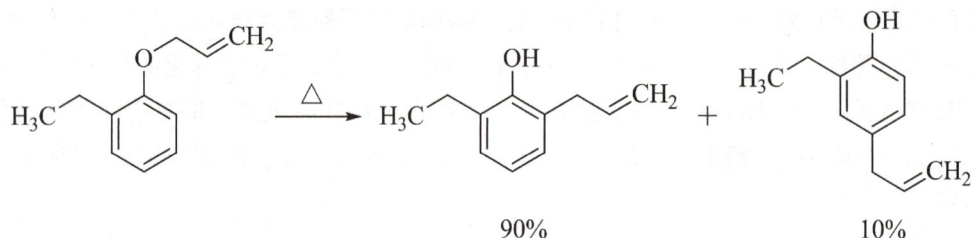

90%　　　　10%

如邻位已被取代基占据，则在经历两次［3,3］σ迁移，最后经烯醇化得对位烯丙基取代的酚。

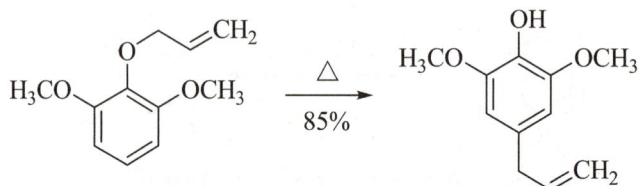

85%

当邻对位都有取代基时，在三氯化硼催化下，烯丙基可重排到间位。

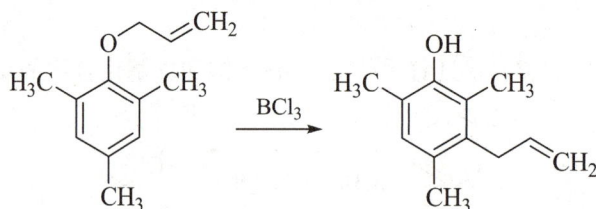

2. 脂肪族 Claisen 重排

含有烯丙基乙烯基醚结构的化合物可进行 Claisen 重排，制备 γ,δ-不饱和酮、醛及羧酸衍生物等。

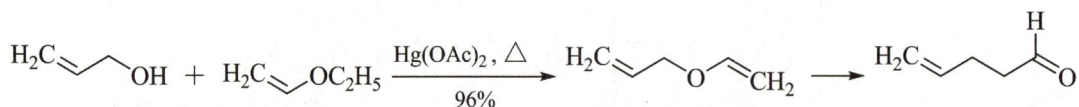

脂肪族 Claisen 重排在甾体和萜类化合物中较为重要的一个应用是在桥头碳上引入取代基。

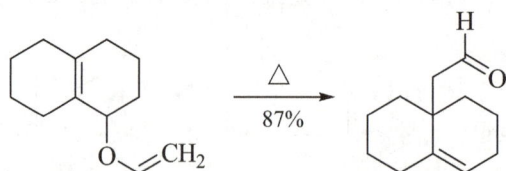

87%

通过对 Claisen 重排反应的改进，扩大了它的应用。如采用原酸酯类与烯丙醇反应，产物不经分离直接重排，生成 γ,δ-不饱和羧酸酯，这种重排称为 Johnson-Claisen 重排。

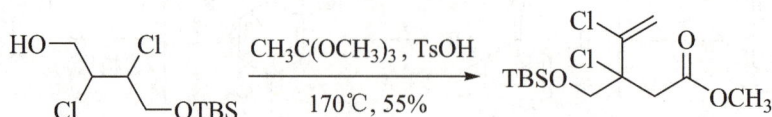

在低温下将羧酸烯丙酯转化为相应的烯醇硅醚，也能发生反应［3,3］σ迁移，生成 γ,δ-不饱和羧酸，这种重排反应称为 Ireland-Claisen 重排。

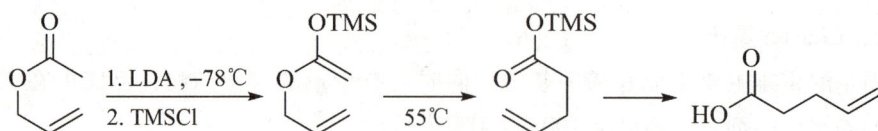

3. 硫代 Claisen 重排

将烯丙基醚结构中的氧原子用硫原子替换，也能进行 Claisen 重排，称为硫代 Claisen 重排。

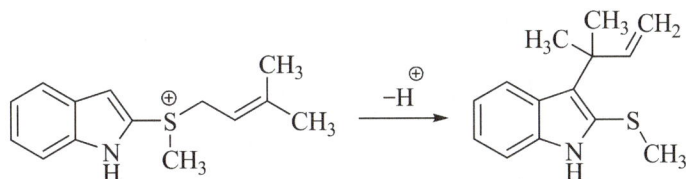

烯丙基乙烯基硫醚，用强碱（如烷基锂）处理后生成的碳负离子进行烃化，经重排，生成 γ,δ-不饱和硫醛，硫醛极不稳定，立即转变成醛。

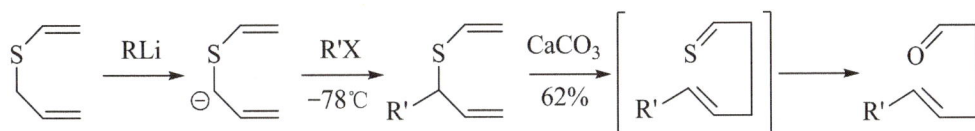

烯丙基乙烯基硫醚中的次甲基用硫原子取代后的产物能发生二硫 Claisen 重排。

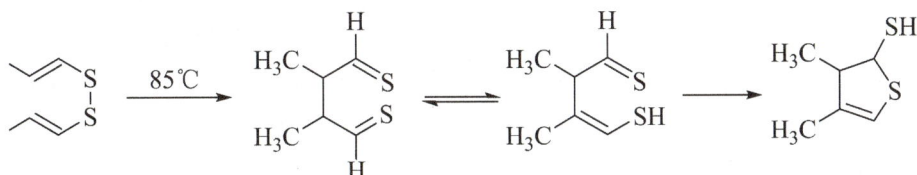

4. 氨基 Claisen 重排

将烯丙基醚结构中的氧原子用氮原子替换，称为氨基 Claisen 重排。

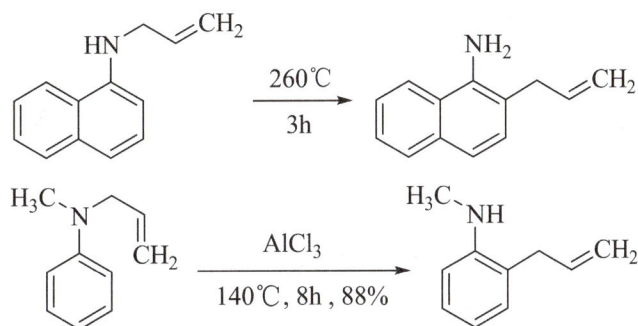

氨基 Claisen 重排常用的催化剂为 Lewis 酸，如 $ZnCl_2$、$AlCl_3$、$BF_3(OC_2H_5)_2$，其中 $BF_3(OC_2H_5)_2$ 被证明是催化 N-烯丙基芳胺重排成相应邻烯丙基芳胺最为有效的催化剂之一。

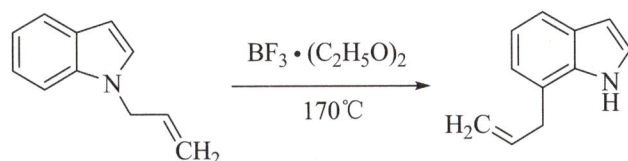

烯烃取代的酰化环胺进行这一重排时，发生扩环反应，生成环状内酰胺。

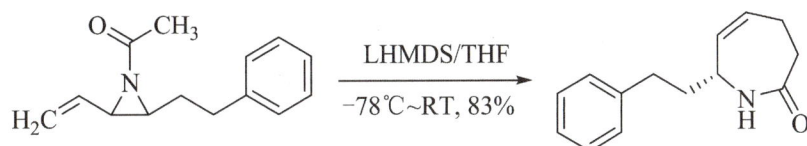

（三）应用实例

芳香族 Claisen 重排在药物合成中应用较广，主要在芳环上引入烯丙基。例如，肾上腺素能 β

受体阻断剂奈必洛尔（nebivolol）和平喘药奈多罗米钠（nedocromil sodium）中间体的合成。

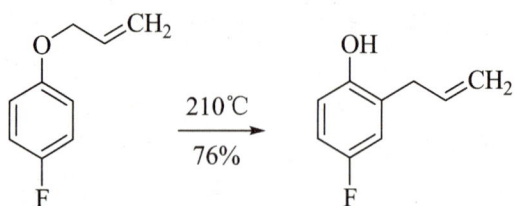

奈必洛尔中间体

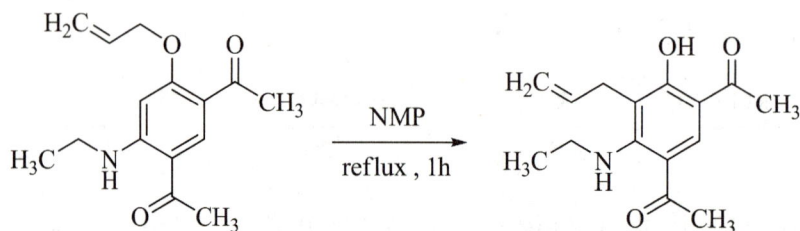

奈多罗米钠中间体

麦考酚酸钠（mycophenolate sodium）是一种肌苷酸脱氢酶抑制剂，临床用于预防接受肾移植手术患者的器官排斥反应。异苯并呋喃酮中间体在碳酸钾和丙酮存在下与烯丙基溴反应得到烯丙基醚，然后发生 Claisen 重排。

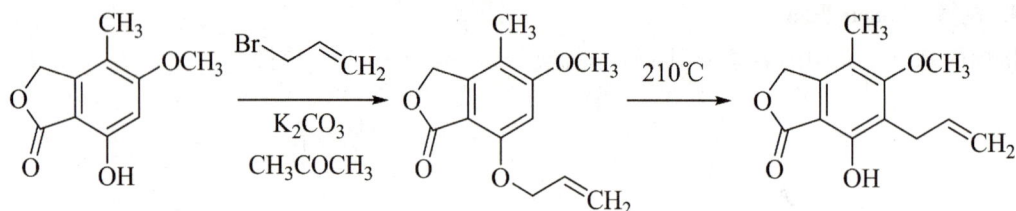

二、Cope 重排

当1,5-二烯类加热时发生异构化作用，称为 Cope 重排（或［3,3］σ迁移重排）。

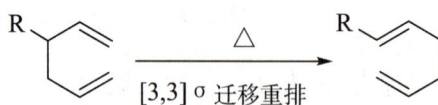

（一）反应机理

Cope 重排实际采用的是一个协同环化反应，但仍可假设这一反应经过一个与双自由基能量和结构相同的过渡态。因为 Cope 过渡态是不带电的，故这个替代解释是可靠的，并保留了轨道对称的概念，这同样也解释了为什么 Cope 重排需要很高的能量。由于轨道重叠的几何要求，这一重排必须是同侧。

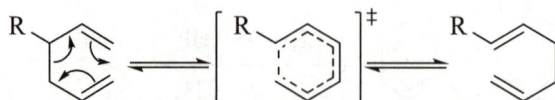

Cope 重排属于周环［3,3］σ迁移重排机理，与 Claisen 重排反应机理类似，可看作是 Claisen 重排中的 O 替换为 CH$_2$ 的重排。

（二）反应的影响因素

Cope 重排为可逆反应，反应得到两种 1,5-二烯的平衡混合物，一般在较高温度下进行，其热力学更稳定的异构体占优势。若重排后产物双键的取代基增加，或能形成共轭体系，则有利于平衡向生成产物方向移动。

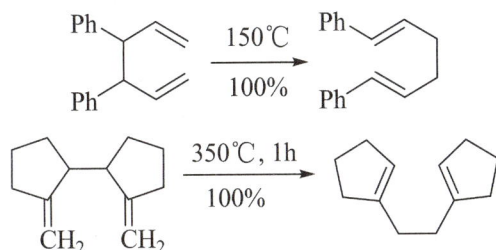

当 1,5-二烯的 3 位或 4 位有羟基时，所进行的 Cope 重排称为氧-Cope 重排。因重排产物为醛或酮，故为不可逆反应。

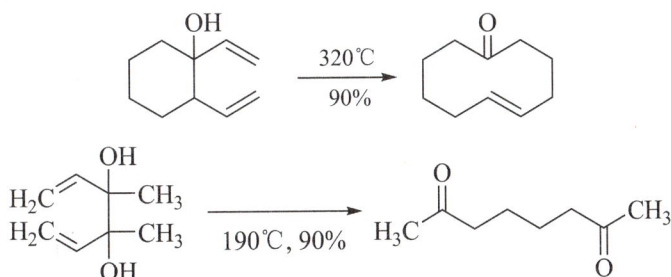

（三）应用实例

1. 制备七元或八元环的二烯化合物

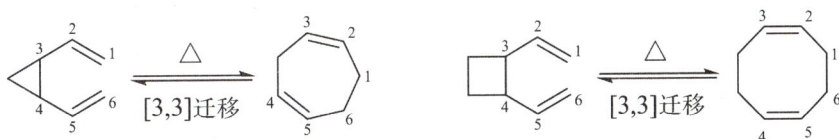

张力较大的小环二烯化合物，经重排生成张力较小的大环二烯化合物，反应比较容易进行。

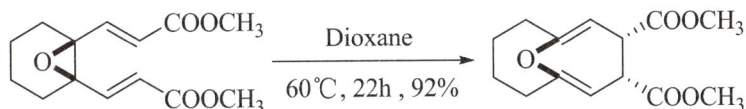

2. 制备 δ-不饱和醛或酮

利用氧-Cope 重排可制备 δ-不饱和醛或酮。

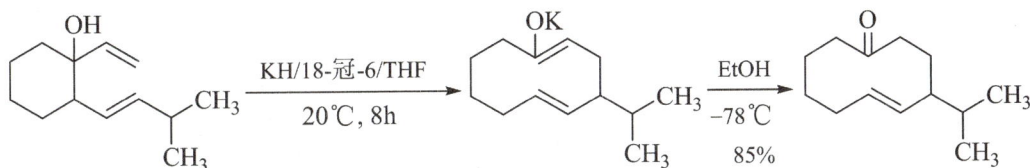

与此相类似，1,5-二烯的 3 位（或 4 位）含有胺基的化合物所进行的 Cope 重排称氮-Cope 重排，重排产物经水解得醛（或酮）。

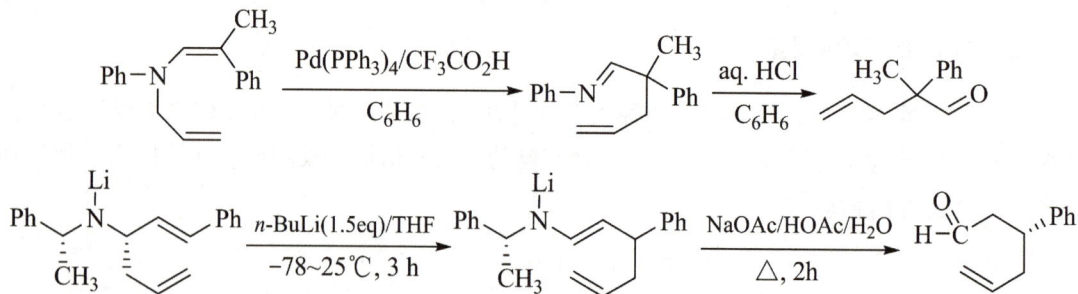

柠檬醛是合成维生素 A 的关键中间体，可用醛和醇先脱去一分子水，然后发生 Claisen 重排，接着旋转 180°，再发生 Cope 重排，制得目标分子。

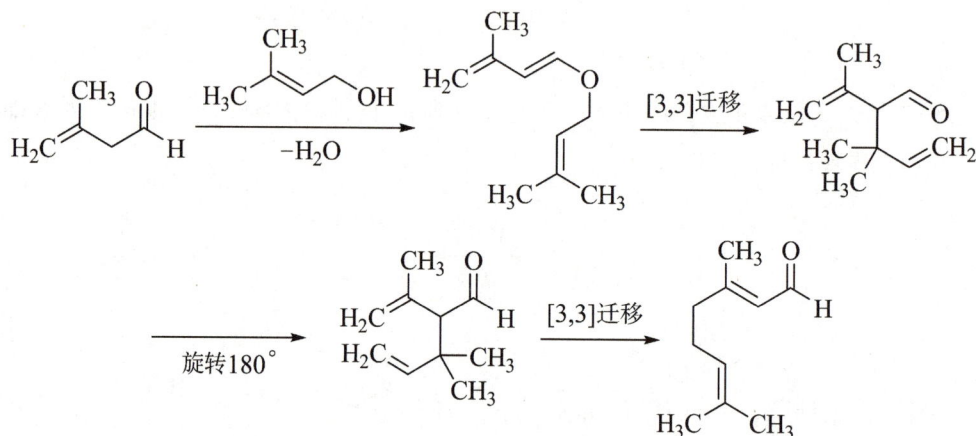

三、Boekelheide 重排

2-甲基吡啶氮氧化物与三氟乙酸酐或者乙酸酐反应，得到 2-羟甲基吡啶。这是药物合成中在含氮芳环的 α 位烷基上引入一个羟基的方法，可用来合成以吡啶为母体的化合物。

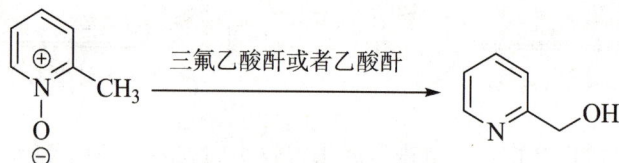

（一）反应机理

Boekelheide 重排反应历程如下：三氟乙酸酐的一个乙酰基转移至吡啶氮氧化物的氧上，然后在三氟乙酰氧基负离子作用下，吡啶的 α 位烷基碳脱去质子，接着发生［3,3］σ 重排，重排后三氟乙酰基并不转移到 α 位上，而是转移到 α 位的烷基上，生成三氟乙酰氧基甲基吡啶，其水解后释放出羟甲基吡啶。

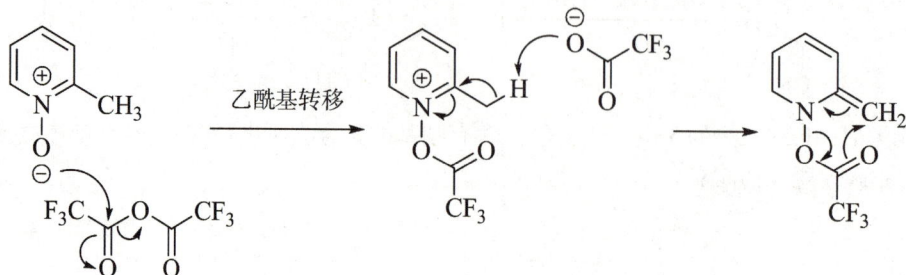

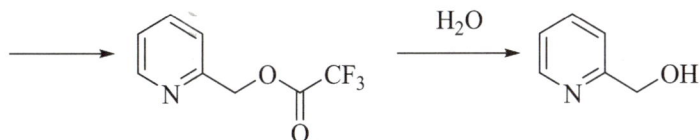

（二）反应的影响因素

Boekelheide 反应的关键一步是通过 $[3,3]\sigma$ 重排完成的，在重排时，除了主产物外，还生成其他副产物等，因此重排反应时的反应条件及试剂对选择性有较大的影响。

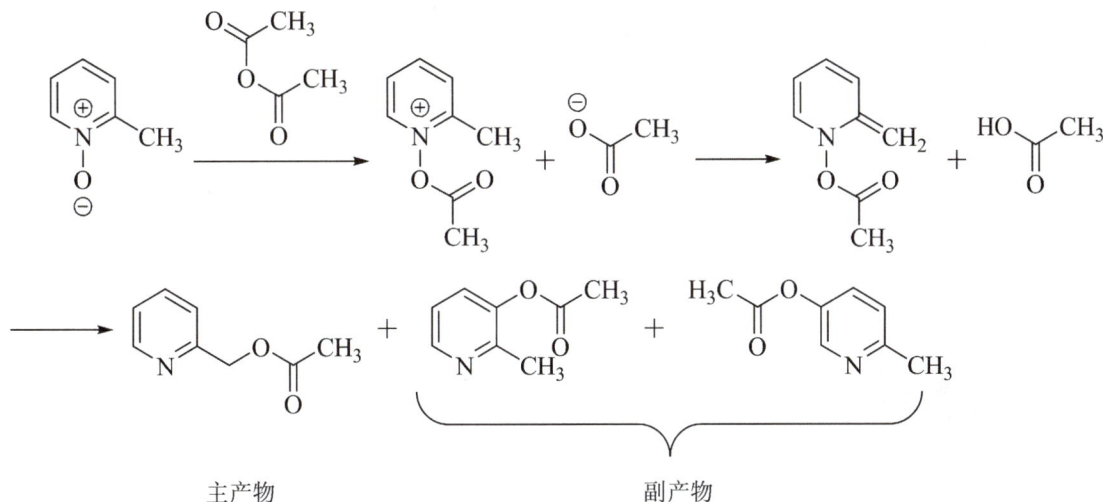

主产物   副产物

1. 酰化剂对反应选择性的影响

不同的酸酐对反应选择性存在影响。分别用乙酸酐、丙酸酐、正丁酸酐、丁烯酸酐、顺-2-甲基-2-丁烯酸酐等作为酰化剂时，对反应选择性的影响较大，其中正丁酸酐作为酰化试剂时，反应选择性较高，副产物生成少。当用三氟乙酸酐作酰化剂时，在常温就能进行较快的反应，且反应选择性较高，部分化合物的产物收率可达 90% 以上。

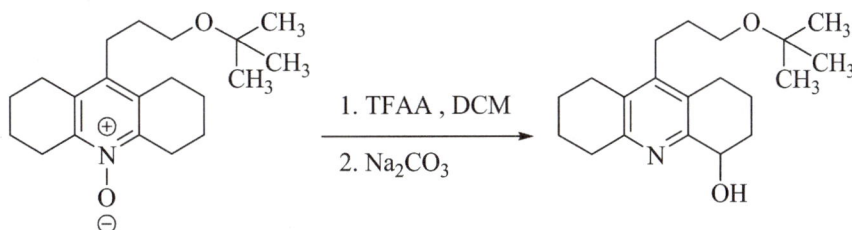

2. 试剂对反应选择性的影响

在合成反应中，反应温度、溶剂及 Lewis 酸等条件对反应选择性及速率有较大的影响。当以乙酸酐为酰化剂时，温度对选择性及反应速率有较大的影响。当温度小于 70℃ 时，反应较慢，且选择性差。而当温度达到 70℃ 时，反应较快，副反应少，继续升高温度对反应速率及选择性的影响甚微。

在反应体系内加入极性溶剂如二甲基甲酰胺，能加快反应速度，但其对产品收率的影响因反应温度而异。

在反应体系内加入乙酸钠时，也降低了反应的选择性。当用乙酰氯与乙酸酐一起作为酰化剂时，在常温下反应就能快速进行，同时也提高了反应选择性。

（三）应用实例

H+/K+-ATP 酶抑制剂是一类临床治疗消化性溃疡的药物。在它们的合成过程中，都采用 [3,3] σ 重排制备羟甲基吡啶中间体。

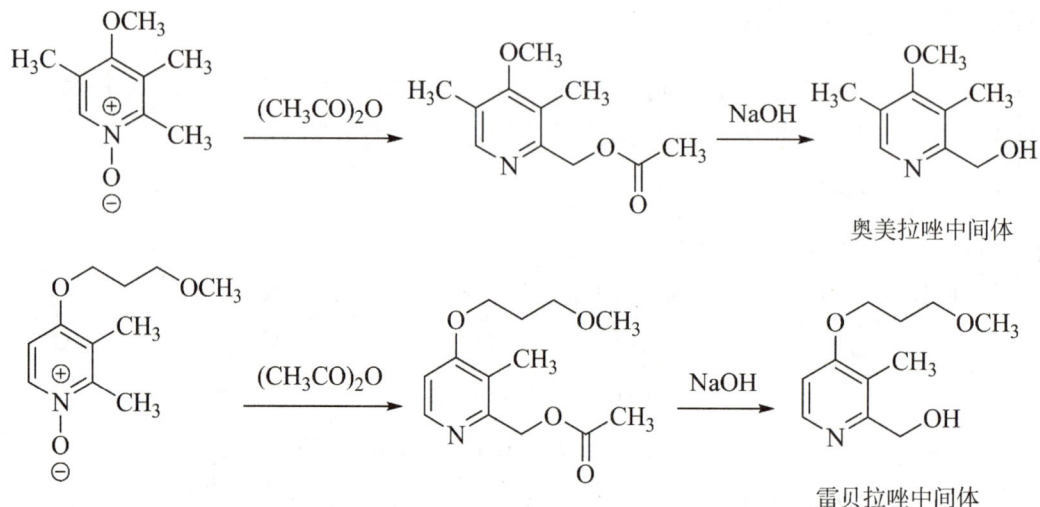

奥美拉唑中间体

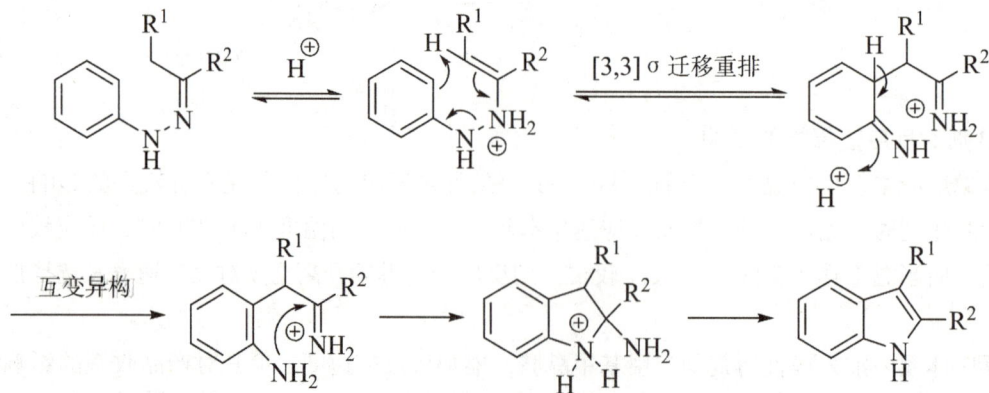

雷贝拉唑中间体

四、Fischer 重排

醛或酮的芳腙在质子酸或 Lewis 酸存在下，脱氨生成吲哚类化合物的反应，称为 Fischer 吲哚合成。

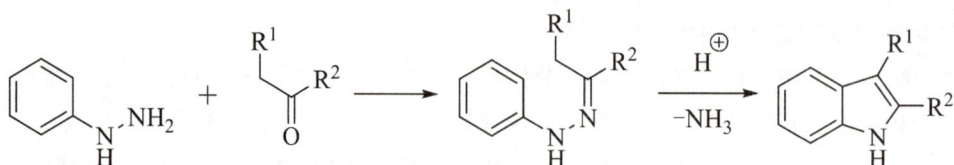

（一）反应机理

芳香腙互变异构成烯胺，然后进行 [3,3] σ 迁移重排，N-N 键断裂，形成新的 C-C 键，生成中间体，经互变异构，环合，脱去一分子氨，生成吲哚类化合物。

（二）反应的影响因素

1. 催化剂的影响

Fischer 吲哚合成常用的催化剂是质子酸（HCl、H_2SO_4、PPA、AcOH 等）和 Lewis 酸

［ZnCl$_2$、AlCl$_3$、（C$_2$H$_5$）$_2$AlHMP］及有机碱［C$_2$H$_5$ONa、NaB（OAc）$_3$H］。Lewis 酸催化条件温和，可在室温下进行。质子酸催化需要在高温条件下反应。

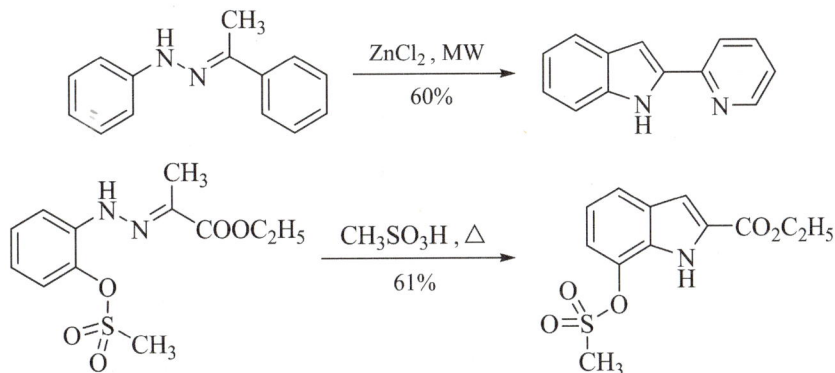

2. 羰基化合物的影响

醛或酮与等物质的量的苯肼在乙酸中加热回流得苯腙，无须分离，立即在酸催化下进行重排、消除氨而得吲哚衍生物。

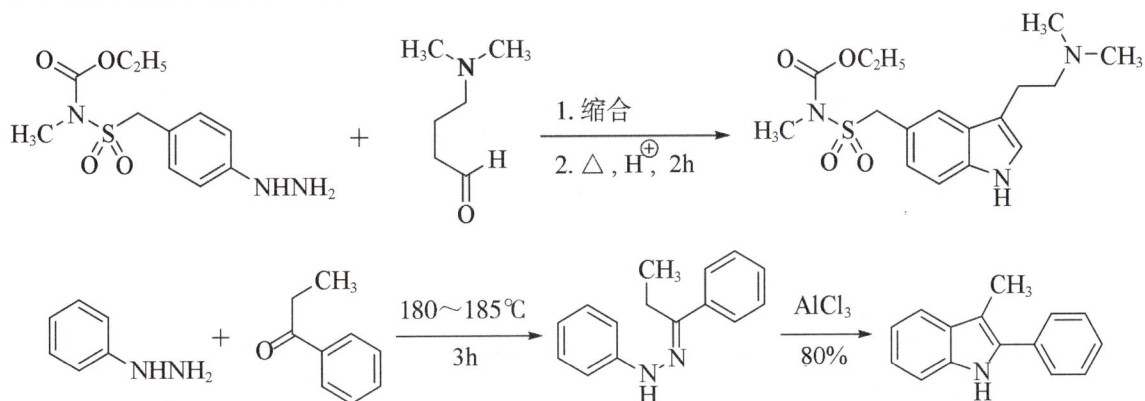

（三）应用实例

这一方法在药物合成中应用广泛，可用各种羰基化合物合成许多取代苯肼制备相应的吲哚衍生物。例如，未取代吲哚的制备需用丙酮酸的苯腙合成吲哚-2-羧酸，然后脱羧制备吲哚。从乙醛苯腙无法直接合成吲哚。

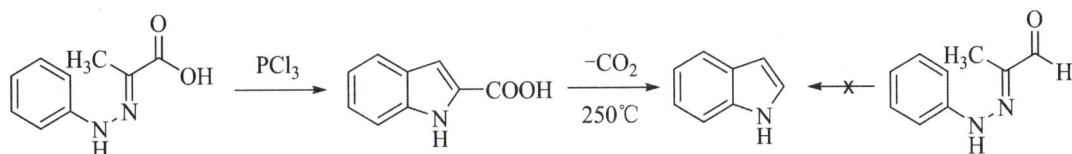

环己酮与苯肼反应生成环己酮苯腙，经 Fischer 吲哚合成生成四氢咔唑。

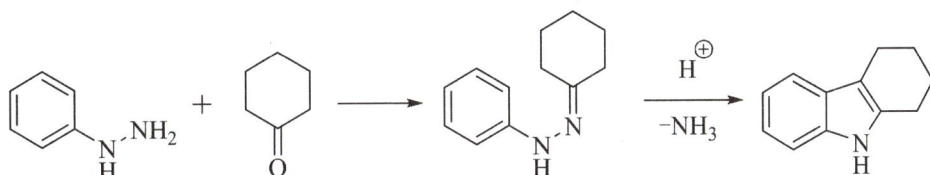

羟甲戊二酰辅酶 A 还原酶抑制剂氟伐他汀（fluvastatin）的合成中构筑吲哚环是一个关键问题。采用 α-酮酯作为原料，用苯肼处理，经 Fischer 合成可以制备得到。其反应历程是 α-酮酯与苯肼形成亚胺，然后转化成烯肼，接着发生［3,3］σ 重排和质子迁移，得到的亚胺随后发生分

子内环合并释放出氨气，最后完成吲哚核骨架构建。

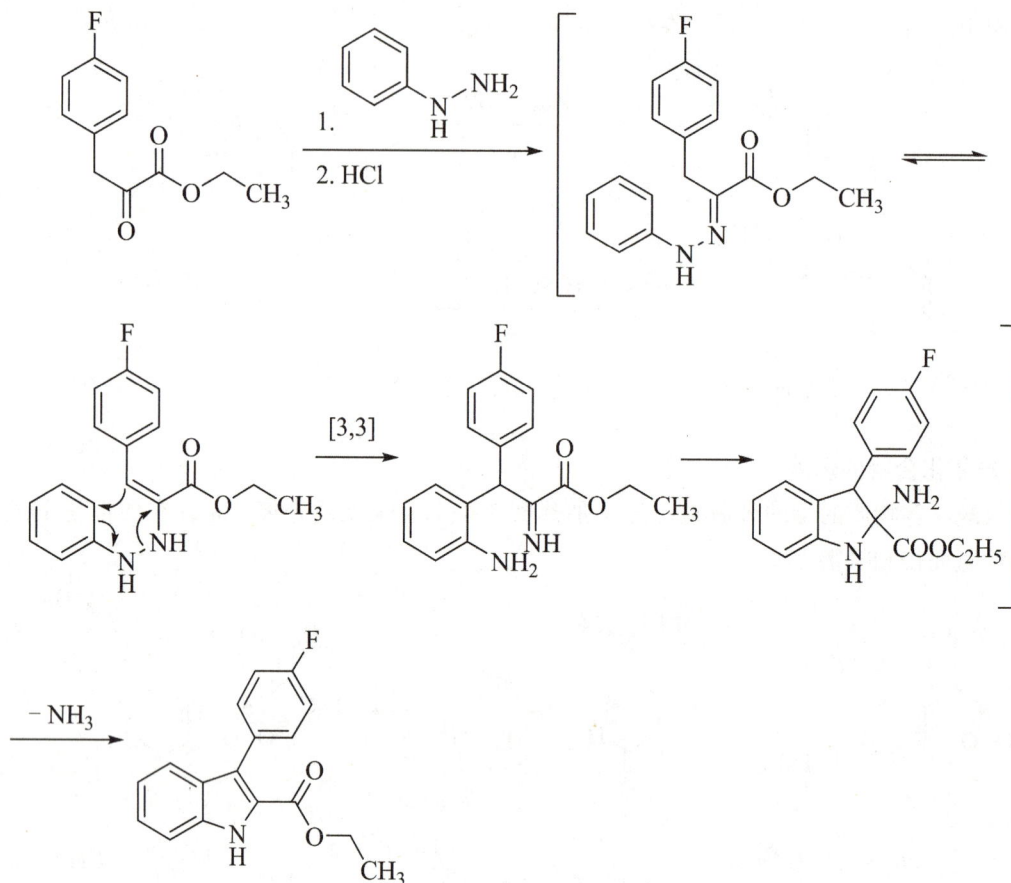

利扎曲坦（rizatriptan）是一种选择性 5-羟色胺抑制剂，临床用作抗偏头痛药物。首先在异丙醇中用 4-硝基苄基溴与 4-氨基-1,2,4-三氮唑回流，得到氨基三唑，然后在盐酸溶液中用亚硝基钠去除氨基，接着在钯碳催化下用甲酸铵还原硝基，用"一勺烩"法实现重氮化、还原、Fischer 环合，得到目标产物。

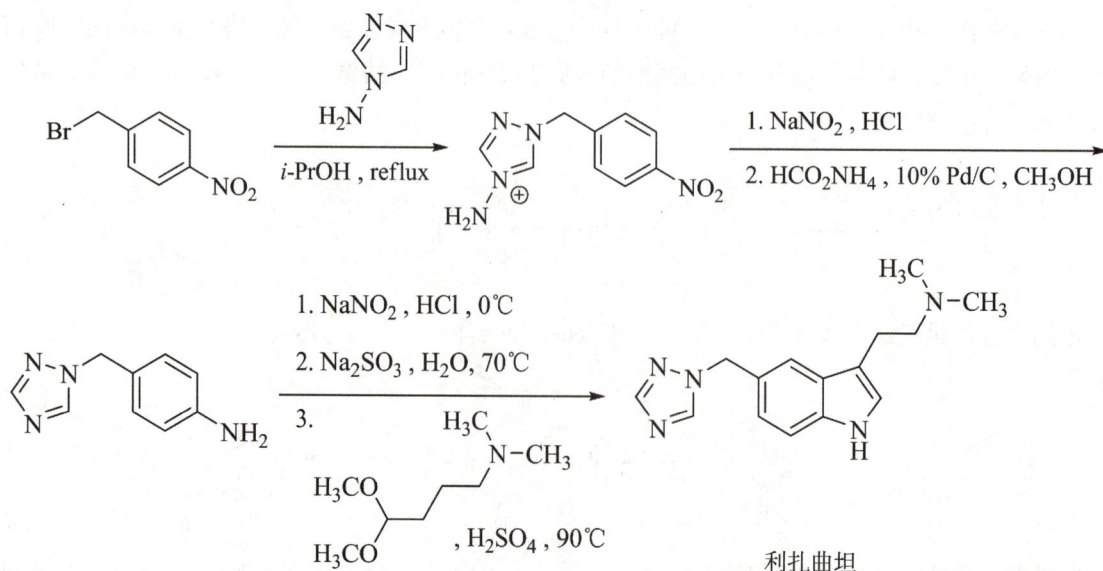

第九章
逆合成分析

扫一扫，查阅本章数字资源，含PPT、音视频、图片等

本章要点

掌握：常见的逆合成子如 Michael 逆合成子、Claisen 逆合成子、Robinson 逆合成子、Mannich 逆合成子、Cope 逆合成子、Diels–Alder 逆合成子、Wittig 逆合成子、Fischer 逆合成子等的结构特征。

理解：逆合成分析的原理，逆合成分析的四种方法即切断、连接、重排和官能团转换。

了解：各类保护基团和分子标签的应用。

有机分子的合成是有机化学最重要的方面。在有机合成领域中存在两个主要研究领域，即全合成和方法学。全合成是从简单的、市场上可以得到的或者天然前体化学全合成复杂的有机分子。方法学研究通常包括三个主要阶段，即发现、优化，以及适用范围和局限性的研究。

合成的化合物可以具有小的碳骨架，如香草醛，它是一种食品业和制药业常用的矫味剂；或者具有更复杂的碳骨架，如青霉素 G 和紫杉醇，前者是一种天然来源的抗生素，后者是一种抗肿瘤药物，可以治疗乳腺癌和卵巢癌。然而，设计合成一个特定的化合物过程中需要面对三个挑战：①意欲合成的化合物中存在的碳原子组成的骨架必须能够被装配；②官能团必须能够被引入或者在合适的位置上由其他基团转化；③如果存在手性中心，它们必须被以合适的方式固定。著名有机合成化学家 R. B. Woodward 指出，在有机合成中充满着兴奋、冒险、挑战和艺术。

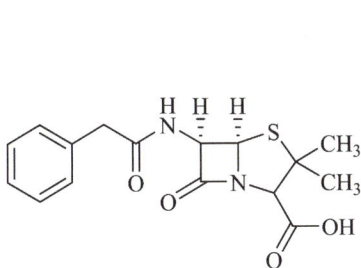

青霉素G

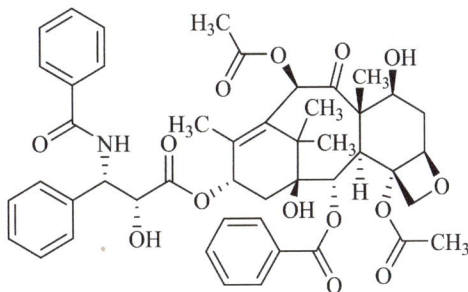

紫杉醇

形成碳碳键的反应是构建有机分子骨架最重要的方法；在不改变分子骨架的前提下，变换官能团的类型和位置，称为官能团转换（functional group interconversion，FGI），可以简化目标分子或提高反应选择性；互为对映体的手性分子在生物活性、代谢和毒性机理上可能存在显著差异，合成具有单一光学纯度的手性分子，是研究手性药物的基础。

因此，为实现复杂分子的合成，需要对形成碳碳键的反应、官能团转换和立体化学等的方法和技术有较好的理解和掌握，同时设计的合成策略还需符合绿色化学理念。

Corey 建立了一种更加正式的合成设计方法，称之为逆合成分析（retrosynthetic analysis）或者反向合成分析。这一以反向方式合成的分析方法也称为切断法（disconnection approach）。逆合成分析是从一个相对复杂的产物作为起点，反向逆推导至市售相对简单的起始原料的过程。这个方法从靶分子（target molecular）的结构入手，采用逆合成转变的方法，如逆向切断、逆向连接、逆向重排和逆向官能团转换等，得到所需的合成前体和原料。

逆合成分析的思维方式与正向反应的方式不同，在逆合成分析中，逆合成计划中使用的箭头与正向合成路线中使用的不同，这是为了避免逆合成分析计划与实际的合成路线之间存在的混淆。

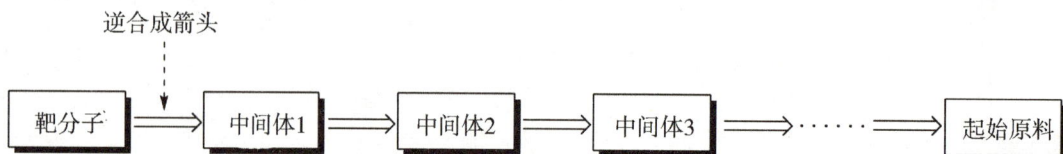

逆合成箭头

靶分子 ⟹ 中间体1 ⟹ 中间体2 ⟹ 中间体3 ⟹ …… ⟹ 起始原料

如何通过缜密的逻辑思维设计合成路线，是药物合成的一大任务。通过学习本章内容，将能够通过一系列逆向思维对靶分子恰当的切断，寻找到合理的技术路线，而不是盲目地合成靶分子。这种逆向思维的方法就是切断法。

第一节　切断法和合成子

逆合成分析的基本过程是通过一定的策略，将靶分子转化为合成子。用下面苯乙酮这个分子作为例子，经切断（disconnection）后得到乙酰基正离子和苯基负离子两个离子型的合成子，它们的等价体分别是苯乙酮和乙基溴化镁，将苯乙酮与乙基溴化镁试剂进行加成反应，即可得到靶分子。

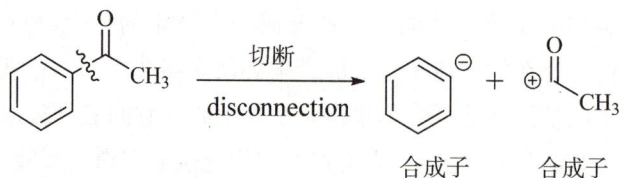

合成子　　合成子

逆合成分析过程中常常涉及多个常用术语，其中靶分子指的是任何所需要合成的有机分子，或者是有机合成中某一中间体，或者是最终产物。合成子（synthon）是指组成靶分子或中间体骨架的各个单元结构的活性形式，即进行切断时得到的概念性碎片，它是不能直接应用的；与合成子相对应的化合物是等价试剂（equivalent reagent）或等价体（equivalent），它们两者之间并没有本质的区别，一般可直接购买得到的等价体可称为等价试剂，需要自行合成的等价体可称为等价中间体。

逆合成分析主要包括切断、连接、重排和官能团转换等四种方法，其中切断和官能团转化经常采用。下面主要叙述切断和官能团转化。

一、合成子和等价试剂

根据反应需要，合成子（synthon）可以是离子形式，也可以是自由基、或周环反应所需的中性分子。由于大多数共价键的形成经历离子型反应，所以离子型合成子是最为常见的一类合成子形式。与合成子相对应的具有同等功能的稳定化合物，称为等价试剂。

根据合成子的亲电性质或亲核性质，一般将合成子分成亲电性合成子和亲核性合成子，其中亲电性合成子可视为接受电子的a-合成子（acceptor synthon），亲核性合成子为供电子的d-合成子（donor synthon）。自由基合成子称为r-合成子（radical synthon），周环反应合成子称为e-合成子（electrocydics synthon）。

对于离子型合成子，在字母"a"或"d"的右上角标注不同的数字，用来表示荷电离子与官能团之间的相对位置。官能团直接连接到荷电碳原子上的称为a^1或d^1合成子。官能团连接到荷电碳原子相邻碳原子上的称为a^2或d^2合成子，依次类推。不含官能团的烃基离子型合成子用R_a或R_d表示。含碳-杂键的"a"或"d"合成子，若荷电原子为杂原子的称为"a^0"或"d^0"合成子（表9-1）。

表 9-1　离子型合成子类型及其表示方法

合成子类型		实例	等价试剂	官能团
a-合成子	a^0	$(CH_3)_2P\oplus$	$(CH_3)_2PCl$	$P(CH_3)_2$
	a^1	$(CH_3)_2C\oplus-OH$	$(CH_3)_2C=O$	$C=O$
	a^2	$\oplus CH_2COR$	$BrCH_2COR$	$C=O$
	a^3	$\oplus CH_2-CHCOOR$	$CH_2=CHCOOR$	$COOR$
	R_a	$CH_3\oplus$	$(CH_3)_3SiBr$	—
d-合成子	d^0	$CH_3S\ominus$	CH_3SH	SH
	d^1	$CN\ominus$	KCN	CN
	d^2	$\ominus CH_2-CHO$	CH_3CHO	CHO
	d^3	$\ominus C=C-NH_2$	$LiC=C-NH_2$	NH_2
	R_d	$\ominus CH_3$	CH_3Li	—

二、切断法

切断（disconnection，Dis）是一种分析方法，即断裂一个化学键，把一个分子转变成可能的起始物。

在药物合成的路线设计中，对靶分子的逆合成分析只是图纸分析。由于靶分子属于有机分子，分子中各原子或基团之间通过化学键连接，因此，逐级剖析靶分子前必须首先分析它的特点，寻找出靶分子的某一部分可以通过合适的反应形成其中一个或几个化学键，然后，把靶分子中的相关化学键进行切断，产生较为简单的分子片段，这个片段即为靶分子的前体，也是下一步分子的目标分子。再用同样的方法切断这个前体的结构，又得到它的前体，以此类推，直到推导出简单的分子。这些简单的分子是这一条合成路线的起始原料。这样，就把一个复杂分子的合成问题归结为简单分子片段的合成装配。

例如，吡非尼酮（pirfenidone）是一个抗肺纤维化药物，通过分析它的结构可以发现，其结构中含吡啶环和苯环，并且包含一个酰胺官能团。根据骨架特征，选择其中的酰胺键进行切断，这样就得到了两个合适的起始原料吡啶酮和卤代芳烃。

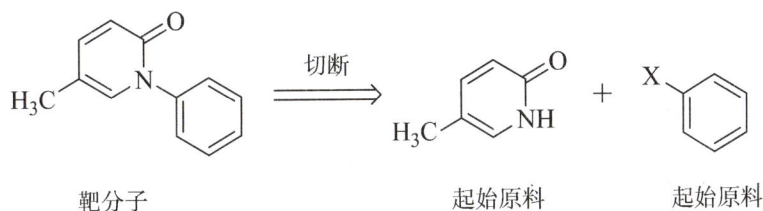

靶分子　　　　　　　　　起始原料　　　　　起始原料

目前，逆合成分析的概念与方法已经成为复杂分子的合成路线设计不可或缺的工具。

判别一个合成路线的优劣及可行性有如下几点：

（1）反应步骤尽可能少。

（2）每一步的产率尽可能高。

（3）反应条件尽可能温和，易于达到。

（4）中间产物和最终产物的分离纯化容易进行。

（5）起始原料、试剂尽可能廉价易得，反应时间尽可能少。

（6）新理念：绿色、原子经济效率等。

在对目标分子进行逆合成转化时，要求靶分子中存在某种必要的结构单元，只有这种结构单元存在或可以产生这种子结构时，才能有效地简化目标分子并推导出易得的起始原料。逆合成子是逆合成分析时，靶分子中易于变换的结构单元。逆合成子和合成子是逆合成分析中的两个方面，前者是靶分子中可以变换的结构单元，后者是逆合成分析转换而产生的结构单元。

最常用的反合成子是以经典有机化学反应为依据的反合成子。经典的有机反应大约有500多个，下面阐述几个最为常见的实例。

1. Michael 逆合成子

Michael 反应是活泼亚甲基化合物与 α,β-不饱和羰基化合物发生 1，4-亲核加成反应，其逆合成子的结构特征。

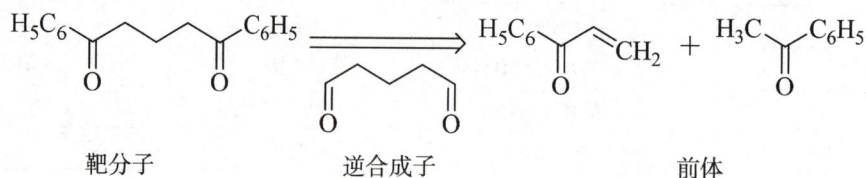

靶分子　　　　　逆合成子　　　　　前体

2. Claisen 逆合成子

Claisen 反应是羧酸酯与另一个含 α-活性氢的酯进行缩合的反应，其逆合成子的结构特征是 β-酮酸酯。

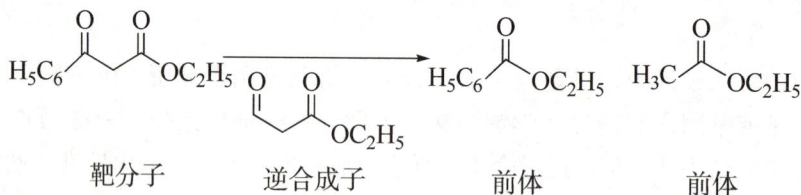

靶分子　　　　　逆合成子　　　　　前体　　　　　前体

3. Robinson 逆合成子

Robinson 反应是脂环酮与 α,β-不饱和酮的共轭加成产物发生的分子内缩合反应，其逆合成子的结构特征是环己烯酮。

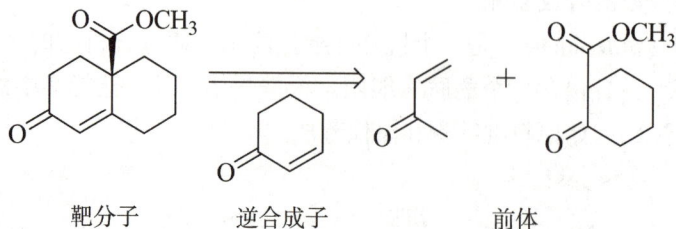

靶分子　　　　　逆合成子　　　　　前体

4. Mannich 逆合成子

Mannich 反应是具有 α-活性氢的化合物与醛、胺的反应生成氨甲基衍生物的反应，其逆合成子的结构特征是一个羰基与一个氨基之间相隔两个原子。

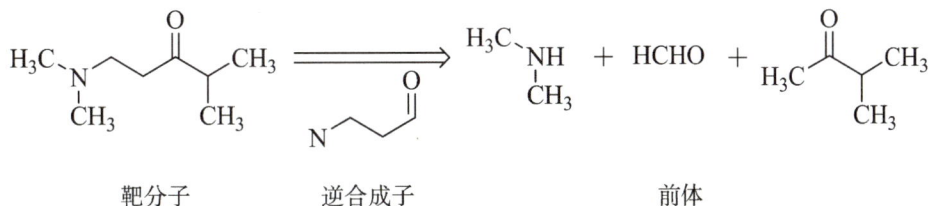

靶分子　　　　　　逆合成子　　　　　　前体

5. Cope 逆合成子

Cope 重排反应是 1,5-二烯经[3,3]σ 迁移，异构化成另一个双烯化合物的反应，其逆合成子的结构特征是两个烯键之间相隔两个碳原子，至少一个双键末端须有 CN、COOH、C_6H_5 等基团。

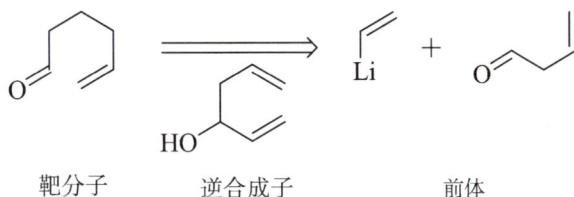

靶分子　　　　　　逆合成子　　　　　前体

6. Diels-Alder 逆合成子

Diels-Alder 反应是己二烯与烯烃的周环反应，其逆合成子的结构特征是环己烯结构或可转化为环己烯的结构。

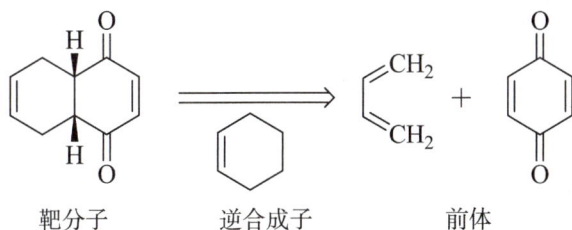

靶分子　　　　　　逆合成子　　　　　前体

7. Wittig 逆合成子

Wittig 反应是醛或酮与 Wittig 试剂反应生成烯烃的反应，其逆合成子的结构特征是烯烃。

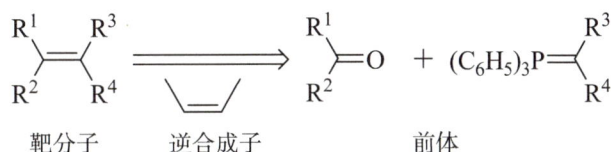

靶分子　　逆合成子　　　　　　前体

8. Fischer 逆合成子

Fischer 反应是苯肼与醛或酮在酸催化下加热重排消除一分子氨，得到 2-或 3-取代的吲哚反应，其逆合成子的结构特征是吲哚。

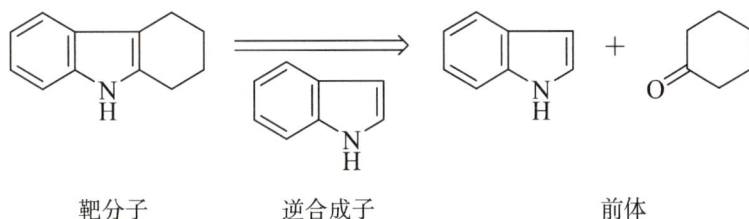

靶分子　　　　　逆合成子　　　　　　前体

值得注意的是，当变换生成逆合成子时，产物可能会有新的立体化学产生，这时需要综合进行考虑。

切断是逆合成分析最常用的手段，是从复杂的靶分子逆推至结构简单的等价试剂，切断的关键是寻找逆合成子，这就要求对有机化学的单元反应非常熟悉。例如，莨菪碱类化合物托品酮经结构剖析，可以寻找到 Mannich 反应逆合成子，因此可将其切断为三个等价物：丁二醛、甲胺、丙酮二甲酸。

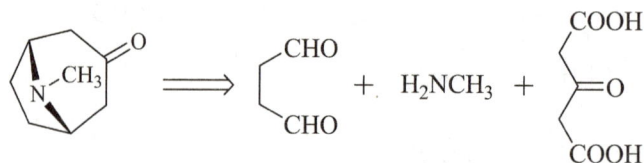

托品酮

特定的骨架片段主要是与靶分子的某一骨架片段结构相似的天然产物或易得试剂。例如，东莨菪碱的结构中一部分骨架片段与蒂巴因这一天然产物结构相似，就可以尝试通过合适的切断，最后推衍得到蒂巴因这个等价试剂，从而能以蒂巴因作为起始原料，设计出一条制备东莨菪碱的合成路线。

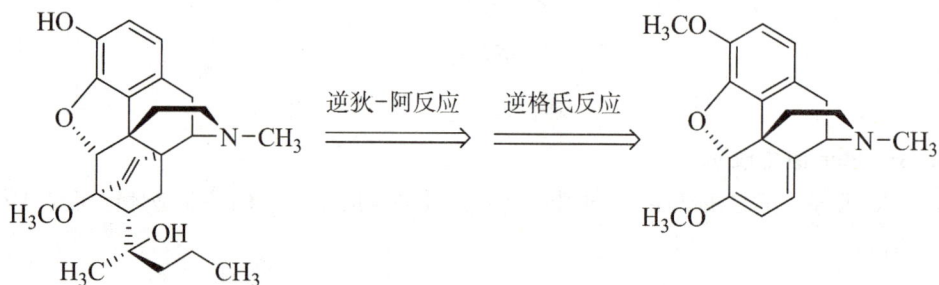

东莨菪碱　　　　　　　　　　　　　　　蒂巴因

策略键（strategic bonds）是逆合成分析中须考虑切断的优选化学键，通常也是化学键稳定性较低的化学键。例如，下面几个化学键就属于策略键：

（1）C—X 旁侧的 C—C 键。

（2）C—Z 键：酰胺键、酯键、键。

（3）C ⟹ C 键。

（4）稠合环的"共同原子"连接键。

例如，2-甲基-6-苯基己-3-酮的结构如下，试进行逆合成分析，并给出最佳切断方案。其中切断 a（用波浪线标明）给出的是溴代乙苯与甲基异丙基酮的负离子的反应；切断 b 给出的是碘甲烷与 6-苯基己-3-酮的碳负离子的反应；切断 c 给出的是丙基负离子与 4-苯基丁酰基的碳正离子的反应；切断 d 给出的是 4-甲基戊-1-烯-3-酮与苄基的负离子的反应。综合分析，切断 d 是最合适的。

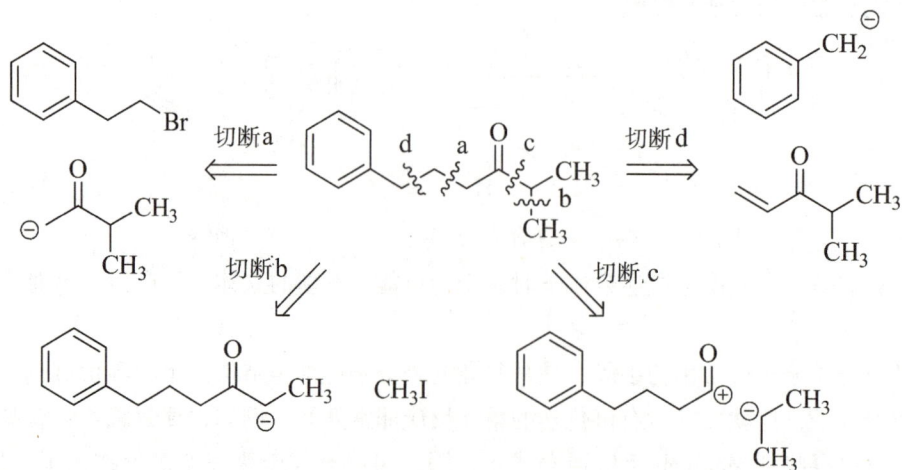

对于复杂稠合环的逆合成分析而言，应首先考虑如何最大可能地简化环系结构。人们把环系之间的"共同原子"作为寻找策略键的线索。例如下面分子具有 C_1、C_2、C_6 和 C_7 四个"共同原子"。在五种切断之后方式中，只有两种切断"共同原子"之间的连接键的方式可得到最大简化的中间体。由于比制备起来容易，可直接采用 Robinson 增环策略得到，所以，碳碳键成为策略键。

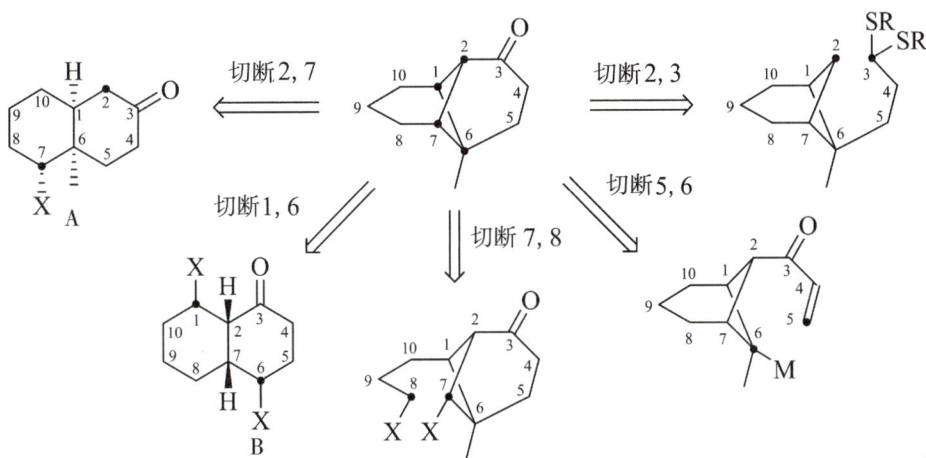

逆合成分析切断的基本原则：

（1）对称部分优先切断，可简化合成路线。

（2）不稳定结构优先切断，或者先转化官能团。

（3）影响反应活泼性或者选择性的基团先转化。

（4）切断点优先选择中间部分，可提高合成汇聚性。

（5）C—C 键优先切断多分叉点。

（6）策略键优先切断。

三、C—C 键切断

逆合成分析的目的是从简单的起始原料出发，确定对复杂靶分子有利的合成途径。因此，逆合成分析必须不可避免地包括一个或多个切断阶段，其中靶分子被切断成两个更简单的分子。

假设靶分子是苯乙酮，其在许多药物合成中经常使用。为确定简单的起始原料，我们进行切断打开碳骨架，那么如何切断这些键呢？这里，不考虑切断芳环上键的任何可能性，原因是从简单的起始原料合成芳环是不容易的。这样只存在两个位置的切断，即切断羰基与芳环之间的键，或者切断羰基与甲基之间的键。须依次思考每一个切断。

首先，切断羰基与芳环之间的 C—C 键，得到两个合成子的其中之一给出负电荷，另一个给出正电荷，即其中一种作为亲核试剂起作用，另一种作为亲电试剂起作用。

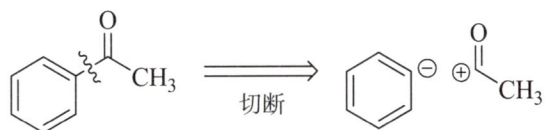

这样，向亲核性合成子加氢或金属原子，向亲电性合成子加离去基团如卤素或羟基。在这个例子中，向亲核试剂加氢就得到苯，同时向亲电试剂加氯得到乙酰氯。

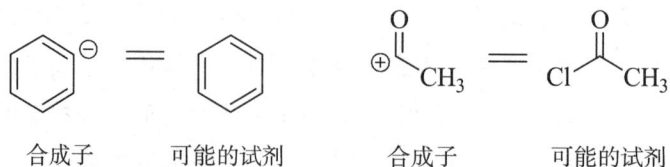

乙酰氯含亲电的酰氯基团，而苯事实上是一个亲核基团。因此，它们可以相互反应。在此，可以确定其正向反应是 Friedel-Crafts 酰化反应，因此这个切断对逆合成分析流程是正确的。

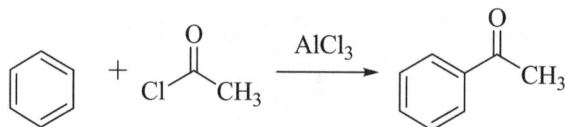

若将切断后的两个合成子给出与上述相反的电荷，即：

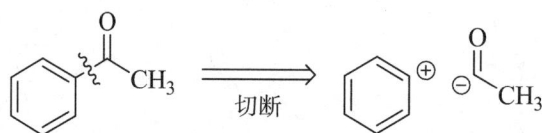

向亲电性合成子加卤素，同时向亲核性合成子加氢。这样就得到一个芳基卤化物和一个醛。

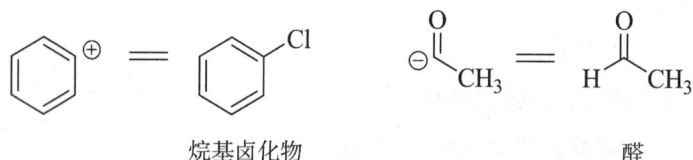

烷基卤化物   醛

如果芳基卤化物作为亲电试剂，它可能须经历亲核取代。但是芳环不易于经历这一反应，除非环上存在其他的吸电子取代基。因此，芳基卤化物作为一个亲电试剂可能是不合适的。同样，若将醛基碳作为亲核性合成子也不合适。

这个实例说明对每一逆合成步骤分析如何有利于正向反应是重要的。第一对合成子能够容易用常用试剂表示，并且使用这些合成子进行切断是有意义的。相反，另一对合成子难以用常用试剂表示，因此可以忽略。

以上对苯乙酮的逆合成分析进行的是芳环和羰基之间的切断，但是羰基和甲基两者之间的切断会发生什么情况？尝试切断与甲基相连的化学键，就可以产生下面两对合成子。

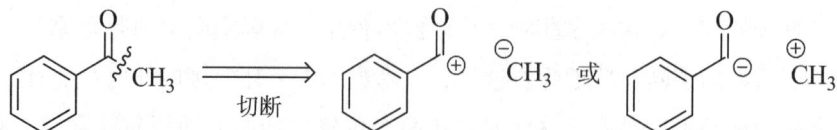

首先，向亲电性合成子加氯得到酰氯，可以作为亲电试剂起作用并可经历亲核取代。若向亲核性合成子加氢，会得到甲烷，其肯定不能作为亲核试剂，这一方法是不可行的。但是，如果用金属取代氢来连接甲基，金属可使键极化，以至于甲基碳稍显负电性并能作为亲核试剂起作用。因此，有机金属试剂是合适的。现在可以考虑几种可能的有机金属试剂，例如 Grignard 试剂、有机锂试剂或有机铜试剂。但是，实践中应选择使用一种最合适的有机金属试剂。

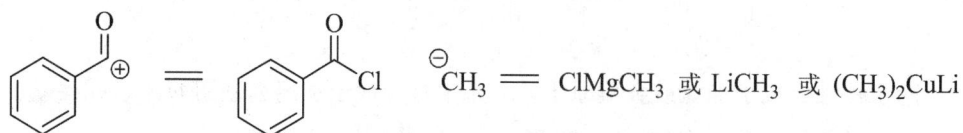

对于这一问题，须通过合成实验和查阅文献。有机金属试剂与酰氯反应的知识告诉我们，Grignard 试剂和有机锂试剂与酰氯反应，得到最终产物叔醇。活性较弱的烃基铜锂与酰氯反应，得到要求的酮。

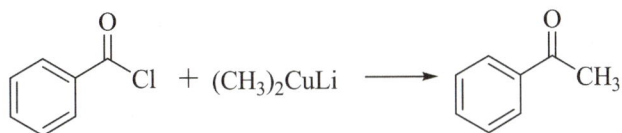

那么第二对合成子是否可行呢。亲电性合成子优选是可行的并且能够通过简单的烷基卤化物表示。然而，另一个合成子包括碳上带有负电荷的羰基。前面我们已经观察到羰基键的天然极性与之是相违背的，于是这一方法应被忽略。

四、官能团转换

官能团转化是指在逆合成分析中，通过取代、加成、消除、氧化和还原等反应类型，把一个官能团转换成另一个官能团的操作。官能团转化的主要形式包括官能团互换（functional group interconversion，FGI）、官能团添加（functional group addition，FGA）、官能团移位（functional group transpose，FGT）和官能团消除（functional group removal，FGR）。

官能团转化的主要目的包括：

1. 将靶分子变换成更易于制备的前体即替代目标分子。

2. 为了实现切断、连接和重排等变换，应将靶分子中原有不合适的官能团转换成所需要的形式，或者暂时添加某些需要的官能团。

3. 添加某些活化基团、保护基团、阻断基团或诱导基团，以提高化学选择性、区域选择性和立体选择性。

下面以一个简单的分子 3-甲基丁醛的合成途径为例，说明逆合成分析的系统使用，利用官能团转换可以产生下面多种替代目标分子。

替代目标分子

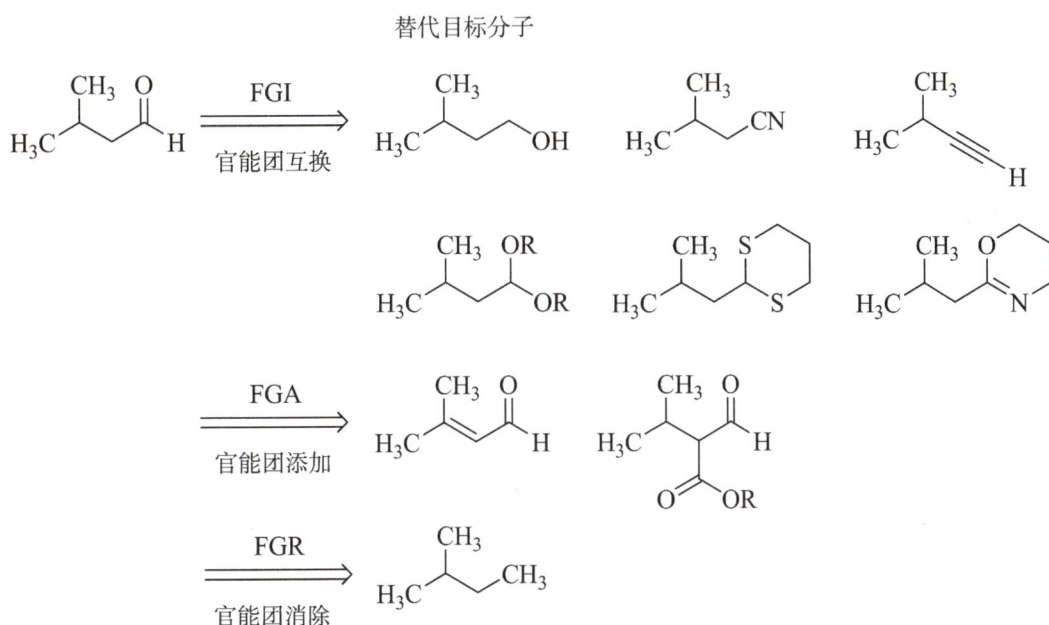

上述替代目标分子中，通过官能团消除得到的等价体无法实现正向合成。官能团添加和官能团互换得到的等价体均可以顺利合成靶分子。

　　逆合成的优势之一是它可帮助合成化学家提出不同的合成方法。在前面苯乙酮逆合成分析的例子中，确定了可能的合成子。合成计划的目标产物有一个酮基，问题是能否通过官能团转化从另一个结构得到苯乙酮。已知仲醇易于氧化成酮，于是合理地经逆合成官能团互换将使酮基变化为仲醇。

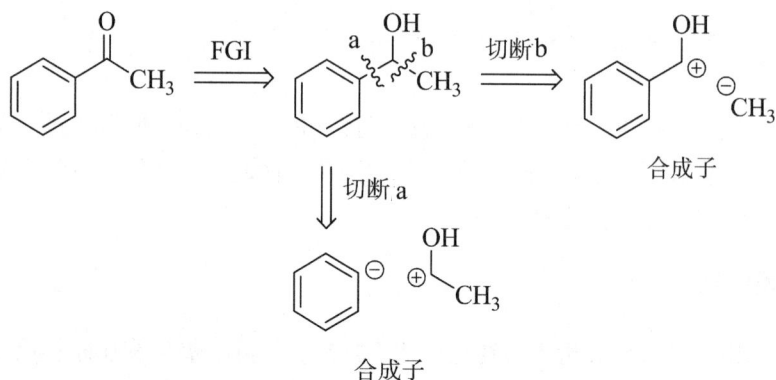

　　确定了仲醇，我们就能够研究这一结构可能的切断。对应于确定的四个合成子的试剂显示如下。

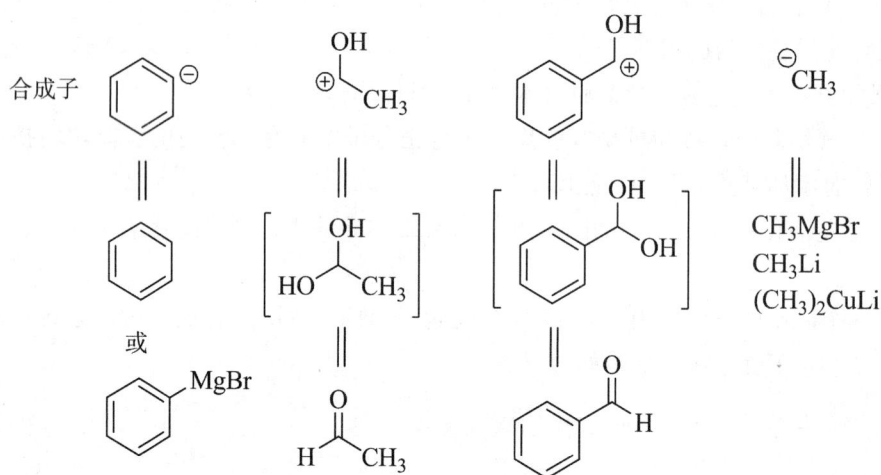

　　值得一提的是，两个亲电性合成子引入离去基团会产生醛的等价试剂。两个亲核性合成子可用 Grignard 试剂等有机金属试剂表示。

　　因此，苯乙酮的另外两个可能的路线能够包括与醛的 Grignard 反应，接着将产物氧化成酮。

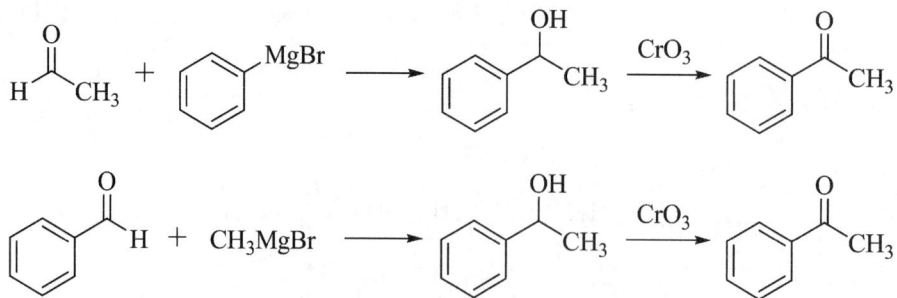

　　例如，下面化合物是合成抗肿瘤药的一个重要中间体，试进行逆合成分析，并给出最合适的切断方式。

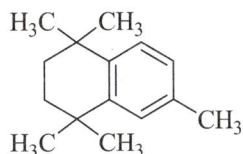

我们把碳环与芳环之间的连接键切断，得到 2,5-二羟基-2,5-二甲基己烷。

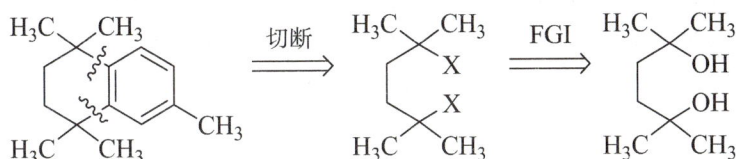

2,5-二羟基-2,5-二甲基己烷的正向合成路线如下：

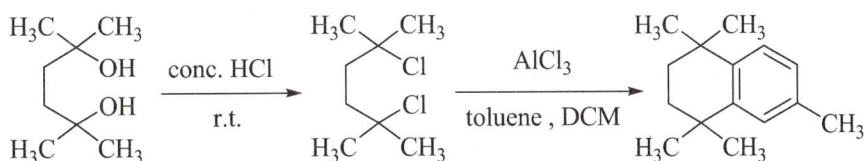

　　随着目标分子结构越来越复杂，通过逆合成计划能够得到多种不同的合成路线。路线的选择取决于多种因素，例如在每一个合成中反应步骤的数目，试剂的成本和可用性，以及参与反应的实用性和安全性等。

　　在上面的讨论中，我们已经考虑了简单的芳香酮的逆合成分析。抗精神失常药氟哌啶醇（haloperidol）也含有芳香酮，它的逆合成在下面讨论。

五、极性反转

　　逆合成分析这一概念的作用，不仅在于可用于方便地设计基于常规反应性和已知的类型反应的合成路线，其重要意义还在于可以激发无限的想象力和创造力。因为，按照这一方法，对任何键以任何极性配对方式的切断都是允许的。

　　在前面描述的基于逆合成分析的切断中，只考虑导向常规极性（反应性）的合成子对，而导向与潜在极性不符的"不合理"（极性）合成子对均未予以考虑。通过杂原子的交换，引入或添加另一碳基团，将某一合成子的正常极性转化为其相反性质，或将电荷从原来的中心碳原子迁移到另一个碳原子上，这种导致合成子类型发生改变的过程，称为极性反转（umpolung）。极性反转在较大程度上扩大了合成等效体的选择范围。

　　应用极性反转原理，可以为合成苯乙酮等分子提供其他方法，如：

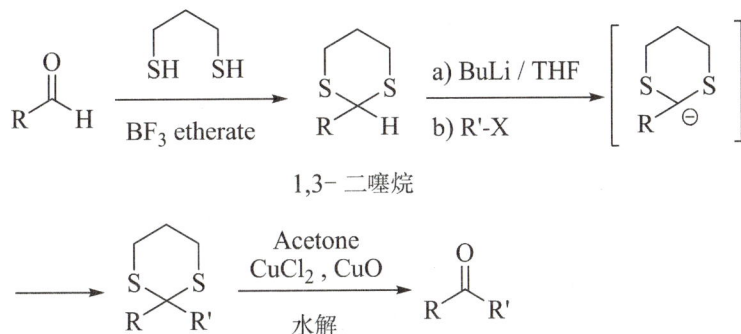

1,3-二噻烷

从醛合成二噻烷结构，再用强碱处理得阴离子中间体，其负电荷通过邻近硫原子的吸电子诱导作用得以分散而较稳定。该阴离子中间体烷基化后水解，即得到酮。因此，将醛转变为二噻烷结构后，在碱性体系中就反转了羰基碳的极性，该碳具有亲核性。

极性反转概念的提出是为了有意识地系统地建立极性转变的方法，从而解决合成的难题，拓展合成的手段。系统地进行极性反转需要进行合成方法学的研究。

极性反转的第二种类型，是把亲核中心变成亲电中心，只需在原来的亲核中心原子上或其共轭位置上引入吸电子因素，即引入好的离去基团或使之变成不饱和体系。

安息香缩合反应就是最经典的醛羰基的极性反转实例，即通过 CN⁻ 对 C ═══ O 双键的加成，在碱性体系中实现了羰基 C 的极性反转，可以进一步与其他的亲电试剂发生反应，极大地丰富了羰基化合物的反应性质。

六、C—X 键切断

在前面部分里面，通过切断 C—X 键来研究苯乙酮的逆合成。然而，逆合成并不局限于 C—C 键切断。碳原子与杂原子（X）之间的切断策略，可以提供对应于本身就是亲核试剂的亲核性合成子。

因此，在逆合成分析中，对含有杂原子的结构均应该密切关注 C—X 键切断的可能性。例如，考虑第一代肾上腺素能 β 受体阻滞剂普萘洛尔（propranolol）如何切断。

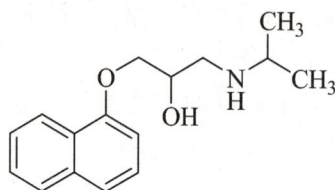

普萘洛尔

通过选择断裂碳-杂原子键，就可以得到一个以胺的形式存在的亲核试剂。同时，能够通过向亲电中心引入离去基团来确定合适的亲电试剂。例如，可将亲电性合成子转变为环氧化合物结构的等价试剂。

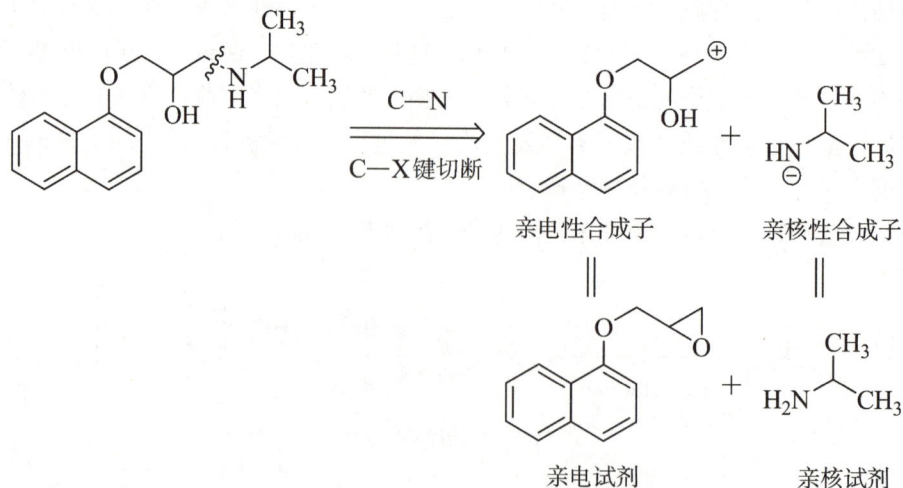

| 亲电性合成子 | 亲核性合成子 |
| 亲电试剂 | 亲核试剂 |

因此，与 C—X 键的逆合成切断相对应的合成步骤是用胺处理环氧化物。我们期望胺与环氧化物取代基少的位置优先反应反应，得到目标产物，这属于区域选择性的一个范例。

胺是一种易于获得的试剂，不需要进一步的逆合成分析。然而，对于市场上不能直接买到的环氧化物，仍然需要进行逆合成分析。合理的是切断 O—C 键，因为这可以再次提供自然的亲核试剂，其中氧原子是亲核中心。1-萘酚是亲核性合成子的等价物，而 α-氯代环氧化物是亲电性合成子的等价物。这两种试剂都是市场上可以得到的。

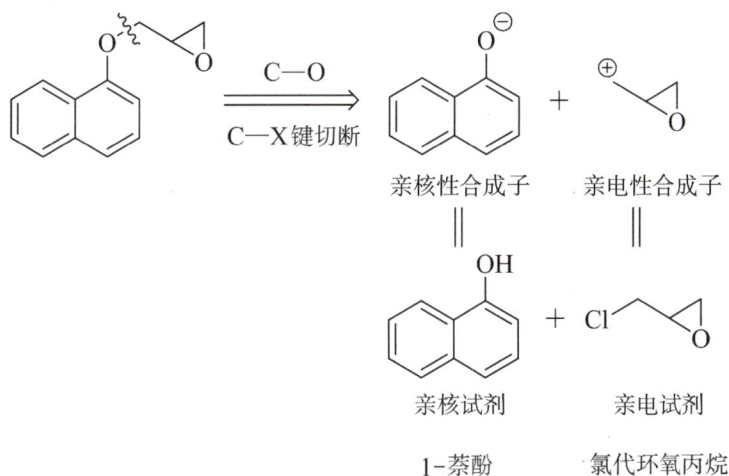

亲核性合成子　　　　亲电性合成子

亲核试剂　　　　亲电试剂

1-萘酚　　　　氯代环氧丙烷

普萘洛尔的正向合成路线如下所示：

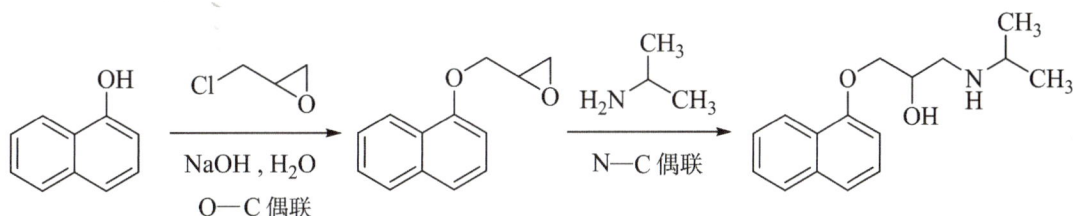

当然，这不是普萘洛尔仅有的可行的合成，并且逆合成分析还能够提出其他合理的合成路线。

氟西汀（fluoxetine）是一种选择性 5-羟色胺重摄取抑制剂，临床用于治疗抑郁症。分析其结构含有芳基醚的结构，因此可以先将醚 C—O 键切断成醇，然后把醚通过官能团转化成酮。然后酮经历逆 Mannich 反应，生成三个等价试剂：苯乙酮、甲醛和甲胺。

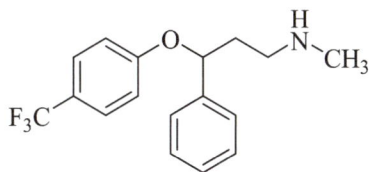

氟西汀

氟西汀的逆合成分析如下：

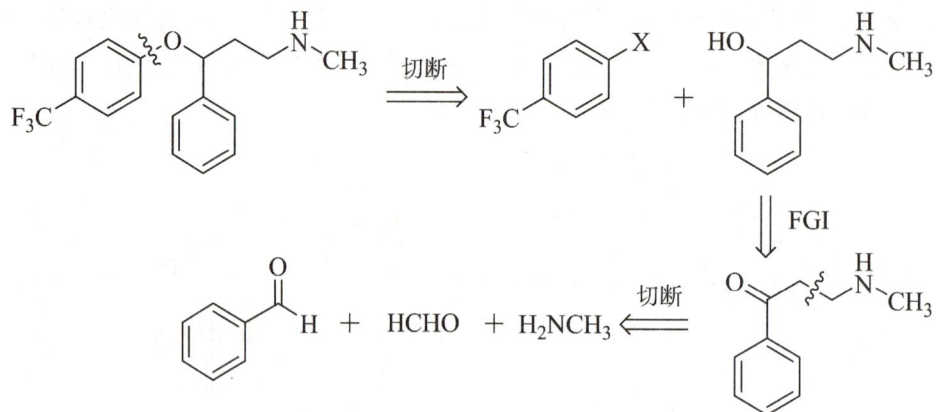

七、C ══ C 双键切断

作为逆合成分析的一部分，切断并不局限于 C—C 单键，C ══ C 双键的切断也是需要考虑的。为阐明这一点，下面用天然产物肉桂酸乙酯的逆合成分析加以说明。

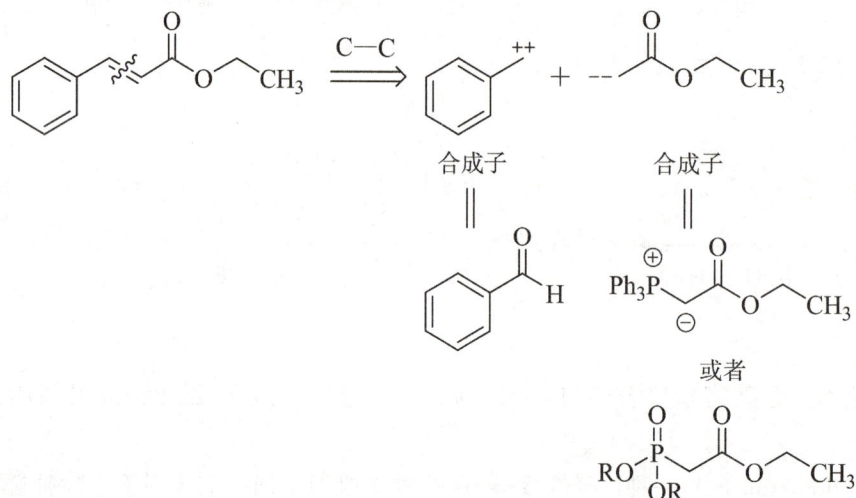

由于我们切断了一个双键，生成的合成子当中每一个带有双电荷，双正电荷通常指的是羰基，对应的试剂为苯甲醛。双电荷亲核性合成子加氢给出乙酸乙酯，其可以方便的与醛反应。

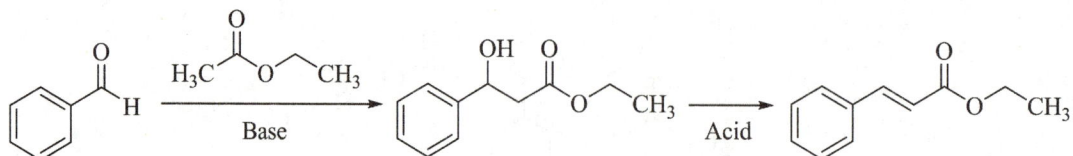

然而，制备靶分子肉桂酸乙酯更好的方法是采用有机膦试剂进行 Wittig 反应或者 Horner Wadsworth Emmons 反应。

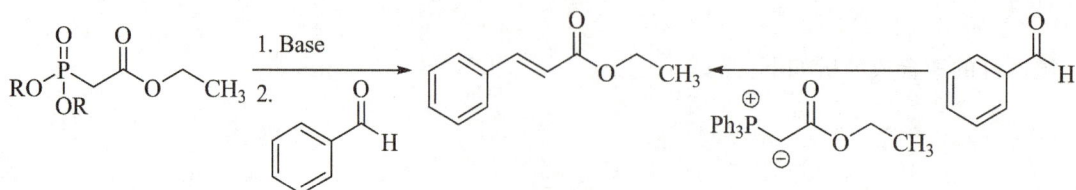

贝沙罗汀（bexarotene）是一个抗肿瘤药物，靶分子结构中含一个末端烯烃和羧酸。

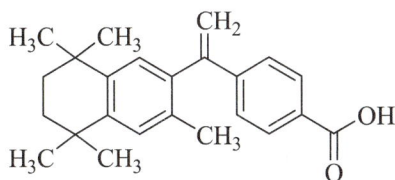

贝沙罗汀

　　由于羧酸具有酸性质子，其可能与在合成中使用的任何碱性或者中性试剂反应，很明显在推导合成路线时须使用保护基团，并且脱除保护发生在最后阶段。因此，我们的合成分析应包括官能团转化。然后确定哪一种官能团能够很容易的转化为羧酸。简单的甲酯可以满足要求。

　　末端烯烃官能团的切断然后得到两个带有双电荷的合成子。这些合成子对应于酮和 Wittig 试剂。因此，反向反应属于 Wittig 反应。

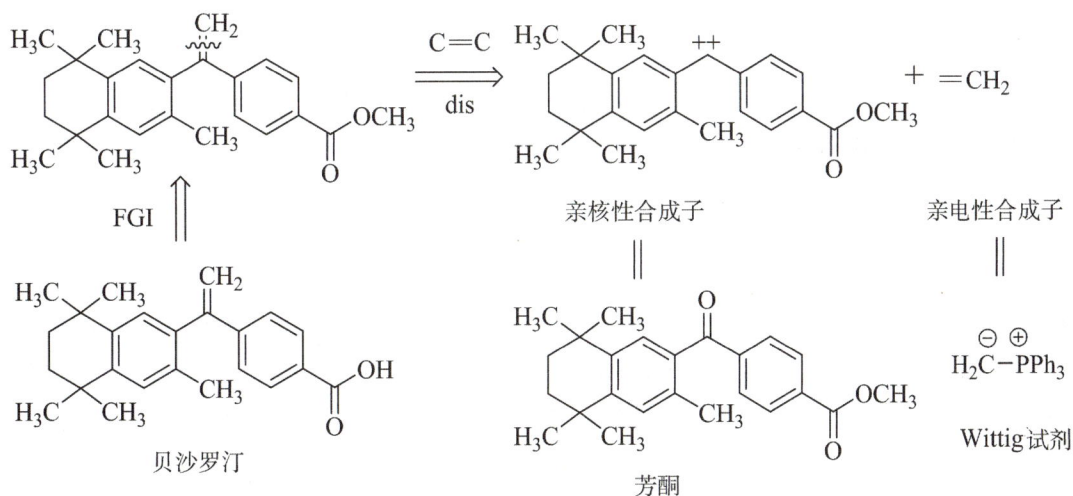

　　关于靶分子的合成包括 Friedel-Crafts 酰化反应后，接着进行反应，最后阶段是甲酯转化为羧酸。

　　合成等价试剂不是市售试剂，需要进一步切断。

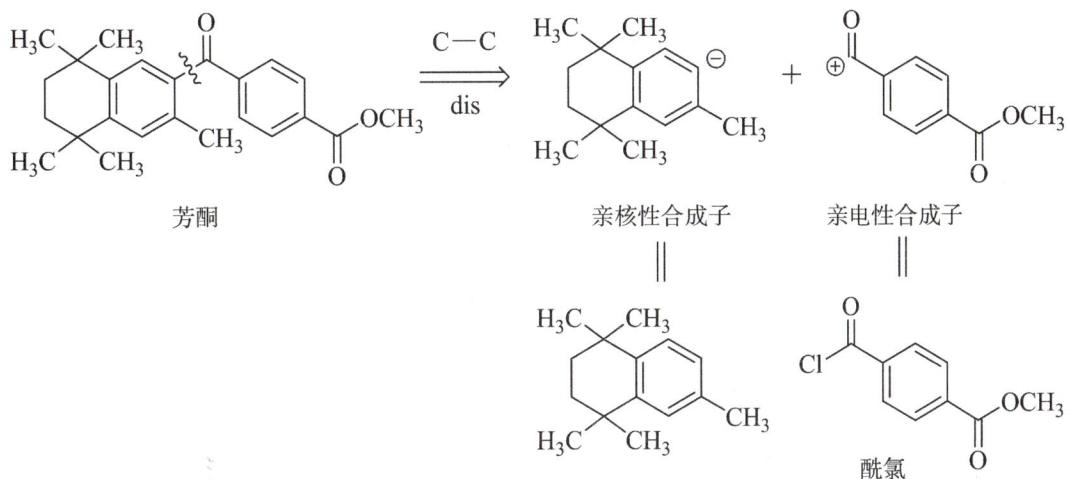

　　贝沙罗汀的正向合成路线如下所示：

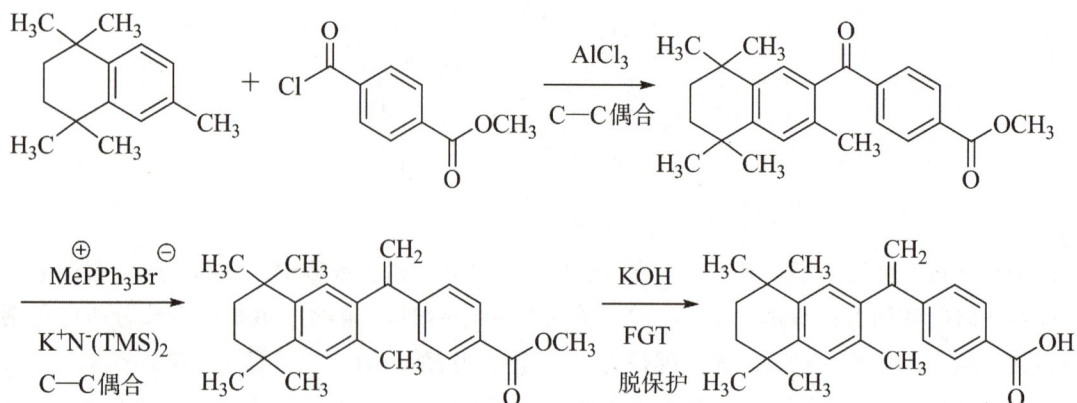

第二节　逆合成分析实例

合成设计的逻辑学指在合成设计中的总体思维形式和规律，包括如何评价合成路线、选择合成策略和文献方法的应用及其发展等。

一、合成砌块

有机合成包括从更简单的结构即合成砌块（building blocks）构建靶分子。当建立一个合成计划时，潜在的起始原料能否在市场上可以得到是至关重要的。各种化学公司提供了大量的能够用于合成的简单分子作为原料。以 Sigma-Aldrich 公司为例，其在 ACD 数据库里的常规化学品数量就有 3 万多种。合成砌块是构建药物的基础结构，在化合物库批量生产以及药物前体优化过程中不可或缺。

例如，天然抗生素青霉素 V 的全合成就是通过逆合成分析，确定合成砌块为苯氧乙酰氯、光学活性丙二醛单酯和手性青霉胺。

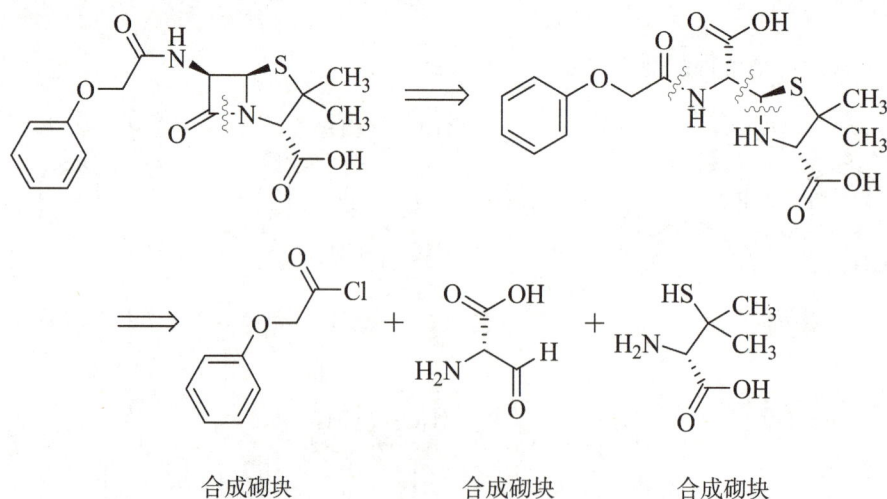

合成砌块　　　　合成砌块　　　　合成砌块

二、保护基团和潜在基团

当分子含有两个或者更多的官能团时，可把保护基团（protecting group）作为逆合成分析过程中必须考虑的一部分。当正向反应的有效性变得显而易见时就与具体的逆合成分析步骤紧密联系在一起。如果在正向反应中发生包括不同的官能团的竞争反应，那么另外的逆合成分析步骤就必须考虑相关的保护基团。

一个方法就是考虑引入相对无反应活性的官能团，当需要时其能够转化为合乎要求的保护基团。例如，芳香环上的硝基是胺的潜在基团（latent group），腈基是羧酸、羧酸酯和酰胺的潜在基团。

另一种方法就是弹簧式策略，即一个官能团的反应揭示靶分子的结构中其他位置的一个合乎需要的官能团。在前面所述普萘洛尔的环氧化物的逆向合成分析中就采用了这样的方法。这一环氧化物用作引入胺所需的亲电基团，并且作为反应的结果，醇基团在结构中被揭示。直到反应发生也没有出现羟基，这就避免了醇的保护。

例如，4-苯基-4-氧亚基丁酸的逆合成分析就可以考虑采用这一方法。一个明显的切断是发生在酮羰基与芳香环之间切断为苯和丁二酸。

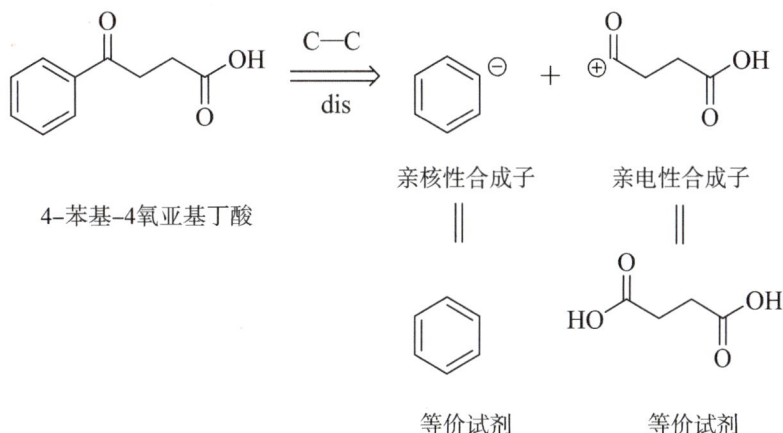

丁二酸与苯直接进行反应不易。采用丁二酸氯化为丁二酸酰氯，然后与苯进行 Friedel-Crafts 酰化反应，会得到双酰化产物 1,4-二苯基丁-1,4-二酮。

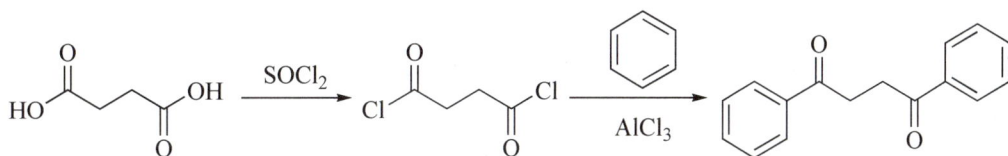

考虑将丁二酸中的一个羟基保护为酯基，另一个羟基转化为酰氯，进行 Friedel-Crafts 酰化反应，然后酯经水解成为羧酸，可得到相应的产物。

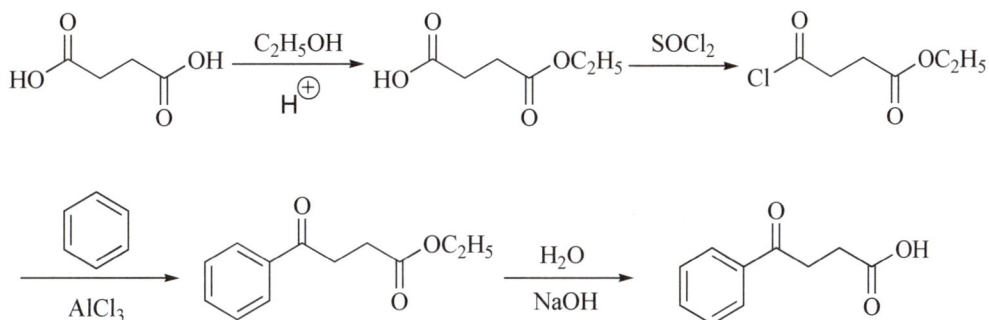

但是上述反应中，酯化其中一个基团，反应步骤过长，可以采用丁二酸酐作为酰化剂与苯反应，合成 4-苯基-4-氧亚基丁酸。

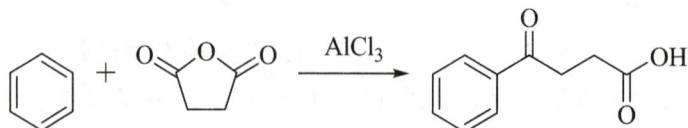

抗心律失常药伊利布特（ibutilide）的合成就采用了类似的方法。

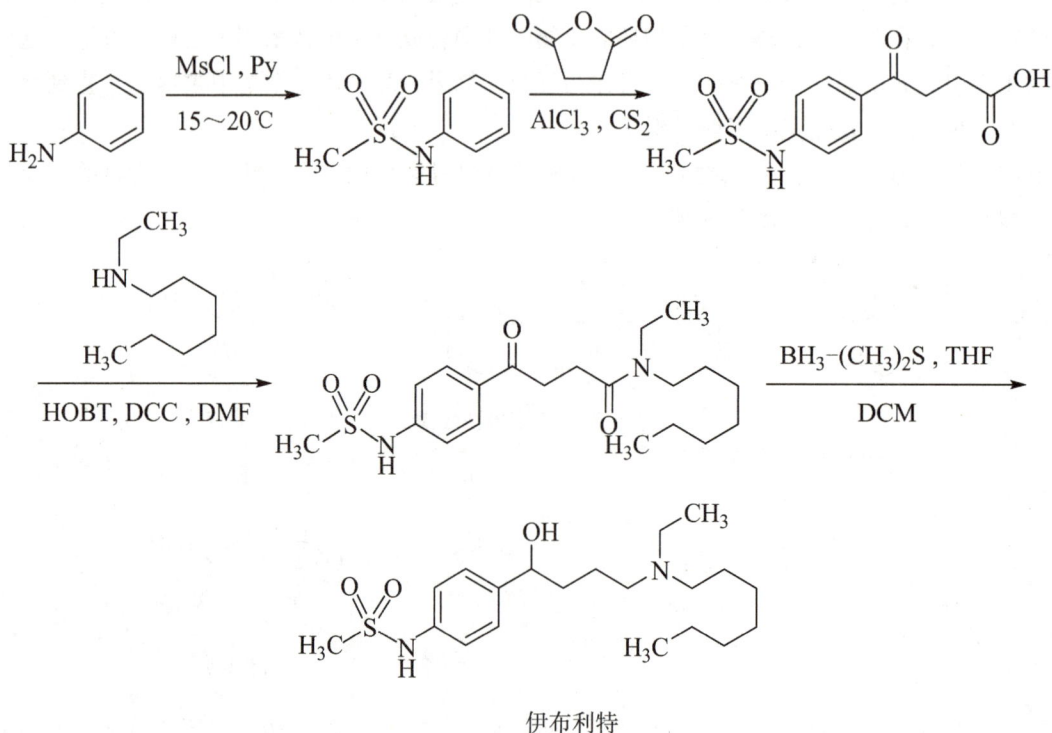

伊布利特

三、分子标签

结构庞大复杂的靶分子，需要切断的化学键的数目较多，逆合成分析的流程相应会增多。因此，指出哪些切断是最合理的操作有助于在结构中确定关键特征（分子标签）。

官能团是需要寻找的主要特征。官能团是化学反应的关键，影响 C—C 和 C—X 键的形成，因此，逆合成分析需要确定存在于靶结构中的官能团和推测哪种反应可以产生这些官能团。例如，靶分子中的仲醇基团可以从酮还原得到（官能团转化）或从 Grignard 反应（C—C 键形成）中得到。

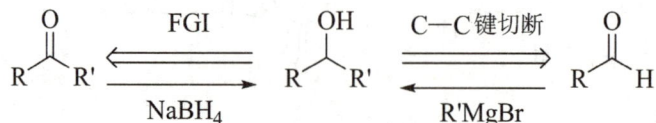

具体反应的分子标签可以包括多个官能团。例如，带有两个完全相同的烷基的叔醇可视为在酯基上进行 Grignard 反应的"标签"。六元环上的双键例如环己烯结构是一个 Diels-Alder 反应可识别的"标签"。

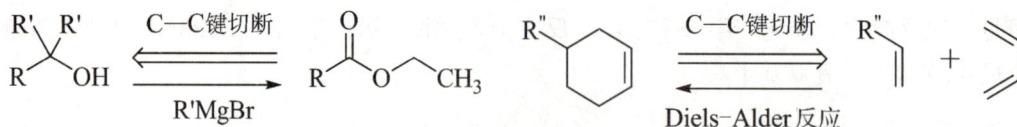

取代基团的位置相对于官能团也可以作为标签起作用。例如取代在酮的 β-位的烷基取代基

对共轭加成得到 α,β-不饱和酮就是一个标签。

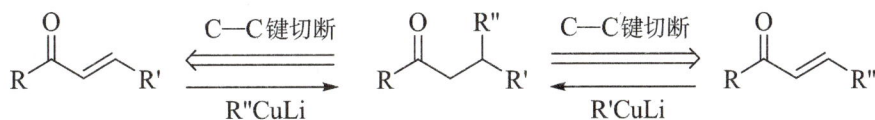

如果存在两个或者两个以上的官能团，它们的相对位置对于一个具体的反应可以提供一个标签。相邻碳原子上的胺和醇指示为环氧化物与胺的反应。α,β-不饱和酮可以是 Aldol 反应的标签，β-二酮是 Claisen 反应的标签。鉴别可以应用于至少一种类型的反应的"标签"是重要的。例如，合成 α,β-不饱和酮就不仅仅是 Aldol 反应，还有其他多种途径。

下表列出了多个分子标签和使用这些关键特征相应的反应（表 9-2）。

表 9-2　分子标签及相关的反应

分子标签	相应的反应	分子标签	相应的反应
	Aldol 反应		Wittig 反应
	Aldol 或 HWE 反应		Peterson 反应
	Claisen 反应		Grignard 反应
	Michael 反应		Diels-Alder 反应
	臭氧化反应		Diels-Alder 反应

四、逆合成分析的策略

当进行逆合成分析时，须遵循下面多个指导原则：

1. 通过识别靶分子结构中的分子标签确定合适的切断。

2. 确定有效的合成子和可以实现的反应的关键切断，这样的切断包括：芳环与取代基之间的键、其他形式的环与取代基之间的键、当 X 为杂原子（N、O 或者 S）时 C—X 键、经有效的环合反应形成的环的键。

3. 在结构中心切断。或在支化点切断，如分子有对称性，应从对称中心处进行切断。

4. 在逆合成分析的每一个阶段，确保对应于合成子或者生成的结构的试剂是可以得到的，并且这些试剂参与的反应是有利可行的。

5. 按照预先寻找和引入需要的保护策略、潜在官能团或者弹簧式策略，修改逆合成分析流程。

6. 确定导致简单易得的起始原料的逆合成流程，反应步骤尽可能短。

以降糖药物达格列净（dapagliflozin）作为实例进行逆合成分析。

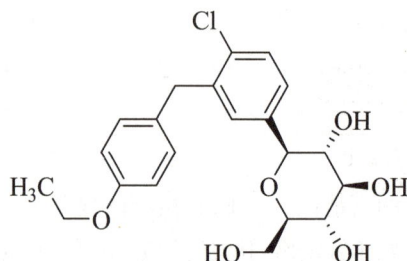

　　根据逆合成分析，对靶分子存在多种切断化学键的方式。遵循指导原则，靶分子具有两个重要的结构特征或分子标签：苯基C—葡萄糖苷片段和葡萄糖片段，因此，可以切断两个片段之间的C—糖苷键，这样的切断的有利之处在于：是在靶分子的中心部位切断，生成两个等价体大小相差不多的合成子；是在环与分支点之间切断，生成的合成子相对结构简单；存在有利的结构来表示这些合成子，如二苯甲基环系统和葡萄糖内酯；采用亲核取代反应连接这些结构片段

　　先通过苯基C—葡萄糖苷合成子制备苯基C—葡萄糖苷片段，再通过葡萄糖制备葡萄糖片段，进而合成达格列净。因此在逆合成上从"苯基C—葡萄糖苷"结构特征片段的构建入手，将达格列净中的C—糖苷键切断，获得两个合成子。

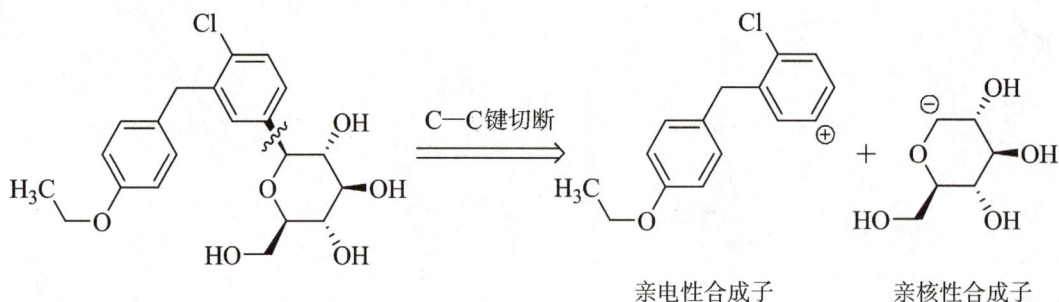

　　亲电性合成子的等价试剂为芳基卤化物（X=Br 或 I），亲核性合成子为葡萄糖酸内酯衍生物，其在有机锂试剂作用下可发生极性反转，与芳基卤化物C—C偶联成键。

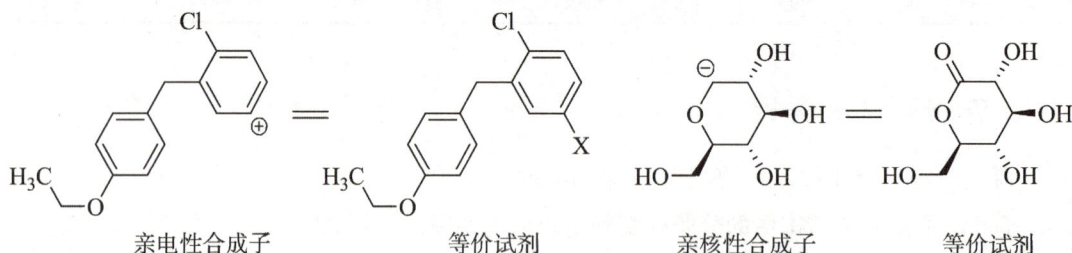

　　上面的亲电性合成子的等价试剂在市场上不易得到，因此须继续切断。采用官能团互换，将芳基卤化物转化成酮，然后切断羰基与乙氧基取代的芳香环之间的C—C键，得到两个合成子，进而寻找到相应的等价试剂2-氯-5-卤素取代的苯甲酸和苯乙醚。葡萄糖酸内酯衍生物合成子内酯结构中的C═O活性较高，难以承受剧烈的反应条件，须在正向合成路线中最后构建。

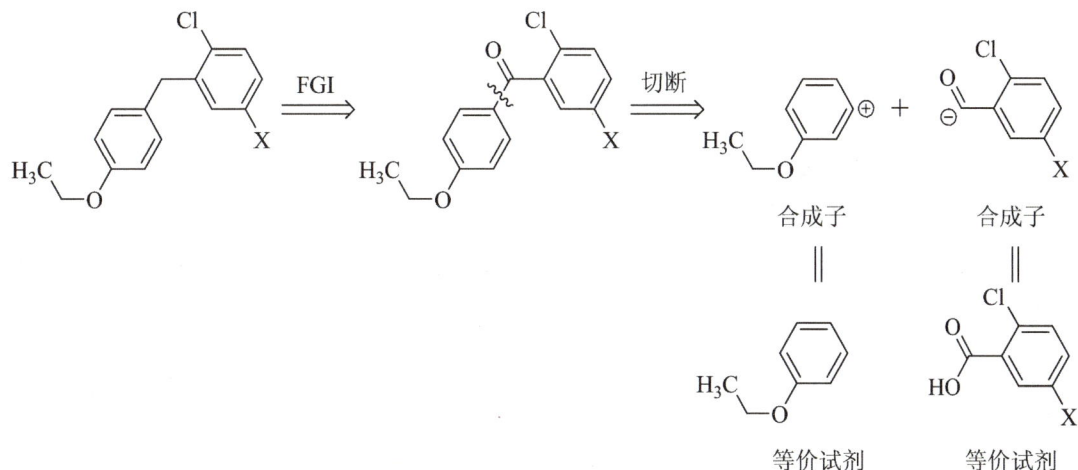

达格列净的正向合成路线如下：

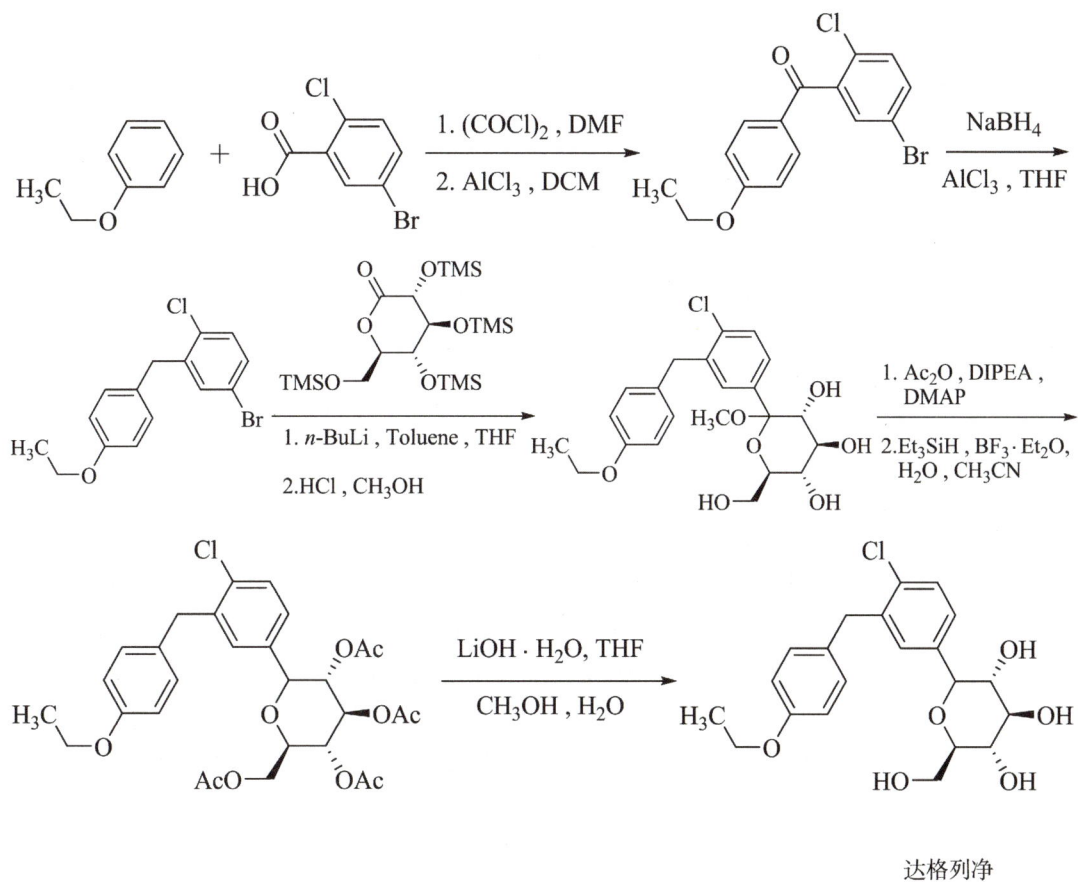

达格列净

五、逆合成分析实例

（一）氟哌啶醇的逆向合成分析

逆合成分析确定包括 C—N 键在内的有效的切断，其中一个合成子本身为亲核试剂。合成子对应于烷基卤化物和哌啶结构，逆向反应对应于烷基氯化物的亲核取代，其在碘化钾存在下进行。当确定良好的键的切断时，切断也满足许多的其他的要求。它处于分子的中心并且导致相似体积大小的两个中间体，以至于相应的合成是收敛的。切断也处于取代基与环系统之间，这也是优选的。

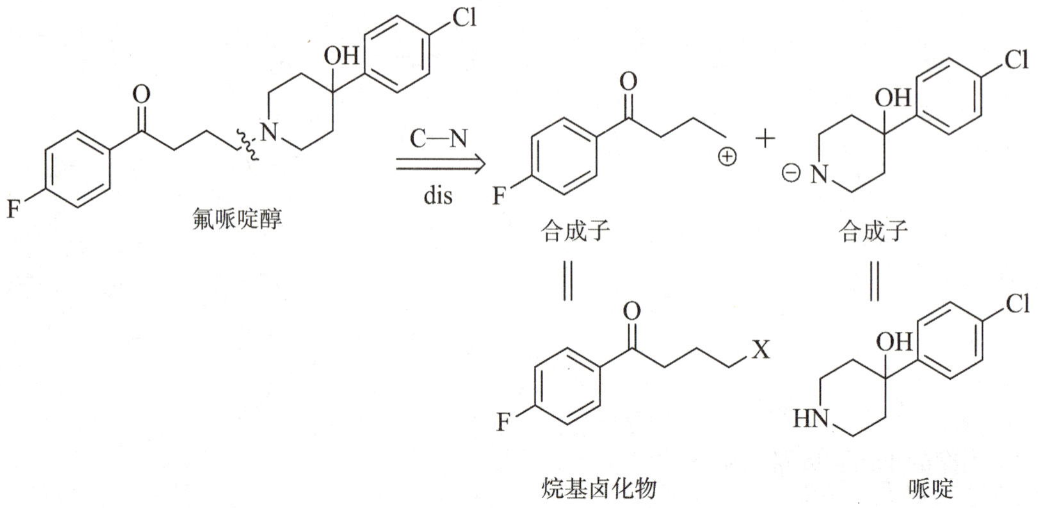

烷基卤化物的合适的逆合成步骤是芳环与酮基之间 C—C 键的切断，因为在芳环和取代及之间切断通常是有利的。

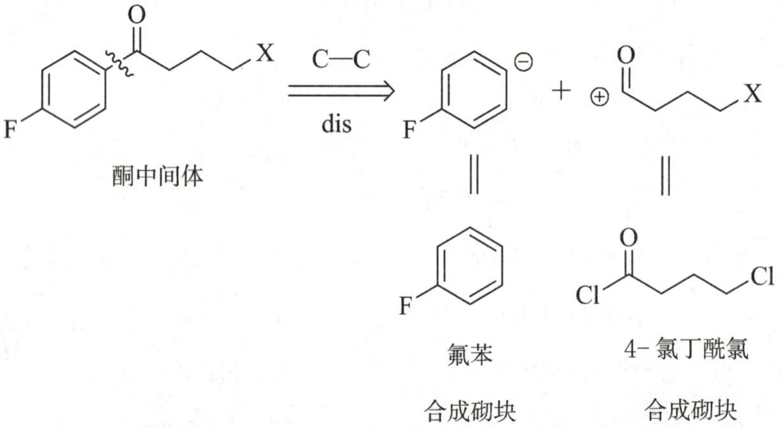

然后，芳环本身作为亲核试剂起作用。与合成子对应的试剂是氟苯和 4-氯丁酰氯，它们通过 Friedel-Crafts 酰化反应连接在一起。由于酰氯比烷基氯化物更具反应性，进行这一反应是可行的，可避免 Friedel-Crafts 烃化反应。反应既是化学选择性的，也是区域选择性的，因为芳环上的氟取代基定位在邻位和对位取代，并且不再间位取代。如果形成邻位双取代产物，反应结束后还需对邻位和对位双取代产物分离。然而，这是可以接受的，原因是它处于合成的第一阶段，并且试剂价廉易得。

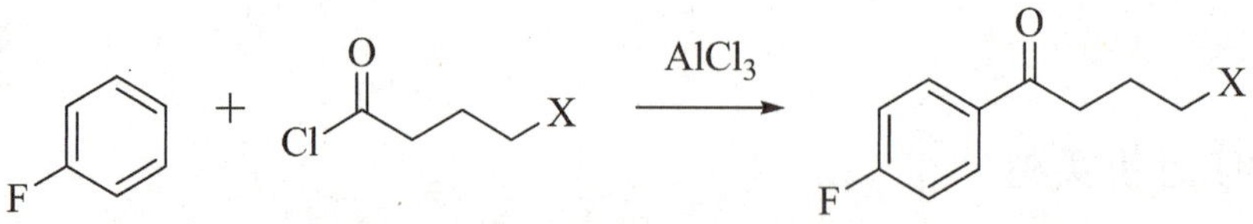

良好的哌啶醇结构逆合成步骤应该是哌啶和芳环之间的 C—C 键切断。切断处于两个环之间的分子中心。这对应于合成子的分子为 4-哌啶酮和 4-氯苯基溴化镁两个简单分子。

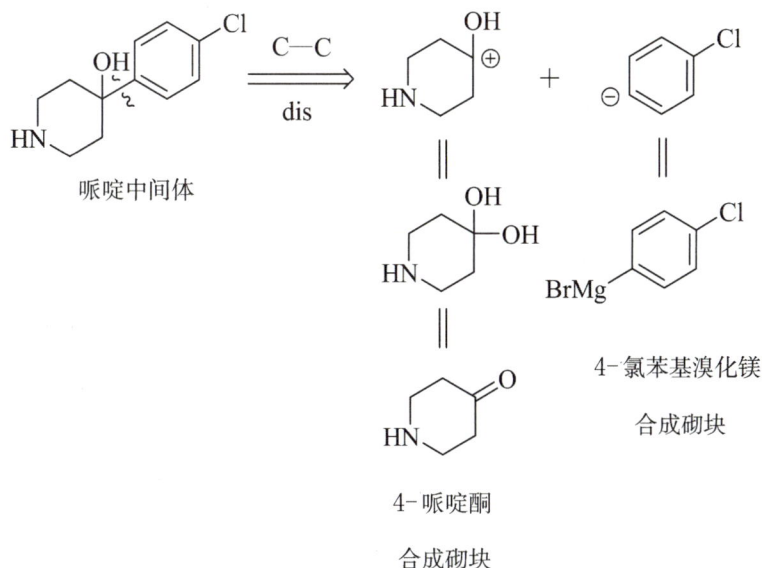

哌啶中间体

4-氯苯基溴化镁

合成砌块

4-哌啶酮

合成砌块

Grignard 反应将提供目的产物，但使用试剂的两个等价物是必要的，因为一个等价物用于在酸-碱反应中与 NH 质子发生反应。为避免这一点，在 Grignard 反应之前有必要保护 4-哌啶酮环上的氮原子。

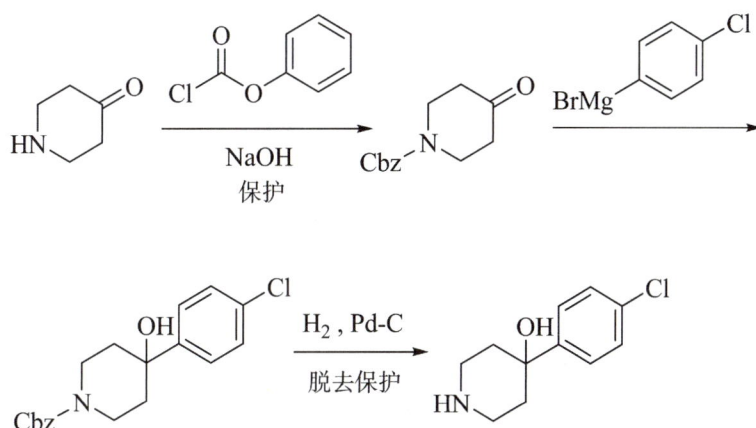

因此，氟哌啶醇实际的合成包括四个合成砌块。

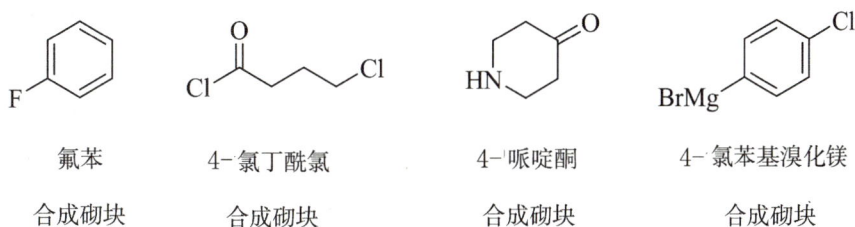

氟苯	4-氯丁酰氯	4-哌啶酮	4-氯苯基溴化镁
合成砌块	合成砌块	合成砌块	合成砌块

氟哌啶醇的正向合成路线如下：

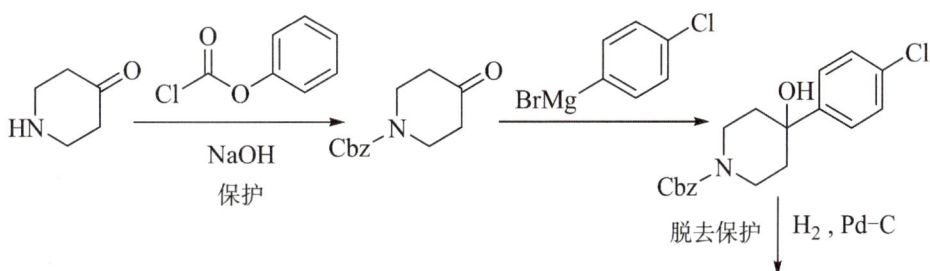

脱去保护 H_2, Pd-C

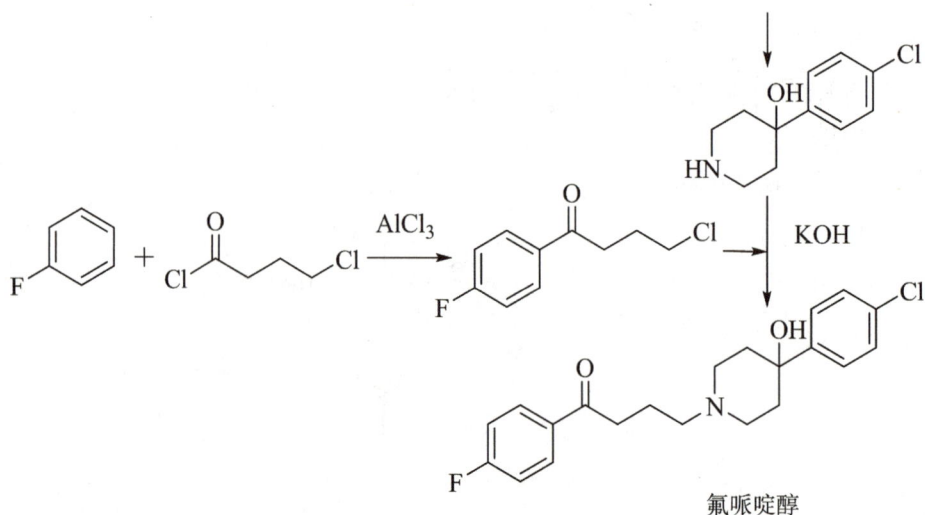

氟哌啶醇

（二）抗肿瘤药尼洛替尼（nilotinib）的逆合成分析

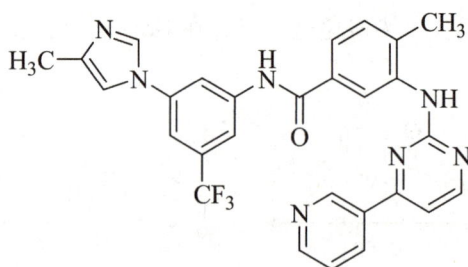

许多芳香族杂环化合物是由形成 C—杂原子键而得到的。靶分子的结构中包含三个杂环：嘧啶环、吡啶环和咪唑环。在合成计划中，选择正确氧化态的碳亲电试剂。首先切断酰胺键，反推得到取代苯甲酰卤的核心结构和三氟甲基咪唑基苯胺。

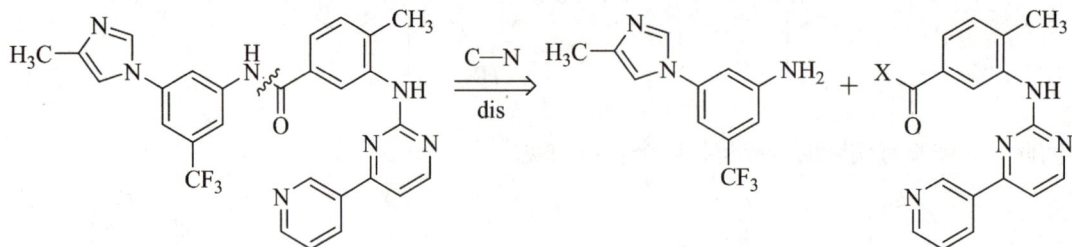

取代苯甲酰卤含苯胺基吡啶基嘧啶片段，在苯环与嘧啶环之间的 C—N 键切断，生成芳基卤化物和苯胺基吡啶基嘧啶两个等价体。其中芳基卤化物对应的试剂是市场上可以得到的。

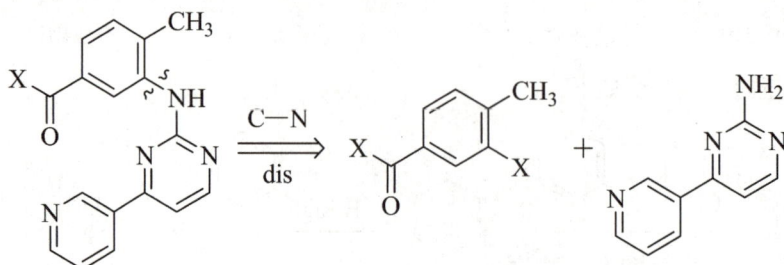

氨基吡啶基嘧啶不易获得，须进一步切断。得到常用的试剂吡啶丙烯酮和胍，其中胍是简单易得的常用试剂。

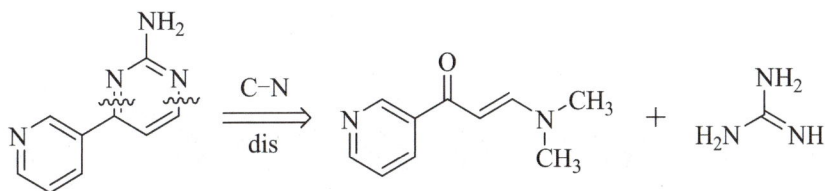

苯胺基吡啶基嘧啶的正向合成路线如下：

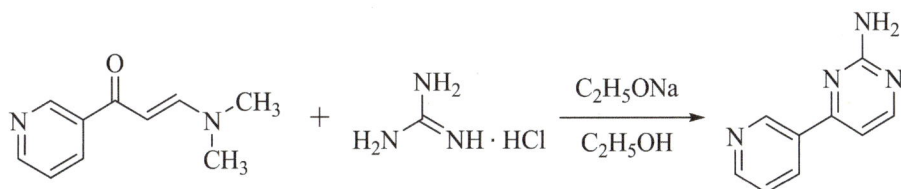

三氟甲基咪唑基苯胺的切断显而易见，断裂 C—N 键，生成甲基咪唑和三氟甲基溴苯胺。

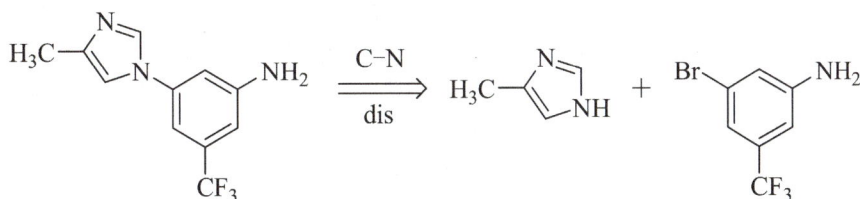

归纳起来，对靶分子进行的四次切断都是 C—N 键，逆合成分析实际上最后得到四个合成砌块。

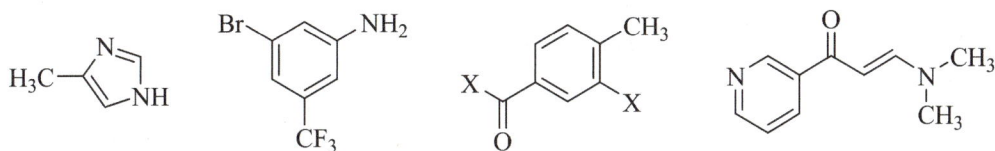

尼洛替尼的正向合成路线如下所示：

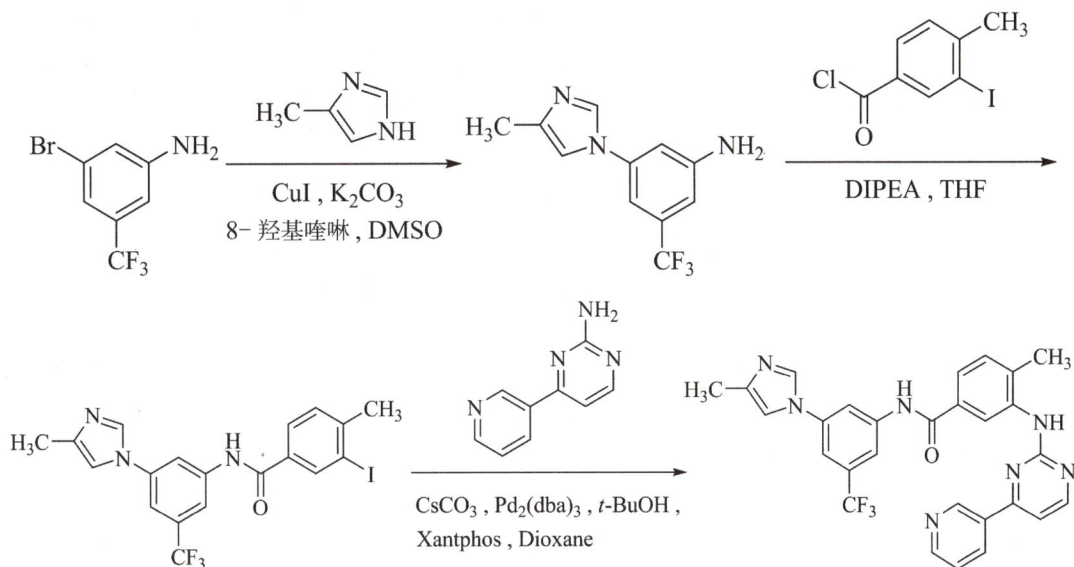

扫一扫，查阅本章数字资源，含PPT、音视频、图片等

第十章
合成路线设计与天然药物全合成

本章要点

掌握：掌握药物分子合成的控制策略，包括化学选择性、区域选择性、立体选择性等。

理解：药物分子合成路线的设计策略，包括合成树的构建和修剪、直线式和汇聚式策略等。

了解：青蒿素、利血平、紫杉醇、高三尖杉酯碱的全合成。

　　无论是从实验室制备还是工业化生产而言，药物合成的终极目标都是以最少的反应步骤、最高的收率、绿色的合成路线，方便而安全地获得目标药物分子。药物合成的过程一般会涉及药物分子骨架的构建、官能团的引入以及立体构型的确立等。学习药物合成反应的目的就在于熟练掌握药物合成反应的基本原理和方法并把它们灵活而巧妙地运用到药物合成中去。就前面章节已经学过的药物合成反应类型而言，卤化反应、烃化反应、酰化反应、氧化反应和还原反应主要提供了官能团引入或转换的一般方法；缩合反应和重排反应则主要提供了分子骨架构建的有效途径。而对一些药物分子立体构型特别是手性中心的确立，则要运用下一章介绍的手性诱导不对称合成技术等相关手段来予以实现。当然，在许多情况下，分子骨架的构建、官能团的引入和立体构型的确立也能够在同一反应过程中完成。

　　合理的合成路线设计，是制备复杂药物分子特别是天然药物分子的前提。其不仅涉及对现有药物合成反应合理选用，而且还包含对合成中拟采用的各种方法的评价和比较，从而最终确定最合理可行、安全高效的合成路线。本章将主要围绕药物合成中合成路线的设计及其评价展开，并精选了几个天然药物全合成的例子，以便加深理解。

第一节　合成路线的设计及合成控制策略

　　药物合成是利用化学方法将廉价易得的原料合成高附加值的药物分子。由于药物的特殊属性，在选择合成药物的原料、试剂、溶剂、催化剂及条件均有特别的要求，也要对合成过程中可能发生的副反应及其所产生副产物的理化性质进行研究，要尽可能地减少催化剂特别是重金属催化剂使用量，考虑最终产品的晶型等。因此，在药物合成具体实施之前，应该明确以什么样的原料，在什么条件下，经由哪些反应步骤，运用什么样的分离方法才能满足目标药物分子在结构和性能上的要求，因此要合理设计合成路线，优化合成策略。

一、合成路线设计

1. 利用文献资料

药物合成路线的设计是以药物合成反应为基础的，而药物合成反应作为有机合成领域中重要

的分支，经历了其漫长的发展历程。文献资料浩如烟海，如何从这卷帙浩繁的文献资料中吸取经验、获得灵感，是快速获取一条理想合成路线的基础和关键。当确定一个具体的药物合成分子之后，首先要对涉及目标分子结构、理化性质和相关合成方法的相关文献资料进行广泛的收集和整理。在对相关文献资料进行收集和整理的过程中，对于已经有合成路线报道的目标分子，可以参照现有合成路线进行有针对性地改进和提高，也可以根据现有的药物合成新方法和新技术设计全新的合成路线；对于那些没有合成路线报道的目标分子，则要重点关注其类似分子骨架或类似物的合成方法，因为这些方法所提供的信息不仅能帮助我们少走弯路而且还能减少试探过程，从而大幅提高成功的可能性。例如，蒽醌类抗肿瘤药阿霉素（doxorubicin）中间体柔红酮合成的最后一步用溴化和水解反应引入苄位上的羟基。如果将这一方法用于其类似物阿克拉霉素（aclarubicin）中间体阿克拉酮合成的最后一步，亦可取得较好的效果。

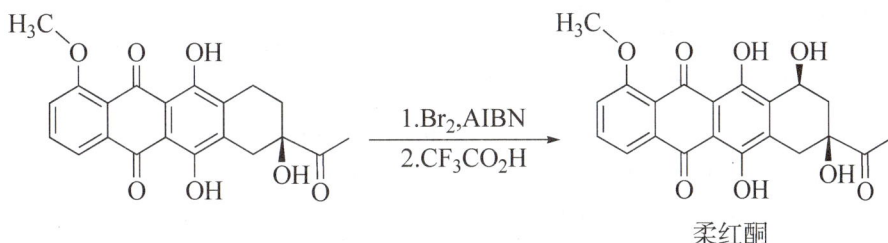

柔红酮

此外，对于相关文献资料的收集和整理，目前国内外可用的网络检索类数据有很多。如果想要了解某一具体药物分子的相关信息，建议可以选用美国化学文摘社 SciFinder 数据库进行相关检索查询；如果想要了解某一类药物分子或某一药物合成反应的相关信息及最新研究成果，可以选用美国科技信息所 Web of Science 数据库进行相关检索查询。

2. 合成树的构建和修剪

根据相关文献资料的收集和整理，对于确实需要设计合成路线的药物分子，一般可以运用第二章"逆合成分析"中所提供的切断方法和策略，对所需要合成的药物分子（即目标分子）进行逆合成分析。根据切断方式的不同，各可能合成路线所经历的中间过程或中间体就会有很大的差异，所用到的起始原料也会千差万别。我们可以在经由不同切断方式推导出来的各种原料与目标分子之间画出如下的"树状"关系，这种图式通常称为"合成树"。

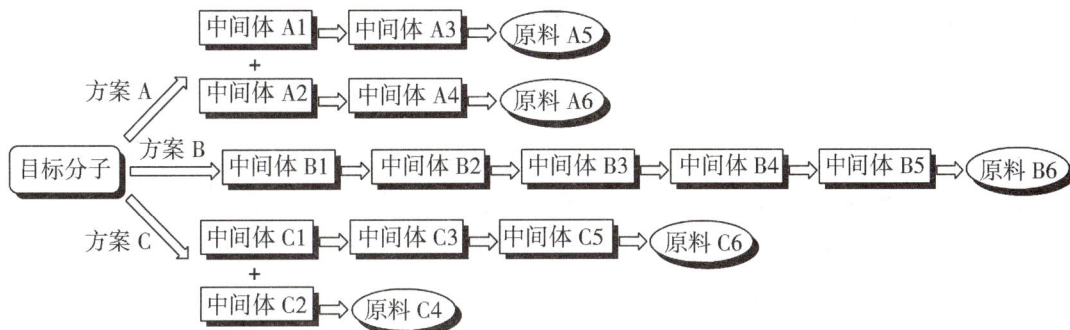

除结构极为简单的药物分子外，每个药物分子的合成都有不止一条合成路线。目标分子结构越复杂，可能的合成路线就越多。根据逆合成分析完成"合成树"的构建，不仅有利于对合成目标分子的各种可能路线了然于心，而且还能够为下一步合成路线的评价和最终确定提供较为便捷的途径。当然，在这一过程中，还可以从药物合成反应的一般原理出发，对合成树中所涉及的各种可能路线的合理性进行一个初步判断。对于那些包含不稳定中间体、不容易获取原料或试剂以及难以实现转化过程的合成路线应予以否定。这也就完成了所谓的对合成树的修剪过程。通过对

合成树的修剪或取舍，一般建议留下两到三条最有可能成功的合成路线为下一步合成路线的评价和最终确定提供筛选。

二、合成控制策略

（一）合成控制

设计合理的药物合成路线，必须考虑合成控制，即选择性的问题，包括：①化学选择性（chemoselectivity），取决于不同官能团的反应差异；②区域选择性（regioselectivity），它取决于活性基团周围不同位置的反应性差异；③立体选择性（stereoselectivity），它涉及产物分子的相对或绝对立体化学问题。

1. 化学选择性和区域选择性

在一个分子中存在多官能团时，可利用官能团转化来临时保护某个基团而避免不应发生的反应，提高某些反应的化学选择性；另外，为了活化所需结构部位的化学活性或有意阻断某个结构部位的反应性，可利用官能团添加（活化基、阻断基）来提高某些反应的区域选择性。

（1）利用保护基提高化学选择性　如醛、酮的羰基在化学反应中是较活泼的基团，保护羰基最常用的方法是通过它和1,2-乙二醇或2-巯基乙醇的反应，生成相应的1,3-二氧戊环或1,3-氧硫戊环衍生物。一般在非质子溶液中用酸催化或脱水方法使缩醛或缩酮生成完全。利用二氧戊环交换反应，也可将小分子二氧戊环上的乙二醇部分转移到大分子酮的羰基上，同时蒸出低沸点的酮。以上保护基在大多数碱性和中性条件下是稳定的，在进行有关反应后，常在丙酮或其他溶剂中用强酸处理而脱去上述缩醛或缩酮基，其脱除难易程度和生成情况相平行。

（2）利用活化基和阻断基提高区域选择性

1）活化基：对于在反应中心不同位置上存在几个相同性质的合成子的有机分子来说，利用某些活化基可起到控制区域选择性的作用。常用的活化基是甲酰基、乙氧羰基、硝基等吸电子基。例如，在2,5-二取代环乙酮中，C2和C6均能和甲基乙烯基酮（MVK）发生Michael加成。为了制备目标化合物，可先在6位引入甲酰基来活化此C-H键，然后和甲基乙烯基酮加成，用碱水解脱除甲酰基，再环合成目标化合物。

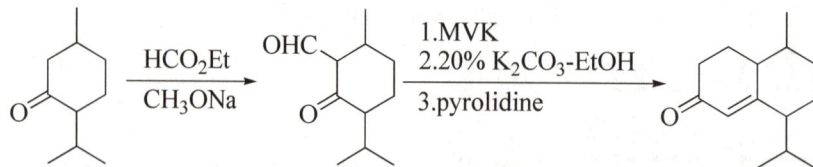

2）阻断基：在某些不具有官能团的位置上可添加某些基团来阻断不需要的反应，从而提高区域选择性，这种特殊形式的保护基又可称为阻断基。例如化合物用一般方法进行羰基α烃化，主要得到2-甲基取代产物；若先用烷硫亚甲基（R-SCH＝）阻断2位后再经化，则可顺利地得到收率良好的9-甲基取代化合物。

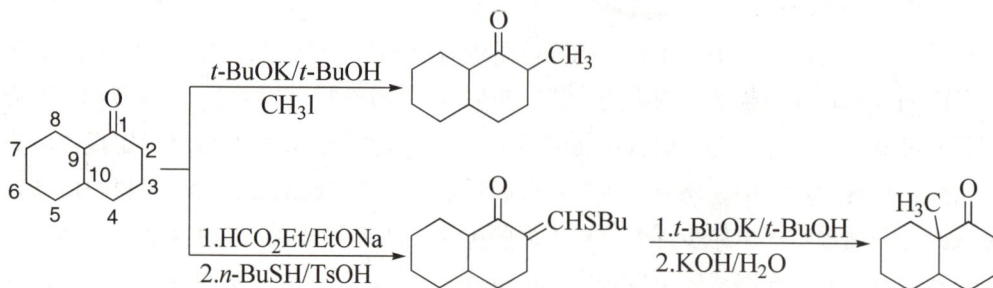

2. 立体选择性

在合成设计中，立体选择性控制涉及手性目标分子的合理合成设计及其正向反应的实施，所以在逆合成设计中要充分考虑如何很好地控制立体选择性。

（1）非对映选择性合成和对映选择性合成的概念　非对映选择性合成（diastereoselective synthesis），即控制生成的手性中心之间，或者（以及）它们和分子中原有手性中心之间的相对立体化学关系，在反应后得到的非对映异构体混合物中，某一对非对映异构体比例应该高于其他异构体。

对映选择性合成（enantioselective synthesis），指利用反应物的不对称因素，在反应中控制产物分子的绝对立体化学关系，生成两个不等量的对映异构体。如以下对映选择性烃化反应的主要产物为绝对构型（R）-光学活性对映体。

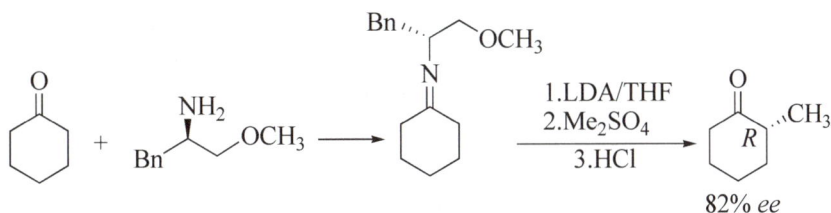

（2）立体选择性控制

1）由非对映选择性合成发展成对映选择性合成：在对映选择性合成中，必须使用光学活性原料或手性催化剂等，才能使前手性分子转化为光学活性物质；而在非对映选择性合成中，在非光学活性试剂或催化剂作用下由非手性当外消旋分子转化为外消旋产物。但是，这两类合成方法是紧密联系的，若在非对映选择性会成的基础上，采用光学活性原料、试剂或催化剂，就成为一个很实用的对映选择性合成。

2）通过反应物结构或过渡态中的立体电子效应来控制立体选择性：利用结构因素（原料中已存在的，或临时添加的，或反应中形成的结构因素）、试剂或催化剂，或通过立体电子效应（stereoelectronic effects；包括官能团之间的相互作用、氢键、金属离子整合等）来控制或扩大反应中不同的非对映或对映异构体所需过渡态之间能量的差异，就能达到"不对称诱导"和提高立体选择性的目的（见利血平合成实例）。

（二）合成策略

通过对目标药物分子合成树的构建和修剪，根据其提供的备选方案，从起始原料出发逐级往下推演，就可以获得几条正向的从原料到目标药物分子的备选合成路线：

路线 A：

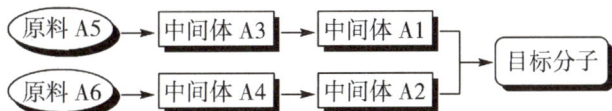

路线 B：

路线 C：

如果说对"备选合成路线"的罗列只是完成了"合成路线"可能性方面的探究，那么接下来的"合成路线评价"部分就必须把重点着眼于可行性方面的审视。从总体上看，一条理想的合成路线应具备以下几个特征：①合成路线简洁且总产率较高；②原料和试剂简单易得；③每步反应合理且较为高效；④反应条件温和且操作简便安全；⑤尽可能满足绿色化学的基本要求等。具体可以从以下几个方面进行考量和优化：

1. 直线式和汇聚式合成策略

如"路线 B"所示，原料 B6 经第一步反应生成中间体 B5，B5 又经第二步反应生成中间体 B4，依次直线顺序，共经过六步合成目标分子。这样的合成路线通常被称为直线式合成路线。如"路线 A 或路线 C"所示，先以直线式合成路线生成各自的中间体，然后再汇聚成最终的目标分子。这样的合成路线则通常被称为汇聚式合成路线。就逆合成分析而言，一般选择在目标分子的中间或分支点上进行切断，大致可以获得汇聚式合成路线。与直线式合成路线相比，汇聚式合成路线具有合成路线较短、线性总产率高和便于分工合作等优点，因此经常被药物合成者优先选用。例如，降血脂药阿托伐他汀钙（atorvastatin calcium）经 Pall-Knorr 反应的合成路线就是典型的汇聚式合成路线。

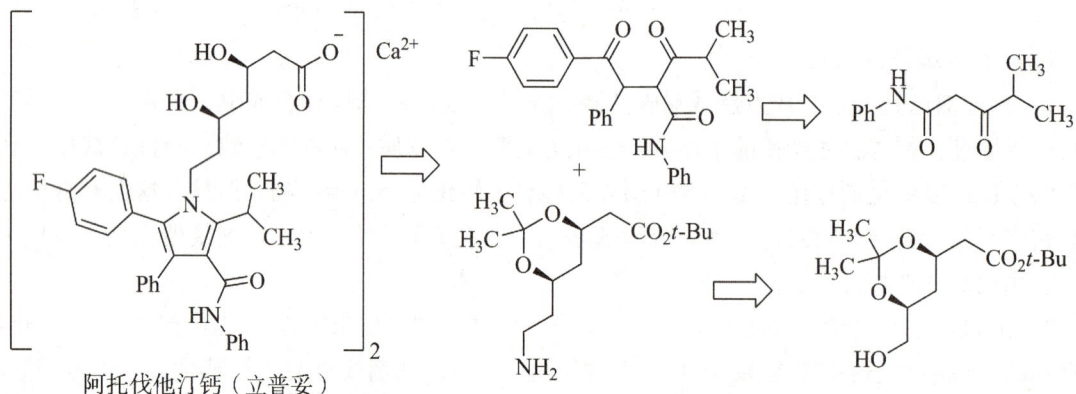

阿托伐他汀钙（立普妥）

阿托伐他汀钙的汇聚式合成路线如下：

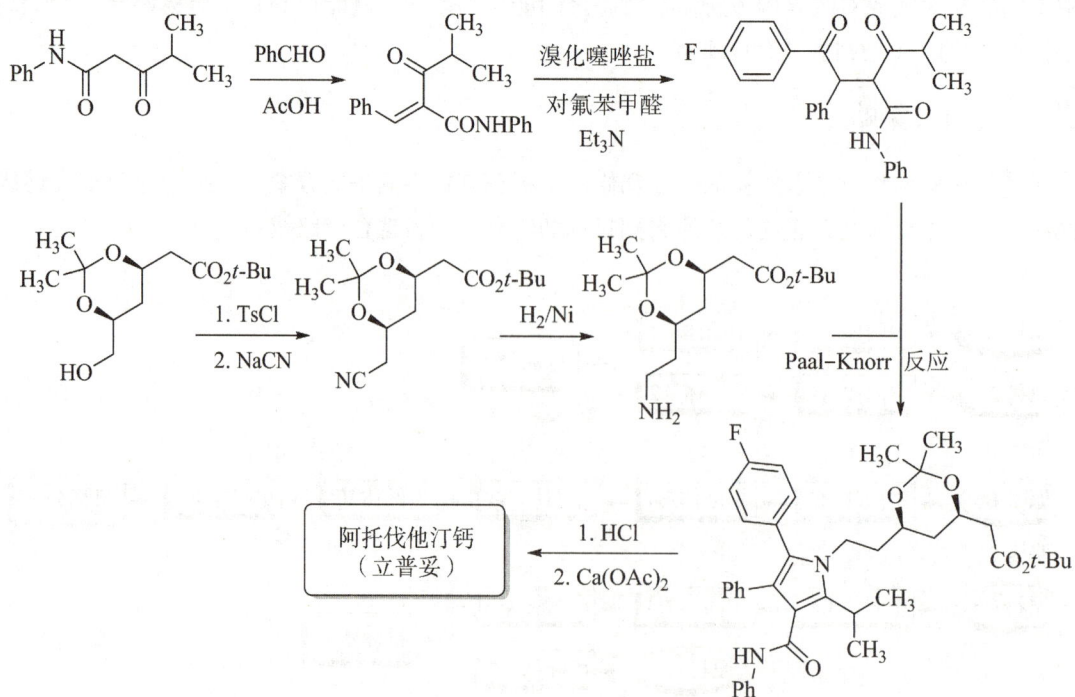

阿托伐他汀钙的逆合成分析以及正向汇聚式合成路线如下所示。先由市售原料 1,3–二羰基化合物经 Knoevenagel 反应和极性反转的 Michael 加成,合成重要中间体 1,4–二酮化合物,这是 Paal–Knorr 反应所需的一个原料;再由市售原料手性醇经磺酰化、氰根取代和催化加氢反应合成多一个碳的另一重要中间体手性胺,其为 Paal–Knorr 反应所需的另一个原料,最后经 Paal–Knorr 反应汇聚成目标分子阿托伐他汀钙。

2. 易得起始原料和试剂的策略

一条合成路线如果所选用的原料或试剂非常昂贵甚至市场上难以买到,那么即使它的设计再巧妙、合成效率再高也是难以付诸实施的。因此,一条理想的合成路线必须考虑用市场上容易买到的、廉价的原料及试剂才有可操作性和应用价值。国内外各种化工原料和试剂公司的目录或手册可为选择合适的原料和试剂提供重要线索。同时,也可以通过网络了解化工原料和试剂企业的生产信息,特别是相关许多有用的医药中间体的情况,亦可对原料的选用提供很大帮助。此外,对于一些结构复杂的药物分子,还可以优先考虑来源于易得的天然产物及其降解产物为起始原料的半合成。如半合成抗生素氨苄西林(ampicillin)的合成就是以制备青霉素类衍生物的起始原料 6–氨基青霉烷酸出发通过氨基酰化和脱保护两步反应快速获取的:

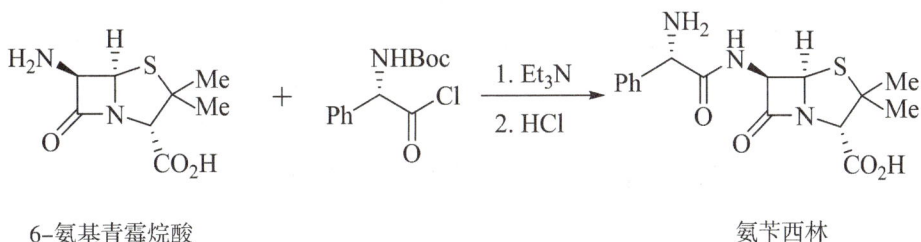

6–氨基青霉烷酸　　　　　　　　　　　氨苄西林

随着研究的不断深入,这种以易得可再生资源为基础的合成复杂结构药物分子的半合成策略将越来越受到药物合成工作者的关注。

3. 提高反应效率和选择性策略

如何提高反应的效率和选择性一直以来都是合成化学工作者所关注的重点领域之一。为此,有机合成化学家们开发了一系列行之有效的方法,如串联反应、多组分反应、酶促反应、不对称催化反应以及无保护基的全合成研究等。这些有机合成化学中提高反应效率和选择性的常用方法,都非常值得我们在药物合成路线的优化过程中学习与借鉴。

4. 反应溶剂安全性策略

当今制药工业中溶剂的使用量十分可观,而其所用溶剂大多都具有易挥发、易爆炸和对人体及环境有毒害等缺点。这不仅给它们的运输和存放带来巨大的麻烦而且还会带来相应的环境问题。对于一条理想合成路线的评价和优化,如果能够遵循"从源头上消除或减少化学危害或污染"的绿色化学理念,尽量避免或减少易燃易爆、有毒有害溶剂的使用,将会使合成路线本身具有更高的现实意义和社会价值。

事实上,很多国际知名制药企业及美国化学会绿色化学研究所制药圆桌会议等都根据溶剂对人体的危害程度、安全性能(如可燃性、易爆性和稳定性等)和环境友好程度等指标给出了各自的"溶剂选用指南"。根据以上指南进行归纳总结,将常规溶剂分为推荐使用、次推荐使用、有问题、可能存在危害、有危害和非常有危害等六大类。常用溶剂选用指南见下表(表 10–1)。

表 10-1 常用溶剂选用指南

溶剂类型	溶剂名称
推荐使用	水、乙醇、异丙醇、正丁醇、乙酸乙酯、乙酸异丙酯、乙酸正丁酯、苯甲醚、环丁砜
次推荐使用	甲醇、叔丁醇、苄醇、乙二醇、丙酮、甲基乙基酮、甲基异丁基酮、环己酮、乙酸甲酯、乙酸、乙酸酐
有问题	甲基四氢呋喃、庚烷、甲基环己烷、甲苯、二甲苯、氯苯、乙腈、二羟甲基丙基脲、二甲基亚砜
可能存在危害	甲基叔丁基醚、四氢呋喃、环己烷、二氯甲烷、甲酸、吡啶
有危害	二异丙醚、1,4-环氧六烷、二乙醇二甲醚、戊烷、己烷、二甲基甲酰胺、二甲基乙酰胺、N-甲基吡络烷酮、二乙醇单甲醚、三乙胺
非常有危害	乙醚、苯、氯仿、四氯化碳、1,2-二氯乙烷、硝基甲烷

根据上面的表格，对于合成路线的评价和优化，可以尽量优先选择使用"推荐使用"的这一类型溶剂，而尽量避免使用"非常有危害"的这一类型溶剂。在经典药物合成反应中，乙醚、苯、氯仿和二甲基甲酰胺都是常用的溶剂；而在现代药物合成反应中，这些危害性较高的溶剂已经很少被使用，同时苯甲醚、甲苯、乙酸乙酯、丙酮、乙醇甚至水等都常作为它们的替代品，被优先考虑使用。这些都充分体现了当今制药工业对"反应溶剂安全性考量"的重视程度与日俱增。

第二节 天然药物全合成选例

一、青蒿素的全合成

青蒿素（artemisinin）及其衍生物双氢青蒿素是继乙胺嘧啶、氯喹和伯氨喹之后最有效和低毒的抗疟特效药，曾经挽救过撒哈拉以南非洲地区的无数生命，被很多非洲民众尊称为"东方神药"。作为抗疟药，青蒿入药在我国已经有两千多年的历史。1972年，以屠呦呦为代表的我国科学家从中药菊科植物黄花蒿中首次分离提取得到抗疟有效成分青蒿素，并在四年之后确定了其分子结构。

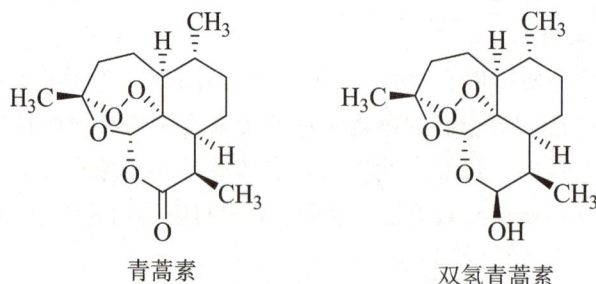

青蒿素在结构上属于倍半萜类化合物，分子含有一个十分罕见的内型过氧桥缩醛缩酮结构，过氧基团是它具有高抗疟活性的关键结构单元。同时，分子中的五个氧原子在同一平面上，且分子上含有七个手性中心。因此，使得青蒿素的全合成成为一件极富挑战性的事情。1983年，我国化学家周维善等人以（R）-香草醛为天然手性源，完成了青蒿素的全合成，成为从天然手性源出发合成复杂手性目标分子的经典之作。其合成路线的逆合成分析如下：首先对目标分子的环内缩醛和缩酮键进行切断，获得关键中间体 **1**；接着，通过官能团转换切断法获得关键中间体 **2**；最后利用逆Michael加成和逆Ene反应将中间体 **2** 断开，得到易得的天然手性化合物（R）-香草醛。

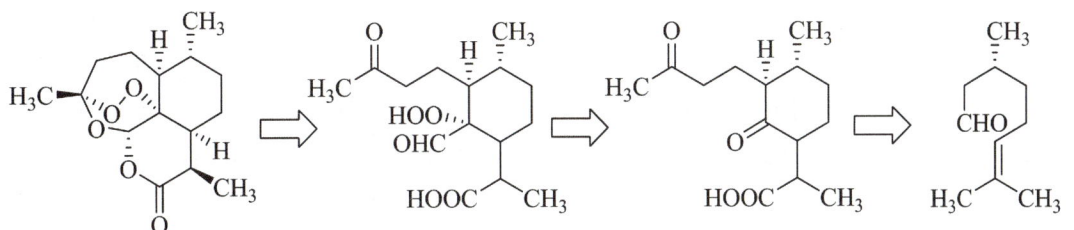

以（R）-香草醛为天然手性源的正向合成路线如下图所示：

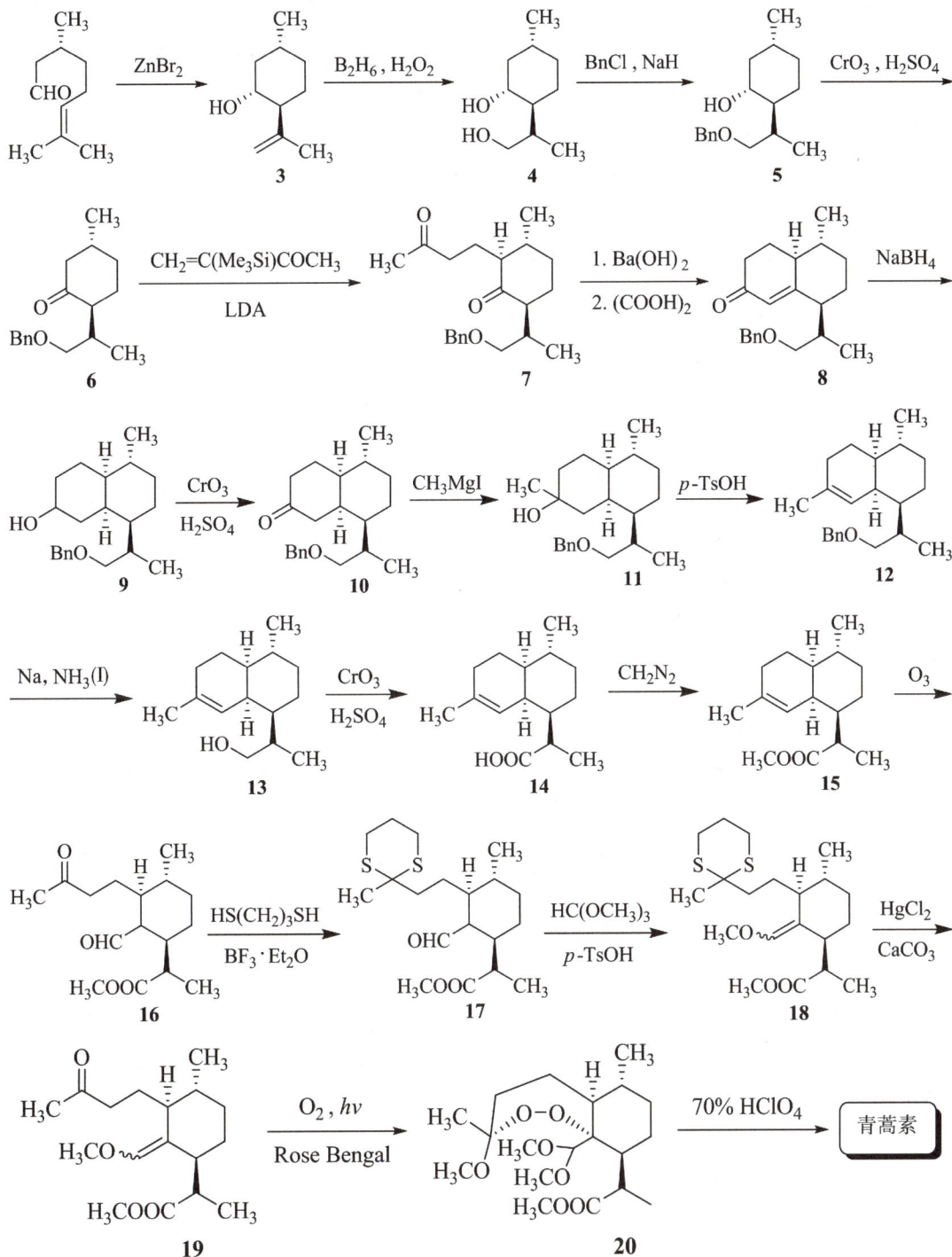

　　首先以（R）-香草醛为天然手性源在 Lewis 酸溴化锌催化下，通过分子内 Ene 反应合成六元环中间体 3；硼氢化-氧化反应、氢化钠条件下对伯醇的苄基选择性保护以及 Jones 氧化反应，获得酮中间体 6；LDA 条件下的 Michael 加成和脱硅基反应，得到 1,5-二酮中间体 7；氢氧化钡和草酸条件下的羟醛缩合反应，合成 α,β-不饱和酮中间体 8；硼氢化钠还原和 Jones 氧化反应，获得酮中间体 10；对羰基化合物的 Grignard 试剂亲和加成以及对甲苯磺酸条件下的脱水反应，得到中间体 12；金属钠-液氨条件下的苄基脱保护、Jones 氧化以及与重氮甲烷的甲酯化反应，合成中间体 15；臭氧对环己烯结构单元的双键氧化开环反应，获得 1,6-二羰中间体 16；1,3-丙二硫醇对立体位阻较小羰基的选择性保护以及对甲苯磺酸条件下与草酸三甲酯的甲基化反应，得到中间体 18；氯化汞和碳酸钙条件下的脱保护，合成关键中间体 19；合成路线中最为特征也是最后关键步骤是：甲醇溶液体系中光敏剂玫瑰红、高压汞灯光照以及通氧气条件下，利用光氧化反应引入过氧桥，获得重要中间体 20；最后酸性条件下经分子内醇醛缩合、醇酮缩合以及内酯化等系列串联反应，最终获得目标分子即青蒿素。

　　在探索青蒿素的全合成路线过程中，周维善等人还提出并实现了从较为易得的青蒿酸经过甲酯化和硼氢化钠还原反应直接合成中间体 15 的转化过程。

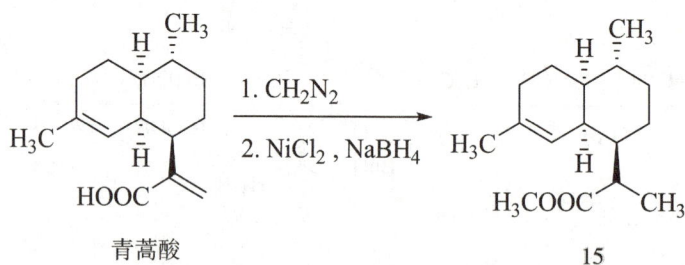

青蒿酸　　　　　　　1. CH_2N_2　　　2. NiCl_2 , NaBH_4　　　　　　15

二、利血平的全合成

　　利血平（reserpine）是一种脂溶性吲哚型生物碱，对中枢神经系统有持久的安定作用，属于肾上腺素能神经元阻断性抗高血压药。它广泛存在于萝芙木属多种植物中，其中在催吐萝芙木中含量最高（可高达 1%）。1952 年，利血平由 Schlittler 等人从印度蛇根草中分离得到并提出了相应的分子结构。

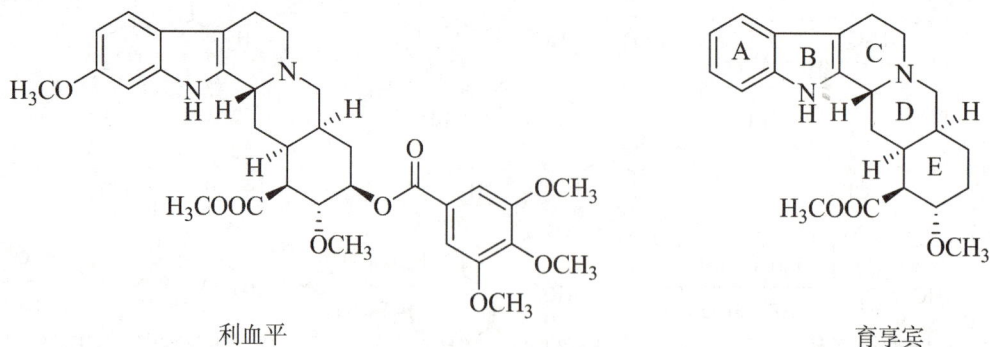

利血平　　　　　　　　　　　　　　　育亨宾

　　利血平具有育亨烷骨架结构，含两个氮的五环体系（A/B/C/D/E＝6/5/6/6/6），同时分子内含有六个手性中心，其中五个手性中心在同一个六元环（E 环）上并且依次相连。因此，被誉为当时相似分子量级别上最为复杂的天然产物之一。从 20 世纪 50 年代开始，利血平的全合成就受到了世界范围内的广泛关注，合成路线主要可以分为两大类型：其一是以 Woodward 等人为代表的构建 E 环为关键中间体的合成路线；其二是以 Wender 等人为代表的构建 DE 环为关键中间体的合成路线。

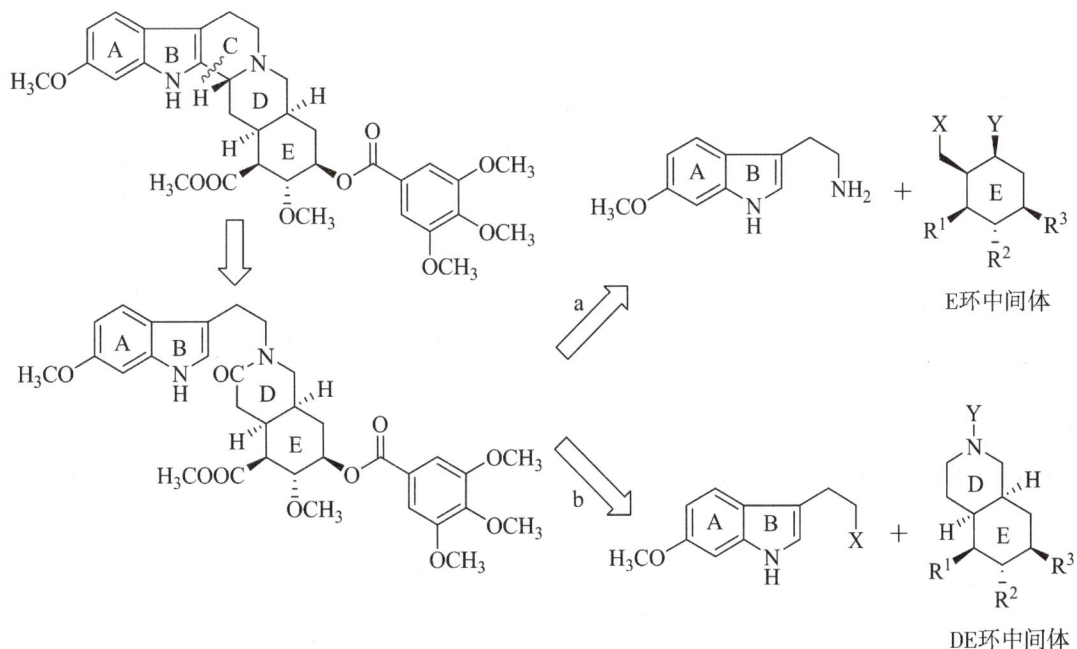

其中，1956 年合成大师 Woodward 等人以 Diels-Alder 反应为合成关键步骤，首次完成了利血平的全合成，成为天然产物全合成上的经典之作，具有里程碑式的意义。其合成路线的逆合成分析如下：首先对目标分子利血平中四个化学键如下图那样切断，得到三个合成中间体 **1**、**2** 和 **3**，其中 **1** 和 **3** 是廉价易得的原料；接着，含多个手性中心的 E 环关键中间体 **2** 可以通过官能团转换和碳链增长的反应从中间体 **4** 得到；最后，利用逆 Diels-Alder 反应将合成中间体 **4** 断开，得到简单的起始原料 **5** 和 **6**。

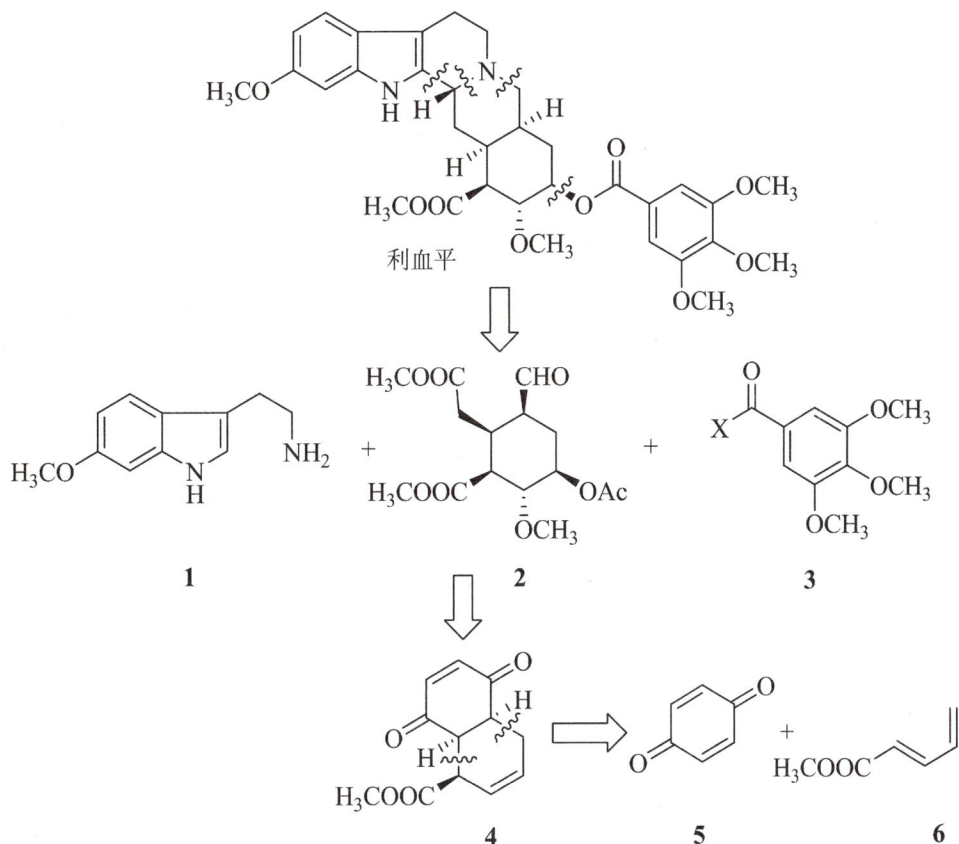

Woodward 等人以 Diels-Alder 反应为合成关键步骤的正向合成路线如下图所示。首先以对

苯醌 **5** 和乙烯基丙烯酸甲酯 **6** 为起始原料，通过 Diels-Alder 反应得到中间体 **4**，一步法构建三个所需的手性中心；Lewis 酸异丙醇铝存在下的羰基选择性还原和分子内酯化反应，获得内酯中间体 **7**；在 Br$_2$ 条件下对双键选择性双官能团化，得到溴醇化中间体 **8**；在甲醇钠条件下的消去和 Michael 加成、NBS 和稀硫酸条件下对另一个双键的双官能团化以及三氧化铬氧化反应，合成 α-溴代酮中间体 **11**；Zn/AcOH 条件下的脱溴/内酯开环/环醚开环、重氮甲烷的甲酯化以及乙酸酐的乙酰化反应，获得 α,β-不饱和酮中间体 **12**；四氧化锇的双羟化、高碘酸的氧化以及重氮甲烷的甲酯化反应，得到 E 环关键中间体 **2**；与 6-甲氧基色胺缩合、硼氢化钠还原以及分子内酰胺化反应，合成中间体 **13**，完成 E 环基础上 D 环的构建；Bischer-Napieraiski 关环以及硼氢化钠还原反应，获得中间体 **14**，完成 C 环构建，同时完成利血平基本骨架的构建。然而值得注意的是，中间体 **14** 中与氮相连的手性碳与目标分子利血平中的手性碳在立体化学上恰好相反。为解决这一问题，合成路线通过氢氧化钾条件下酯的碱性水解以及 DCC 条件下的酯化反应，合成桥环内酯中间体 **15**；同时巧妙地利用该桥环内酯的轴向立体位阻扭曲力，在三甲基乙酸条件下完成分子骨架中与氮相连手性碳的差向异构化反应，得到中间体 **16**，顺利解决该手性碳所遇到的立体化学问题。最后，通过对桥环内酯的醇解反应以及与 3,4,5-三甲基苯甲酰氯 **3** 的酯化反应，获得外消旋的利血平。天然药物光学纯的 (-)-利血平经由 (+)-樟脑磺酸的手性拆分获得。

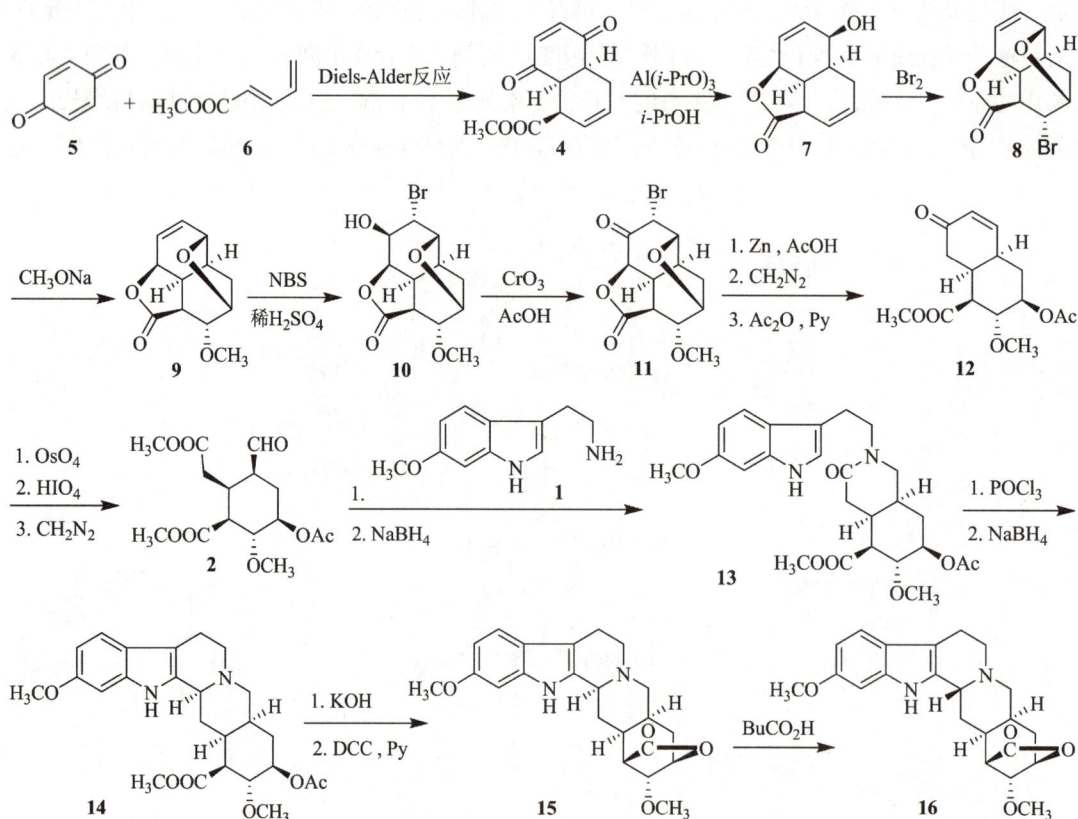

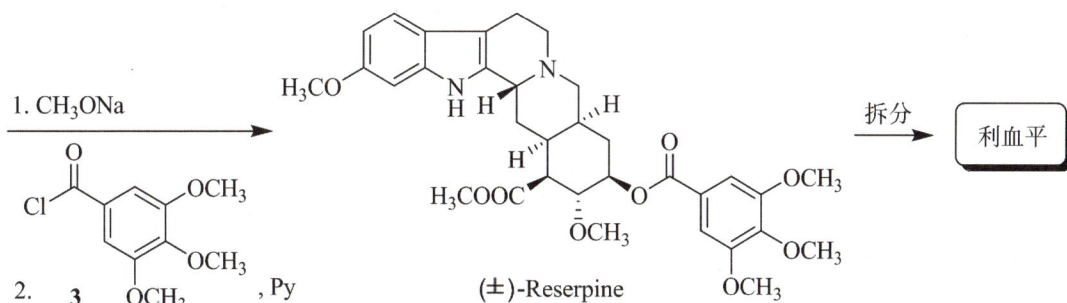

Woodward 等人利血平的全合成向人们展示了合成化学在天然药物合成中应用的诱人魅力和广阔前景，后续的研究工作主要围绕如何缩短合成步骤以及如何避免手性拆分展开。

三、紫杉醇的全合成

紫杉醇（taxol）是一种二萜类生物碱，具有显著的抗肿瘤活性，在临床上广泛应用于乳腺癌、卵巢癌、肺癌和部分头颈癌的治疗。1962 年美国植物学家 Arthur Barclay 采集了一些太平洋紫杉的树皮树枝样本，化学家 Monroe Wall 和 Mansukh 从这些样本的粗提物中得到了紫杉醇，并在 1971 年通过单晶 X 衍射和核磁共振确定了它的结构。

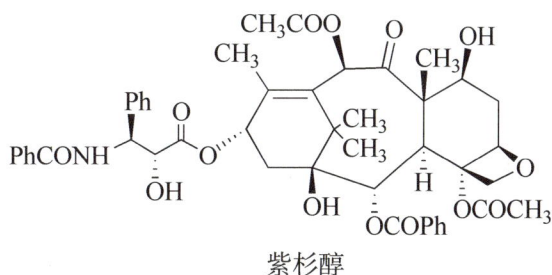

紫杉醇

紫杉醇分子结构复杂，包括一个高度含氧高张力的 6/8/6 ABC 三环骨架，11 个立体异构中心以及一个罕见的不稳定桥头双键，这些结构特点使得紫杉醇的全合成被公认为是一项极富挑战性的研究。1994 年 Holton 教授报道了世界首例紫杉醇全合成路线，采取的是将 ABC 骨架上的三环依次构建的线型合成，历经 44 步；同年 Nicolaou 教授完成了第一个汇聚型全合成，共 39 步，并以 0.026% 的总收率得到了 13.4 mg 紫杉醇。Nicolaou 教授的线型合成策略成为后来的诸多研究的重要基础。

Nicolaou 教授的全合成路线的逆合成分析如下：首先将紫杉醇的 C13 侧链逆向去保护、侧链切断和脱氧转化得到 baccatin 衍生物 **1**。**1** 中 D 环的环氧丙烷结构逆向切断，可通过中间体 **2** 作在 C 环上引入双键实现；**2** 通过 C9-C10 的逆向连接和官能团转换可由二醛中间体 **3** 经 McMurry 偶联得到；中间体 **3** 可经官能团转换由含烯丙醇结构的中间体 **4** 得到；最后 **4** 逆向连接、由 A 环前体 **6** 和 C 环前体 **5** 经 Shapiro 反应得到；**5** 和 **6** 作为环己烯衍生物利用 Diels-Alder 反应逆向切断可得到起始原料烯烃 **7**～**10**。

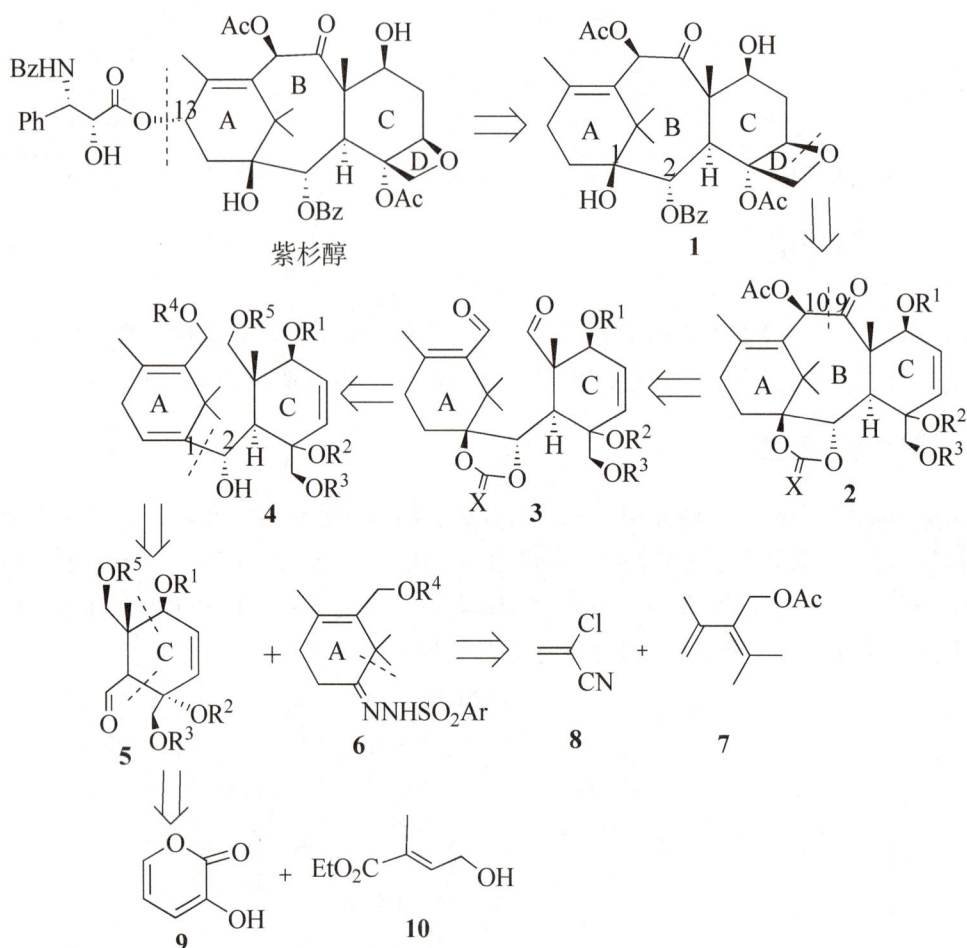

紫杉醇全合成的正向合成路线大致包括以下部分。

1. A 环前体 13 合成

以原料 **7** 和 **8** 利用经典 Diels-Alder 反应得到六元环中间体 **11**；**11** 中同碳的氯原子和氰基强碱条件下水解为酮羰基，得到中间体 **12**；**12** 与 2，4，6-三异丙基苯磺酰肼（TPSH）经亲核加成-消除得到含腙键的 **13**。此路线收率高，区域选择性好。

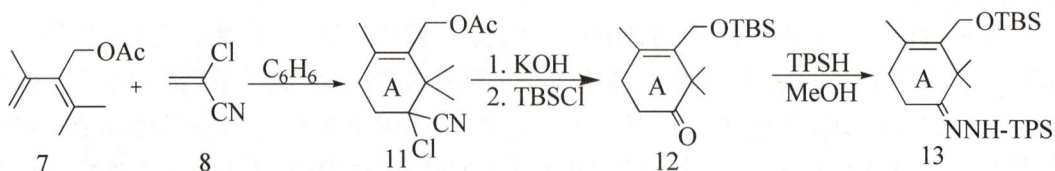

2. C 环前体 18 的合成

C 环前体含有多个手性中心和较多的含氧取代基，合成路线上需要更多地考虑反应的选择性。Nicolaou 采取了 Narasaka 等人 1991 年报道的改进的 Diels-Alder 反应，即以硼酸酯为模板，通过成环使得二烯与亲二烯体在一个专一的方向上加成，获得与 C 环区域选择性要求一致的中间体 **13**。然后再以叔丁基二甲硅基三氟甲磺酸酯（TBSOTf）将 **13** 中两个羟基进行硅醚保护，以 LiAlH4 选择性还原酯基，得到带有伯醇羟基的中间体 **14**；**14** 经樟脑磺酸（CSA）选择性脱去仲醇羟基硅醚保护基得到二元醇，所含伯醇、仲醇羟基以叔丁基二苯基硅醚（TPS）和苄基（Bn-）分别保护，得到中间体 **15**；再以 LiAlH4 将 **15** 中 γ-内酯还原开环并脱去叔醇保护基，得到含

三个羟基的中间体 **16**；**16** 的两个邻位羟基在 CSA 催化下与二甲氧基丙烷反应形成缩酮保护，得到中间体 **17**；最后再以四丙基高钌酸铵（TPAP）为氧化剂，氧化 **17** 中伯醇羟基为醛基，得到 C 环前体化合物 **18**。

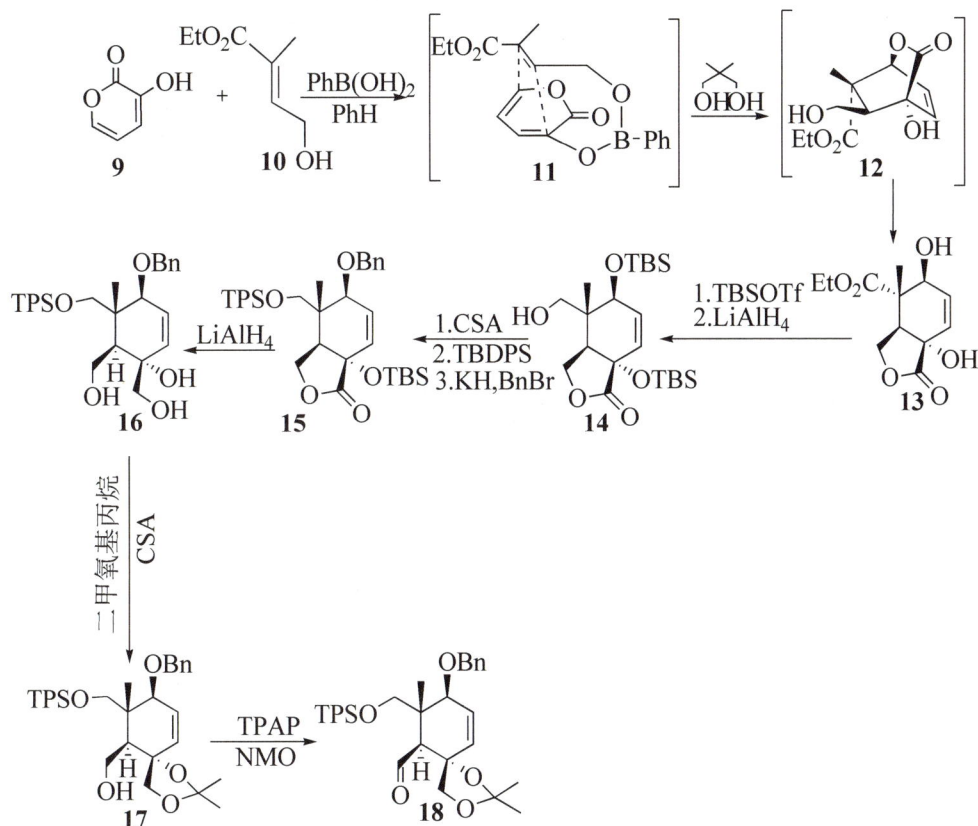

以上合成中采用了伯、仲、叔醇羟基以及邻位二醇羟基的多种选择性保护，这种保护基策略是复杂天然有机分子选择性合成的重要手段。紫杉醇结构中含有多个含氧基团，因此 Nicolaou 采取了在合成前期就尽可能多地引入目标分子取代基及其前体的整体合成设计思想，因此对这些基团（主要是醇羟基）进行保护以使其不影响后期骨架形成就成为关键问题。

3. ABC 三环骨架的构建

A 环前体 **13** 与正丁基锂作用后再与 C 环前体 **18** 发生 Shapiro 反应，将 B 环 C1-C2 键连得到中间体 **19**；以过氧化叔丁醇（t-BuOOH）和双乙酰丙酮氧钒（VO（acac）2）将 **19** 的 C1-C14 双键环氧化，选择性生成了含环氧乙烷的中间体 **20**；**20** 经 LiAlH4 还原开环得到 1,2-二醇中间体 **21**；**21** 经单晶 X-衍射验证了 19～21 的立体化学符合要求；**21** 与 COCl2 反应将 1,2-二醇转化为环状碳酸酯，再经硅醚保护基脱除和 TPAP 氧化得到含 C9、C10 两个醛基的中间体 **22**；**22** 通过 McMurry 反应将 C9-C10 偶联实现 B 环闭环，成功构建 ABC 三环骨架。

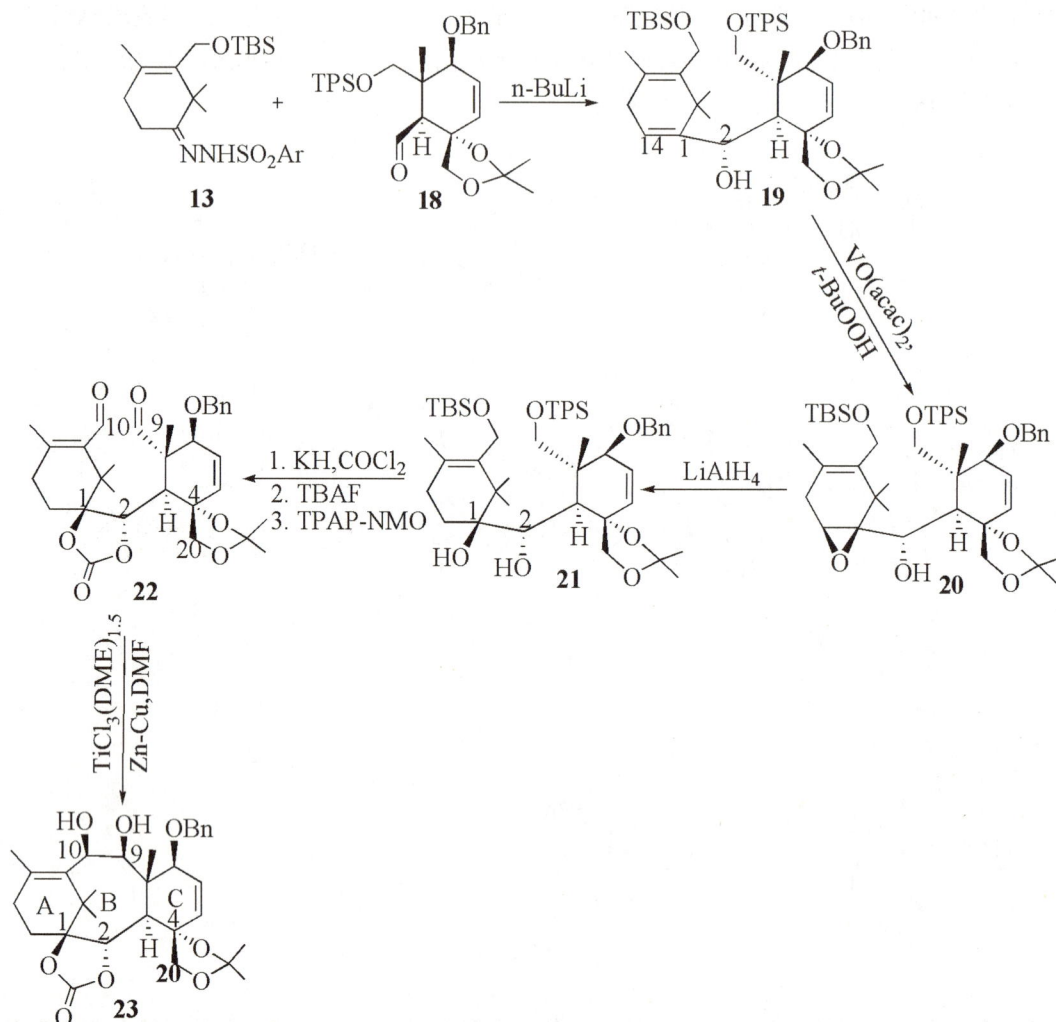

Shapiro 反应和 McMurry 偶联是 B 环形成的关键反应。以 Shapiro 反应合成中间体 **19**，此步既可在 C14–C1 处形成双键，为中间体 **21** 中 C1 羟基的引入提供潜在功能基，也可利用 Li+ 与缩酮、醛基氧原子三者螯合而使反应具有好的立体选择性。Nicolaou 采用了改良的 McMurry 反应条件，并从空间构象角度考虑，将 C1、C2 位和 C4、C20 位羟基分别以环状的缩酮和碳酸酯保护，使 C9、C10 位两个醛基在空间上更为靠近，既降低了反应活化能，也避免了其他含氧基团参与。Nicolaou 构建 ABC 三环骨架的汇聚合成策略成为后来其他小组紫杉醇或其他天然产物复杂分子全合成中八元环构建的重要借鉴。

4. D 环合成和 C13 侧链引入

中间体 **23** 与醋酐作用将 C10 羟基单酰化，再以 TPAP 氧化 C9 羟基为酮羰基，得到中间体 **24**；**24** 的 C5–C6 处双键经硼氢化–氧化得到两个区域异构的醇的混合物，再经酸催化脱缩酮保护基、柱色谱分离得到含有三个醇羟基的中间体 **25**；醋酐将 **25** 上伯醇羟基选择性酰化，得到中间体 **26**；**26** 经催化氢化脱去 C7 位羟基的苄基保护基，改为三乙基硅醚保护，再于 K_2CO_3–CH_3OH 条件下选择性脱去伯醇羟基上的乙酰基，得到含三个醇羟基的中间体 **27**；**27** 经伯醇羟基的硅醚化（Me_3SiCl）、仲醇羟基的三氟甲磺酸酯化（Tf_2O）和弱酸处理，得到含环氧丙烷的中间体 **28**，再经叔醇羟基乙酰化得到中间体 **29**；2 经烯丙位脱氢、氧化和还原得到 **30**；**30** 经较成熟的半合成方法在 C13 引入酯基侧链，完成整个紫杉醇分子的全合成。

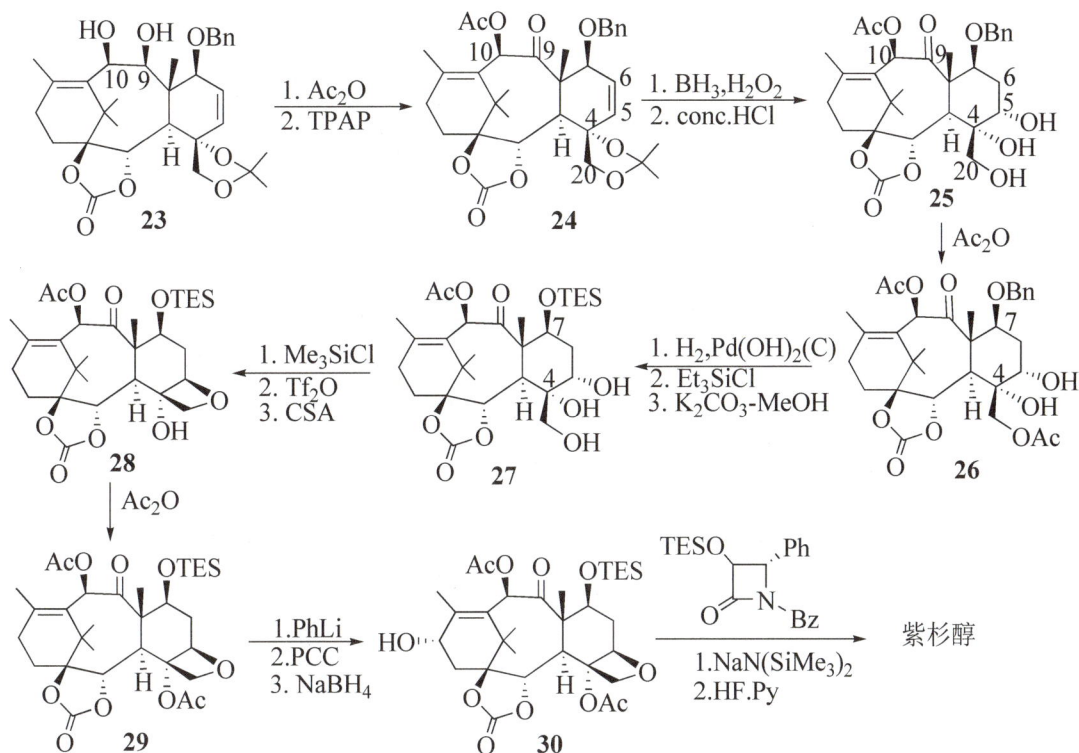

Nicolaou 用了不到 3 年时间完成了紫杉醇全合成，一方面得益于对前人工作的充分挖掘，另一方面合成策略的巧妙运用也是关键：A/B/C 三环骨架的汇聚合成、合成 C 环时采用改进型 D-A 反应提高区域选择性、合成 B 环时以 McMurry 反应在 C9-C10 成键闭环、以环状的碳酸酯和缩酮来减少环系多含氧基团竞争参与并降低八元环跨环张力的影响、不同种类醇羟基保护方法等等，这些工作都为后来的研究者提供了非常宝贵的借鉴。到 2021 年底已有十余个研究团队完成了紫杉醇全合成，大多数合成方案采取的就是 Nicolaou 教授的汇聚型合成策略，并逐渐将合成重点和难点聚焦于八元环 B 环的构建上，一些新的合成反应和合成思想纷纷涌现，其中有两位教授的工作尤其引入注目：一个是 2020 年 Baran 教授课题组将"two-phase synthesis"仿生合成策略成功应用于紫杉醇全合成，24 步完成，总产率 0.001%；另一个是 2021 年李闯创教授课题组，历经 21 步、仅分离 19 个中间体，总产率 0.2%。这些成功的紫杉醇全合成路线已成为有机化学领域里程碑式的工作。

四、高三尖杉酯碱的全合成

高三尖杉酯碱由 Paudler 和 Powell 等人于 20 世纪 70 年代从三尖杉属植物中分离获得，这类植物属亚热带特有植物，分布于我国东部及西南各省区。高三尖杉酯碱的分子结构由母核三尖杉碱和侧链两部分组成，其中母核三尖杉碱几乎没有药物活性，而其酯类衍生物高三尖杉酯碱具有显著的抗肿瘤活性，作为治疗急性非淋巴性白血病的药物于 1990 年载入我国药典，并一直临床应用至今。

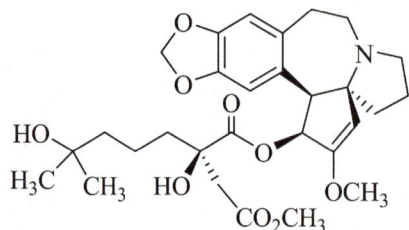

高三尖杉酯碱   三尖杉碱

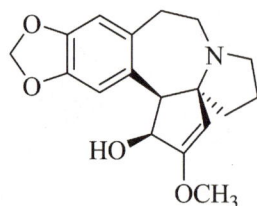

一般认为高三尖杉酯碱的合成可以由母核三尖杉碱和侧链的酯化完成，因此对于高三尖杉酯碱的全合成研究主要集中在其母核三尖杉碱的全合成上。三尖杉碱含有三个五元环、一个六元环和一个七元环，其中包含一个〔4,4〕-氮杂螺环并苯并环庚胺以及三个连续手性中心的独特结构。早在 1972 年 Weinreb 等人就首次完成了消旋体三尖杉碱的全合成，而 Mori 等人则在 1995 年首次完成了天然(-)-三尖杉碱的全合成。

在三尖杉碱和高三尖杉酯碱的全合成方面，我们化学家也做出了自己应有的贡献。李卫东等人分别于 2003 年和 2011 年完成了它们的全合成，其合成路线的逆合成分析如下：首先对母核和侧链进行切断，得到母核三尖杉碱；接着，通过官能团转换切断法获得关键中间体 **1**；中间体 **1** 可以通过中间体 **2** 进行分子内重排反应获得；最后，利用逆羟醛缩合反应将 E 环断开，得到较为简单的四氢异喹啉并六元环结构的中间体 **3**。

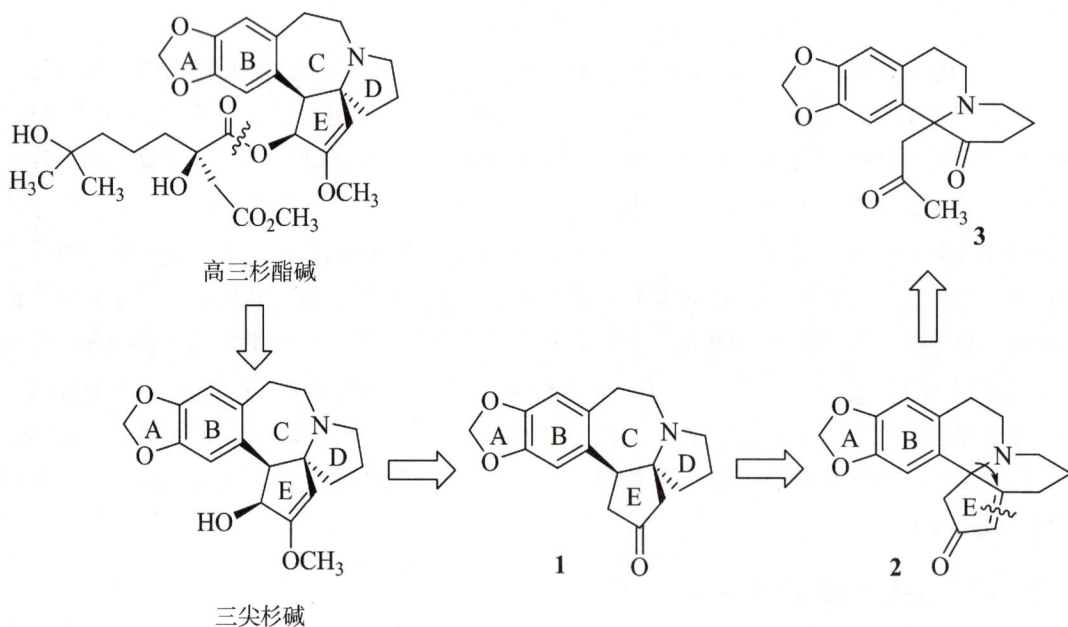

高三尖杉酯碱

三尖杉碱

以 Clemmensen 还原–重排反应为合成关键步骤的正向合成路线如下图所示：

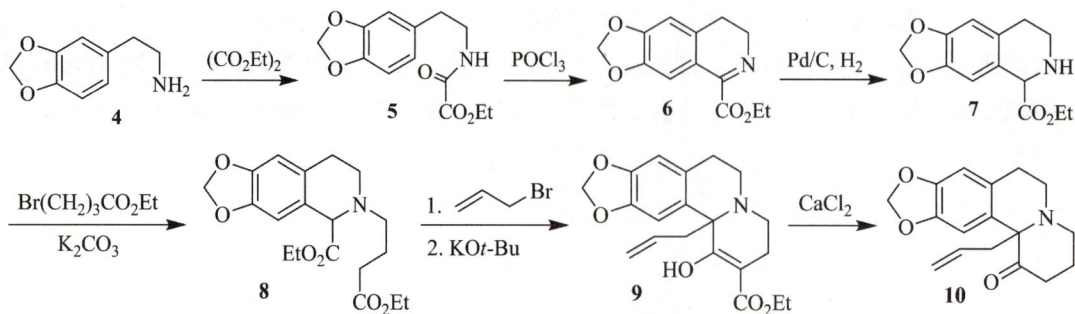

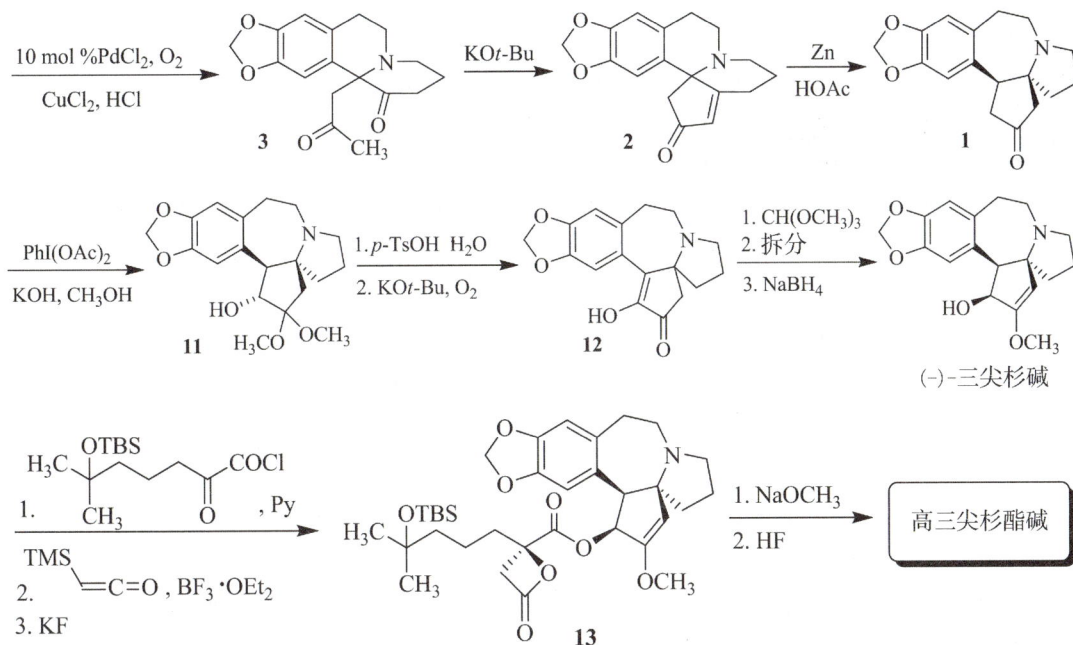

首先以亚甲二氧基苯乙胺 **4** 和草酸二乙酯为起始原料，通过酰胺化反应得到中间体 **5**；Bischer–Napieraiski 环化以及 Pd/C 加氢反应，得到四氢异喹啉中间体 **7**；4-溴代正丁酸乙酯的烷基化、烯丙基溴的烯丙基化以及叔丁醇钾条件下的 Dieckmann 关环反应，合成六元环中间体 **9**；氯化钙条件下的脱羧以及 Wacker 氧化反应，获得 1,4-二酮中间体 **3**；叔丁醇钾条件下的羟醛缩合反应，得到 α,β-不饱和酮中间体 **2**，完成 E 环的构建；Clemmensen 还原条件下的还原–重排反应，合成关键中间体 **1**，一步完成 C/D 环的构建，是这条合成路线的关键特征反应；Moriarty 氧化反应，得到邻羟基二甲基缩酮中间体 **11**；对甲苯磺酸条件下的水解以及空气与叔丁醇钾条件下的脱氢反应，获得去甲基三尖杉酮碱 **12**；与原甲酸三甲酯的甲基化、与 L-酒石酸的手性拆分以及硼氢化钠还原反应，可以合成光学纯的(–)-三尖杉碱，至此完成高三尖杉酯碱母核部分的构建。接下来，三尖杉碱与酮酰氯的酯化、Lewis 酸催化下与三甲基硅烯酮的环化及氟化钾条件下的脱去三甲基硅基反应，获得四元环内酯中间体 **13**；最后，与甲醇钠的酯交换及氟化氢条件下的脱除三甲基硅基反应，完成天然药物光学纯(–)-高三尖杉酯碱的全合成。

扫一扫，查阅本章数字资源，含PPT、音视频、图片等

第十一章
现代药物合成新技术

本章要点

掌握：相转移催化技术、绿色化学的概念、原理及应用。

理解：组合化学、微波促进合成技术、手性诱导不对称合成技术、多组分反应技术、电化学合成、串联反应技术、点击化学等现代合成新技术的概念、原理。

了解：组合化学、微波促进合成技术、手性诱导不对称合成技术、多组分反应技术、电化学合成、串联反应技术、点击化学等现代合成新技术在药物合成中的应用。

近年来，随着化学合成技术的飞速发展，新理念、新策略、新方法和新技术不断被提出、被发现，极大地丰富了药物合成化学理论，为合成具有更大药用价值的新化合物提供了可能。新材料和新药物的需求、资源的合理开发和利用、减少或消除环境污染等可持续发展问题也对现代药物合成提出了新的要求。寻找高效高选择性的催化剂、简化反应步骤、应用环境友好介质、开发绿色合成路线及新的合成工艺是现代药物合成发展的趋势。固液相组合反应、多组分反应、手性诱导不对称合成、串联反应技术、电化学合成和点击化学等技术促进了药物合成的发展，创造了药物合成反应的新通道。本章简要介绍近年来在药物合成领域发展迅速的一些新的合成方法和技术。

第一节　相转移催化技术

相转移催化（phase transfer catalysis，PTC）是 1971 年由 Starks 提出的一种新型催化技术，是指当两种反应物分别处于不同的相中，由于彼此不能互相接触，反应就很难进行，甚至不能进行，当加入少量所谓的"相转移催化剂"，使两种反应物转移到同一相中，使反应能顺利进行。目前相转移催化技术是有机合成中应用日趋广泛的一种新的合成技术，已广泛应用于有机反应的绝大多数领域，在药物合成领域中应用相转移催化反应，有利于加快反应速度，降低反应条件，提高反应产率，提高药物纯度，减少药物分子被破坏。

一、相转移催化剂

相转移催化剂（phase transfer catalyst）是指在两相体系中，通过加入少量的第三种物质（即相转移催化剂），把一种参加反应的化合物，从一相转移到另一相中，使它与后一相中的另一反应物相互接触而发生反应，从而变非均相反应为均相反应。常用的相转移催化剂主要有以下

几类：

（一）鎓盐类

鎓盐相转移催化剂主要由中心原子、中心原子上的取代基和负离子三部分组成，它对阳离子选择性小，价廉，毒性小，应用广泛。鎓盐相转移催化剂可分为季铵盐、季磷盐、季锑盐、季砷盐等，其中以季铵盐最常用。常用的季铵盐相转移催化剂有苄基三丁基氯化铵（TEBA）、四丁基氯化铵（TBAC）、四丁基溴化铵（TBAB）、三辛基甲基氯化铵（TOMAC）、十四烷基三甲基氯化铵（TTAC）、十六烷基三甲基溴化铵（CTMAB）等。

（二）冠醚类

冠醚相转移催化剂是非离子型相转移催化剂，其分子内具有空腔结构，利用环中氧原子与金属离子形成配位化合物正离子，通过相转移与反应物分子形成氢键、范德华力等，从而形成配位化合物超分子结构，并将客体分子带入另一相，从而使两相反应得以发生。常用的冠醚类催化剂有 18-冠-6、15-冠-5、环糊精等。

在固-液反应中，固体盐与冠醚形成络合物而溶于有机溶剂中：

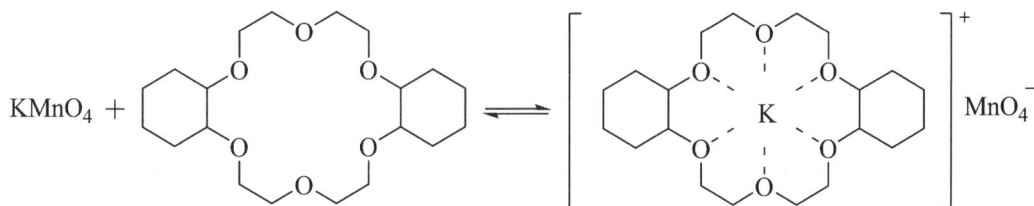

（三）开链聚醚类

开链聚醚相转移催化剂是一种中性配体，是柔性长链分子，可以折叠弯曲成合适结构而与不同大小离子配合，具有价格低、稳定性好、合成方便等优点。常用的聚醚催化剂有聚乙二醇、聚乙二醇二烷基苯醚和聚乙二醇二烷基醚等，可用于杂环化学反应、过渡金属配合物催化反应及其他许多催化反应。

（四）固载型

固载型相转移催化剂是将均相相转移催化剂通过化学键负载在硅胶或高分子载体上，形成一种既不溶于水也不溶于有机溶剂的固载，由于反应中存在固相-水相-有机相三相体系，也称三相相转移催化剂。其类型可分为无机载体（如硅胶、氧化铝等）和有机载体（如聚苯乙烯树脂、氯化聚氯乙烯等）。

二、相转移催化反应原理

相转移催化反应属于两相反应，催化剂能加速或者能使分别处于互不相溶的两种溶剂（液-液两相体系或固-液两相体系）中的物质发生反应。催化剂把解离出的阳离子与反应物缔合为较稳定的离子对，迁移到另一相进行反应，使互不相溶的两种或多种反应物增加接触而加快反应。以季铵盐类相转移催化剂为例，其催化原理如图 11-1 所示：

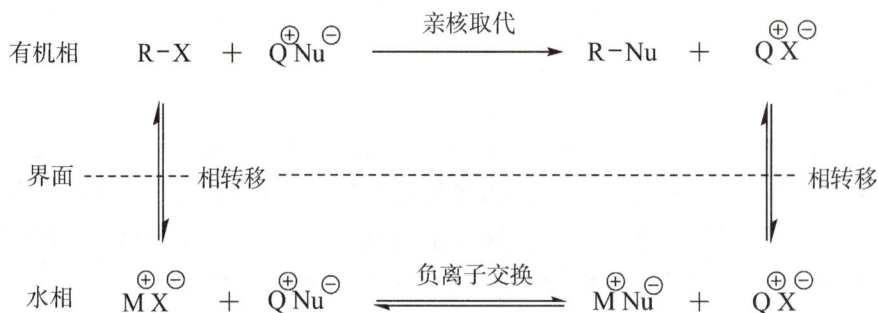

图 11-1 相转移催化反应过程

此反应是只溶于有机相的反应物 R-X 与只溶于水相的亲核试剂 $M^{\oplus}Nu^{\ominus}$ 作用，由于两者在不同的相中而不能互相接近，反应难以进行，加入相转移催化剂季铵盐 $Q^{\oplus}X^{\ominus}$ 后，由于季铵盐在水相和有机相中均能溶解，它的阳离子部分与试剂形成溶于有机相的离子对，并将底物的离去部分带回水相，在水相中 $M^{\oplus}Nu^{\ominus}$ 与 $Q^{\oplus}X^{\ominus}$ 接触时，可发生 $X^{\ominus}$ 与 $^{\oplus}Nu^{\ominus}$ 的交换反应生成 $Q^{\oplus}Nu^{\ominus}$ 离子对，这个离子对能够转移到有机相中，在有机相中 $Q^{\oplus}Nu^{\ominus}$ 与 R-X 发生亲核取代反应，生成目标产物 R-Nu，催化剂正离子与卤负离子返回水相，完成了相转移催化循环。

三、相转移催化在药物合成中的应用

雷贝拉唑（rabeprazole）是一种新型的 H^+/K^+-ATP 酶抑制剂，临床用于治疗消化性溃疡。以 2,3-二甲基吡啶为起始原料，同时在反应中使用相转移催化剂苄基三丁基氯化铵（TEBA）和三丁基甲基溴化铵（TTAB），可大大提高反应收率。

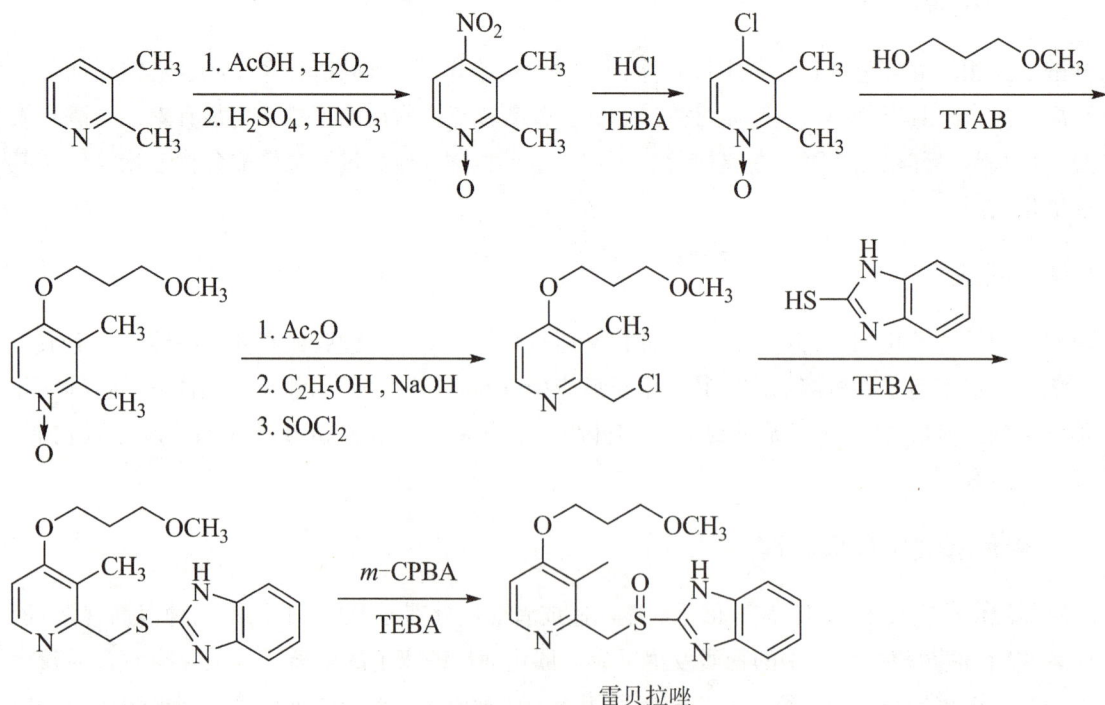

阿那曲唑（anastrozole）是一种高效、高选择性的第三代非甾体芳香化酶抑制剂，临床上用于绝经后妇女的晚期乳腺癌治疗。合成过程中溴化反应引发剂为偶氮二异丁腈（AIBN），将反应中间体 3,5-二[（2,2-二甲基）氰基甲基]-溴甲基苯与 1,2,4-三氮唑在水及有机溶剂中采用相转

移催化四丁基溴化铵（TBAB）缩合进行反应合成阿那曲唑，总收率可达 75%。

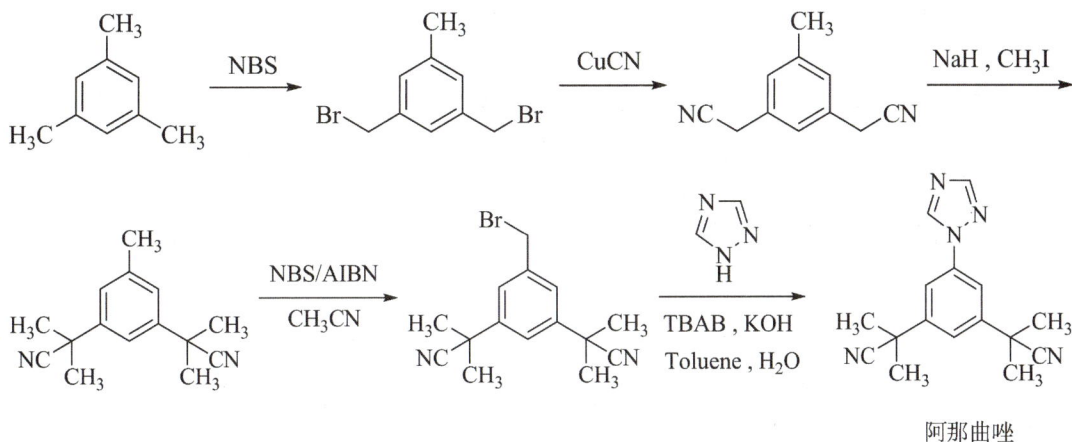

阿那曲唑

美托洛尔（metoprolol）是一种选择性肾上腺素 β_2 受体拮抗剂，临床用于治疗高血压、冠心病、慢性心力衰竭药物。以对甲氧基乙基苯酚和环氧氯丙烷为原料，在相转移催化剂 TBAB 催化下进行反应，简化了工艺，缩短了反应时间，产品纯度 99% 以上，总收率为 55%。

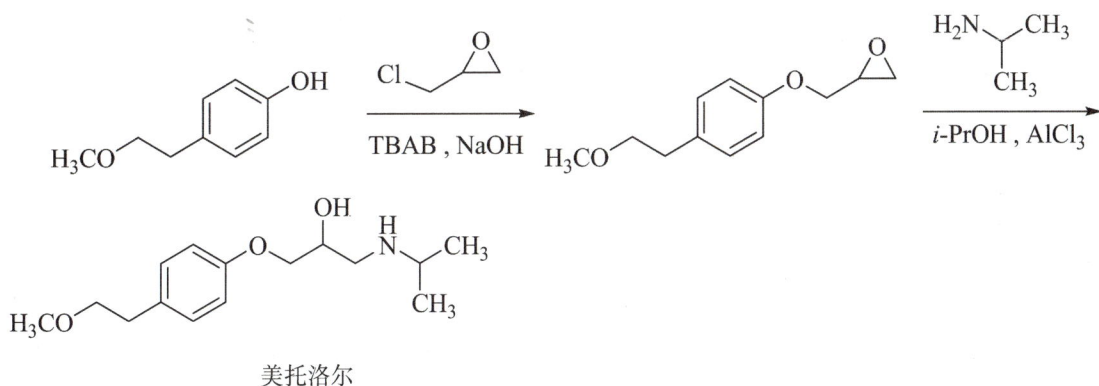

美托洛尔

丹皮酚（paeonol）提取自毛茛科植物牡丹的干燥根皮，具有镇痛、抗炎、解热和抗变应性反应的作用。以间苯二酚为原料，用冰醋酸及氯化锌单乙酰化后，在相转移催化剂 TEBA 催化下，选择性单甲基化，即得产物。

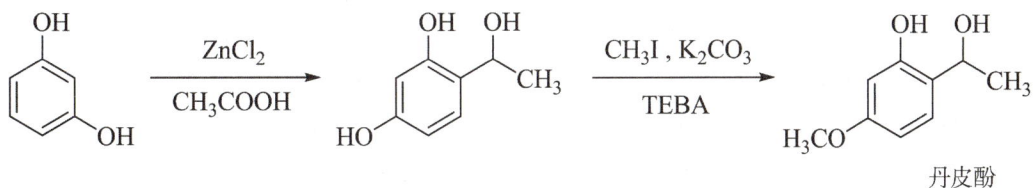

丹皮酚

第二节　组合化学

组合化学（combinatorial chemistry）是一门将化学合成、组合数学、计算机辅助设计及机器人结合为一体的新型化学技术，在药学、有机合成化学、生命科学和材料科学中扮演着愈来愈重要的角色。1988 年 Furk 等首先提出组合化学的概念，它根据组合原理在短时间内将不同构建模块以共价键系统地、反复地进行连接，从而产生大批的分子多样性群体，形成化合物库（compound library）。

组合化学起源于药物合成，继而发展到有机小分子合成、分子构造分析、分子识别研究、受体和抗体的研究及材料科学等领域。传统的药物合成中，科研工作者的目标是合成成千上万纯净的单一化合物，再从中筛选一个或几个具有生物活性的产物作为候选药物，进行药物的研发。这使得大量的时间被浪费在合成无用的化合物上，也必然使药物开发的成本提高，周期延长。如图 11-2 所示，化合物 A 和化合物 B 反应得到化合物 AB，在随后的反应后处理中将通过重结晶蒸馏或其他方法进行分离纯化，而组合化学能够对化合物 A_1 到 A_n 与化合物 B_1 到 B_n 的每一种组合提供结合的可能。组合合成用一个构建模块的 n 个单元与另一个构建模块的 n 个单元同时进行一步反应，得到 $n \times n$ 个化合物；若进行 m 步反应，则得到（$n \times n$）m 个化合物。所以，组合化学大幅度提高了新化合物的合成和筛选效率，减少了时间和资金的消耗，组合化学的出现弥补了传统合成的不足。

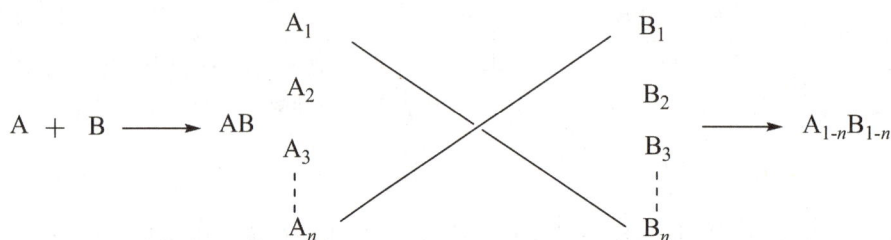

图 11-2　传统合成与组合合成

　　组合化学主要由组合库的合成，库的筛选和库的分析表征等三部分组成。化合物库的制备包括固相合成和液相合成两种技术，一般模块的制备以液相合成为主，而库的建立以固相合成为主。

一、固相合成

　　固相合成（solid phase synthesis）通常是指将反应物或催化剂连接在固相载体上，生成的中间产物再与其他试剂进行单步或多步反应，反应产物连同载体过滤、洗涤，与试剂和副产物分离，此操作过程经过 n 次重复，可以连接多个重复单元或不同单元，最终将目标产物通过解脱剂从载体上脱除出来。固相合成最初应用于多肽合成，1963 年 Merrifield 发表了肽的固相合成研究，打破了传统的均相溶液中反应的方法，以固相高分子支持体作为合成平台，在合成中使用大大过量的试剂，反应结束后通过洗涤去除多余的试剂，实现了肽的快速合成。固相合成技术目前已应用于杂环、生物活性物质、天然产物等多种难以制备的化合物中。

　　固相合成中的载体可分为无机载体和有机载体。其中无机载体包括硅胶、氧化铝等；有机载体最常用是含有活性官能团（如氨基、羟基、氯甲基等）的高分子树脂。无机载体的耐氧化性及耐还原性较好，但它们只能在 pH 值 6～7 的酸碱范围内使用；有机载体对一般酸碱溶液比较稳定，但有机树脂不能在强酸强碱中长期浸泡及使用。目前固相组合合成主要采取下列两种策略：平行合成方式和分混合成方式。平行合成可以同时合成多种同一系列的产物，主要有多针库法、茶叶袋库法和光定向合成等技术手段。分混合成是在反应体系中将多种反应物混合在一起进行反应，最终得到多种产物。

　　固相合成特点：纯化简单，过滤即达纯化目的，反应物可过量，反应完全；合成方法可实现多设计；操作过程易实现自动化。但是其发展还不够完善，在反应中连接和切割链是多余步骤，并且载体与链接的范围受限制。

二、液相合成

　　组合化学早期多为固相合成反应，但由于固相合成适用范围有限，而液相组合不需要开发制备化合物库的新反应，近年来液相组合化学在某些方面弥补了固相反应的不足。随着液相组合化学中各种新技术的应用，它在化学反应性以及分离纯化方面越来越受到化学家们的青睐。反应处于均相反应体系，使更多的反应能够应用于组合合成，可溶性载体以及氟合成技术等的应用使液相组合合成的后处理也非常简单；在有些方面也解决了固相负载量小的缺点。

液相组合通过将化合物结合到一种可溶的溶液中，在需要的时候可以作为一种固体而沉淀的物质来实现制备化合物库的目标。其重要特征是将一种可溶的线型均聚物聚乙烯单甲醚（MEO-PEG）作为合成化合物的保护基，MEO-PEG可溶于多种溶剂中，在反应过程中使化合物库底物保持在溶液中。当化合物库在均相条件下中进行混合裂分合成时，可以准确地裂分化合物库。在乙醚溶液中MEO-PEG有强烈的结晶倾向，可通过洗涤去除过量的偶联剂来纯化化合物库产物，该过程与洗涤树脂珠的方式一致。

液相合成特点：可以利用大量文献资料，沿用数十年来的经典有机合成反应；反应条件成熟，不需调整；无多余步骤；适用范围宽。但是其缺点为反应物不能过量；反应可能不完全；纯化困难；不易实现自动化。

三、组合化学在药物合成中应用

组合化学广泛地应用于创建筛选生物活性物质和新材料的分子大库，同时发展起来的由分子识别控制的自组装过程也在超分子化学中得以研究。动态组合化学（DCC）融合了组合化学和分子自组装过程两个领域的特点，开辟了使用相对较小的库组装很多的物质的途径，而不必单独合成每一个物质。

（一）碳酸酐酶Ⅱ抑制剂的筛选

对位取代的苯磺酰胺是碳酸酐酶Ⅱ的良好抑制剂。Lehn等采用胺和与对位取代的苯磺酰胺结构相类似的醛类反应作为可逆过程，制备一个含有三个醛、四个胺的库。采用羰基和胺在正常的生理条件下建立可逆反应，很快达到平衡。

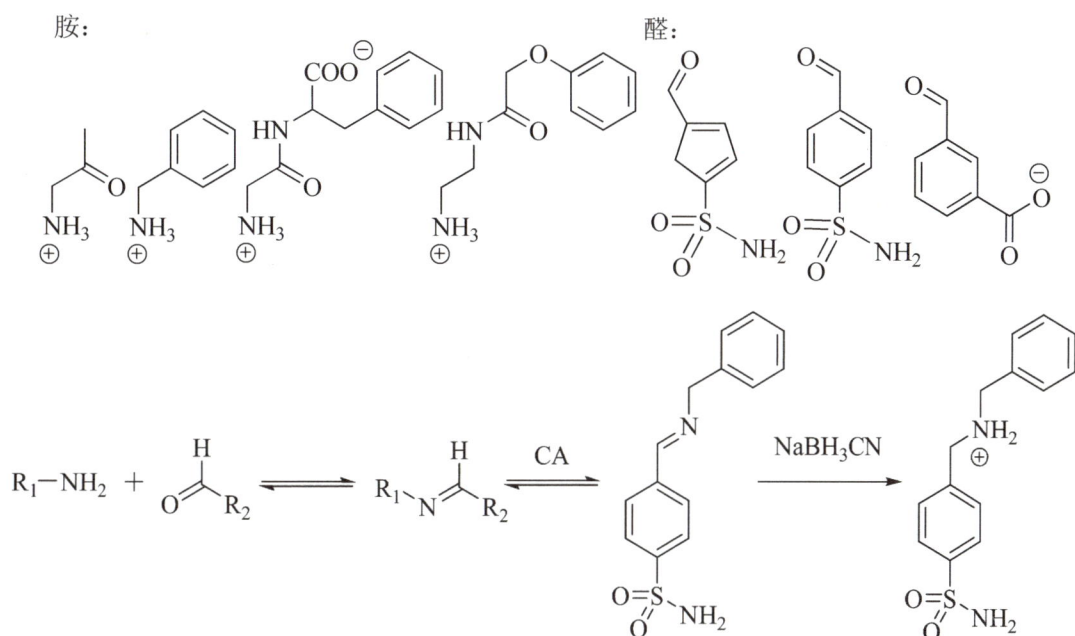

这一反应是在的碳酸酐酶的水相溶液（pH＝6）中进行的，平行进行两个反应，一个含有

酶，一个未含酶。在有酶的反应中加入 NaBH$_3$CN 作为还原剂，亚胺在 NaBH$_3$CN 存在的条件下会被不可逆地还原，使平衡产物不可逆的转移出来。通过 HPLC 对照两个反应后的溶液可以判定对碳酸酐酶有抑制作用的分子。该分子的结构和碳酸酐酶抑制剂对苯磺酰胺苯甲酸苄酰胺（K_d = 1.1 nmol/L）的结构很相似。

（二）神经氨酸酶抑制剂的筛选

神经氨酸酶是针对流感病毒药物设计的主要靶酶，它的作用是催化唾液酸水解，协助流感病毒脱离宿主细胞感染新的细胞。Mol. 3 是目前已经商品化的药剂。

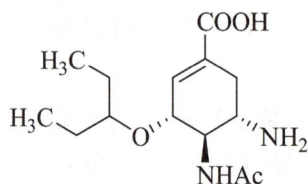
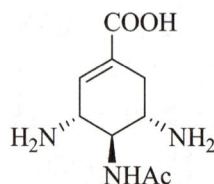

Mol.3　　　　　　　　　Mol.4

研究发现，邻近神经氨酸酶的活性位点有一个憎水性空穴，化合物（Mol. 3）的烃基链就占据了这一空穴。根据这一想法，采用 Mol. 4 作为母体结构，针对酶的憎水空穴采用不同的醛基和 Mol. 4 反应组成动态组合化学库。加入靶标酶后由还原产物的色谱图表明，A8、A13、A22 是主要的产物，也就是说明 A8、A13、A22 对神经氨酸酶的抑制活性最强。

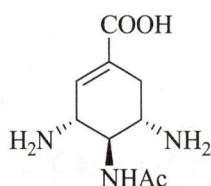
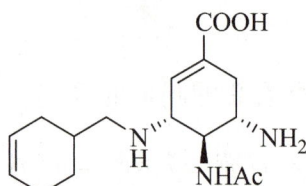

Mol.4　K_i=(31.3±4.5) mmol·L^{-1}　　　　A8　K_i=(2.16±0.21) mmol·L^{-1}

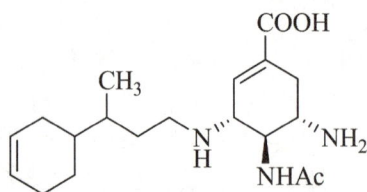
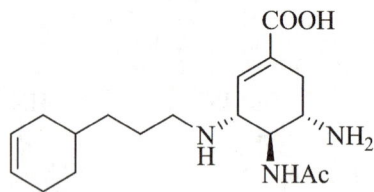

A13　K_i=(31.3±4.5) mmol·L^{-1}　　　A22　K_i=(2.16±0.21) mmol·L^{-1}

在以上工作的基础上，单独合成了化合物 A8、A13、A22，测定了对酶的抑制数据 K_i，其结果和动态组合化学的结果一致。

第三节　微波辅助合成技术

微波（Microware，MW）是指波长在 1mm～0.1m 范围内的电磁波，频率范围 300MHz～3000GHz。微波辅助合成技术指在微波条件下，利用其加热快速、均质与选择性等优点，应用于现代有机合成研究中的技术。

1986 年，Richard Gedye 研究组发表了微波加速有机合成的报道，发现在微波中进行的 4-氰基酚盐与氯苄的 S_N2 核取代反应比传统加热回流要快 1240 倍，这一发现引起人们对微波加速有机反应这一问题的广泛注意。借助微波技术进行有机反应，可显著缩短反应时间，由于微波具有对物质高效均匀的加热作用，而大多数化学反应速度与温度存在着阿累尼乌斯关系，从而微波辐射可极大地提高反应速率。大量实验表明，微波作用下的有机反应速率较传统加热方法有数倍、数十倍至数千倍的提高。

微波促进反应的特点：

1. 节省能源，热能利用率高，无公害，有利于改善实验条件。

2. 加热速度快。由于微波能够深入物质的内部，而不是依靠物质本身的热传导，因此只需要常规方法十分之一到百分之一的时间就可完成整个加热过程。

3. 反应灵敏。常规的加热方法不论是电热、蒸汽、热空气等，要达到一定的温度都需要一段时间，而利用微波加热，调整微波输出功率，物质加热情况立即随着改变，这样便于自动化控制。

4. 产品质量高。微波加热温度均匀，表里一致，对于外形复杂的物体，其加热均匀性也比其他加热方法好。对于有的物质还可以产生一些有利的物理或化学作用。

因此，微波促进有机反应的研究已成为有机化学领域中的一个热点。目前实验规模的专业微波合成仪已有商品供应。但是由于现有技术的限制，在合成化学中专用微波反应器不多，目前的微波促进反应的工业化仍有待研发。

一、微波促进化学反应的原理

微波的基本性质通常呈现为穿透、反射、吸收三个特性。有机物多为极性和非极性化合物，极性分子带有的电量从宏观上看是中性的，但由于微观上正负电荷的中心并不重合，会产生偶极作用，而非极性分子也会由于极性分子的存在而产生诱导和色散偶极，在微波的高频交流电场的作用下，极性分子和非极性分子都会产生不同程度的剧烈振动而导致热效应，一部分能量转化为分子热能，造成分子运动的加剧，分子的高速旋转和振动使分子处于亚稳态，这有利于分子进一步电离或处于反应的准备状态，因此被加热物质的温度在很短的时间内得以迅速升高。

其热效应的大小与其在电场中的极化程度有着密切的关系，极化程度以介电常数表示，介电常数越大，对微波耦合作用越强，热效应越大；反之，对微波耦合作用越弱，热效应越小。如甲苯、正己烷、乙醚、四氯化碳等溶剂吸收微波能量后，通过分子碰撞而转移到非极性分子上，使加热速率大为降低，所以微波不能使这类反应的温度得以显著提高。

二、微波合成在药物合成中应用

目前，微波反应已应用于有机合成反应中，如环合反应、重排反应、酯化反应、缩合反应、烃化反应、脱保护反应及有机金属反应等。

二烯丙基二硫化物是大蒜中一种很重要的含硫化合物，它能抑制多种人肿瘤细胞生长，具有抗氧化、抗肿瘤、抗感染、防治心脑血管疾病、调节肝脏药物代谢酶、抗神经变性等药理学作用，是一种很有开发潜力的抗肿瘤药物。传统碘氧化烯丙硫醇法反应时间比较长、有的原料的气味很难闻。以硫化钠、硫和烯丙基氯为原料，在微波辐射及相转移催化作用下合成了二烯丙基二硫化物，反应仅需 12 分钟。

$$\text{NaS} \cdot 9\text{H}_2\text{O} + \text{S} \xrightarrow{\text{MW}} \text{Na}_2\text{S}_2 + 9\text{H}_2\text{O}$$

$$\text{Na}_2\text{S}_2 + 2 \text{ } \diagdown\!\!\diagup\!\!\diagdown\text{Cl} \xrightarrow[\text{MW}]{\text{TBAB}} \diagdown\!\!\diagup\!\!\diagdown\text{S}\diagdown\text{S}\diagup\!\!\diagdown\!\!\diagup + 2\text{NaCl}$$

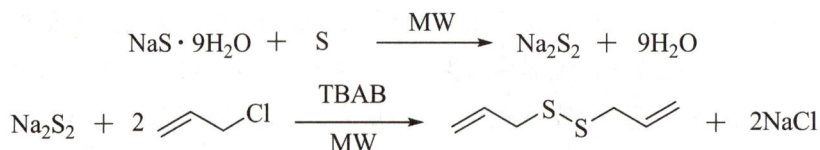

小檗碱（berberine）与小檗红碱（berberrubine）为异喹啉生物碱，均具有抗微生物、抗肿瘤、降压、抗心律等作用。高温下小檗碱（C$_9$-OCH$_3$）易脱甲基生成小檗红碱（C$_9$-OH），因此小檗碱 C-9 位的修饰，大部分以小檗红碱为中间体进一步衍生，以 DMF 为反应介质，微波辅助合成小檗红碱，与传统真空热解法比较，反应仅需 15min，产率可提高近 15%。

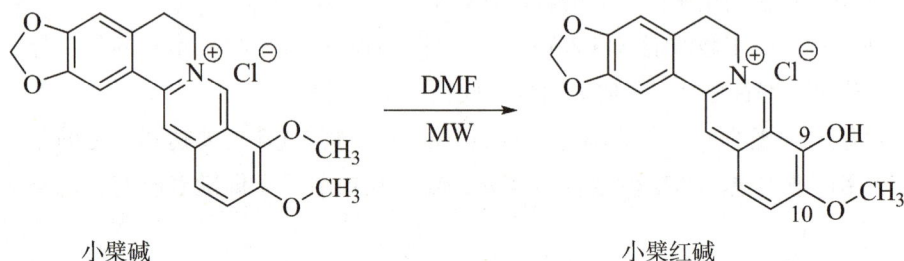

小檗碱　　　　　　　　　　　　　　　　小檗红碱

4-羟基香豆素类化合物因其具有多种生理活性而备受人们关注，如 4-羟基香豆素衍生物新生霉素（novobiocin）能通过抑制人类 DNA 旋转酶而表现出良好的抗肿瘤活性。在微波辐射和氢化钠的催化下，以 2-羟基苯乙酮为原料，碳酸二乙酯作酰化试剂，DMSO 作溶剂，反应时间仅为6min，即可以较高收率和纯度得到新生霉素中间体。

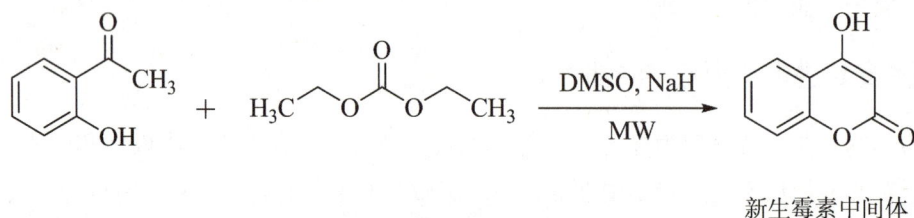

新生霉素中间体

麻黄碱（ephedrine）原是从植物麻黄中提取的天然药用物质，其人工合成是以苯甲醛为起始原料，经生物转化生成(-)-1-苯基-1-羟基丙酮，再与甲胺缩合生成 2-甲基亚氨基-1-苯基-1-丙醇，最后用硼氢化钠还原获得。此反应若利用微波技术，可使缩合和还原反应时间分别缩短为9min 和 10min，收率分别提高至 55% 和 64%。

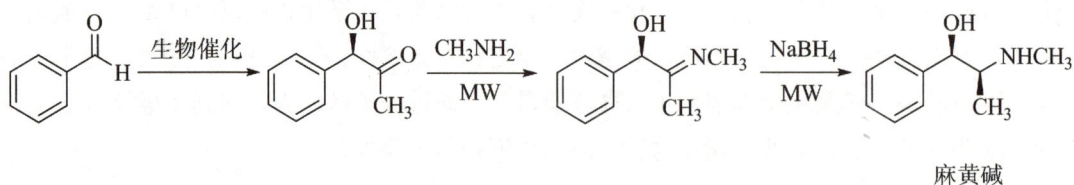

麻黄碱

盐酸氯卡色林（lorcaserin hydrochloride）是 Arena 制药公司 2012 年上市的新减肥药。在微波辐射条件下，以对氯苯乙酸甲酯为原料，与异丙醇胺缩合后，经硼烷二甲硫醚还原、以 N,N-二甲基乙酰胺（DMAC）为溶剂经氯化亚砜氯化、分子内 Friedel-Crafts 烷基化成环、酒石酸拆分，最后经游离后与氯化氢气体反应成盐制得盐酸氯卡色林，与传统加热法相比，时间缩短 90%以上。

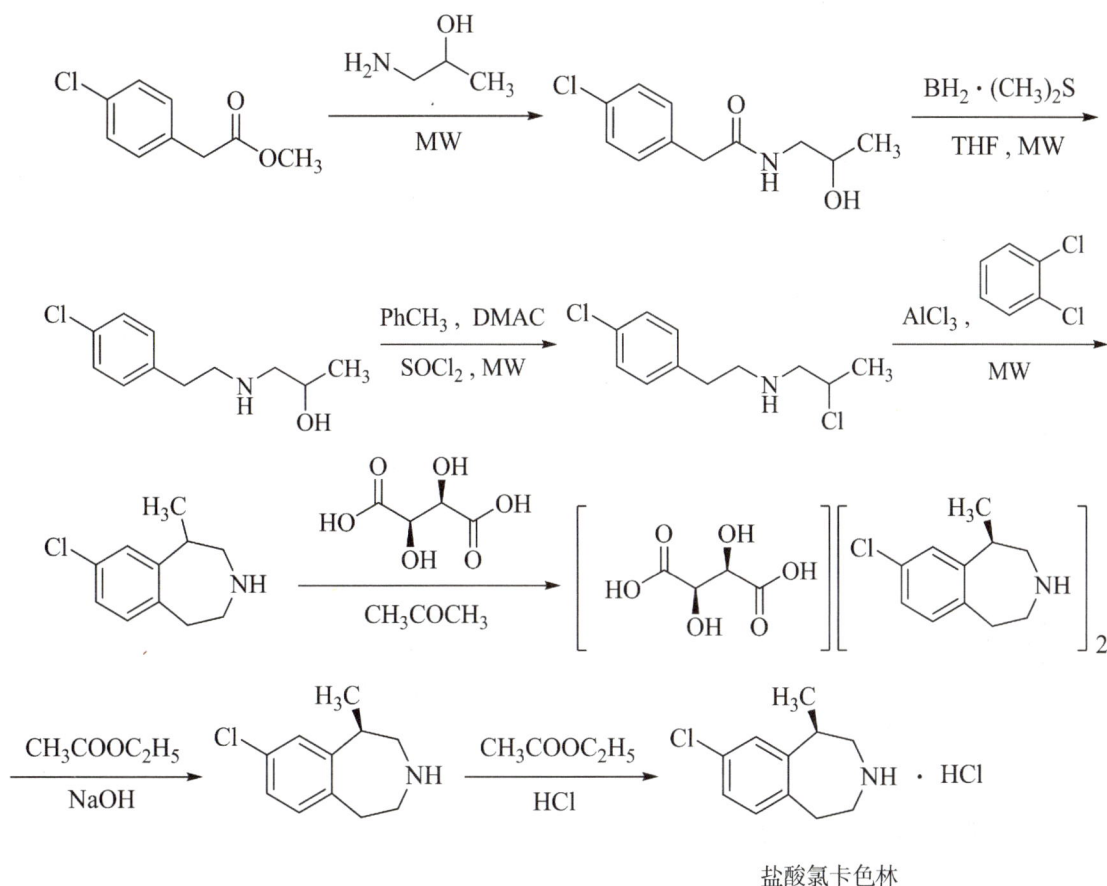

盐酸氯卡色林

第四节　手性诱导不对称合成技术

一、概述

手性制药是医药行业的前沿领域，自然界里有很多手性化合物，这些手性化合物具有两个对映异构体。对于手性药物，一个异构体可能是有效的，而另一个异构体可能是无效甚至是有害的。手性制药就是利用化合物的这种原理，开发出药效高、副作用小的药物。在临床治疗方面，服用光学纯的手性药物不仅可以排除由于无效（不良）对映体所引起的毒副作用，还能减少药剂量和人体对无效对映体的代谢负担，对药物动力学及剂量有更好的控制，提高药物的专一性。因而具有十分广阔的市场前景和巨大的经济价值。

手性诱导，是指在一个富含手性的反应剂、化学试剂、催化剂或环境的作用下，一个化学反应中的产物尽于某一种对映异构体或非对映异构体多于另一种。不对称诱导的概念由 Emil Fischer 研究碳水化合物时引入。

手性诱导不对称合成技术是不对称合成中应用最广泛、发展最成熟的种方法，作用原理是先把手性助剂与非手性底物连接起来，诱导不对称反应时，利用手性辅助试剂的空间位阻诱导生成新的手性中心，然后把手性辅助试剂解脱下来，同时得到新的手性产物。该方法最大的一个优点就是可以回收利用手性辅助试剂。常用的手性辅助试剂有噁唑烷酮类、噁唑硫酮类、噁唑烷−2−苯亚胺类、樟脑磺内酰胺、脯氨醇、脯氨酸类手性辅助试剂等。

（一）噁唑烷酮类手性辅助试剂

噁唑烷酮类手性辅助试剂（简称 Evans 试剂），1981 年被开发以来，被广泛应用于诱导多种不对称反应，具有立体选择性高、容易制备等优点。Evans 等用（S）-苯基丙氨醇和碳酸二乙酯为原料合成（4S）-苄基-2-噁唑烷酮。

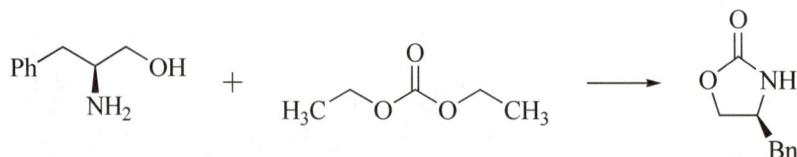

在 NaHMDS 作碱条件下，用己酰化的噁唑烷酮与碘甲烷发生不对称烷基化反应，产物的 dr > 15∶1，产率 81%，产物经 LiBH$_4$ 解脱得到手性醇。

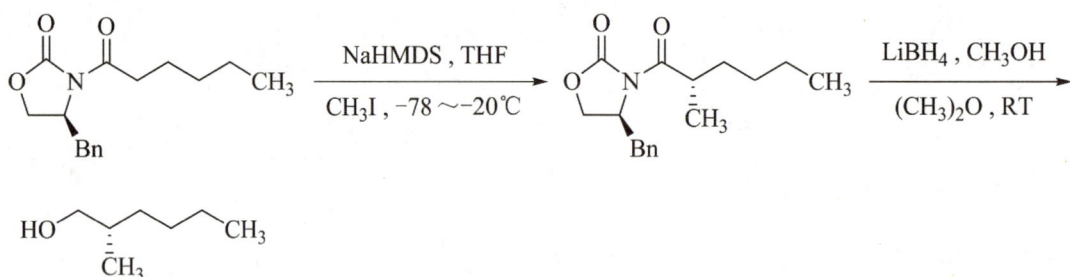

（二）噁唑硫酮类手性辅助试剂

噁噁唑烷酮环中碳氧双键改为碳硫双键就是噁唑硫酮。在合成苹果潜叶蛾昆虫性信息素中多次用到噁唑硫酮手性辅助试剂诱导不对称院基化反应，产率高达 95% 以上。

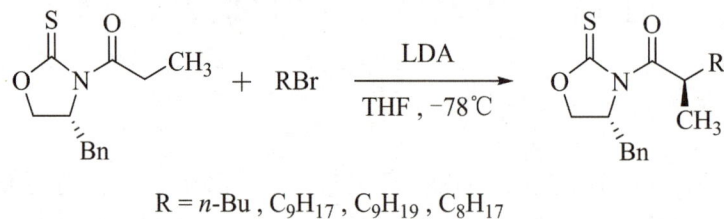

R = n-Bu，C$_9$H$_{17}$，C$_9$H$_{19}$，C$_8$H$_{17}$

（三）噁唑烷-2-苯亚胺类手性辅助试剂

噁唑烷-2-苯亚胺类手性辅助试剂有很高的立体选择性，而且烷基化产物可以用 NaOH 解脱，没有开环的副反应，也可以直接解脱生成醛等其他产物。在 LiHMDS 条件下与多种卤代烃发生不对称烷基化反应，首先形成中间体，加入卤代烃后生成目标化合物。

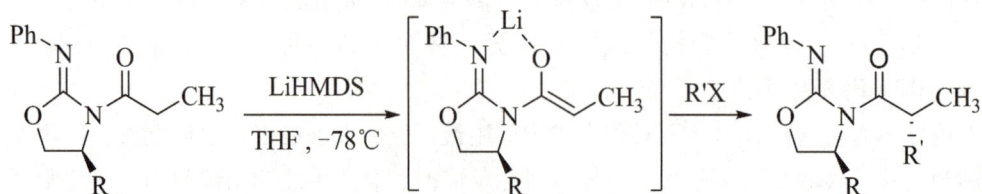

（四）樟脑磺内酰胺类手性辅助试剂

樟脑磺内酰胺具有原料廉价易得、刚性结构容易接到反应底物上、容易解脱、对映选择性好等优点，非常适合作手性辅助试剂，为此一系列樟脑磺内酰胺衍生物被合成并应用于不对称有机合成中。

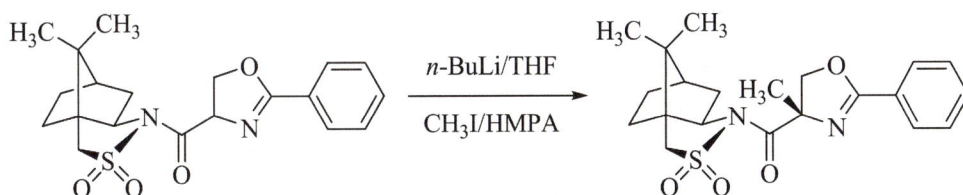

（五）脯氨醇、脯氨酸类手性辅助试剂

脯氨醇、脯氨酸类手性辅助试剂，在正丁基锂的作用下与卤代烃进行不对称烷基化反应，得到合成木蜂性信息素的重要中间体。

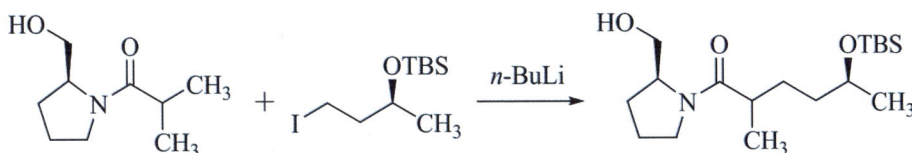

二、手性诱导不对称合成在药物合成中的应用

合成天然物质 emericellamides A 和 B 时，多次用噁唑烷酮作为手性辅助试剂诱导不对称烷基化反应，立体选择性良好，解脱后得到理想立体结构的醇。

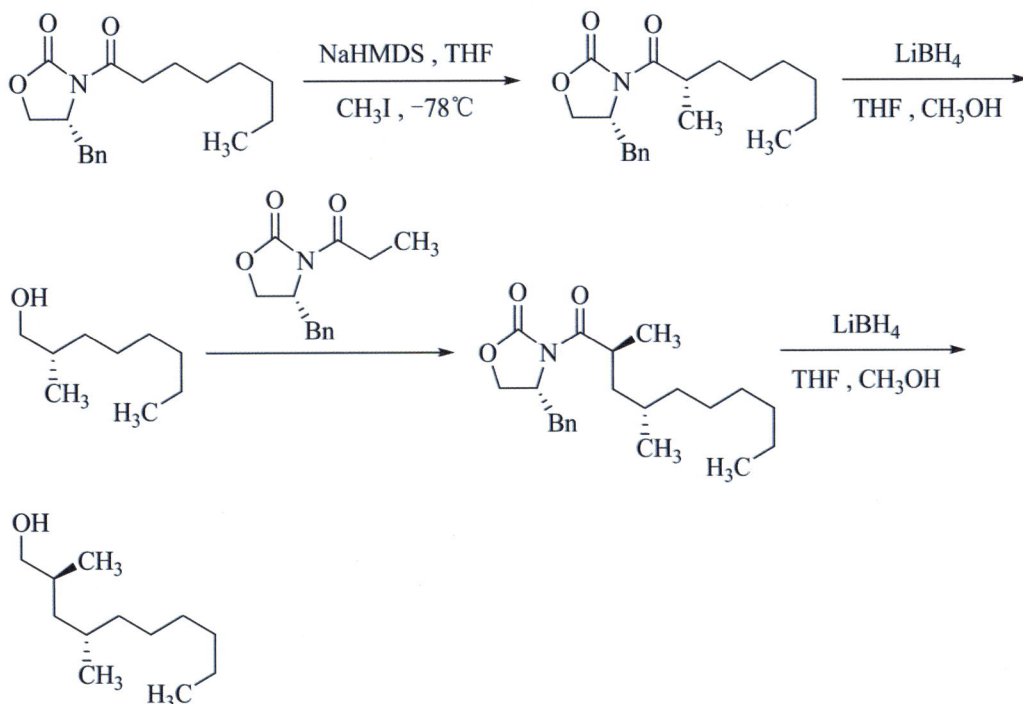

在乌苯美司（ubenimex）的不对称催化合成方法中，除了运用酶催化实现之外，大部分都与手性催化剂有关。如利用 Shibasaki 不对称 Henry 反应，以1-硝基-2-苯基乙烷和乙醛酸乙酯为原料，（R）-联萘二酚的金属镧配合物［La-(R)-BINOL］为催化剂，反应生成(2S,3R)-3-硝基-2-羟基-4-苯基丁酸乙酯，进一步转化成(2S,3R)-2-羟基-3-胺基-4-苯基丁酸，继而与 L-亮氨酸苯甲酯生成乌苯美司。

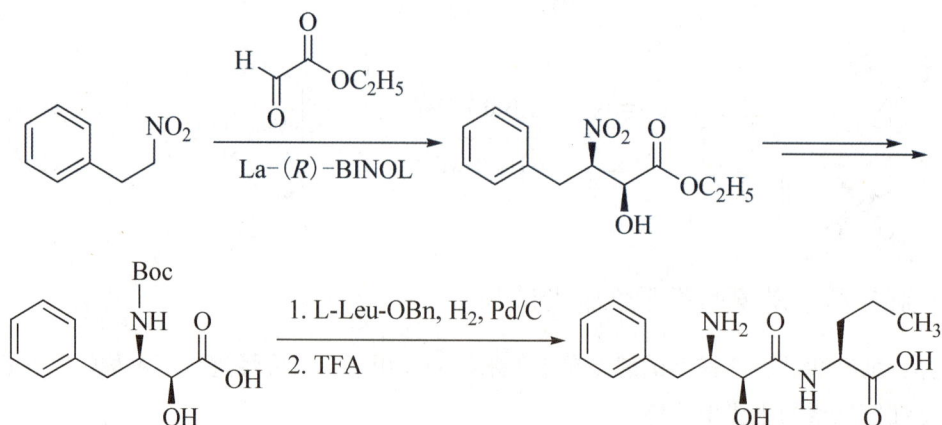

水蜡虫是一种世界范围性的害虫，它破坏葡萄、温室作物、茶叶等农作物，杀除这种害虫已得到人们越来越多的关注，目前用昆虫性信息素除害虫的方法被广泛应用。水蜡虫性信息素的合成工艺中，关键的一步不对称烷基化反应是用噁唑烷酮作为手性辅助试剂进行手性诱导，得到单一的异构体化合物。

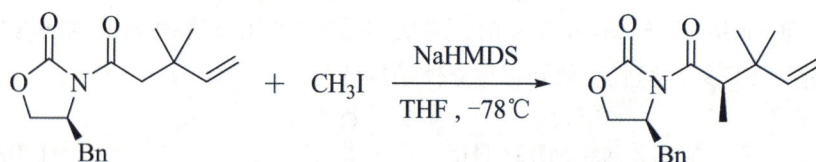

用 RAMP/SAMP 作为手性辅助试剂诱导不对称烷基化反应合成了毛翅蝇性信息素的两种主要成分 (S)-6-甲基-3-壬酮和 (R)-6-甲基-3-壬酮，总产率53%和51%，最终产物对映体过量 ee 值为94%和92%。

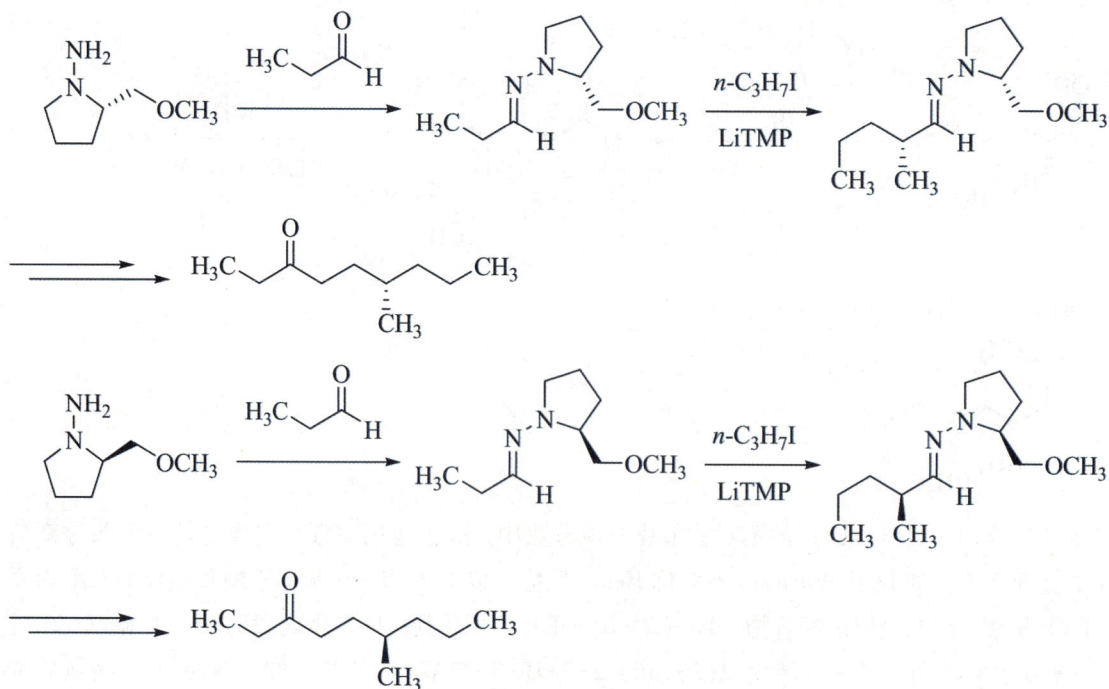

第五节 多组分反应技术

一、概述

多组分反应（Multicomponent Coupling Reactions），即"一锅法"，是将三种或三种以上的反应物原料投到反应器中给以一定的反应条件让其反应。由于其反应操作简单，原料简单易得，不经中间体的分离等优点而被有机合成以及药物合成方面的学者们所关注，多组分反应发展至今，已成功应用到多个领域，尤其在药物合成的方面起到很重要的作用。

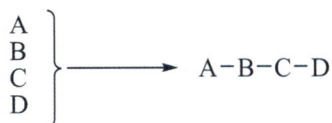

$$\left.\begin{array}{c} A \\ B \\ C \\ D \end{array}\right\} \longrightarrow A\text{-}B\text{-}C\text{-}D$$

四组分反应

$$A \xrightarrow{\ B\ } A\text{-}B \xrightarrow{\ C\ } A\text{-}B\text{-}C \xrightarrow{\ D\ } A\text{-}B\text{-}C\text{-}D$$

线性二组分反应

多组分反应过程中至少涉及两个以上的官能团，可将其视为多个双分子反应的组合体。它不是单纯几个双分子反应在数量的叠加，还必须根据多米诺规则进行有序的反应。

多组分反应中的多步反应可以从相对简单易的原料出发，不经中间体的分离，直接获得结构复杂的分子，而传统的有机合成是分步进行的，一个复杂天然产物的合成要 20 步以上的反应。这样的反应显然经济上和环境友好上较为有利。

多组分反应已经发展至今，已有液相和固相的多组分合成之分，并且已成功应用到嘧啶酮、吡唑、吡啶、吡喃、咪唑啉、吩嗪、喹唑啉、呋喃等衍生物的合成，而这些化合物或是具有多种药理活性或是重要的合成中间体。

与单分子和双分子反应过程相比较，多组分反应还具有以下几个优点：比单分子和双分子的多米诺过程更具会聚性。通过起始原料的自由改变容易引进分子的多样性。起始物易制备或已商品化。理论上可产生的化合物数目巨大。避免了保护-去保护步骤。一步反应很容易实现自动化生产。

许多重要的人名反应都属于多组分反应。早期的有 Strecker 氨基酸合成、Hantzsch 二氢吡啶合成、Biginelli 二氢嘧啶合成、Mannich 和 Passerini 反应等，这些发现于大约一个世纪之前的反应至今仍然在特定类型化合物的合成设计中保持着活力。

在 20 世纪 50 年代末期，Ugi 发现的一个新四组分反应（Ugi-4CR），是在过去 10 年中被研究最多的反应之一。它是利用醛、胺、羧酸和异腈间的反应一步合成 α-酰胺基酰胺的方法。当把这四个化合物混在一起时，在想象中它们互相间会按不同的次序发生各种可能的反应，从而导致极其复杂的混合产物。但实际上在大多数情况下 Ugi 反应得到单一的 α-酰氨基酰胺产物。Ugi 反应的机理很复杂，它可能按如下的反应过程进行：①亚胺的生成；②亚胺被酸质子化；③亲电亚胺盐和亲核羧基阴离子对异腈的 α-加成；④分子内的酰基迁移。

当今社会的快速发展带来的最大的问题就是环境恶化，如何实现可持续发展，实现人与自然和谐相处是当今社会面临的一个巨大挑战。因此，如何设计环境友好型的化学反应是化学研究领域的重要任务之一。多组分反应就是这种符合环境友好型的合成方法学，在药物设计合成过程中备受青睐。

二、多组分反应在药物合成中的应用

（一）多组分反应在二元杂环骨架的合成中的应用

喹啉是一种重要的含氮杂环骨架，大量存在天然产物和合成药物中。喹啉具有较好的生物活性，比如，抗肿瘤、抗菌、抗炎、抗疟。可利用胺、丙酮酸乙酯和苯甲酰甲醛的三组分反应在5%碘化钾催化下，一步可以合成三取代喹啉衍生物。

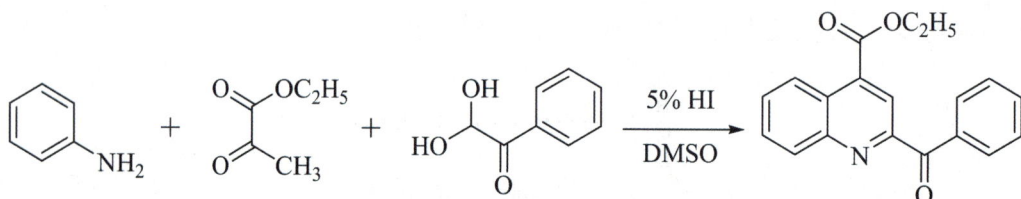

同样利用碘单质催化胺、苯乙烯和酮的三组分反应一步合成三取代喹啉衍生物。

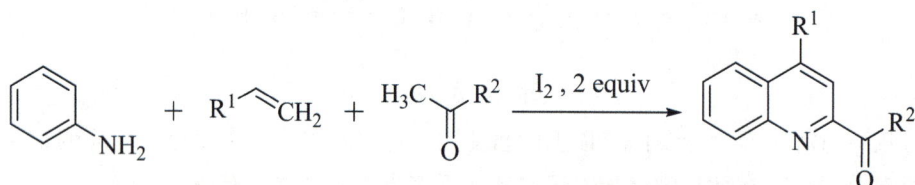

吡唑并吡喃衍生物主要用于镇痛药和细胞周期检查点激酶 1 抑制剂的合成。使用酮、乙酰乙酸乙酯、丙二腈和水合肼四组分反应，在乙醇和水的混合溶剂中，用"一锅煮"合成可以方便地得到吡唑并吡喃类衍生物。

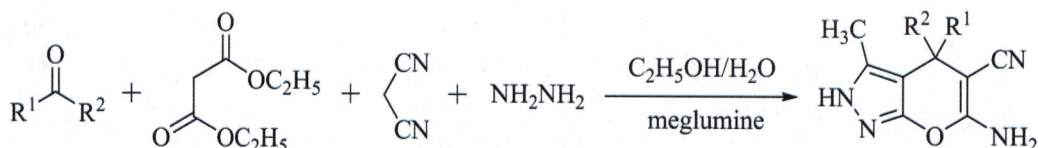

（二）多组分反应在多元杂环骨架的合成中的应用

吡咯并喹啉结构是具有生物活性的天然产物和合成杂环化合物的重要骨架。用靛红、胺和烯胺酮的三组分反应"一锅煮"得到多取代吡咯并喹啉衍生物。

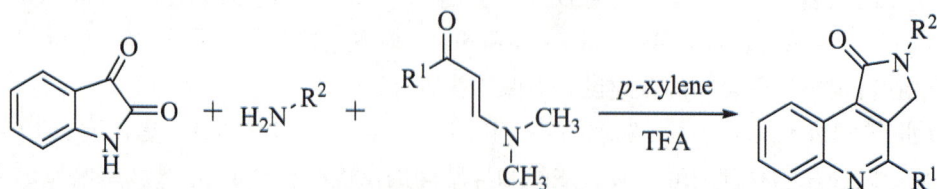

吩噻嗪是一类重要的杂环化合物，具有较好的生物活性。超过 100 种抗精神病药物都是吩噻嗪类衍生物。吩噻嗪同样可以用于抗结核药物，胆碱酯酶抑制剂合成。使用两分子环己酮、单质硫和胺的四组分反应，在 DMSO 中利用 KI 催化，一步合成了吩噻嗪衍生物。

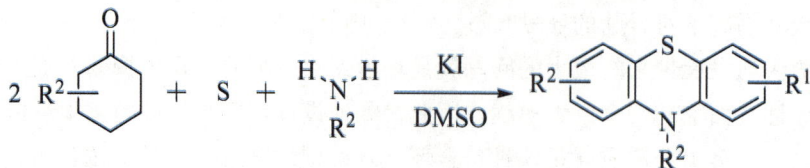

以 α-烯醇硫酯、2-氨基乙硫醇、醛和达米酮的四组分反应一步合成多取代噻唑并喹啉衍生物，构建了两个 C-C 键，两个 C-N 键，和一个 C-S 键。该反应在聚乙二醇和水的混合溶剂中，不需要任何催化剂，符合绿色化学概念，产率高，操作简单。

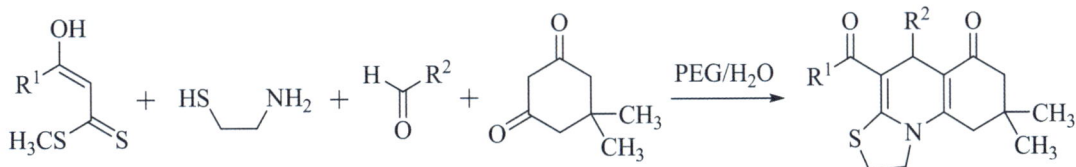

萘啶骨架大量存在海洋天然生物中，这种杂环化合物具有较好的生物活性，比如 HIV-1 整合酶抑制剂，抗肿瘤药物，5-羟色胺 4 受体选择性拮抗剂等。利用两分子氨基吡唑、两分子苯甲酰甲醛的四组分"一锅煮"可以容易地得到多取代吡唑并萘啶衍生物。

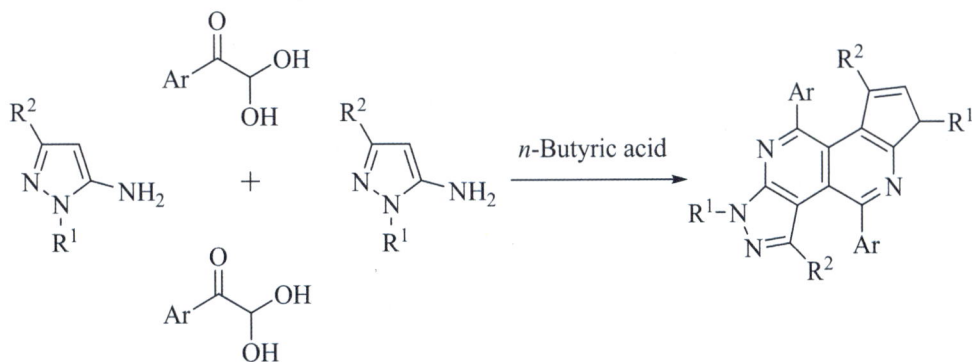

（三）多组分反应在螺杂环药物的构建中的应用

螺吲哚杂环骨架存在于生物碱类天然产物中，具有较好的生物活性。螺吲哚杂环化合物主要利用靛红作为原料参与多组分反应来实现合成。使用靛红、苯肼、胺、乙酰乙酸乙酯四组分合成螺吲哚-喹啉并吡唑衍生物。

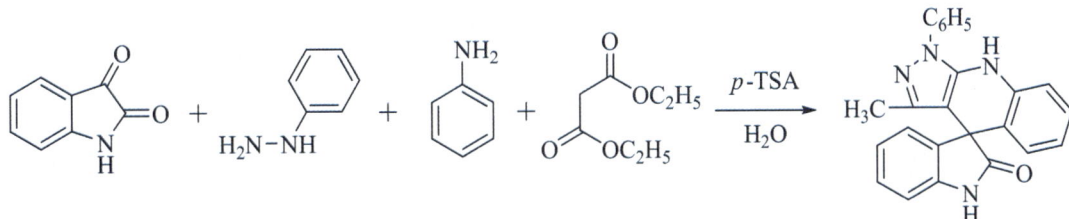

将三苯基膦应用于多组分反应，利用其与查尔酮和丁炔二羧酸酯或者烯炔酸酯的三组分反应得到了吲哚螺环戊烷衍生物。

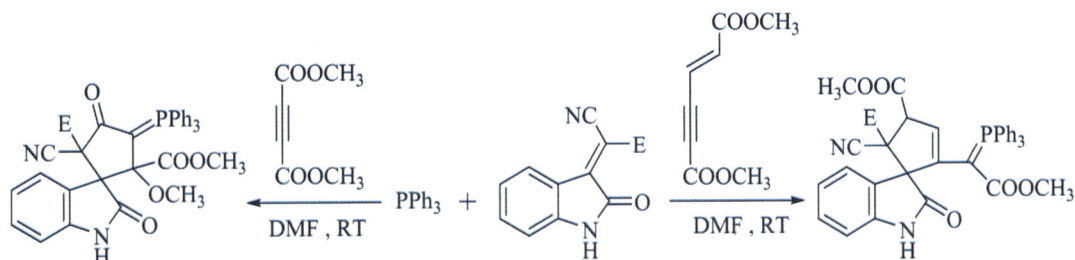

多组分反应是将三个或者三个以上的原料通过"一锅煮"的方法合成包含所有组分主要结构片段的新化合物的过程，因此多组分反应具有高产率，高原子经济性，收敛性以及易操作等优点，实现快速、大量地合成具有结构多样性和复杂性的化合物，在药物设计合成过程中越来越受

到人们的重视。

第六节　串联反应技术

一、概述

许多复杂分子的合成经常需要多步完成，涉及繁琐的分离和提纯。从经济和环保角度看，有必要减少步骤，最大化地避免中间体的分离与提纯，这种策略就是通常所说的串联反应（tandem reactions，domino or cascade reactions），它不是在一个反应瓶内简单地接连进行二步独立反应，而是在同一个反应环境下并不进行新操作，第一反应生成的活泼中间体接着进行第二步、第三步的反应。其特点在于：①开始时加入的反应物较多；②前一步反应的产物通常和初始反应物或自身发生下一步反应；③每一步反应的条件相似。

2001 年，已有关于串联反应在有机合成方面应用的综述报道，但是这些报道只是对串联反应的初步介绍，或者对某种特定的串联反应作了较为详尽的讨论。近年来，随着研究的不断深入，又出现了许多新的串联反应，并成功地应用于不对称合成以及杂环化合物的合成中，特别是在光学活性天然产物分子的合成中。

根据引发机制不同，串联反应可以分过渡金属参与型、重排反应参与型、周环反应型、自由基型等。

（一）过渡金属催化的串联反应

过渡金属催化的串联反应中，2005 年度诺贝尔化学奖获得者 Grubbs 发现了金属钌卡宾催化的烯烃复分解反应，利用环状烯烃的开环复分解反应完成了关键三环并环中间体的构建。顺利合成海绵二萜类物质 Cyanthiwigin。经过科学家们 20 年的努力，它已经从一种实验方法学成功转变成一种合成技术广泛应用于工业生产之中。

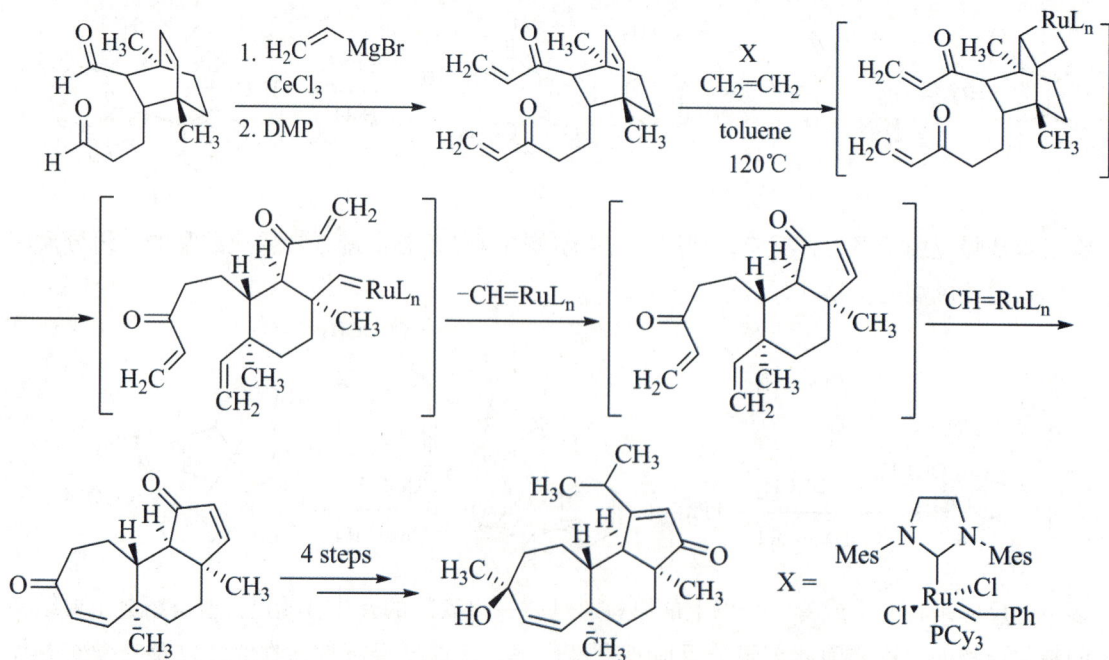

以取代的丙炔醇为底物，利用醇的亲核反应，以金属钯催化的串联反应一步构筑了 5 个环。

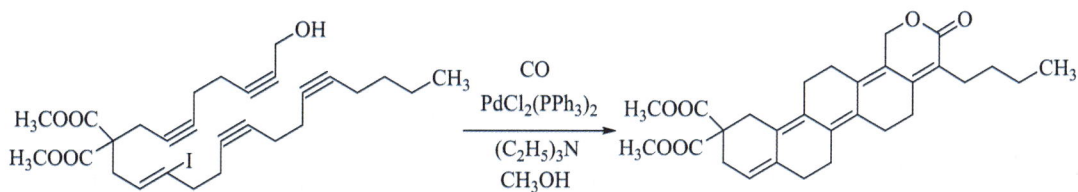

（二）重排串联反应

以 α-联烯基甲磺酸酯的［3,3］σ 重排反应。高立体选择性地得到了三取代 1,3-二烯类化合物。

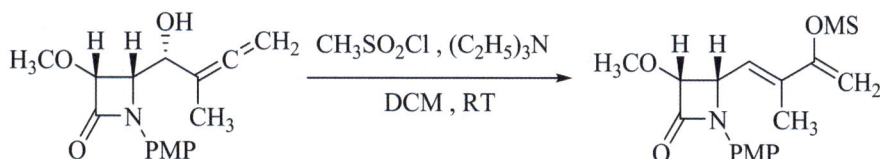

热诱导 Zincke 醛的重排反应：反应首先通过热诱导的异构化得到中间体，继而发生 6π 电环化和 1,5-氢迁移，然后经电开环反应得到重排产物。

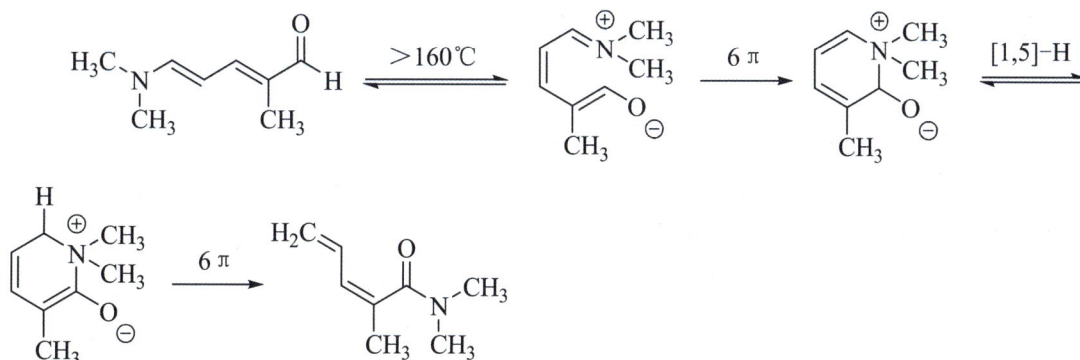

（三）周环串联反应

金催化下的甲亚胺叶立德分子内的［3+2］环加成的串联反应：

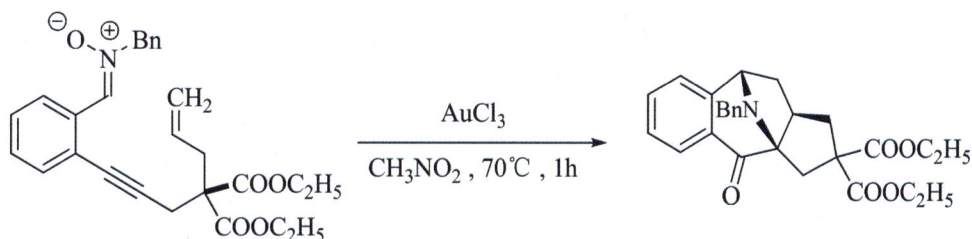

利用镍催化分子内［3+2］环化过程构建了三并环的茚类化合物，该反应具有较好的普适性。

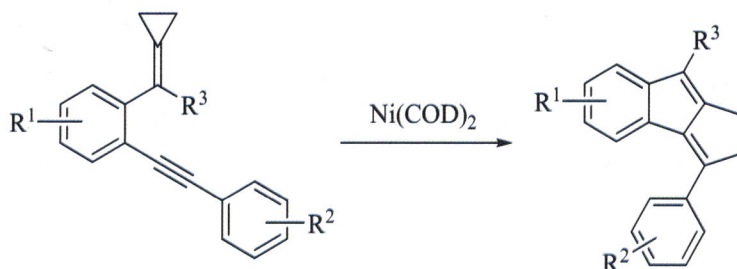

（四）自由基串联反应

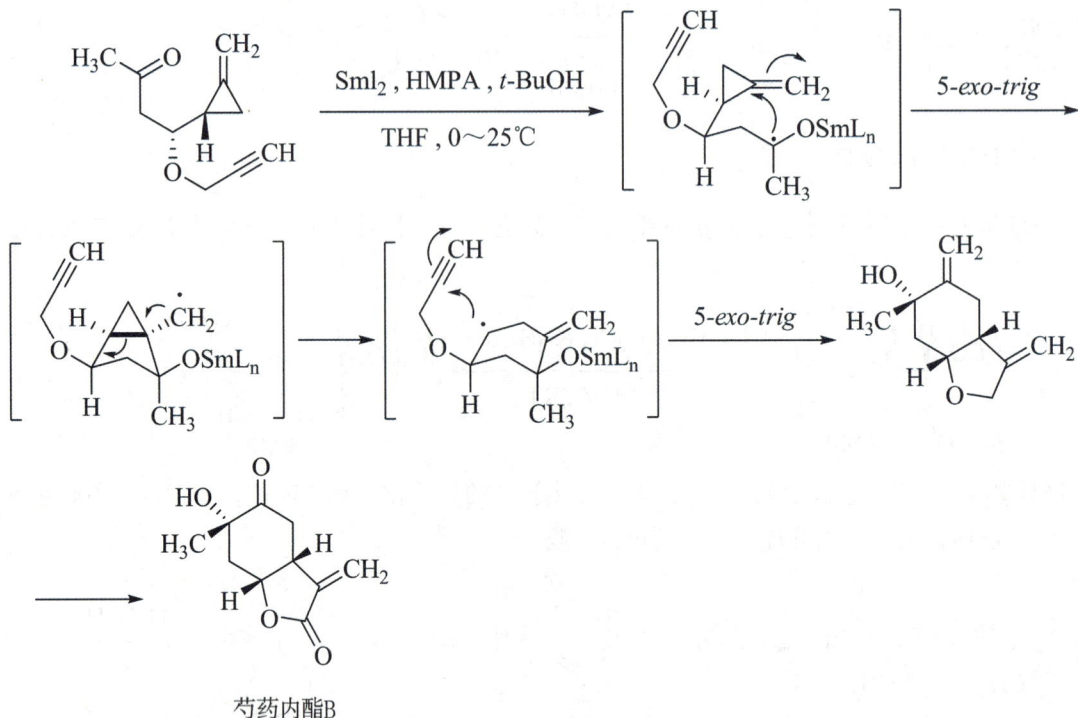

苟药内酯B

串联反应与一些传统的方法比较，反应条件温和，无分离中间体，简化了操作，产率高，而且可以得到用一般方法难以得到的多手性光学物质和杂环体系，特别是用于建构天然产物分子中间体，具有独到的优点。当然，由于部分串联反应中每步运用到不同的催化剂，而不同反应的催化剂存在差异，因此串联时催化剂间相互作用，可能降低它们的催化性能。要解决这个问题，可以从两个方面来考虑：①寻找适当的单一催化剂；②使用两相催化剂。

二、串联反应在药物合成中的应用

右旋长春胺（vincamine）对大脑皮层血管有扩张作用，在医疗领域被广泛使用。Langlois 利用异氰基乙酸酯作为最后一步对底物进行关环，首次合成了外消旋的长春胺。随后 Rppoport 同样利用这一方法以光学纯的醛作为底物合成了光学纯的天然产物右旋长春胺。

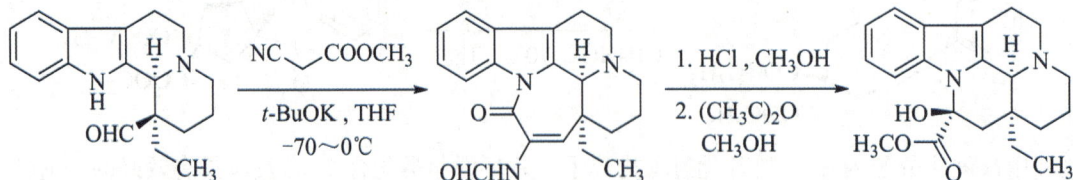

左旋卡因酸（kainic acid）是一种神经激动的氨基酸，对谷氨酸受体的亚型有激活作用，因此可用于研究中枢神经系统的生理和药理作用。Bachi 报道了对映选择性合成左旋卡因酸的方法。反应的第一步就是利用金催化的不对称 Aldol 反应高立体选择性的合成了噁唑环这一关键的中间体。中间体经转变成一个砜酰胺，再经历一个自由基关环和脱保护得到四氢吡咯衍生物，继而进一步转化成左旋卡因酸。

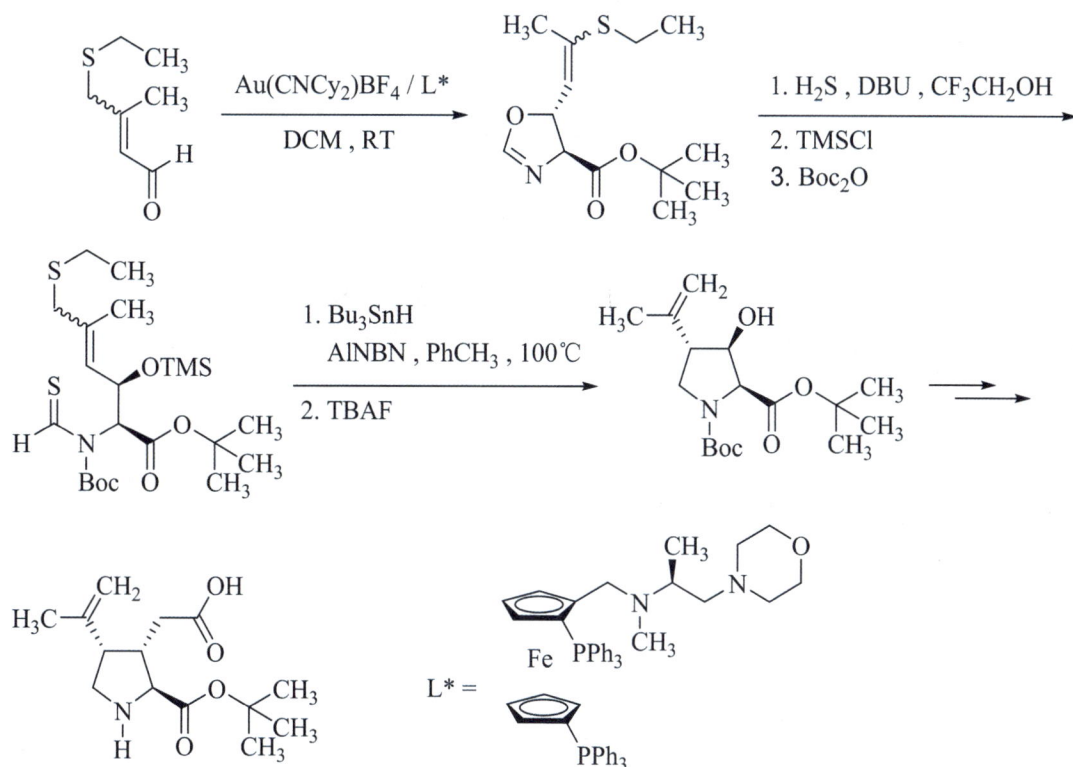

ningalin B 是从西澳大利亚暗礁的海鞘 *didemnumb* SP 中分离得到的多酚生物碱，而它的全合成是由 Boger 等人经过九步反应得到，合成路线比较长，而且产物也很复杂，产率很低。而利用异氰基乙酸酯参与的串联反应可将反应步骤缩短到三步，且分离产率可达 98%。该反应的关键点在于利用了氰基的离去基团的性质。

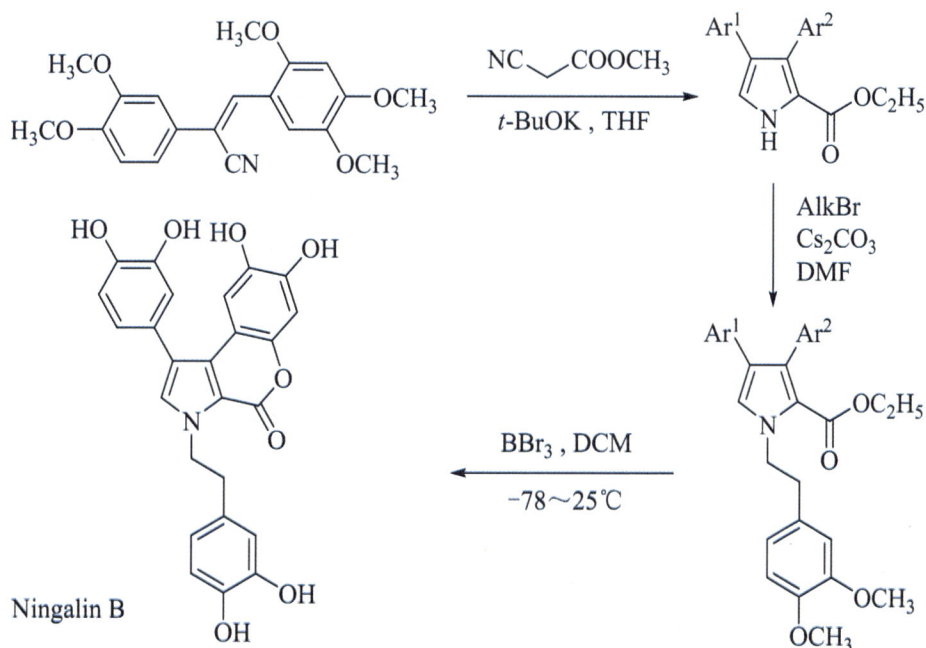

总之，与传统的方法相比较，串联反应具有如下优点：①键形成效率高，一步操作完成多个反应，形成多个共价键，而不用分离中间体和改变反应条件；②在缩短合成步骤的同时废物的产生以及劳动力的付出也减少到最小；③允许由简单易得的原料出发快速构建分子的多样性和复杂性。因而串联反应是一种高效、绿色的合成策略，为我们提供了另一条高效快速构建多官能团

化、结构多样化的天然小分子化合物库的优良途径。

第七节　点击化学

一、概述

点击化学（Click chemistry），又称为"链接化学"、"动态组合化学"（Dynamic Combinatorial Chemistry）、"速配接合组合式化学"，是由诺贝尔化学奖获得者化学家 Sharpless 在 2001 年引入的一个合成概念，主旨是通过小单元的拼接，来快速可靠地完成形形色色分子的化学合成。它尤其强调开辟以碳-杂原子键（C-X-C）合成为基础的组合化学新方法，并借助这些反应来简单高效地获得分子多样性。"点击"意味着用通过化学反应把分子片段拼接起来就像将搭扣的两部分扣起来一样简单。无论搭扣自身接着什么，只要搭扣的两部分碰在一起，它们就能相互结合起来，并且搭扣两部分的结构决定了它们只能和对方相互结合起来。点击化学的概念对化学合成领域有很大的贡献，在药物开发和生物医用材料等诸多领域中，已经成为目前最为有用和吸引人的合成理念之一。

（一）分类

点击化学作为一种新的合成方法在药物先导化合物库的构建、糖类化合物的修饰和改性、天然化合物的合成、生物大分子和大分子聚合物的合成等方面具有重要应用。点击反应主要有环加成反应，特别是 1,3-偶极环加成反应；亲核开环反应，特别是张力杂环的亲电试剂开环；非醇醛的羰基化学及碳碳多键的加成反应。其中，利用叠氮化合物作为一种底物，通过可靠的、定量的 1,3-二偶极环加成反应合成四唑和三唑是点击化学中一个非常理想的例子。

1. 1,3-偶极环加成反应

端基炔化合物和叠氮化合物的 1,3-偶极环加成反应有点击化学的"cream of the crop"之称，是目前应用最多的一类点击化学反应。

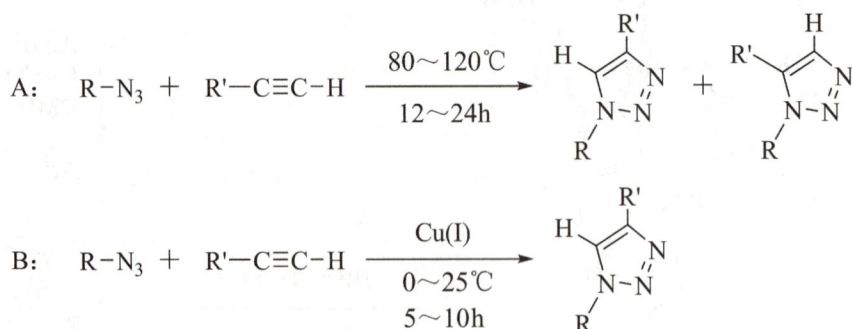

2. 亲核开环反应

三元杂原子张力环的亲核开环，通过反应释放它们内在的张力能。

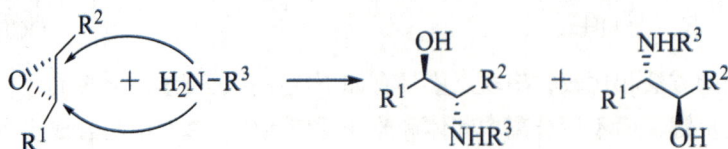

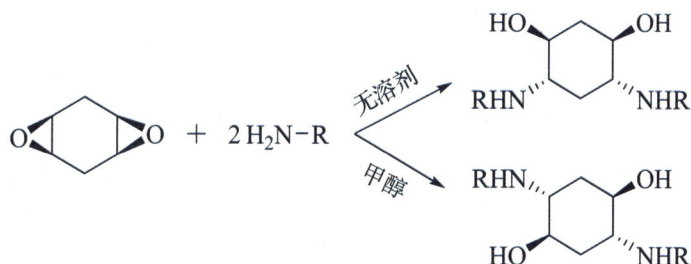

3. 羰基化合物的缩合反应

醛或酮与 1,3-二醇反应生成 1,3-环氧戊环，醛与肼或胲反应生成腙和肟，羰基醛，酮和酯反应生成杂环化合物等。

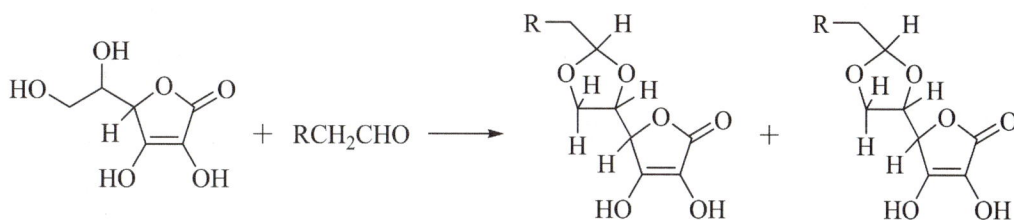

（二）特点

点击反应归纳起来具有几个方面的特点：反应条件简单、模块化，如叠氮和炔基都能生成含有三唑的化合物；原料与反应试剂易得；不使用溶剂或可在良性溶剂（如水）中进行；对氧气和水不敏感，水的存在反而常常起到加速反应的作用；点击反应一般是融合过程（没有副产物）或缩合过程（副产物为水）；具有较高的热力学驱动力（>84 kJ/mol）；产物易通过简单结晶和蒸馏即可分离，无需层析柱等复杂的分离方法。

二、点击化学在药物合成中的应用

（一）抗肿瘤药物

近年来，三唑的药用价值越来越受到关注，例如，Camarasa 研究小组利用 1,3-二偶级环加成反应，合成了抗 HIV-1 的主要化合物 TASO-T 的三唑衍生物。对比母体化合物 TASO-T，合成的 TASO-T 的三唑衍生物，如 TASO-T 的 1,4-取代的三唑衍生物（Ⅰ）和 TASO-T 的 1,5-取代的三唑衍生物（Ⅱ）对诱导 HIV-1 病变的细胞产生了更好的抑制作用，药理活性能够提高 2 个数量级。特别是 5-氨基或 5-甲氨基，还有 4-二甲氨基（Ⅲ）的 TASO-T 的三唑衍生物显现了强有力的抗 HIV-1 活性。

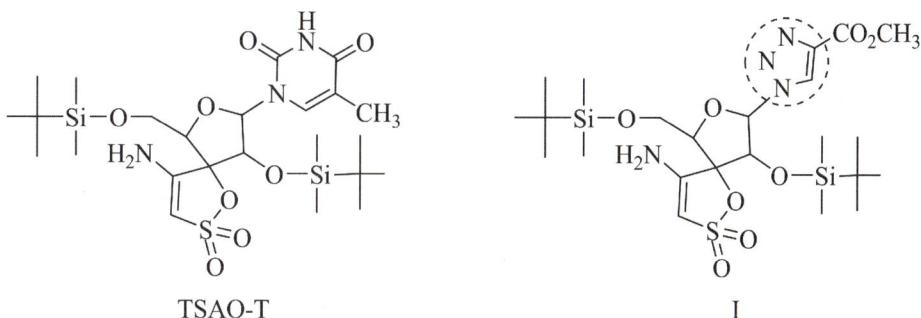

TSAO-T　　　　　　　　　Ⅰ

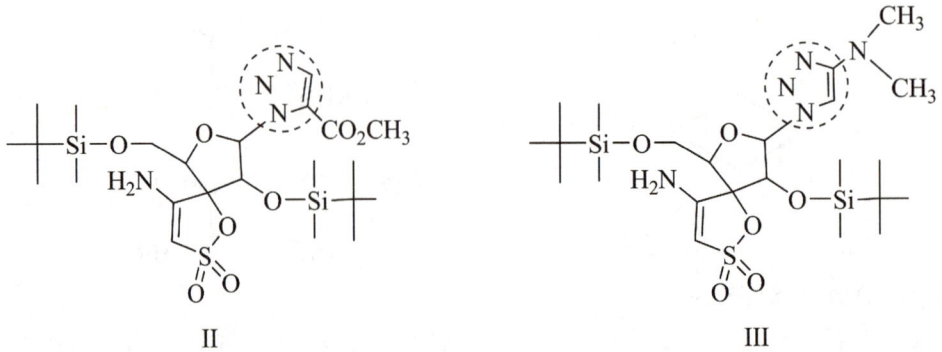

II   III

（二）抗过敏药物

三唑类衍生物是强力抗皮肤过敏性的药物，以小白鼠作为受体，显示了良好的药物活性。以下是这种抗皮肤过敏性药物的具体合成方法。

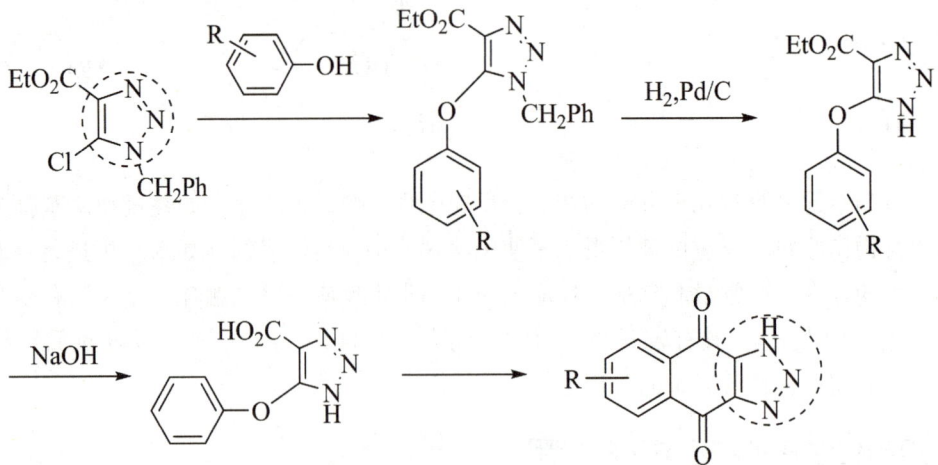

（三）抗菌药物

1,2,3-三唑取代的苯磺酰类化合物是对人类肾上腺激素 β_3 受体强有力且有选择性的收缩剂，药理筛选实验表明，其中的 4-三氟甲基苄基同系物是选择性肾上腺激素 β_3 受体激动剂，其连接到 β_3 受体的选择性分别是连接到 β_1 受体的 6500 倍，是 β_2 受体的 1500 倍。Genin 小组合成了一系列包含 1,2,3-三唑官能团的唑烷酮化合物，它们显示了优良的广谱活性，是对革兰阳性球菌和革兰阴性球菌的强有力抗菌剂。

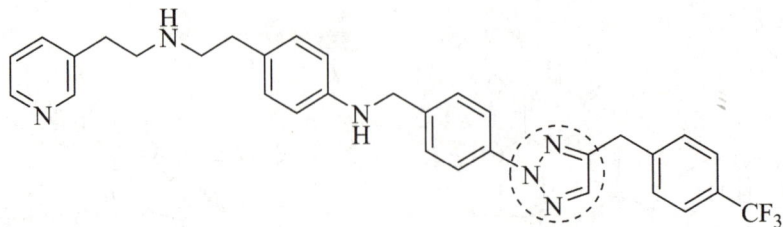

（四）抗凝血药物

由 AstraZeneca 公司研发的一种新型小分子抗凝血药物替格瑞洛（ticagrelor）为1,2,3-三氮唑衍生物。该药能可逆性的作用于血管平滑肌细胞上的嘌呤 2 受体亚型 P_2Y_{12}，对 ATP 引起的血小板聚集有明显的抑制作用，且口服使用后起效迅速，因此能有效改善急性冠心病患者的症状。因替格瑞洛的抗血小板作用是可逆的，其对于那些需要在先期进行抗凝治疗后再行手术的病人尤为适用。

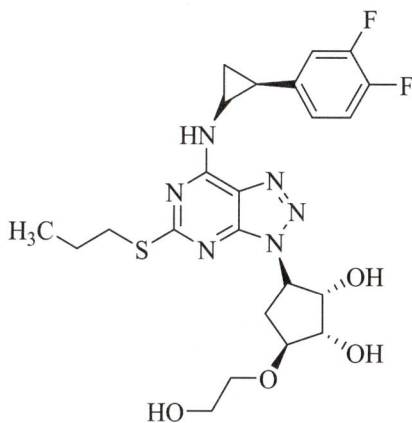

替格瑞洛

第八节 电化学合成技术

一、概述

电化学合成（Electrochemical Synthesis）是一种以电子作为试剂，通过电极与反应底物或催化剂之间的电荷转移，引发旧键断裂和新键生成完成化学转化，是通过电子得失来实现化合物合成的一种技术。

1834 年，法拉第（Michael Faraday）发现电解醋酸钠水溶液时，阴极上会析出 CO_2，并生成乙烷，这是在实验室中最早发现的有机电化学合成。1849 年，柯尔贝（H. Kolbe）通过电化学方法将脂肪酸电解脱羧合成较长链的烃。柯尔贝反应用高浓度羧酸盐（通常用钠盐）在较高分解电压下用铂金阳极电解，阴极得到氢气、氢氧化钠，在阳极得到烃、二氧化碳，是最早实现工业化生产的电化学合成反应。反应通式如下：

$$2RCOO^{\ominus} + 2H_2O \xrightarrow{电解} R\text{-}R + H_2 + 2CO_2 + 2OH^{\ominus}$$

电化学反应的本质是氧化还原反应，但在其反应过程无需外加金属和氧化还原试剂，通过直接提供反应所需的电子或攫取电子，以替代传统氧化还原反应所需的化学氧化剂或还原剂，有效避免其带来的高污染、高成本以及影响官能团耐受性等问题，是一种条件温和、成本低廉、绿色高效、操作简单且能可控转化的药物绿色合成技术。

（一）电化学合成的原理

电化学合成反应主要是由电化学过程、化学过程和物理过程等组合起来的。通过有机分子或催化媒质在"电极/溶液"界面上的电荷传递、电能与化学能相互转化实现旧键断裂和新键形成。

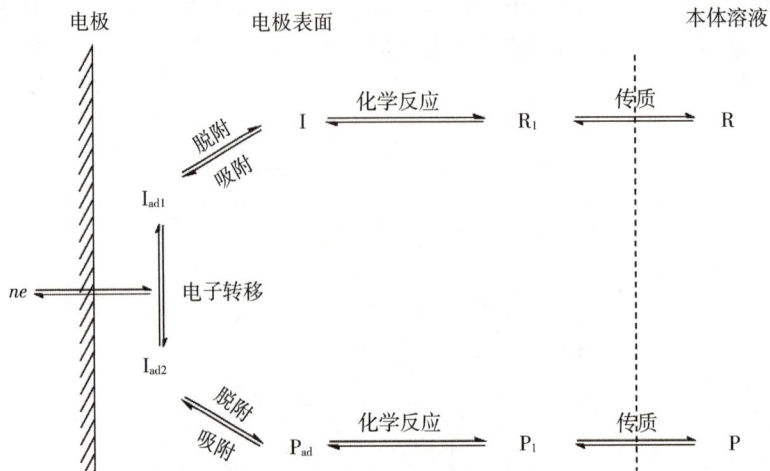

图 11-3 电化学合成反应过程

电解液中的反应物 R 通过物理扩散达到电极表面，R 在双电层或电荷转移层通过脱溶剂、解离等化学反应过程形成中间体 I（无溶剂、无缔合现象的不经过此过程）。I 通过吸附活化过程在电极上吸附形成吸附中间体 I_{ad1}，I_{ad1} 在电极上放电发生电子转移而形成新的吸附中间体 I_{ad2}。I_{ad2} 在电极表面发生反应形成生成物 P_{ad} 吸附在电极表面，P_{ad} 脱附后再通过物理扩散得到生成物 P。

（二）电化学合成的特点

电化学合成基于电解来合成有机化合物，反应通过电极上的电子得失来完成，其中最重要的是电极，它是实施电子转移的场所，起到反应基底和催化剂的作用。电化学反应需满足三个基本条件：持续稳定供电的直流电源；满足电子转移的电极；可完成电子转移的介质。电化学合成主要特点有：

（1）利用电极还原底物，一般无需加其他试剂，避免了当量的化学还原剂的使用。

（2）反应条件更加温和简便，可选择性氧化（还原）官能团，不需要在高温或光照条件下进行，可在常温常压下进行，有些反应甚至无需做无水或无氧处理。

（3）在温和的条件下可产生高活性的中间体（如自由基、正负离子等），这些高活性的中间体可与其他底物发生反应得到一些用通常的方法难以合成的产物。

（4）通过调节电位和电流，可方便地改变电极反应方向和速度，减少副反应，制备出许多特定价态的化合物。

（三）电化学合成的类型

1. 直接电合成法

电极直接给予反应物电子或者从反应物上获得电子以生成自由基中间体，该中间体再进行均相反应得到目标产物。

例如，硝基苯电还原可生成的诸多产物，其中对氨基苯酚（PAP）是重要的药物中间体，硝基苯首先在阴极表面得到 2 个电子被还原为亚硝基苯，亚硝基苯继续获得 2 个电子还原成羟基苯胺，羟基苯胺在较高的酸度和温度下经 Bamberger 重排得对氨基苯酚，其反应过程为：

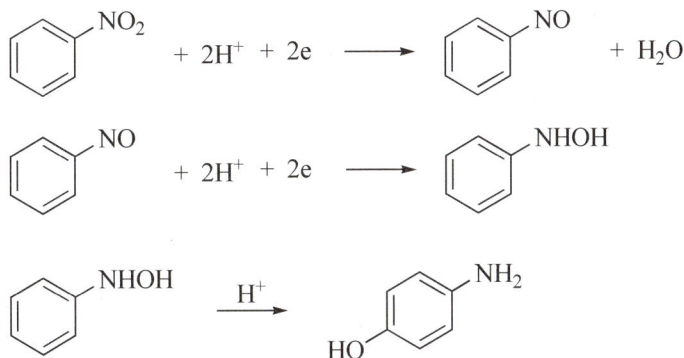

2. 间接电合成法

利用氧化/还原价的金属离子氧化或者还原有机化合物，生成还原态或者氧化态金属离子，再在电极表面上失去或者得到电子而恢复原态，如此循环使反应进行，生成目标产物。

例如，用铅电极为阳极，在硫酸介质中以 Mn 为电荷传递剂，在电催化作用下，使甲苯间接氧化合成苯甲醛。

电解反应：

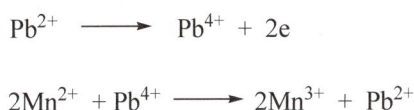

合成反应：

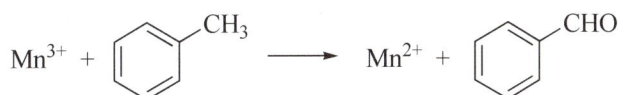

药物中间体间苯氧基苯甲酸的制备也可通过电化学合成，Pb 为阴极，Pb/PbO$_2$ 为阳极，以一定浓度的 H$_2$SO$_4$ 作支持电解质，Cr（VI）作氧化媒介氧化间甲基二苯醚得产物。

电解反应：

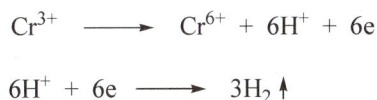

合成反应：

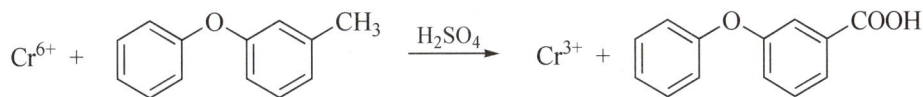

二、电化学在药物合成中的应用

对乙酰氨基酚（Paracetamol）的合成，通过在稀硫酸中电解还原硝基苯，得到对氨基苯酚后，用碱土金属的碳酸盐或氢氧化物中和硫酸至弱酸性，将不溶于水的硫酸盐过滤分离，滤液萃取，经乙酸酐乙酰化得产物乙酰氨基酚，收率约为 85%。

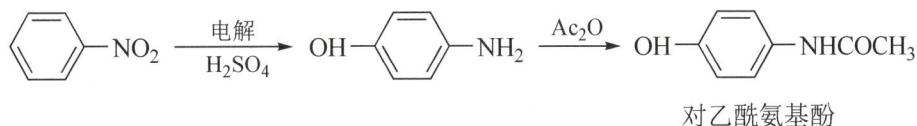

对乙酰氨基酚

dl-萘普生（Naproxen）电化学合成，以玻碳电极作为工作电极，铂为对电极，甘汞电极参

比电极的三电极配置在单室电池中进行电化学反应，以离子液体做为电解质，在二氧化碳存在下，电解 2-（1-氯乙基）-6-甲氧基萘，生成有机阴离子中间体，当碳负离子两个电子通过时，亲核进攻 CO_2 生成相应的羧酸，得到萘普生，收率可达到 89 %。

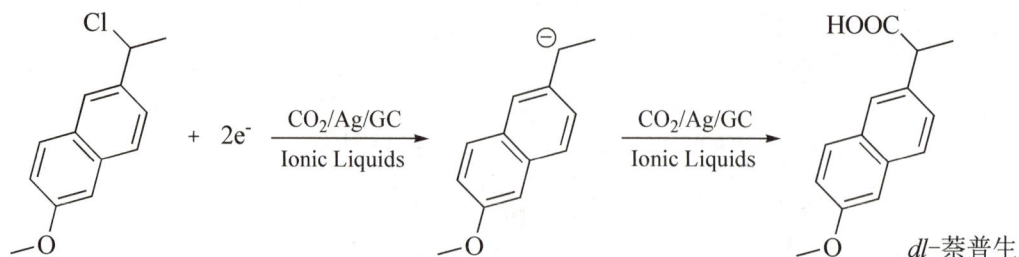

二甲基砜（Methylsulfonylmethane，MSM）是人体胶原蛋白合成的必要物质。以 WO_5^{2-}/WO_4^{2-} 催化阴极还原生成的 H_2O_2，生成的 H_2O_2 与 WO_4^{2-} 进行反应，并产生氧化能力很强的 WO_5^{2-}，最后 WO_5^{2-} 间接氧化二甲基亚砜（DMSO），得到产品二甲基砜。反应结束后将有机物和无机物分离后，钨酸盐可重复使用，不造成环境污染。

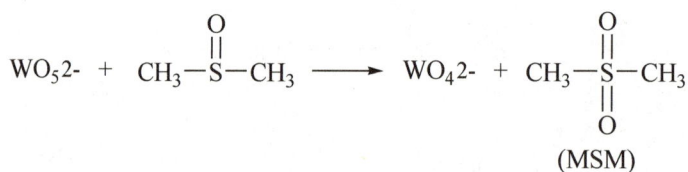

$$O_2 + 2e + 2H_2O \longrightarrow H_2O_2 + 2OH$$

$$H_2O_2 + WO_4^{2-} \longrightarrow WO_5^{2-} + 2H_2O$$

(MSM)

第九节　绿色化学

绿色化学（Green chemistry）又称环境无害化学、环境友好化学或清洁化学，是指设计和生产没有或者尽可能小的环境负作用并且在技术上和经济上可行的化学品和化学过程，是利用化学原理和方法来减少或消除对人类健康、社区安全、生态环境有害的反应原料、催化剂、溶剂、试剂、产物、副产物的使用的一门新兴学科。

早在 1991 年，当时的捷克斯洛伐克学者 Drasar 和 Pavel 就已经提出了"绿色化学"的概念，呼吁研究和采用"对环境友好的化学"。1993 年，美国化学会正式提出了"绿色化学"的概念，其核心内涵是从源头上尽量减少、甚至消除在化学反应过程和化工生产中产生的污染。由于传统化学更关注如何通过化学的方法得到更多的目标产物，而此过程中对环境的影响则考虑较少，着眼于事后的治理而不是事前的预防。绿色化学是对传统化学和化学工业的革命，是以生态环境意识为指导，研究对环境没有（或尽可能小的）副作用，在技术上和经济上可行的化学和化工生产过程。因此，绿色合成化学不同于环境治理，是通过科学研究发展从源头上不使用产生污染物的化学，来解决经济可持续发展与环境保护这对原来不可协调的矛盾。

绿色化学的主旋律即是合成化学，强调反应的原子经济性及选择性，在绿色合成化学方面的研究将推动化学学科本身的进一步发展，同时也将为化学工业带来一场革命。绿色化学的目标是要求任何有关化学的活动，包括使用的化学原料、化学和化工过程及最终的产品，都不会对人类的健康和环境造成不良影响，这与药物研发的宗旨一致。在药物合成中研究新的合成方法，提高原子利用率，选择反应转移性强、收率高、"三废"排放少、污染低的合成路线，实现原料、化学反应、催化剂与溶剂的绿色化是化学制药工业的发展方向，即药物合中应贯彻"绿色化学"的思想与策略。

一、原子经济性

原子经济性（Atom economy）的概念是由美国化学家 Trost 首先提出的，即在有机合成反应中充分利用每个原料分子的每一个原子，使之结合到目标分子中，实现"零排放"：即原料中的原子得到 100% 的利用没有任何副产物。

例如在下列反应中：A+B→C+D，其中：C 为目标产物，D 为副产物。

对于理想的原子经济性反应，则 D=0，即 A+B→C。

原子经济性可以用原子利用率（atom utilization）来衡量：

$$原子利用率 = \frac{目标产物的相对分子质量}{反应物质的相对原子质量之和} \times 100\%$$

原子经济性的反应有两个显著的优点：一是最大限度地利用了原料；二是最大限度地减少了废物的排放，减少了环境污染，适应了社会要求，是合成方法发展的趋势。

二、绿色合成

对一个有机合成，从原料到产品，要使之绿色化。首先是要有绿色的原料，要能设计出绿色的新产品替代原来的产品；其次要有更为合理更加绿色的设计流程。从反应效率和速度方面考虑，还涉及催化剂、溶剂、反应方法和反应手段等诸多方面的绿色化。

（一）绿色合成原料和试剂

以芳香胺的合成为例，一般都是以氯代芳烃为原料，与胺进行亲核取代而合成的。而已知氯代芳烃是对环境累积性有害的，所以 Monsanto 公司用芳烃代替氯代芳烃为原料，即直接用氨或者胺亲核取代芳烃的方法。

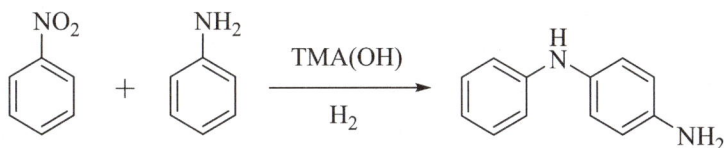

甲基丙烯酸甲酯（MMA）的传统合成法主要是以丙酮和氢氰酸为原料，经三步反应合成，原子利用率仅有 47%，并且第二步反应的副产物也是氢氰酸，因此是环境不友好的。

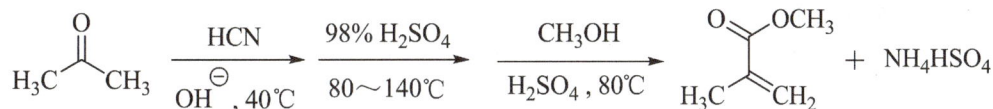

若采用金属钯催化剂体系，将丙炔在甲醇存在下羰基化，一步制得甲基丙烯酸甲酯。新合成路线避免使用氢氰酸和浓硫酸，且原子利用率达到 100%，是环境友好的。

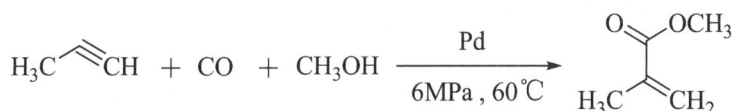

（二）改变反应方式和反应条件

硫酸二甲酯是一种常用的甲基化试剂，但有剧毒且具有致癌性。目前，在甲基化反应中，可用非毒性的碳酸二甲酯（DMC）代替硫酸二甲酯。

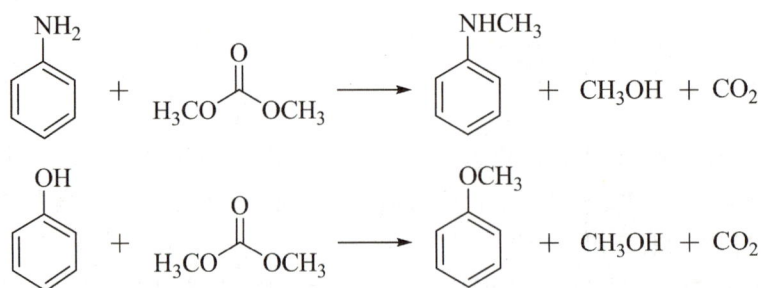

碳酸二甲酯曾用剧毒的光气来合成，现可以用甲醇的氧化羰基化反应来合成。

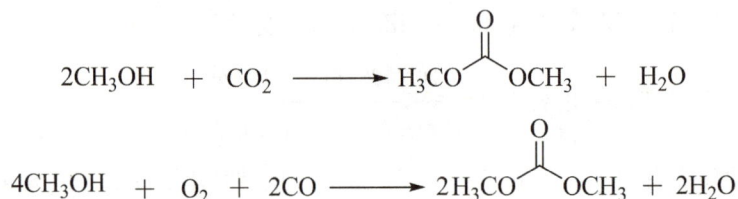

$$2CH_3OH + CO_2 \longrightarrow H_3CO\text{-}CO\text{-}OCH_3 + H_2O$$

$$4CH_3OH + O_2 + 2CO \longrightarrow 2H_3CO\text{-}CO\text{-}OCH_3 + 2H_2O$$

苯乙酸的传统合成方法采用氰解苄基氯法，而现在可用苄基氯直接羰基化获得，这种方法避免使用剧毒的氰化物，使合成绿色化。

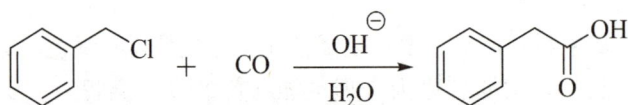

（三）绿色溶剂

由于有机反应大部分以有机溶剂为介质，尤其是挥发性有机溶剂，这是环境污染的主要原因之一。因而，用超临界的液体为溶剂或用含水的溶剂或以离子液体为溶剂代替有机溶剂作为反应介质，成为发展绿色合成的重要途径和有效方法。

1. 水为反应介质

由于大多数有机化合物在水中的溶解度差，且许多试剂在水中会分解，因此一般避免用水作为反应介质。但水相反应有以下优点：水是与环境友好的绿色溶剂；水反应处理和分离容易；水不会着火安全可靠；水来源丰富价格便宜。研究结果表明，用水作溶剂在某些反应中，比有机相中反应可得到更高的产率或立体选择性。在近临界水（near-critical water，NCW）中，以苯甲醛和乙醛为原料，在无外加任何催化剂的条件下，可合成肉桂醛。近临界水通常是指温度在 $200 \sim 350^\circ C$ 之间的压缩液态水。

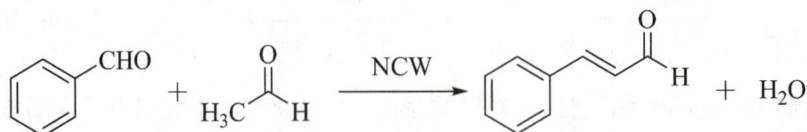

2. 超临界流体为反应介质

超临界流体（supercritical fluid，SCF）是指处于超临界温度及压力下的流体，其性质介于气态和液态之间，并易于随压力调节，有近似于气体的流动行为，黏度小、传质系数大，但其相对密度大，溶解度也比气相大得多，又表现出一定的液体行为。常用的超临界流体有 CO_2、H_2O、NH_3、CH_3OH、C_2H_6、C_3H_8 等，其中超临界 CO_2 因其临界温度（$T_C = 31.06$）和临界压力（$P_C = 7.4MPa$）适中，且价廉易得，应用最为广泛。例如以超临界 CO_2 流体（$ScCO_2$）为溶剂进行丙烯氢甲酰化合成丁醛，由于气体在 $ScCO_2$ 中溶解度大而使反应物浓度高，大大提高羰基化反应速度。

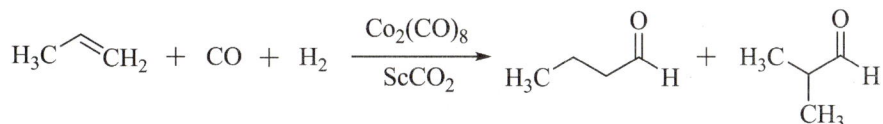

3. 离子液体为溶剂

离子液体是指全部由离子组成的液体，如高温下的 KCl，KOH 呈液体状态。它是一类独特的反应介质，可用于过渡金属催化的反应，利用其不挥发的优点，可方便地进行产物的蒸馏分离。因其具有物理性质可调节性的特点，可在许多场合减少溶剂用量和催化剂的使用，是一种绿色溶剂。例如，在离子液体 1-丁基-3-甲基咪唑四氟硼酸盐（［bmim］BF_4）介质中，以 $FeCl_3 \cdot 6H_2O$ 为催化剂，可有效合成多种喹啉衍生物。

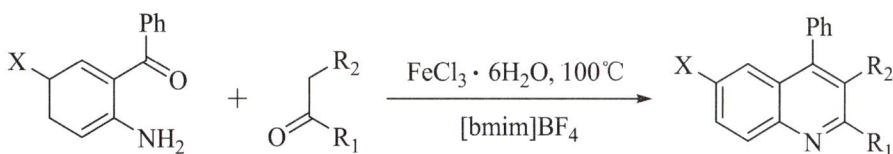

4. 无溶剂反应

无溶剂有机反应最初被称为固态有机反应，主要是通过研磨、光、热、微波以及超声等方法，在不加溶剂或加入微量溶剂并且固体物直接接触的条件下进行化学反应。实验结果表明，有机无溶剂反应，具有更高效的反应选择性。安息香（benzoin）是重要的药物合成中间体。在无溶剂条件下用氨基磺酸作催化剂，能高效催化安息香与乙酸酐反应合成乙酰化安息香，较传统以吡啶为溶剂的反应方法更为绿色环保。

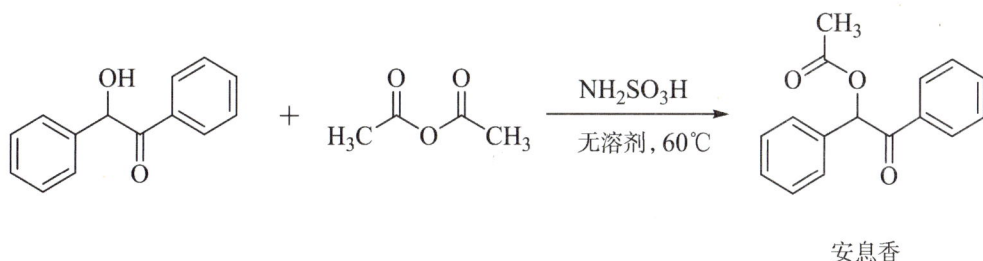

安息香

三、绿色合成在药物合成中的应用

布洛芬（ibuprofen）是一种芳基烷酸类非甾体抗炎药。传统的合成方法为 Boots 公司生产工艺六步化学反应组成，原料消耗大、成本高、原子利用率为 40%。BHC 公司改进布洛芬的合成路线，缩短合成路线短至三步，其中两步未使用任何溶剂，原子利用率为 77%，第一步反应中的酸酐还可以回收利用，符合绿色化学的思想。

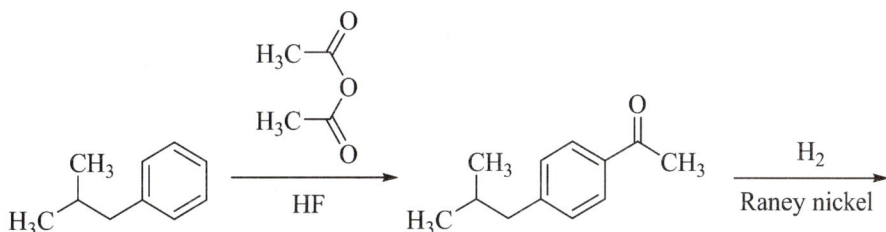

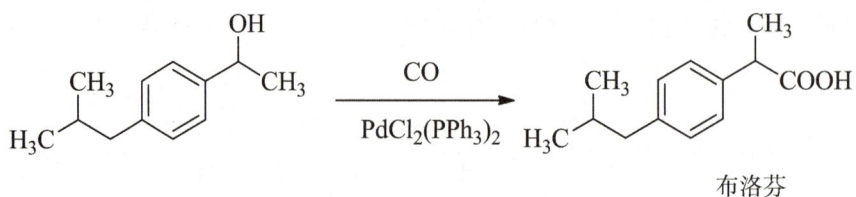

布洛芬

　　巴洛沙星（balofloxacin）是新一代氟喹诺酮类广谱抗菌药，用于治疗膀胱炎、尿道炎等。以1-环丙基-6,7-二氟-1,4-二氢-8-甲氧基-4-氧代-3-喹啉硼二乙酯和3-甲胺基哌啶为起始原料，在绿色反应介质离子液体[bmim]BF4中合成巴洛沙星。离子液体可重复使用，既降低了反应成本，又大大减少了对环境的污染，有利于工业化生产。

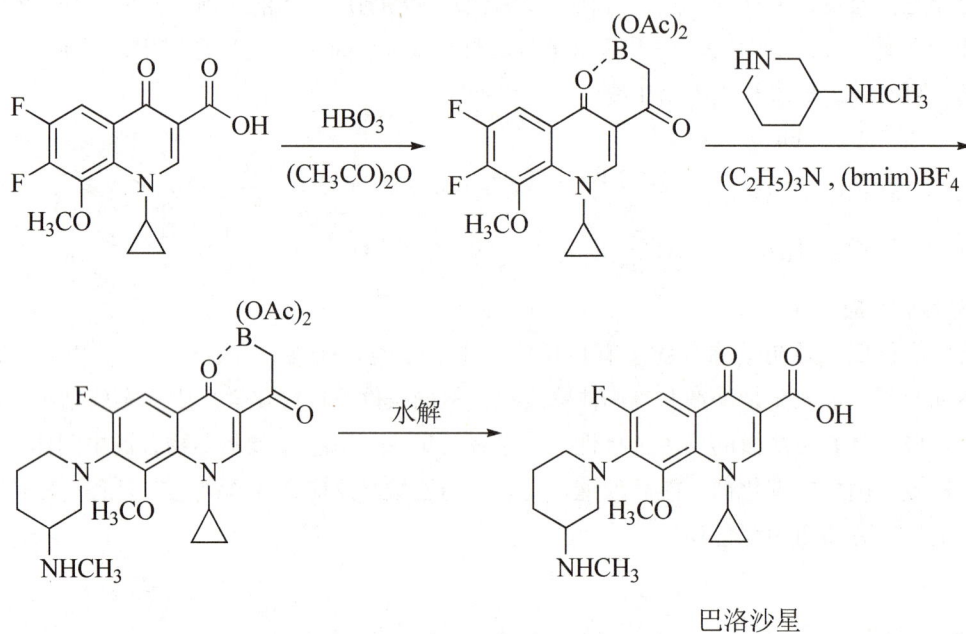

巴洛沙星

Ac	actyl	乙酰基
AcO	acetate	乙酸酯
Ac$_2$O	acetic anhydride	乙酸酐
AIBN	α,α'-bzoisobyronitrile	α,α'-偶氮双异丁腈
All	allyl	烯丙基
Alloc	allyloxycarbonyl	烯丙氧基羰基
Ar	aryl	芳基
9-BBN	9-borabicyclo[3.3.1]nonane	9-硼双环[3.3.1]壬烷
BHT	2,6-tert-butylhydroxytoluene	2,6-二叔丁基对甲酚
BINAP	2,2'-bis(diphenylphosphino)-1,1'-binaphthyl	(±)-2,2'-双-(二苯膦基)-1,1'-联萘
BMS	borane-methylsulphide complex	硼烷二甲基硫醚络合物
Bn	benzyl	苯基
Boc	tert-butoxycarbonyl	叔丁氧基羰基
BOM	benzyloxymethyl	苄氧基甲基
BSA	N,O-bis(trimethylsilyl)acetamide	N,O-双(三甲基硅烷基)乙酰胺
BTAF	benzyltrimethylammonium fluoride	苄基三甲基氟化铵
BTMSA	bis(trimethylsilyl)acetylene	双(三甲基硅基)乙炔
n-Bu	n-butyl	正丁基
t-Bu	tert-butyl	叔丁基
Bz	benzoyl	苄氧基
Bzl	benzyl	苄基
CAN	ceric ammonium nitrate	硝酸铈铵
18-Cr-6	18-crown-6	18-冠-6
Cbz	benzyloxycarbonyl	苄氧基羰基
DAST	diethylaminosulphur trifluoride	二乙胺基三氟化硫
DBAD	di-tert-butyl azodicarboxylate	偶氮二甲酸二叔丁酯
DBU	1,8-diazabyciclo[5.4.0]undec-7-ene	1,8-二氮杂双环[5.4.0]十一碳-7-烯
DCC	1,3-dicyclohexylcarbodiimide	1,3-环己基碳二亚胺
DCM	dichloromethane	二氯甲烷
DDQ	2,3-dichloro-5,6-dicyano-1,4-benzoquinone	2,3-二氯-5,6-二氰-1,4-苯醌
DEAD	diethyl azodicarboxylate	偶氮二羧酸二乙酯

DHP	dihydropiran	二氢吡喃
DHQD	dihydroquinidine	二氢奎尼丁
DIBAL	diisobutylaluminium hydride	二异丁基氢化铝
DIC	diisopropylcarbodiimide	二异丙基碳二亚胺
DIPEA	diisopropylethylamine	二异丙基乙胺
DMA	N,N-dimethylacetamide	N,N-二甲基乙酰胺
Dis	disconnection	切断
DMAD	dimethyl acetylene dicarboxylate	丁炔二酸二甲酯
DMAP	N,N-4-dimethylaminopyridine	N,N-4-二甲基氨基吡啶
DMDO	2,2-dimethyldioxirane	1,2-二甲基双环氧乙烷
DME	1,2-dimethoxyethane	1,2-二甲氧基乙烷
DMF	N,N-dimethylformamide	N,N-二甲基甲酰胺
DMSO	dimethyl sulfoxide	二甲亚砜
DMT	dimethyl tartrate	酒石酸二甲酯
DPPA	diphenylphosphoryl azide	叠氮磷酸二苯酯
E1	unimolecule elimination	单分子消除
dppp	1,3-bis(diphenylphosphino)propane	1,3-双(二苯基膦)丙烷
E2	bimolecular elimination	双分子消除
e.e.	enantimeric excess	对映异构体过量百分数
Et	ethyl	乙基
VEDC	1-ethyl-3-(3-dimethylaminopropy)carbodiimide	1-乙基-3-(3-二甲基氨基丙基)碳二亚胺
EDTA	ethylenediaminetetraacetic acid	乙二胺四乙酸
Fmoc	9-fluorenylmethyloxycarbonyl	9-芴甲氧基甲酰基
FGA	functional group addition	官能团添加
FGI	functional group interconversion	官能团转换
FGR	functional group removal	官能团消除
FGT	functional group transpose	官能团移位
h	hour	小时
HCA	hexachloroacetone	六氯丙酮
HMDS	hexamethyldisilazane	六甲基二硅胺
HMPA	hexamethylphosphoramide	六甲基磷酰三胺
HMPT	hexamethylphosphorous triamide	六甲基亚磷酰三胺
HOAt	7-aza-1-hydroxybenzotriazole	7-氮杂-1-羟基苯并三氮唑
HOBt	1-hydroxybenzotriazole	1-羟基苯并三氮唑
IPA	isopropyl alcohol	异丙醇
KHMDS	potassium bis(trimethylsilyl)amide	六甲基二硅基胺基钾
LAH	lithium aluminium hydride	氢化锂铝
LDA	lithium diisopropylamide	二异丙基氨锂
LTA	lead tetraacetate	四乙酸铅
Me	methyl	甲基
min	minute	分钟
mol	mole	摩尔(量)

MOM	methoxymethyl	甲氧基甲基
Ms	methanesulfonyl	甲磺酰基
MW	micromave	微波
NBA	*N*-bromoacetamide	*N*-溴代乙酰胺
NBS	*N*-bromosuccinimide	*N*-溴代琥珀酰亚胺
NCA	*N*-chloroacetamide	*N*-氯代乙酰胺
NCS	*N*-chlorosuccinimide	*N*-氯代琥珀酰亚胺
NEM	*N*-ethylmorpholine	*N*-乙基吗啉
NMO	*N*-methylmorpholine oxide	*N*-甲基吗啉氧化物
Pa	Pascal	帕斯卡(压强单位)
Ph	phenyl	苯基
Pic	picoline	甲基吡啶
Piv	pivaloy	新戊酰基
PPA	polyphosphoric acid	多聚磷酸
PPTS	pyridinium p-toluenesulfonate	对甲苯磺酸吡啶盐
PTC	phase transfer catalyst	相转移催化剂
PTSA	*p*-toluenesulfonic acid	对甲基苯磺酰胺
Py	pyridine	吡啶
RT	room temperature	室温
SET	single electron transfer	单电子转移
TBAB	*tetra*-*n*-butylammonium bromide	四丁基溴化铵
TBACl	*tetra*-*n*-butylammonium chloromide	四丁基氯化铵
TBAF	*tetra*-*n*-butylammonium fluoride	四丁基氟化铵
TBAI	*tetra*-*n*-butylammonium iodide	四丁基碘化铵
TBHP	*tert*-butyl hydroperoxide	四丁基过氧化氢
TBS	*tert*-butyldimethylsilyl	叔丁基二甲基氯硅烷
TEA	triethylamine	三乙胺
TEACl	benzyl trimethylammonium chloride	三乙基氯化铵
Tf	trifluoromethanesulfonyl	三氟甲磺酰基
TFA	trifluoroacetic acid	三氟乙酸
TFAA	trifluoroacetic anhydride	三氟乙酸酐
Tf2O	trifluoromethanesulfonic anhydride	三氟甲磺酸酐
THF	tetrahydrofuran	四氢呋喃
THP	2-tetrahydropyranyl	四氢吡喃
TIPS	triisopropylsilyl	三异丙基硅
TMS	trimethylsilyl	三甲基硅基
TMSCl	trimethyl chlorosilane	三甲基氯硅烷
TMSOTf	trimethylsilyl trifluoromethanesulfonate	三甲基硅基三氟甲磺酸酯
Tol	toluene	甲苯
TPAP	*tetra*-*n*-propylammonium perruthenate	四丙基铵过钌酸盐
TPP	*tetra*-*n*-propylammonium perruthenate	硫胺素焦磷酸
Troc	2,2,2-trichloroethoxycarbonyl	三氯乙氧基甲酰基
Ts	*p*-toluenesulphonyl	对甲苯磺酰基

Trt	trityl, triphenylmethyl	三苯基甲基
TsCl	*p*-toluenesulphonyl chloride	对甲苯磺酰氯
TsOH	*p*-toluenesulphonic acid	对甲苯磺酸

主要参考书目

［1］闻韧. 药物合成反应. 3 版. 北京：化学工业出版社，2008.

［2］吉卯祉. 药物合成. 北京：中国中医药出版社，2009.

［3］姚其正. 药物合成反应. 北京：中国医药科技出版社，2012.

［4］赵临襄. 化学制药工艺学. 北京：化学工业出版社，2014.

［5］郭春. 药物合成反应. 北京：人民卫生出版社，2014.

［6］张万年. 药物合成设计. 上海：第二军医大学出版社，2010.

［7］黄培强. 有机合成. 北京：高等教育出版社，2013.

［8］王玉炉. 有机合成化学. 北京：科学出版社，2005.

［9］沃伦. 有机合成：切断法. 北京：科学出版社，2010.

［10］李杰. 有机人名反应及机理. 上海：华东理工大学出版社，2003.

［11］徐正. 基本药物合成方法. 北京：科学出版社，2007.

［12］陈荣亚，王勇. 21 世纪新药合成. 北京：中国医药科技出版社，2010.

［13］施小新，秦川. 当代新药合成. 上海：华东理工大学出版社，2005.

［14］约翰逊，李杰. 新药合成艺术. 北京：中国医药科技出版社，2008.

［15］刘守信. 药物合成反应基础. 北京：化学工业出版社，2012.

［16］魏运洋，罗军，张树鹏. 药物合成反应简明教程. 北京：科学出版社，2013.

全国中医药行业高等教育"十四五"规划教材

全国高等中医药院校规划教材（第十一版）

教材目录

注：凡标☆号者为"核心示范教材"。

（一）中医学类专业

序号	书 名	主 编		主编所在单位	
1	中国医学史	郭宏伟	徐江雁	黑龙江中医药大学	河南中医药大学
2	医古文	王育林	李亚军	北京中医药大学	陕西中医药大学
3	大学语文	黄作阵		北京中医药大学	
4	中医基础理论☆	郑洪新	杨 柱	辽宁中医药大学	贵州中医药大学
5	中医诊断学☆	李灿东	方朝义	福建中医药大学	河北中医药大学
6	中药学☆	钟赣生	杨柏灿	北京中医药大学	上海中医药大学
7	方剂学☆	李 冀	左铮云	黑龙江中医药大学	江西中医药大学
8	内经选读☆	翟双庆	黎敬波	北京中医药大学	广州中医药大学
9	伤寒论选读☆	王庆国	周春祥	北京中医药大学	南京中医药大学
10	金匮要略☆	范永升	姜德友	浙江中医药大学	黑龙江中医药大学
11	温病学☆	谷晓红	马 健	北京中医药大学	南京中医药大学
12	中医内科学☆	吴勉华	石 岩	南京中医药大学	辽宁中医药大学
13	中医外科学☆	陈红风		上海中医药大学	
14	中医妇科学☆	冯晓玲	张婷婷	黑龙江中医药大学	上海中医药大学
15	中医儿科学☆	赵 霞	李新民	南京中医药大学	天津中医药大学
16	中医骨伤科学☆	黄桂成	王拥军	南京中医药大学	上海中医药大学
17	中医眼科学	彭清华		湖南中医药大学	
18	中医耳鼻咽喉科学	刘 蓬		广州中医药大学	
19	中医急诊学☆	刘清泉	方邦江	首都医科大学	上海中医药大学
20	中医各家学说☆	尚 力	戴 铭	上海中医药大学	广西中医药大学
21	针灸学☆	梁繁荣	王 华	成都中医药大学	湖北中医药大学
22	推拿学☆	房 敏	王金贵	上海中医药大学	天津中医药大学
23	中医养生学	马烈光	章德林	成都中医药大学	江西中医药大学
24	中医药膳学	谢梦洲	朱天民	湖南中医药大学	成都中医药大学
25	中医食疗学	施洪飞	方 泓	南京中医药大学	上海中医药大学
26	中医气功学	章文春	魏玉龙	江西中医药大学	北京中医药大学
27	细胞生物学	赵宗江	高碧珍	北京中医药大学	福建中医药大学

序号	书　名	主　编		主编所在单位	
28	人体解剖学	邵水金		上海中医药大学	
29	组织学与胚胎学	周忠光	汪　涛	黑龙江中医药大学	天津中医药大学
30	生物化学	唐炳华		北京中医药大学	
31	生理学	赵铁建	朱大诚	广西中医药大学	江西中医药大学
32	病理学	刘春英	高维娟	辽宁中医药大学	河北中医药大学
33	免疫学基础与病原生物学	袁嘉丽	刘永琦	云南中医药大学	甘肃中医药大学
34	预防医学	史周华		山东中医药大学	
35	药理学	张硕峰	方晓艳	北京中医药大学	河南中医药大学
36	诊断学	詹华奎		成都中医药大学	
37	医学影像学	侯　键	许茂盛	成都中医药大学	浙江中医药大学
38	内科学	潘　涛	戴爱国	南京中医药大学	湖南中医药大学
39	外科学	谢建兴		广州中医药大学	
40	中西医文献检索	林丹红	孙　玲	福建中医药大学	湖北中医药大学
41	中医疫病学	张伯礼	吕文亮	天津中医药大学	湖北中医药大学
42	中医文化学	张其成	臧守虎	北京中医药大学	山东中医药大学
43	中医文献学	陈仁寿	宋咏梅	南京中医药大学	山东中医药大学
44	医学伦理学	崔瑞兰	赵　丽	山东中医药大学	北京中医药大学
45	医学生物学	詹秀琴	许　勇	南京中医药大学	成都中医药大学
46	中医全科医学概论	郭　栋	严小军	山东中医药大学	江西中医药大学
47	卫生统计学	魏高文	徐　刚	湖南中医药大学	江西中医药大学
48	中医老年病学	王　飞	张学智	成都中医药大学	北京大学医学部
49	医学遗传学	赵丕文	卫爱武	北京中医药大学	河南中医药大学
50	针刀医学	郭长青		北京中医药大学	
51	腧穴解剖学	邵水金		上海中医药大学	
52	神经解剖学	孙红梅	申国明	北京中医药大学	安徽中医药大学
53	医学免疫学	高永翔	刘永琦	成都中医药大学	甘肃中医药大学
54	神经定位诊断学	王东岩		黑龙江中医药大学	
55	中医运气学	苏　颖		长春中医药大学	
56	实验动物学	苗明三	王春田	河南中医药大学	辽宁中医药大学
57	中医医案学	姜德友	方祝元	黑龙江中医药大学	南京中医药大学
58	分子生物学	唐炳华	郑晓珂	北京中医药大学	河南中医药大学

（二）针灸推拿学专业

序号	书　名	主　编		主编所在单位	
59	局部解剖学	姜国华	李义凯	黑龙江中医药大学	南方医科大学
60	经络腧穴学☆	沈雪勇	刘存志	上海中医药大学	北京中医药大学
61	刺法灸法学☆	王富春	岳增辉	长春中医药大学	湖南中医药大学
62	针灸治疗学☆	高树中	冀来喜	山东中医药大学	山西中医药大学
63	各家针灸学说	高希言	王　威	河南中医药大学	辽宁中医药大学
64	针灸医籍选读	常小荣	张建斌	湖南中医药大学	南京中医药大学
65	实验针灸学	郭　义		天津中医药大学	

序号	书　名	主　编	主编所在单位	
66	推拿手法学☆	周运峰	河南中医药大学	
67	推拿功法学☆	吕立江	浙江中医药大学	
68	推拿治疗学☆	井夫杰　杨永刚	山东中医药大学	长春中医药大学
69	小儿推拿学	刘明军　邰先桃	长春中医药大学	云南中医药大学

（三）中西医临床医学专业

序号	书　名	主　编	主编所在单位	
70	中外医学史	王振国　徐建云	山东中医药大学	南京中医药大学
71	中西医结合内科学	陈志强　杨文明	河北中医药大学	安徽中医药大学
72	中西医结合外科学	何清湖	湖南中医药大学	
73	中西医结合妇产科学	杜惠兰	河北中医药大学	
74	中西医结合儿科学	王雪峰　郑　健	辽宁中医药大学	福建中医药大学
75	中西医结合骨伤科学	詹红生　刘　军	上海中医药大学	广州中医药大学
76	中西医结合眼科学	段俊国　毕宏生	成都中医药大学	山东中医药大学
77	中西医结合耳鼻咽喉科学	张勤修　陈文勇	成都中医药大学	广州中医药大学
78	中西医结合口腔科学	谭　劲	湖南中医药大学	
79	中药学	周祯祥　吴庆光	湖北中医药大学	广州中医药大学
80	中医基础理论	战丽彬　章文春	辽宁中医药大学	江西中医药大学
81	针灸推拿学	梁繁荣　刘明军	成都中医药大学	长春中医药大学
82	方剂学	李　冀　季旭明	黑龙江中医药大学	浙江中医药大学
83	医学心理学	李光英　张　斌	长春中医药大学	湖南中医药大学
84	中西医结合皮肤性病学	李　斌　陈达灿	上海中医药大学	广州中医药大学
85	诊断学	詹华奎　刘　潜	成都中医药大学	江西中医药大学
86	系统解剖学	武煜明　李新华	云南中医药大学	湖南中医药大学
87	生物化学	施　红　贾连群	福建中医药大学	辽宁中医药大学
88	中西医结合急救医学	方邦江　刘清泉	上海中医药大学	首都医科大学
89	中西医结合肛肠病学	何永恒	湖南中医药大学	
90	生理学	朱大诚　徐　颖	江西中医药大学	上海中医药大学
91	病理学	刘春英　姜希娟	辽宁中医药大学	天津中医药大学
92	中西医结合肿瘤学	程海波　贾立群	南京中医药大学	北京中医药大学
93	中西医结合传染病学	李素云　孙克伟	河南中医药大学	湖南中医药大学

（四）中药学类专业

序号	书　名	主　编	主编所在单位	
94	中医学基础	陈　晶　程海波	黑龙江中医药大学	南京中医药大学
95	高等数学	李秀昌　邵建华	长春中医药大学	上海中医药大学
96	中医药统计学	何　雁	江西中医药大学	
97	物理学	章新友　侯俊玲	江西中医药大学	北京中医药大学
98	无机化学	杨怀霞　吴培云	河南中医药大学	安徽中医药大学
99	有机化学	林　辉	广州中医药大学	
100	分析化学（上）（化学分析）	张　凌	江西中医药大学	

序号	书 名	主 编		主编所在单位	
101	分析化学（下）（仪器分析）	王淑美		广东药科大学	
102	物理化学	刘 雄	王颖莉	甘肃中医药大学	山西中医药大学
103	临床中药学☆	周祯祥	唐德才	湖北中医药大学	南京中医药大学
104	方剂学	贾 波	许二平	成都中医药大学	河南中医药大学
105	中药药剂学☆	杨 明		江西中医药大学	
106	中药鉴定学☆	康廷国	闫永红	辽宁中医药大学	北京中医药大学
107	中药药理学☆	彭 成		成都中医药大学	
108	中药拉丁语	李 峰	马 琳	山东中医药大学	天津中医药大学
109	药用植物学☆	刘春生	谷 巍	北京中医药大学	南京中医药大学
110	中药炮制学☆	钟凌云		江西中医药大学	
111	中药分析学☆	梁生旺	张 彤	广东药科大学	上海中医药大学
112	中药化学☆	匡海学	冯卫生	黑龙江中医药大学	河南中医药大学
113	中药制药工程原理与设备	周长征		山东中医药大学	
114	药事管理学☆	刘红宁		江西中医药大学	
115	本草典籍选读	彭代银	陈仁寿	安徽中医药大学	南京中医药大学
116	中药制药分离工程	朱卫丰		江西中医药大学	
117	中药制药设备与车间设计	李 正		天津中医药大学	
118	药用植物栽培学	张永清		山东中医药大学	
119	中药资源学	马云桐		成都中医药大学	
120	中药产品与开发	孟宪生		辽宁中医药大学	
121	中药加工与炮制学	王秋红		广东药科大学	
122	人体形态学	武煜明	游言文	云南中医药大学	河南中医药大学
123	生理学基础	于远望		陕西中医药大学	
124	病理学基础	王 谦		北京中医药大学	
125	解剖生理学	李新华	于远望	湖南中医药大学	陕西中医药大学
126	微生物学与免疫学	袁嘉丽	刘永琦	云南中医药大学	甘肃中医药大学
127	线性代数	李秀昌		长春中医药大学	
128	中药新药研发学	张永萍	王利胜	贵州中医药大学	广州中医药大学
129	中药安全与合理应用导论	张 冰		北京中医药大学	
130	中药商品学	闫永红	蒋桂华	北京中医药大学	成都中医药大学

（五）药学类专业

序号	书 名	主 编		主编所在单位	
131	药用高分子材料学	刘 文		贵州医科大学	
132	中成药学	张金莲	陈 军	江西中医药大学	南京中医药大学
133	制药工艺学	王 沛	赵 鹏	长春中医药大学	陕西中医药大学
134	生物药剂学与药物动力学	龚慕辛	贺福元	首都医科大学	湖南中医药大学
135	生药学	王喜军	陈随清	黑龙江中医药大学	河南中医药大学
136	药学文献检索	章新友	黄必胜	江西中医药大学	湖北中医药大学
137	天然药物化学	邱 峰	廖尚高	天津中医药大学	贵州医科大学
138	药物合成反应	李念光	方 方	南京中医药大学	安徽中医药大学

序号	书名	主编		主编所在单位	
139	分子生药学	刘春生	袁 媛	北京中医药大学	中国中医科学院
140	药用辅料学	王世宇	关志宇	成都中医药大学	江西中医药大学
141	物理药剂学	吴 清		北京中医药大学	
142	药剂学	李范珠	冯年平	浙江中医药大学	上海中医药大学
143	药物分析	俞 捷	姚卫峰	云南中医药大学	南京中医药大学

（六）护理学专业

序号	书名	主编		主编所在单位	
144	中医护理学基础	徐桂华	胡 慧	南京中医药大学	湖北中医药大学
145	护理学导论	穆 欣	马小琴	黑龙江中医药大学	浙江中医药大学
146	护理学基础	杨巧菊		河南中医药大学	
147	护理专业英语	刘红霞	刘 娅	北京中医药大学	湖北中医药大学
148	护理美学	余雨枫		成都中医药大学	
149	健康评估	阚丽君	张玉芳	黑龙江中医药大学	山东中医药大学
150	护理心理学	郝玉芳		北京中医药大学	
151	护理伦理学	崔瑞兰		山东中医药大学	
152	内科护理学	陈 燕	孙志岭	湖南中医药大学	南京中医药大学
153	外科护理学	陆静波	蔡恩丽	上海中医药大学	云南中医药大学
154	妇产科护理学	冯 进	王丽芹	湖南中医药大学	黑龙江中医药大学
155	儿科护理学	肖洪玲	陈偶英	安徽中医药大学	湖南中医药大学
156	五官科护理学	喻京生		湖南中医药大学	
157	老年护理学	王 燕	高 静	天津中医药大学	成都中医药大学
158	急救护理学	吕 静	卢根娣	长春中医药大学	上海中医药大学
159	康复护理学	陈锦秀	汤继芹	福建中医药大学	山东中医药大学
160	社区护理学	沈翠珍	王诗源	浙江中医药大学	山东中医药大学
161	中医临床护理学	裘秀月	刘建军	浙江中医药大学	江西中医药大学
162	护理管理学	全小明	柏亚妹	广州中医药大学	南京中医药大学
163	医学营养学	聂 宏	李艳玲	黑龙江中医药大学	天津中医药大学
164	安宁疗护	邸淑珍	陆静波	河北中医药大学	上海中医药大学
165	护理健康教育	王 芳		成都中医药大学	
166	护理教育学	聂 宏	杨巧菊	黑龙江中医药大学	河南中医药大学

（七）公共课

序号	书名	主编		主编所在单位	
167	中医学概论	储全根	胡志希	安徽中医药大学	湖南中医药大学
168	传统体育	吴志坤	邵玉萍	上海中医药大学	湖北中医药大学
169	科研思路与方法	刘 涛	商洪才	南京中医药大学	北京中医药大学
170	大学生职业发展规划	石作荣	李 玮	山东中医药大学	北京中医药大学
171	大学计算机基础教程	叶 青		江西中医药大学	
172	大学生就业指导	曹世奎	张光霁	长春中医药大学	浙江中医药大学

序号	书 名	主 编		主编所在单位	
173	医患沟通技能	王自润	殷 越	大同大学	黑龙江中医药大学
174	基础医学概论	刘黎青	朱大诚	山东中医药大学	江西中医药大学
175	国学经典导读	胡 真	王明强	湖北中医药大学	南京中医药大学
176	临床医学概论	潘 涛	付 滨	南京中医药大学	天津中医药大学
177	Visual Basic 程序设计教程	闫朝升	曹 慧	黑龙江中医药大学	山东中医药大学
178	SPSS 统计分析教程	刘仁权		北京中医药大学	
179	医学图形图像处理	章新友	孟昭鹏	江西中医药大学	天津中医药大学
180	医药数据库系统原理与应用	杜建强	胡孔法	江西中医药大学	南京中医药大学
181	医药数据管理与可视化分析	马星光		北京中医药大学	
182	中医药统计学与软件应用	史周华	何 雁	山东中医药大学	江西中医药大学

（八）中医骨伤科学专业

序号	书 名	主 编		主编所在单位	
183	中医骨伤科学基础	李 楠	李 刚	福建中医药大学	山东中医药大学
184	骨伤解剖学	侯德才	姜国华	辽宁中医药大学	黑龙江中医药大学
185	骨伤影像学	栾金红	郭会利	黑龙江中医药大学	河南中医药大学洛阳平乐正骨学院
186	中医正骨学	冷向阳	马 勇	长春中医药大学	南京中医药大学
187	中医筋伤学	周红海	于 栋	广西中医药大学	北京中医药大学
188	中医骨病学	徐展望	郑福增	山东中医药大学	河南中医药大学
189	创伤急救学	毕荣修	李无阴	山东中医药大学	河南中医药大学洛阳平乐正骨学院
190	骨伤手术学	童培建	曾意荣	浙江中医药大学	广州中医药大学

（九）中医养生学专业

序号	书 名	主 编		主编所在单位	
191	中医养生文献学	蒋力生	王 平	江西中医药大学	湖北中医药大学
192	中医治未病学概论	陈涤平		南京中医药大学	
193	中医饮食养生学	方 泓		上海中医药大学	
194	中医养生方法技术学	顾一煌	王金贵	南京中医药大学	天津中医药大学
195	中医养生学导论	马烈光	樊 旭	成都中医药大学	辽宁中医药大学
196	中医运动养生学	章文春	邬建卫	江西中医药大学	成都中医药大学

（十）管理学类专业

序号	书 名	主 编		主编所在单位	
197	卫生法学	田 侃	冯秀云	南京中医药大学	山东中医药大学
198	社会医学	王素珍	杨 义	江西中医药大学	成都中医药大学
199	管理学基础	徐爱军		南京中医药大学	
200	卫生经济学	陈永成	欧阳静	江西中医药大学	陕西中医药大学
201	医院管理学	王志伟	翟理祥	北京中医药大学	广东药科大学
202	医药人力资源管理	曹世奎		长春中医药大学	
203	公共关系学	关晓光		黑龙江中医药大学	

序号	书 名	主编		主编所在单位	
204	卫生管理学	乔学斌	王长青	南京中医药大学	南京医科大学
205	管理心理学	刘鲁蓉	曾 智	成都中医药大学	南京中医药大学
206	医药商品学	徐 晶		辽宁中医药大学	

（十一）康复医学类专业

序号	书 名	主 编		主编所在单位	
207	中医康复学	王瑞辉	冯晓东	陕西中医药大学	河南中医药大学
208	康复评定学	张 泓	陶 静	湖南中医药大学	福建中医药大学
209	临床康复学	朱路文	公维军	黑龙江中医药大学	首都医科大学
210	康复医学导论	唐 强	严兴科	黑龙江中医药大学	甘肃中医药大学
211	言语治疗学	汤继芹		山东中医药大学	
212	康复医学	张 宏	苏友新	上海中医药大学	福建中医药大学
213	运动医学	潘华山	王 艳	广东潮州卫生健康职业学院	黑龙江中医药大学
214	作业治疗学	胡 军	艾 坤	上海中医药大学	湖南中医药大学
215	物理治疗学	金荣疆	王 磊	成都中医药大学	南京中医药大学